河北省河流特征与水生态功能恢复

河北省水文水资源勘测局 著

中国水利水电出版社
www.waterpub.com.cn
·北京·

内 容 提 要

本书对河北省河流分布特征与生态功能恢复进行了系统性分析研究，内容包括河北省河流特征、河流功能评价、河流生态演变过程、河流开发利用、河流水文监测、河流水质评价、河流生态恢复与健康评价、河道防洪治理与技术指标、河道生态治理工程、河道生态恢复工程设计与方法等十章。本书的资料和数据，大部分来自河北省第一次水利普查成果、河北省水文水资源勘测局监测资料和科研成果，以及河北省水利工程设计成果、科研成果和科技论文等。

本书可供从事水利工程、水文勘测设计、水资源保护、防汛抗旱、水土保持、水环境评价等技术管理人员及大专院校师生参考。

图书在版编目（CIP）数据

河北省河流特征与水生态功能恢复 / 河北省水文水资源勘测局著. -- 北京 : 中国水利水电出版社, 2017.2
ISBN 978-7-5170-5206-7

Ⅰ. ①河… Ⅱ. ①河… Ⅲ. ①河流－分布－研究－河北②河流－生态恢复－研究－河北 Ⅳ. ①P942.227.7 ②X171.4

中国版本图书馆CIP数据核字(2017)第038104号

审图号 冀S（2017）10号

书　名	**河北省河流特征与水生态功能恢复** HEBEI SHENG HELIU TEZHENG YU SHUISHENGTAI GONGNENG HUIFU
作　者	河北省水文水资源勘测局　著
出版发行	中国水利水电出版社 （北京市海淀区玉渊潭南路1号D座　100038） 网址：www. waterpub. com. cn E-mail：sales@waterpub. com. cn 电话：（010）68367658（营销中心）
经　售	北京科水图书销售中心（零售） 电话：（010）88383994、63202643、68545874 全国各地新华书店和相关出版物销售网点
排　版	中国水利水电出版社微机排版中心
印　刷	北京瑞斯通印务发展有限公司
规　格	184mm×260mm　16开本　28.25印张　679千字　6插页
版　次	2017年2月第1版　2017年2月第1次印刷
印　数	0001—2000册
定　价	**118.00**元

《河北省河流特征与水生态功能恢复》编辑委员会

序

自古以来，人类沿河而居，河流孕育了人类文明。河流系统是地球上的大动脉，在维系地球的水循环、能量平衡、气候变化和生态发展中具有极其重要的作用，人类社会的发展和社会文明的形成，都与河流系统具有密切的关系，同时也是人类最重要的生命支撑系统，提供了生产、生活和生态用水等功能。

河流的自然资源及功能是人类文明发展和社会经济发展的基础条件。人类在社会发展过程中充分利用河流的自然资源的同时，也对河流的自然资源和功能带来了各种影响，造成了严重的生态问题。因此，必须充分研究河流的自然功能和作用，在保护河流水资源的同时要保护河流的自然功能，以保证河流的生命健康及沿岸带的自然环境和社会经济的可持续发展。

河北省境内河流众多，流域面积大于 $50km^2$ 的河流有 1386 条。境内河流地跨海河、辽河和内流区诸河 3 个流域和 11 个水系，其中包括海河流域的滦河及冀东沿海诸河、北三河、永定河、大清河、子牙河、黑龙港及运东地区诸河、漳卫河、徒骇马颊河 8 个水系，辽河流域的辽河、辽东湾西部沿渤海诸河 2 个水系和内流区诸河流域的内蒙古高原东部内流区水系。

由河北省水文水资源勘测局组织专业技术人员编写的《河北省河流特征与水生态功能恢复》一书，对河北省河流分布特征与生态功能恢复进行了系统性分析研究，内容包括河北省河流特征、河流功能评价、河流生态演变过程、河流开发利用、河流水文监测、河流水质评价、河流生态恢复与健康评价、河道防洪治理与技术指标、河道生态治理工程、河流生态恢复工程设计与方法等十个部分。

随着社会经济的发展，河流在社会发展中将发挥越来越重要的作用，人们与河流的关系将更加密切，但是人类对水资源不合理的开发利用使河流健康遭到不同程度的破坏，水资源供需矛盾日益突出。《河北省河流特征与水生态功能恢复》一书，根据河北省河流特性以及河北省河流开发利用过程中的问题和特点，采用大量的数据和资料，较全面地呈现了河北省河流发展、变化的特征以及水生态功能治理和恢复过程，为河流治理和管理提供科学依据。

河北省水利厅副厅长

2017 年 11 月

前　言

河流蕴藏着各种丰富的自然资源，对人类的生产和生活具有重要意义。“河润千里，泽惠八方”，河流是水资源的载体，是行洪的通道和调蓄洪水的场所，是生态的屏障，具有防洪、供水、发电、航运、生态、景观等多种功能，人择水而居，城市依水而建，城市的发展、消亡很多都是跟河流有关。河流对人类的文明、经济的发展和社会的进步发挥着不可替代的作用。加强河道管理，维护河流健康生命，实现永续利用，是水利工作的一项重要任务。

河北省水文水资源勘测局在河道水文要素监测、水环境监测等方面，做了大量的基础性工作，为河道管理，防洪调度、水生态修复的工程设计等方面，发挥了重要作用。由河北省水文水资源勘测局组织人员编写的《河北省河流特征与水生态功能恢复》一书，对河北省河流分布特征与生态功能恢复进行了系统性分析研究，内容包括河北省河流特征、河流功能评价、河流生态演变过程、河流开发利用、河流水文监测、河流水质评价、河流生态恢复与健康评价、河道防洪治理与技术指标、河流生态治理工程、河流生态恢复工程设计与方法等。

河道是一个公共空间和天然的大系统，上下游、干支流联为一体，不可分割，某一局部河段的变化，都可能引起河道上下游、左右岸的连锁反应。河道管理在不同的社会发展阶段有不同的要求，有其自身发展和演变规律。随着社会经济的发展，河流在社会发展中将发挥越来越重要的作用，人们与河流的关系将更加密切，对河道管理的要求越来越高。《河北省河流特征与水生态功能恢复》根据河北省河道特性以及河北省河流开发利用过程中的问题和特点，采用大量的数据和资料，较全面地呈现出河北省河流发展、变化的特征，以及生态功能治理和恢复过程，为河道治理和管理提供科学依据。

本书涉及的资料和数据，大部分来自河北省第一次水利普查成果、河北省水文水资源勘测局监测资料和科研成果，以及河北省水利工程设计成果、科研成果和科技论文等，在此对成果和论文的作者单位和个人表示感谢。本书在编写过程中，得到河北省水利厅、海河水利委员会水文局、水利部水文局、各市水务局、水文局等单位的大力支持，在此一并致谢。

本书涉及水文学、水力学、水化学、生态学、河流地貌学、环境科学、水利工程设计、地理信息、防汛抗旱等多方面的科学分支，由于作者水平有限，在安排层次上难免有不妥之处，疏漏和错误在所难免，敬请有关专家、读者批评指正。

作者

2017年1月10日

目　录

第一章 河北省河流特征

第一节 河 流 要 素

地表水在重力作用下，经常性地（或间歇性地）沿着陆地表面上的线形洼地流动，形成河流。

河流是自然景观和生态系统的重要组成部分，是地球物质输移和循环的重要载体。河流在中国的称谓很多，较大的称江、河、川、水，较小的称溪、涧、沟、渠等。每条河流都有河源和河口。

1 水系

水系是在一定集水区内，大大小小河流构成的脉络相连的水道系统。比较大的河流一般取长度最长或水量最大的作为干流，流入干流的河流称为支流。河流一般都有河源和河口。河源是河流的发源地，是河流的起点，一般指最初具有地表水流形态的地方。河源以上可能是冰川、湖泊、沼泽或泉眼。河口是河流流入海、河、湖的地方，是河流的终端。

在河口处经常有泥沙堆积，有时分汊现象显著，在入海、湖处形成三角洲。河北省河流可分为直接入海的外流河及不与海洋沟通的内陆河两大系统。海河、滦河、辽河属外流河，安固里河属内陆河。

流入海洋的称为外流河，如河北省的子牙河、大清河、滦河等；注入内陆湖泊或沼泽，或因渗漏、蒸发而消失于荒漠中的称为内陆河，如河北省坝上的大清沟、黑水河等。

1.1 水系特征

河流水系特征主要有河流的河源、河口、流向、河流长度、流域面积、支流数量及其形态、河网密度、水系归属、河道（河谷的宽窄、河床深度、河流弯曲系数）。

影响河流水系特征的主要因素是地形，因为地形决定着河流的流向、流域面积、河道状况和河流水系形态。

河源到河口两端的高度差称为落差，单位河长内的落差称为比降。大的河流还可以分为上、中、下游三段。一般而言，上游河床窄，比降大，流速大，流量小，冲刷占优势，河槽多为基岩或砾石；中游河床比降渐缓，流速减小，流量加大，冲刷淤积都不严重，河槽多为粗沙；下游河床平坦，河道宽广，比降小，流速小而流量大，淤积占优势，多浅滩或沙洲，河床多细沙和淤泥。

河流的流向可以与等高线的递变、地势高低互相作为判断依据，还可用于等潜水位线分布图中，进行河流流向、潜水流向、地下水与地表水互补关系及洪水期与枯水期的判定。

河流总是由高处流向低处。在分层设色地形图中，要通过图例反映的地势状况来确定流向。在等高线地形图中，观察山谷沿线等值线数值大小可判断河流流向。河流发育在山谷之中，河流沿线，等高线凸向河流上游。

高山峡谷地区，河流支流少，流域面积小；盆地或洼地地区，河流集水区域广，支流多，流域面积大。山区，河流落差大，流速快，以下切侵蚀为主，（可能同时地壳在抬升，下切侵蚀更强）河道比较直、深，形成窄谷；地势起伏小的地区，河流落差小，以侧蚀为主，侧蚀的强弱主要考虑河岸组成物质的致密与疏松，有凹岸与凸岸，还有地转偏向力，河道比较弯、浅、宽。

1.2　水系形态

常见水系形态有树枝状水系、扇形水系、平行状水系、格子状水系等。如海河五条支流在天津汇合，独流入海，状如芭蕉扇的茎与柄，故为扇形水系。

树枝状水系是水系格局的一种，是支流较多，主流、支流以及支流与支流间呈锐角相交，排列如树枝状的水系，多见于微斜平原或地壳较稳定、岩性比较均一的缓倾斜岩层分布地区。世界上大多数的水系，如中国的长江、珠江和辽河，北美洲的密西西比河、南美洲的亚马孙河等，都是树枝状水系。

扇形水系是由干支流组合而成的流域轮廓形如扇状的水系。如海河水系，北运河、永定河、大清河、子牙河和南运河五大支流交汇于天津附近，之后入海。这种水系汇流时间集中，易造成暴雨成灾。

羽状水系干流两侧支流分布较均匀，近似羽毛状排列的水系。汇流时间长，暴雨过后洪水过程缓慢。如西南纵谷地区，干流粗壮，支流短小且对称分布于两侧，是羽状水系的典型代表。

平行状水系支流近似平行排列汇入干流的水系。当暴雨中心由上游向下游移动时，极易发生洪水，如淮河蚌埠以上的水系。

格子状水系由干支流沿着两组垂直相交的构造线发育而成，如闽江水系。

角状水系是树枝状水系与格子状水系的变种。主流常呈尖锐的角状弯曲，表明它受断裂和裂隙控制，角度的大小和方向指明特殊岩石的类型。

此外还有梳状水系，即支流集中于一侧，另一侧支流少；以及放射状水系及向心状水系，前者往往分布在火山口四周，后者往往分布在盆地中。通常大河由两种或两种以上水系组成。

1.3　河北省水系分布

河北省境内河流众多，像脉络一样分布在18.77万km^2的燕赵大地上，河北地势起伏较大，既有广阔的华北平原，又有太行山脉、燕山山脉、恒山山脉和内蒙古高原边缘区；境内河流地跨海河、辽河和内流区诸河3个流域和11个水系，其中包括海河流域的滦河及冀东沿海诸河、北三河、永定河、大清河、子牙河、黑龙港及运东地区诸河、漳卫河、徒骇马颊河8个水系，辽河流域的辽河、辽东湾西部沿渤海诸河2个水系和内流区诸河流域的内蒙古高原东部内流区水系。

滦河及冀东沿海诸河水系发源于丰宁县大滩界牌梁，经沽源县西南向北流过内蒙古多伦县境，至外沟门子又入河北省境内，蜿蜒于峡谷之间，到潘家口越长城，经滦县进入平原，于乐亭县境内入渤海。沿滦河干流自上而下汇入的主要支流有：吐里根河、小滦河、兴洲河、伊逊河、武烈河、白河、老牛河、柳河、瀑河、洒河、长河、青龙河等。直接汇入冀东沿海的较大河流有陡河、沙河、洋河、石河、汤河、戴河等。由于这些河流分布在滦河下游两侧，独立分散入海，习惯上将冀东沿海诸河划为滦河水系。滦河及冀东沿海流域总面积 54400km^2，其中河北省 45870km^2。

北三河水系包括北运河、潮白河、蓟运河 3 条主要河流。北运河位于永定、潮白两河之间，在北京市通州区北关闸以上称温榆河，发源于北京市境内燕山南麓，流域面积 6166km^2；北关闸以下为北运河干流，流经河北省香河县和天津市武清县，至高楼与永定河汇合。潮白河界于北运、蓟运两河之间，流域面积 19354km^2，上游由潮河、白河两大支流组成，于北京市密云县河槽村汇合后始称潮白河。潮白河流经北京市密云县，纳怀河过顺义流入平原，下游河道流经北京通州区、河北省三河县及大厂回族自治县至香河县吴村闸，吴村闸以下称潮白新河；过香河县荣各庄进入天津市宝坻区境内，于里自沽纳青龙湾减河，至宁车沽防潮闸汇入永定新河。蓟运河西为潮白河，东为滦河和陡河，流域面积 10288km^2，主要支流有泃河、州河和还乡河。泃河与州河发源于燕山南麓河北省兴隆县，于九王庄汇合后始称蓟运河，流经天津市宝坻区、河北省玉田县境内，至天津市宁河县阎庄纳还乡河分洪道，经芦台、汉沽至北塘汇入永定新河入海。北三河水系流域总面积 35808km^2，其中河北省 19371km^2。

永定河水系主要支流有洋河、桑干河和妫水河。河道流经交替连接的盆地和峡谷。洋河由南洋河、西洋河、东洋河在怀安县柴沟堡附近汇集而成。桑干河发源于山西省宁武县管涔山，于阳原县的施家会进入河北省，至怀来县朱官屯与洋河汇合为永定河，入官厅水库，库区东侧有支流妫水河纳入。永定河水系流域面积 47016km^2，其中河北省面积 17662km^2。

大清河水系上游支流繁多，至中游汇集为南北两大支流。北支主要为拒马河，经铁锁崖出山口后分流为南、北拒马河。北拒马河有支流胡良河、琉璃河、小清河等汇入，至东茨村以下称白沟河。南拒马河纳北易水、中易水等支流后至白沟镇与白沟河汇合后称大清河，再经新盖房枢纽分别由白沟引河入白洋淀、新盖房分洪道和大清河故道入东淀。南支为典型的扇形流域，发源于山区的潴龙河、唐河、清水河、府河、漕河、瀑河、萍河等，均汇入白洋淀，通过赵王新河汇入东淀，出东淀经海河干流和独流减河入海。大清河水系流域总面积 43060km^2，其中河北省面积 34680km^2。

子牙河水系涉及河北、山西两省，流域总面积 46868km^2，其中河北省面积 27472km^2，有滏阳河和滹沱河两大支流。滏阳河发源于太行山东麓磁县西北的釜山，支流繁多，呈扇形分布；滏阳河支流牤牛河、渚河、沁河、输元河及生产团结渠等汇入永年洼；洺河、南澧河、七里河、李阳河、小马河、白马河及留垒河等汇入大陆泽；泜河、午河、槐河、洨河及北澧河等汇入宁晋泊；滏阳河与滹沱河之间的支流汪洋沟、邵村沟、小西河、龙治河、天平沟及留楚排干等平原排沥河道汇入滏阳河；滏阳河流域全部属河北省。滹沱河岗南以上主要支流有阳武河、云中河、牧马河、清水河，干流流经山西省代县、原平县及忻定盆地，于盂县阎家庄流入河北省，在岗南、黄壁庄水库之间有最大的支流冶河汇入，向下流经石家庄、衡水两市，于饶阳县大齐村进入献县泛区，在献县枢纽与滏阳河和滏阳新河汇合后通过子牙新河入海。

黑龙港及运东地区诸河水系位于滏阳新河、子牙新河以南，卫运河、漳卫新河以北，主要有南排河和北排河两大排水系统。南排河上游纳老漳河—滏东排河、老盐河、东风渠、老沙河—清凉江及江江河等支流，在肖家楼穿南运河，至赵家堡入海。北排河自滏东排河下口冯庄闸开始，沿途纳港河西支、中支、东支和本支等河，于兴济穿南运河至歧口入海。运东地区有宣惠河、大浪淀排水渠、沧浪渠、石碑河等。黑龙港及运东地区诸河水系全部在河北省境内，总面积 22444km^2。

漳卫河水系主要由漳河、卫河、卫运河、漳卫新河和南运河等主要河流组成。卫河和漳河是河系中上游的两条主要河道。卫河大部分汇流面积在河南省，至魏县北善村进入河北省。漳河由清漳河和浊漳河两条支流汇合而成。清漳河上游在山西省境内，至涉县刘家庄进入河北省境内，至合漳村与浊漳河汇合；浊漳河主要在山西省境内。漳卫河于徐万仓会流后至四女寺枢纽一段河道称为卫运河，后分别入漳卫新河和南运河。漳卫河水系流域总面积 37584km^2，其中河北省面积 3760km^2。

徒骇马颊河水系在海河流域最南部，毗邻黄河，为单独入海的平原河道，主要由徒骇河、马颊河和德惠新河三条独流入海河道组成。流经河南、河北、山东三省，流经河北省的有 6 条河流，其中较大的有马颊河。徒骇马颊河水系流域总面积 28740km^2，其中河北省流域面积 365km^2。

河北省地跨辽河流域辽河水系和辽东湾西部沿渤海诸河水系，辽河水系支流阴河、西路嘎河、老哈河发源于河北省围场县和平泉县，向东、东北流入内蒙古自治区和辽宁省。辽东湾西部沿渤海诸河水系，在河北省境内涉及承德和秦皇岛两市，共 7 条河流，其中较大的河流有大凌河西支、宋杖子河、榆树林子河。其中河北省辽河流域面积为 4413km^2。

内蒙古高原东部内流区水系位于西北部张家口坝上高原区，西、北部与内蒙古自治区毗邻，南部以“坝沿”为界，流域总面积 306356km^2，其中河北省流域面积 11656km^2，占全省总面积的 6.2%。内陆河流域范围内包括张家口市的尚义、康保、张北和沽源四县，地形平坦，多湖淖、草滩，流域内多为季节性小河，流程较短，长度数千米至数十千米，由南向北注入湖淖。较大的河流有：张北县境内的安固里河、三台河、单晶河；尚义县境内的大清沟、五台河；沽源县境内的二道营子、葫芦河。内陆河流入的封闭洼地称之为“淖”，坝上四县范围内有淖 70 多个，较大的有察汗淖、安固淖、黄盖淖等。

2 流域

流域是地面和地下水汇入河流并补给河流的区域，也可以说是地表水的集水面积。

流域是一个相对独立的自然地理系统，它以水系为纽带，将系统内各自然地理要素联结成一个不可分割的整体。随着人类活动的加剧，流域已成为区域人地关系十分敏感而复杂的地理单元。

每条河流都有自己的流域，一个大流域可以按照水系等级分成数个小流域，小流域又可以分成更小的流域等。另外，也可以截取河道的一段，单独划分为一个区间流域。流域之间的分水地带称为分水岭，分水岭上最高点的连线为分水线，即集水区的边界线。处于分水岭最高处的大气降水，以分水线为界分别流向相邻的河系或水系。

流域的主要特征包括流域面积、河网密度、流域形状、流域高度、流域方向或干流方向。

流域面积：流域地面分水线和出口断面所包围的面积，在水文上又称集水面积，单位是 km^2。这是河流的重要特征之一，其大小直接影响河流和水量大小及径流的形成过程。

河网密度：流域中干支流总长度和流域面积之比，单位是 km/km^2。其大小说明水系发育的疏密程度。河网密度受到气候、植被、地貌特征、岩石土壤等因素的控制。

河流频度：单位面积内河流数量，单位是条/km^2。

流域形状：对河流水量变化有明显影响。

流域高度：主要影响降水形式和流域内的气温，进而影响流域的水量变化。

流域方向或干流方向对冰雪消融时间有一定的影响。

流域根据其中的河流最终是否入海可分为内流区（或内流流域）和外流区（外流流域）。

河北省各流域水系面积见表 1-1。河北省流域水资源分区及面积见表 1-2。河北省不同流域面积河流数量见表 1-3。

表 1-1　　河北省各流域水系面积

一级流域	二级流域（水系）	编码	流域面积/km^2	河北省内面积/km^2
辽河流域	辽河水系	BA	220459	3936
	辽东湾西部沿渤海诸河水系	BB	37049	477
	小计			4413
海河流域	滦河及冀东沿海诸河水系	CA	54400	45870
	北三河水系	CB	35808	19371
	永定河水系	CC	47016	17662
	大清河水系	CD	43060	34680
	子牙河水系	CE	46868	27472
	黑龙港及运东地区诸河水系	CF	22444	22444
	漳卫河水系	CG	37584	3760
	徒骇马颊河水系	CJ	28740	365
	小计			171624
内流区诸河流域	内蒙古高原东部内流区水系	KA	306356	11656
合计				187693

表 1-2　　河北省流域水资源分区及面积

序号	流域二级区	流域三级区	流域面积/km^2	占总面积的比例/%
1	滦河及冀东沿海	滦河山区	35410	18.9
2		冀东沿海山区	3050	1.6
3		滦河及冀东沿海平原	7410	4.0

续表

序号	流域二级区	流域三级区	流域面积/km^2	占总面积的比例/%
4	海河北系	蓟运河山区	2816	1.5
5		潮白河山区	11871	6.3
6		永定河山区	17662	9.4
7		海河北系平原	4684	2.5
8	海河南系	大清河北支山区	5651	3.0
9		大清河南支山区	8135	4.3
10		滹沱河山区	4654	2.5
11		滏阳河山区	7433	4.0
12		漳河山区	1813	1.0
13		淀西清北平原	2284	1.2
14		淀东清北平原	2843	1.5
15		淀西清南平原	9504	5.1
16		淀东清南平原	6263	3.3
17		滹滏平原	8205	4.4
18		滏西平原	7180	3.8
19		漳卫平原	1947	1.0
20		黑龙港平原	15228	8.1
21		运东平原	7216	3.8
22	徒骇马颊河	徒骇马颊西部平原	365	0.2
23	辽河	辽河山区	4413	2.4
24	内陆河	内陆河山区	11656	6.2
合计	6	24	187693	100.0

表 1-3　　河北省不同流域面积河流数量

一级流域	二级流域	不同流域面积的河流数量/条						
		≥50km^2	≥100km^2	≥200km^2	≥500km^2	≥1000km^2	≥3000km^2	≥10000km^2
河北省	合计	1386	552	307	153	95	43	23
辽河流域	辽河水系	31	14	9	7	4	2	2
	辽东湾西部沿渤海诸河水系	7	4	3	1	1		
海河流域	滦河及冀东沿海诸河水系	291	133	62	27	14	3	1
	北三河水系	154	72	41	16	11	5	2
	永定河水系	131	56	31	13	6	4	2
	大清河水系	270	88	57	35	20	9	5
	子牙河水系	187	78	45	26	18	9	5
	黑龙港及运东地区诸河水系	244	63	32	14	10	5	2
	漳卫河水系	32	17	8	6	6	5	4
	徒骇马颊河水系	6	2	1	1	1	1	
内流区诸河流域	内蒙古高原东部内流区水系	33	25	18	7	4		

3 河流地貌

河流作用是地球表面最经常、最活跃的地貌作用，它贯穿于河流地貌的全过程。无论什么样的河流均有侵蚀、搬运和堆积作用，并形成形态各异的地貌类型。按照成因，一般分为侵蚀地貌和堆积地貌。

3.1 侵蚀地貌

侵蚀地貌分为下蚀（侵蚀河床）、侧蚀（侵蚀阶地、谷地）、溯源侵蚀（侵蚀谷坡，向河源方向延伸）。

（1）下蚀。下蚀作用是指沟谷或河谷底长期受水流冲蚀，沟槽与河床向纵深方向发展的现象。河流随河床的刷深，水位下降，使两岸的河漫滩高处洪水位以上，向两岸阶地转化。

下蚀作用强度与流量、流速、谷底纵剖面坡度、上游来沙量河谷地物质抗冲性有关。谷地窄，坡陡，流量大，谷地岩性松软，水流下蚀强度大。河谷下蚀还受侵蚀基准和地质构造运动的控制。当地壳抬升时，下蚀作用增强；地壳下降时，下蚀作用减弱。

在河流上游由于河床的纵比降和流水速度大，因此下蚀作用也比较强，这样使河谷的加深速度快于拓宽速度，从而形成在横断面上呈 V 形的河谷，也称 V 形谷。下蚀作用在加深河谷的同时还可以使河流向源头发展，加长河谷。我们把河流向源头发展的侵蚀作用成为“向源侵蚀作用”。河流的源头部分，大都存在跌水地段，该处下蚀作用最强，河流形成后，因向源侵蚀作用，河流不断向源头方向延伸，直至分水岭。

下蚀一般在上游最突出，原因是河流的上游多为山区，落差较大，河流速度快，因此下蚀严重。

（2）侧蚀。侧蚀作用是指流水拓宽河床的作用。侧蚀作用主要发生在河床弯曲处，因为主流线迫近凹岸，由于横向环流作用，使凹岸受流水冲蚀，这种作用的结果，加宽了河床，使河道更弯曲，形成曲流。

（3）溯源侵蚀。河流水对地表的侵蚀作用是多方面的。除了不断地使河流加宽、加深外，还对沟谷、河谷的源头产生侵蚀作用，不断地使河流源头向上移动，使谷地延长。这种侵蚀作用称为溯源侵蚀。溯源侵蚀可以在河流全程的任何地段发生，其速度也可以很快，如中国黄土高原沟谷溯源侵蚀的结果，每年可使沟头前进数米至数十米。

溯源侵蚀又称为向源侵蚀。它是使河流向源头方向加长的侵蚀作用，主要发生在河谷沟头。当侵蚀基准面因某种原因下降时，从河口段向上游方向也能发生显著的溯源侵蚀作用。溯源侵蚀使河流由小到大，由短变长。它使许多互相分隔，规模较小的流水相互联结起来。将主流与支流以及支流的支流联结成为统一的系统，称为水系。每个水系或水系的一部分都有其流域（河流及支流构成的总区域）。流域与流域之间由山体或高地所分隔。这种分开相邻流域的高地称为分水岭。

溯源侵蚀的根本原因在于下蚀，因此在河流的源头出现。

3.2 堆积地貌

堆积地貌分为河漫滩（平原）、堆积阶地、洪积-冲积平原、河口三角洲等。

（1）河漫滩。河漫滩（平原）：在中下游地区，河流在凸岸堆积，形成水下堆积体。

堆积体的面积不断升高扩大，在枯水季节露出水面，形成河漫滩。洪水季节被水淹没继续堆积。如果河流改道或向下侵蚀，河漫滩被废弃。多个被废弃的河漫滩连接在一起就形成河漫滩平原。

河漫滩的形成是河床不断侧向移动和河水周期性泛滥的结果。在河流作用下，河床常常一岸受到侧蚀，另一岸发生堆积，于是河床不断发生位移。受到堆积的一岸，由河床堆积物形成边滩，随着河床的侧移，边滩不断扩大。洪水期间，水流漫到河床以外的滩面，由于水深变浅，流速减慢，便将悬移的细粒物质沉积下来，在滩面上留下一层细粒沉积。河漫滩就是这样形成的，其上部由洪水泛滥时沉积下来的细粒物质组成，下部由河床侧向移动过程中沉积下来的粗粒物质组成。

(2) 堆积阶地。堆积阶地是由河流冲积物组成的河流阶地。堆积阶地在河流的中下游最为常见，其形成过程是先将河谷旁蚀成宽广的谷地，冲积物沉积，然后河流下蚀形成阶地。根据阶地间接触关系和河流下切深度的不同，堆积阶地分为上叠阶地、内叠阶地、埋藏阶地等。

(3) 洪积-冲积平原。冲积平原是由河流沉积作用形成的平原地貌。在河流的下游水流没有上游般急速，从上游侵蚀了大量泥沙到了下游后因流速不再足以携带泥沙，结果这些泥沙便沉积在下游。尤其当河流发生水浸时，泥沙在河的两岸沉积，冲积平原便逐渐形成。

洪积-冲积平原发育于山前。在山区，由于地势陡峭，洪水期水流速度较快，携带大量泥沙和砾石。水流流出山口时，由于地势突然趋于平缓，河道变得开阔，水流速度减慢，河流搬运的物质逐渐沉积下来，形成扇状堆积地貌，称为洪（冲）积扇地貌。洪（冲）积扇不断扩大而彼此相连，就形成洪积-冲积平原。河北平原是典型的冲积平原，是由于黄河、海河等所带的大量泥沙沉积冲积而成。

(4) 河口三角洲。当携带大量泥沙的河流进入海洋时，入海口水下坡度平缓，加上海水的顶托作用，河水流速减慢，河流所携带的泥沙会沉积在河口前方，形成三角洲。滦河是一条注入渤海的中、小型河流，全长 995km，流域面积 44227km^2，年径流量 45.5 亿 m^3，年输沙量 1900 万 t。历史时期，滦河经多次改道，于 1915 年冲决滨海沙丘在现今位置入海，60 多年来形成了近 70km^2 的现代三角洲。

4 影响河流发育的主要因素

从大气降落到地表上的水，在重力作用下，沿着陆地表面上的线型凹地流动而形成河流。流动的水和容水的槽是构成河流的两个要素，两者相互作用，相互依存，缺一不可。影响河流发育的因素最终都体现在“水”或“槽”的变化上。影响水量大小及其变化的，主要是降水、气温、蒸发等气候因素；影响河槽形态的，主要是地形、地质、土壤、植被等下垫面因素。

此外，人类活动对河流也有一定影响。当然，气候因素、下垫面因素和人类活动之间，也是相互作用、相互影响的。

4.1 气候因素

气候因素是影响河流发育最重要最基本的因素，它包括降水、气温和蒸发等要素。

中国大部分地区属于东亚季风区，东南季风带来的暖湿气团与北方的干冷气团交绥，形成锋面雨带。这条雨带接近东西方向，每年4—5月，从华南向北方推移，7—8月到达黄河流域和东北地区，9月开始向南迅速退缩，10月以后退出大陆。锋面雨带的推移是影响中国降水分布的主要天气系统，在它的支配下，降水量从东南沿海向西北内陆逐渐减少，而且集中在夏季，冬季较少。这就使中国河川径流量也具有从东南向西北递减，夏季为洪水期，冬季为枯水期的基本特点。降水量多，有利于河网发育，因此河网密度也具有从东南向西北递减的规律。

由于中国主要河流都是东西向的，与锋面雨带相平行，因此，当雨带移至或停滞在某一河流流域时，往往上、中、下游同时接受大量雨水，使河流水量迅速增加，造成洪水猛涨的现象。而雨带移走以后，全流域同时减水，又形成明显的枯水期，从而使中国河流水量的年内分配很不均匀，洪、枯水流量相差悬殊。

此外，西南季风、台风和低气压活动，也是影响中国局部地区降水的重要因素。西南季风是影响西南纵谷河流的主要天气系统，一年四季气温较高，但旱季和雨季明显，河川径流集中在夏秋两季，春季最枯。夏末秋初，台风袭击东南沿海地区造成台风雨，使中国东南部的河流水量更为丰沛。夏秋季节，太行山、秦岭等地低气压（气旋）活动频繁，形成急骤暴雨，不仅使黄河、海河等河流洪水猛涨，并且对流域内地表的侵蚀强烈，把大量碎屑物质带入河流，使这一地区的河流成为著名的多沙河流。

青藏高原北部及西北内陆地区，因离海很远，又有高山阻挡，东南和西南季风都不能到达，故属非季风气候区，降水量很少，所以河流水量、河网密度都很小，使绝大部分河流成为内流河。造成内流区的原因，地形因素是一个方面，但降水量太少则是根本的原因。

气温对中国河流的影响也是广泛的，影响的深刻程度，西部大于东部，北方大于南方。中国西部高原、高山区的河流，多以永久性冰雪融水补给为主，河川径流的变化，几乎完全服从于气温的变化。北方地区纬度较高，太阳辐射较弱，冬季气温低，以降雪为主，所以北方河流有封冻和春汛现象。

4.2 下垫面因素

水在地面上流动，必然受到地形、地质、土壤和植被等下垫面条件的影响，其中地形的影响最为主要。

地形因素不仅影响河流的流向和发源地带，还直接影响水流特性。在地势陡峻的崇山峻岭区，坡度大，河道汇流较快，洪水过程陡涨陡落，水流湍急，下切作用强烈，多形成深切河谷；在平原地区，水流缓慢，沉积作用较强，河道中多沙洲汊道。

地形对水系形态也有较大影响，例如三面高一面低的地形，往往形成扇形水系，如海河水系。

地形不仅能直接影响河流，还能影响降水。太行山区成为华北地区的多雨中心，也是因多地形雨的缘故。

流域的地质条件主要影响河网发育及地下水补给。地质构造复杂的地区，地层破碎，利于河网发育，河网密度相对较大，这是山丘地区河网密度大于平原地区的原因之一。较大的河槽往往沿着褶皱、断裂带或松软的岩层发育，西南纵谷河流就是如此。流域内地下水的蓄存条件主要取决于地质构造和岩石性质。

第二节　河　流　特　征

河流特征主要包括河流长度、流域面积、河流比降、河流频度、河网密度、河流发育系数、河流不均系数、河流弯曲系数等。河流的水文特征主要包括河流降水量、径流量等。

1　河流长度与河源河口

河流长度的计算是一件很困难的事，它与起点（河源）、终点（出海口、湖泊、或其他河流）位置的认定，以及两者之间总长度的量测方法与精度皆有关系。也因为如此，世界大河的排名每每争论不休。

河流源头的确定有“河源唯远”“水量唯大”“与主流方向一致”等原则；还有根据流域面积、历史习惯、干支流排列、河谷地质构造、河谷形态和地势等来确定河源。在实际应用中，主要还是用“河源唯远”“水量唯大”的准则，即在流域中找出最长的支流对应的源头，将其作为源头。全国第一次水利普查河流源头的确定方法是根据1∶5万的数字高程模型数据（DEM）和数字线划数字水系（DLG水系）同化生成的河流源头区综合数字水系末端（综合数字水系的最小集水面积定义为0.2km^2）作为河流源头。由此处作为起点量得的河流长度最长，就当作整个水系的河长。

河长是指河流由河源至河口的中泓线长度。一般而言，水系的源头会在本流的起点或是其上游处，此时若无特别指定，河流河长与水系河长同义。

每条河流一般都可分为河源、上游、中游、下游、河口等五个分段。

河源是指河流上游最初具有表面水流形态的地点。可以是溪涧、泉水、冰川、沼泽或湖泊等。

上游直接连着河源，在河流的上段，它的特点是落差大，水流急，下切力强，河谷峡，流量小，河床中经常出现急滩或瀑布。

中游一般特点是河道比降变缓，河床比较稳定，下切力量减弱而旁蚀力量增强，因此河槽逐渐拓宽和曲折，两岸有滩地出现。

下游特点是河床宽，纵比降小，流速慢，河道中淤积作用较显著，浅滩到处可见，河曲发育。

河口是河流与其汇入对象相连接的区域，也是河流流入海洋、湖泊、水库或其他河流的入口，泥沙淤积比较严重。

分别按照河流长度10km、20km、100km三种情况进行统计，计算不同河长的河流数量。表1-4为河北省各行政区不同河长的河流数量统计表。

以行政区为单元划分，河流长度不大于10km的河流数量较多的有邢台市和衡水市，分别为37条和24条；河流长度不大于20km的河流数量较多的有承德市和保定市，分别为101条和89条；河流长度不大于100km的河流数量较多的有承德市和张家口市，分别为224条和178条。

表 1-4 河北省各行政区不同河长的河流数量统计表

行政区	河流数量/条			跨水系名称
	$L\leqslant10$km	$L\leqslant20$km	$L\leqslant100$km	
石家庄市	4	33	73	大清河水系、子牙河水系
唐山市	14	74	126	滦河及冀东沿海诸河水系、北三河水系
秦皇岛市	1	30	57	滦河及冀东沿海诸河水系、辽东湾西部沿渤海诸河水系
邯郸市	9	51	98	漳卫河水系、徒骇马颊河水系、黑龙港及运东地区诸河水系、子牙河水系
邢台市	37	88	130	黑龙港及运东地区诸河水系、子牙河水系
保定市	13	89	165	大清河水系、永定河水系
张家口市	1	54	178	滦河及冀东沿海诸河水系、北三河水系、永定河水系、内蒙古高原东部内流区、大清河水系
承德市	3	101	224	滦河及冀东沿海诸河水系、北三河水系、辽东湾西部沿渤海诸河水系、辽河水系
沧州市	10	60	129	漳卫河水系、黑龙港及运东地区诸河水系、子牙河水系、大清河水系
廊坊市	20	66	104	大清河水系、北三河水系、永定河水系、子牙河水系
衡水市	24	63	110	大清河水系、子牙河水系、漳卫河水系、黑龙港及运东地区诸河水系

2 河流面积

流域面积指流域周围分水线与河口（或坝、闸址）断面之间所包围的面积，习惯上往往指地表水的集水面积，其单位以 km^2 计。一般作出流域的分水线即山脊线，由分水岭所围的区域即为流域的范围。在水文地理研究中，流域面积是一个极为重要的数据。

分别按照流域面积大于等于 $50km^2$、$100km^2$、$200km^2$、$500km^2$、$1000km^2$、$3000km^2$、$10000km^2$ 进行统计，计算不同面积的河流数量。表 1-5 为河北省不同流域面积的河流数量统计表。

通过对各行政区不同流域面积河流数量计算，流域面积大于等于 $50km^2$ 河流较多的是承德市，河流数量为 245 条；流域面积大于等于 $100km^2$ 河流较多的是承德市，河流数量为 136 条；流域面积大于等于 $200km^2$ 河流较多的是承德市，河流数量为 74 条；流域面积大于等于 $500km^2$ 河流较多的是承德市，河流数量为 32 条；流域面积大于等于 $1000km^2$ 河流较多的是承德市和沧州市，河流数量均为 21 条；流域面积大于等于 $3000km^2$ 河流较多的是沧州市，河流数量为 14 条；流域面积大于 $10000km^2$ 河流较多的是沧州市，河流数量为 10 条。

表 1-5 河北省不同流域面积河流数量统计表

行政区	河流数量/条						
	$F\geqslant50km^2$	$F\geqslant100km^2$	$F\geqslant200km^2$	$F\geqslant500km^2$	$F\geqslant1000km^2$	$F\geqslant3000km^2$	$F\geqslant10000km^2$
石家庄市	80	42	23	11	9	4	1
唐山市	135	47	27	13	7	3	2
秦皇岛市	59	27	12	8	3	2	1
邯郸市	109	41	19	14	12	8	4
邢台市	140	50	32	18	13	6	4
保定市	175	73	50	31	18	8	4
张家口市	188	109	65	28	14	6	4
承德市	245	136	74	32	21	7	3
沧州市	143	48	35	27	21	14	10
廊坊市	112	29	20	17	13	8	5
衡水市	121	37	21	15	13	8	5

3 河流比降

河段两端的河底高程之差称为落差，河源到河口两处的河底高程之差称为总落差。河道比降（河床比降）是指沿水流方向，单位水平距离河床高程差。

河道纵比降是指河流（或某一河段）水面沿河流方向的高差与相应的河流长度比值。

对任意河段两端（水面或河底）的高差称为落差，单位河长的落差称为河道总比降，简称比降。

当河段纵断面近于直线时，比降计算公式为：

$$J=\frac{h_1-h_0}{L}=\frac{\Delta h}{L}$$

式中：J 为河段比降；h_1、h_0 为河段上、下断面水面或河底高程，m；L 为河段长度，m。

当河底高程沿程变化时，可在纵断面图上从下断面河床处作一斜线，使斜线以下的面积与原河底线以下面积相等，该斜线的坡度即为河道的平均比降，如图 1-1 所示。河道比降计算公式为

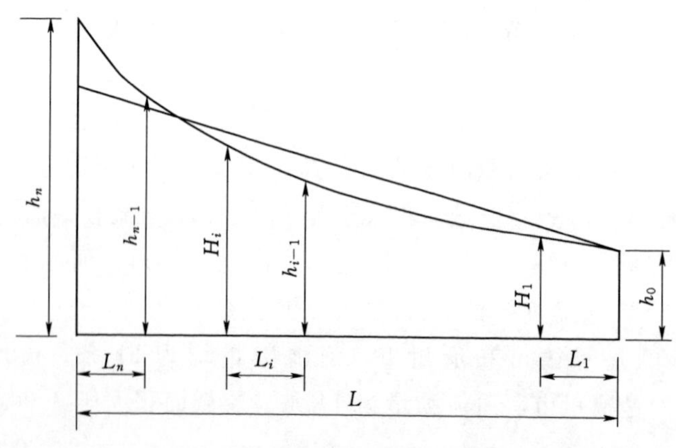

图 1-1 河道比降计算示意图

$$J=\frac{(h_0+h_1)L_1+(h_1+h_2)L_2+\cdots+(h_{n-1}+h_n)L_n-2h_0L}{L^2}$$

式中：J 为河道比降；h_0，h_1，…，h_n 为自下游到上游沿程各点的河底高程，m；L_1，L_2，…，L_n 为相邻两点间的距离，m；L 为河段全长，m。

平原河流比降很小，比降小于1.0‰的没有进行统计。按照河流比降分别为小于5‰、15‰、20‰三种情况，分别统计不同比降的河流数量。表1-6为河北省河流不同比降数量统计表。

表1-6　　河北省河流不同比降数量统计表

行政区	河流数量/条			跨水系名称
	$J<5‰$	$J<15‰$	$J<20‰$	
石家庄市	18	25	33	大清河水系、子牙河水系
唐山市	17	23	23	滦河及冀东沿海诸河水系、北三河水系
秦皇岛市	12	21	21	滦河及冀东沿海诸河水系、辽东湾西部沿渤海诸河水系
邯郸市	7	17	19	漳卫河水系、徒骇马颊河水系、黑龙港及运东地区诸河水系、子牙河水系
邢台市	11	18	19	黑龙港及运东地区诸河水系、子牙河水系
保定市	16	36	41	大清河水系、永定河水系
张家口市	34	72	94	滦河及冀东沿海诸河水系、北三河水系、永定河水系、内蒙古高原东部内流区、大清河水系
承德市	24	116	132	滦河及冀东沿海诸河水系、北三河水系、辽东湾西部沿渤海诸河水系、辽河水系
沧州市	2	2	2	漳卫河水系、黑龙港及运东地区诸河水系、子牙河水系、大清河水系
廊坊市	3	3	3	大清河水系、北三河水系、永定河水系、子牙河水系
衡水市	2	2	2	大清河水系、子牙河水系、漳卫河水系、黑龙港及运东地区诸河水系

河流比降与地形地貌有关，山区河流比降较大，而平原河流比降较小。按行政区为单元进行统计，比降小于5‰的河流数量最多的为张家口市，有34条河流；比降小于15‰的河流数量最多的为承德市，有116条河流；比降小于20‰的河流数量最多的也是承德市，有132条河流。

山区河流落差大，流速快，以下切侵蚀为主（可能同时地壳在抬升，下切侵蚀更强），河道比较直、深、形成窄谷；地势起伏小的地区，河流落差小，以侧蚀为主，侧蚀的强弱主要考虑河岸组成物质的致密与疏松、凹岸与凸岸、还有地转偏向力，河道比较弯、浅、宽。

4　河流频度

河流频度是指单位面积内河流的数量。河流频度越大，说明区域内河流数量越多。计算公式为

$$C=K\frac{N}{F}$$

式中：C 为某一流域（区域）的河流频度，条/km²；K 为单位换算系数；N 为流域（区域）内河流数量，条；F 为流域（区域）面积，km²。

通过对河北省各行政区河流频度分析（见表1-7）可以看出，河流频度最高的是廊坊市，为1.742条/100km²；其次为衡水市，为1.373条/100km²。河流频度最小的区域为张家口市，为0.509条/100km²。

表1-7 河北省各行政区水网频度计算表

行政区	流域面积/km²	河流数量/条	河流频度/(条/100km²)
石家庄市	14077	80	0.568
唐山市	13385	135	1.009
秦皇岛市	7750	59	0.761
邯郸市	12047	109	0.905
邢台市	12456	140	1.124
保定市	22112	175	0.791
张家口市	36965	188	0.509
承德市	39601	245	0.619
沧州市	14056	143	1.017
廊坊市	6429	112	1.742
衡水市	8815	121	1.373

5 河网密度

河网密度是流域中干支流总长度和流域面积之比，单位是km/100km²。其大小说明水系发育的疏密程度。河网密度受到气候、植被、地貌特征、岩石土壤等因素的控制。计算公式为

$$D=K\frac{L}{F}$$

式中：D 为某一流域（区域）的河网密度，km/100km²；K 为单位换算系数；L 为流域（区域）内河流总长度，km；F 为流域（区域）面积，km²。

根据河北省各行政区的面积和流域面积50km²及以上河流总长度，分别计算出各行政区的河网密度。通过对河北省各行政区河网密度计算，河网密度最大的为衡水市，为33km/100km²；河网密度最小的是张家口市，为16km/100km²。表1-8为河北省各行政区河网密度计算表。

表 1-8 河北省各行政区河网密度计算表

行政区	流域面积/km^2	河流总长度/km	河网密度/($km/100km^2$)
石家庄市	14077	2798.5	20
唐山市	13385	3531.1	26
秦皇岛市	7750	1640.1	21
邯郸市	12047	2998.7	25
邢台市	12456	3261.6	26
保定市	22112	5032.1	23
张家口市	36965	6081.8	16
承德市	39601	7734.9	20
沧州市	14056	4473.5	32
廊坊市	6429	2027.0	32
衡水市	8815	2869.3	33

第三节 河流数量与分布

河北省流域面积大于 $50km^2$ 的河流有 1386 条，其中海河流域 1315 条、辽河流域 38 条、内流区诸河流域 33 条。其中山地河流 649 条，占河流总数的 47%；平原水网区河流 709 条，占河流总数的 51%；混合河流 28 条，占河流总数的 2%。$100km^2$ 以上河流 552 条，其中海河流域 509 条、辽河流域 18 条、内流区诸河 25 条。

1 河流数量

根据全国第一次水利普查河湖组最终确定的技术方案，考虑计算误差和管理等因素，将山地河流面积在 $50km^2$ 及以上河流列入普查范围，流域面积达到 $100km^2$ 及以上的河流还要计算流域水系自然特征、水文特征。经普查河北省达到普查标准的有 1386 条河流。

1.1 按河流类型统计

河北省山地河流共 649 条，占河流总数的 47%；平原水网区河流共 709 条，占河流总数的 51%；混合河流 28 条，占河流总数的 2%。

山地河流共有 649 条，其中海河流域滦河及冀东沿海诸河水系 215 条、北三河水系 88 条、永定河水系 109 条，大清河水系 86 条、子牙河水系 68 条、漳卫河水系 12 条；辽河流域辽河水系 31 条、辽东湾西部沿渤海诸河水系 7 条；内流区诸河内蒙古高原东部内流区 33 条。

平原河流共有 709 条，全部分布在海河流域，其中滦河及冀东沿海诸河水系 74 条、北三河水系 62 条、永定河水系 22 条，大清河水系 176 条、子牙河水系 106 条、黑龙港及运东地区诸河水系 244 条、漳卫河水系 19 条、徒骇马颊河水系 6 条。

混合河流 28 条，全部分布在海河流域，其中滦河及冀东沿海诸河水系 2 条、北三河水系 4 条、大清河水系 9 条、子牙河水系 12 条、漳卫河水系 1 条。

河北省不同地貌类型河流数量分部情况见表1-9。

表1-9　河北省河流不同地貌类型河流分布情况统计表

一级流域	二级水系	不同类型不同面积的河流数量/条							
		合计		山地河流		平原河流		混合河流	
		≥50km²	≥100km²	≥50km²	≥100km²	≥50km²	≥100km²	≥50km²	≥100km²
合计		1386	552	649	346	709	178	28	28
辽河流域	辽河水系	31	14	31	14				
	辽东湾西部沿渤海诸河水系	7	4	7	4				
海河流域	滦河及冀东沿海诸河水系	291	133	215	110	74	21	2	2
	北三河水系	154	72	88	51	62	17	4	4
	永定河水系	131	56	109	53	22	3		
	大清河水系	271	89	86	39	176	41	9	9
	子牙河水系	186	77	68	42	106	23	12	12
	黑龙港及运东地区诸河水系	244	63	0	0	244	63		
	漳卫河水系	32	17	12	8	19	8	1	1
	徒骇马颊河水系	6	2			6	2		
内流区诸河流域	内蒙古高原东部内流区水系	33	25	33	25				

1.2　跨界类型统计

河北省与多省（自治区）交接。在1386条河流中，省内河流1183条，跨省（流经或流域边界跨界）河流203条。

跨界河流按水系分布情况看，海河流域滦河及冀东沿海诸河水系15条、北三河水系52条、永定河水系36条、大清河水系23条、子牙河水系14条、黑龙港及运东地区诸河水系8条、漳卫河水系18条、徒骇马颊河水系5条；辽河流域辽河水系11条、辽东湾西部沿渤海诸河水系6条；内流区诸河内蒙古高原东部内流区15条。河北省跨省河流情况见表1-10。

1.3　独流入海情况统计

河北省东面濒临渤海，流域内部分河流经河北省汇入渤海，为详细普查河流情况，对独流入海河流进行进一步统计。

河北省境内共有独流入海河流45条，其中山地河流11条、平原河流32条、混合河流2条，分别分布在辽东湾西部沿渤海诸河水系、滦河及冀东沿海诸河水系、永定河水系、子牙河水系、黑龙港及运东地区诸河水系、漳卫河水系、徒骇马颊河水系等7个水系。其中滦河及冀东沿海诸河水系独流入海河流最多，为31条（8条山地河流、21条平原水网区河流、2条混合河流）；其次为黑龙港及运东地区诸河水系，为8条（均为平原

表 1-10　　河北省跨省河流统计表

流　　域	水　　系	跨省界河流数量/条
辽河流域	辽河水系	11
	辽东湾西部沿渤海诸河水系	6
海河流域	滦河及冀东沿海诸河水系	15
	北三河水系	52
	永定河水系	36
	大清河水系	23
	子牙河水系	14
	黑龙港及运东地区诸河水系	8
	漳卫河水系	18
	徒骇马颊河水系	5
内流区诸河	内蒙古高原东部内流区	15
合计		203

水网区河流)；辽东湾西部沿渤海诸河水系为 2 条（均为山地河流），其余各水系分别只有 1 条。河北省独流入海河流分布统计见表 1-11。

表 1-11　　河北省独流入海河流分布统计表

流域	水　　系	独流入海河流/条			
		合计	山地河流	平原水网区河流	混合河流
辽河流域	辽河水系	0	0	0	0
	辽东湾西部沿渤海诸河水系	2	2	0	0
海河流域	滦河及冀东沿海诸河水系	31	8	21	2
	北三河水系	0	0	0	0
	永定河水系	1	1	0	0
	大清河水系	0	0	0	0
	子牙河水系	1	0	1	0
	黑龙港及运东地区诸河水系	8	0	8	0
	漳卫河水系	1	0	1	0
	徒骇马颊河水系	1	0	1	0
内流区诸河	内蒙古高原东部内流区	0	0	0	0
合计		45	11	32	2

独流入海河流按流域面积划分，分为大于等于 $50km^2$、$100km^2$、$200km^2$、$500km^2$、$1000km^2$、$2000km^2$ 等 6 种情况，不小于 $50km^2$ 的河流 13 条，不小于 $2000km^2$ 河流 2 条。独流入海河流主要分布在滦河及冀东沿海诸河水系，共 31 条河流。独流入海河流面积分级统计见表 1-12。

表 1-12　　独流入海河流（山地、混合河流）面积分级统计表

水系	独流入海河流山地、混合河流/条					
	$F\geqslant50km^2$	$F\geqslant100km^2$	$F\geqslant200km^2$	$F\geqslant500km^2$	$F\geqslant1000km^2$	$F\geqslant2000km^2$
辽东湾西部沿渤海诸河水系	2	1	0	0	0	0
滦河及冀东沿海诸河水系	10	9	7	5	2	1
永定河水系	1	1	1	1	1	1
合计	13	11	8	6	3	2

2　河流地域分布

将河北全省的1386条河流按流域划分，海河流域1315条、辽河流域38条、内流区诸河33条。河北省河流主要分布于海河流域的八大水系，所占比例为94.9%；属于辽河流域的河流所占比例为2.7%；属于内流区诸河的河流所占比例为2.4%。其中，海河流域的滦河及冀东沿海诸河水系河流数量最多，为291条；徒骇马颊河水系河流6条，在各水系中最少。

（1）按行政区划分布统计。河北省河流普查对象涉及全省11个地市。河流数量按流经情况统计，若河流流经多个不同地市，则各地市均对其进行统计。以流经情况统计各市河流数量，流经承德市的河流数量最多，为245条，占河流总数的17.7%，其中$100km^2$以上136条；其次为张家口市188条，占河流总数的13.6%，其中$100km^2$及以上109条；数量最少的为秦皇岛市，只有59条，仅占河流总数的4.3%，其中$100km^2$及以上27条。河北省各行政区河流数量统计见表1-13。

表 1-13　　河北省各行政区河流数量统计表

序号	行政区	流域面积$50km^2$及以上河流/条				流域面积$100km^2$及以上河流/条			
		山地	混合	平原	合计	山地	混合	平原	合计
1	石家庄市	48	5	27	80	29	5	8	42
2	唐山市	44	4	87	135	19	4	24	47
3	秦皇岛	46	0	13	59	21	0	6	27
4	邯郸市	28	3	78	109	17	3	21	41
5	邢台市	17	10	113	140	10	10	30	50
6	保定市	73	9	93	175	35	9	29	73
7	张家口市	187	1	0	188	108	1	0	109
8	承德市	243	2	0	245	134	2	0	136
9	沧州市	2	0	141	143	2	0	46	48
10	廊坊市	1	2	109	112	1	2	26	29
11	衡水市	2	0	119	121	2	0	35	37

按市级行政区划统计，流经承德市流域面积$100km^2$的河流最多，为136条，其次为张家口市，为109条，秦皇岛市最少，为27条，各市级行政区的河流数量见表1-14。

表 1-14　　河北省各行政区河流分布数量统计表

流经行政区	$50km^2$ 以上河流数量/条	其中：$100km^2$ 以上河流数量/条	跨水系名称
石家庄市	80	42	大清河水系、子牙河水系
唐山市	135	47	滦河及冀东沿海诸河水系、北三河水系
秦皇岛市	59	27	滦河及冀东沿海诸河水系、辽东湾西部沿渤海诸河水系
邯郸市	109	41	漳卫河水系、徒骇马颊河水系、黑龙港及运东地区诸河水系、子牙河水系
邢台市	140	50	黑龙港及运东地区诸河水系、子牙河水系
保定市	175	73	大清河水系、永定河水系
张家口市	188	109	滦河及冀东沿海诸河水系、北三河水系、永定河水系、内蒙古高原东部内流区、大清河水系
承德市	245	136	滦河及冀东沿海诸河水系、北三河水系、辽东湾西部沿渤海诸河水系、辽河水系
沧州市	143	48	漳卫河水系、黑龙港及运东地区诸河水系、子牙河水系、大清河水系
廊坊市	112	29	大清河水系、北三河水系、永定河水系、子牙河水系
衡水市	121	37	大清河水系、子牙河水系、漳卫河水系、黑龙港及运东地区诸河水系

（2）按集水面积分布统计。河北省的1386条河流按集水面积划分：$50km^2$ 及以上河流1386条，其中海河流域1315条、辽河流域38条、内流区诸河33条；$100km^2$ 及以上河流552条，其中海河流域509条、辽河流域18条、内流区诸河25条。$100km^2$ 及以上河流占河流总数的40%。河北省按集水面积河流数统计见表1-15。

表 1-15　　河北省按集水面积河流数量统计表

流域	水系	集水面积 $50km^2$ 及以上河流/条	集水面积 $100km^2$ 及以上河流/条
辽河流域	辽河水系	31	14
	辽东湾西部沿渤海诸河水系	7	4
海河流域	滦河及冀东沿海诸河水系	291	133
	北三河水系	154	72
	永定河水系	131	56
	大清河水系	271	89
	子牙河水系	186	77
	黑龙港及运东地区诸河水系	244	63
	漳卫河水系	32	17
	徒骇马颊河水系	6	2
内流区诸河	内蒙古高原东部内流区	33	25
合计		1386	552

第四节 河流基本信息

河北省境内河流众多，山地河流共649条，占河流总数的47%；平原水网区河流共709条，占河流总数的51%；混合河流28条，占河流总数的2%。$50km^2$ 及以上河流1386条（河流按行政区统计时，跨境河流重复统计，河流条数大于河流总数），其中海河流域1315条、辽河流域38条、内流区诸河33条。$100km^2$ 及以上河流552条（按行政区统计为636条，跨境河流重复统计），其中海河流域509条、辽河流域18条、内流区诸河25条。$100km^2$ 及以上河流占河流总数的40%。河北省各行政区河流分布及数量统计见表1-16。

表1-16　河北省各行政区河流分布及数量统计表

行政区	跨水系名称	河流数量/条	
		$50km^2$ 及以上	$100km^2$ 及以上
石家庄市	大清河水系、子牙河水系	80	42
唐山市	滦河及冀东沿海诸河水系、北三河水系	135	47
秦皇岛市	滦河及冀东沿海诸河水系、辽东湾西部沿渤海诸河水系	59	27
邯郸市	漳卫河水系、徒骇马颊河水系、黑龙港及运东地区诸河水系、子牙河水系	109	41
邢台市	黑龙港及运东地区诸河水系、子牙河水系	140	50
保定市	大清河水系、永定河水系	175	73
张家口市	滦河及冀东沿海诸河水系、北三河水系、永定河水系、内蒙古高原东部内流区、大清河水系	188	109
承德市	滦河及冀东沿海诸河水系、北三河水系、辽东湾西部沿渤海诸河水系、辽河水系	245	136
沧州市	漳卫河水系、黑龙港及运东地区诸河水系、子牙河水系、大清河水系	143	48
廊坊市	大清河水系、北三河水系、永定河水系、子牙河水系	112	29
衡水市	大清河水系、子牙河水系、漳卫河水系、黑龙港及运东地区诸河水系	121	37
合计		1386	552

河流基本信息包括河流名称、流域面积、河流长度、河流平均比降、河源与河口位置和在本区域境内长度。为便于查找使用，分别对河北省各市的河流基本信息进行统计。

（1）邯郸市河流基本信息。邯郸市境内河流众多，流域面积在 $50km^2$ 及以上的河流有109条，其中漳卫河水系有河流31条，徒骇马颊河水系6条，黑龙港及运动地区诸河水系36条，子牙河水系36条；$100km^2$ 及以上的河流40条。表1-17为邯郸市河流基本信息统计表。

表 1-17　　邯郸市河流基本信息统计表

序号	河流名称	流域面积/km²	河流长度/km	河流平均比降/‰	河源位置	河口位置	本市长度/km
1	滏阳河	21511	450	0.139	邯郸峰峰矿区	献县	201
2	王庄河—牤牛河	241	31	3.39	邯郸峰峰矿区	磁县	31
3	牤牛河	66.2	23		武安市	磁县	23
4	王女河	67	18		武安市	磁县	18
5	沁河	124	37	3.63	武安市	邯郸丛台区	37
6	输元河	50	18		邯郸县	邯郸丛台区	18
7	小沙河	137	65		沙河市	南和县	36.6
8	洺河	3122	171	2.87	武安市	鸡泽县	171
9	夏庄河	57.3	16		武安市	武安市	16
10	西峧河	57.9	14		武安市	武安市	14
11	崔炉河	84.1	20		武安市	武安市	20
12	木井河	178	30	16.6	涉县	武安市	30
13	冶陶河	134	27	11.1	涉县	武安市	27
14	玉带河	106	31	5.76	武安市	武安市	31
15	北洺河	513	62	10.4	武安市	武安市	62
16	马会河	443	50	8.76	沙河市	永年县	28
17	丰里河	77	26		沙河市	武安市	12
18	淤泥河	103	23	7.01	沙河市	武安市	6.6
19	留垒河	721	71		永年县	任县	37
20	幸福排渠		14		永年县	永年县	14
21	崔青总干渠		6.7		鸡泽县	平乡县	6.4
22	支漳河	1459	31		邯郸邯山区	永年县	31
23	磁邯渠		17		磁县	邯郸县	17
24	邯肥渠		14		邯郸县	肥乡县	14
25	团结一支渠		20		邯郸县	肥乡县	20
26	胜利沟		11		邯郸县	邯郸丛台区	11
27	军亓沟		9.7		邯郸县	邯郸县	9.7
28	姚寨干渠		4.4		永年县	永年县	4.4
29	滏南排渠		7.7		永年县	永年县	7.7
30	崔青西干渠		6.4		鸡泽县	鸡泽县	6.4
31	赵寨干渠		19		鸡泽县	鸡泽县	4.4
32	崔青东干渠		18		鸡泽县	鸡泽县	18

续表

序号	河流名称	流域面积/km²	河流长度/km	河流平均比降/‰	河源位置	河口位置	本市长度/km
33	沙洺河	2836	37		鸡泽县	任县	4.4
34	西干渠		36		磁县	肥乡县	36
35	东干渠		27		成安县	肥乡县	27
36	生产团结渠		13		肥乡县	永年县	13
37	东风渠		83		魏县	曲周县	83
38	清凉江一老沙河	3894	254		邱县	泊头市	25
39	总干二支渠		19		肥乡县	肥乡县	19
40	布寨渠		18		肥乡县	永年县	18
41	民有二干渠		46		成安县	曲周县	46
42	罗官营渠		20		曲周县	曲周县	20
43	一分干		26		曲周县	曲周县	26
44	辛集排干		18		曲周县	邱县	18
45	三分干		11		曲周县	曲周县	11
46	五分干		14		曲周县	邱县	14
47	宋八疃渠		22		邱县	曲周县	22
48	合义渠		34		邱县	广宗县	18
49	安寨渠		25		曲周县	邱县	25
50	南干渠		14		曲周县	曲周县	14
51	南分干渠		9.2		邱县	邱县	9.2
52	波留固渠		12		邱县	邱县	12
53	北干渠		31		曲周县	邱县	31
54	沙东干渠		40		大名县	邱县	40
55	王封干西支		13		广平县	广平县	13
56	王封干东支		13		广平县	广平县	13
57	王封排水渠		20		广平县	邱县	20
58	卫西干渠	453	51		馆陶县	威县	38
59	威临渠		17		馆陶县	馆陶县	17
60	蔡口渠		20		馆陶县	邱县	20
61	临馆渠		17		馆陶县	临西县	17
62	果子园渠		10		邱县	馆陶县	10
63	胜利渠		8.1		馆陶县	馆陶县	8.1
64	孙楼渠		22		邱县	临西县	20

续表

序号	河流名称	流域面积/km²	河流长度/km	河流平均比降/‰	河源位置	河口位置	本市长度/km
65	老漳河	1897	117		永年县	宁晋县	54
66	东风二排支		19		成安县	魏县	19
67	东风四排支		14		成安县	广平县	14
68	东风五排支		12		肥乡县	肥乡县	12
69	东风六排支		12		肥乡县	肥乡县	12
70	东风七排支		12		肥乡县	肥乡县	12
71	东风八排支		11		肥乡县	肥乡县	11
72	民有三干渠		31		魏县	曲周县	31
73	卫河	14834	411	0.506	山西省陵川县	大名县	60
74	安阳河	1920	161	1.10	河南省林州市	河南省内黄县	1.4
75	滑河屯排水沟		21		魏县	魏县	21
76	车固排水沟		23		临漳县	河南省内黄县	23
77	宋村排水沟		27		魏县	河南省内黄县	27
78	加五支		12		清丰县	魏县	12
79	漳河故道		16		南乐县	魏县	16
80	岳飞河		33		临漳县	内黄县	0.65
81	胡口沟		8.8		临漳县	河南省安阳县	4.4
82	王庄河		29		临漳县	河南省内黄县	2.4
83	漳河	19927	440	1.92	山西省长子县	馆陶县	217.5
84	跃进渠总干渠	99.5	29		河南省林州市	磁县	3.7
85	都党沟	129	31	12.2	磁县	磁县	31
86	清漳河	5320	210	5.48	昔阳县	涉县	68.6
87	峪里沟	79.7	19		山西省黎城县	涉县	6.2
88	南委泉河	307	26	18.2	黎城县	涉县	4.85
89	宇庄沟	166	27	14.2	涉县	涉县	27
90	东枯河	143	26	11.5	涉县	涉县	26
91	神头沟	95.2	20		山西省黎城县	涉县	20
92	关防沟	215	28	12.6	涉县	涉县	28
93	关宋沟	84.6	16		涉县	涉县	16
94	民有总干渠		102		涉县	馆陶县	102
95	民有一干渠		52		磁县	成安县	52
96	太平渠		38		临漳县	临漳县	38

续表

序号	河流名称	流域面积/km^2	河流长度/km	河流平均比降/‰	河源位置	河口位置	本市长度/km
97	大呼村排水渠		26		临漳县	临漳县	26
98	魏大馆排水渠		61		临漳县	大名县	61
99	东风一排支		31		临漳县	魏县	31
100	小引河		33		大名县	大名县	33
101	岔河咀干渠		13		大名县	大名县	13
102	九里沟		12		大名县	大名县	12
103	漳卫河	37381	366		馆陶县	山东省无棣县	38.8
104	马颊河	8312	438		河南省濮阳县	山东省无棣县	27
105	鸿雁渠		37		大名县	山东省冠县	4.3
106	老柴河		19		大名县	大名县	19
107	红雁江		27		大名县	山东省莘县	27
108	黄河故道		24		大名县	山东省莘县	24
109	消灾渠		18		大名县	山东省莘县	18
合计							2998.7

注　山地河流流域面积为水利普查量算数据，平原或混合河流流域面积为权威资料数据，下同。

（2）邢台市河流基本信息。邢台市境内有河流140条，其中黑龙港及运东地区诸河水系有河流81条，子牙河水系58条，漳卫河水系1条。大于100km^{2}河流50条。表1-18为邢台市河流基本信息统计表。

表1-18　　邢台市河流基本信息统计表

序号	河流名称	流域面积/km^2	河流长度/km	平均比降/‰	河源位置	河口位置	本市长度/km
1	滏阳河	21511	450	0.139	邯郸峰峰矿区	献县	100.6
2	小沙河	137	65		沙河市	南和县	65
3	顺水河—七里河	593	88	2.09	邢台县	任县	88
4	小南河	53.8	17		邢台县	邢台县	17
5	牛尾河	316	58	1.65	邢台县	任县	58
6	小黄河	58.5	23		邢台县	邢台桥东区	23
7	白马河	571	74	3.19	邢台县	任县	74
8	小马河	238	49	3.94	内丘县	任县	49
9	李阳河	284	46	1.97	内丘县	隆尧县	46
10	李阳河北支	60.3	18		内丘县	临城县	18
11	小槐河	162	19	2.14	临城县	柏乡县	19
12	午河中支	100	28	5.08	临城县	高邑县	28

续表

序号	河流名称	流域面积/km²	河流长度/km	平均比降/‰	河源位置	河口位置	本市长度/km
13	马会河	443	50	8.76	沙河市	永年县	23.4
14	丰里河	77	26		沙河市	武安市	13
15	淤泥河	103	23	7.01	沙河市	武安市	16.9
16	南澧河—沙河	1830	162	2.50	内丘县	任县	162
17	崇水峪川	75.6	16		邢台县	邢台县	16
18	将军墓川	174	30	16.2	山西省昔阳县	邢台县	28.7
19	浆水川	167	33	13.3	邢台县	邢台县	33
20	路罗川	324	36	11.7	邢台县	邢台县	36
21	杨庄川	76.4	15		邢台县	邢台县	15
22	渡口川	234	46	9.41	沙河市	邢台县	46
23	泜河	945	105	1.63	内丘县	宁晋县	105
24	泜河北支	181	35	9.23	临城县	临城县	35
25	赛里川	51.8	22		内丘县	临城县	22
26	北沙河—槐河	978	117	2.43	临城县	宁晋县	117
27	洨河	1658	76	0.792	鹿泉市	宁晋县	62.6
28	留垒河	721	71		永年县	任县	33.2
29	崔青总干渠		6.7		鸡泽县	平乡县	0.3
30	分洪道		12		平乡县	南和县	12
31	平南渠		8.8		平乡县	南和县	8.8
32	平任渠		8.3		平乡县	任县	8.3
33	溜子河		11		沙河市	南和县	11
34	小林渠		15		南和县	任县	15
35	沙洺河	2836	37		鸡泽县	任县	32.6
36	北澧河	10574	41		任县	宁晋县	41
37	五干		3.9		隆尧县	隆尧县	3.9
38	八干		13		隆尧县	隆尧县	13
39	七干		7.9		隆尧县	隆尧县	7.9
40	六干		8.5		隆尧县	隆尧县	8.5
41	三河沟通		6.1		宁晋县	宁晋县	6.1
42	马河		11		任县	任县	11
43	北澧老河		24		任县	隆尧县	24
44	二分干渠		11		任县	巨鹿县	11
45	三干		10		隆尧县	隆尧县	10

续表

序号	河流名称	流域面积/km²	河流长度/km	平均比降/‰	河源位置	河口位置	本市长度/km
46	四干		7.8		隆尧县	隆尧县	7.8
47	二干		13		隆尧县	隆尧县	13
48	午河	1115	32		柏乡县	宁晋县	32
49	滏阳新河	14877	130		宁晋县	献县	22
50	土塘沟		10		宁晋县	宁晋县	10
51	七分干排		10		宁晋县	新河县	10
52	三干排		42		晋州市	冀州市	14
53	汪洋沟	1392	80		藁城市	宁晋县	29.7
54	江沟		16		赵县	宁晋县	2
55	滏宁渠		9.8		宁晋县	宁晋县	9.8
56	五分干排		20		宁晋县	宁晋县	20
57	六分干排		13		宁晋县	宁晋县	13
58	一干北排		22		宁晋县	宁晋县	22
59	清凉江—老沙河	3894	254		邱县	泊头市	63.6
60	张桥干渠		15		平乡县	平乡县	15
61	合义渠		34		邱县	广宗县	15.7
62	合义渠东支		9.5		广宗县	广宗县	9.5
63	一干渠		16		广宗县	广宗县	16
64	二干渠		9.5		广宗县	广宗县	9.5
65	洗马渠		15		广宗县	广宗县	15
66	板台渠		14		平乡县	广宗县	14
67	弯子渠		7.8		巨鹿县	巨鹿县	7.8
68	王六村渠		8.7		广宗县	巨鹿县	8.7
69	洪水口渠		9.9		巨鹿县	巨鹿县	9.9
70	滏漳渠		19		巨鹿县	巨鹿县	19
71	商店一支渠	84	18		巨鹿县	巨鹿县	18
72	大河道渠		7.8		巨鹿县	巨鹿县	7.8
73	商店渠	405	43		平乡县	巨鹿县	43
74	神仙渠		16		巨鹿县	巨鹿县	16
75	威广渠		7.5		广宗县	威县	7.5
76	东风四分干		42		威县	威县	42
77	下堡寺渠		12		临西县	临西县	12
78	城东排渠		9.9		威县	威县	9.9

续表

序号	河流名称	流域面积/km²	河流长度/km	平均比降/‰	河源位置	河口位置	本市长度/km
79	四支渠		4.8		威县	威县	4.8
80	六支渠		12		威县	威县	12
81	五支渠		16		威县	威县	16
82	古漳河		13		威县	威县	13
83	临威渠	357	21		临西县	威县	21
84	赵王河		14		临西县	清河县	14
85	胜利渠		6.7		清河县	清河县	6.7
86	丰收二支渠		16		清河县	清河县	16
87	清水河	206	19		清河县	清河县	19
88	清乔渠		24		清河县	南宫市	24
89	民兴渠		25		清河县	清河县	25
90	辛堤一支渠		10		清河县	故城县	10
91	南衡灌渠		12		南宫市	枣强县	11
92	卫西干渠	453	51		馆陶县	威县	12.9
93	临馆渠		17		馆陶县	临西县	15
94	引卫一分干		12		临西县	临西县	12
95	孙楼渠		22		邱县	临西县	2
96	新清临西干渠	380	22		临西县	清河县	22
97	申街分洪渠		11		临西县	临西县	11
98	联结渠		4.2		临西县	临西县	4.2
99	跃进渠		9.5		临西县	临西县	9.5
100	东干一支渠		13		临西县	临西县	13
101	马刘庄渠		8.2		临西县	临西县	8.2
102	赵疃渠下段		5.9		临西县	临西县	5.9
103	赵疃渠上段		5.5		临西县	临西县	5.5
104	石佛渠		8.6		临西县	临西县	8.6
105	机排引渠		12		临西县	临西县	12
106	东清临渠		14		临西县	临西县	14
107	焦庄地下渠		8.5		清河县	清河县	8.5
108	南李干渠		11		清河县	清河县	11
109	丰收三支渠		13		威县	清河县	13
110	引黄干渠	400	43		临西县	清河县	43

续表

序号	河流名称	流域面积/km²	河流长度/km	平均比降/‰	河源位置	河口位置	本市长度/km
111	东干二支渠		15		临西县	临西县	15
112	清西干渠		62		南宫市	南宫市	62
113	老盐河—索泸河	2182	187		威县	泊头市	28.3
114	七支渠		15		威县	威县	15
115	九支渠		15		威县	南宫市	15
116	刘邱渠		10		南宫市	南宫市	10
117	乔村渠		7.5		南宫市	南宫市	7.5
118	引索六支渠		10		南宫市	南宫市	10
119	老漳河	1897	117		永年县	宁晋县	62
120	小漳河	429	68		平乡县	宁晋县	68
121	一干渠		15		隆尧县	宁晋县	15
122	滏东排河	4409	131		宁晋县	献县	24.5
123	西沙河		87		威县	冀州市	78.7
124	八支渠		8.9		威县	威县	8.9
125	三干渠		14		广宗县	广宗县	14
126	十支渠		20		威县	南宫市	20
127	东风渠		14		新河县	新河县	14
128	跃进渠		15		新河县	新河县	15
129	西流渠		19		南宫市	新河县	19
130	冀南渠	210	30		南宫市	冀州市	9.8
131	葛柏庄渠		14		威县	南宫市	14
132	王道寨渠		20		威县	南宫市	20
133	西高村渠		12		南宫市	南宫市	12
134	西唐苏渠		11		威县	南宫市	11
135	高家寨渠		9.8		南宫市	南宫市	9.8
136	苏村渠		8.8		南宫市	南宫市	8.8
137	冀吕渠		31		南宫市	冀州市	31
138	四支渠		6.5		南宫市	南宫市	6.5
139	冀吕支渠		27		南宫市	冀州市	15
140	漳卫河	37381	366		馆陶县	山东省无棣县	58
合计							3261.6

（3）石家庄市河流基本信息。石家庄市境内有河流80条，其中大清河水系14条，子牙河水系66条；流域面积大于100km²的河流42条。表1－19为石家庄市河流基本信息统计表。

表 1-19 石家庄市河流基本信息统计表

序号	河流名称	流域面积/km²	河流长度/km	平均比降/‰	河源位置	河口位置	本市长度/km
1	磁河	2100	178	1.82	灵寿县	安国市	170
2	新开河	66.3	14		灵寿县	灵寿县	14
3	柏岭沟	99.2	19		灵寿县	灵寿县	19
4	庙岭沟	50	14		行唐县	灵寿县	14
5	燕川河	84.4	19		灵寿县	灵寿县	19
6	沙河	5560	272	2.60	灵丘县	安国市	46
7	曲河	169	38	3.63	行唐县	行唐县	38
8	郜河	439	69	2.92	行唐县	新乐市	69
9	老磁河	553	64		深泽县	无极县	60
10	涌泉沟		55		新乐市	深泽县	54
11	弥勒河		28		无极县	深泽县	28
12	韩家洼排水		16		藁城市	无极县	16
13	午河中支	100	28	5.08	临城县	高邑县	3.6
14	泲河	343	52	2.62	赞皇县	高邑县	52
15	北沙河—槐河	978	117	2.43	临城县	宁晋县	86
16	许亭川	140	20	15.5	赞皇县	赞皇县	20
17	苏阳河	108	23	3.84	赞皇县	元氏县	23
18	洨河	1658	76	0.792	鹿泉市	宁晋县	63
19	南泄洪渠	144	17	1.25	鹿泉市	鹿泉市	17
20	北沙河	121	35	4.85	元氏县	栾城县	35
21	潴龙河	280	50	2.50	元氏县	栾城县	50
22	三干排		42		晋州市	冀州市	28
23	邵村沟		15		冀州市	冀州市	15
24	邵村排干	381	42		辛集市	冀州市	16
25	新垒头排干		14		辛集市	辛集市	14
26	前营排干		10		辛集市	深州市	10
27	龙泉沟		14		辛集市	辛集市	14
28	辛深排干		14		辛集市	辛集市	14
29	汪洋沟	1392	80		藁城市	宁晋县	80
30	卞家寨排水沟		14		藁城市	藁城市	14
31	一干排		31		藁城市	赵县	31
32	古冶河		34		栾城县	赵县	34

续表

序号	河流名称	流域面积/km²	河流长度/km	平均比降/‰	河源位置	河口位置	本市长度/km
33	新泥河排干		10		赞皇县	高邑县	10
34	民心河西渠		16		石家庄新华区	石家庄裕华区	16
35	民心河东渠		7.9		石家庄长安区	石家庄裕华区	7.9
36	总退水渠		12		石家庄裕华区	栾城县	12
37	江沟		16		赵县	宁晋县	15
38	白宋庄排干		8.1		辛集市	深州市	1
39	天平沟	1120	74		辛集市	武强县	4
40	百福沟		30		晋州市	安平县	29
41	位伯沟		39		晋州市	深州市	30
42	滹沱河	24664	615	1.45	繁峙县	献县	225
43	扶峪沟	53.5	13		平山县	平山县	13
44	柳林河	186	47	15.3	平山县	平山县	47
45	文都河	121	45	14.1	平山县	平山县	45
46	甘秋河	51	17		平山县	平山县	17
47	温塘河	79.1	18		平山县	平山县	18
48	蒿田河	290	36	15.1	山西省盂县	平山县	32
49	木口河	135	29	22.8	山西省盂县	平山县	12
50	营里河	250	37	17.7	平山县	平山县	37
51	石槽沟	61.7	15		平山县	平山县	15
52	卸甲河	337	64	15.1	平山县	平山县	64
53	常峪沟	63.5	12		平山县	平山县	12
54	险溢河	488	55	8.39	盂县	平山县	55
55	黑砚水河	181	30	19.7	盂县	平山县	30
56	郭苏河	203	34	9.68	平山县	平山县	34
57	南甸河	258	30	3.79	灵寿县	平山县	30
58	寒虎河	65.1	15		灵寿县	平山县	15
59	松阳河	114	23	2.72	灵寿县	灵寿县	23
60	渭水河	74.6	24		灵寿县	灵寿县	24
61	汉河	364	36	2.29	鹿泉市	正定县	36
62	古运粮河	110	18	1.26	鹿泉市	石家庄新华区	18
63	冶河	6314	200	4.49	山西省昔阳县	平山县	108
64	固兰沟	78.6	24		山西省平定县	井陉县	12

续表

序号	河流名称	流域面积/km²	河流长度/km	平均比降/‰	河源位置	河口位置	本市长度/km
65	桃园沟	58.7	11		井陉县	元氏县	11
66	阳坡沟	197	41	15.8	平定县	井陉县	41
67	大梁家沟	118	36	16.9	平定县	井陉县	36
68	割髭河	88.7	21		井陉县	井陉县	21
69	长岗沟	63.1	12		井陉县	井陉县	12
70	金良河	108	24	6.33	井陉县	井陉县	24
71	小作河	396	52	11.1	山西省平定县	井陉县	52
72	北翁沟	58.2	16		井陉县	井陉县	16
73	康庄河	67.9	17		井陉县	井陉县	17
74	马塚河	113	28	4.64	平山县	平山县	28
75	绵河	2766	128	5.79	寿阳县	井陉县	128
76	石津总干渠	4144	151		鹿泉市	武强县	110
77	小青河		20	1.82	鹿泉市	正定县	20
78	周汉河		38		正定县	藁城市	38
79	库儿沟	50.3	11		行唐县	行唐县	11
80	江河	53	20		行唐县	行唐县	20
合计							2798.5

（4）衡水市河流基本信息。衡水市河流分布较广，按照流域面积大于50km²统计，衡水市共有河流121条，其中大清河水系7条，子牙河水系50条，黑龙港及运动地区诸河水系62条，漳卫河水系2条；流域面积大于100km²的河流37条。表1-20为衡水市河流基本信息统计表。

表1-20　　衡水市河流基本信息统计表

序号	河流名称	河流长度/km	境内河长/km	流经县市
1	古洋河	91	0.5	河北省饶阳县、献县、肃宁县、河间市、任丘市
2	导流河	17	17	河北省饶阳县
3	尹村排干	10	9	河北省饶阳县、肃宁县
4	小白河	154	12.6	河北省安国市、安平县、博野县、蠡县、肃宁县、高阳县、河间市、任丘市、文安县
5	胜利渠	17	17	河北省安平县、饶阳县
6	王岗排干	6.6	6.6	河北省饶阳县
7	小白河东支	39	0.7	河北省饶阳县、肃宁县、河间市
8	滏阳河	450	137.8	河北省邯郸市、邢台市、衡水市、沧州市

续表

序号	河流名称	河流长度/km	境内河长/km	流经县市
9	滏阳新河	130	88.7	河北省邢台市、衡水市、沧州市
10	七分干排	10	1	河北省宁晋县、冀州市、新河县
11	罗口南排干	8.3	8.3	河北省冀州市
12	罗口东排干	13	13	河北省冀州市
13	三干排	42	25.4	河北省晋州市、辛集市、宁晋县、冀州市
14	邵村沟	15	15	河北省冀州市、辛集市
15	连接渠	3.8	3.8	河北省冀州市
16	郎子桥排干	16	16	河北省深州市、衡水桃城区
17	骑河王排干	21	21	河北省深州市、衡水桃城区
18	班曹店排干	37	37	河北省深州市、衡水桃城区
19	胡堂排干	14	14	河北省衡水桃城区
20	三支渠	13	13	河北省衡水桃城区
21	巨吴渠	14	14	河北省衡水桃城区
22	邵村排干	42	25.4	河北省辛集市、深州市、冀州市
23	前营排干	10	10	河北省辛集市、深州市
24	小西河	33	33	河北省深州市、衡水桃城区
25	四干三排干	14	14	河北省衡水桃城区
26	龙治河	63	63	河北省深州市、武邑县、武强县
27	白宋庄排干	8.1	1	河北省辛集市、深州市
28	燕河	26	26	河北省深州市
29	铁路排干	22	22	河北省深州市
30	白马沟	10	10	河北省衡水桃城区
31	位务渠	5.6	5.6	河北省武邑县
32	十字河	17	17	河北省武邑县
33	大田南干	26	26	河北省深州市、武邑县
34	新朱家河	27	27	河北省深州市、武强县
35	朱家河	15	15	河北省深州市
36	天平沟	74	65.7	河北省辛集市、安平县、深州市、武强县
37	百福沟	30	18	河北省晋州市、辛集市、安平县
38	位伯沟	39	30	河北省晋州市、辛集市、深州市
39	城关支渠	12	12	河北省深州市
40	辰时分干	28	28	河北省深州市、武强县、饶阳县
41	路南排干	11	11	河北省武强县

续表

序号	河流名称	河流长度/km	境内河长/km	流经县市
42	分洪道	7.9	7.9	河北省武强县
43	夹道排水	23	20	河北省武邑县、武强县、献县
44	沱阳河	39	30.7	河北省饶阳县、武强县、献县
45	京堂北分干	22	22	河北省安平县、饶阳县
46	京堂南分干	33	33	河北省安平县、深州市、饶阳县
47	饶深路分干	15	15	河北省饶阳县
48	引流河	19	19	河北省饶阳县
49	幸福渠	12	12	河北省饶阳县
50	杨各庄沟	14	14	河北省饶阳县
51	五公沟	28	28	河北省深州市、饶阳县
52	反修渠	9.4	9.4	河北省武强县
53	旧天平沟	13	13	河北省武强县
54	旧朱家河	10	10	河北省武强县
55	滹沱河	615	59.6	山西省，河北省石家庄市、衡水市、沧州市
56	石津总干渠	151	42.7	河北省石家庄市、深州市、武强县
57	江江河	120	103.3	河北省故城县、景县、阜城县、泊头市
58	青年干渠	6.7	6.7	河北省故城县
59	秃尾河	15	15	河北省故城县
60	温庄干渠	23	23	河北省故城县
61	青年东干渠	28	28	河北省故城县
62	清江渠	22	22	河北省故城县、枣强县、景县
63	青年北干渠	20	20	河北省故城县
64	马家渠	14	14	河北省景县
65	留府渠	9.4	9.4	河北省武邑县、景县
66	跃进渠	44	44	河北省景县
67	杜桥渠	13	13	河北省景县
68	孙镇支渠	16	16	河北省景县
69	清运干渠	27	27	河北省阜城县
70	小洛河	20	20	河北省景县、阜城县
71	东干渠	25	25	河北省阜城县
72	洚河	25	5	河北省泊头市、阜城县
73	惠民渠	49	49	河北省故城县、景县
74	玉泉庄渠	8.5	8.5	河北省景县
75	惠江渠	10	10	河北省景县

续表

序号	河流名称	河流长度/km	境内河长/km	流经县市
76	野庄渠	14	14	河北省景县
77	浪窝西支渠	22	22	河北省景县
78	浪窝东支渠	25	25	河北省景县、阜城县
79	湘江河	39	39	河北省阜城县、景县
80	清湘干渠	7.1	7.1	河北省阜城县
81	清凉江—老沙河	254	114.6	河北省邯郸市、邢台市、故城县、枣强县、武邑县、景县、阜城县、泊头市
82	辛堤一支渠	10	1	河北省清河县、故城县
83	南衡灌渠	12	1	河北省南宫市、枣强县
84	卫千渠	45	45	河北省故城县、枣强县
85	营南渠	17	17	河北省枣强县
86	辛堤干渠	35	35	河北省故城县
87	武北沟	40	40	河北省故城县
88	官道河	14	14	河北省故城县
89	温庄南干渠	13	13	河北省故城县
90	西支流	42	42	河北省枣强县
91	南干渠	22	22	河北省枣强县
92	中干渠	19	19	河北省冀州市、枣强县
93	铁路西支	30	30	河北省武邑县
94	王政渠	14	14	河北省武邑县
95	江河干渠	17	17	河北省武邑县
96	广川渠	30	30	河北省景县
97	九支渠	8.5	8.5	河北省武邑县
98	连村支渠	10	10	河北省阜城县
99	石官干渠	13	13	河北省阜城县
100	祁楼干渠	14	14	河北省阜城县
101	建桥干渠	10	10	河北省阜城县
102	东都干渠	10	9	河北省阜城县、泊头市
103	老盐河—索泸河	187	94.5	河北省邢台市、冀州市、枣强县、衡水桃城区、武邑县、沧州市
104	娄官渠	12	12	河北省枣强县
105	北干渠	11	11	河北省衡水桃城区
106	团结渠	13	13	河北省武邑县
107	刘云渠	5.9	5.9	河北省衡水桃城区
108	东风渠	27	18	河北省武邑县、泊头市

续表

序号	河流名称	河流长度/km	境内河长/km	流经县市
109	滏东排河	131	86.5	河北省邢台市、衡水市、沧州市
110	冀吕渠	31	26.2	河北省南宫市、冀州市
111	冀吕支渠	27	9	河北省南宫市、冀州市
112	冀午渠	25	25	河北省冀州市
113	冀枣渠	23	23	河北省枣强县、冀州市
114	侯店连渠	2.3	2.3	河北省衡水桃城区
115	盐河故道	39	39	河北省枣强县、冀州市、衡水桃城区
116	南运河	353	42	河北省故城县，山东省德州市，河北省景县、沧州市，天津市
117	西沙河	87	7.9	河北省邢台市、冀州市
118	冀码渠	17	17	河北省冀州市
119	冀南渠	30	19.8	河北省南宫市、冀州市
120	漳卫河	366	64.7	河北省故城县，山东省德州市，山东省无棣县
合计			2869.3	

（5）保定市河流基本信息。保定市境内共有河流175条，其中大清河水系174条，永定河水系1条；流域面积大于100km^{2}的河流73条。表1-21为保定市河流基本信息统计表。

表1-21　保定市河流基本信息统计表

序号	河流名称	流域面积/km^2	河流长度/km	平均比降/‰	河源位置	河口位置	本市长度/km
1	永定河	47396	869	1.42	山西省左云县	天津市滨海新区	9
2	孟良河	808	84		曲阳县	安国市	84
3	马连川河	78	16		易县	满城县	16
4	瀑河	545	82	1.28	易县	安新县	82
5	磁河	2100	178	1.82	灵寿县	安国市	16.4
6	沙河	5560	272	2.60	山西省灵丘县	安国市	173.8
7	寿长寺沟	124	36	27.4	阜平县	阜平县	36
8	上堡沟	69.3	17		阜平县	阜平县	17
9	葛家台沟	81.1	23		阜平县	阜平县	23
10	龙门沟	63.5	13		阜平县	阜平县	13
11	柳泉河	54.2	17		阜平县	阜平县	17
12	板峪河	209	39	14.3	阜平县	阜平县	39
13	青羊河	437	42	19.5	山西省繁峙县	阜平县	6.3
14	下关河	274	42	11.5	灵丘县	阜平县	15.9

续表

序号	河流名称	流域面积/km²	河流长度/km	平均比降/‰	河源位置	河口位置	本市长度/km
15	北流河	334	46	14.6	阜平县	阜平县	46
16	鹞子河	265	48	9.81	灵丘县	阜平县	44
17	胭脂河	510	63	7.24	阜平县	阜平县	63
18	岔河沟	83.2	17		阜平县	阜平县	17
19	平阳河	259	35	6.38	阜平县	曲阳县	35
20	唐河	4990	354	2.34	山西省浑源县	安新县	282.4
21	塔儿沟	72.4	17		涞源县	涞源县	17
22	五门河	78.4	19		涞源县	涞源县	19
23	北大悲沟	51.3	13		顺平县	顺平县	13
24	歇马沟	82.9	18		唐县	唐县	18
25	下庄石盆水库沟	50.5	15		唐县	唐县	15
26	马泥河	74.5	15		曲阳县	唐县	15
27	南马庄河	230	33	12.3	灵丘县	涞源县	30
28	银坊河	256	34	12.0	涞源县	唐县	34
29	银坊西沟	57.7	16		涞源县	涞源县	16
30	通天河	626	56	6.39	唐县	唐县	56
31	上苇沟	101	19	9.99	唐县	唐县	19
32	三会河	230	34	5.92	曲阳县	曲阳县	34
33	北台沟	57.6	17		曲阳县	曲阳县	17
34	清水河—界河—龙泉河	2122	127	2.48	易县	清苑县	127
35	慈家台沟	50	20		易县	满城县	20
36	七节河	68.9	9.5		顺平县	顺平县	9.5
37	蒲阳河	163	36	2.61	顺平县	顺平县	36
38	曲逆河	210	37	2.69	顺平县	顺平县	37
39	放水河	77.8	23		唐县	顺平县	23
40	运粮河	94.3	24		唐县	满城县	24
41	漕河	800	134	2.26	易县	安新县	134
42	六平地沟	147	39	9.55	易县	易县	39
43	潴龙河	9430	91		安国市	高阳县	91
44	老磁河	553	64		深泽县	无极县	4.5
45	清水沟		16		定州市	定州市	16
46	庞村沟		14		定州市	定州市	14

续表

序号	河流名称	流域面积/km²	河流长度/km	平均比降/‰	河源位置	河口位置	本市长度/km
47	邢邑沟		16		定州市	定州市	16
48	涌泉沟		55		新乐市	深泽县	1
49	陈村分洪道		33		蠡县	高阳县	33
50	高任路排干		7.3		高阳县	高阳县	7.3
51	孝义河	1262	88		定州市	安新县	88
52	草场沟		26		定州市	定州市	26
53	草场沟北支		8.7		定州市	定州市	8.7
54	小唐河		20		定州市	定州市	20
55	粘鱼沟		13		定州市	定州市	13
56	孝义河南支		12		定州市	安国市	12
57	马刨泉		27		定州市	安国市	27
58	月明河	400	22		博野县	蠡县	22
59	蒲口总排干		12		高阳县	安新县	12
60	郝关干渠		14		安新县	高阳县	14
61	曲堤一排干		16		安新县	安新县	16
62	府河	643	31		南市区	安新县	31
63	百草沟		24		满城县	保定南市区	24
64	侯河		15		满城县	保定南市区	15
65	一亩泉河		22		满城县	保定南市区	22
66	新开河	220	33		定州市	清苑县	33
67	柳陀南沟		19		望都县	清苑县	19
68	柳陀北沟		24		望都县	清苑县	24
69	白陀南沟		21		望都县	清苑县	21
70	白陀北沟		21		望都县	清苑县	21
71	白城沟		14		唐县	望都县	14
72	新九龙河	200	30		望都县	清苑县	30
73	韩庄沟		16		唐县	望都县	16
74	白岳河		15		望都县	满城县	15
75	曹庄沟		13		定州市	清苑县	13
76	清唐沟		19		定州市	定州市	19
77	温仁排干		30		望都县	清苑县	30
78	苑桥机站排干		26		清苑县	清苑县	26
79	黄花沟		26		保定新市区	清苑县	26
80	六各庄排干		12		徐水县	徐水县	12

续表

序号	河流名称	流域面积/km²	河流长度/km	平均比降/‰	河源位置	河口位置	本市长度/km
81	曲水河		11		徐水县	徐水县	11
82	环堤河		29		保定新市区	清苑县	29
83	新金线河		28		清苑县	清苑县	28
84	黑水沟		13		徐水县	徐水县	13
85	屯庄河		10		徐水县	徐水县	10
86	鸡爪河		25		定兴县	徐水县	25
87	阎台洼西排支		11		易县	定兴县	11
88	阎台洼总排干		6.8		定兴县	定兴县	6.8
89	北瀑河		15		徐水县	容城县	15
90	萍河	440	36		定兴县	安新县	36
91	十五汲沟		15		定兴县	徐水县	15
92	江村洼主排干		18		定兴县	徐水县	18
93	大碱厂排干渠		16		容城县	容城县	16
94	龙王跑排干渠		14		容城县	容城县	14
95	郑家沟排干		6.7		容城县	安新县	6.7
96	杨孟庄排渠		10		徐水县	安新县	10
97	白沟引河	10162	12		雄县	容城县	12
98	南河干渠		8.7		安新县	容城县	8.7
99	天沟河排干渠		15		容城县	安新县	15
100	留通西排干		11		容城县	安新县	11
101	兰沟洼尾水渠		5.9		容城县	容城县	5.9
102	垒子河	91.9	34		易县	定兴县	34
103	青年水库沟	123	24	4.40	涞水县	涞水县	24
104	北易水	789	66	1.28	易县	定兴县	66
105	旺隆沟	53	17		易县	易县	17
106	王贾庄沟	51.7	16		易县	易县	16
107	沙峪口沟	60.8	20		易县	易县	20
108	马头沟	171	45	5.10	易县	涞水县	45
109	胡良河	172	35	2.00	北京市房山区	涿州市	18
110	小清河	405	50	0.819	北京市丰台区	涿州市	9
111	中易水	1190	92	3.32	易县	定兴县	92
112	黄沙口沟	51.9	15		易县	易县	15

续表

序号	河流名称	流域面积/km²	河流长度/km	平均比降/‰	河源位置	河口位置	本市长度/km
113	田岗沟	51.2	12		易县	易县	12
114	鸭子村沟	169	29	13.7	易县	易县	29
115	富岗沟	60.4	15		易县	易县	15
116	拒马河	4938	238	3.11	涞源县	涞水县	201.2
117	王安镇沟	58.5	13		涞源县	涞源县	13
118	黄台院沟	57.1	16		涞源县	涞源县	16
119	清源沟	92.3	26		易县	易县	26
120	建城司沟	76.1	20		涞源县	易县	20
121	偏道子沟	94	29		涞源县	涞源县	29
122	龙门西沟	51.6	15		涞源县	涞源县	15
123	大麦岗沟	50	14		涞源县	涞源县	14
124	西神山河	156	24	13.4	涞源县	涞源县	24
125	金山口沟	60.2	12		涞源县	涞源县	12
126	北屯河	622	43	15.2	蔚县	涞源县	39.3
127	留家庄沟	55.2	16		蔚县	涞源县	15
128	斜山沟	120	24	19.6	灵丘县	涞源县	21
129	狮子峪沟	229	35	12.5	涞源县	涞源县	35
130	乌龙沟	262	37	18.3	涞源县	涞源县	37
131	柱角石沟	52.4	9.2		涞源县	涞源县	9.2
132	黄土岗沟	61	20		涞源县	涞源县	20
133	白涧沟	659	57	11.7	蔚县	涞水县	21.2
134	其中口沟	233	33	14.9	涞源县	涞水县	33
135	蓬头沟	251	44	17.7	涿鹿县	涞水县	44
136	紫石口沟	905	63	14.6	涿鹿县	涞水县	63
137	庄里沟	120	25	22.6	涞水县	涞水县	25
138	峨峪沟	51.9	19		涞源县	涞源县	19
139	龙安沟	124	27	10.1	涞水县	涞水县	27
140	琉璃河	1285	133	3.29	北京市房山区	涿州市	7.7
141	六股道沟	62.7	12		北京市房山区	涿州市	1
142	南拒马河	2156	83		涞水县	高碑店市	83
143	易水二干北排		20		定兴县	定兴县	20
144	周家庄小河		37		涿州市	定兴县	37

续表

序号	河流名称	流域面积/km^2	河流长度/km	平均比降/‰	河源位置	河口位置	本市长度/km
145	兰沟洼总排干		11		定兴县	定兴县	11
146	兰沟河	697	13		定兴县	容城县	13
147	仓尚河		39		涿州市	定兴县	39
148	紫泉河		23		涿州市	高碑店市	23
149	斗门河		19		高碑店市	定兴县	19
150	兰沟洼四排干		10		定兴县	定兴县	10
151	兰沟洼三排干		12		定兴县	定兴县	12
152	兰沟洼二排干		10		定兴县	定兴县	10
153	北拒马河	2654	46		涞水县	涿州市	46
154	北拒马河南支		33		北京市房山区	涿州市	31.5
155	北拒马河中支		15		北京市房山区	涿州市	14
156	白沟河	2252	56		涿州市	高碑店市	56
157	刁窝北排		14		涿州市	涿州市	14
158	东茨村排干		9.9		涿州市	固安县	9.9
159	小白河	1705	154		安国市	文安县	63
160	大清河	42830	110		高碑店市	天津市西青区	36
161	王家场南干渠		13		雄县	雄县	13
162	马庄干渠		26		雄县	雄县	26
163	新盖房分洪道	10000	30		雄县	雄县	30
164	中亭河	2994	68		雄县	天津市西青区	60.2
165	胜利干渠		11		雄县	雄县	11
166	陈家柳南排干		19		雄县	雄县	19
167	陈家柳中排干		20		雄县	雄县	20
168	陈家柳北排干		20		雄县	雄县	20
169	陈家柳顺堤沟		17		雄县	雄县	17
170	雄固霸新河	627	25		雄县	霸州市	25
171	高碑店西排干		11		高碑店市	高碑店市	11
172	崔家沟		13		高碑店市	高碑店市	13
173	津涞排干		15		高碑店市	雄县	15
174	高碑店东排干		27		高碑店市	高碑店市	27
175	郑村干渠		20		高碑店市	雄县	20
合计							5032.1

(6) 廊坊市河流基本信息。廊坊市境内共有河流112条，其中北三河水系38条，大清河水系49条，永定河水系23条，子牙河水系2条；流域面积大于100km^2的河流29

条。表1-22为廊坊市河流基本信息统计表。

表1-22　　廊坊市河流基本信息统计表

序号	河流名称	河流长度/km	流经县市	本市境内长度/km
1	泃河	176	河北省兴隆县，天津市蓟县，北京市平谷区，河北省三河市，天津市宝坻区	58
2	潮白河	414	河北省张家口，北京市，河北省大厂县、香河县	44
3	幸福渠	20	河北省三河市	20
4	尹家沟	10	河北省三河市、大厂县	10
5	群英总干渠	4.9	河北省大厂县	4.9
6	群英一分干	9.1	河北省大厂县	9.1
7	群英三分干	16	河北省大厂县	16
8	鲍池河	18	河北省大厂县、香河县、三河市	18
9	老武河	12	河北省香河县、三河市	12
10	杨柏庄干渠	8.1	河北省香河县	8.1
11	梁家务干渠	16	河北省香河县	16
12	牛济河排干	13	河北省香河县，天津市宝坻区	11
13	后独立庄排渠	14	河北省香河县，天津市宝坻区	12
14	东干渠	20	河北省香河县	20
15	香绣渠	20	河北省香河县，天津市宝坻区	17
16	香五自流渠	24	河北省香河县	24
17	五一劳动渠	23	河北省香河县	23
18	凤河	49	北京市大兴区，河北省廊坊广阳区，北京市通州区，天津市武清区	8.1
19	牛牧屯引河	3.7	北京市通州区，河北省香河县	1.2
20	凤港减河	40	北京市大兴区、通州区，河北省香河县	3
21	廊大引渠	14	北京市大兴区，河北省廊坊广阳区、廊坊安次区	11
22	六干渠	12	河北省廊坊广阳区，北京市大兴区	12
23	七干渠	19	河北省廊坊广阳区，北京市大兴区	19
24	老龙河	19	河北省廊坊安次区，天津市武清区	9.5
25	五干渠南支	16	河北省廊坊安次区	16
26	五干渠北支	8.8	河北省廊坊安次区、廊坊广阳区，天津市武清区	8.8
27	八干渠	22	河北省廊坊广阳区，天津市武清区	22
28	九干渠	23	河北省廊坊广阳区，天津市武清区	16
29	四干渠	6.2	河北省廊坊广阳区	6.2
30	青龙湾减河	53	河北省香河县，天津市武清区、宝坻区	19
31	潮白新河	100	河北省香河县，天津市宝坻区、宁河县、滨海新区	18

续表

序号	河流名称	河流长度/km	流经县市	本市境内长度/km
32	引泃入潮	20	河北省三河市、香河县，天津市宝坻区	13
33	鲍邱河	59	北京市顺义区，河北省三河市、大厂县、香河县，天津市宝坻区	50
34	引泃入泃	8.2	河北省三河市，天津市蓟县	2.5
35	红娘港二支	7.2	河北省三河市	7.2
36	红娘港一支	27	北京市顺义区，河北省三河市	20
37	三夏渠	8.6	河北省三河市	8.6
38	北运河	147	北京市通州区，河北省香河县，天津市	24
39	永定河	869	山西省，北京市，河北省涿州市、廊坊市，天津市	68
40	龙河	66	北京市大兴区，河北省廊坊市，天津市武清区	37
41	永北干渠	20	河北省廊坊广阳区	20
42	四干渠	6.2	河北省廊坊广阳区	6.2
43	三干渠	15	河北省廊坊广阳区	15
44	旧天堂河	20	北京市大兴区，河北省廊坊广阳区	18
45	二干渠	19	河北省廊坊广阳区	19
46	胜天渠	25	河北省廊坊广阳区、廊坊安次区	25
47	故北机排渠	25	河北省永清县、廊坊安次区	25
48	故道干渠	30	河北省永清县	30
49	太平庄干渠	13	河北省永清县、廊坊安次区	13
50	南泓故道	21	河北省永清县、廊坊安次区，天津市武清区	16
51	永南排干渠	18	河北省廊坊安次区	18
52	南干渠南支	11	河北省廊坊安次区	11
53	南干渠北支	8.5	河北省廊坊安次区	8.5
54	中干渠	18	河北省永清县、廊坊安次区	18
55	中泓故道	31	河北省廊坊安次区，天津市武清区、北辰区	11
56	北干渠	20	河北省永清县、廊坊安次区	20
57	北邵庄干渠	6.2	河北省廊坊安次区	6.2
58	丰收渠	19	河北省廊坊安次区	19
59	北泓故道	16	河北省廊坊安次区，天津市武清区	8.0
60	安武排干	14	天津市武清区，河北省廊坊安次区	5.5
61	天堂河	37	北京市大兴区，河北省廊坊广阳区	9
62	白沟河	56	河北省涿州市、固安县、高碑店市	12
63	东茨村排干	9.9	河北省涿州市、固安县	3.0
64	任河大干渠	26	河北省任丘市、大城县、文安县	21
65	阜草干渠	18	河北省大城县	18

续表

序号	河流名称	河流长度/km	流经县市	本市境内长度/km
66	大保干渠	22	河北省大城县、文安县	22
67	广安干渠	43	河北省河间市、大城县	39
68	南赵扶干渠	19	河北省大城县	19
69	安庆屯干渠	20	河北省大城县	20
70	任文干渠	46	河北省任丘市、文安县	15
71	长丰排渠	17	河北省任丘市、文安县	8.8
72	小白河	154	河北省保定市、沧州市、文安县	24
73	古洋河下段	25	河北省任丘市、文安县	1.5
74	赵王新河	43	河北省任丘市、文安县、霸州市	34
75	大清河	110	河北省保定市、廊坊市，天津市静海县、西青区	62
76	排干二渠	13	河北省文安县	13
77	滩里干渠	28	河北省文安县	28
78	滩里新渠	16	河北省文安县	16
79	排干三渠	8.5	河北省大城县、文安县	8.5
80	中亭河	68	河北省雄县、霸州市，天津市西青区	60
81	中干渠	31	河北省永清县、霸州市	31
82	百米渠	12	河北省霸州市	12
83	煎台干渠	13	河北省霸州市	13
84	王庄子干渠	4.2	河北省霸州市	4.2
85	跃进区	18	河北省永清县	18
86	六号路干渠	4.5	河北省霸州市	4.5
87	堂澜干渠	19	河北省永清县、霸州市	19
88	清北干渠	6.7	河北省霸州市	6.7
89	小庙干渠	15	河北省廊坊安次区、霸州市	15
90	菜堡干渠	8.5	河北省廊坊安次区、霸州市	8.5
91	雄固霸新河	25	河北省雄县、霸州市	10
92	郑村干渠	20	河北省高碑店市、固安县、雄县	15
93	牤牛河	51	河北省固安县、霸州市	51
94	引清总干渠	7.4	河北省固安县	7.4
95	东干渠	32	河北省固安县、永清县	32
96	太平河	18	河北省固安县	18
97	永固县界沟	32	河北省永清县、固安县、霸州市	32
98	虹江河	18	河北省固安县、霸州市	18
99	永金渠	28	河北省永清县、霸州市	28
100	龙门口干渠	15	河北省霸州市	15

续表

序号	河流名称	河流长度/km	流　经　县　市	本市境内长度/km
101	王泊自排渠	28	河北省永清县、霸州市	28
102	王泊机排渠	23	河北省永清县、霸州市	23
103	黄泥河	12	河北省霸州市、永清县	12
104	烟村干渠	21	河北省大城县	21
105	黑龙港河西支	30	河北省大城县、青县	17
106	幸福渠	11	河北省大城县	11
107	百家洼排干	20	河北省大城县	20
108	麻洼干渠	8.8	河北省大城县	8.8
109	黑龙港河下段	68	河北省青县、大城县，天津市静海县	2.9
110	跃进渠	21	河北省青县、大城县	1.7
111	子牙新河	152	河北省献县、河间市、大城县、青县，天津市	50
112	子牙河	180	河北省献县、河间市、大城县，天津市	3.9
合计				2027.0

（7）沧州市河流基本信息。沧州市境内有河流143条，其中大清河水系46条，黑龙港及运东地区诸河水系87条，子牙河水系8条，漳卫河水系2条；流域面积大于100km^{2}的河流48条。表1-23为沧州市河流基本信息统计表。

表1-23　　沧州市河流基本信息统计表

序号	河流名称	河流长度/km	流　经　县　市	本市长度/km
1	子牙河夹道沟	53	河北省献县、河间市	53
2	任河大干渠	26	河北省任丘市、大城县、文安县	5
3	任河大西支	32	河北省河间市、任丘市	32
4	河卧公路沟	18	河北省河间市	18
5	任河大东支	57	河北省献县、河间市	57
6	紫塔干渠	18	河北省献县	18
7	段村干渠	16	河北省献县	16
8	中营干渠	25	河北省献县	25
9	城东干渠	17	河北省河间市	17
10	希穆支渠	18	河北省河间市	18
11	广安干渠	43	河北省河间市、大城县	3.8
12	古洋河	91	河北省饶阳县、献县、肃宁县、河间市、任丘市	90
13	尹村排干	10	河北省饶阳县、肃宁县	1
14	三叉河	8.1	河北省肃宁县、献县	8.1

续表

序号	河流名称	河流长度/km	流经县市	本市长度/km
15	陌南干渠	9.9	河北省献县	9.9
16	韩村引渠	13	河北省肃宁县	13
17	冀中运河	17	河北省献县、河间市	17
18	城东干渠	22	河北省任丘市	22
19	任文干渠	46	河北省任丘市、文安县	31.6
20	隔碱沟	23	河北省任丘市	23
21	会战渠	21	河北省任丘市	21
22	南跃进渠	13	河北省任丘市	13
23	长丰排渠	17	河北省任丘市、文安县	8
24	小白河	154	河北省保定市、沧州市	54.5
25	小白河西支	10	河北省肃宁县	10
26	小白河中支	13	河北省肃宁县	13
27	小白河东支	39	河北省饶阳县、肃宁县、河间市	33.5
28	于家河	30	河北省肃宁县、河间市、任丘市	30
29	胜利渠	13	河北省任丘市	13
30	金马淀干渠	14	河北省任丘市	14
31	北跃进渠	14	河北省任丘市	14
32	古洋河下段	25	河北省任丘市、文安县	24
33	赵王新河	43	河北省任丘市、文安县、霸州市	8.9
34	赵王河	9.6	河北省任丘市	9.6
35	大王屯排干	12	河北省青县	12
36	唐窑干渠	24	河北省青县	24
37	八团排水干渠	24	河北省青县，天津市静海县	20
38	周官屯干渠	21	河北省青县	21
39	兴济夹道减河	19	天津市静海县，河北省黄骅市，天津市滨海新区	1
40	娘娘河	29	天津市静海县，河北省黄骅市，天津市滨海新区	9
41	黑龙港河西支	30	河北省大城县、青县	29
42	东支港河	9.1	河北省青县	9.1
43	黑龙港河下段	68	河北省青县、大城县，天津市静海县	30
44	跃进渠	21	河北省青县、大城县	20
45	朱家河	20	河北省青县	20
46	滏阳河	450	河北省邯郸市、邢台市、衡水市、沧州市	12.4
47	滏阳新河	130	河北省邢台市、衡水市、沧州市	28.8
48	夹道排水	23	河北省武邑县、武强县、献县	3

续表

序号	河流名称	河流长度/km	流经县市	本市长度/km
49	沱阳河	39	河北省饶阳县、武强县、献县	8.9
50	滹沱河	615	山西省，河北省石家庄市、衡水市、沧州市	18.6
51	贾庄河	14	河北省献县	14
52	子牙新河	152	河北省沧州市、廊坊市，天津市滨海新区	111.4
53	子牙河	180	河北省沧州市、廊坊市，天津市	56.8
54	宣惠河	193	山东省德州德城区，河北省沧州市	178.4
55	跃进渠	31	河北省东光县	31
56	寨子干沟	14	河北省南皮县	14
57	新凤翔干沟	14	河北省南皮县	14
58	大商平底渠	16	河北省盐山县、南皮县	16
59	老宣惠河	19	河北省盐山县、孟村县	19
60	四十华里干沟	20	山东省乐陵市，河北省盐山县	19
61	王信干沟	26	河北省盐山县	26
62	老宣惠河	19	河北省海兴县	19
63	宣惠引河	17	河北省海兴县	17
64	杨埕支沟	21	河北省海兴县	21
65	沙河	44	河北省吴桥县、东光县	44
66	龙王河	70	河北省吴桥县、东光县	70
67	漳龙干渠	8.3	山东省宁津县，河北省东光县	8
68	革新干渠	16	河北省东光县	16
69	江沟河	22	河北省东光县，山东省宁津县	21
70	宣南干沟	46	河北省盐山县、海兴县	46
71	宣北干沟	26	河北省盐山县、海兴县	26
72	无棣干沟	52	河北省盐山县、海兴县	52
73	大浪淀排水渠	91	河北省南皮县、沧县、孟村县、黄骅市、海兴县	91
74	孟西干沟	19	河北省孟村县、沧县	19
75	百里干沟	20	河北省孟村县	20
76	孟东干沟	16	河北省孟村县	16
77	李肖庄干沟	15	河北省盐山县	15
78	郑龙干沟	12	河北省海兴县	12
79	葫草沟	15	河北省海兴县	15
80	苏北干沟	16	河北省海兴县	16
81	丁北排干	36	河北省黄骅市、海兴县	36
82	六十六排干	39	河北省黄骅市、海兴县	39

续表

序号	河流名称	河流长度/km	流经县市	本市长度/km
83	淤泥河	19	河北省海兴县	19
84	连洼排干	17	河北省黄骅市、海兴县	17
85	四港新河	29	河北省南皮县、沧县、孟村县	29
86	胜利渠	24	河北省东光县	24
87	肖圈干渠	29	河北省泊头市、东光县、南皮县	29
88	一号干沟	21	河北省南皮县、泊头市	21
89	代庄引水渠	18	河北省南皮县、泊头市	18
90	三号干沟	13	河北省南皮县	13
91	四号干沟	17	河北省南皮县	17
92	五号干沟	26	河北省南皮县、孟村县、沧县	26
93	鲍官屯干沟	17	河北省南皮县、孟村县	17
94	江江河	120	河北省故城县、景县、阜城县、泊头市	16
95	洚河	25	河北省泊头市、阜城县	20
96	清凉江—老沙河	254	河北省邯郸市、邢台市、衡水市、沧州市	50.4
97	东都干渠	10	河北省阜城县、泊头市	1
98	老盐河—索泸河	187	河北省威县、南宫市、冀州市、枣强县、衡水桃城区、武邑县、泊头市、献县、沧县	63
99	东风渠	27	河北省武邑县、泊头市	9
100	连接河	8	河北省泊头市	8
101	土河	30	河北省泊头市	30
102	白河	15	河北省泊头市	15
103	亭子河	27	河北省泊头市、献县	27
104	南排水河	99	河北省泊头市、沧县、黄骅市	99
105	路东排干	35	河北省南皮县、泊头市、沧县	35
106	石碑河	13	河北省沧县	13
107	廖家洼排水渠	89	河北省沧县、黄骅市	89
108	枣园排水渠	12	河北省沧县	12
109	廖家洼排水渠北支	12	河北省黄骅市	12
110	新石碑河	50	河北省黄骅市	50
111	黄北排干	16	河北省黄骅市	16
112	东风干渠	12	河北省黄骅市	12
113	老黄南排干	35	河北省黄骅市	35
114	黄浪渠	92	河北省沧县、孟村县、黄骅市	92
115	新黄南排干	52	河北省黄骅市	52

续表

序号	河流名称	河流长度/km	流经县市	本市长度/km
116	滏东排河	131	河北省邢台市、衡水市、沧州市	20
117	北排水河	146	河北省沧州市，天津市滨海新区	119.4
118	小流津排水渠	33	河北省沧县、沧州运河区、青县	33
119	黑龙港河西支上段	60	河北省献县、河间市	60
120	白龙江	13	河北省献县	13
121	道院沟	15	河北省献县、河间市	15
122	建国沟	32	河北省献县、河间市、沧县	32
123	沧石路北沟	41	河北省献县、泊头市	41
124	老马兰碱河	8.3	河北省沧县、河间市	8.3
125	马兰碱河	33	河北省献县、沧县、河间市、青县	33
126	沧石路南边沟	33	河北省沧县、沧州运河区	33
127	幸福渠	24	河北省青县、沧县、沧州运河区	24
128	朱家河上段	43	河北省献县、沧县、青县	43
129	老陈圩河	33	河北省沧县、青县	33
130	新陈圩河	22	河北省沧县、青县	22
131	滹沱河故道	83	河北省献县、泊头市、沧县	83
132	黑龙港河上段	37	河北省泊头市、沧县、青县	37
133	王家沟子	35	河北省沧县、青县、黄骅市，天津市滨海新区	34
134	沧浪渠	69	河北省沧州市，天津市滨海新区	69
135	仁和村干渠	15	河北省沧县	15
136	梅官屯排水渠	15	河北省沧县	15
137	余庆屯干渠	17	河北省沧县	17
138	捷地减河	88	河北省沧县、沧州市、黄骅市，天津市滨海新区	87.7
139	减北干渠	14	河北省黄骅市	14
140	老石碑河	45	河北省黄骅市	45
141	南运河	353	河北省衡水市、沧州市，山东省德州市，天津市	212
142	漳卫河	366	河北省邯郸市、邢台市、衡水市、沧州市，山东省	191.5
143	马厂减河	70	天津市静海县，河北省青县，天津市	6.9
合计				4473.5

（8）秦皇岛市河流基本信息。秦皇岛市境内有河流 59 条，其中滦河及冀东沿海诸河水系有河流 57 条，辽东湾西部沿渤海诸河水系河流 2 条；流域面积大于 100km^2 的河流 27 条。表 1－24 为秦皇岛市河流基本信息统计表。

表 1-24　　秦皇岛市河流基本信息统计表

序号	河流名称	流域面积/km²	河流长度/km	平均比降/‰	河源位置	河口位置	本市长度/km
1	金丝河	74.7	20		山海关	辽宁省绥中县	4.7
2	九江河	188	35	4.16	抚宁县	辽宁省绥中县	13.2
3	东沙河	77.6	30		昌黎	抚宁县	30
4	汤河	181	31	6.62	抚宁县	秦皇岛海港区	31
5	西沙河	50	19		海港区	秦皇岛山海关区	19
6	饮马河	520	54	0.938	卢龙县	昌黎县	54
7	贾河	198	30	0.856	卢龙县	昌黎县	30
8	洋河	1148	82	0.969	卢龙县	抚宁县	82
9	冯家沟河	83.7	14		卢龙县	卢龙县	14
10	麻姑营河	57	21		抚宁县	抚宁县	21
11	东洋河	349	38	9.15	青龙县	抚宁县	38
12	贾家河	63.9	13		青龙县	抚宁县	13
13	头道河	51.4	22		抚宁县	抚宁县	22
14	迷雾河	78.1	19		抚宁县	抚宁县	19
15	前石河	93.6	20		卢龙县	抚宁县	20
16	戴河	276	40	1.72	抚宁县	秦皇岛北戴河区	40
17	西戴河	87.6	18		抚宁县	抚宁县	18
18	石河	647	80	3.33	辽宁省绥中县	秦皇岛山海关区	62.6
19	西石河	77.1	18		青龙县	抚宁县	18
20	花场峪河	98.1	18		青龙县	抚宁县	18
21	北沙河	82.8	21		抚宁县	抚宁县	21
22	潮河—赵家港沟		32		昌黎县	昌黎县	32
23	泥井沟		25		昌黎县	昌黎县	25
24	刘坨沟		29		昌黎县	昌黎县	29
25	刘坨沟一支沟		15		昌黎县	昌黎县	15
26	刘坨沟二支沟		16		昌黎县	昌黎县	16
27	稻子沟		32		昌黎县	昌黎县	32
28	刘台沟		15		昌黎县	昌黎县	15
29	人造河		14		抚宁县	抚宁县	14
30	小黄河		14		抚宁县	昌黎县	14
31	沿沟		17		昌黎县	昌黎县	17
32	新河		16		海港区	秦皇岛北戴河区	16

续表

序号	河流名称	流域面积/km²	河流长度/km	平均比降/‰	河源位置	河口位置	本市长度/km
33	小汤河		16		抚宁县	秦皇岛海港区	16
34	新开河		11		秦皇岛海港区	秦皇岛海港区	11
35	滦河	44227	995	1.44	丰宁县	乐亭县	69
36	东清河	153	33	6.88	青龙县	迁西县	28
37	西沙河	128	45	0.940	卢龙县	昌黎县	45
38	崖上西沟	58.5	17		昌黎县	乐亭县	16
39	青龙河	6267	265	1.56	平泉县	卢龙县	144
40	朱石岭小河	50.8	17		青龙县	辽宁省建昌县	16.6
41	小岭河	74.7	18		青龙县	青龙县	18
42	都源河	204	46	8.39	青龙县	青龙县	46
43	乔仗子沟	76.4	16		青龙县	青龙县	16
44	上坎子沟	62.3	16		青龙县	青龙县	16
45	三岔口河	102	15	8.95	青龙县	青龙县	15
46	东港沟	83.4	16		青龙县	迁安市	2
47	青龙河右支分叉河	55.1	10		迁安市	卢龙县	1
48	教场河	61.7	18		卢龙县	卢龙县	18
49	星干河	555	50	4.38	青龙县	青龙县	50
50	响水河	61.1	15		青龙县	青龙县	15
51	干沟	136	21	8.37	青龙县	青龙县	21
52	水龙河	95.2	24		辽宁省建昌县	青龙县	12
53	起河	713	79	3.53	青龙县	青龙县	79
54	西河	66.9	18		青龙县	青龙县	18
55	小沙河	135	33	5.18	青龙县	青龙县	33
56	南河	216	39	6.39	青龙县	青龙县	39
57	沙河	780	71	2.77	青龙县	迁安市	56
58	西大河	60.3	13		青龙县	青龙县	13
59	白羊河	128	29	6.52	青龙县	迁安市	13
合计							1640.1

(9) 唐山市河流基本信息。唐山市境内有河流 135 条，其中滦河及冀东沿海诸河水系有河流 89 条，北三河水系河流 46 条；流域面积大于 100km² 的河流 47 条。表 1-25 为唐山市河流基本信息统计表。

表 1-25　　唐山市河流基本信息统计表

序号	河流名称	流域面积/km²	河流长度/km	平均比降/‰	河源位置	河口位置	本市长度/km
1	百载河		22		唐山丰南区	唐山路南区	22
2	陡河	1340	123	0.402	唐山丰润区	唐山丰南区	123
3	泉水河左支	52.4	14		滦县	丰润区	14
4	龙湾河	273	41	2.11	滦县	唐山开平区	41
5	管河	120	24	2.61	迁安市	滦县	24
6	沙河	902	157	0.482	迁安市	唐山丰南区	157
7	第一泄洪道		32		滦南县	唐海县	32
8	三排支		9.4		唐海县	唐海县	9.4
9	五、八排支		12		唐海县	唐海县	12
10	六、九排支		15		唐海县	唐海县	15
11	北河		24		滦县	滦南县	24
12	蒿坨排干		11		滦南县	滦南县	11
13	溯河二排干		20		滦南县	唐海县	20
14	溯河四排干		16		滦南县	唐海县	16
15	东灌区二排干		9.7		唐海县	唐海县	9.7
16	东灌区四排干		14		滦南县	唐海县	14
17	中会于排水		16		乐亭县	乐亭县	16
18	双龙河	443	65		滦南县	滦南县	65
19	三用干		7.9		唐海县	唐海县	7.9
20	二排支		8.6		唐海县	唐海县	8.6
21	四、七排支		15		唐海县	唐海县	15
22	三排干		31		唐海县	唐海县	31
23	石榴河		39		唐山古冶区	唐山开平区	39
24	李各庄河		12		唐山路北区	唐山丰润区	12
25	环城北支		12		唐山路北区	唐山路北区	12
26	新河		15		唐山丰南区	唐山丰南区	15
27	老牛河		12		唐山古冶区	唐山丰南区	12
28	岳家河		29		唐山丰南区	滦县	29
29	黑沿子排干	254	44		滦南县	唐山丰南区	44
30	八场二排支		15		唐海县	唐海县	15
31	老陡河		54		唐山丰南区	唐山丰南区	54
32	小青龙河		9.4		唐山路北区	唐山路南区	9.4
33	环城南支		6.8		唐山路南区	唐山路南区	6.8
34	曹家沟		13		唐山丰南区	唐山路南区	13

续表

序号	河流名称	流域面积/km²	河流长度/km	平均比降/‰	河源位置	河口位置	本市长度/km
35	幸福河		19		唐山丰南区	唐山丰南区	19
36	陡河分洪道		2.2		唐山丰南区	唐山丰南区	2.2
37	西排干	228	45		唐山丰南区	唐山丰南区	45
38	西排干东支		16		唐山丰南区	唐山丰南区	16
39	小青龙河	430	70		滦县	滦南县	70
40	溯河	609	98		滦县	滦南县	98
41	小青河		63		滦南县	滦南县	63
42	狗尿河		10		滦县	滦县	10
43	新河		15		滦县	滦南县	15
44	第二泄洪道		25		滦南县	唐海县	25
45	盐场北侧渠		11		乐亭县	乐亭县	11
46	盐田北沟		12		乐亭县	乐亭县	12
47	二泄一排干		31		滦南县	唐海县	31
48	新河		33		乐亭县	滦南县	33
49	新河西支		10		乐亭县	乐亭县	10
50	大清河		59		乐亭县	乐亭县	59
51	石碑新河		19		乐亭县	乐亭县	19
52	新潮河		13		乐亭县	乐亭县	13
53	小河子		34		乐亭县	乐亭县	34
54	湖林新河		20		乐亭县	乐亭县	20
55	小长河		41		乐亭县	乐亭县	41
56	滦乐干渠		23		滦县	乐亭县	23
57	中支渠		32		乐亭县	乐亭县	32
58	东支渠		25		乐亭县	乐亭县	25
59	长河排支		13		乐亭县	乐亭县	13
60	二排干		14		乐亭县	乐亭县	14
61	老米河		22		乐亭县	乐亭县	22
62	老米河西支		8		乐亭县	乐亭县	8
63	老米沟		15		乐亭县	乐亭县	15
64	大钊渠		12		乐亭县	乐亭县	12
65	稻子沟		22		乐亭县	乐亭县	22
66	二滦河		76		滦南县	乐亭县	76
67	滦河	44227	995	1.44	丰宁县	乐亭县	175
68	铁门关河	52.4	13		宽城县	迁西县	10

续表

序号	河流名称	流域面积/km²	河流长度/km	平均比降/‰	河源位置	河口位置	本市长度/km
69	横河	123	25	5.44	迁西县	迁西县	25
70	朱家河	58.2	17		迁西县	迁西县	17
71	隔滦河	97.9	19		迁安市	迁安市	19
72	三里河	78.8	18		迁安市	迁安市	18
73	潵河	1137	114	3.42	兴隆县	迁西县	20.5
74	潵河南沟河	68.3	13		遵化市	兴隆县	10
75	黑河	233	55	6.61	兴隆县	迁西县	8
76	长河	675	128	3.61	宽城县	迁西县	62
77	赤道河	50	16		迁西县	迁西县	16
78	清河	325	43	6.22	宽城县	迁安市	24.6
79	东清河	153	33	6.88	青龙县	迁西县	6.7
80	小横河	152	19	1.94	滦县	滦县	19
81	别故河	52.9	9.8		滦县	滦县	9.8
82	崖上西沟	58.5	17		昌黎县	乐亭县	1
83	青龙河	6267	265	1.56	平泉县	卢龙县	33.5
84	东港沟	83.4	16		青龙县	迁安市	14
85	野河	54	18		迁安市	迁安市	18
86	青龙河右支分叉河	55.1	10		迁安市	卢龙县	9
87	沙河	780	71	2.77	青龙县	迁安市	17.2
88	白羊河	128	29	6.52	青龙县	迁安市	17.3
89	凉水河	61.6	20		迁安市	迁安市	20
90	沙流河	391	42	1.52	遵化市	玉田县	42
91	双城河改道	226	21	0.350	玉田县	玉田县	21
92	老双城河	72.6	20		玉田县	玉田县	20
93	鲁家峪河	69.9	20		遵化市	玉田县	20
94	州河	2060	154	0.645	兴隆县	天津蓟县	61.9
95	清水河	175	24	3.89	兴隆县	遵化市	19.6
96	老爪河	51.8	15		遵化市	遵化市	15
97	冷咀头河	60.3	21		兴隆县	遵化市	14
98	北岭河	75	25		兴隆县	遵化市	16
99	魏进河	341	45	4.77	兴隆县	遵化市	27.4
100	马兰河	62.7	18		兴隆县	遵化市	12
101	黎河	549	70	1.40	遵化市	天津蓟县	69.5
102	东黎河	86.1	21		遵化市	遵化市	21

续表

序号	河流名称	流域面积/km²	河流长度/km	平均比降/‰	河源位置	河口位置	本市长度/km
103	老峪河	83.3	16		遵化市	遵化市	16
104	淋河	246	49	6.58	兴隆县	天津蓟县	18.6
105	还乡河	1566	158	0.430	迁西县	唐山市路南区	140
106	小草河	58.1	17		遵化市	唐山市丰润区	17
107	牵马河	93	24		迁西县	唐山市丰润区	24
108	铁厂小河	53.3	18		遵化市	唐山市丰润区	18
109	娘娘庄河	77.1	20		遵化市	唐山市丰润区	20
110	廿二排干		24		路南区	天津市宁河县	1
111	四排干		17		路南区	天津市宁河县	1
112	蓟运河	10288	175		天津市蓟县	天津市滨海新区	67.7
113	兰泉河	372	33		玉田县	玉田县	33
114	金水河		19		玉田县	天津市蓟县	9
115	小河口一排干		16		玉田县	玉田县	16
116	双城河	385	43		玉田县	玉田县	43
117	双城河截留引河		16		玉田县	玉田县	16
118	冯家铺主排干		9.9		玉田县	玉田县	9.9
119	中和庄主排干		16		玉田县	玉田县	16
120	东王桥主干渠		12		玉田县	丰润区	12
121	小芝联络渠		12		玉田县	玉田县	12
122	小赵主干渠		14		玉田县	丰润区	14
123	黑龙河		21		丰润区	玉田县	21
124	还乡河故道		8		天津市宁河县	玉田县	4.2
125	泥河	439	47		唐山丰润区	天津市宁河县	39.7
126	黑龙河排干		17		唐山丰润区	唐山丰润区	17
127	零排干		22		唐山路南区	天津市宁河县	10
128	东尹干渠		18		天津宁河县	天津市滨海新区	3
129	潴龙河		18		唐山丰润区	唐山丰南区	18
130	煤河		15		唐山丰南区	唐山丰南区	15
131	津唐运河左支		18		唐山丰南区	唐山丰南区	18
132	津唐运河右支		23		唐山丰南区	唐山路南区	23
133	皂甸干渠		16		天津市宁河县	唐山路南区	14.9
134	南外围排水		24		天津市宁河县	唐山丰南区	20.6
135	津唐运河	576	78		唐山丰南区	天津市东丽区	35.5
合计							3531.1

（10）承德市河流基本信息。承德市境内有河流 245 条，其中滦河及冀东沿海诸河水系有河流 160 条，北三河水系河流 49 条，辽东湾西部沿渤海诸河水系河流 31 条，辽河水系 5 条；流域面积大于 100km² 的河流 135 条。表 1-26 为承德市河流基本信息统计表。

表 1-26　　承德市河流基本信息统计表

序号	河流名称	流域面积/km²	河流长度/km	平均比降/‰	河源位置	河口位置	本市长度/km
1	百岔河	1620	143	6.29	围场县	内蒙古克什克腾旗	10
2	莫力沟	100	13	24.9	围场县	内蒙古克什克腾旗	4
3	老哈河	29623	451	0.901	平泉县	内蒙古奈曼旗	65
4	张营子河	87.5	25		平泉县	平泉县	25
5	九神庙河	128	34	11.7	平泉县	平泉县	34
6	长胜沟河	166	18	6.11	平泉县	平泉县	18
7	茅兰沟河	73.7	15		平泉县	平泉县	15
8	大龙潭沟河	78.4	21		平泉县	平泉县	21
9	蒙和乌苏河	79.6	24		平泉县	平泉县	24
10	平房河	65	12		平泉县	平泉县	12
11	黑里河	632	65	7.30	内蒙古宁城县	内蒙古宁城县	65
12	阴河	10598	218	3.22	围场县	内蒙古赤峰元宝山区	71
13	后莫里莫河	66.7	11		围场县	围场县	11
14	竹笠沟河	95.8	22		围场县	围场县	22
15	大素汰河	55.9	16		围场县	围场县	16
16	巴头沟河	53.5	17		围场县	内蒙古赤峰	13
17	七宝丘河	259	46	13.6	围场县	内蒙古赤峰松山区	44
18	山湾子河	522	51	9.66	围场县	围场县	51
19	岳家店河	61.7	10		围场县	围场县	10
20	梭罗沟河	108	23	20.6	围场县	围场县	23
21	西路嘎河	2318	122	4.27	围场县	内蒙古赤峰松山区	59
22	邵家店河	70.2	14		围场县	围场县	14
23	三道川河	90.7	22		围场县	围场县	22
24	夹皮川河	96.6	25		围场县	围场县	25
25	二道川河	117	27	11.2	围场县	围场县	27
26	喇嘛地河	682	54	6.16	围场县	内蒙古赤峰松山区	32

续表

序号	河流名称	流域面积/km²	河流长度/km	平均比降/‰	河源位置	河口位置	本市长度/km
27	营房河	66.4	17		围场县	围场县	17
28	石泉河	56.5	13		内蒙古喀喇沁旗	围场县	6
29	克勒沟河	250	34	9.31	围场县	围场县	34
30	北道河	71.3	15		围场县	围场县	15
31	羊草沟河	98.5	22		围场县	内蒙古赤峰松山区	17
32	大凌河西支	2331	103	3.27	内蒙古宁城县	内蒙古喀喇沁左翼县	5
33	榆树林子河	228	30	9.42	平泉县	辽宁省凌源市	29
34	范杖子河	54.1	15		平泉县	平泉县	15
35	宋杖子河	300	45	7.88	平泉县	辽宁省凌源市	27
36	高杖子河	62.8	16		平泉县	辽宁省凌源市	13
37	滦河	44227	995	1.44	丰宁县	乐亭县	520
38	大营子沟河	82.2	26		丰宁县	丰宁县	26
39	二道河子河	111	29	8.59	丰宁县	丰宁县	29
40	元山子河	66.3	23		丰宁县	丰宁县	23
41	胡明合河	121	31	3.60	丰宁县	沽源县	31
42	柳条子河	61.7	17		内蒙古多伦县	丰宁县	1
43	骡子沟河	50	18		丰宁县	丰宁县	18
44	大河西沟河	157	33	10.3	丰宁县	丰宁县	33
45	茶棚沟河	54.1	15		丰宁县	丰宁县	15
46	大骡子沟河	53.4	16		丰宁县	丰宁县	16
47	白云沟河	163	23	16.7	丰宁县	丰宁县	23
48	红石砬沟河	125	21	19.5	丰宁县	丰宁县	21
49	漠河沟河	129	29	15.1	隆化县	隆化县	29
50	沙井子河	614	53	2.92	丰宁县	沽源县	53
51	东滩河	74.8	17		丰宁县	内蒙古多伦县	8
52	头道河	172	41	6.09	丰宁县	内蒙古多伦县	41
53	骆驼场河	213	34	6.10	丰宁县	内蒙古多伦县	23
54	吐力根河	1260	111	3.59	围场县	内蒙古多伦县	73
55	撅尾巴河	179	39	5.43	围场县	内蒙古多伦县	36
56	槽碾西沟河	327	37	9.33	丰宁县	丰宁县	37
57	干沟窑子河	63	14		丰宁县	丰宁县	14
58	老东营子沟河	83.8	19		丰宁县	丰宁县	19
59	四岔口沟河	427	38	12.3	丰宁县	丰宁县	38

续表

序号	河流名称	流域面积/km²	河流长度/km	平均比降/‰	河源位置	河口位置	本市长度/km
60	哈德门沟河	72.7	16		丰宁县	丰宁县	16
61	太阳店沟河	109	18	15.9	丰宁县	丰宁县	18
62	西南沟河	152	29	13.4	隆化县	隆化县	29
63	鱼亮子北沟河	239	34	11.0	隆化县	隆化县	34
64	三岔口沟河	138	22	14.7	隆化县	隆化县	22
65	湾沟河	116	22	11.9	隆化县	隆化县	22
66	旧屯北沟河	68	16		隆化县	隆化县	16
67	金沟屯西沟河	50.3	13		滦平县	滦平县	13
68	牤牛河	167	33	12.7	承德双滦区	承德双滦区	33
69	清水河	255	34	9.71	滦平县	承德双滦区	34
70	青石垛河	57.4	14		滦平县	滦平县	14
71	太阳沟河	75.1	18		滦平县	双滦区	18
72	孙杖子沟河	50	9.3		兴隆县	兴隆县	9.3
73	清河	69.2	22		宽城县	宽城县	22
74	白河	685	79	5.07	承德县	承德双桥区	79
75	灯厂沟河	58.4	18		承德县	承德县	18
76	柴河	187	46	8.74	承德县	承德县	46
77	老牛河	1685	77	5.25	承德县	承德县	77
78	唐家湾河	63.3	14		承德县	承德县	14
79	下院河	179	27	10.2	承德县	承德县	27
80	老虎洞沟河	58.8	19		承德县	承德县	19
81	岔沟河	136	17	7.10	承德县	承德县	17
82	肖杖子沟河	50.5	11		承德县	承德县	11
83	东山咀河	237	33	7.43	平泉县	承德县	33
84	野猪河	194	20	8.15	平泉县	承德县	20
85	白马河	273	36	6.68	承德县	承德县	36
86	干柏河	180	43	7.29	承德县	承德县	43
87	暖儿河	233	49	7.01	承德县	承德县	49
88	柳河	1196	150	2.63	兴隆县	兴隆县	150
89	北水泉沟河	108	19	25.5	兴隆县	兴隆县	19
90	冰冷沟河	63.5	21		承德县	兴隆县	21
91	老牛河	62.8	14		承德鹰手营子	承德鹰手营子	14
92	车河	158	28	12.1	兴隆县	兴隆县	28
93	孟子河	188	25	5.09	宽城县	宽城县	25

续表

序号	河流名称	流域面积/km²	河流长度/km	平均比降/‰	河源位置	河口位置	本市长度/km
94	闯王河	61.5	15		宽城县	宽城县	15
95	铁门关河	52.4	13		宽城县	迁西县	3
96	澈河	1137	114	3.42	兴隆县	迁西县	98
97	白马川河	59.7	11		兴隆县	兴隆县	11
98	沟门子河	54.2	11		兴隆县	兴隆县	11
99	澈河南沟河	68.3	13		遵化市	兴隆县	13
100	澈河南源	183	39	8.31	兴隆县	兴隆县	39
101	黑河	233	55	6.61	兴隆县	迁西县	49
102	长河	675	128	3.61	宽城县	迁西县	72
103	民训河	77.3	22		宽城县	宽城县	22
104	清河	325	43	6.22	宽城县	迁安市	21
105	小滦河	2044	144	5.35	围场县	隆化县	144
106	红河子河	66.1	22		围场县	围场县	22
107	西牛场河	58	16		围场县	围场县	16
108	嘎拜沟河	66.9	18		围场县	隆化县	18
109	双岔子河	95.7	21		围场县	围场县	21
110	如意河	205	41	8.36	围场县	围场县	41
111	头道河子河	131	16	7.22	围场县	围场县	16
112	三座山河	109	19	6.57	内蒙古多伦县	围场县	19
113	西龙头河	84.8	19		围场县	围场县	19
114	汉马沟河	90.1	16		围场县	围场县	16
115	西卡拉河	73.2	21		丰宁县	围场县	21
116	兴洲河	1966	120	4.20	丰宁县	滦平县	120
117	化吉营北沟河	53.6	14		丰宁县	丰宁县	14
118	娘娘庙沟河	67.5	14		丰宁县	丰宁县	14
119	东北川河	70.3	8.6		丰宁县	丰宁县	8.6
120	何营沟河	158	27	12.4	丰宁县	丰宁县	27
121	正北川河	260	37	9.36	丰宁县	丰宁县	37
122	大张太河沟河	52.5	16		丰宁县	丰宁县	16
123	白翅沟河	143	31	8.90	丰宁县	丰宁县	31
124	牤牛河	332	40	8.88	滦平县	滦平县	40
125	长山峪河	79	18		滦平县	滦平县	18
126	刘家沟河	50	17		滦平县	滦平县	17
127	伊逊河	6734	227	2.96	围场县	承德双滦区	227

续表

序号	河流名称	流域面积/km^2	河流长度/km	平均比降/‰	河源位置	河口位置	本市长度/km
128	莫里莫河	50	13		围场县	围场县	13
129	五道川河	158	21	17.1	围场县	围场县	21
130	大罗字沟河	50.3	13		围场县	围场县	13
131	头道轱辘板河	53.8	11		围场县	围场县	11
132	吉布汰沟河	72.1	20		围场县	围场县	20
133	四道沟河	81.2	19		围场县	围场县	19
134	东杨树沟河	127	22	12.2	隆化县	隆化县	22
135	汤头沟河	51.6	14		隆化县	隆化县	14
136	尹家营河	94.9	24		隆化县	隆化县	24
137	大唤起沟河	299	47	11.0	围场县	围场县	47
138	道坝子沟河	229	41	10.8	围场县	围场县	41
139	东顺井河	64	15		围场县	围场县	15
140	不澄河	605	46	7.32	围场县	围场县	46
141	兰旗卡伦河	178	34	9.36	围场县	围场县	34
142	清泉河	105	19	16.2	围场县	围场县	19
143	黄土坎河	214	23	11.6	围场县	围场县	23
144	二道川河	63.9	19		围场县	围场县	19
145	偏坡营河	177	24	15.8	隆化县	隆化县	24
146	獾子沟河	50	13		隆化县	隆化县	13
147	通事营河	257	33	12.1	隆化县	隆化县	33
148	孙家营沟河	92.2	18		隆化县	隆化县	18
149	疙瘩营河	159	34	10.3	隆化县	隆化县	34
150	二道河西沟河	79.5	16		隆化县	隆化县	16
151	哈叭沁河	79.4	20		隆化县	滦平县	20
152	蚁蚂吐河	2421	137	4.31	围场县	隆化县	137
153	碾子沟河	65	18		围场县	围场县	18
154	博立沟河	78.9	18		围场县	围场县	18
155	沙巴尔汰东沟河	73.7	14		围场县	隆化县	14
156	阿超西沟河	55.3	15		隆化县	隆化县	15
157	大柳塘子沟河	142	25	14.3	围场县	围场县	25
158	大孟奎沟河	267	28	10.2	围场县	围场县	28
159	小孟奎沟河	101	20	11.4	围场县	围场县	20
160	燕格柏河	299	38	10.8	围场县	围场县	38
161	阿抹沟河	81.6	19		围场县	围场县	19

续表

序号	河流名称	流域面积/km²	河流长度/km	平均比降/‰	河源位置	河口位置	本市长度/km
162	托果奈河	79	20		围场县	围场县	20
163	博岱沟河	93.2	18		隆化县	隆化县	18
164	步古沟河	163	29	13.4	隆化县	隆化县	29
165	白银沟河	209	24	11.9	隆化县	隆化县	24
166	大两间房沟河	89.7	16		隆化县	隆化县	16
167	武烈河	2603	113	4.67	隆化县	承德双桥区	113
168	张营河	53.5	14		承德县	承德县	14
169	茅荆坝沟河	159	25	17.3	隆化县	隆化县	25
170	西茅沟河	61.5	15		隆化县	隆化县	15
171	鹦鹉河	528	76	7.44	围场县	隆化县	76
172	杨树沟河	66.9	18		隆化县	隆化县	18
173	兴隆河	244	32	9.77	隆化县	承德县	32
174	玉带河	734	59	6.18	承德县	承德县	59
175	何家河	241	24	15.6	承德县	承德县	24
176	志云河	109	18	17.0	承德县	承德县	18
177	兴隆山河	59.8	14		承德县	承德县	14
178	瀑河	1990	149	2.55	平泉县	宽城县	149
179	雅图沟河	68.2	18		平泉县	平泉县	18
180	大吉口河	53.7	12		平泉县	平泉县	12
181	卧龙岗河	77	13		平泉县	平泉县	13
182	赶瀑河子河	102	20	11.7	平泉县	平泉县	20
183	西河	177	36	12.6	平泉县	平泉县	36
184	下店河	69.8	17		平泉县	平泉县	17
185	大道虎沟河	111	22	10.3	平泉县	平泉县	22
186	桲椤树河	167	29	5.84	平泉县	平泉县	29
187	浑河	321	34	5.25	宽城县	宽城县	34
188	小柳河	153	26	7.55	宽城县	宽城县	26
189	青龙河	6267	265	1.56	平泉县	卢龙县	44
190	杨树岭河	74.7	19		平泉县	平泉县	19
191	三十家子河	479	35	4.93	平泉县	辽宁省凌源市	10
192	刘杖子河	117	21	10.5	平泉县	辽宁省凌源市	12
193	都阴河	455	48	4.98	宽城县	宽城县	48
194	小彭河	51.3	12		宽城县	宽城县	12
195	冰沟河	117	26	14.5	宽城县	宽城县	26

续表

序号	河流名称	流域面积/km²	河流长度/km	平均比降/‰	河源位置	河口位置	本市长度/km
196	连阴栈河	71.6	15		宽城县	宽城县	15
197	泃河	3278	176	0.836	兴隆县	天津市蓟县	18
198	快活林河	106	19	20.7	兴隆县	兴隆县	19
199	将军关石河	113	22	14.4	兴隆县	北京市平谷区	22
200	州河	2060	154	0.645	兴隆县	天津市蓟县	12
201	清水河	175	24	3.89	兴隆县	遵化市	24
202	冷咀头河	60.3	21		兴隆县	遵化市	21
203	北岭河	75	25		兴隆县	遵化市	25
204	魏进河	341	45	4.77	兴隆县	遵化市	45
205	四拨子沟河	53.9	18		兴隆县	兴隆县	18
206	马兰河	62.7	18		兴隆县	遵化市	18
207	淋河	246	49	6.58	兴隆县	天津市蓟县	20
208	天河	383	85	10.3	丰宁县	北京市怀柔区	40
209	侯家栅子河	61.2	16		丰宁县	丰宁县	16
210	汤河	1262	113	7.37	丰宁县	北京市怀柔区	66
211	小西沟河	62.7	16		丰宁县	丰宁县	16
212	中沟河	84.8	25		丰宁县	丰宁县	25
213	大西沟河	151	31	17.2	丰宁县	丰宁县	31
214	潮河	6498	274	2.88	丰宁县	北京市密云县	205
215	撒袋沟河	190	32	16.2	丰宁县	丰宁县	32
216	达袋沟河	71.1	17		丰宁县	丰宁县	17
217	西南沟河	210	27	15.4	丰宁县	丰宁县	27
218	南辛营沟河	80.7	15		丰宁县	丰宁县	15
219	长阁北沟河	201	29	15.5	丰宁县	丰宁县	29
220	塔黄旗北沟河	196	37	9.86	丰宁县	丰宁县	37
221	窄岭西沟河	243	28	12.3	丰宁县	丰宁县	28
222	大兰营北沟河	76.1	20		丰宁县	丰宁县	20
223	方营沟河	67.2	21		丰宁县	丰宁县	21
224	岗子河	229	34	5.41	滦平县	滦平县	34
225	邓厂河	95.9	28		滦平县	滦平县	28
226	于营子河	129	22	8.48	滦平县	滦平县	22
227	小汤河	96.5	37		滦平县	北京市密云县	22
228	红门川河	151	38	7.88	兴隆县	北京市密云县	4
229	小坝子沟河	317	30	14.0	丰宁县	丰宁县	30

续表

序号	河流名称	流域面积 /km²	河流长度 /km	平均比降 /‰	河源位置	河口位置	本市长度 /km
230	槽碾沟北沟河	86.4	17		丰宁县	丰宁县	17
231	潮河北源	580	43	8.55	丰宁县	丰宁县	43
232	乐国河	147	23	15.5	丰宁县	丰宁县	23
233	张百万沟河	162	25	16.3	丰宁县	丰宁县	25
234	李全窝铺沟河	55.6	14		丰宁县	丰宁县	14
235	石人沟河	350	32	9.12	丰宁县	丰宁县	32
236	凌营沟河	58.9	18		丰宁县	丰宁县	18
237	官木山沟河	137	19	13.2	丰宁县	丰宁县	19
238	金台子河	269	35	8.44	滦平县	滦平县	35
239	两间房河	377	37	9.03	滦平县	滦平县	37
240	火斗山河	175	29	9.03	滦平县	滦平县	29
241	安达木河	372	64	7.48	滦平县	北京市密云县	13
242	乱水河	60.4	14		承德县	北京市密云县	10
243	清水河	605	71	5.20	兴隆县	北京市密云县	28
244	大黄岩河	256	39	13.1	兴隆县	北京市密云县	29
245	小黄岩河	112	27	11.4	兴隆县	北京市密云县	27
合计							7734.9

（11）张家口市河流基本信息。张家口市境内有河流 188 条，其中滦河及冀东沿海诸河水系河流 5 条，北三河水系 30 条，永定河水系河流 109 条，大清河水系河流 11 条，内蒙古高原东部内流区河流 33 条；流域面积大于 100km² 的河流 109 条。表 1-27 为张家口市河流基本信息统计表。

表 1-27　　张家口市河流基本信息统计表

序号	河流名称	流域面积 /km²	河流长度 /km	平均比降 /‰	河源位置	河口位置	本市长度 /km
1	滦河	44227	995	1.44	丰宁县	乐亭县	73
2	胡明合河	121	31	3.60	丰宁县	沽源县	25
3	五女河	255	39	4.62	沽源县	沽源县	39
4	沙井子河	614	53	2.92	丰宁县	沽源县	53
5	头道河	172	41	6.09	丰宁县	内蒙古多伦县	10
6	潮白河	19354	414	2.26	沽源县	香河县	157
7	东栅子河	100	22	18.5	沽源县	赤城县	22
8	虎龙沟	114	21	18.0	赤城县	赤城县	21
9	塘坊河	70.1	14		赤城县	赤城县	14
10	董家沟	50.7	13		赤城县	赤城县	13

续表

序号	河流名称	流域面积/km²	河流长度/km	平均比降/‰	河源位置	河口位置	本市长度/km
11	马营河	556	44	9.93	沽源县	赤城县	44
12	马营子河	72.6	14		沽源县	崇礼县	14
13	二道川	160	28	12.1	崇礼县	赤城县	28
14	镇安堡河	239	37	13.2	赤城县	赤城县	37
15	汤泉河	380	41	11.8	赤城县	赤城县	41
16	西栅子河	124	18	31.2	赤城县	赤城县	18
17	龙门所沟	262	34	10.3	赤城县	赤城县	34
18	红河	1256	60	8.82	赤城县	赤城县	60
19	三道河	75.7	15		赤城县	赤城县	15
20	炮梁沟	162	25	18.8	赤城县	赤城县	25
21	水磲堡河	245	36	11.1	赤城县	赤城县	36
22	小雕鹗河	296	32	14.5	赤城县	赤城县	32
23	大海陀河	82.9	20		赤城县	赤城县	20
24	雕鹗堡河	69.6	15		赤城县	赤城县	15
25	前孤山沟	53.8	17		赤城县	赤城县	17
26	南卜子沟	151	29	14.2	赤城县	赤城县	29
27	红旗甸沟	155	35	13.9	赤城县	北京市延庆县	19
28	黑河	1661	129	7.52	沽源县	北京市延庆县	109
29	老栅子沟	111	17	23.7	赤城县	赤城县	17
30	二道川河	60.9	19		赤城县	赤城县	19
31	白草沟	97	22		赤城县	赤城县	22
32	于家营河	83.9	18		赤城县	赤城县	18
33	青羊沟	123	26	15.3	赤城县	赤城县	26
34	瓦房沟	198	28	18.9	赤城县	赤城县	28
35	道德沟	87.4	18		赤城县	赤城县	18
36	永定河	47396	869	1.42	山西省左云县	天津市滨海新区	261
37	周家窑沟	50.6	17		山西省天镇县	阳原县	17
38	大龙口峪	56.2	20		阳原县	阳原县	20
39	涧口沟	89.9	19		阳原县	阳原县	19
40	水峪口沟	76.5	22		山西省天镇县	阳原县	12
41	黎元沟	187	36	7.57	山西省阳高县	阳原县	18
42	官河	271	49	5.91	山西省天镇县	阳原县	22
43	虎沟	88.7	32		山西省天镇县	阳原县	23
44	辛其河	115	25	11.0	山西省天镇县	阳原县	22

续表

序号	河流名称	流域面积/km²	河流长度/km	平均比降/‰	河源位置	河口位置	本市长度/km
45	台家庄沟	50	18		怀安县	阳原县	18
46	殷家沟河	107	19	33.2	宣化县	宣化县	19
47	黑水河	97.3	22		涿鹿县	宣化县	22
48	孙家沟河	145	28	26.1	涿鹿县	涿鹿县	28
49	岔道河	443	51	18.4	涿鹿县	涿鹿县	51
50	尤家园河	86.2	20		涿鹿县	涿鹿县	20
51	井沟河	53.5	20		涿鹿县	涿鹿县	20
52	黑沙沟—龙凤山沙河	354	26	10.4	怀来县	怀来县	26
53	沙城东沙河	169	28	20.8	怀来县	怀来县	28
54	水口山沟	53.5	16		怀来县	怀来县	16
55	石河沟	165	33	18.9	怀来县	怀来县	33
56	石片沙河	71.3	26		怀来县	怀来县	26
57	沿河城沟	132	29	36.5	怀来县	北京市门头沟区	9
58	湫河	209	35	19.4	怀来县	北京市门头沟区	14
59	灵泉河	556	51	15.4	涿鹿县	怀来县	51
60	大沙河	53.8	12		涿鹿县	涿鹿县	12
61	灵山河	254	32	20.2	涿鹿县	涿鹿县	32
62	东灵山河	83.5	19		涿鹿县	涿鹿县	19
63	妫水河	1624	96	1.46	延庆县	怀来县	96
64	西龙湾河	90.6	19		赤城县	北京市延庆县	19
65	帮水峪河	103	29	8.35	怀来县	延庆县	29
66	东湾西沙河	131	23	14.2	怀来县	怀来县	23
67	外井沟沙河	88.7	23		怀来县	怀来县	23
68	壶流河	4412	161	2.26	山西省广灵县	阳原县	96
69	磨峪	57	19		蔚县	山西省广灵县	1
70	金泉峪沙河	96.7	27		阳原县	山西省广灵县	25
71	五岔峪沙河	79.1	27		蔚县	蔚县	27
72	小峪	73	21		蔚县	蔚县	21
73	小官峪	72	28		蔚县	阳原县	28
74	水峪	111	26	16.2	蔚县	蔚县	26
75	芦子涧沟	67.9	24		蔚县	蔚县	24
76	木槽涧	165	30	15.8	阳原县	山西省广灵县	16
77	石门峪	252	38	17.9	山西省灵丘县	蔚县	26
78	果庄子河	68.7	14		蔚县	蔚县	14

续表

序号	河流名称	流域面积/km²	河流长度/km	平均比降/‰	河源位置	河口位置	本市长度/km
79	北口峪—乜门子河	439	59	11.0	蔚县	蔚县	59
80	北口峪	73.9	17		蔚县	蔚县	17
81	四十里峪	119	21	29.7	蔚县	蔚县	21
82	九宫口峪	210	38	16.5	蔚县	蔚县	38
83	东杏河	56	14		蔚县	蔚县	14
84	清水河	205	34	17.9	蔚县	蔚县	34
85	赵家湾沙河	72.3	21		蔚县	蔚县	21
86	定安河	709	53	4.20	涿鹿县	蔚县	53
87	赤崖河	69.3	18		蔚县	蔚县	18
88	冀家嘴沙河	97	23		蔚县	蔚县	23
89	白乐沙河	90	16		蔚县	蔚县	16
90	洋河	15160	267	3.40	内蒙古兴和县	怀来县	184
91	黄土村河	63.2	17		内蒙古兴和县	尚义县	17
92	中哈达河	73.6	17		尚义县	尚义县	17
93	甲石河	96.4	21		尚义县	尚义县	21
94	旧庙河	50.1	14		尚义县	尚义县	14
95	鸳鸯河	312	42	5.73	尚义县	内蒙古兴和县	30
96	乔家村河	91	21		内蒙古兴和县	尚义县	12
97	银子河	476	56	7.57	内蒙古兴和县	尚义县	11
98	瑟尔基后河	443	32	11.6	尚义县	尚义县	32
99	下井河	77.9	22		尚义县	尚义县	22
100	永胜地河	112	24	15.7	内蒙古兴和县	尚义县	23
101	洗马林河	187	39	14.3	尚义县	万全县	39
102	古城河	236	60	14.5	张北县	万全县	60
103	掉沙河	54.1	25		万全县	万全县	25
104	城西河	395	40	14.7	万全县	万全县	40
105	豆茬沟河	63.3	15		万全县	万全县	15
106	城东河	136	38	16.2	张北县	万全县	38
107	石里河	98.2	31		怀安县	宣化县	31
108	庞家房河	95.1	17		宣化县	宣化县	17
109	寇家沟河	58.4	23		宣化县	宣化县	23
110	东沙河	112	26	8.07	张家口桥东区	宣化县	26
111	塔儿村河	101	25	20.2	怀安县	宣化县	25
112	柳川河	440	64	13.9	崇礼县	张家口宣化区	64

续表

序号	河流名称	流域面积 /km²	河流长度 /km	平均比降 /‰	河源位置	河口位置	本市长度 /km
113	保府庄河	89.6	19		宣化县	张家口桥东区	19
114	水泉河	448	56	13.8	怀安县	宣化县	56
115	口泉河	95	18		宣化县	宣化县	18
116	龙洋河	654	50	6.22	宣化县	宣化县	50
117	赵川河	75	20		崇礼县	宣化县	20
118	大白阳河	83.9	21		宣化县	宣化县	21
119	乱泉河	86	27		宣化县	宣化县	27
120	泡沙河	86.6	33		宣化县	张家口宣化区	33
121	戴家营河	155	29	23.6	张家口宣化区	下花园区	29
122	鸡鸣驿东沙河	100	29	29.8	张家口宣化区	怀来县	29
123	南洋河	3904	134	3.29	山西省阳高县	怀安县	32
124	李信屯河	86.5	22		怀安县	山西省天镇县	21.7
125	西沙城河	85.5	14		怀安县	怀安县	14
126	西洋河	918	65	10.3	内蒙古兴和县	怀安县	24
127	三角沟	55.9	18		尚义县	山西省天镇县	17
128	瓦沟台沙河	59.8	17		山西省天镇县	怀安县	10
129	洪塘河	922	86	9.65	山西省天镇县	怀安县	60
130	塔岩寺沟	128	18	17.2	怀安县	怀安县	18
131	旧怀安河	124	25	15.4	怀安县	怀安县	25
132	南九场河	91.6	25		怀安县	怀安县	25
133	清水河	2326	112	8.33	崇礼县	宣化县	112
134	号沟子河	73.4	15		崇礼县	崇礼县	15
135	门扇川沟	56.5	14		崇礼县	崇礼县	14
136	大夹道沟	53.8	18		崇礼县	崇礼县	18
137	小西沟	55	19		张家口桥西区	张家口桥西区	19
138	太子城河	233	31	18.5	崇礼县	崇礼县	31
139	窑子湾沟	65	15		崇礼县	崇礼县	15
140	正沟	354	49	11.3	崇礼县	崇礼县	49
141	西沟	727	57	12.2	崇礼县	崇礼县	57
142	三岔沟	107	23	16.2	崇礼县	崇礼县	23
143	六间房沟	104	15	22.8	崇礼县	崇礼县	15
144	五十家子河	94.7	18		张北县	崇礼县	18
145	北屯河	622	43	15.2	蔚县	涞源县	43
146	留家庄沟	55.2	16		蔚县	涞源县	16

续表

序号	河流名称	流域面积/km²	河流长度/km	平均比降/‰	河源位置	河口位置	本市长度/km
147	白涧沟	659	57	11.7	蔚县	涞水县	42
148	天津沟	129	19	40.3	蔚县	涿鹿县	19
149	大河南河	58.5	17		涿鹿县	涿鹿县	17
150	独石村河	52.7	13		涿鹿县	涿鹿县	13
151	蓬头沟	251	44	17.7	涿鹿县	涞水县	44
152	紫石口沟	905	63	14.6	涿鹿县	涞水县	63
153	大庙河	221	27	27.4	涿鹿县	涿鹿县	27
154	狮子台河	53.3	9.5		涿鹿县	涿鹿县	9.5
155	谢家堡河	186	31	22.8	涿鹿县	涿鹿县	31
156	大囫囵河	854	62	2.82	张北县	张北县	62
157	北壕堑河	241	45	4.26	张北县	张北县	45
158	乌兰一支更河	165	38	4.38	张北县	张北县	38
159	十大股河	76.9	22		尚义县	张北县	22
160	三台河	385	52	4.67	尚义县	张北县	52
161	大青沟河	441	67	3.54	尚义县	尚义县	67
162	特布乌拉河	1832	98	1.97	内蒙古化德县	内蒙古商都县	17
163	三台河	108	27	4.57	康保县	康保县	27
164	古庙滩河	215	36	3.81	康保县	内蒙古商都县	31
165	二彦村河	63.7	24		康保县	康保县	24
166	统领地河	2336	63	1.87	康保县	内蒙古商都县	62.6
167	黑水河	1707	103	1.10	张北县	张北县	103
168	马连渠河	60.7	19		张北县	张北县	19
169	玻璃彩河	93.4	22		张北县	张北县	22
170	东洋河	409	46	2.08	张北县	张北县	46
171	盘常营子河	94	27		张北县	张北县	27
172	哈拉勿素河	130	27	3.88	张北县	张北县	27
173	五台河	893	71	2.95	尚义县	尚义县	71
174	小五台沟	110	31	4.46	尚义县	兴和县	31
175	千斤沟	88.4	27		内蒙古太仆寺旗	沽源县	9
176	平定堡河	98.4	22		沽源县	沽源县	22
177	马家营河	116	25	4.19	内蒙古太仆寺旗	沽源县	6
178	四间房河	611	36	3.84	康保县	内蒙古太仆寺旗	21
179	苏鲁滩	270	35	3.78	内蒙古太仆寺旗	沽源县	16
180	五十家子河	112	21	5.02	内蒙古太仆寺旗	沽源县	12

续表

序号	河流名称	流域面积/km²	河流长度/km	平均比降/‰	河源位置	河口位置	本市长度/km
181	小碱滩河	256	52	4.05	张北县	内蒙古太仆寺旗	52
182	灯笼素河	409	62	3.54	张北县	沽源县	62
183	葫芦河	1713	114	1.55	沽源县	内蒙古太仆寺旗	98
184	二道营河	396	51	2.57	沽源县	沽源县	51
185	水井子河	481	53	2.39	内蒙古太仆寺旗	沽源县	9
186	照阳河	77.7	24		康保县	内蒙古化德县	19
187	十七号河	194	36	6.10	康保县	内蒙古化德县	25
188	临界村河	287	39	4.86	内蒙古太仆寺旗	内蒙古正镶白旗	7
合计							6081.8

参　考　文　献

[1]　河北省水利厅．河北河湖名览［M］．北京：中国水利水电出版社，2009.

[2]　黄锡荃．中国的河流［M］．北京：商务印书馆，1996.

[3]　河北省第一次水利普查领导小组办公室．河流湖泊分册［R］．2013.

[4]　王春泽，乔光建．河北水文基础知识与应用［M］．北京：中国水利水电出版社，2012.

第二章 河流功能评价

河流因为水而存在，河流生态也因水的存在而得以维系和发育。河流润泽万物并养育了人类生命，生物多样性丰富的河流湿地，也是有了河水的补给才使生物多样性的保护成为可能；河流的自净能力使人类的污染得到净化，有限的水资源得以恢复与再生。维持河流的生命水量，就是维持河流生态系统的基本需水要求，就是维持河流生态系统的基本特征和功能存在，就是维持河流的健康生命。

第一节 河流自然功能

河流是地球演化过程中的产物，也是地球演化过程中的一个活跃因素，它的自然功能是地球环境系统不可或缺的。因此，河流的自然功能在总体意义上就是它的环境功能。

1 河流水文功能

河流是全球水文循环过程中液态水在陆地表面流动的主要通道。大气降水在陆地上所形成的地表径流，沿地表低洼处汇集成河流。降水入渗形成的地下水，一部分也复归河流。河流将水输送入海或内陆湖，然后蒸发回归大气。河流的输水作用能把地面短期积水及时排掉，并在不降水时汇集源头和两岸的地下水，使河道中保持一定的径流量，也使不同地区间的水量得以调剂。

1.1 水量平衡循环

1.1.1 水量平衡要素

由于气候及下垫面的差异，各地水资源总量的组成比例有一定的差别。在水资源分区的水资源总量组成中，滦河及冀东沿海地表径流所占比例高于降水入渗补给量所占比例，而海河北系、海河南系和徒骇马颊河则相反。

根据《海河流域水资源评价》成果，对海河流域水量平衡要素进行分析。海河流域1956—2000年平均年降水量535mm，只有12.6%形成河川径流；在河川径流量中，由地下水补给形成的河川基流量占36.1%，地表径流量占63.9%。全流域有78.4%的降水消耗于地表蒸散发，只有21.7%形成水资源量。表2-1为海河流域水量平衡要素分析计算表。

海河流域水资源生态循环是指水资源在海河流域各生态区内运动和转化形式以及利用过程。由于不同生态区的地理条件不同，而生态功能和生态作用也不同，从而造成了各区域内不同的水资源转化和利用形式，最后形成不同的生态格局。因此，各区域对水资源的利用不同造成了生态状况从山区到平原至沿海之间不同循环特征。

表 2-1 海河流域水量平衡要素分析计算表

水资源要素	流域分区水量/mm				全流域/mm
	滦河及冀东沿海	海河北系	海河南系	徒骇马颊河	
降水量	549.0	489.0	549.0	564.0	535.0
河川径流量	97.4	60.2	66.2	42.5	67.5
地表径流量	63.1	38.8	38.3	42.1	43.1
河川基流量	34.3	21.4	27.9	0.4	24.4
降雨入渗补给量	52.9	68.2	81.4	77.0	72.7
水资源总量	115.9	107.0	119.8	119.2	115.7
地表蒸散发量	433.0	382.0	429.3	444.9	419.2
潜水蒸发与地下潜流量	18.6	46.8	53.8	76.5	48.5

1.1.2 流域水平衡

一个流域或一个区域，一直到水-土壤-植物结构，都是一个系统。在这些系统中发生的水文循环，年复一年，永不休止，这是自然界服从物质不灭定理的必然结果，水量平衡方程式就是水平衡的定量表达式：

$$W_i - W_o = \Delta W_x$$

式中：W_i 为给定时段内进入系统的水量；W_o 为给定时段内从系统中输出的水量；ΔW_x 为给定时段内系统中需水量的变化量，当为正值时，表示时段内系统蓄水量增加，反之，蓄水量则减少。

对流域而言，水量平衡方程式为

$$P + R_{gi} = E + R_{so} + R_{go} + q + \Delta W$$

式中：P 为时段内流域上的降水量；R_{gi} 为时段内从地下流入流域的水量；E 为时段内流域的蒸发量；R_{so} 为时段内从地表流出流域的水量；R_{go} 为时段内从地下流出流域的水量；q 为时段内用水量；ΔW 为时段内流域蓄水量的变化。

若流域为闭合流域，即 $R_{gi}=0$；在较大的流域内，用水量在使用过程中或排放后，最终消耗于蒸发，用水量包含在蒸散发量之中，则上式变成更简单形式：

$$P = E + R + q_x + \Delta W$$

式中：R 为时段内从地面和地下流出水量之和，等于 $R_{so}+R_{go}$，即为河川径流量；E 为蒸散发量；q_x 为其他用水消耗量，用水后有部分水量消耗于蒸散发，所以该值小于实际用水量；其他符号意义同前。

若计算时段为 n 年，则由于在多年期间，有些年份 ΔW 为正，有些年份 ΔW 为负值，则有：

$$\frac{1}{n}\sum(\Delta W) \approx 0$$

故闭合流域多年水量平衡方程式为：

$$P_0 = R_0 + E_0 + q_x$$

式中：P_0 为流域多年平均降水量；R_0 为流域多年平均河川径流量；E_0 为流域多年平均

蒸散发量。

海河流域可视为闭合流域，就整个流域而言，该流域降水总量为入海水量、流域蒸散发量和其他用水消耗量的总和。表2-2为海河流域水平衡要素关系分析结果。

表2-2　　海河流域水平衡要素关系分析

项　　目	降水量	入海水量	蒸散发量	其他用水消耗
水平衡要素结果/mm	530.3	31.7	419.2	79.4
占降水量的比例/%	100	5.9	78.4	14.8

通过水量平衡要素分析可以看出，海河流域入海水量仅占5.9%，流域蒸散发量占78.4%，其他用水消耗量占14.8%。在该流域内，流域蒸散发远远大于入海水量和其他用水消耗量，这也是该流域水资源开发利用程度高的必然结果。

1.2　水文评估

水文评估的目的是分析水文条件的变化对于河流生态系统结构与功能产生的影响。引起水文条件变化的因素很多，包括由于气候变迁引起的径流变化、上游取水增减变化、由于水库调度和水电站泄流改变了自然水文周期、土地利用方式改变和城市化引起的径流变化等。

所谓水文条件，既包括传统的水文参数，还包括水流的季节性特征和水文周期模式、基流、水温、水位涨落速度等，这些都对鱼类和其他生物的栖息繁衍产生影响。

水文评估中具有研究性质的课题有两个：一是建立河流水文特性与生态响应之间的关系，特别是水流变动性与生态过程的关系，从中分析对于河流生物群落有重要影响的关键水文参数；二是通过水文长系列资料分析认识河流地貌演变及生态演替的全过程。每一条河流都有自己的特性，因此这两个问题的答案都各不相同。

在确定水文变化参数时，以哪一种径流模式为基础，不同河流各有侧重。有的国家的规范考虑用平均年径流指数给出总水量变化，用不同频率的洪水月径流过程曲线给出水流模式的变动，用水流季节比例指数变化的模式评估季节变化，季节峰值指数评估季节最高和最低水位。水文评估方法应力求简单明了，具有可操作性。

评估的基本方法是对比现实的水流模式与理想的自然状况的水流模式，通过两种水文参数的比较，得到一个相对的无量纲的指数，评估以记分的形式表述。

2　河流地质作用

河流是塑造全球地形地貌的一个重要因素。径流和落差组成水动力，切割地表岩石层，搬移风化物，通过河水的冲刷、挟带和沉积作用，形成并不断扩大流域内的沟壑水系和支干河道，也相应形成各种规模的冲积平原，并填海成陆。河流在冲积平原上蜿蜒游荡，不断变换流路，相邻河流时分时合，形成冲积平原上的特殊地貌，也不断改变与河流有关的自然环境。

天然河床的组成物质随河段而异，有的是坚硬的岩石，有的是松散的砂、土层，而且河床底部的起伏、平面形态的曲直、河谷断面的宽窄也都是变化的。河水在具不同特征的河床上运动时，其水动力特征不同。天然河流中水质点的运动一般是不规则的紊流，但在平坦河床上的缓慢水流中，紧贴河床底部的薄层河水的水质点可以为规则的层流。河流中还有向下游推进的螺旋形水流，其在断面上的投影呈环形，称环流。环流在直河道和弯河道都可形成。此外，在崎岖不平的河床上，由于局部障碍还产生涡流。河流的流水动能和水动力特征及其变化，制约着河流地质作用的进程，是以破坏作用为主，抑或以建造作用为主。

2.1　侵蚀作用

河流的侵蚀作用包括机械侵蚀和化学侵蚀两种。一方面，河流侵蚀向下冲刷切割河床，称为下蚀作用；另一方面，河水以自身动力以及挟带的砂石对河床两侧的谷坡进行破坏的作用称为侧向侵蚀。河流化学侵蚀只是在可溶岩地区比较明显，没有机械侵蚀那么普遍。

河流依靠自身的动能对其边界产生的冲刷、破坏作用包括冲蚀、磨蚀和溶蚀作用。按作用的方向分为下蚀、侧蚀和向源侵蚀。河水具有动能，流动的河水对地表岩石进行机械冲刷并使其逐渐剥离，河水中挟带的砂、砾石也不断对之摩擦和撞击，当河流流经可溶性岩石分布地区时，河水可溶解岩石。侵蚀作用的强弱和变化决定于河床水流的强度及组成河流边界的抗冲能力。

河流是在一定地质和气候条件下形成的；由地壳运动形成的线形槽状凹地为河流提供了行水的场所，大气降水则为河流提供了水源。河流是在河床与水流相互作用下逐渐发展的，一般有侵蚀、搬运和堆积过程。河流侵蚀有三种方式：

2.1.1　下蚀作用

下切侵蚀，又称垂直侵蚀或深切侵蚀，它加深河谷，下切穿透的含水层越多，能得到的地下水补给越丰富。

河水对河床底部进行侵蚀，使河床降低。下蚀作用在河流的上、中游段或山区河流中占显著地位。在这里水流受基岩河谷挟持，断面狭窄，纵比降大，流速大，多急流、涡流。由于组成河床岩石的抗蚀能力存在差异，河床纵剖面崎岖不平，常呈台阶状。河水流经其上则形成瀑布、急流。从高处跌落的河水，以强大的冲击力和砂、砾旋钻，磨蚀陡坎下的河床，掏空陡坎基部，陡坎上部岩石受重力作用而塌落，台阶后退。如此不断地进行一段时间后，台阶终于消失，河床被夷平。在河流的源头多有跌水，下蚀作用引起的掏蚀塌落，使河头向源头伸长，向分水岭上部发展，这种现象称溯源侵蚀作用。当分水岭两侧的河流侵蚀力强弱不同时，侵蚀力强的向弱的方向延伸，分水岭向弱者方面迁移，甚至被切穿。两条河流相连，侵蚀力强的河流夺取另一条河流在连结点以上的上游，这种现象称河流袭夺。河流袭夺会引起水系大变动。

下蚀作用不是无限的，当河流在河口到达其汇入的静止水面时，流速丧失，下蚀作用也就终止。外流河以海平面为河流下蚀作用的极限面，称终极侵蚀基准面。此外，河流还以其流经的湖面，支流以其注入的主流水面等为其局部侵蚀基准面。在大陆稳定和侵蚀基准面长期不变时，下蚀作用将河床上的起伏、台阶夷平，河床纵比降减小，流速变低，流水动能减小。当坡度减小到流水动能与河水搬运泥沙所消耗的能达到平衡时，河床的纵剖面在理论上是一条下凹的圆滑曲线，称为河流平衡剖面。力图达到平衡面是河水改造河床的总的趋向。

2.1.2 侧蚀作用

侧向侵蚀，又称旁蚀或侧蚀，是水流侵蚀河岸的过程。它使河岸后退，沟谷展宽，主要发生在河床弯曲的地方。

侧蚀是河水破坏河床两侧的作用，它是在河湾处单向环流的作用下发生的。侧蚀作用在河流的中、下游段或在平原区河流中最为显著。天然河流总有弯曲，河水从直道进入弯道时，原来沿河流轴线运动的主流，因惯性离心力的影响偏向河湾的凹岸，造成横向水位差，从而单向环流发育起来。环流的表流冲击凹岸弯顶的下段，掏蚀河岸引起崩塌，落入水中的砂、石被环流的底流带到河弯凸岸边堆积，形成边滩。随凹岸后退扩展，凸岸边滩增长，河弯顶不但后退而且缓慢下移，河床的弯曲度加大，变成S形，进而演变成一串Ω（正反相接）形，这种形状的河流称河曲或蛇曲。当两个河弯贴近，河水便冲开连接两弯的细颈部，弃弯走直，这一过程称为裁弯取直作用。遗留下的废河道，变成了新月形的牛轭湖。河弯在环流作用下，不断摆动，使河谷的谷坡不断破坏，河谷底部加宽，但河床的宽度基本不变。侧蚀作用使河床的长度增加，纵比降减小，流速变低。河流在自己形成的堆积物中迂回流动。

由地球自转引起的科里奥利力，可使除赤道区纬向河流外的其他地区任何流向的河流的水流方向偏离，从而加强河流的侧蚀作用。

2.1.3 向源侵蚀

向源侵蚀，又称溯源侵蚀。这种侵蚀通常是在下切侵蚀过程中体现的，向源侵蚀使河流源头向分水岭推进，当源头达到并切穿分水岭时，可与分水岭另一坡的河流连通，而将它“抢夺”过来，称为河流的袭夺。

2.2 搬运作用

河水在流动过程中，搬运着河流自身侵蚀的和谷坡上崩塌、冲刷下来的物质。其中，大部分是机械碎屑物，少部分为溶解于水中的各种化合物。前者称为机械搬运，后者称为化学搬运。河流机械搬运量与河流的流量、流速有关，还与流域内自然地理地质条件有关。

河流搬运作用是河流把侵蚀河床基岩和谷坡岩层的产物移动到他处的作用。其中大部分是不溶于水的机械搬运，小部分是溶于水中的化学搬运。被机械搬运的碎屑物有3种运动方式：悬移，即颗粒悬浮于水中随水流而搬运，其悬移物称为悬移质；推移，即颗粒依附于河床表面，随水流作滑动或滚动，其推移物称为推移质；跃移，这是介于上述两者之间的过渡状态，颗粒时而被悬移，时而被推移，以跳跃的方式前进，其跃移物被称为跃移质。

物质的搬运方式随水动力的大小变化，当水动力减小时，某些悬移质变为跃移质，某些跃移质变为推移质，当水动力增大，变化情况相反。据试验，被搬运物的球状颗粒重量（M）与起动它的水流流速（V）的6次方成正比

$$M=cV^6$$

式中：M为被水流搬运的球状颗粒重量，g；V为水流速度，m/s；c为系数（不同河流数值略有不同）。

上式表明，当河流流速增加一倍时，被搬运物的球状颗粒重量将增大64倍。

具体计算推移质搬运量（称推移质输沙率）的公式很多，常用的有迈耶-彼得公式、爱因斯坦公式。估算悬移质输沙率的公式有一度流处理公式和二度流处理公式。一度流处理公式为

$$S^*=k\left(\frac{V^3}{gR\omega}\right)^m$$

式中：S^* 为不冲不淤临界情况下的水流含沙量；V 为断面平均流速；g 为重力加速度；R 为水力半径；ω 为泥沙颗粒的沉降速度；k 为系数；m 为指数。

2.3　沉积作用

当河床的坡度减小，或搬运物质增加，而引起流速变慢时，则使河流的搬运能力降低，河水挟带的碎屑物便逐渐沉积下来，形成层状的冲积物，称为沉积作用。

河流沉积作用主要发生在河流入海、入湖和支流入干流处，或在河流的中下游，以及河曲的凸岸。但大部分都沉积在海洋和湖泊里。河谷沉积只占搬运物质的少部分，而且多是暂时性沉积，很容易被再次侵蚀和搬运。

河水通过侵蚀、搬运和堆积作用形成河床，并使河床的形态不断发生变化，河床形态的变化反过来又影响着河水的流速场，从而促使河床发生新的变化，两者相互作用相互影响。

河流搬运物质的沉降和堆积作用：河流只发生碎屑物质的机械沉积作用，几乎不发生溶解物质沉淀和胶体物质凝聚的化学沉积作用，这是由于河水中溶运物质远不饱和，也缺乏适合于化学沉积的稳定环境。

河流机械沉积作用的发生，主要是由于流速降低、流量减小，或水中碎屑量超过河水的挟带能力。河流的碎屑沉积物称为冲积物，由具有不同粒径的碎屑组成。碎屑的磨圆度好，粒度分选性也好，具层理。河流的沉积作用可沿流程发生，但以流速骤减处最显著，如山口、河口。河流在山口处因地形开阔，水流分散，流速减低，碎屑沉积成扇形，称冲积扇（干旱气候区的间歇性河流形成的扇形堆积，称洪积扇）。在弯曲河流的凸岸形成的边滩，随着河床的摆动可以扩大发展成洪水位才能淹没的河漫滩。河漫滩形成后，如果河流的侵蚀基准面下降，河流的下蚀作用增强，河床因而被蚀低，于是先期形成的河漫滩则高出河面位于谷坡上或谷底，呈台阶状，称为河流阶地。河流到达海面，流速消失，搬运来的碎屑物全部沉积在河口，平面上形成三角形，称为三角洲。随着三角洲的增长，陆地向海洋扩展。

3　河流生态功能

河流是形成和支持地球上许多生态系统的重要因素。在输送淡水和泥沙的同时，河流也运送由于雨水冲刷而带入河中的各种生物质和矿物盐类，为河流内以至流域内和近海地区的生物提供营养物，为它们运送种子，排走和分解废弃物，并以各种形态为它们提供栖息地，使河流成为多种生态系统生存和演化的基本保证条件。这不仅包括河流和相关湖泊沼泽的水生生态系统和湿地生态系统，也包括河流所在地区的陆地生态系统以及河流入海口和近海海域的海洋生态系统。

河流的生态功能包括栖息地功能、通道作用、过滤作用、屏蔽作用、源汇功能等

方面。

3.1 栖息地功能

栖息地是植物和动物（包括人类）能够正常的生活、生长、觅食、繁殖以及进行生命循环周期中其他的重要组成部分的区域。栖息地为生物和生物群落提供生命所必需的一些要素比如空间、食物、水源以及庇护所等。河道通常会为很多物种提供非常适合生存的条件，它们利用河道来进行生活、觅食、饮水、繁殖以及形成重要的生物群落。

3.1.1 栖息地结构

河道一般包括两种基本类型的栖息地结构：内部栖息地和边缘栖息地。内部栖息地相对来说是更稳定的环境，生态系统可能会在较长的时期仍然保持着相对稳定的状态。边缘地区是两个不同的生态系统之间相互作用的重要地带。边缘栖息地处于高度变化的环境梯度之中。边缘栖息地中会比内部栖息地环境中有着更多样的物种构成和个体数量。边缘地区相当于对其内部地区起到了过滤器的作用。边缘地区也是维持着大量动物和植物群系变化多样的地区。

栖息地功能作用很大程度上受到连通性和宽度的影响。在河道范围内连通性的提高和宽度的增加通常会提高该河道作为栖息地的价值。河流流域内的地形和环境梯度（例如土壤湿度、太阳辐射和沉积物的逐渐变化）会引起植物和动物群落的变化。宽阔的、互相连接的，并且具有多样的本土植物群落的河道是良好的栖息地条件，通常会比在那些狭窄的、性质都相似的并且高度分散的河道内存在着更多的生物物种。

3.1.2 生物栖息地质量评估

生物栖息地质量评估的内容是勘查分析河流走廊的生物栖息地状况，调查生物栖息地对于河流生态系统结构与功能的影响因素，进而对栖息地质量进行评估。具体体现在河流的物理-化学条件、水文条件和河流地貌学特征对于生物群落的适宜程度，特别是对于形成完整的食物链结构和完善的生态功能的作用。

生物栖息地质量的表述方式，可以用适宜的栖息地的数量表示，或者用适宜栖息地所占面积的百分数表示，也可以用适宜栖息地的存在或缺失表示。

栖息地评估的变量指数可以包括以下内容：传统的水文和水质条件，包括径流变化与参照系统的对照、水体污染、水库人工调节影响等；河流地貌特征，主要评估栖息地结构和河势稳定性，包括河流蜿蜒性、河床的淤积与冲刷、岸坡稳定性、人工渠道化程度、闸坝运行影响等；河道构造，按照尺度、河床材料、本底材料和河道改造进行描述；岸边植被，指评估岸边带植被数量和质量，包括植被宽度、顺河向植被连续性（用植被间断长度表示）、结构完整性（指各类植物的密度与自然状态的比较）、当地乡土物种覆盖比例及再生性状况、湿地河洼地状况等；河流周围社会经济发展状况，包括人口、经济结构、土地利用方式变化以及城市化影响等。

3.2 通道作用

通道功能作用是指河道系统可以作为能量、物质和生物流动的通路。河道由水体流动形成，又为收集和转运河水和沉积物服务。还有很多其他物质和生物群系通过该系统进行移动。

河道既可以作为横向通道也可以作为纵向通道，生物和非生物物质向各个方向移动和运动。有机物物质和营养成分从高处漫滩流入低洼的漫滩而进入河道系统内的溪流，从而影响到无脊椎动物和鱼类的食物供给。对于迁徙性野生动物和运动频繁的野生动物来说，河道既是栖息地同时又是通道。生物的迁徙促进了水生动物与水域发生相互作用（例如：鲑鱼溯河产卵的迁移活动，产卵期间溯河到达河流系统上游地段的那些产卵的和垂死的大量成熟鱼种为河流提供了营养物质输入和促进生物量的增加。因此，连通性对于水生物种的移动是非常重要的，同时河流上游源头地区从海洋中获得营养物质）。

河流通常也是植物分布和植物在新的地区扎根生长的重要通道。流动的水体可以长距离地输移和沉积植物种子；在洪水泛滥时期，一些成熟的植物可能也会连根拔起、重新移位，并且会在新的地区重新沉积下来存活生长。野生动物也会在整个河道系统内的各个部分通过摄食植物种子或是携带植物种子而造成植物的重新分布。

河流也是物质输送的通道。结构合理的河道会优化沉积物进入河流的时间和供应量以达到改善沉积物输移功能的目的。

河道以多种形式成为能量流动的通道。河流水流的重力势能不断的雕刻流域的形态。河道可以充分的调节太阳光照的能量和热量。

进入河流的沉积物和生物量在自然中大部分通常是由周围陆地供应的地方，河道的宽度是非常重要的。宽广的、彼此相连接的河道可以起到一条大型通道的作用，使得水流沿着横向方向和河道的纵向方向都能进行流动。狭窄的或是七零八碎的河道中常常受到限制。

3.3　过滤和屏障作用

河道屏障作用是阻止能量、物质和生物运动的发生，或是起到过滤器的作用，允许能量、物质和生物选择性的通过。河道作为过滤器和屏障作用可以减少水体污染、最大限度减少沉积物转移，常提供一个与土地利用、植物群落以及一些运动很少的野生动物之间的自然边界。

影响系统屏障和过滤功能作用的因素包括连通性（缺口出现频率）和河道宽度。一条宽广的河道会提供更有效的过滤作用，而一条相互连接的河道会在其整个长度范围内发挥过滤器的作用。沿着河道移动的物质在它们要进入河道的时候也会被选择性的滤过。在这些情况下，边缘的形状是弯曲的还是笔直的将会成为影响过滤功能的最大因素。

物质的输移、过滤或者消失，总体来说取决于河道的宽度和连通性。在整个流域内向着大型河流峡谷流动的物质可能会被河道中途截获或是被选择性滤过。地下水和地表水的流动可以被植物的地下部分以及地上部分滤过。

河道的中断缺口有时会造成该地区过滤功能作用的漏斗式破坏损害。例如，在沿着河道相互连接的植被中出现一处缺口，就会降低其过滤功能作用，集中增加了进入河流的地表径流，造成侵蚀、沟蚀，并且会使沉积物和营养物质自由的流入河流之中。

3.4　源汇作用

源的作用是为其周围流域提供了生物、能量和物质。汇的作用是不断地从周围流域中吸收生物、能量和物质。

河岸一般通常是作为“源”向河流中供给泥沙沉积物。当洪水在河岸处沉积新的泥沙沉积物时它们又起到“汇”的作用。在整个流域规模范围内，河道是流域中其他各种板块栖息地的连接通道，整个流域内起到了能够提供原始物质的“源”和通道的作用。

泛滥平原植被的源汇功能作用：通过减缓或是吸收洪水从而降低下游洪水泛滥；在洪水来临时期保持了沉积物和其他物质防止流失；为土壤有机物质和水生有机物质提供了来源。

生物和遗传基因方面的“源”/“汇”集养的关系非常复杂。小的森林板块地带可以被看作是“汇”，这些区域会通过使这些物种不能在此地区得到很好的繁殖而导致它们的物种数量和遗传基因多样性减少。相比较而言，大型森林地带具有足够的内部栖息地，就能维持鸟类成功的繁殖从而成为能够提供更多个体数量和新的遗传基因组合的“源”。

第二节 河流服务功能

1 供水功能

1.1 水源补给功能

河流水源主要来自大气降水。但有些河流，即使在较长的时间不下雨，河流水源仍然比较丰富，如我国华南地区河流。由于流域气候不同，降水形式也不一样，有的是雨水，有的是雪，或兼而有之，这些对河川径流动态有着不同的影响。河流水源的补给途径，通常分为以下几类：

雨水补给：雨水是河流水源补给最重要的一类。热带、亚热带湿润地区，河流水源主要是雨水补给。其特点是河流水量及其变化与流域境内降雨量及其变化关系十分密切。例如，我国东沿海地区，降水相对集中在夏秋雨季，且多暴雨，所以夏秋雨季发生洪水的次数较多，汇水过程迅速，来势较猛，流量过程线呈现锯齿状尖峰。冬季河川除部分雨水补给外，地下水补给占有重要地位，因此仍有相当径流。

融雪水补给：温带与寒带地区，冬季降雪，地面形成雪盖，至翌年春季气候转暖，积雪融化补给河流。高山上的积雪，在气温最高的夏季融化补给河流。我国东北地区的黑龙江、松花江等，春季积雪融化补给河流的水量占一定比例。融雪水补给特点是，河流水量及其变化与流域积雪及流域气温变化有关。由于气温的年际变化通常很小，因此它补给河流的时间比较稳定而有规律。

冰川水补给：高山及高纬度，冰川运动至雪线以下或达到正温度地区，冰川融化补给河流，如我国西部高山冰川夏季融化补给河流。冰川补给河流水量多少，与流域境内冰川或永久积雪储量大小及气温高低密切相关，而河流的水情变化与气温变化，尤其是气温日变化有密切联系。

湖泊与沼泽水补给：某些位于山地高原的湖泊沼泽，本身是河流的发源地，直接补给河流；有的湖泊汇集了若干河流来水后又转而补给河流，例如江西鄱阳湖接纳赣、修、信诸水及百多条小河来水，通过湖口注入长江。湖南洞庭湖也属此类，湘、资、沅储水洞庭湖，再由洞庭湖几个出口注入长江。湖泊沼泽补给河流的水量大小及其变化，与湖泊、沼泽补给流域的来水量及其变化有关，水量变化一般比较缓慢，变幅较小，因而在月、年、年际间水量变化比较均匀。

地下水补给：大气降雨、降雪（融化后）下渗到地下成为地下水，再由地下水补给河流。在湿润地区，地下水成为河流水源的重要来源。在岩溶地区，如我国的贵州、广西、云南等地，地下水成为河水的主要补给者。珠江全年水量丰富，除流域降水量较多以外，与流域境内地下水埋藏丰富，地下水补给河流较多有一定关系。一般说来，地下水对河流的补给是稳定的。在没有地面水的补给，而河流又能持续不断地保持一定水量，就因为有地下水作为河流的可靠补给者。根据地下水埋藏情况，通常可分为浅层地下水与深层地下水补给。浅层地下水是储存于地表松散堆积物中的潜水，主要受降水、气温、蒸发等气象因素影响，有明显的季节变化与日变化，并与河水有相应补给关系，即河水高于潜水面时，河水补给地下水，反之地下水补给河流。深层地下水是长时间内渗入地下深入储存起来的，它缓慢地流出补给河流，受气象因素影响很小，通常只有年变化，季节变化已不明显。

当然，一条河流的河水补给来源往往不是单一的，而是以某一种形式为主的混合补给形式，对流域自然条件复杂的大的河流来说尤其如此。我国长江上游地区除雨水、地下水外，高原高山上冰川、积雪在夏季融化也补给河流；东北地区的河流，由春季融化积雪补给，夏季则由雨水和地下水补给；西北内陆盆地除雨水外，夏季高山冰川、积雪融化成为河流的主要补给形式。我国季风地区，大部分河流以雨水补给为主，而冬季则由地下水补给。

1.2 地表水资源量

对河北省1956—2000年45年地表水资源量系列进行频率计算，求得频率50%平水年地表水资源量为101亿m^3，比多年平均值小15.8%；频率75%偏干旱年地表水资源量为69.6亿m^3，比多年平均值小42.0%；频率95%干旱年为47.6亿m^3，比多年平均值小60.3%。表2-3为河北省行政分区地表水资源量成果表。

表2-3　河北省行政分区地表水资源量成果表

行政区	流域面积/km^2	年径流量均值		参数		不同保证率年径流量/亿m^3			
		年径流深/mm	年径流量/亿m^3	C_v	C_s/C_v	$P=20\%$	$P=50\%$	$P=75\%$	$P=95\%$
邯郸市	12047	51.3	6.1855	0.73	3.0	8.7834	4.7319	3.0000	2.1649
邢台市	12456	44.6	5.5558	1.10	2.5	8.4448	3.2224	1.6112	1.1112
石家庄市	14077	70.4	9.9049	1.02	2.5	15.0554	6.2401	3.1696	1.9810
保定市	22112	71.7	15.8538	0.86	2.5	23.7807	11.4147	6.1830	3.6464
衡水市	8815	8.3	0.7320	1.04	2.0	1.1858	0.4904	0.1976	0.0293
沧州市	14056	42.0	5.9036	1.06	2.0	9.6229	3.8373	1.4759	0.1771
廊坊市	6429	41.0	2.6364	0.92	2.0	4.1655	1.9509	0.8964	0.2109
唐山市	13385	109.3	14.0342	0.70	2.5	21.3659	11.8538	7.3171	3.9513
秦皇岛市	7750	168.6	13.0644	0.72	2.5	19.0740	10.4515	6.4016	3.5274
张家口市	36965	31.3	11.5705	0.42	3.5	14.9259	10.4135	7.9836	6.0167
承德市	39601	86.2	34.1250	0.56	2.5	47.7750	29.6888	20.1338	11.6025
全省	187693	64.0	120.1661	0.58	3.0	165.6824	101.0949	69.5802	47.5631

由山区45年地表水资源量系列频率计算可知，该区平水年、偏干旱年、干旱年地表水资源量分别为87.7亿m^3、61.2亿m^3和41.8亿m^3。

由平原区45年地表水资源量系列频率计算可知，该区平水年、偏干旱年、干旱年地表水资源量分别为13.7亿m^3、6.62亿m^3和1.54亿m^3。

2　水流能量功能

2.1　水能利用

水力发电是利用河流、湖泊等位于高处具有势能的水流至低处，将其中所含势能转换成水轮机的动能，再借水轮机为原动力，推动发电机产生电能。利用水力（具有水头）推动水力机械（水轮机）转动，将水能转变为机械能，如果在水轮机上接上另一种机械（发电机）随着水轮机转动便可发出电来，这时机械能又转变为电能。水力发电在某种意义上讲是水的位能转变成机械能，再转变成电能的过程。因水力发电厂所发出的电力电压较低，要输送给距离较远的用户，就必须将电压经过变压器增高，再由空架输电线路输送到用户集中区的变电所，最后降低为适合家庭用户、工厂用电设备的电压，并由配电线输送到各个工厂及家庭。

水能是一种可再生的清洁能源。但为了有效利用天然水能，需要人工修筑能集中水流落差和调节流量的水工建筑物，如大坝、引水管涵等。因此工程投资大、建设周期长。但水力发电效率高，发电成本低，机组启动快，调节容易。由于利用自然水流，受自然条件的影响较大。水力发电往往是综合利用水资源的一个重要组成部分，与航运、养殖、灌溉、防洪和旅游组成水资源综合利用体系。

水力发电是再生能源，对环境冲击较小。除可提供廉价电力外，还有下列之优点：控制洪水泛滥、提供灌溉用水、改善河流航运，有关工程同时改善该地区的交通、电力供应和经济，还可以发展旅游业及水产养殖。美国田纳西河的综合发展计划，是首个大型的水利工程，带动整体的经济发展。

水力发电利用的水能主要是蕴藏于水体中的位能。为实现将水能转换为电能，需要兴建不同类型的水电站。

2.2　水电站主要指标及分布

水力发电是利用河流、湖泊等位于高处具有势能的水流至低处，将其中所含势能转换成水轮机之动能，再借水轮机为原动力，推动发电机产生电能。

截至2011年，河北省共有水电站121座，总装机容量165.50万kW，多年平均发电量134993万kW·h。河北省各行政区水电站工程主要指标见表2-4。

表2-4　河北省各行政区水电站工程主要指标

行政区	水电站数量/座	装机容量/kW	保证出力/kW	机组台数/台	多年平均发电量/(万kW·h)	2011年发电量/(万kW·h)
石家庄市	27	1101455	1078717	64	67639	73067
唐山市	7	304000	199300	17	27869	12027
秦皇岛市	4	24320	11032	10	6806	3397

续表

行政区	水电站数量/座	装机容量/kW	保证出力/kW	机组台数/台	多年平均发电量/(万kW·h)	2011年发电量/(万kW·h)
邯郸市	19	31722	17670	47	7882	6614
邢台市	6	8220	6501	17	1222	519
保定市	28	89900	68197	79	12382	8518
张家口市	11	43740	38983	26	2233	1416
承德市	19	51615	30163	51	8960	6098
合计	121	1654972	1450563	311	134993	111656

水电站按集中落差的方式分类：堤坝式水电厂、引水式水电厂、混合式水电厂、潮汐水电厂和抽水蓄能电厂。

按径流调节的程度分类：无调节水电厂和有调节水电厂。

按照水源的性质，一般称为常规水电站，即利用天然河流、湖泊等水源发电。

按水电站利用水头的大小，可分为高水头（70m以上）、中水头（15～70m）和低水头（低于15m）水电站。

按水电站装机容量的大小，可分为大型、中型和小型水电站。一般将装机容量在5000kW以下的称为小水电站，5000～100000kW的称为中型水电站，10万kW或以上的称为大型水电站或巨型水电站。

河北省水力发电有闸坝式、引水式、混合式和抽水蓄能等四种方式。引水式水电站最多，有85座；其次为闸坝式水电站，有28座；混合式水电站有5座；抽水蓄能水电站有2座。河北省不同类型水电站工程数量及主要没指标见表2-5。

表2-5　河北省不同类型水电站工程数量及主要指标

行政区	闸坝式		引水式		混合式		抽水蓄能	
	电站数量/座	装机容量/kW	电站数量/座	装机容量/kW	电站数量/座	装机容量/kW	电站数量/座	装机容量/kW
石家庄市	9	30930	14	28085	3	42440	1	1000000
唐山市	1	750	5	23250	0	0	1	280000
秦皇岛市	2	20960	2	3360	0	0	0	0
邯郸市	5	9930	14	21892	0	0	0	0
邢台市	2	1390	4	6830	0	0	0	0
保定市	0	0	27	77700	1	12200	0	0
张家口市	2	2200	9	41540	0	0	0	0
承德市	7	14840	11	36275	1	500	0	0
合计	28	81000	86	238932	5	55140	2	1280000

可按水电站装机规模划分水电站的等级。根据GB 50201—1994《防洪标准》的规定，水电站单站装机容量的规模划分标准为：装机容量不小于120万kW为大（1）型；120

万～30万kW为大（2）型；30万～5万kW为中型；5万～1万kW为小（1）型；小于1万kW为小（2）型。

按照水电站规模划分，河北省有大（2）型水电站1座，中型水电站1座，小（1）型水电站8座，小（2）型水电站112座。表2-6为河北省不同规模水电站数量及主要指标。

表2-6　河北省不同规模水电站数量及主要指标

行政区	大（2）型		中型		小（1）型		小（2）型	
	电站数量/座	装机容量/kW	电站数量/座	装机容量/kW	电站数量/座	装机容量/kW	电站数量/座	装机容量/kW
石家庄市	1	1000000			2	57000	24	44455
唐山市			1	280000	1	22600	6	24000
秦皇岛市					1	20000	3	4320
邯郸市					0	0	19	31822
邢台市					0	0	6	8220
保定市					2	33700	26	56200
张家口市					1	30000	10	13740
承德市					1	20000	18	31615
合计	1	1000000	1	280000	8	183300	112	214372

3　行洪及滞蓄洪水功能

3.1　河流行洪能力

行洪区是指天然河道及其两侧或河岸大堤之间，在大洪水时用以宣泄洪水的区域；分洪区是利用平原区湖泊、洼地、淀泊修筑围堤，或利用原有低洼圩坑分泄河段超额洪水的区域；蓄洪区是分洪区发挥调洪性能的一种，它是指用于暂时蓄存河段分泄的超额洪水，待防洪情况许可时，再向区外排泄的区域；滞洪区也是分洪区起调洪性能的一种，这种区域具有“上吞下吐”的能力，其容量只能对河段分泄的洪水起到削减洪峰，或短期阻滞洪水作用。

河道的行洪能力不仅对两岸防洪有重要意义，而且也是上游防洪水库调度的重要依据。根据各流域特大暴雨年份，其最大洪峰流量即为河道的行洪能力。子牙河、漳卫南运河统计年份为1956年、1963年和1996年。表2-7为子牙河、漳卫南运河水系部分河流行洪能力统计表。

表2-7　子牙河、漳卫南运河水系部分河流行洪能力统计表

河名	水文站	流域面积/km²	洪峰流量/(m³/s)		
			1956年8月	1963年8月	1996年8月
滹沱河	小觉	14000	2410	872	2370
滹沱河	岗南	15900	6930	4390	7020

续表

河名	水文站	流域面积/km²	洪峰流量/(m³/s)		
			1956年8月	1963年8月	1996年8月
冶河	平山	6420	8750	8900	13000
滹沱河	黄壁庄	23000	13100	12000	18200
槐河	马村	745		3580	4520
涉河	朱庄	1220	2610	8360	9390
漳河	观台	17800	8000	5470	8510
卫河	元村		720	1580	900

大清河水系河道行洪能力统计年份为1956年、1963年、1996年、2012年。表2-8为大清河水系部分河道行洪能力统计表。

表2-8　大清河水系部分河道行洪能力统计表

河名	水文站	流域面积/km²	洪峰流量/(m³/s)			
			1956年8月	1963年8月	1996年8月	2012年7月
拒马河	紫荆关	1760	1490	4490	739	2160
拒马河	张坊	4810	4200	9920	1740	2800
南拒马河	落宝滩		1540	3200	960	1430
南拒马河	北河店	2156	3050	4770	1280	118
白沟河	东茨村	544	2870	2790	851	397
大清河	新盖房	10000	2990	3540	1660	208

3.2 蓄滞洪水功能

在邢台中部的任县、隆尧、宁晋一带，沿滏阳河中游、澧河中下游，是一个广阔的低洼地带，这里就是古代的大陆泽和宁晋泊。大陆泽内有留垒河、沙洺河、南澧河、顺水河、牛尾河、白马河、小马河、李阳河等8条支流汇入北澧河。在宁晋泊，有北澧河、滏阳河、泜河、午河、北沙河、洨河等6条支流河连同滏阳河上段在宁晋泊汇流。表2-9为大陆泽水位、蓄水量关系表。表2-10为宁晋泊水位、蓄水量关系表。

表2-9　大陆泽水位、蓄水量关系表

水位/m（黄海高程）	周边河道区间蓄水量/万m³					大陆泽/万m³
	顺水河—南澧河	南澧河—洺河	洺河—留垒河	留垒河—滏阳河	邢台公路—顺水河	
27.50	0.00	0.00	0.00	0.00	0.00	0.00
28.00	0.30	1.30	0.80	3.50	6.30	11.85
28.50	3.50	10.10	7.60	19.70	48.10	88.68
29.00	20.80	30.10	35.70	49.80	136.70	277.99
29.50	60.90	64.00	114.70	98.60	263.70	623.94

续表

水位/m（黄海高程）	周边河道区间蓄水量/万 m³					大陆泽/万 m³
	顺水河—南澧河	南澧河—洺河	洺河—留垒河	留垒河—滏阳河	邢台公路—顺水河	
30.00	120.10	116.10	259.70	172.50	426.40	1149.70
30.50	200.60	189.10	462.70	270.60	621.20	1844.77
34.00	301.30	289.60	728.70	414.30	845.60	2741.07
31.50	420.10	422.00	1050.30	655.30	1096.60	3889.76
32.00	559.00	583.70	1416.50	999.30	1370.80	5275.56
32.50						6862.36
33.00						8623.05
33.50						10536.64

表 2-10　　宁晋泊水位、蓄水量关系表

水位/m（黄海高程）	周边河道区间蓄水量/万 m³				宁晋泊/万 m³
	澧河—北沙河（沙河故道以东）	澧河—北沙河（沙河故道以西）	午河—泜河	泜河—北澧河	
23.00					0
23.50	0			0	0.04
24.00	0.20			0.40	0.42
24.50	4.70	0	0	6.90	4.54
25.00	41.90	6.50	9.50	50.40	73.99
25.50	139.70	47.90	75.00	141.70	355.96
26.00	285.10	134.60	221.80	356.20	910.71
26.50	478.30	256.60	428.50	661.10	1702.61
27.00	720.00	421.00	673.70	1011.40	2669.82
27.50	1009.30	639.30	944.70	1398.10	3788.53
28.00	1332.30	910.30	1233.30	1818.50	5038.17
28.50	1672.30	1239.70	1539.30	2272.50	6411.40
29.00	2023.30	1641.20	1865.30	2774.70	7940.44
29.50	2379.20	2128.50	2219.40	3346.90	9658.25
30.00	2736.10	2664.70	2601.70	3989.10	11561.48
30.50					13625.90
31.00					16377.89
31.50					18732.60
32.00					21242.60
32.50					23860.00
33.00					26539.10
33.50					29277.42

4　交通运输功能

据河北省航运局统计，1949—1960 年全省内河航运里程由 2043km 增加到 3523km，货运量相应由 163 万 t 增至 581 万 t，货运周转量由 8758 万 t·km 增至 25047 万 t·km，航船由 1949 年木船 72 艘 4176t 发展到 1960 年的拖船 35 艘 2653t 和木船 473 艘 35725t。主要航道有河南合沙镇经卫河、卫运河、古运河至天津；邯郸经滏阳河、子牙河至天津；保定经府河、白洋淀、大清河至天津；北运河从北京通州区至天津。此外，从胥各庄经煤河到芦台入蓟运河航道，通航时间大于 200 天，最多 290 天，各航道均可通 30～100t 船舶。进入 20 世纪 60 年代，部分河段还能断断续续通航。

20 世纪 70 年代以来，由于地表水被大量开发利用，来水量减少，中下游河道失去了有源之水，除滦河潘家口水库以上常年有水以外，河北省大部分河流相继枯竭断流。

进入 20 世纪 80 年代以后被迫全部停航。由此造成沿河小城镇经济结构的变化，给沿河社会经济发展带来很大的负面影响。

5　水质自净功能

5.1　河流自净作用

水体能够在其环境容量的范围内，经过水体的物理、化学和生物的作用，使排入污染物质的浓度和毒性随时间的推移，在向下游流动的过程中自然降低，称之为水体的自净作用。也可简单地说，水体受到污染后，靠自然能力逐渐变洁的过程称为水体的自净。

5.1.1　物理净化过程

物理净化是指由于稀释、扩散、沉淀等作用而使河水中的污染物浓度降低的过程。其中稀释作用是一项重要的物理净化过程。河水中的悬浮固体，在重力作用下，逐渐沉降到河底，成为淤泥。而河流对溶解态污染物的稀释能力，是因为污染物进入河流后同时存在两种运动形式：一是由于受河水的推动而沿水流方向的运动，这种水流输运污染物的方式，称为推流；二是由于污染物质的进入，在水流中产生了浓度差异，污染物将由高浓度处向低浓度处迁移，这一污染物的运动形式称为扩散。污染物进入水体后正是在推流和扩散这两种同时存在而又相互影响的运动形式的作用下，才使得其浓度从排放口开始往下游逐渐降低，得以不断净化稀释。

（1）稀释作用。废水进入河流时，河水和废水相混合，经过一段流程两者混为一体。混合体中虽然掺杂废水带来的各种污染物，但其浓度一般大大低于原废水，这种作用称为稀释。河水流量和废水流量之比称稀释比。

（2）沉淀作用。废水带来的悬浮物在水流平缓的河段沉降河底。

5.1.2　生物净化过程

生物净化是指在微生物的作用下，有机污染物逐渐分解、氧化使其含量逐渐降低的过程。进入水体的有机污染物的净化，主要有赖于生物化学过程。在这个过程中微生物消耗或吸收了水中的污染物，使得水体向净化的方向转变。造成这一转变的生物化学过程常被称作生物降解。生物降解是指在微生物作用下，有机化合物转化为低级有机物和简单无机物的过程。

生物降解分为好氧生物降解和厌氧生物降解。前者是指在溶解氧（氧分子）存在的条件下，由好氧微生物完成的生物化学反应；后者是指在氧气不足或无氧气的情况下，由厌氧微生物完成的生物化学反应。有的微生物既能在有氧条件下进行生物化学反应，也能在无氧或缺氧条件下进行生物化学反应，称为兼性微生物。

微生物是一类特殊的悬浮物。废水中的微生物主要来自粪便，也有来自土壤的。进入河水后，病原体由于失去适宜的环境难于繁殖，相反在不利因素的作用下逐渐死亡。土壤细菌以及大肠菌群能够繁殖，而且开始时由于营养充分数目急剧上升；随着营养物（有机物）的逐渐减少和原生动物的繁殖和吞食，数目就逐渐减少到天然水平。

废水带来的有机物大多是天然有机物和它们的降解产物，是腐生微生物的良好养料。进入河水后，在微生物的作用下有机物可经历完全的降解，转化为稳定的无机物 CO_2、H_2O、NH_3 等。在硝化细菌的作用下，氨进一步转化为硝酸根。

5.1.3 化学净化过程

化学净化是指污染物进入水体后在化学（或物理化学）作用下而使其浓度降低的过程。水体中进行的化学或物理化学净化过程，包括氧化-还原、酸碱中和、沉淀-溶解、分解-化合、吸附-解吸、凝聚-胶溶等。例如，水体中的低价金属离子（如二价铁、二价锰等），可通过氧化作用生成难溶的高价金属氢氧化物而沉淀下来；六价铬可通过还原作用而转化为毒性较小的三价铬；水中的黏土、矿物质及腐殖酸胶体颗粒，也可通过吸附、凝聚、沉降等作用转移至底泥中。

在有机物的无机化过程中微生物同时耗用水中的溶解氧，使它低于饱和量。于是河流在水面上溶解大气中的氧气（称复氧），补充溶解氧。耗氧速率决定于有机物浓度（以生化需氧量为参数）和水温等因素，复氧速率决定于氧饱和不足量（氧饱和浓度和实际氧浓度之差）和水文条件。溶解氧是容易测定的，因此常用溶解氧浓度变化规律反映河段对有机污染的自净过程。在未污染前，河水中的氧一般是饱和的。污染之后，先是河水的耗氧速率大于复氧速率，溶解氧不断下降。随着有机物的减少，耗氧速率逐渐下降；而随着氧饱和不足量的增大，复氧速率逐渐上升。当两个速率相等时，溶解氧到达最低值。随后，复氧速率大于耗氧速率，溶解氧不断回升，最后又出现饱和状态，污染河段完成自净过程。

5.2 物理-化学评估

物理-化学评估作为河流健康评估指标之一，是因为这些指标可以反映河流水流和水质变化、河势变化、土地使用情况和岸边结构。物理量测参数包括流量、温度、电导率、悬移质、浊度、颜色。化学量测参数包括 pH 值、碱度、硬度、盐度、生化需氧量、溶解氧、有机碳等。其他水化学主要控制性指标包括阴离子、阳离子、营养物质等（磷酸盐、硝酸盐、亚硝酸盐、氨、硅）。

在河流健康评估中应突出物理-化学量测参数对河流生物群落的潜在影响。比如总磷、总磷/总氮和叶绿素等，可能导致水体的富营养化；由于盐的输入可能改变电导率造成某些敏感物种死亡；生化需氧量（BOD）的降低会引起生物窒息，造成鱼类死亡；由于泥沙输移造成悬移质和浊度变化，引起淤积和地貌特征变化，改变吸附在泥沙颗粒表面上的营养盐的输移规律及栖息地质量；由于污染引起 pH 值、有机物和金属等参数变化，可能造成敏感生物的减少等。

一些机构和研究者倾向于综合各种水质指数为一组简单的水质指数，目的是可以满足社会公众对于水质的关注需求。这种非专业的综合水质指标采用数量不多的指数作为一种工具，可以表示水体受损的相对水平，也可以对于水质改善过程进行评估，并且研究随时间演变趋势。

6　区域河流功能定位

滦河水系潘家口水库以上具有供水和生态功能，兼顾水力发电；潘家口水库以下以行洪功能为主，保障下游广大地区的防洪安全，兼顾供水和生态功能。滦河的支流武烈河以保护承德市的防洪安全为主，兼顾供水、水力发电；其他支流伊逊河、青龙河等都承担着供水和生态的任务。

北三河系蓟运河上游、潮白河上游具有供水和生态功能，兼顾水力发电，潮白河上游密云水库是北京市重要水源地；北运河北关闸以上流经北京市区，具有排涝和生态功能。蓟运河九王庄以下、潮白河苏庄以下、北运河北关闸以下具有重要的行洪、排涝、生态功能，兼顾蓄水灌溉，部分河段流经城市，具有重要生态功能。泃河、州河以行洪、排涝为主，承担部分供水任务。

永定河系上游支流桑干河、洋河均以生态功能为主，兼有供水、灌溉功能；其中桑干河大同盆地段，以行洪、供水功能为主，兼顾生态功能。官厅水库起着控制永定河山区洪水的作用。官厅水库至三家店区间具有水力发电的条件，并承担下泄官厅水库洪水的任务。三家店以下河道及永定新河以行洪、排涝功能为主，其中三家店至卢沟桥段保障首都北京的防洪安全，同时具有生态功能。卢沟桥至梁各庄段是河流生态修复的重点河段。永定新河是保障天津市防洪安全的北部防线。永定新河河口两岸是重要的岸线利用区域。

海河干流主要功能是行洪、排涝，以保障天津市防洪安全。流经天津市区和塘沽城区段的海河具有重要的生态功能，同时具有蓄水灌溉和旅游观光航运功能；二道闸以下河段是重要航道。海河河口两岸是重要的岸线利用区域。

大清河系北支拒马河张坊以上段具有供水、生态和水力发电功能；南支潴龙河、唐河等均为重要行洪河道，肩负着大清河南支洪水顺利泄入白洋淀的重要任务。中游的北拒马河、南拒马河、白沟河、新盖房分洪道、赵王新渠均以行洪、排涝为主，兼有灌溉功能。下游的独流减河是保障天津市防洪安全的南部防线，同时具有蓄水灌溉功能，其中西千米桥至东千米桥段是天津市重要湿地，具有生态功能。独流减河河口右岸是重要的岸线利用区域。

子牙河系滹沱河和滏阳河上游以供水、生态功能为主，其中滹沱河的忻定盆地河段，具有防洪任务。滹沱河黄壁庄水库以下、滏阳河东武仕水库以下至艾辛庄、滏阳新河均以行洪、排涝功能为主，兼有灌溉功能；其中滹沱河上的岗南水库和黄壁庄水库是向石家庄供水的重要水源地。子牙河献县枢纽至第六堡段拟恢复河流的生态功能。子牙新河以行洪为主，兼有蓄水灌溉功能。子牙新河河口左岸是重要的岸线利用区域。

黑龙港及运东地区南排河、北排河以行洪、排涝为主，兼有灌溉功能。

漳卫河系的清漳河和浊漳河均以供水、灌溉功能为主，兼顾生态功能，其中清漳河石匣至合漳段、浊漳河东宁静至合漳段以及卫河支流峪河具有水力发电的条件。漳河岳城水库以下、卫河老观嘴以下、淇河盘石头水库以下均以行洪、排涝为主，兼有灌溉功能。卫河新乡市段具有生态功能。南运河作为南水北调东线输水保留区，以供水功能为主，兼顾生态，其中捷地减河以上段具有行洪功能。卫运河、漳卫新河均以行洪、排涝为主，其中漳卫新河岔河德州市段具有生态功能。漳卫新河河口两岸是重要的岸线利用区域，并有航运功能。

徒骇马颊河水系的徒骇河、马颊河、德惠新河均以行洪、排涝为主，兼顾农业灌溉用水。徒骇河、马颊河河口有航运功能。

7 社会经济及文化发展功能

7.1 社会经济功能

随着人类活动的增加、利用和改造自然能力的提高，人们充分发挥河流的自然功能，给河流赋予了功能的扩展，包括泄洪功能、供水功能、发电功能、航运功能、净化环境功能、景观功能和文化传承功能等，这些功能可称为河流的社会经济功能。

河流的社会经济功能是河流对人类社会经济系统支撑能力的体现，是人类维护河流健康的初衷和意义所在。河流的自然功能是河流生命活力的重要标志，并最终影响人类经济社会的可持续发展。人类赋予河流以社会功能，但人类活动加大和人类价值取向不当又使自然功能逐渐弱化，最终制约其社会功能的正常发挥，影响人类经济社会的可持续发展。

海河流域 2005 年的水量平衡分析，反映了在偏枯水年份流域内各种来水量、消耗水量和入海水量之间的关系，见表 2-11。

表 2-11　　海河流域 2005 年水量平衡分析结果

水　系	来水量/亿 m^3			消耗和入海水量/亿 m^3				
	自产水量	入境水量	合计	用水消耗	非用消耗	蓄变量	入海水量	合计
滦河及冀东沿海	46.63	−0.17	46.46	28.05	2.28	14.20	1.93	46.46
海河北系	56.58	13.30	69.88	65.68	0.95	1.08	2.17	69.88
海河南系	124.60	58.20	182.80	165.53	12.44	−6.08	10.92	182.80
徒骇马颊河	39.66	39.19	78.85	57.53	11.48	0	9.84	78.85
合计	267.47	110.52	377.99	316.79	27.15	9.20	24.86	377.99
比例/%	71	29	100	84	7	2	7	100

在来水量 378 亿 m^3 中，自产水量及水资源量 267.47 亿 m^3，占 71%，其他 29%依靠引黄河水和超采地下水获得。

在消耗和入海水量 378 亿 m^3 中，用水消耗 317 亿 m^3，占 84%，远远超过了 40%公认的合理水平，非用水消耗和入海水量仅占 7%，说明海河流域经济社会发展用水已严重挤占了生态用水。

7.2 文化发展功能

水文化与河流健康密切相关，河流孕育了文化，是文化的发祥地，也是传承文化的载体，河兴则文化兴。水文化是河流健康之魂，是维护河流健康的先导、强大动力和有力支撑，水文化兴则河兴。如果没有河流，也就没有河流的水文化，河流的水文化随着河流的发展而发展，同时，河流的健康发展也离不开水文化，水文化可以促使河流的健康发展，所以，水文化与河流健康相互依存，相互影响，相辅相成，相得益彰。

7.2.1 河流是文化的发祥地

水是人类生存和文明进步的最重要的自然资源和物质基础。水既是生命的源泉，又是人类创造文化的源泉，水作为一种载体，可以构成十分丰富的文化资源，人类创造的所有文明，都离不开水的滋润。河流不仅具有自然生态功能、社会经济功能，而且具有强大的文化功能。河流健康生命的核心是水，水兴则河兴，河兴则文化兴，纵观人类几千年的文明史，不论是古代文明的摇篮，还是现代文明的居地，都离不开人类赖以生存的水资源环境和江河湖海。古代四大文明的古巴比伦文明发源于底格里斯和幼发拉底河流域；古印度文明发源于印度河、恒河流域；尼罗河孕育了古埃及文明；黄河与长江则是中华民族的摇篮。一条河流孕育一方文化，一个流域的自然环境决定或影响着一个流域的经济、政治和文化。

7.2.2 水文化是河流健康之魂

自古以来，水就一直给予我们灵感，丰富我们的精神、物质、智慧和情感生活。人们日益认识到，要了解和保护水资源，维护河流健康，就必须了解影响自然系统和与其发生相互作用的人类文化。水文化是人类文化的母体，是人们在与水打交道的过程中创造的一种文化成果。我国人民有着光荣的治水传统和抗洪精神，形成了历史悠久的中国水文化，在东方文化的历史背景下，产生了大仁、大智、大勇的大禹治水精神，这种精神的文化底蕴是“天人合一”“人定胜天”，这是中国水文化在原始社会晚期的具体表现。

水文化内容丰富，博大精深，它直接关系到水利事业的发展和河流的健康，关系到人居环境和人民群众的精神文化生活，关系到人水和谐。数千年来，水文化不仅仅是传统社会生活的一部分，同时它还作为一项规范，维系着人与自然之间的和谐发展。水文化最重要的价值就在于它让人们懂得了热爱水、珍惜水和保护水资源环境，加强水资源环境的科学管理，以水资源的可持续利用保证社会经济的可持续发展。只有从思想深处对水的价值有深刻的理解，在社会中形成规范，才能促使人们珍视水资源。而水文化是促使人们对水的产生与存在过程、对水与人类存在的价值产生深刻理解的重要途径。水在给人类带来利益的同时，也可给人类造成极大的伤害。实际上，人类对水的态度，往往决定这种伤害的程度和范围。

水危机的产生正是人类社会水文化发展滞后和缺失的产物。如何做到趋利避害取决于治水思路。治水思路是思想、观念、道德和行为规范的总称，也属于文化范畴。要切实转变治水思路，汲取人类文化中的科学精神，统筹人与河流的和谐发展。因此，要正确处理人水关系，在防止水对人的伤害的同时，更要注意防止人对水的伤害，每条河流都有它自身运动发展的客观规律，人类社会一旦违背了河流的生存发展规律，对其过度索取，超过河流的承受限度，它就会对人类施以强烈的报复。

参 考 文 献

[1] 张书农，华国祥. 河流动力学 [M]. 北京：中国水利水电出版社，1988.
[2] 沈玉昌，龚国元. 河流地貌学概论 [M]. 北京：科学出版社，1986.
[3] 王成建，王巧平. 河北省水文站网功能分析 [J]. 河北水利，2007 (9)：17.

第三章　河流生态演变过程

河流的消失原因有三方面：用水过量、地下水位下降和污染。河北省常年流水的河道，与20世纪50年代比较，减少了约60%。由于水量不足、水质恶化以及河流天然形态遭到破坏，河北省流域大多数平原河流生态健康受到相当程度的破坏。

第一节　河流过度开发对环境的影响

长期以来，人口经济的高速发展加剧了水质恶化和水资源紧缺的情势，片面重视水资源开发利用及防洪安全而建设的大量水利工程，干扰了自然水循环过程，由此带来的河流生态退化，已经成为威胁人类生存发展的环境问题。

1　河道断流

20世纪50年代，华北平原各河道水量比较充沛，是河北省内河航运极盛时期。进入60年代各河还可断续通航；70年代由于水量少，则几乎全部停航；进入80年代人们几乎忘却河北省曾经有过内河航运的历史。近年来，由于自产和入境水量明显减少，以及水资源的过度开发利用，河北省多数河流除个别丰水年汛期外，几乎常年无水，尤其京津以南平原河道几乎全部干涸。由于水的自然循环系统受到破坏，失去了补给地下水、输沙、排咸等作用，对沿线的生态环境造成恶劣影响。

人类为自身的安全和经济利益，在疏导河流、整治河道，筑坝壅水等方面，不仅明显地改变着地形地貌，影响着局部气候，同时也大幅度地改变着河流自身的形态，在不同程度上降低了河流形态多样性。

1960—1969年，由于降水量减少和用水量增加，特别是在1965年大旱之后，这一水繁荣发生了改变。调查范围，河床平均宽度大于10m，面积大于100hm^2 的河流。在分析的18条主要河流中，有16条河流发生了不同程度的断流，20世纪60年代年平均干涸天数为32天，到2000年平均干涸天数为189天。表3-1为河北省平原主要河道干涸天数统计表。

表3-1　　河北省平原主要河道干涸天数统计表

河名	河　段	年平均河道干涸天数/天				
		1960—1969年	1970—1979年	1980—1989年	1990—1999年	2000年
滦河	大黑汀水库—海口	0	0	0	0	307
陡河	陡河水库—海口	0	118	0	0	220

续表

河名	河段	年平均河道干涸天数/天				
		1960—1969 年	1970—1979 年	1980—1989 年	1990—1999 年	2000 年
蓟运河	九王庄—新防潮闸	2	33	115	257	365
潮白河	苏宁—宁车沽	4	142	184	197	300
白沟河	东茨村—白沟镇	8	222	169	153	19
南拒马河	张坊—新盖房	0	13	41	38	46
唐河	西大洋—白洋淀	8	86	105	156	134
潴龙河	北郭村—白洋淀	28	100	250	275	280
滹沱河	京广铁路桥—献县	47	292	364	342	366
滏阳河	黄壁庄水库—献县	16	82	90	85	85
子牙河	献县—弟六堡	84	280	349	328	366
漳河	京广铁路桥—徐万仓	83	366	366	322	366
卫河	合河—徐万仓	0	4	53	50	83
卫运河	徐万仓—四女寺	12	50	63	72	90
南运河	四女寺—弟六堡	32	207	320	341	366
漳卫新河	四女寺—辛集闸	129	287	307	—	0
徒骇河	毕屯—坝上挡水闸	79	73	96	63	8
马颊河	沙王庄—大道王闸	40	0	0	12	0
平均		32	131	160	158	189

根据 20 世纪 60 年代至 2000 年平原区河道监测资料分析，统计河道干涸长度。20 世纪 60 年代年平均河道干涸总长度为 600km，到 70 年代年平均河道干涸长度为 1240km，到 80 年代干涸长度为 1673km，90 年代与 80 年代干涸长度较接近，到 2000 年平均河道干涸总长度为 1916km。表 3-2 为河北省平原区主要河道断流长度统计表。

表 3-2　河北省平原区主要河道断流长度统计表

河名	河段	河段长度/km	年平均河道干涸总长度/km				
			1960—1969 年	1970—1979 年	1980—1989 年	1990—1999 年	2000 年
滦河	大黑定水库—海口	158	0	0	50	50	44
陡河	陡河水库—海口	120	0	4	0	0	71
蓟运河	九王庄—新防潮闸	189	31	83	83	100	157
潮白河	苏宁—宁车沽	140	4	41	46	60	70
白沟河	东茨村—白沟镇	45	3	38	43	38	45
南拒马河	张坊—新盖房	84	8	25	34	20	84
唐河	西大洋—白洋淀	132	3	31	38	56	48
潴龙河	北郭村—白洋淀	96	46	70	77	80	80
滹沱河	京广铁路桥—献县	190	73	173	182	111	111

续表

河名	河　　段	河段长度/km	年平均河道干涸总长度/km				
			1960—1969年	1970—1979年	1980—1989年	1990—1999年	2000年
滏阳河	黄壁庄水库—献县	343	52	162	182	170	170
子牙河	献县—第六堡	147	79	136	143	147	147
漳河	京广铁路桥—徐万仓	103	31	61	119	119	103
卫河	合河—徐万仓	264	0	26	211	180	190
卫运河	徐万仓—四女寺	157	39	50	82	80	107
南运河	四女寺—第六堡	306	78	196	261	306	306
漳卫新河	四女寺—辛集闸	175	69	69	69	—	0
徒骇河	毕屯—坝上挡水闸	339	40	75	53	97	183
马颊河	沙王庄—大道王闸	275	44	0	0	75	0
合计		3263	600	1240	1673	1689	1916

2　入海水量剧减

河北省有冀东沿海、滦河、海河及运东平原排沥河道四个入海河系，11个主要入海口。入海水量按上述四个河系分别计算、汇总。本次计算需建立1956—2000年的入海水量系列，其中1956—1979年的入海水量采用第一次河北省地表水资源评价成果；1980—1997年部分采用河北省水资源状况分析报告成果；本次主要计算了1998—2000年的入海水量。

据分析计算，河北省1956—2000年平均入海水量42.7亿m^3。其中以滦河为最大，平均入海水量28.2亿m^3，占全省的66.1%；其次为海河各入海口年平均7.30亿m^3，占17.1%；再次为冀东沿海各河5.30亿m^3，占12.4%；运东平原各河年平均1.86亿m^3，仅占4.4%。

河北省年入海水量年际变化大。1959年入海水量最大，达148亿m^3；1999年入海水量最小，仅1.57亿m^3。

入海水量的年代变化呈减少的趋势，从20世纪50年代的平均年入海量86.4亿m^3，衰减到20世纪80年代的11.0亿m^3，衰减幅度达87%。进入90年代，滦河流域1994—1996年的连续丰水年，3年入海总量131.9亿m^3；1996年海河南系为丰水年，年入海量26.0亿m^3。使20世纪90年代入海水量略有增加，其平均年入海水量24.0亿m^3。比80年代增加1.2倍，但仍低于70年代。主要入海河流不同年代年平均入海水量见表3-3。

入海水量的多年变化主要受流域内水资源开发利用程度的影响。20世纪50年代入海水量基本属于自然外流，年平均入海水量高达86.464亿m^3；从1958年全省大规模水利建设开始，到60年代初，十几座大型水库相继竣工投入运行，依靠工程措施使更多的自产水量和入境水量得到控制利用，60年代和70年代年平均入海量分别为59.171亿m^3和60.792亿m^3，较50年代有明显减少；1979年年底新建成的滦河潘家口和大黑汀2座大型水库开始蓄水后，又使入海水量最大的滦河的入海水量大幅度削减，80年代年平均入海水量全省仅为10.963亿m^3，其中海河南系仅1.1亿m^3。

表 3-3 主要入海河流不同年代年平均入海水量表

水系	河流	不同年代入海水量/亿 m^3					合计/亿 m^3
		1956—1559 年	1960—1969 年	1970—1979 年	1980—1989 年	1990—2000 年	
滦河及冀东沿海诸河	石河	1.560	1.520	1.460	0.474	0.586	5.600
	洋河	1.810	0.910	1.710	0.396	0.695	5.521
	陡河	1.070	1.200	0.657	0.367	0.977	4.271
	其他	2.820	3.820	3.600	1.270	0.964	12.474
	滦河	69.100	35.200	37.200	7.310	17.800	166.610
	小计	76.360	42.650	44.627	9.817	21.022	194.476
海河水系	子牙新河	0.000	4.680	3.250	0.204	1.520	9.654
	北排河	0.000	0.714	1.330	0.000	0.098	2.142
	捷地减河	4.660	2.760	0.940	0.023	0.022	8.405
	南排河	0.000	2.630	3.900	0.150	0.122	6.802
	漳卫新河	4.340	6.320	3.100	0.203	1.040	15.003
	小计	9.000	13.100	12.500	0.580	2.800	37.980
运东平原	沧浪渠	0.205	0.602	0.585	0.131	0.118	1.641
	宣惠河	0.000	0.429	1.310	0.085	0.118	1.942
	其他	0.899	2.390	1.770	0.350	0.228	5.637
	小计	1.104	3.421	3.665	0.566	0.464	9.220
合计		86.464	59.171	60.792	10.963	24.286	241.676

20 世纪 90 年代入海水量略有回升，年平均达到 24.286 亿 m^3，其中，滦河水系 21.022 亿 m^3，海河南系 2.80 亿 m^3。目前，滦河支流来水量较大的青龙河上已建成桃林口大型水库，使滦河水系的入海水量出现又一次大幅度衰减。

由于入海水量的锐减，造成河北省水生态系统已由开放型向封闭型和内陆型方向转化，导致了河口泥沙淤积和盐分积累，河口自然生态遭到破坏，河口海洋生物大量灭绝，生态环境急剧恶化。

河流的自然环境是人类赖以生存的基本条件，人对河流的依赖是发展变化的。河流系统对人类社会发展的影响，又因社会发展的不同阶段和水平而改变，其影响程度各不相同，人的实践也在不断改变对河流系统的依赖方式，使河流系统的演进向符合人的需求和意志的方向转化。

通过兴建大量的水利工程以便占有或驯服不利人实践方面的自然力，满足人们对于供水、防洪、灌溉、发电、航运、渔业及旅游等需求，对于经济发展、社会进步的作用巨大。对保护河流生态环境也具有积极作用，使其免受一些侵害。如通过调节水量丰枯，抵御洪涝灾害对生态系统的冲击，调节生态用水，改善干旱与半干旱地区生态状况等。但水利工程在为人类社会发展带来福祉的同时，也往往对生态系统产生各种影响，有的甚至是持续而深远的影响。

造成河流形态的均一化和非连续化，其结果将导致水域生物群落多样性的降低，使生态系统的健康和稳定性都受到不同程度的影响，水生生物资源严重衰退，水域生态环境不断恶化，部分水域呈现生态荒漠化趋势。

水生动植物依水而生，河流断流后，水生动植物没有生存的空间，也就随着河水的断流而消失。特别是水生动物，离开水几个小时就会死亡，生存在河道中水生动物，只要有断流的时间，生命就在河流中消失了。所以说，河流断流对水生动物带来的是灭顶之灾。

人们往往只看到水利工程在供水、灌溉、发电等方面给其带来的直接、有形的利益，却忽视了水域生态系统为人类带来的利益，更难于看到因水利工程改变河流形态的多样性，对人类的利益造成的长远的隐形的损害。一旦使生态系统遭到破坏，不仅大自然无偿提供给我们的服务功能将下降或丧失，甚至会遭到大自然的强烈报复。如何处理好河流生态用水与水利工程生态调度用水的关系，是维护河流健康的一个新问题。

3　河道淤积

由于河北省各河地表径流利用程度过高，中下游河道或是常年干涸，或是节节拦蓄，常年基本无径流，改变了河道原来的水沙运动规律，经长时期的堤防、河岸雨冲风蚀，加上人工垦殖，倾倒废土填河筑路等，河床逐年淤积堵塞。如白沟引河 1970—1980 年间即淤积了 2145.39 万 m^3，其他各河不同河段均有不同程度的淤积。另外，由于入海河口缺少径流，潮水回淤，导致所有泥质河口普遍发生严重淤积萎缩，使运东地区的泄洪排沥骨干河道河口段的低水河槽基本持平。由于河口防潮闸的大量兴建（用以拦咸蓄淡、拦沙），虽然发挥了防止海水入侵的作用，但由于入海水量剧减，改变了河道的冲淤动力平衡条件，使得河口、河道排泄洪能力急剧下降，再加上地面沉降和海平面的上升趋势等多种因素的影响，造成河口段的水力坡度明显变缓，洪沥水排泄更加不畅，闸下引河纳潮量减少，潮水至闸下受阻，造成泥沙在闸下河段严重淤积。

据 1998 年全省防洪规划有关测量资料统计，主要尾闾河道泄洪排涝能力降低到原设计标准 50％左右，大大加重运东乃至黑龙港地区的洪涝灾害威胁，特别是出现突发性大洪水、沥水时灾害更加明显。

4　地表水灌溉面积衰减

河北省现有万亩以上地表水灌区 147 处，设计灌溉面积 167.8 万亩，相应低标准“有效灌溉面积”123.5 万 hm^2，20 世纪 70 年代、80 年代、90 年代实际灌溉面积分别降为 96 万 hm^2、81.6 万 hm^2 和 80.1 万 hm^2。其中 2 万 hm^2 以上的大型灌区 17 处，设计灌溉面积共计 97.9 万 hm^2，“有效灌溉面积”69.9 万 hm^2，70 年代、80 年代、90 年代实际灌溉面积分别降为 53.2 万 hm^2、41 万 hm^2、38.6 万 hm^2。

据对全省 21 座大型灌区调查资料分析，目前，各灌区都程度不同地存在着可供水量减少、效益下滑、投入不足、工程老化失修、工程管理薄弱及水价不到位等方面的问题，而且这些问题互为因果，相互关联，其主导因素是水资源短缺，最终导致灌区面积减少和灌溉效益的降低。

20 世纪 50 年代是河北省丰水期，1953—1956 年连续四年发生了较大的洪涝灾害。这个时期，平原各主要河道水量充沛，常年有水。卫运河、子牙河—滏阳河、大清河—府河、蓟运河、北运河等河流航道畅通，呈现水运盛况。子牙河—滏阳河航线从邯郸至天津，全长571km。

河北省自中华人民共和国成立以来，经过多年的建设，建成大中小型水库1075座，总库容118.95亿m^3，控制流域山区面积近90%。这些水利工程设施在防洪减灾、除涝治碱和保证农田灌溉等方面发挥了重要作用，使农业生产力得到显著提高。但是，在改造自然时，也对环境带来了众多的负面影响，其中最突出的就是对河流生态环境的影响，主要表现在：水库蓄水使降雨形成的地表径流被人为地调控，原有水文过程已发生时空变化；通过引水灌溉，使河流径流性水资源发生地域性再分配，导致下游地区径流明显减少；河道建闸蓄水，切断了河流水文的纵向联系，也使许多洄游性水生生物消失。

按照国际公认的地表水开发消耗利用量不应超过40%的标准，河北省总体上以20世纪70年代为转折点，一般1970年以后地表水即明显出现过度开发利用状况，而且以后愈演愈烈。

河北省多年平均（1956—2000年系列）地表水资源量为120亿m^3，折合年径流深64.0mm。其中，山区102亿m^3，折合年径流深89.1mm；平原18.1亿m^3，折合年径流深24.8mm。河北省流域分区各年代地表水资源量平均值统计见表3-4。

表3-4 河北省流域分区各年代地表水资源量平均值统计表

流域	不同年代平均水资源量/亿m^3					
	1956—2000年	1956—1959年	1960—1969年	1970—1979年	1980—1989年	1990—2000年
滦河山区	38.4326	68.6500	37.2800	43.3600	23.3595	37.7156
冀东沿海山区	5.4427	5.5350	6.0009	6.6904	4.1628	4.9310
滦河及冀东沿海平原	4.7070	3.2910	6.2232	6.4140	3.8665	3.0559
蓟运河山区	5.9151	8.2512	6.6808	7.2765	3.4711	5.3539
潮白河山区	6.5957	13.4655	5.5031	6.9640	4.7000	6.4792
永定河山区	5.7661	9.9739	6.4648	5.6076	5.2068	4.2533
海河北系平原	1.8422	3.1098	2.1893	2.0268	1.4490	1.2555
大清河北支山区	6.6963	16.8442	6.9677	5.9047	4.3680	5.5957
大清河南支山区	12.3205	25.6718	13.2782	12.8022	9.0487	9.1314
滹沱河山区	5.0596	11.2902	7.3880	3.1638	2.9485	4.3197
滏阳河山区	9.2709	14.4333	14.1135	7.4480	5.6258	7.9625
漳河山区	2.0467	3.8175	2.3817	1.7482	1.8229	1.5732
淀西清北平原	0.3155	0.7879	0.3194	0.4329	0.0891	0.2396
淀东清北平原	0.4547	0.6156	0.4699	0.5321	0.2506	0.4976
淀西清南平原	0.9433	1.9658	1.6207	0.3198	0.4581	0.9637
淀东清南平原	2.7818	2.1558	3.4017	3.3023	1.5503	3.0921
滹滏区间平原	0.5455	0.6717	0.8423	0.5570	0.3955	0.3557

续表

流域	不同年代平均水资源量/亿 m^3					
	1956—2000年	1956—1959年	1960—1969年	1970—1979年	1980—1989年	1990—2000年
滏西平原	0.5791	0.6781	1.0083	0.5486	0.3117	0.4238
漳卫河平原	0.1166	0.1243	0.2524	0.1077	0.0409	0.0671
黑龙港平原	1.6964	1.9445	2.7176	2.2392	0.6713	1.1161
运东平原	4.1440	2.4360	7.0046	5.5648	1.7040	3.0909
徒骇马颊平原	0.0204	0.0385	0.0395	0.0264	0.0044	0.0057
辽河山区	2.8233	5.6500	2.6698	2.9110	1.6710	2.9026
内陆河山区	1.6501	3.0075	1.5163	1.8667	0.8493	1.8092
全省合计	120.1661	204.4091	136.3338	127.8147	78.0258	106.1910
其中：山区	102.0196	186.5901	110.2449	105.7431	67.2344	92.0273
其中：平原	18.1465	17.8190	26.0889	22.0716	10.7914	14.1637

第二节 内陆河湿地演变过程

1 内陆河流域基本概况

张家口坝上高原区，自尚义县套里庄、张北县狼窝沟，到赤城县独石口一线以北的沽源、康保、张北、尚义4县（以下简称坝上四县）为坝上张北高原，属内蒙古高原南缘。该区域面积为12480km^2，海拔1300～1600m，南高北低，地势较平坦，草原广阔，多内陆湖泊（淖），岗梁、湖泊、滩地和草坡、草滩相间分布，是典型的波状高原景观。

坝上多数为内陆季节性河，一般流程短、河床宽、河槽浅，由南向北注入内陆湖泊，较大的内陆河有安固里河、大青河、五台河。

区内广泛分布着第四系洪积物、湖积物等。含水层颗粒细，厚度一般较小，含水较为贫弱。张北县南部等地隐伏玄武岩，裂隙孔洞发育，厚度较大，含水丰富，单位涌水量可达30m^3/(h·m)，是坝上高原地下水的主要不给区域。

2 内陆河流域湿地资源现状

张家口坝上地区历史上曾是森林茂密、湖沼成群的地区，湿地资源相当丰富。据了解，解放初期，坝上共有大小湖淖10000多个，水域面积达6万hm^2，占国土总面积的5%左右；共有湿地面积26万hm^2，占国土面积的22%以上。到目前为止，常年有水的大小湖淖仅剩200多个；水域面积仅剩1.43万hm^2，占国土面积的1.18%左右；湿地面积仅剩16.1万hm^2，占国土面积的13.4%。其中大于1.0km^{2}的湿地面积仅剩8.2万hm^2。坝上湿地位于内蒙古高原南缘，海拔都在1300m以上，系内陆河湿地。主要由位于张北县境内的安故里淖湿地，尚义县的察汗淖湿地，沽源县闪电河湿地等构成。

安固里淖位于张北县城西北的公会镇、黄石崖乡、海流图乡交界处，为内陆河系。入淖水系有支流三条，东西由黑水河与黄盖淖、张飞淖、三盖淖及东大淖相连，南面有十大股河和三台河，目前三条河均修建了水库。解放初期安固里淖最大水面达到 6666.67hm^2，蓄水量 1.2 亿 m^3，水深 2.5m，到 2000 年水面明显减小，到 2004 年基本干涸，如今已经变成一片白花花的盐碱地。

闪电河湿地位于河北省沽源县境内，包括闪电河和葫芦河两大水系，是由河草原、滩涂组成的内陆复合型湿地。2004 年被河北省定位省级湿地自然保护区，湿地总面积 272.22hm^2，是坝上地区一个重要的生态屏障，也是环京津地区的水源地之一。相对于别的地区来讲，位于坝上高原的闪电河湿地景观比较特殊，闪电河湿地没有高高的芦苇和低矮的水洼，而是辽阔的草原和美丽的库伦淖。闪电河湿地栖息的鸟类多达 172 种，其中包括国家一级保护鸟类大天鹅、灰鹤等。

察汗淖湿地位于尚义县与内蒙古商都县的结合部，地处尚义县大营盘乡五台营村北。该淖为盐淖，水源来自尚义县的内陆河大青河和二龙河。该淖最大面积 8666.67hm^2，其中水面 2493hm^2，其他为滩涂，2003 年曾干涸，后重新蓄水，2011 年实有面积 3000hm^2，水面 1333hm^2。

3 坝上河流湿地退化原因

尽管张家口坝上地区过去有着丰富的湿地资源，但由于人们对湿地的功能认识不足，一些地方对湿地盲目围垦、改造，导致坝上湿地数量逐渐较少、生态功能退化，有些重要湿地甚至丧失了湿地功能，给生态环境造成极大的破坏。分析湿地退化的原因主要有以下几个方面。

（1）农田的过度开垦。20 世纪 50—70 年代，政策上执行“以粮为纲”的农业路线，在“粮下滩，草上山”的思想指导下，大规模开垦草原，耕地面积一度曾达到 700 万亩，且把很多宜牧不宜农的草地湿地也开垦为耕地，草原面积迅速较少，严重受到风沙、洪流的侵蚀。过度的乱砍滥伐行为，使得原来荆棘丛生、灌木茂盛、满野翠绿的草原区，变成沙化荒野，水土流失严重。

（2）过度放牧。中华人民共和国成立初期，坝上四县有大牲畜不足 10 万头，羊不足 30 万只；目前，坝上四县有大牲畜 30 万头，羊 150 万只。过度放牧的结果，直接导致了草场的退化。到 2005 年，坝上四县的可利用草场面积由中华人民共和国成立初期的 80 万 hm^2 减少到 24.7 万 hm^2。相当一部分沼泽湿地的植被遭到严重破坏，变成了干碱滩。

（3）地下水资源过度开发。坝上地区水资源极缺，由于多年的干旱和大面积退耕还林，土壤储水被过度损耗。目前坝上地区大规模的蔬菜种植，需要水浇地，进行了大规模的打井作业，大面积的蔬菜种植区已经形成了湿地周围巨大的地下漏斗。地下水资源过度开发，造成地下水位平均下降 3～15m，个别地方的地下水位下降 20m 以上。同时因地表水径流减少，使湿地水源补充不足，造成湿地面积萎缩，功能下降。

坝上地区地下水的主要补给来源是降水入渗，由于受降雨入渗、灌溉回流、地下径流、侧向补给及地面蒸发、侧向排泄、人为开采等因素的影响，近年来，坝上地区地下水位持续下降，消耗与补给失衡，地下水已超采 4613.63 万 m^3。据 2006—2010 年地下水位观测数据显示，坝上地区地下水位成逐年下降趋势，累积下降 1.49m，年均下降 0.30m。最大年降幅 0.43m，最小年降幅 0.19m，单井地下水位最大降幅 3.1m。

第三节　人类活动对径流量影响

1　典型区域分析与计算

大清河源于太行山东麓，支流繁多，河短流急。河网呈扇形分布，分为南北两个支流。

大清河北支主要河流为拒马河。发源于涞源县境内，在张坊镇附近的铁锁崖下分为南北拒马河进入平原，流域面积 10000km²。北拒马河先后有胡良河、琉璃河、小清河汇入，至东茨村控制站以下称白沟河。南拒马河在定兴县境纳入中易水、北易水，控制站为北河店水文站。南拒马河至白沟镇与白沟河汇合后称大清河。

1.1　水资源开发利用程度增大

在山区，河川基流量和地下水开采量是地下水的两个重要排泄量，开采量的增加势必造成基流量减小，也是导致河川径流量衰减。通过对大清河北支山区内用水量调查，20 世纪 80 年代工业用水量仅 513 万 m³，生活用水量为 30 万 m³，平水年农业用水量 5178 万 m³。2000 年比 1980 年总用水量增加了 273 万 m³。大清河北支山区用水现状调查见表 3-5。

表 3-5　　大清河北支山区用水现状调查表

调查年份	城镇生活/万 m³	工业/万 m³	农业用水/万 m³		合计/万 m³	
			50%	75%	50%	75%
1980	30	513	5178	6224	5721	6767
2000	135	1395	4464	5045	5994	6575

1.2　水土保持生态建设对下垫面影响增加

植树造林是一项重要的水土保持措施。林业对径流的影响体现在两个方面：一是树木枝叶在降雨过程中可以截留一定的水量，而这部分水量大部分要蒸发掉；二是有枯枝落叶层和发达根系的林地，具有涵蓄一定水量的能力，其入渗能力比草地大，从而增加了降水过程的入渗损失量。

梯田属水土保持工程治理措施，山区小流域水土保持综合治理，对流域产流汇流产生一定影响。坡地改造成梯田后，坡面坡度大大降低，减缓了水流速度，延长了汇流时间，增加了降雨入渗量；坡地改为梯田后，土壤结构及质地方面均发生变化，土壤的下渗能力及蓄水能力均有所加强；带埂的梯田，相当于小型拦蓄坝，会拦蓄一定水量的地表径流。通过对大清河北支山区土地利用情况调查分析，2003 年比 1982 年耕地面积增加了 5.5%，林地面积增加了 30.6%，居民及工矿用地增加了 81.5%，山场及草地减少了 23.6%。大清河北支山区土地利用情况调查表见表 3-6。

表 3-6　　大清河北支山区土地利用情况调查表

土地利用类型	耕地/km²	林地/km²	居民及工矿用地/km²	山场及草地/km²
1982 年	943.37	903.2	112.5	2473.93
2003 年	995.59	1179.86	204.17	2053.38
变化率/%	5.5	30.6	81.5	−23.6

1.3　人类活动对地表径流量影响分析与计算

山区人类活动主要包括封山育林、建造石坝梯田、修建水库及塘坝等措施，这些措施改变了流域的自然形态，增强了流域调蓄能力，改变了产、汇流规律，使流域入渗损失量及陆面的蒸散发量加大，从而导致地表产水量的减少。大清河北支山区降雨径流关系图见图 3-1。

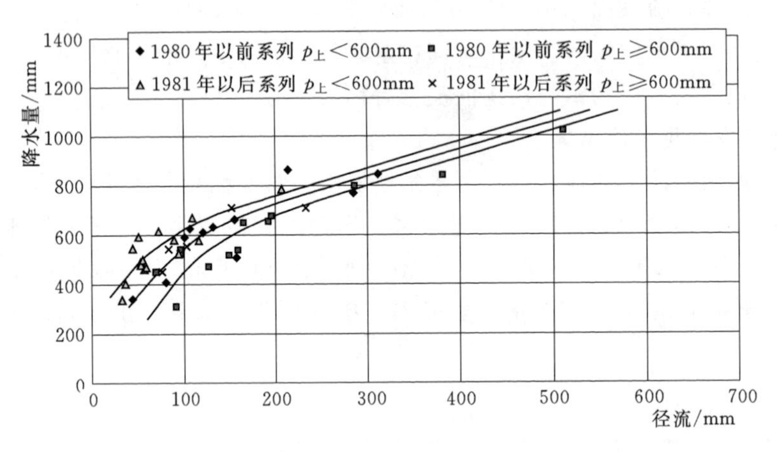

图 3-1　大清河北支山区降雨径流关系图

由关系图可以看出，20 世纪 80 年代、90 年代的降水径流点据与 50 年代、60 年代的点据相比，位置明显左移。其变化规律是 80 年代、90 年代绝大部分点据位于左侧区域，70 年代点据位于中间地带，50 年代、60 年代点据位于右侧区域，当年降水量较大时，两者为接近 45°的平行线。即在相同的降水条件下 80 年代、90 年代要比 50 年代、60 年代产流少。

通过对大清河北支山区地表径流系列分析，系列在 1979 年发生变异，径流系列在 1979 年以前受外界影响因素较小，可以认为人类活动对径流影响没有显著差异。为了计算人类活动对年径流量影响，以 1956—1979 年资料为基础，计算年降水量与径流量相关关系，其相关系数为 0.97。大清河北支山区降水量-径流深相关关系曲线见图 3-2。计算结果如下：

$$H=15.782e^{0.0035P}$$

式中：H 为径流深，mm；P 为降水量，mm；e=2.718。

进入 20 世纪 80 年代，用水量增加，减少了山区基流量和产流量；水上保持措施和小流域治理，增加了区域蒸散发量和土壤入渗量，拦蓄了部分径流，从而减少了中小洪水的产流量。

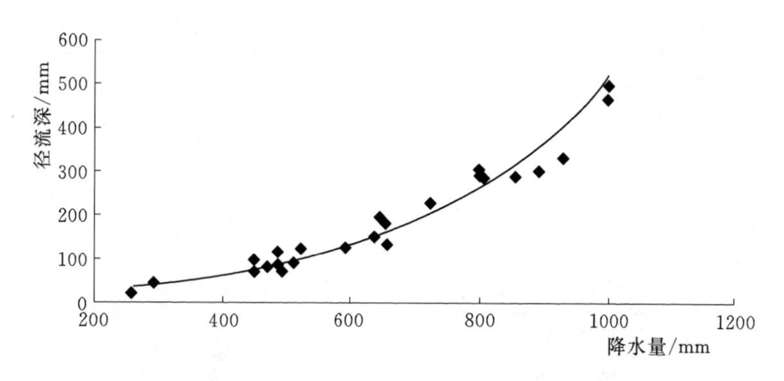

图 3－2　大清河北支山区降水量-径流深关系曲线

利用该流域降水量-径流深相关关系，用各年度降水量计算天然径流量，计算其时段平均值，则为无人类活动情况下的径流量。用天然径流量与实测径流量的差值，即为人类活动影响下减少的径流量。计算结果见表 3－7。

表 3－7　人类活动对大清河北支山区径流量减少影响计算结果

年　份	天然径流量/mm	实测径流量/mm	减少量/mm	占天然量的百分比/%
1956—1979	192.0	192.0	0	
1980—1989	141.7	105.4	36.3	25.6
1990—1999	122.1	95.8	26.3	21.5
2000—2008	96.5	38.0	58.5	39.4

通过计算结果可以看出，20 世纪 80 年代径流量减少了 36.3mm，占天然径流量的 25.6%；90 年代径流量减少了 26.3mm，占天然径流量的 21.5%；21 世纪初径流量减少了 58.5mm，占天然径流量的 39.4%。

2　径流量变化分析

河北省平原湿地衰减的原因是多方面的。首先是自然原因。自 20 世纪 50 年代以来，河北省年降水量呈逐年减少趋势。20 世纪 50 年代，全省平均年降水量为 589mm，到 20 世纪 90 年代，这一数字减少为 507mm，而进入 21 世纪以来，2001—2006 年年降水量只有 468mm。近 50 年，河北省平均年降水量减少了近 120mm。

地表水资源的过度开发和利用导致进入下游平原河道的径流量明显减少。对山区建有水库河流下游平原控制站分析，在上游多数水库竣工的 1952—1961 年间，水库下游平原河道平均年径流量 132.7 亿 m^3，到水库全面发挥效益的 20 世纪 70 年代，平均年径流减少至 42.3 亿 m^3，径流量减少了 65%。到 2000 年，河北省平原地表水资源量降至 18.15 亿 m^3，与 20 世纪 50 年代比较减少了 86.3%。

分别按 1956—1960 年、1961—1970 年、1971—1980 年、1981—1990 年、1991—2000 年统计各水资源分区平均年径流量，计算结果见表 3－8。

表 3-8 河北省水资源分区地表水多年平均水资源计算结果

水资源分区	滦河、冀东沿海	海河北系	海河南系	徒骇马颊	辽河	内陆河	全省合计
水资源量/亿 m^3	48.7977	20.1191	46.9709	0.0204	2.8233	1.6501	120.3815

根据各分区多年（1956—2000 年）平均地表水资源量计算结果，与不同时段平均径流量相比，分析不同年代径流量变化趋势。计算结果见表 3-9。

表 3-9 河北省流域分区各年代现状地表水资源量与均值对比表

水系	1956—1959 年		1960—1969 年		1970—1979 年		1980—1989 年		1990—2000 年	
	年段均值/亿 m^3	均值比	年段均值/亿 m^3	均值比	年段均值/亿 m^3	均值比	年段均值/亿 m^3	均值比	年段均值/亿 m^3	均值比
滦河及冀东沿海	77.4769	1.59	49.5041	1.01	56.4644	1.16	31.3888	0.64	46.5836	0.96
海河北系	34.7995	1.73	20.8381	1.04	21.8749	1.09	14.8269	0.74	17.3419	0.86
海河南系	83.4367	1.78	61.766	1.31	44.6713	0.95	29.2944	0.62	38.4291	0.82
徒骇马颊	0.0385	1.89	0.0395	1.94	0.0264	1.29	0.0044	0.22	0.0057	0.28
辽河	5.6500	2.00	2.6698	0.95	2.9110	1.03	1.6710	0.59	2.9026	1.03
内陆河	3.0075	1.82	1.5163	0.92	1.8667	1.13	0.8493	0.51	1.8092	1.10
合计	204.4091	1.70	136.3338	1.13	127.8147	1.06	78.0258	0.65	107.0721	0.89

河北省全流域在 1956—1959 年、1960—1969 年、1970—1979 年 3 个时段普遍偏丰，均值比分别为 1.70、1.13 和 1.06，1980—1999 年和 1990—2000 年 2 个时段偏枯，均值比分别为 0.65 和 0.89。

3 人类活动和河流演变的相互影响

在生物的演化和进化过程中，地球上出现了人类。人类和其他动物一样，必须以饮水水源作为生存的第一条件，并和其他生物群体共享包括水在内的地球自然资源。人类和其他动物不同的是：人类利用和改造一些河流，发展生产，创造文明，从而逐渐支配了自然界几乎所有的资源，并以地球的主人自居。古埃及文明、古两河文明、古印度文明和中华文明无不发源于大河两岸的冲积平原，是有其必然性的。这是因为，只有广阔的冲积平原和源源不断的河流淡水资源，才有条件发展大规模的人类社会和建立经济基础。根据社会经济发展的需要，人类对河流进行了各种方式的改造。从某种意义上说，人类是通过改造河流才创造了今天的文明世界。但是，随着人类社会经济的发展，自然环境受到的干扰越来越大，河流的自然功能也受到越来越严重的损伤。

首先是河流集水范围内的自然环境受到各种干扰，例如：森林和草地受到破坏，加重了水土流失；各类建设及生产中的废渣、废料和废水污染了地表水和地下水；各种废气污染了大气，并造成酸雨，导致植被破坏和水体污染；由于温室气体增加导致全球气温的变化，将对人类社会造成不利后果，包括对流域生态系统、河川径流和江河洪水的影响。

由于人类开发利用土地，并利用河水发展灌溉、航运、发电、城乡供水等各种功能，从而改变了河流的本来面貌，例如：围垦河流两岸的洪泛土地，从而割断河流与两岸陆地的联系，并侵占洪水的蓄泄空间；引水到河道以外，从而减少河流的径流；筑坝壅高或拦截河水，从而阻拦或改变河水的流路；建造调节径流的水库，从而改变河流的水文律情；利用河流排泄废水，从而改变河流的水质。在改造河流的同时，也改变了河流所在地区的原有生态系统，并创造了城镇村庄、农耕地、人工湿地以及人工河流等各种人工生态系统。

以上种种改造，都不同程度地改变了河流天然的水文律情，干扰它的自然功能。河流是一个巨大的系统，具有较强的抵御干扰能力，但如果干扰超过它的自我调节和自我修复能力，其自然功能也将不可逆转地逐渐退化，最终将影响甚至威胁人的生存和发展。我国的不少河流已经发生各种演变，对我国社会经济的可持续发展正在日益形成威胁，需要引起高度重视。

参 考 文 献

[1] 徐正. 海河今昔纪要 [R]. 河北省水利志编辑办公室，1985.
[2] 河北省水利厅. 河北省水资源评价 [R]. 2003.
[3] 王春泽，李哲强，乔光建. 流域下垫面变化对水资源量情势演变影响分析 [J]. 河北水利，2008 (6)：8-10.
[4] 陈家琦，王浩，杨小柳. 水资源学 [M]. 北京：科学出版社，2003：46-48.
[5] 任宪韶，卢作亮，曹寅白. 海河流域水资源评价 [J]. 北京：中国水利水电出版社，2007.
[6] 张彦增，蒋勇杰，乔光建. 河北省河流演变过程分析及治理对策研究 [J]. 南水北调与水利科技，2009 (5)：87-91.

第四章 河流开发利用

第一节 水库建设与分布

1 水库沿革与分类

1.1 水库建设沿革

中华人民共和国成立后，河北省人民在党和政府的领导下，依据历次海河流域规划，采取“上蓄、中疏、下排、适当地滞”的治水方针，进行了长期大规模的水利工程建设。为了确保首都北京和京津铁路防洪安全，充分利用永定河水资源，1951—1954 年兴建了海河流域的第一座大型水库——官厅水库。1955—1956 年在陡河上游兴建了陡河水库，保证了唐山市的防洪安全。这两座大型水库的修建，为河北省修建大型水库提供了宝贵经验。

1958 年根据《海河流域规划（草案)》，河北省掀起了以修建水库为主的水利建设高潮，在主要河道上兴建了 14 座大型水库、12 座中型水库。这些山区水库的修建，取得了显著的社会效益，特别是在 1963 年海河流域发生特大洪水时，大型水库共拦蓄洪水总量的 46.2%，削减洪峰 48%～85%，在抗洪斗争中发挥了巨大作用。“63·8”大水后，除对大型水库进行续建、扩建和加固外，还修建了云州、朱庄水库以及 28 座中型水库，20 世纪 90 年代修建了桃林口水库，近期又修建或扩建了丰宁电站、张河湾、龙门口、大洺远等 4 座中型水库。

大、中型水库的修建、加固及扩建，使水库在防洪、灌溉、供水、发电、养殖等综合利用方面发挥了重要作用，取得了显著的经济效益、社会效益和环境效益。

1998 年以来，河北省先后有 16 座大型水库，33 座中型水库列入国家病险水库除险加固建设计划。到 2010 年，除朱庄、临城、西大洋、云州、瀑河、马头等还在实施除险加固工程外，其他水库基本都已完成竣工验收或下闸蓄水验收。

1.2 水库分类

水库是指在山沟或河流的狭口处建造拦河坝形成的人工湖泊。水库建成后，可起防洪、蓄水灌溉、供水、发电、养鱼等作用。有时天然湖泊也称为水库（天然水库)。水库对应于校核洪水位的库容为总库容。

水库是我国防洪广泛采用的工程措施之一。在防洪区上游河道适当位置兴建能调蓄洪水的综合利用水库，利用水库库容拦蓄洪水，削减进入下游河道的洪峰流量，达到减免洪水灾害的目的。水库对洪水的调节作用有两种不同方式，一种起滞洪作用，另一种起蓄洪作用。滞洪就是在大洪水时，把一部分洪水滞蓄在水库中，消减下泄洪峰，以保证下游防洪安全。蓄洪是指在水库运用中，把汛期一部分洪水蓄在水库，用来有计划地供给工农业用水。

水库按总库容大小划分，可分为大型、中型、小型等。具体划分如下：大（1）型水库，是指总库容大于10亿m^3的水库；大（2）型水库，是指总库容在1亿～10亿m^3的水库；中型水库是指总库容在1000万～1亿m^3的水库；小（1）型水库是指总库容在100万～1000万m^3的水库；小（2）型水库是指总库容在10万～100万m^3的水库（注：总库容小于10万m^3的称为塘坝）。水利水电枢纽工程分级指标见表4-1。

表4-1　　水利水电枢纽工程的分等指标

工程等别	水库		防洪		治涝	灌溉	供水	水电站
	工程规模	总库容/亿m^3	城镇及工矿企业的重要性	保护农田/万亩	治涝面积/万亩	灌溉面积/万亩	城镇及工矿企业的重要性	装机容量/万kW
Ⅰ	大（1）型	≥10	特别重要	≥500	≥200	≥150	特别重要	≥120
Ⅱ	大（2）型	10～1.0	重要	500～100	200～60	150～50	重要	120～30
Ⅲ	中型	1.0～0.1	中等	100～30	60～15	50～5	中等	30～5
Ⅳ	小（1）型	0.10～0.01	一般	30～5	15～3	5～0.5	一般	5～1
Ⅴ	小（2）型	0.01～0.001		≤5	≤3	≤0.5		≤1

水库按调节能力划分，可分为日调节水库、周调节水库、年调节水库、多年调节水库。具体划分如下：日调节水库是将一天中的均匀来水储存起来，集中供应于某一时段的用水为目的的水库；周调节水库是将休假日的多余水量调剂到其他工作日来利用为目的的水库；年调节水库是将一年中丰水季节多余的水量蓄存起来，提高枯水季节的用水量，调节周期为一年的水库；多年调节水库是将丰水年多余的水量蓄存起来，以补充枯水年或枯水年组水量不足为目的的水库。

2　大型水库概况

河北省已注册登记的大、中型水库共计62座，其中大（1）型水库4座（岗南、黄壁庄、王快、西大洋），大（2）型水库15座（东武仕、朱庄、临城、横山岭、口头、龙门、安格庄、友谊、云州、庙宫、邱庄、陡河、洋河、桃林口、大浪淀），中型水库43座。总库容为110.82亿m^3，其中：大型水库总库容95.60亿m^3，中型水库总库容15.22亿m^3。各水库分别位于子牙河、大清河、永定河、北三河、滦河等5个水系和内陆河流域。

子牙河水系：大型水库5座（东武仕、朱庄、临城、岗南、黄壁庄），中型水库15座（青塔、车谷、口上、四里岩、大洺远、东石岭、野沟门、马河、乱木、白草坪、南平旺、八一、张河湾、石板、下观）。

大清河水系：大型水库6座（横山岭、口头、王快、西大洋、龙门、安格庄），中型水库8座（燕川、红领巾、龙潭、瀑河、旺隆、累子、马头、宋各庄）。

永定河水系：大型水库1座（友谊），中型水库3座（壶流河、西洋河、响水铺）。

北三河水系：大型水库2座（云州、邱庄），中型水库3座（上关、般若院、龙门口）。

滦河水系：大型水库4座（庙宫、陡河、洋河、桃林口），中型水库11座（闪电河、丰宁电站、黄土梁、钓鱼台、窟窿山、大庆、三旗杆、老虎沟、房管营、水胡同、石河）。

内陆河流域：中型水库3座（黄盖淖、石头城、大青沟）。

平原水库：大浪淀。

除上述62座大中型水库外，在河北省境内还分布有4座非省管大型水库，分别是漳河上的岳城水库、永定河上的官厅水库、滦河上的潘家口和大黑汀水库。

（1）大型水库基本概况。河北省19座大型水库基本情况包括水库名称、工程规模、水库所在地、所在河流，建设开工时间和竣工时间、集水面积等。表4-2为河北省大型水库基本情况统计表。

表4-2　河北省大型水库基本概况统计表

序号	水库名称	工程规模	水库所在地点	所在河流	建设日期		集水面积/km²
					开工时间	竣工时间	
1	岗南水库	大（1）型	平山县岗南镇	子牙河水系滹沱河	1958年3月	1969年12月	15900
2	王快水库	大（1）型	曲阳县郑家庄村	大清河水系沙河	1958年6月	1960年10月	3770
3	黄壁庄水库	大（1）型	鹿泉市黄壁庄镇	子牙河水系滹沱河	1958年10月	1970年1月	23400
4	西大洋水库	大（1）型	唐县雹水乡	大清河水系唐河	1958年7月	1960年6月	4420
5	桃林口水库	大（2）型	卢龙县刘家营乡	滦河水系青龙河	1992年10月	1998年12月	5060
6	陡河水库	大（2）型	唐山市开平区双桥镇	海河流域陡河	1955年11月	1956年11月	530
7	朱庄水库	大（2）型	沙河市綦村镇	子牙河系沙河	1971年10月	1985年4月	1220
8	洋河水库	大（2）型	抚宁县大湾子村北	滦河水系洋河	1959年10月	1961年8月	755
9	安格庄水库	大（2）型	易县安格庄村	大清河水系中易水	1958年6月	1960年6月	476
10	横山岭水库	大（2）型	灵寿县岔头镇	大清河系磁河	1958年6月	1960年6月	440
11	邱庄水库	大（2）型	丰润县左家坞镇	蓟运河水系还乡河	1959年11月	1960年8月	525
12	庙宫水库	大（2）型	承德市围场县四道沟乡	滦河水系伊逊河	1959年11月	1962年7月	2370
13	临城水库	大（2）型	临城县西竖镇	子牙河系泜河	1958年8月	1960年8月	384
14	东武仕水库	大（2）型	磁县路村营乡东武仕村	子牙河系滏阳河	1970年4月	1974年4月	340
15	龙门水库	大（2）型	满城县城东龙门村	大清河水系漕河	1958年2月	1960年6月	470
16	友谊水库	大（2）型	尚义县小蒜沟乡宣付夭村	永定河水系东洋河	1958年9月	1962年8月	2250
17	口头水库	大（2）型	行唐县口头镇	大清河水系郜河	1958年5月	1964年10月	142.5
18	云州水库	大（2）型	赤城县云州乡云州村	潮白河水系白河	1969年5月	1970年10月	1170
19	大浪淀水库	大（2）型	南皮县大浪淀乡	漳卫南运河水系南运河	1995年5月	1997年10月	16.738

（2）大型水库水文特征。河北省19座大型水库水文特征值包括水库名称、多年平均降水量、多年平均径流量、设计特征值和校核特征值等。特征值包括重现期、洪峰流量和洪水总量等。表4-3为河北省大型水库水文特征值统计表。

表 4-3　　河北省大型水库水文特征值统计表

序号	水库名称	多年平均降水量/mm	多年平均径流量/亿 m³	水文特征					
				设计特征值			校核特征值		
				重现期/年	洪峰流量/(m³/s)	洪水总量/亿 m³	重现期/年	洪峰流量/(m³/s)	洪水总量/亿 m³
1	岗南水库	500	12.18	500	15230	23.71 (6 日)	10000	25400	38.92 (6 日)
2	王快水库	653	9.45	500	20800	18.8	10000	33800	31.7
3	黄壁庄水库	575.8	21.5	500	26400	47.08 (6 日)	10000	44680	79.16 (6 日)
4	西大洋水库	511	6.02	500	18000	14.7	2000	23600	19.6
5	桃林口水库	600	9.6	100	14340	14.61 (3 日)	1000	23849	24.73 (3 日)
6	陡河水库	665	0.667	1000	5260	3.076	10000	8080	5.62
7	朱庄水库	686	2.3	100	7100	7.68 (3 日)	1000	14280	14.50 (3 日)
8	洋河水库	750	1.69	100	6460	3.05	2000	12400	5.55
9	安格庄水库	640	1.533	100	5360	2.46	2000	11080	4.9000
10	横山岭水库	670.6	1.672	100	3980.0	2.2900 (3 日)	2000	7680	4.510 (3 日)
11	邱庄水库	703	1.09	100	3550	2.01	5000	7550	4.41
12	庙宫水库	480	1.08	100	2400	0.967	2000	3790	1.8
13	临城水库	530	0.4	100	4040	1.82 (3 日)	2000	9070	4.03 (3 日)
14	东武仕水库	560	3.8	100	2800	0.897 (3 日)	2000	6390	2.26 (3 日)
15	龙门水库	646	1.135	100	4290	2.17	2000	9800	4.63
16	友谊水库	383.1	0.82	100	2040	0.717 (3 日)	2000	3900	1.37 (3 日)
17	口头水库	533.0	0.34	100	1720.0	0.6450 (3 日)	2000	3380	1.269 (3 日)
18	云州水库	450	0.6315	100	2080	0.579 (3 日)	2000	4370	1.246 (3 日)
19	大浪淀水库	485							

(3) 大型水库特征值。河北省 19 座大型水库特征值包括水库名称、调节性能、校核洪水位、设计洪水位、汛期限制水位、正常蓄水位、死水位、总库容、调洪库容、兴利库容、死库容等。表 4-4 为河北省大型水库特征值统计表。

表 4-4　　河北省大型水库特征值统计表

序号	水库名称	调节性能	水库水位/m					水库库容/亿 m³			
			校核洪水位	设计洪水位	汛期限制水位	正常蓄水位	死水位	总库容	调洪库容	兴利库容	死库容
1	岗南水库	年调节	209.59	204.51	192.00	200.00	180.00	17.04	9.17	7.8	3.41
2	王快水库	年调节	214.40	208.40	193.00	200.40	178.00	13.89	10.07	5.81	1.08
3	黄壁庄水库	年调节	128.00	125.84	115.00	120.00	111.50	12.1	9.2664	3.773	0.6911
4	西大洋水库	年调节	151.08	149.01	134.50	140.50	120.00	11.372	7.582	5.148	0.799
5	桃林口水库	多年调节	144.32	143.40	143.40	143.40	104.00	8.59	0.99	7.09	0.511
6	陡河水库	年调节	43.40	40.30	34.00	34.00	28.00	5.152	4.414	0.684	0.054

续表

序号	水库名称	调节性能	水库水位/m					水库库容/亿 m^3			
			校核洪水位	设计洪水位	汛期限制水位	正常蓄水位	死水位	总库容	调洪库容	兴利库容	死库容
7	朱庄水库	多年调节	256.70	255.31	243.00	251.00	220.00	4.162	2.332	2.285	0.34
8	洋河水库	年调节	65.03	62.38	53.51	56.31	43.61	3.86	2.964	1.384	0.07
9	安格庄水库	年调节	168.71	161.92	154.00	160.00	143.50	3.09	1.847	1.400	0.408
10	横山岭水库	年调节	244.99	241.70	232.00	235.15	220.00	2.43	1.4772	0.9347	0.1724
11	邱庄水库	年调节	74.32	69.62	64.00	66.50	53.00	2.04	1.44	0.65	0.0079
12	庙宫水库	年调节	780.70	777.59	768.00	778.20	768.00	1.83	0.446	0.242	0.004
13	临城水库	年调节	131.96	129.37	122.00	125.50	112.00	1.7125	1.187	0.791	0.081
14	东武仕水库	年调节	110.70	107.27	104.00	109.68	94.50	1.615	1.01	1.45	0.094
15	龙门水库	年调节	131.27	128.22	120.00	123.60	113.00	1.267	0.935	0.439	0.081
16	友谊水库	年调节	1199.80	1196.76	1194.00	1197.00		1.16	0.391	0.558	0.054
17	口头水库	年调节	205.11	202.93	199.00	201.00	190.37	1.056	0.562	0.4258	0.1548
18	云州水库	年调节	1038.83	1034.09	1028.37	1029.60	1024.67	1.02	0.5942	0.2045	0.2771
19	大浪淀水库	年调节				12.47	6.471	1.003		0.9566	0.0464

3　中型水库概况

根据2011年资料统计，河北省现有中型水库47座，主要分布在山丘区。总控制面积38401.3km²，不包括沧州市三座平原水库。设计灌溉面积234.5万亩，不包括部分平原水库和以发电为主的部分小水电水库。

（1）中型水库基本概况。河北省中型水库基本概况包括水库名称、工程等级、水库所在地、所在河流、集水面积和建设时间。表4-5为河北省中型水库基本情况统计表。

表4-5　　河北省中型水库基本概况统计表

序号	水库名称	工程等级	水库所在地	所在河流	集水面积/km²	建设时间
1	张河湾水库	Ⅱ	石家庄市井陉县测鱼镇	甘陶河	1834	1976年12月
2	八一水库	Ⅲ	石家庄市元氏县北褚乡	潴龙河	142	1958年4月
3	燕川水库	Ⅲ	石家庄市灵寿县南燕川乡	燕川河	40.8	1976年9月
4	白草坪水库	Ⅲ	石家庄市赞皇县黄北坪乡	北沙河—槐河	230	1973年6月
5	平旺水库	Ⅲ	石家庄市赞皇县西阳泽乡	泲河	111	1976年6月
6	红领巾水库	Ⅲ	石家庄市行唐县玉亭乡	曲河	72.5	1958年2月
7	石板水库	Ⅲ	石家庄市平山县孟家庄镇	文都河	86.4	1972年11月
8	下观水库	Ⅲ	石家庄市平山县王坡乡	南甸河	45	1970年6月
9	般若院水库	Ⅲ	唐山市遵化市苏家洼镇	州河	130	1972年7月
10	上关水库	Ⅲ	唐山市遵化市马兰峪镇	魏进河	175	1979年12月

续表

序号	水库名称	工程等级	水库所在地	所在河流	集水面积/km²	建设时间
11	龙门口水库	Ⅲ	唐山市遵化市石门镇	淋河	123	2006年7月
12	房官营水库	Ⅲ	唐山市迁西县尹庄乡	朱家河	25	1978年1月
13	石河水库	Ⅲ	秦皇岛市山海关区孟姜镇	石河	560	1975年6月
14	水胡同水库	Ⅲ	秦皇岛市青龙满族自治县马圈子镇	都源河	100	1969年11月
15	车谷水库	Ⅲ	邯郸市武安市管陶乡	南洺河	124	1974年8月
16	大洺远水库	Ⅲ	邯郸市武安市武安镇	南洺河	847.5	2005年6月
17	口上水库	Ⅲ	邯郸市武安市活水乡	北洺河	138.7	1969年9月
18	四里岩水库	Ⅲ	邯郸市武安市贺进镇	北洺河	214.7	1991年12月
19	青塔水库	Ⅲ	邯郸市涉县偏城镇	南洺河	76	1977年1月
20	东石岭水库	Ⅲ	邢台市沙河市刘石岗乡	渡口川	169	1978年6月
21	野沟门水库	Ⅲ	邢台市邢台县宋家庄镇	将军墓川	518	1976年6月
22	马河水库	Ⅲ	邢台市内丘县柳林镇	小马河	94	1958年5月
23	乱木水库	Ⅲ	邢台市临城县西竖镇	泜河	46	1959年6月
24	瀑河水库	Ⅲ	保定市徐水县瀑河乡	瀑河	263	1958年6月
25	宋各庄水库	Ⅲ	保定市涞水县宋各庄乡	龙安沟	92	1986年11月
26	龙潭水库	Ⅲ	保定市顺平县神南乡	清水河—界河—龙泉河	50	1971年5月
27	旺隆水库	Ⅲ	保定市易县梁格庄镇	旺隆沟	37	1960年6月
28	垒子水库	Ⅲ	保定市涞水县永阳镇	垒子河	25.1	1958年6月
29	马头水库	Ⅲ	保定市易县流井乡	马头沟	49	1959年6月
30	黄盖淖水库	Ⅲ	张家口市张北县二泉井乡	黑水河	2136	1958年7月
31	壶流河水库	Ⅲ	张家口市蔚县宋家庄镇	壶流河	1749	1973年1月
32	洋河水库	Ⅲ	张家口市宣化县顾家营镇	洋河	14140	1972年1月
33	闪电河水库	Ⅲ	张家口市沽源县平定堡镇	滦河	890	1971年12月
34	西洋河水库	Ⅲ	张家口市怀安县渡口堡乡	西洋河	617.6	1973年11月
35	石门子水库	Ⅲ	张家口市沽源县二道渠乡	沙井子河	568	1975年8月
36	石头城水库	Ⅲ	张家口市沽源县小厂镇	葫芦河	338	1989年8月
37	大青沟水库	Ⅲ	张家口市尚义县大青沟镇	大青沟河	248	1958年8月
38	丰宁水电站水库	Ⅲ	承德市丰宁满族自治县四岔口乡	滦河	10202	2000年11月
39	黄土梁水库	Ⅲ	承德市丰宁满族自治县西官营乡	兴洲河	324	1978年1月
40	老虎沟水库	Ⅲ	承德市兴隆县安子岭乡	澈河	338	1981年11月
41	钓鱼台水库	Ⅲ	承德市围场满族蒙古族自治县腰站乡	兰旗卡伦河	160	1972年1月
42	窟窿山水库	Ⅲ	承德市滦平县滦平镇	牤牛河	142.2	1958年6月
43	大庆水库	Ⅲ	承德市平泉县卧龙镇	瀑河	82	1978年12月

续表

序号	水库名称	工程等级	水库所在地	所在河流	集水面积/km²	建设时间
44	三旗杆水库	Ⅲ	承德市宽城满族自治县苇子沟乡	小彭河	47.8	1983年4月
45	杨埕水库（供水）	Ⅲ	沧州市海兴县香坊乡	宣惠河	0	2009年11月
46	黄灶水库	Ⅲ	沧州市黄骅市吕桥镇	捷地减河	0	1976年
47	杨埕水库（水务局）	Ⅲ	沧州市海兴县香坊乡	宣惠河	0	1977年6月
合计					38401.3	

(2) 中型水库水文特征。河北省中型水库水文特征包括水库名称、重现期、多年平均径流量、最大泄洪流量、设计年供水量、设计灌溉面积等。表4-6为河北省中型水库水文特征值统计表。

表4-6　河北省中型水库水文特征值统计表

序号	水库名称	重现期/年		多年平均径流量/万m³	最大泄洪流量/(m³/s)	设计年供水量/万m³	设计灌溉面积/万亩
		设计洪水	校核洪水				
1	张河湾水库	100	1000	14000	7676		2.2
2	八一水库	100	1000	1530	1267	1920	8
3	燕川水库	50		882	600	500	2
4	白草坪水库	100	1000	3610	3420	1000	11.2
5	平旺水库	100	1000	1650	1159	1914	6
6	红领巾水库	100	1000	1490	828	600	1.7
7	石板水库	100	1000	1950	962	630	2.5
8	下观水库	100	1000	850	1158	500	2.2
9	般若院水库	100	1000	3900	2320	1569	8
10	上关水库	100	1000	5100	2974	1700	9
11	龙门口水库	100	500	3200	1961	1100	3.4
12	房官营水库	100	1000	735	659	200	1
13	石河水库	100	1000	14500	7000	3739	11
14	水胡同水库	100	500	2580	84.1		0
15	车谷水库	100	1000	1240	1228	3799	12
16	大洺远水库	50	500	2561	6405	815	1.1
17	口上水库	100	500	3270	1802	3208	11.5
18	四里岩水库	100	500	230	2372	2001	4.4
19	青塔水库	50	500	1300	1062.7	1036	5.6
20	东石岭水库	100	500	5460	2280	3632	7.6

续表

序号	水库名称	重现期/年		多年平均径流量/万 m^3	最大泄洪流量/(m^3/s)	设计年供水量/万 m^3	设计灌溉面积/万亩
		设计洪水	校核洪水				
21	野沟门水库	100	500	9400	5272	8608	18
22	马河水库	100	1000	752	1740	1620	4
23	乱木水库	100	1000	590	1160		1.5
24	瀑河水库	100	2000	4280	788		6.3
25	宋各庄水库	100	1000	2018	1562	300	3.2
26	龙潭水库	100	1000	675	1295		6.7
27	旺隆水库	100	1000	740	590	135	1.2
28	垒子水库	100	1000	250	303	300	1.8
29	马头水库	100	1000	900	958.2	240	1.6
30	黄盖淖水库	50	1000	9000	201.7		4
31	壶流河水库	100	1000	12900	716	3348	24.8
32	洋河水库	100	1000	57000	3598	8500	20
33	闪电河水库	100	1000	3490	342.4	1542	8
34	西洋河水库	100	1000	1848	515	1478.9	4.2
35	石门子水库	50	300	670	354.7	500	2
36	石头城水库	50	1000	1000	136	667	3.6
37	大青沟水库	100	1000	460	78	450	2.5
38	丰宁水电站水库	100	1000	24000	925.1		0
39	黄土梁水库	100	1000	2643	558		2.3
40	老虎沟水库	500	1000	8700	5689	800	1.2
41	钓鱼台水库	100	1000	917	621	400	1.1
42	窟窿山水库	100	1000	2275	1853	300	0
43	大庆水库	100	1000	890	743	900	2
44	三旗杆水库	100	1000	765	763.1	678	1.1
45	杨埕水库（供水）					6000	0
46	黄灶水库					20	0
47	杨埕水库（水务局）					500	3
合计							234.5

（3）中型水库特征值。河北省中型水库水文特征包括水库名称、调节性能、校核洪水位、设计洪水位、汛期限制水位、正常蓄水位、死水位、总库容、调洪库容、兴利库容、死库容等。表 4-7 为河北省中型水库特征统计表。

表 4-7　　河北省中型水库特征值统计表

序号	水库名称	调节性能	水库水位/m					水库库容/万 m³			
			校核洪水位	设计洪水位	汛期限制水位	正常蓄水位	死水位	总库容	调洪库容	兴利库容	死库容
1	张河湾水库	年调节	488.1	480.5	480.5	488.0	464.0	8330	2330	3769	2033
2	八一水库	多年调节	124.1	120.9	114.4	117.8	102.9	7387	5177	3365	175
3	燕川水库	年调节	202.4	195.1	190.0	192.0	181.0	4700	400	1200	40
4	白草坪水库	年调节	296.8	295.1	288.0	288.0	265.1	4492	1641	2387	120
5	平旺水库	年调节	140.5	139.2	136.0	136.0	125.0	3796	1665	1914	91
6	红领巾水库	年调节	174.1	173.1	167.0	169.0	156.1	4146	1142	2595	152
7	石板水库	年调节	362.7	361.7	355.0/358.0	358.0	337.2	1750	456	1075	90
8	下观水库	年调节	207.8	206.7	198.0	204.5	189.0	1420	433	947	40
9	般若院水库	多年调节	108.8	107.0	103.0	103.7	90.0	4888	2433	2585	100
10	上关水库	多年调节	148.1	144.9	139.0	143.0	121.8	3687	1810	2442	120
11	龙门口水库	多年调节	72.3	70.7	67.0	67.0	59.0	2970	1670	1187	113
12	房官营水库	年调节	72.0	72.0	68.0	69.0	60.0	1054	450	584	121
13	石河水库	年调节	60.3	56.7	53.0	56.7	32.0	7000	3260	5163	240
14	水胡同水库	年调节	416.4	414.7	406.6	411.4	392.8	4092	1883	2475	591
15	车谷水库	年调节	713.2	709.5	696.8	705.0	668.8	3799	1569	1328	23
16	大洺远水库	年调节	185.2	183.0	178.7	183.0	172.8	3299	587	2173	225
17	口上水库	年调节	610.6	609.0	600.1	608.0	560.0	3208	1398	2800	11
18	四里岩水库	年调节	495.6	494.1	490.0	493.6	474.0	1144	502	945	24
19	青塔水库	年调节	726.6	724.3	712.8	721.6	685.4	1350	530.2	1036	20
20	东石岭水库	多年调节	384.0	382.3	370.0	378.0	334.0	7320	3570	2541	78
21	野沟门水库	年调节	404.8	403.3	393.0	398.0	379.0	5040	3170	2569	311
22	马河水库	年调节	137.4	135.7	130.7	130.7	124.7	2609	1596	658	68
23	乱木水库	年调节	118.6	117.8	112.0	112.0	106.0	1410	745	540	104
24	瀑河水库	年调节	46.8	43.6	39.5	41.0	35.0	9750	7024	2386	113
25	宋各庄水库	年调节	177.3	174.5	主汛 165.0 后汛 167.5	169.0	153.0	2270	820	1100	100
26	龙潭水库	年调节	270.9	268.9	262.5	263.6	234.5	1278.6	505	751	12.3
27	旺隆水库	年调节	23.0	21.5	16.0	17.0	4.0	1275	789	481	5
28	垒子水库	部分年调节	69.4	67.6	主汛 62.0 后汛 63.0	64.3	54.1	1007	466	502	27

续表

序号	水库名称	调节性能	水库水位/m					水库库容/万 m³			
			校核洪水位	设计洪水位	汛期限制水位	正常蓄水位	死水位	总库容	调洪库容	兴利库容	死库容
29	马头水库	年调节	49.1	47.5	42.0	44.0	35.0	1000	637	480	41
30	黄盖淖水库	年调节	102.8	101.7	98.5	101.5	96.0	9900	8800	4800	108
31	壶流河水库	年调节	924.4	922.2	919.50 919.0 (大汛)	922.0	917.8	8700	5630	3348	2039
32	洋河水库	不完全年调节	590.2	587.3	初末汛 581.5 主汛 577.5	586.0	572.0	5750	5000	2840	13
33	闪电河水库	年调节	104.1	102.6	100.0	101.7	97.7	3433	2641	1538	122
34	西洋河水库	季调节	115.1	112.6	107.3	112.0	—	1535	785	465	
35	石门子水库	年调节	99.4	98.6	96.5	96.5	94.5	1110		280	80
36	石头城水库	年调节	100.3	99.0	96.5	97.8	95.0	1449	1195	484	38
37	大青沟水库	年调节	118	114.7	110.0	114.5	104.8	1392	1007	950	
38	丰宁水电站水库	年调节	1054.2	1050.6	1049.0	1050.0	1040.0	7199	1541	3033	2625
39	黄土梁水库	年调节	344.6	342.3	339.3	341.8	329.0	2221	1150	1622	7
40	老虎沟水库	年调节	321.7	318.2	310.4	313.4	301.5	1328	873	518	117
41	钓鱼台水库	年调节	75.1	72.9	70.0	72.0	66.0	1312	627	463	282
42	窟窿山水库	年调节	573	571.4	566.4	569.0	560.0	1372	386	647	167
43	大庆水库	年调节	666.9	666.0	663.8	663.8	656.0	1170	302.6	554.4	273
44	三旗杆水库	年调节	175.1	173.8	168.3	170.3	160.0	1087	700.6	490.7	44
45	杨埕水库（供水）	年调节				9.0	3.0	6568		5942	616
46	黄灶水库	年调节				4.5	2.8	3864		1128	1608
47	杨埕水库（水务局）	年调节				4.5	3.0	2000		1400	600

4　小型水库分布情况

截至 2011 年，河北省建有小（1）水库 204 座，控制流域面积 7464.58km²（沧州市小水库为引水，没有统计流域面积），总库容 56952.74 万 m³。建有小（2）型水库 805 座，控制流域面积 4026.15km²，总库容 21804.29 万 m³。表 4-8 为河北省小型水库分布统计表。

表 4-8 河北省小型水库分布统计表

行政区	小（1）型水库			小（2）型水库		
	水库数量/座	流域控制面积/km²	总库容/万 m³	水库数量/座	流域控制面积/km²	总库容/万 m³
石家庄市	36	657.02	9476.06	195	879.1	4994.09
唐山市	32	276.19	8347.64	87	118.59	2828.96
秦皇岛市	39	184.74	7350.56	241	200.73	5788.49
邯郸市	15	970.53	4050.2	60	726.97	2313.58
邢台市	8	239.65	3361.26	36	140.3	834.87
保定市	21	597.48	7861.57	63	400.17	1283.46
张家口市	39	4010.35	12905.4	43	465.24	1730.4
承德市	13	528.62	3095.05	80	1095.05	2030.44
沧州市	1	0	505.00	0	0	0
合计	204	7464.58	56952.74	805	4026.15	21804.29

通过对河北省小型水库统计分析，小（1）型水库数量最多的行政区是秦皇岛市和张家口市，均为 39 座；总库容最大的行政区是石家庄市，为 9476.06 万 m³。小（2）型水库数量最多的行政区是秦皇岛市，为 241 座，相应总库容也是最大的，为 5788.49 万 m³。

4.1 石家庄市小型水库分布

石家庄市有小（1）型水库 36 座，控制流域总面积 657.02km²，总库容 9476.06 万 m³。表 4-9 为石家庄市小（1）型水库工程明细表。

表 4-9 石家庄市小（1）型水库工程明细表

序号	水库名称	位 置	所在河流	流域控制面积/km²	重现期/年		总库容/万 m³	建成年份
					设计洪水	校核洪水		
1	长峪水库	井陉县吴家窑乡	金良河	6.25	50	500	182.00	1976
2	单家沟水库	井陉县天长镇	绵河	28.94	50	500	270.00	1959
3	大梁江水库	井陉县南障城镇	冶河	66.78	50	500	125.00	1979
4	峪沟水库	井陉县测鱼镇	冶河	28.75	30	200	450.00	1976
5	米家庄水库	行唐县上闫庄乡	庙岭沟	22.80	50	500	800.00	1980
6	杨家庄水库	行唐县口头镇	曲河	17.25	30	300	190.00	1970
7	江河水库	行唐县城寨乡	江河	17.60	50	500	576.00	1956
8	砂子洞水库	灵寿县寨头乡	磁河	4.40	20	300	149.25	1977
9	王皋安水库	灵寿县狗台乡	松阳河	40.00	20	300	180.00	1957
10	徐家疃水库	灵寿县慈峪镇	磁河	16.40	20	300	460.00	1958
11	后山水库	灵寿县陈庄镇	新开河	12.00	30	300	130.00	1977
12	梁前沟水库	灵寿县北谭庄乡	磁河	8.50	20	300	399.00	1958

续表

序号	水库名称	位　置	所在河流	流域控制面积/km²	重现期/年		总库容/万 m³	建成年份
					设计洪水	校核洪水		
13	葛沟水库	赞皇县张楞乡	北沙河—槐河	28.30	50	500	213.00	1958
14	西会水库	赞皇县院头镇	泲河	32.90	50	500	214.00	1958
15	红土湾水库	赞皇县许亭乡	北沙河—槐河	28.80	50	500	180.00	1977
16	许亭水库	赞皇县许亭乡	北沙河—槐河	5.10	50	500	155.00	1976
17	军营水库	赞皇县许亭乡	北沙河—槐河	14.20	50	500	139.00	1960
18	南潘水库	赞皇县许亭乡	北沙河—槐河	5.50	50	500	135.00	1977
19	北潘水库	赞皇县许亭乡	北沙河—槐河	2.90	50	500	113.71	1976
20	严华寺水库	赞皇县西阳泽乡	泲河	7.90	50	500	320.00	1960
21	阳泽水库	赞皇县西阳泽乡	泲河	22.00	50	500	240.00	1958
22	宅门水库	平山县小觉镇	滹沱河	19.20	30	300	148.00	1981
23	马中水库	平山县温塘镇	马塚河	7.00	30	300	165.00	1972
24	板山水库	平山县温塘镇	温塘河	3.60	50	500	101.00	1981
25	林山峡水库	平山县上三汲乡	南甸河	3.50	50	500	138.10	1976
26	下泉水库	平山县孟家庄镇	文都河	12.00	50	300	101.00	1982
27	古石沟水库	平山县岗南镇	滹沱河	4.50	50	500	106.50	1970
28	闫庄水库	平山县东王坡乡	南甸河	12.00	50	500	384.40	1958
29	石圈水库	平山县东王坡乡	南甸河	10.50	50	300	198.10	1971
30	西回舍东沟水库	平山县东回舍镇	马塚河	0.80	30	500	104.00	1980
31	野鹿头水库	元氏县赵同乡	滏阳河混合区域	12.80	50	500	152.00	1960
32	长村水库	元氏县南佐镇	北沙河	68.00	50	500	550.00	1975
33	南正水库	元氏县北正乡	潴龙河	31.10	50	500	645.00	1960
34	北正水库	元氏县北正乡	潴龙河	40.40	50	300	475.00	1959
35	韩家园水库	鹿泉市山尹村镇	洨河	9.00	50	500	452.00	1958
36	梁庄水库	鹿泉市白鹿泉乡	汊河	5.35	30	300	135.00	1975
合计				657.02			9476.06	

石家庄市有小（2）型水库195座，控制流域总面积879.1km²，总库容4994.09万m³。表4-10为石家庄市小（2）型水库工程明细表。

表4-10　　石家庄市小（2）型水库工程明细表

序号	水库名称	位　置	所在河流	流域控制面积/km²	重现期/年		总库容/万 m³	建成年份
					设计洪水	校核洪水		
1	红旗水库	井陉矿区贾庄镇	小作河	7.00	10	50	25.00	1973
2	南寨水库	井陉矿区贾庄镇	长岗沟	2.40	50	300	20.00	1981

续表

序号	水库名称	位　置	所在河流	流域控制面积/km^2	重现期/年		总库容/万 m^3	建成年份
					设计洪水	校核洪水		
3	红星水库	井陉矿区贾庄镇	小作河	13.80	10	50	16.00	1975
4	胜利水库	井陉矿区贾庄镇	小作河	3.00	20	200	10.00	1980
5	东风水库	井陉矿区凤山镇	绵河	1.00	20	200	15.00	1973
6	庙岩水库	井陉县秀林镇	冶河	0.50	30	300	11.00	1976
7	良沟水库	井陉县辛庄乡	小作河	66.73	20	100	42.00	1974
8	胡仁水库	井陉县辛庄乡	小作河	2.95	30	300	15.00	1980
9	胡雷水库	井陉县小作镇	小作河	3.28	20	200	65.00	1977
10	前亭水库	井陉县吴家窑乡	金良河	4.75	20	200	46.00	1970
11	金柱水库	井陉县吴家窑乡	金良河	0.40	20	200	10.00	2005
12	大王帮水库	井陉县南障城镇	冶河	1.54	30	300	28.00	1979
13	芦庄水库	井陉县南王庄乡	冶河	3.87	20	200	47.00	1981
14	方山水库	井陉县南陉乡	小作河	2.98	20	200	55.00	1977
15	北陉水库	井陉县南陉乡	小作河	2.07	30	300	15.00	1975
16	薛家庄水库	井陉县南陉乡	小作河	0.97	30	300	12.00	1978
17	上闫庄水库	行唐县上闫庄乡	庙岭沟	5.60	20	200	43.00	1967
18	神树西沟水库	行唐县上闫庄乡	庙岭沟	1.40	20	200	32.00	1979
19	车厂水库	行唐县上闫庄乡	庙岭沟	1.30	20	200	26.00	1984
20	董家庄水库	行唐县上闫庄乡	庙岭沟	1.35	20	200	22.60	1965
21	神树北沟水库	行唐县上闫庄乡	庙岭沟	1.10	20	200	18.19	1970
22	黄掌头水库	行唐县口头镇	部河	1.60	20	200	49.20	1971
23	牛下口水库	行唐县口头镇	江河	1.58	20	200	23.60	1971
24	两岭口水库	行唐县九口子乡	库儿沟	2.20	20	200	95.60	1978
25	西彩庄水库	行唐县九口子乡	部河	2.17	20	200	10.60	1970
26	上北庄水库	行唐县九口子乡	部河	3.00	20	200	10.00	1984
27	安家峪水库	行唐县北河乡	沙河	6.40	20	200	19.70	1976
28	九岭水库	灵寿县寨头乡	郭苏河	0.90	20	200	75.00	1976
29	尹家庄水库	灵寿县寨头乡	磁河	0.20	20	200	31.00	1976
30	祁林院水库	灵寿县寨头乡	磁河	0.75	20	200	15.70	1975
31	凤凰山水库	灵寿县塔上镇	松阳河	15.00	20	200	50.00	1958
32	李家庄水库	灵寿县塔上镇	松阳河	1.00	20	200	32.50	1958
33	万里（上）水库	灵寿县塔上镇	松阳河	1.00	20	200	13.30	1958
34	万里（下）水库	灵寿县塔上镇	松阳河	1.80	20	200	12.50	1958
35	北白石水库	灵寿县青同镇	松阳河	8.00	20	200	44.00	1957

续表

序号	水库名称	位 置	所在河流	流域控制面积/km²	重现期/年		总库容/万 m³	建成年份
					设计洪水	校核洪水		
36	护驾疃水库	灵寿县青同镇	松阳河	19.00	20	200	32.80	1957
37	寺沟水库	灵寿县南燕川乡	燕川河	2.50	20	200	85.00	1980
38	白家沟水库	灵寿县南燕川乡	燕川河	1.70	20	200	63.00	1974
39	营里水库	灵寿县南燕川乡	燕川河	1.50	20	200	59.00	1981
40	万寺院水库	灵寿县南燕川乡	燕川河	0.60	20	200	49.00	1975
41	前庄水库	灵寿县南燕川乡	燕川河	1.00	20	200	17.20	1975
42	上下庄水库	灵寿县慈峪镇	燕川河	2.60	20	200	65.00	1958
43	寨里水库	灵寿县慈峪镇	松阳河	2.50	20	200	30.60	1959
44	北庄水库	灵寿县陈庄镇	磁河	11.60	20	200	80.00	1976
45	娃娃沟水库	灵寿县陈庄镇	磁河	0.32	20	200	22.40	1965
46	黑山水库	灵寿县陈庄镇	磁河	0.50	20	200	15.20	1969
47	牌房水库	灵寿县岔头镇	柏岭沟	0.13	20	200	16.10	1971
48	北阳沟水库	灵寿县北谭庄乡	磁河	3.80	20	200	44.80	1959
49	北渎水库	高邑县富村镇	午河中支	27.00	20	200	42.00	1975
50	大北掌水库	赞皇县嶂石岩乡	北沙河—槐河	0.21	20	200	10.00	1980
51	南音寺水库	赞皇县嶂石岩乡	北沙河—槐河	1.80	20	200	10.00	1979
52	王家坪下庄水库	赞皇县嶂石岩乡	北沙河—槐河	2.60	20	200	10.00	1980
53	南章河又沟水库	赞皇县张楞乡	北沙河—槐河	3.54	20	200	82.00	1978
54	行乐西沟水库	赞皇县张楞乡	北沙河—槐河	4.65	20	200	30.00	1976
55	张楞西沟水库	赞皇县张楞乡	北沙河—槐河	2.44	20	200	30.00	1956
56	南竹水库	赞皇县张楞乡	北沙河—槐河	1.87	20	200	16.00	1978
57	南洼西沟水库	赞皇县张楞乡	北沙河—槐河	0.40	20	200	14.00	1979
58	行乐北沟水库	赞皇县张楞乡	北沙河—槐河	1.40	20	200	14.00	1975
59	葛沟西南沟水库	赞皇县张楞乡	北沙河—槐河	1.58	20	200	12.00	1975
60	南章村南水库	赞皇县张楞乡	北沙河—槐河	5.30	20	200	11.00	1975
61	饶羊水库	赞皇县赞皇镇	泲河	0.72	20	200	24.00	1956
62	北羊角水库	赞皇县赞皇镇	泲河	1.17	20	200	11.00	1958
63	贾沟水库	赞皇县院头镇	泲河	0.85	20	200	34.00	1976
64	南峪西沟水库	赞皇县院头镇	泲河	0.95	20	200	22.00	1978
65	石路杏树洼水库	赞皇县院头镇	泲河	1.40	20	200	17.00	1978
66	胡家庵水库	赞皇县院头镇	泲河	2.30	20	200	15.00	1978
67	上麻南沟水库	赞皇县院头镇	泲河	0.70	20	200	14.60	1978
68	申峪水库	赞皇县院头镇	泲河	0.50	20	200	13.50	1978

续表

序号	水库名称	位 置	所在河流	流域控制面积/km^2	重现期/年		总库容/万 m^3	建成年份
					设计洪水	校核洪水		
69	西大家峪水库	赞皇县院头镇	泲河	1.54	20	200	12.00	1971
70	小石门水库	赞皇县院头镇	泲河	6.60	20	200	12.00	1980
71	瓦窑水库	赞皇县院头镇	泲河	0.88	20	200	11.80	1979
72	曹家庄上庄水库	赞皇县院头镇	泲河	0.35	20	200	10.50	1979
73	程阳沟水库	赞皇县院头镇	泲河	0.36	20	200	10.00	1979
74	上麻西沟水库	赞皇县院头镇	泲河	0.90	20	200	10.00	1976
75	刘家沟水库	赞皇县许亭乡	北沙河—槐河	1.10	20	200	30.00	1977
76	李家庄水库	赞皇县许亭乡	北沙河—槐河	1.10	20	200	14.70	1978
77	西陈家庄水库	赞皇县许亭乡	北沙河—槐河	3.70	20	200	14.30	1978
78	岭根底水库	赞皇县许亭乡	北沙河—槐河	0.75	20	200	11.00	1976
79	清泉水库	赞皇县许亭乡	北沙河—槐河	11.80	20	200	10.00	1976
80	孟家庄西沟水库	赞皇县西阳泽乡	泲河	1.65	20	200	40.00	1956
81	柳子沟水库	赞皇县西阳泽乡	泲河	0.54	20	200	26.50	1975
82	孟家庄北沟水库	赞皇县西阳泽乡	泲河	2.50	20	200	21.00	1958
83	西郭家庄水库	赞皇县西阳泽乡	泲河	0.60	20	200	10.00	1978
84	白壁西沟水库	赞皇县西龙门乡	北沙河—槐河	2.90	20	200	40.00	1956
85	东坛山水库	赞皇县西龙门乡	泲河	1.92	20	200	40.00	1975
86	南徐乐水库	赞皇县西龙门乡	北沙河—槐河	0.80	20	200	22.00	1975
87	白壁村边水库	赞皇县西龙门乡	北沙河—槐河	4.20	20	200	20.00	1974
88	西坛山水库	赞皇县西龙门乡	北沙河—槐河	1.16	20	200	15.00	1975
89	白壁南沟水库	赞皇县西龙门乡	北沙河—槐河	1.80	20	200	12.00	1974
90	黄连沟水库	赞皇县土门乡	北沙河—槐河	2.10	20	200	12.00	1972
91	寺峪水库	赞皇县土门乡	北沙河—槐河	1.60	20	200	10.00	1958
92	狼山沟水库	赞皇县南邢郭乡	泲河	0.52	20	200	12.00	1978
93	孤山井沟水库	赞皇县南清河乡	泲河	2.56	20	200	34.00	1976
94	郭庄水库	赞皇县南清河乡	泲河	2.50	20	200	26.40	1976
95	九龙关水库	赞皇县南清河乡	泲河	1.00	20	200	25.00	1975
96	孤山各了沟水库	赞皇县南清河乡	泲河	0.65	20	200	16.60	1975
97	黄北坪埝子沟水库	赞皇县黄北坪乡	北沙河—槐河	0.90	20	200	30.00	1979
98	南掌水库	赞皇县黄北坪乡	北沙河—槐河	1.60	20	200	15.20	1977
99	槐疙瘩水库	赞皇县黄北坪乡	北沙河—槐河	2.93	20	200	15.00	1978
100	上桃坡水库	赞皇县黄北坪乡	北沙河—槐河	1.72	20	200	15.00	1980
101	枣林水库	赞皇县黄北坪乡	北沙河—槐河	14.21	20	200	12.00	1978

续表

序号	水库名称	位 置	所在河流	流域控制面积/km²	重现期/年		总库容/万 m³	建成年份
					设计洪水	校核洪水		
102	石槽沟水库	赞皇县黄北坪乡	北沙河—槐河	0.35	20	200	10.00	1978
103	石门水库	平山县中古月镇	险溢河	1.90	20	200	64.50	1981
104	高洼水库	平山县中古月镇	险溢河	2.80	20	200	20.80	1983
105	陈家院水库	平山县宅北乡	郭苏河	2.10	20	200	74.00	1981
106	黑龙池水库	平山县宅北乡	郭苏河	18.60	20	100	23.70	2000
107	石板水库	平山县宅北乡	郭苏河	1.00	20	200	10.00	1979
108	石槽水库	平山县营里乡	营里河	17.50	20	200	46.60	1982
109	沙洼水库	平山县营里乡	营里河	69.80	20	100	31.00	1987
110	前湾水库	平山县杨家桥乡	蒿田河	125.20	20	100	40.00	1987
111	东王庄水库	平山县小觉镇	滹沱河	5.50	20	100	30.00	1985
112	横岭水库	平山县小觉镇	滹沱河	31.00	20	100	26.00	1986
113	南盘石水库	平山县小觉镇	滹沱河	6.80	20	200	18.20	1979
114	西盘石水库	平山县小觉镇	滹沱河	1.70	20	200	16.20	1985
115	上卸甲河水库	平山县小觉镇	卸甲河	1.50	20	200	16.00	1982
116	石盆沟水库	平山县小觉镇	卸甲河	1.70	20	200	15.00	1987
117	庞家铺水库	平山县下槐镇	滹沱河	1.00	20	200	31.50	1978
118	下西峪水库	平山县下槐镇	滹沱河	1.00	20	200	26.00	1978
119	飞跃水库	平山县下槐镇	滹沱河	3.50	20	200	20.00	1972
120	马洼水库	平山县下槐镇	滹沱河	1.10	20	200	19.40	1986
121	两岔水库	平山县下槐镇	柳林河	1.10	20	200	13.60	1980
122	上西峪水库	平山县下槐镇	滹沱河	1.50	20	200	13.00	1978
123	邢家沟水库	平山县温塘镇	马塚河	2.00	20	200	62.00	1981
124	大陈庄水库	平山县温塘镇	温塘河	1.73	20	200	27.60	1980
125	栲栳台水库	平山县温塘镇	温塘河	0.71	20	200	25.00	1980
126	鹿台水库	平山县温塘镇	温塘河	1.10	20	200	19.00	1977
127	后沟水库	平山县温塘镇	温塘河	0.84	20	200	18.60	1977
128	石羊沟水库	平山县温塘镇	温塘河	0.30	20	200	11.00	1980
129	东红岭北水库	平山县苏家庄乡	郭苏河	2.00	20	200	21.20	1978
130	树石水库	平山县苏家庄乡	郭苏河	2.00	20	200	17.00	1977
131	西红岭北水库	平山县苏家庄乡	郭苏河	0.60	20	200	10.30	1979
132	耿白雁水库	平山县南甸镇	南甸河	0.80	20	200	19.10	1959
133	东相公庄水库	平山县南甸镇	南甸河	1.30	20	200	18.00	1966
134	解家町水库	平山县南甸镇	南甸河	1.30	20	200	11.00	1969

续表

序号	水库名称	位置	所在河流	流域控制面积/km²	重现期/年		总库容/万 m³	建成年份
					设计洪水	校核洪水		
135	西杨庄水库	平山县南甸镇	南甸河	0.63	20	200	10.40	1976
136	元坊水库	平山县孟家庄镇	文都河	1.88	20	200	10.60	1990
137	庄沟水库	平山县两河乡	南甸河	1.60	20	200	29.20	1967
138	蛟潭庄水库	平山县蛟潭庄镇	卸甲河	12.50	20	200	27.00	1981
139	中石殿水库	平山县岗南镇	滹沱河	2.00	20	200	19.00	1975
140	郭家庄水库	平山县岗南镇	滹沱河	0.40	20	200	13.60	1976
141	大洋沟水库	平山县东王坡乡	南甸河	0.30	20	200	45.00	1986
142	东胜沟水库	平山县东王坡乡	南甸河	1.50	20	200	30.60	1979
143	海眼水库	平山县东王坡乡	南甸河	1.30	20	200	30.60	1979
144	湾子水库	平山县东王坡乡	南甸河	3.60	20	200	25.00	1973
145	桃林水库	平山县东王坡乡	南甸河	0.53	20	200	23.30	1977
146	卜轴水库	平山县东王坡乡	南甸河	1.00	20	200	23.00	1986
147	迪山北水库	平山县东王坡乡	南甸河	1.40	20	200	20.00	1981
148	上峪水库	平山县东王坡乡	南甸河	1.90	20	200	20.00	1970
149	王陈庄水库	平山县东王坡乡	南甸河	0.70	20	200	15.00	1958
150	下峪水库	平山县东王坡乡	南甸河	0.40	20	200	13.80	1982
151	织纺沟水库	平山县东王坡乡	南甸河	1.00	20	200	12.60	1976
152	曹土沟水库	平山县东王坡乡	南甸河	1.20	20	200	12.00	1977
153	谷青炭水库	平山县东王坡乡	南甸河	0.90	20	200	11.70	1958
154	屯头水库	平山县东回舍镇	马塚河	1.04	20	200	19.30	1980
155	东庄水库	平山县东回舍镇	马塚河	1.10	20	200	19.00	1979
156	西回舍西沟水库	平山县东回舍镇	马塚河	2.70	20	200	11.40	1977
157	东城角西河水库	元氏县苏阳乡	滏阳河混合区	5.80	20	200	54.40	1960
158	武庄水库	元氏县苏阳乡	滏阳河混合区	2.07	20	200	38.00	1976
159	东城角山东水库	元氏县苏阳乡	滏阳河混合区域	0.90	20	200	13.00	1979
160	齐范水库	元氏县苏村乡	潴龙河	2.58	20	200	42.00	1956
161	南营水库	元氏县苏村乡	潴龙河	0.90	20	200	15.00	1978
162	岳庄水库	元氏县苏村乡	滏阳河混合区	1.12	20	200	11.00	1966
163	东岭底水库	元氏县前仙乡	北沙河	0.65	20	200	17.00	1978
164	武家沟水库	元氏县前仙乡	北沙河	1.20	20	200	14.80	1978
165	串联沟水库	元氏县前仙乡	北沙河	0.80	20	200	12.50	1978
166	园子沟水库	元氏县前仙乡	北沙河	1.25	20	200	11.50	1976
167	燕窝沟水库	元氏县前仙乡	北沙河	0.50	20	200	11.30	1978

续表

序号	水库名称	位 置	所在河流	流域控制面积/km²	重现期/年		总库容/万 m³	建成年份
					设计洪水	校核洪水		
168	北子沟水库	元氏县前仙乡	北沙河	1.35	20	200	11.00	1977
169	西子沟水库	元氏县前仙乡	北沙河	1.20	20	200	10.00	1978
170	大寺峪水库	元氏县南佐镇	北沙河	2.25	20	200	30.00	1958
171	小寺峪水库	元氏县南佐镇	北沙河	1.05	20	200	19.00	1971
172	北佐水库	元氏县南佐镇	北沙河	0.80	20	200	18.00	1978
173	窑上（下）水库	元氏县南佐镇	北沙河	2.27	20	200	15.00	1977
174	窑上（上）水库	元氏县南佐镇	北沙河	2.00	20	200	14.70	1978
175	城郎水库	元氏县姬村镇	北沙河	0.77	20	200	27.00	1978
176	马岭水库	元氏县黑水河乡	潴龙河	9.00	20	200	45.00	1958
177	王家庄水库	元氏县黑水河乡	潴龙河	0.65	20	200	40.00	1975
178	三叉沟水库	元氏县黑水河乡	潴龙河	0.50	20	300	31.00	1978
179	黑水河水库	元氏县黑水河乡	潴龙河	3.75	20	200	30.00	1975
180	红石嘴水库	元氏县黑水河乡	潴龙河	2.47	20	200	29.00	1976
181	北庄水库	元氏县黑水河乡	潴龙河	0.75	20	300	18.00	1976
182	乔家庄水库	元氏县黑水河乡	潴龙河	1.00	20	200	17.00	1978
183	南沙滩水库	元氏县黑水河乡	潴龙河	0.80	20	200	12.00	1978
184	时家庄水库	元氏县北正乡	潴龙河	8.00	20	200	29.00	1980
185	鹿台水库	元氏县北正乡	潴龙河	1.45	20	300	20.00	1976
186	十八扭沟水库	鹿泉市宜安镇	汉河	11.00	20	200	54.00	1973
187	岭底水库	鹿泉市铜冶镇	洨河	3.40	20	200	45.00	1978
188	羊角庄水库	鹿泉市铜冶镇	洨河	37.00	20	200	39.00	1974
189	南庄水库	鹿泉市上庄镇	洨河	6.70	20	200	15.00	1974
190	山尹村水库	鹿泉市山尹村镇	洨河	6.00	20	200	66.60	1975
191	团山水库	鹿泉市山尹村镇	洨河	5.30	20	200	57.40	1975
192	二街水库	鹿泉市获鹿镇	汉河	30.00	20	200	61.20	1974
193	杜庄水库	鹿泉市获鹿镇	洨河	1.00	20	200	13.60	1975
194	黄峪水库	鹿泉市获鹿镇	洨河	2.30	20	200	12.20	1958
195	西薛庄水库	鹿泉市白鹿泉乡	汉河	5.50	20	200	21.80	1974
合计				879.1			4994.09	

4.2 唐山市小型水库分布

截至2011年，唐山市有小（1）型水库32座，控制流域面积276.19km²，总库容8347.64万m³。表4-11为唐山市小（1）型水库工程明细表。

表 4-11　　唐山市小（1）型水库工程明细表

序号	水库名称	位置	所在河流	流域控制面积/km²	重现期/年		总库容/万 m³	建成年份
					设计洪水	校核洪水		
1	皈依寨水库	丰润区王官营镇	陡河	37.00	50	500	796.00	1977
2	“八一”水库	丰润区丰润镇	还乡河	27.00	50	500	825.00	1958
3	马台子水库	滦县油榨镇	滦河	3.80	50	500	167.40	1977
4	迷谷水库	滦县油榨镇	滦河	2.00	50	500	101.80	1975
5	小龙潭水库	滦县杨柳庄镇	龙湾河	20.00	50	200	662.00	1972
6	仁字峪水库	迁西县兴城镇	还乡河	2.75	30	300	142.20	1978
7	西河南寨水库	迁西县兴城镇	滦河	3.40	30	300	112.60	1980
8	八一水库	迁西县新庄子乡	还乡河	5.70	30	300	265.30	1976
9	石庄子水库	迁西县新集镇	还乡河	11.00	30	300	213.00	1982
10	长山沟水库	迁西县新集镇	还乡河	2.60	30	300	102.00	1976
11	后峪水库	迁西县新集镇	还乡河	2.20	30	300	101.60	1976
12	鸽子庵水库	迁西县太平寨镇	清河	3.00	30	300	155.49	1976
13	高古庄水库	迁西县太平寨镇	清河	1.40	30	300	113.20	1978
14	郝桲椤峪水库	迁西县太平寨镇	清河	3.10	30	300	110.10	1979
15	高家店水库	迁西县三屯营镇	横河	18.70	30	300	765.05	1978
16	龙湾水库	迁西县三屯营镇	滦河	2.60	30	300	101.00	1978
17	史家峪水库（大）	迁西县罗家屯镇	滦河	6.50	30	300	413.00	1976
18	沙涧水库	迁西县罗家屯镇	清河	1.90	30	300	107.00	1977
19	唐沟水库	迁西县旧城乡	滦河	2.40	30	300	127.50	1977
20	干柴峪水库	迁西县金厂峪镇	长河	2.60	30	300	106.10	1979
21	赵沟水库	迁西县东荒峪镇	长河	5.50	20	200	205.50	1977
22	黑洼水库	迁西县白庙子乡	横河	3.80	30	300	157.00	1977
23	围子庄水库	玉田县林头屯乡	还乡河	34.20		300	187.00	1958
24	接官厅水库	遵化市建明镇	黎河	25.00	50	500	561.00	1958
25	大河局水库	遵化市侯家寨乡	州河	29.20	50	500	456.00	1959
26	九龙泉水库	迁安市杨各庄镇	青龙河	2.10	100	500	300.00	1977
27	万宝沟水库	迁安市五重安乡	滦河	1.80	100	500	170.00	1969
28	曹古庄水库	迁安市五重安乡	滦河	3.10	100	500	165.00	1977
29	小何庄水库	迁安市五重安乡	隔滦河	1.44	100	500	122.80	1980
30	白道子水库	迁安市建昌营镇	白羊河	2.50	100	500	115.00	1975
31	麻地水库	迁安市大五里乡	沙河	5.70	100	300	200.00	1969
32	娄子山水库	迁安市大崔庄镇	隔滦河	2.20	100	500	221.00	1975
合计				276.19			8347.64	

截至2011年，唐山市有小（2）型水库87座，控制流域面积118.59km²，总库容2828.96万m³。表4-12为唐山市小（2）型水库工程明细表。

表4-12　　　　唐山市小（2）型水库工程明细表

序号	水库名称	位　置	所在河流	流域控制面积/km²	重现期/年		总库容/万m³	建成年份
					设计洪水	校核洪水		
1	北沟水库	丰润区左家坞镇	还乡河	4.90	20	300	21.25	1959
2	黑峪水库	丰润区杨官林镇	还乡河	1.34	20	300	24.00	1961
3	黄峪水库	丰润区杨官林镇	还乡河	1.17	20	300	19.80	1973
4	田各庄水库	丰润区王官营镇	陡河	1.03	20	300	13.00	1958
5	西胡各庄水库	丰润区王官营镇	陡河	0.33	20	300	12.20	1976
6	西佑国寺水库	丰润区泉河头镇	还乡河	2.33	20	300	15.25	1973
7	西新庄营水库	滦县榛子镇	泉水河左支	3.75	50	100	23.50	1968
8	董寨子水库	滦县油榨镇	小横河	0.98	50	300	18.90	1975
9	梅山沟水库	滦县王店子镇	管河	5.90	50	300	49.10	1958
10	老水湖水库	滦县王店子镇	管河	3.90	100	500	30.40	1977
11	闵庄水库	滦县九百户镇	沙河	2.60	50	300	63.80	1958
12	黄槐峪水库	迁西县渔户寨乡	长河	2.50	20	200	54.00	1978
13	白枣峪水库	迁西县渔户寨乡	长河	0.50	20	200	25.20	1978
14	忍字口水库	迁西县尹庄乡	滦河	2.40	20	200	75.50	1973
15	东河南寨水库	迁西县兴城镇	滦河	1.00	20	200	56.10	1979
16	北海水库	迁西县兴城镇	还乡河	0.50	20	200	50.03	1958
17	钓水院水库	迁西县兴城镇	还乡河	1.00	20	200	36.99	1976
18	杨庄水库	迁西县兴城镇	还乡河	0.50	20	200	11.58	1981
19	临河水库	迁西县新庄子乡	还乡河	0.30	20	200	14.40	1980
20	代各庄水库	迁西县新集镇	还乡河	0.70	20	200	24.33	1979
21	魏庄水库	迁西县新集镇	还乡河	0.20	20	200	19.60	1979
22	擦崖子水库	迁西县太平寨镇	清河	2.00	20	200	52.30	1978
23	牌楼沟水库	迁西县三屯营镇	横河	1.90	20	200	44.10	1976
24	西关水库	迁西县三屯营镇	横河	0.45	20	200	28.60	1976
25	彭庄水库	迁西县三屯营镇	滦河	0.80	20	200	24.80	1977
26	戏楼水库	迁西县三屯营镇	横河	0.35	20	200	19.50	1978
27	新兴水库	迁西县三屯营镇	横河	0.34	20	200	18.40	1978
28	侯庄水库	迁西县三屯营镇	横河	0.60	20	200	17.60	1978
29	六保峪水库	迁西县三屯营镇	滦河	0.55	20	200	17.00	1978
30	贾庄子水库	迁西县三屯营镇	横河	0.60	20	200	11.30	1980
31	王珠店水库	迁西县三屯营镇	横河	0.43	20	200	10.80	1976

续表

序号	水库名称	位　置	所在河流	流域控制面积/km^2	重现期/年		总库容/万 m^3	建成年份
					设计洪水	校核洪水		
32	至山庄水库	迁西县三屯营镇	横河	0.50	20	200	10.20	1976
33	牛店子水库	迁西县洒河桥镇	滦河	0.50	20	200	40.00	1980
34	烈马峪水库	迁西县洒河桥镇	潵河	1.40	20	200	27.60	1977
35	道马寨水库	迁西县洒河桥镇	潵河	0.40	20	200	19.70	1978
36	安家峪水库	迁西县洒河桥镇	潵河	1.20	20	200	15.00	1976
37	翁泉水库	迁西县罗家屯镇	清河	1.60	20	200	68.76	1976
38	米沟水库	迁西县罗家屯镇	滦河	1.40	20	200	40.73	1978
39	黑水沟水库	迁西县罗家屯镇	清河	0.50	20	200	20.48	1975
40	史家峪水库（小）	迁西县罗家屯镇	滦河	0.50	20	200	10.10	1978
41	胡家店水库	迁西县滦阳镇	滦河	2.00	20	200	57.00	1977
42	罗家卜子水库	迁西县滦阳镇	滦河	2.60	20	200	48.00	1977
43	亮甲峪水库	迁西县滦阳镇	滦河	2.10	20	200	42.35	1977
44	荆子峪水库	迁西县旧城乡	滦河	0.70	20	200	24.30	1975
45	崔家卜子水库	迁西县金厂峪镇	长河	1.87	20	200	65.84	1978
46	双沟峪水库	迁西县金厂峪镇	长河	1.30	20	200	56.70	1977
47	刘峪水库	迁西县金厂峪镇	长河	1.00	20	200	26.60	1975
48	苏郎峪水库	迁西县汉儿庄乡	潵河	0.80	20	200	40.27	1977
49	上洪寨水库	迁西县汉儿庄乡	潵河	1.00	20	200	27.00	1975
50	杨家峪水库	迁西县汉儿庄乡	潵河	0.80	20	200	24.00	1975
51	西花院水库	迁西县东莲花院乡	牵马河	1.70	20	200	31.60	1958
52	马家冲水库	迁西县东莲花院乡	牵马河	0.90	20	200	30.40	1977
53	松山峪水库	迁西县东莲花院乡	牵马河	1.00	20	200	14.00	1978
54	后韩庄水库	迁西县东荒峪镇	长河	1.00	20	200	42.80	1976
55	东荒峪水库	迁西县东荒峪镇	长河	0.60	20	200	34.60	1980
56	横河水库	迁西县白庙子乡	横河	1.30	20	200	45.00	1976
57	同胞峪水库	迁西县白庙子乡	横河	0.99	20	200	31.50	1978
58	翻安寨水库	迁西县白庙子乡	横河	0.55	20	200	27.70	1978
59	果庄子水库	迁西县白庙子乡	横河	0.55	20	200	27.40	1977
60	四角山水库	玉田县郭家屯乡	双城河改道	3.30		300	45.40	1958
61	尚庄水库	玉田县郭家屯乡	双城河改道	1.50		300	40.40	1969
62	吴家沟水库	遵化市小厂乡	黎河	0.90	20	300	45.60	1982
63	毛山沟水库	遵化市小厂乡	黎河	2.00	20	300	40.20	1974
64	陡岭子水库	遵化市小厂乡	黎河	1.00	20	300	17.50	1958

续表

序号	水库名称	位　置	所在河流	流域控制面积/km²	重现期/年		总库容/万 m³	建成年份
					设计洪水	校核洪水		
65	王爷陵水库	遵化市西三里乡	清水河	0.65	20	300	30.80	1977
66	绿石沟水库	遵化市西三里乡	清水河	1.00	20	300	18.40	1972
67	北峪水库	遵化市西三里乡	清水河	1.00	20	300	16.60	1972
68	大于沟水库	遵化市建明镇	黎河	1.30	20	300	56.50	1975
69	上王市水库	遵化市建明镇	黎河	1.50	20	300	48.00	1973
70	苇城峪水库	遵化市建明镇	黎河	0.72	20	300	33.40	1979
71	和尚沟水库	遵化市建明镇	黎河	0.30	20	300	18.30	1977
72	雷家沟水库	遵化市建明镇	黎河	0.82	20	300	15.80	1974
73	大田庄水库	遵化市东旧寨镇	东黎河	10.00	20	300	63.00	1975
74	温庄水库	遵化市东旧寨镇	东黎河	1.00	20	300	13.60	1975
75	南新庄水库	遵化市地北头镇	沙流河	1.50	20	300	38.00	1967
76	晏家峪水库	遵化市党峪镇	沙流河	2.00	20	300	22.00	1973
77	新军营水库	迁安市野鸡坨镇	滦河	0.52	100	300	26.50	1973
78	披甲窝水库	迁安市杨各庄镇	青龙河	0.60	100	300	30.50	1976
79	皇姑寺水库	迁安市杨各庄镇	青龙河	0.40	100	300	24.50	1975
80	东峡口水库	迁安市闫家店乡	滦河	1.00	100	300	28.00	1973
81	花庄水库	迁安市夏官营镇	滦河	0.97	100	300	48.40	1978
82	范庄水库	迁安市夏官营镇	青龙河	0.50	100	300	36.00	1975
83	小关水库	迁安市五重安乡	隔滦河	3.30	100	300	71.00	1978
84	小营水库	迁安市迁安镇	滦河	0.40	100	300	40.40	1976
85	新庄水库	迁安市迁安镇	滦河	1.20	100	300	40.40	1969
86	黄柏峪水库	迁安市木厂口镇	沙河	1.50	100	500	44.00	1980
87	水峪水库	迁安市大五里乡	沙河	1.10	100	300	22.80	1977
合计				118.59			2828.96	

4.3　秦皇岛市小型水库分布

截至 2011 年，秦皇岛市有小（1）型水库 39 座，控制流域面积 184.74km²，总库容 7350.56 万 m³。表 4-13 为秦皇岛市小（1）型水库工程明细表。

表 4-13　　秦皇岛市小（1）型水库工程明细表

序号	水库名称	位　置	所在河流	流域控制面积/km²	重现期/年		总库容/万 m³	建成年份
					设计洪水	校核洪水		
1	孟圈水库	青龙县青龙镇	南河	23.00	50	300	162.40	1974
2	抄道沟水库	青龙县八道河镇	沙河	12.10	50	300	134.69	1975

续表

序号	水库名称	位置	所在河流	流域控制面积/km²	重现期/年		总库容/万 m³	建成年份
					设计洪水	校核洪水		
3	正明山水库	昌黎县两山乡	饮马河	2.76		500	137.25	1977
4	下洼水库	昌黎县两山乡	东沙河	2.65		500	102.80	1976
5	果乡水库	昌黎县昌黎镇	西沙河	8.50	500	1000	440.00	1958
6	李庄水库	抚宁县驻操营镇	石河	2.50	50	300	101.40	1980
7	鸽子塘水库	抚宁县榆关镇	戴河	7.00	50	500	278.20	1978
8	晾甲台水库	抚宁县台营镇	洋河	1.60	50	500	122.00	1976
9	浅中水库	抚宁县石门寨镇	石河	1.50	50	500	112.40	1978
10	北庄河水库	抚宁县深河乡	戴河	16.00	50	500	687.20	1969
11	滑石后水库	抚宁县抚宁镇	洋河	5.10	50	500	265.00	1975
12	英山河水库	抚宁县抚宁镇	洋河	2.10	50	500	159.00	1975
13	温泉堡水库	抚宁县杜庄镇	汤河	25.00	50	300	697.20	1995
14	代庄水库	抚宁县杜庄镇	汤河	3.20	50	500	147.50	1975
15	大深港水库	抚宁县杜庄镇	汤河	1.30	50	500	114.00	1979
16	石家沟水库	抚宁县大新寨镇	洋河	2.20	50	500	145.50	1980
17	黄金山水库	抚宁县茶棚乡	洋河	6.90	50	500	503.86	1959
18	小所庄水库	抚宁县茶棚乡	洋河	2.00	50	500	100.30	1976
19	大徐沟水库	卢龙县印庄乡	青龙河	2.30	50	300	106.25	1976
20	梧桐峪水库	卢龙县燕河营镇	洋河	3.20	30	300	175.00	1975
21	重峪口水库	卢龙县燕河营镇	洋河	2.50	50	500	139.75	1976
22	刘黑石水库	卢龙县下寨乡	饮马河	4.40	50	300	256.46	1970
23	黄家村水库	卢龙县双望镇	饮马河	3.40	30	300	210.00	1970
24	杨山沟水库	卢龙县双望镇	饮马河	2.40	50	500	153.57	1975
25	腰站水库	卢龙县双望镇	洋河	2.50	50	500	132.50	1975
26	韩江峪水库	卢龙县双望镇	洋河	2.34	50	300	131.09	1978
27	寺底下水库	卢龙县双望镇	洋河	2.00	30	300	129.00	1969
28	沙河水库	卢龙县双望镇	饮马河	2.20	30	300	124.50	1976
29	魏家沟水库	卢龙县双望镇	饮马河	2.10	50	500	102.00	1976
30	炮石岭沟水库	卢龙县石门镇	西沙河	2.00	30	300	100.00	1978
31	毛各庄水库	卢龙县潘庄镇	青龙河	2.90	30	300	160.00	1976
32	亮甲峪水库	卢龙县潘庄镇	青龙河	2.00	30	300	111.00	1977
33	滤马庄水库	卢龙县潘庄镇	青龙河	2.00	30	300	110.80	1977
34	茆家沟水库	卢龙县卢龙镇	教场河	3.06	50	500	173.50	1976
35	下枣园水库	卢龙县卢龙镇	教场河	2.60	50	500	130.00	1976

续表

序号	水库名称	位 置	所在河流	流域控制面积/km²	重现期/年		总库容/万 m³	建成年份
					设计洪水	校核洪水		
36	葛园水库	卢龙县卢龙镇	滦河	2.10	50	500	102.50	1973
37	下荆子水库	卢龙县刘田各庄镇	饮马河	5.20	50	200	161.93	1969
38	野鸡店水库	卢龙县刘田各庄镇	饮马河	3.30	30	300	130.01	1980
39	东风水库	卢龙县刘家营乡	青龙河	4.83	30	300	100.00	1975
合计				184.74			7350.56	

截至2011年，秦皇岛市有小（2）型水库241座，控制流域面积200.73km²，总库容5788.49万m³。表4-14为秦皇岛市小（2）型水库工程明细表。

表4-14　　秦皇岛市小（2）型水库工程明细表

序号	水库名称	位 置	所在河流	流域控制面积/km²	重现期/年		总库容/万 m³	建成年份
					设计洪水	校核洪水		
1	小白山水库	海港区西港镇	新河	1.50	20	100	35.20	1975
2	大乐安水库	海港区西港镇	新河	1.50	20	50	16.40	1976
3	公富庄水库	海港区西港镇	新河	0.60	20	100	10.30	1982
4	小乐安水库	海港区西港镇	新河	1.00	20	100	10.10	1975
5	烟台山水库	海港区腾飞路	汤河	3.50	30	300	43.20	1979
6	大毛庄水库	海港区腾飞路	戴河	0.70	50	200	10.00	1972
7	青石山水库	海港区海阳镇	汤河	0.70	20	200	19.40	1969
8	新周庄水库	海港区海阳镇	汤河	0.60	20	100	10.00	1979
9	范家店水库	海港区海港镇	新开河	1.50	50	200	10.00	1989
10	小张庄水库	海港区海港镇	新开河	0.70	20	100	10.00	1971
11	街里水库	海港区北港镇	滦河口以东混合区域	0.38	20	100	20.00	1979
12	刘峪水库	海港区北港镇	石河	0.40	20	100	20.00	1976
13	暴庄水库	海港区北港镇	滦河口以东混合区域	0.31	20	100	18.00	1977
14	芽子山东水库	海港区北港镇	汤河	0.20	20	100	16.20	1976
15	小河水库	海港区北港镇	滦河口以东混合区域	0.25	20	100	15.00	1976
16	河东水库	海港区北港镇	滦河口以东混合区域	0.40	20	100	14.00	1976
17	姚周寨水库	海港区北港镇	汤河	0.30	20	100	13.50	1972
18	芽子山西水库	海港区北港镇	汤河	0.20	20	200	10.50	1976

续表

序号	水库名称	位置	所在河流	流域控制面积/km^2	重现期/年		总库容/万 m^3	建成年份
					设计洪水	校核洪水		
19	王庄水库	海港区北港镇	滦河口以东混合区域	0.30	20	100	10.00	1980
20	闫庄水库	海港区北港镇	石河	0.70	30	300	10.00	1975
21	下沟水库	山海关区石河镇	石河	1.40	20	200	44.00	1976
22	果园水库	山海关区石河镇	石河	0.58	20	200	10.00	1977
23	外峪水库	山海关区石河镇	石河	0.58	20	200	10.00	1973
24	梁家沟水库	山海关区孟姜镇	石河	0.80	20	200	18.20	1975
25	郭口水库	山海关区孟姜镇	石河	0.35	20	200	15.50	1977
26	丁庄水库	北戴河区海滨镇	戴河	0.50	20	200	10.50	1969
27	草厂水库	北戴河区海滨镇	新河	0.34	20	200	10.00	1967
28	丁庄东水库	北戴河区海滨镇	戴河	0.44	20	200	10.00	1972
29	崔各庄水库	北戴河区戴河镇	新河	0.50	20	200	17.80	1970
30	拨道洼水库	北戴河区戴河镇	戴河	0.50	20	200	10.80	1976
31	费石庄水库	北戴河区戴河镇	戴河	0.46	20	200	10.20	1967
32	洪水水库	青龙县祖山镇	石河	1.25	20	200	11.65	1979
33	五指山水库	青龙县肖营子镇	沙河	1.25	20	200	43.20	1978
34	拧丈子水库	青龙县土门子镇	青龙河	5.20	20	200	10.20	1975
35	蛇盘兔水库	青龙县青龙镇	青龙河	4.64	20	200	38.00	1971
36	水泉沟水库	青龙县青龙镇	南河	3.40	30	300	10.40	1973
37	岔沟水库	青龙县木头凳镇	星干河	2.50	30	300	42.50	1979
38	石丈子水库	青龙县马圈子镇	青龙河	2.15	30	300	11.50	1978
39	王庄水库	青龙县娄杖子镇	沙河	3.82	30	300	14.30	1975
40	上西庄水库	青龙县龙王庙乡	起河	4.64	20	200	38.00	1971
41	窦家沟水库	青龙县大巫岚镇	青龙河	1.05	20	200	14.20	1976
42	茨榆山水库	青龙县茨榆山乡	起河	4.50	20	200	64.20	1975
43	尖山子水库	青龙县茨榆山乡	青龙河	1.40	30	300	10.70	1975
44	抹子沟水库	青龙县八道河镇	沙河	1.45	30	300	11.65	1979
45	邢厂水库	青龙县八道河镇	沙河	1.45	20	200	11.65	1977
46	昌黎县水峪水库	昌黎县两山乡	东沙河	1.00	300		15.00	1966
47	西沟水库	昌黎县两山乡	饮马河	0.30	200		15.00	1975
48	赵家沟水库	昌黎县两山乡	东沙河	0.70	300		15.00	1976
49	万佛宫水库	昌黎县两山乡	东沙河	0.50	300		12.00	1971
50	小山口水库	昌黎县两山乡	东沙河	0.30	200		10.50	1975

续表

序号	水库名称	位 置	所在河流	流域控制面积/km^2	重现期/年		总库容/万 m^3	建成年份
					设计洪水	校核洪水		
51	李家坟水库	昌黎县昌黎镇	饮马河	0.40	500	1000	27.00	1974
52	杨树沟水库	昌黎县昌黎镇	饮马河	1.00	500	1000	14.70	1973
53	镰刀湾水库	抚宁县驻操营镇	石河	0.40	30	300	22.00	1978
54	黄土营南沟水库	抚宁县驻操营镇	石河	0.13	30	300	17.40	1976
55	王铁庄水库	抚宁县驻操营镇	石河	1.20	30	300	10.20	1975
56	岚山水库	抚宁县榆关镇	戴河	0.80	30	300	50.00	1975
57	东周水库	抚宁县榆关镇	戴河	1.80	30	300	42.30	1980
58	贾庄水库	抚宁县榆关镇	戴河	1.00	30	300	40.40	1957
59	车厂水库	抚宁县榆关镇	戴河	1.50	30	300	35.60	1978
60	平市南水库	抚宁县榆关镇	戴河	0.53	30	300	34.00	1974
61	付庄水库	抚宁县榆关镇	戴河	0.69	30	300	28.00	1975
62	石门水库	抚宁县榆关镇	戴河	3.00	30	300	23.50	1978
63	聂口二库	抚宁县榆关镇	戴河	0.50	30	300	23.40	1976
64	韩义庄水库	抚宁县榆关镇	戴河	0.25	30	300	23.00	1972
65	大科坨水库	抚宁县榆关镇	戴河	0.35	30	300	17.80	1975
66	修理庄水库	抚宁县榆关镇	戴河	0.25	30	300	10.20	1975
67	东沟水库	抚宁县榆关镇	戴河	0.35	30	300	10.00	1974
68	聂口一库	抚宁县榆关镇	戴河	0.21	30	300	10.00	1975
69	往子店水库	抚宁县榆关镇	戴河	0.39	20	200	10.00	1971
70	五王庄水库	抚宁县榆关镇	戴河	0.25	30	300	10.00	1975
71	兴隆寨水库	抚宁县榆关镇	戴河	0.25	30	300	10.00	1973
72	岩子口水库	抚宁县榆关镇	戴河	0.90	30	300	10.00	1975
73	俞各庄水库	抚宁县台营镇	洋河	0.50	30	300	24.30	1972
74	达子沟水库	抚宁县台营镇	洋河	0.80	30	300	20.00	1972
75	台营三村水库	抚宁县台营镇	洋河	0.46	30	300	18.00	1976
76	钱庄水库	抚宁县台营镇	洋河	0.50	30	300	13.90	1973
77	城里水库	抚宁县台营镇	洋河	0.40	30	300	11.30	1981
78	南关水库	抚宁县台营镇	洋河	0.50	30	300	10.00	1976
79	牛角峪水库	抚宁县台营镇	洋河	0.50	30	300	10.00	1973
80	三里庄水库	抚宁县台营镇	洋河	0.24	30	300	10.00	1976
81	西张各庄水库	抚宁县台营镇	洋河	0.30	30	300	10.00	1975
82	南刁水库	抚宁县石门寨镇	石河	1.86	30	300	96.00	1981
83	老岭水库	抚宁县石门寨镇	汤河	1.40	30	300	58.20	1981

续表

序号	水库名称	位置	所在河流	流域控制面积/km²	重现期/年		总库容/万 m³	建成年份
					设计洪水	校核洪水		
84	黑山窑前村水库	抚宁县石门寨镇	石河	0.80	30	300	45.00	1980
85	北林子水库	抚宁县石门寨镇	石河	0.20	30	300	10.80	1976
86	潮水峪水库	抚宁县石门寨镇	石河	0.50	30	300	10.00	1976
87	沙河寨水库	抚宁县石门寨镇	石河	0.30	30	300	10.00	1975
88	村西水库	抚宁县深河乡	戴河	0.02	30	300	13.15	1975
89	孤家子水库	抚宁县深河乡	戴河	0.22	20	300	10.55	1974
90	韩兴庄水库	抚宁县深河乡	戴河	0.03	30	300	10.10	1975
91	大炮上水库	抚宁县深河乡	戴河	0.30	30	300	10.00	1971
92	上不老水库	抚宁县深河乡	戴河	0.30	30	300	10.00	1976
93	永宁寨水库	抚宁县深河乡	戴河	0.20	30	300	10.00	1972
94	药马坊水库	抚宁县牛头崖镇	戴河	0.30	30	300	88.00	1975
95	杨户屯水库	抚宁县牛头崖镇	戴河	0.62	30	300	31.00	1976
96	山上营水库	抚宁县留守营镇	洋河	0.85	20	200	26.00	1971
97	小新庄水库	抚宁县留守营镇	洋河	0.69	20	200	15.50	1971
98	黄宝峪水库	抚宁县抚宁镇	洋河	0.93	30	300	36.60	1970
99	西桃园水库	抚宁县抚宁镇	洋河	1.60	30	300	31.40	1975
100	沙金沟水库	抚宁县抚宁镇	戴河	0.60	30	300	22.30	1976
101	陆庄水库	抚宁县抚宁镇	洋河	0.30	30	300	17.22	1983
102	魏庄水库	抚宁县抚宁镇	洋河	0.20	30	300	16.90	1974
103	寒江峪一库	抚宁县抚宁镇	洋河	0.40	30	300	16.70	1978
104	河潮营水库	抚宁县抚宁镇	洋河	0.90	30	300	15.50	1979
105	芦峰口水库	抚宁县抚宁镇	洋河	0.57	30	300	13.60	1975
106	刘庄水库	抚宁县抚宁镇	洋河	0.10	30	300	13.30	1974
107	高庄水库	抚宁县抚宁镇	洋河	0.10	30	300	12.40	1980
108	寒江峪二库	抚宁县抚宁镇	洋河	0.20	30	300	11.70	1979
109	徐家沟水库	抚宁县杜庄镇	汤河	0.70	30	300	18.00	1972
110	山前水库	抚宁县杜庄镇	汤河	0.40	30	300	12.40	1972
111	碑庄水库	抚宁县杜庄镇	汤河	0.20	30	300	10.30	1972
112	王汉沟二库	抚宁县大新寨镇	洋河	1.00	30	300	39.00	1976
113	北寨水库	抚宁县大新寨镇	洋河	0.60	30	300	23.60	1976
114	双岭二库	抚宁县大新寨镇	洋河	0.40	30	300	19.90	1979
115	董各庄水库	抚宁县大新寨镇	洋河	0.70	30	300	19.40	1975
116	王汉沟一库	抚宁县大新寨镇	洋河	1.00	30	300	14.80	1975

续表

序号	水库名称	位置	所在河流	流域控制面积/km^2	重现期/年		总库容/万 m^3	建成年份
					设计洪水	校核洪水		
117	后朱家峪水库	抚宁县大新寨镇	洋河	0.20	30	300	14.50	1974
118	落轮峪水库	抚宁县大新寨镇	洋河	0.30	30	300	12.20	1979
119	寨里庄二库	抚宁县大新寨镇	洋河	0.20	30	300	12.20	1976
120	双岭一库	抚宁县大新寨镇	洋河	0.20	30	300	12.10	1978
121	程家沟水库	抚宁县大新寨镇	洋河	3.00	30	300	11.70	1970
122	前朱家峪水库	抚宁县大新寨镇	洋河	0.30	30	300	10.20	1975
123	南寨水库	抚宁县大新寨镇	洋河	0.70	30	300	10.00	1976
124	寨里庄一库	抚宁县大新寨镇	洋河	0.20	30	300	10.00	1973
125	曹西张家沟水库	抚宁县茶棚乡	洋河	1.80	30	300	77.00	1975
126	曹西庄北峪水库	抚宁县茶棚乡	洋河	1.00	30	300	50.60	1958
127	朱燕山下寺水库	抚宁县茶棚乡	洋河	1.30	30	300	49.00	1975
128	后白塔二库	抚宁县茶棚乡	洋河	0.80	30	300	29.60	1974
129	朱燕山太平沟水库	抚宁县茶棚乡	洋河	1.00	30	300	26.70	1973
130	前白塔二库	抚宁县茶棚乡	洋河	0.50	30	300	22.50	1975
131	苏官营水库	抚宁县茶棚乡	洋河	0.50	30	300	21.40	1971
132	前白塔一库	抚宁县茶棚乡	洋河	0.30	30	300	20.94	1981
133	后白塔一库	抚宁县茶棚乡	洋河	0.50	30	300	17.30	1959
134	许家峪水库	抚宁县茶棚乡	洋河	0.40	30	300	16.00	1978
135	李官营二库	抚宁县茶棚乡	洋河	0.40	30	300	14.70	1974
136	董家峪二库	抚宁县茶棚乡	洋河	0.50	20	200	13.80	1974
137	杨各庄水库	抚宁县茶棚乡	洋河	0.50	30	300	13.60	1974
138	董家峪一库	抚宁县茶棚乡	洋河	0.40	30	300	13.00	1973
139	前白塔三库	抚宁县茶棚乡	洋河	0.40	30	300	12.26	1976
140	后白塔三库	抚宁县茶棚乡	洋河	0.20	30	300	10.00	1976
141	李官营一库	抚宁县茶棚乡	洋河	1.00	30	300	10.00	1972
142	武家沟水库	卢龙县印庄乡	教场河	1.70	30	300	56.20	1977
143	水家沟水库	卢龙县印庄乡	青龙河	1.02	30	300	55.00	1976
144	东沟水库	卢龙县印庄乡	青龙河	0.70	30	300	35.60	1977
145	四各庄水库	卢龙县印庄乡	洋河	0.80	30	300	35.50	1972
146	相公庄水库	卢龙县印庄乡	洋河	0.70	30	300	30.80	1976
147	石岭水库	卢龙县印庄乡	洋河	0.58	30	300	30.00	1973
148	王铁庄水库	卢龙县印庄乡	洋河	0.70	30	300	25.20	1976
149	马家洼水库	卢龙县印庄乡	洋河	0.50	30	300	23.50	1976

续表

序号	水库名称	位 置	所在河流	流域控制面积/km²	重现期/年		总库容/万 m³	建成年份
					设计洪水	校核洪水		
150	杨上沟水库	卢龙县印庄乡	洋河	0.60	30	300	23.50	1977
151	东马庄水库	卢龙县印庄乡	洋河	0.42	30	300	14.40	1977
152	栗树港水库	卢龙县燕河营镇	洋河	1.00	30	300	50.10	1978
153	李各庄西沟水库	卢龙县燕河营镇	洋河	1.20	30	300	49.00	1973
154	燕窝庄山后水库	卢龙县燕河营镇	洋河	1.00	30	300	48.80	1973
155	燕窝庄山前水库	卢龙县燕河营镇	洋河	0.80	30	300	47.60	1976
156	严山头水库	卢龙县燕河营镇	洋河	1.00	30	300	47.00	1975
157	李各庄大湖水库	卢龙县燕河营镇	洋河	1.10	30	300	37.00	1968
158	李各庄北寺水库	卢龙县燕河营镇	洋河	0.75	30	300	30.55	1975
159	小峪水库	卢龙县燕河营镇	洋河	0.65	30	300	28.80	1973
160	河南庄水库	卢龙县燕河营镇	洋河	0.70	30	300	26.50	1979
161	上兴隆庄水库	卢龙县燕河营镇	洋河	3.80	30	300	24.00	1969
162	大新庄水库	卢龙县燕河营镇	洋河	0.50	30	300	22.00	1975
163	丁各庄水库	卢龙县燕河营镇	洋河	0.50	30	300	22.00	1977
164	东吴庄水库	卢龙县燕河营镇	洋河	0.30	30	300	17.20	1976
165	下兴隆庄水库	卢龙县燕河营镇	洋河	0.47	30	300	16.62	1973
166	高各庄水库	卢龙县燕河营镇	洋河	0.30	30	300	14.70	1978
167	丁家沟水库	卢龙县下寨乡	教场河	0.87	30	300	56.25	1976
168	李世沟水库	卢龙县下寨乡	教场河	1.20	30	300	45.20	1977
169	彭家沟水库	卢龙县下寨乡	青龙河	0.80	30	300	38.80	1976
170	高家沟水库	卢龙县下寨乡	教场河	0.94	30	300	38.25	1975
171	孟家沟二库	卢龙县下寨乡	教场河	0.50	30	300	25.40	1976
172	孟家沟一库	卢龙县下寨乡	教场河	0.75	30	300	23.80	1975
173	烟筒山水库	卢龙县下寨乡	教场河	0.44	30	300	21.30	1976
174	红花峪水库	卢龙县双望镇	饮马河	1.10	30	300	72.80	1975
175	四新庄水库	卢龙县双望镇	洋河	1.33	30	300	70.00	1978
176	沙河水库（小）	卢龙县双望镇	饮马河	1.00	30	300	41.00	1973
177	坨上水库	卢龙县双望镇	洋河	0.55	30	300	25.60	1972
178	安里水库	卢龙县双望镇	洋河	0.53	30	300	21.20	1974
179	肖家峪水库	卢龙县双望镇	洋河	0.42	30	300	20.40	1976
180	五达营水库	卢龙县双望镇	洋河	0.49	30	300	20.20	1973
181	韩官营水库	卢龙县双望镇	洋河	0.40	30	300	14.40	1970
182	银洞峪水库	卢龙县双望镇	洋河	0.53	30	300	13.00	1976

续表

序号	水库名称	位　置	所在河流	流域控制面积/km^2	重现期/年		总库容/万 m^3	建成年份
					设计洪水	校核洪水		
183	董各庄水库	卢龙县双望镇	洋河	0.31	30	300	12.20	1975
184	廖黑石水库	卢龙县双望镇	饮马河	0.21	30	300	10.10	1975
185	一分村水库	卢龙县双望镇	洋河	0.30	30	300	10.00	1975
186	马山沟水库	卢龙县石门镇	西沙河	1.42	30	300	93.00	1978
187	阎大岭店水库	卢龙县石门镇	西沙河	1.36	30	300	48.20	1975
188	李庄坨（新）水库	卢龙县石门镇	西沙河	0.93	30	300	25.20	1976
189	马大岭水库	卢龙县石门镇	西沙河	0.55	30	300	17.28	1975
190	莫台营水库	卢龙县石门镇	西沙河	0.34	30	300	13.25	1975
191	桃林营水库	卢龙县潘庄镇	青龙河	2.00	30	300	85.00	1980
192	大万山水库	卢龙县潘庄镇	青龙河	1.30	30	300	53.40	1977
193	小万山水库（新）	卢龙县潘庄镇	青龙河	0.42	30	300	18.60	1977
194	小万山水库（老）	卢龙县潘庄镇	青龙河	0.30	30	300	16.00	1972
195	卸甲庄水库	卢龙县潘庄镇	青龙河	0.27	30	300	14.75	1975
196	富申庄水库	卢龙县潘庄镇	青龙河	0.10	30	300	14.70	1973
197	沈庄水库	卢龙县潘庄镇	青龙河	0.38	30	300	13.50	1976
198	苏家沟水库	卢龙县潘庄镇	青龙河	0.45	30	300	12.55	1976
199	分山水库	卢龙县木井乡	西沙河	0.95	30	300	39.80	1972
200	阎贯各庄水库（下）	卢龙县木井乡	饮马河	0.75	30	300	33.00	1975
201	万贯各庄水库（上）	卢龙县木井乡	饮马河	1.00	30	300	18.65	1973
202	谷家营水库	卢龙县木井乡	西沙河	0.40	30	300	18.50	1970
203	潘贯各庄水库	卢龙县木井乡	饮马河	0.40	30	300	18.00	1973
204	卢柏各庄水库	卢龙县木井乡	贾河	0.43	30	300	16.00	1976
205	秦贯各庄水库	卢龙县木井乡	饮马河	0.42	30	300	14.50	1975
206	阎贯各庄水库（上）	卢龙县木井乡	饮马河	0.21	30	300	13.60	1973
207	木井水库（新）	卢龙县木井乡	饮马河	0.32	30	300	12.60	1976
208	丁贯各庄水库	卢龙县木井乡	贾河	0.36	30	300	11.92	1976
209	万贯各庄水库（下）	卢龙县木井乡	饮马河	1.00	30	300	10.40	1973
210	刘家沟水库	卢龙县卢龙镇	青龙河	0.81	30	300	39.60	1976
211	范家峪水库	卢龙县卢龙镇	滦河	1.00	30	300	33.00	1973
212	孟庄水库	卢龙县卢龙镇	饮马河	0.44	30	300	21.40	1976

续表

序号	水库名称	位　置	所在河流	流域控制面积/km²	重现期/年		总库容/万 m³	建成年份
					设计洪水	校核洪水		
213	董家峪水库	卢龙县卢龙镇	滦河	2.20	30	300	15.00	1980
214	常家沟水库	卢龙县卢龙镇	教场河	0.56	30	300	10.00	1972
215	前上庄水库	卢龙县刘田各庄镇	饮马河	1.30	30	300	52.00	1975
216	前下荆子水库	卢龙县刘田各庄镇	饮马河	0.42	30	300	46.00	1970
217	杨家台水库	卢龙县刘田各庄镇	饮马河	1.00	30	300	33.50	1977
218	魏家岭水库	卢龙县刘田各庄镇	饮马河	1.10	30	300	30.00	1970
219	小王翟坨水库	卢龙县刘田各庄镇	饮马河	0.60	30	300	16.90	1975
220	小王柳河水库	卢龙县刘田各庄镇	饮马河	0.45	30	300	16.55	1976
221	塔上水库	卢龙县刘田各庄镇	饮马河	0.52	30	300	14.25	1969
222	柳河北山水库	卢龙县刘田各庄镇	饮马河	0.60	30	300	11.63	1979
223	上房子水库	卢龙县刘田各庄镇	饮马河	0.31	30	300	10.90	1977
224	上荆子水库	卢龙县刘田各庄镇	饮马河	0.30	30	300	10.00	1976
225	水峪水库	卢龙县刘家营乡	青龙河	6.50	30	300	16.20	1974
226	鲍子沟水库	卢龙县蛤泊乡	饮马河	0.50	30	300	36.40	1976
227	西洼水库	卢龙县蛤泊乡	饮马河	0.05	30	300	14.00	1976
228	前坨水库	卢龙县蛤泊乡	饮马河	0.15	30	300	13.20	1969
229	宋家坟水库（大）	卢龙县陈官屯乡	洋河	0.25	30	300	92.80	1976
230	上梨峪水库	卢龙县陈官屯乡	洋河	1.47	30	300	77.00	1969
231	赵家峪水库	卢龙县陈官屯乡	洋河	1.30	30	300	57.20	1977
232	冯家沟水库	卢龙县陈官屯乡	冯家沟河	1.04	30	300	38.00	1977
233	下梨峪水库	卢龙县陈官屯乡	洋河	0.75	30	300	35.25	1973
234	小刘庄水库	卢龙县陈官屯乡	洋河	0.55	30	300	33.50	1975
235	土山一库	卢龙县陈官屯乡	洋河	0.78	30	300	33.23	1973
236	韩庄头水库	卢龙县陈官屯乡	洋河	0.90	30	300	32.10	1977
237	蛮子营水库	卢龙县陈官屯乡	洋河	1.00	30	300	31.44	1973
238	土山二库	卢龙县陈官屯乡	洋河	0.33	30	300	21.00	1980
239	张家沟水库	卢龙县陈官屯乡	洋河	0.40	30	300	20.40	1976
240	庙岭沟水库	卢龙县陈官屯乡	洋河	0.50	30	300	15.80	1969
241	宋家坟水库（小）	卢龙县陈官屯乡	洋河	2.00	30	300	10.30	1973
合计				200.73			5788.49	

4.4 邯郸市小型水库分布

截至2011年，邯郸市有小（1）型水库15座，控制流域面积970.53km²，总库容4050.2万m³。表4-15为邯郸市小（1）型水库工程明细表。

表 4-15　　邯郸市小（1）型水库工程明细表

序号	水库名称	位置	所在河流	流域控制面积/km²	重现期/年		总库容/万 m³	建成年份
					设计洪水	校核洪水		
1	北牛叫水库	邯郸县康庄乡	沁河	23.33	30	500	251.00	1960
2	康庄水库	邯郸县康庄乡	沁河	29.85	30	500	160.00	1960
3	偏城水库	涉县偏城镇	宇庄沟	56.00	30	300	284.00	1958
4	古台水库	涉县关防乡	关防沟	100.00	30	300	268.00	1970
5	黑龙滃水库	武安市邑城镇	马会河	60.80	50	500	202.00	1976
6	固镇水库	武安市冶陶镇	洺河	5.90	50	500	197.60	1976
7	八一水库	武安市午汲镇	洺河	39.50	50	500	420.00	1980
8	七一水库	武安市午汲镇	洺河	14.60	50	500	328.00	1981
9	五一水库	武安市午汲镇	洺河	59.00	50	500	214.40	1959
10	青年水库	武安市午汲镇	洺河	66.40	50	500	214.00	1975
11	格村（二）水库	武安市午汲镇	洺河	9.25	50	500	32.00	1974
12	淑村水库	武安市淑村镇	牤牛河	24.20	50	500	122.40	1985
13	沙洺水库	武安市贺进镇	北洺河	32.00	100	500	712.80	1981
14	马会水库	武安市大同镇	马会河	235.00	50	500	374.00	1994
15	迂城水库	武安市北安乐乡	马会河	214.70	50	500	270.00	1972
合计				970.53			4050.2	

截至 2011 年，邯郸市有小（2）型水库 60 座，控制流域面积 726.97km²，总库容 2313.58 万 m³。表 4-16 为邯郸市小（2）型水库工程明细表。

表 4-16　　邯郸市小（2）型水库工程明细表

序号	水库名称	位置	所在河流	流域控制面积/km²	重现期/年		总库容/万 m³	建成年份
					设计洪水	校核洪水		
1	北羊井水库	邯山区北张庄镇	滏阳河	10.20	20	200	58.80	1958
2	义西水库	峰峰矿区义井镇	滏阳河	5.00	20	200	14.00	1972
3	东苑城水库	峰峰矿区和村镇	洺河	1.00	20	200	18.00	1959
4	尧庄水库	峰峰矿区和村镇	滏阳河	3.50	20	200	13.00	1971
5	西和水库	峰峰矿区和村镇	滏阳河	3.00	20	200	11.00	1973
6	老道泉水库	峰峰矿区大社镇	王庄河—牤牛河	6.50	20	200	36.00	1968
7	寺后坡水库	峰峰矿区大社镇	王庄河—牤牛河	2.00	20	200	23.00	1973
8	南旺水库	峰峰矿区大社镇	王庄河—牤牛河	6.00	20	200	16.50	1973
9	大社水库	峰峰矿区大社镇	王庄河—牤牛河	5.00	20	200	14.50	1971
10	中庄水库	邯郸县康庄乡	滏阳河	11.90	20	200	76.80	1979

续表

序号	水库名称	位　置	所在河流	流域控制面积/km²	重现期/年		总库容/万 m³	建成年份
					设计洪水	校核洪水		
11	蔺家河水库	邯郸县康庄乡	支漳河	5.10	20	200	68.70	1972
12	四清水库	邯郸县康庄乡	滏阳河	3.80	20	200	34.40	1979
13	老狼沟水库	邯郸县康庄乡	沁河	1.60	20	200	24.00	1960
14	北李庄南水库	邯郸县康庄乡	沁河	36.20	20	100	22.00	1976
15	高北水库	邯郸县黄粱梦镇	输元河	7.50	20	200	70.80	1958
16	八合水库	邯郸县户村镇	沁河	73.10	20	100	85.80	1971
17	宋家沟水库	涉县西戌镇	冶陶河	0.24	30	300	31.20	1976
18	宋家庄水库	涉县西戌镇	冶陶河	2.80	20	200	18.50	1990
19	园子沟水库	涉县西戌镇	冶陶河	2.50	30	300	13.60	1957
20	中原水库	涉县涉城镇	清漳河	4.75	30	300	52.00	1958
21	郭庄水库	涉县鹿头乡	宇庄沟	3.00	30	300	20.00	1958
22	龙泉寺水库	涉县鹿头乡	宇庄沟	2.00	30	300	12.00	1957
23	王金庄水库	涉县井店镇	关防沟	0.50	30	300	13.00	1971
24	苏刘水库	涉县关防乡	关宋沟	5.03	30	300	25.60	1976
25	西山水库	涉县固新镇	清漳河	4.00	20	200	18.40	1992
26	更乐水库	涉县更乐镇	东枯河	1.90	30	300	24.00	1957
27	彗峪水库	磁县陶泉乡	漳河混合区域	9.10	20	200	10.50	1972
28	西佛店水库	磁县林坦镇	牤牛河	24.40	20	200	97.00	1957
29	西王女水库	磁县林坦镇	牤牛河	62.40	20	200	95.00	1956
30	西彭厢水库	磁县林坦镇	牤牛河	11.90	20	200	47.00	1957
31	军营水库	磁县林坦镇	牤牛河	35.00	20	200	30.00	1956
32	后港水库	磁县讲武城镇	漳河混合区域	2.10	20	200	59.00	1976
33	前港水库	磁县讲武城镇	漳河混合区域	1.80	20	200	40.00	1979
34	窑头东水库	磁县磁州镇	滏阳河混合区域	16.00	20	100	21.00	1975
35	高窑水库	永年县永合会镇	洺河	1.50	20	300	34.60	1958
36	永合会水库	永年县永合会镇	洺河	5.60	20	300	32.50	1958
37	大油村水库	永年县永合会镇	洺河	2.50	20	300	28.80	1958
38	西召庄水库	永年县临洺关镇	洺河	8.60	20	300	62.70	1958
39	北两岗水库	永年县界河店乡	滏阳河	10.20	20	300	46.00	1958
40	杨屯水库	武安市邑城镇	淤泥河	96.90	20	100	18.00	1972
41	北峭河水库	武安市邑城镇	淤泥河	97.10	20	100	13.00	1977
42	琅矿水库	武安市冶陶镇	洺河	4.29	20	100	42.00	1969
43	七水岭水库	武安市冶陶镇	冶陶河	0.65	20	100	11.60	1984

续表

序号	水库名称	位置	所在河流	流域控制面积/km²	重现期/年		总库容/万m³	建成年份
					设计洪水	校核洪水		
44	西竹昌水库	武安市武安镇	洺河	9.90	30	200	76.00	1975
45	店头水库	武安市午汲镇	洺河	9.10	30	200	66.10	1976
46	上泉水库	武安市午汲镇	洺河	16.50	20	100	41.20	1976
47	白沙水库	武安市淑村镇	牤牛河	7.10	30	200	66.40	1979
48	西营井水库	武安市上团城乡	北洺河	34.25	20	100	36.00	1974
49	南西庄水库	武安市上团城乡	北洺河	3.70	20	100	28.30	1974
50	夏庄水库	武安市徘徊镇	夏庄河	4.95	50	500	170.40	1960
51	河峪水库	武安市徘徊镇	洺河	1.30	20	200	20.50	1978
52	制木池水库	武安市马家庄乡	洺河	1.40	20	100	12.40	1971
53	康西水库	武安市康二城镇	洺河	14.15	30	200	46.60	1976
54	车网口（1）水库	武安市康二城镇	沁河	0.36	20	100	19.00	1975
55	康东（2）水库	武安市康二城镇	沁河	3.50	30	200	18.88	1978
56	后仙灵水库	武安市活水乡	北洺河	4.10	20	100	18.00	1965
57	黄土岩水库	武安市贺进镇	北洺河	6.50	20	100	82.60	1971
58	寺峪沟水库	武安市管陶乡	洺河	6.00	20	200	85.40	1973
59	禅房水库	武安市管陶乡	洺河	3.10	20	100	11.00	1966
60	车谷小水库	武安市管陶乡	洺河	2.90	20	200	10.50	1984
合计				726.97			2313.58	

4.5 邢台市小型水库分布

截至2011年，邢台市有小（1）型水库8座，控制流域面积239.65km²，总库容3361.26万m³。表4-17为邢台市小（1）型水库工程明细表。

表4-17　　邢台市小（1）型水库工程明细表

序号	水库名称	位置	所在河流	流域控制面积/km²	重现期/年		总库容/万m³	建成年份
					设计洪水	校核洪水		
1	东川口水库	邢台县西黄村镇	顺水河—七里河	84.00	50	300	928.00	1967
2	羊卧湾水库	邢台县皇寺镇	白马河	39.50	50	300	795.00	1958
3	魏村水库	临城县黑城乡	午河中支	22.00	50	300	210.00	1958
4	北白水库	临城县黑城乡	午河中支	14.45	50	500	101.26	1979
5	北岭水库	内丘县五郭店乡	李阳河北支	25.00	50	300	201.40	1975
6	马庄水库	内丘县五郭店乡	李阳河北支	16.00	50	500	189.70	1958
7	石河水库	内丘县柳林镇	李阳河	27.70	50	300	365.20	1958
8	峡沟水库	沙河市柴关乡	马会河	11.00	50	300	570.70	1960
合计				239.65			3361.26	

截至2011年，邢台市有小（2）型水库36座，控制流域面积140.3km²，总库容834.87万m³。表4-18为邢台市小（2）型水库工程明细表。

表4-18 邢台市小（2）型水库工程明细表

序号	水库名称	位置	所在河流	流域控制面积/km²	重现期/年		总库容/万m³	建成年份
					设计洪水	校核洪水		
1	东侯兰水库	邢台县羊范镇	南澧河—沙河	2.90	30	300	15.17	1973
2	塔西水库	邢台县西黄村镇	顺水河—七里河	1.00	30	300	40.00	1958
3	丰来峪1水库	邢台县皇寺镇	白马河	1.30	30	300	13.50	1966
4	丰来峪2水库	邢台县皇寺镇	白马河	1.00	30	300	11.60	1958
5	西渎水库	临城县鸭鸽营乡	午河中支	16.50	30	300	44.40	1980
6	西竖水库	临城县西竖镇	泜河	2.70	30	300	24.80	1958
7	东管等水库	临城县西竖镇	泜河	1.20	30	300	14.50	1968
8	石匣沟水库	临城县石城乡	李阳河	1.90	30	300	20.50	1979
9	界沟水库	临城县临城镇	泜河	6.00	30	300	20.60	1978
10	南驾廻水库	临城县临城镇	泜河	1.00	30	300	11.60	1979
11	竹壁水库	临城县黑城乡	午河中支	3.00	30	300	57.00	1958
12	刘家洞水库	临城县黑城乡	午河中支	4.00	30	300	36.00	1968
13	丰盈水库	临城县黑城乡	午河中支	9.00	30	300	26.00	1976
14	王家庄水库	临城县黑城乡	泜河	1.20	30	300	19.50	1979
15	西双井水库	临城县黑城乡	午河中支	1.50	30	300	19.20	1958
16	侯家韩水库	临城县黑城乡	午河中支	20.00	30	200	16.00	1968
17	石窝铺水库	临城县郝庄镇	泜河北支	2.00	30	300	27.00	1979
18	庄子峪水库	临城县郝庄镇	泜河北支	1.00	30	300	26.00	1979
19	皇迷水库	临城县郝庄镇	泜河北支	1.20	30	200	20.00	1977
20	王家沟水库	内丘县五郭店乡	李阳河北支	1.00	20	300	40.00	1974
21	落凹1号水库	内丘县五郭店乡	李阳河北支	1.40	20	300	16.00	1976
22	五郭店水库	内丘县五郭店乡	李阳河北支	9.30	20	300	16.00	1960
23	山凹水库	内丘县五郭店乡	李阳河北支	2.00	30	300	14.00	1976
24	新城水库	内丘县内邱镇	李阳河北支	4.50	20	300	30.00	1957
25	西邱水库	内丘县内邱镇	李阳河	3.00	20	300	15.00	1976
26	北赛水库	内丘县南赛乡	李阳河北支	3.50	30	200	18.00	1976
27	北李庄水库	内丘县柳林镇	李阳河	2.80	30	300	13.50	1975
28	韩庄2号水库	内丘县柳林镇	李阳河	1.00	30	300	12.00	1975
29	虎头山水库	内丘县柳林镇	李阳河	0.80	30	300	11.00	1976
30	韩庄1号水库	内丘县柳林镇	李阳河	2.50	30	300	10.00	1958
31	岭头水库	内丘县侯家庄乡	南澧河—沙河	10.00	30	300	25.00	1972

续表

序号	水库名称	位置	所在河流	流域控制面积/km²	重现期/年		总库容/万 m³	建成年份
					设计洪水	校核洪水		
32	西庞1号水库	内丘县大孟村镇	小马河	3.00	20	300	20.00	1975
33	孔庄水库	沙河市綦村镇	南澧河—沙河	6.00	20	100	21.00	1959
34	朱庄小水库	沙河市綦村镇	南澧河—沙河	5.00	20	200	15.00	1969
35	马峪水库	沙河市柴关乡	马会河	2.10	20	200	33.60	1960
36	盆水水库	沙河市册井乡	马会河	4.00	20	200	61.40	1982
合计				140.3			834.87	

4.6 保定市小型水库分布

截至2011年，保定市有小（1）型水库21座，控制流域面积597.48km²，总库容7861.57万m³。表4-19为保定市小（1）型水库工程明细表。

表4-19 保定市小（1）型水库工程明细表

序号	水库名称	位置	所在河流	流域控制面积/km²	重现期/年		总库容/万 m³	建成年份
					设计洪水	校核洪水		
1	马连川水库	满城县神星镇	马连川河	22.00	50	500	498.00	1958
2	蔡家井水库	涞水县娄村乡	青年水库沟	64.00	50	500	868.00	1958
3	庄里水库	涞水县九龙镇	庄里沟	51.10	50	300	141.70	1958
4	海沿水库	阜平县阜平镇	柳泉河	12.30	50	500	367.00	1982
5	麻棚水库	阜平县城南庄镇	胭脂河	52.00	30	300	117.78	1992
6	于家寨水库	唐县军城镇	通天河	82.00	50	500	814.30	1958
7	高昌水库	唐县高昌镇	运粮河	2.50	50	500	100.00	1957
8	卧佛寺水库	唐县白合镇	歇马沟	77.00	50	500	471.00	1958
9	南道神水库	涞源县银坊镇	银坊河	12.00	30	300	155.00	1978
10	南上屯水库	涞源县北石佛乡	拒马河	21.50	30	300	196.70	1960
11	太宁寺水库	易县西陵镇	北易水	8.10	50	500	102.00	1958
12	黄蒿水库	易县梁格庄镇	王贾庄沟	11.85	50	500	338.00	1958
13	良岗水库	易县良岗镇	中易水	38.23	50	300	137.00	1989
14	莲花池水库	易县大龙华乡	北易水	18.00	50	500	256.80	1958
15	庄子河水库	曲阳县孝墓乡	孟良河	5.20	50	500	104.50	1958
16	燕川水库	曲阳县灵山镇	通天河	5.50	50	500	461.00	1958
17	南孝木水库	曲阳县恒州镇	孟良河	36.50	50	500	487.00	1958
18	白家湾水库	曲阳县恒州镇	孟良河	10.50	50	500	111.79	1958
19	杨家台水库	曲阳县范家庄乡	通天河	25.40	50	500	670.00	1958
20	寨地水库	曲阳县党城乡	沙河	25.30	50	500	902.00	1979
21	大悲水库	顺平县大悲乡	唐河	16.50	50	500	562.00	1958
合计				597.48			7861.57	

截至2011年，保定市有小（2）型水库63座，控制流域面积400.17km²，总库容1283.46万m³。表4-20为保定市小（2）型水库工程明细表。

表4-20　保定市小（2）型水库工程明细表

序号	水库名称	位　置	所在河流	流域控制面积/km²	重现期/年		总库容/万m³	建成年份
					设计洪水	校核洪水		
1	福山口水库	涞水县赵各庄镇	拒马河	15.00	30	200	12.21	1974
2	西洛平水库	涞水县永阳镇	垒子河	4.90	30	300	17.50	1958
3	庆华寺水库	涞水县永阳镇	垒子河	6.70	30	300	15.00	1958
4	木井水库	涞水县娄村满族乡	青年水库沟	2.90	30	300	50.80	1974
5	峨峪水库	涞水县九龙镇	紫石口沟	45.50	20	200	52.60	1973
6	大泽水库	涞水县九龙镇	紫石口沟	30.00	20	200	36.50	1973
7	瓦泉沟水库	阜平县王林口乡	沙河	1.75	20	200	12.00	1973
8	南峪水库	阜平县王林口乡	沙河	1.10	20	200	10.60	1966
9	对子沟水库	阜平县天生桥镇	北流河	1.20	20	200	12.50	1975
10	于家台水库	阜平县天生桥镇	北流河	5.70	20	200	10.20	1975
11	塔沟水库	阜平县天生桥镇	北流河	5.50	20	200	10.00	1978
12	石夹水库	阜平县砂窝乡	沙河	9.80	20	200	22.00	1973
13	大河湾水库	阜平县龙泉关镇	北流河	33.14	20	200	10.20	1981
14	温塘水库	阜平县城南庄镇	胭脂河	1.30	20	200	13.00	1956
15	革新庄水库	阜平县北果元乡	沙河	1.70	20	200	14.00	1958
16	曲水水库	徐水县大王店镇	曲水河	25.00	30	300	61.60	1957
17	旦里水库	唐县石门乡	通天河	9.50	20	200	16.70	1986
18	栗元庄水库	唐县齐家佐乡	唐河	6.50	20	200	19.50	1979
19	豆铺水库	唐县齐家佐乡	唐河	8.00	20	200	10.00	1978
20	更生大园水库	唐县齐家佐乡	唐河	1.70	20	200	10.00	1975
21	下庄石盆水库	唐县迷城乡	唐河	4.10	20	200	25.51	1975
22	下三土门水库	唐县迷城乡	通天河	1.70	20	200	14.20	1975
23	忠勇水库	唐县迷城乡	通天河	0.50	20	200	10.00	1975
24	宋家峪水库	唐县军城镇	通天河	3.00	30	300	17.00	1971
25	史家沟水库	唐县军城镇	通天河	2.50	20	200	10.00	1975
26	南固城水库	唐县高昌镇	曲逆河	12.30	50	500	97.60	1975
27	北固城水库	唐县高昌镇	曲逆河	12.30	30	300	19.40	1965
28	峪山庄水库	唐县高昌镇	运粮河	0.80	20	200	16.20	1980
29	西口底水库	唐县都亭乡	唐河	3.90	30	300	14.70	1976
30	柳家沟水库	唐县倒马关乡	唐河	4.70	20	200	10.60	1977
31	夹子水库	唐县倒马关乡	唐河	3.00	20	200	10.50	1980

续表

序号	水库名称	位　置	所在河流	流域控制面积/km²	重现期/年		总库容/万 m³	建成年份
					设计洪水	校核洪水		
32	秦王水库	唐县川里镇	唐河	3.00	30	200	27.10	1980
33	上庄龙锅水库	唐县川里镇	唐河	20.60	20	200	26.72	1978
34	西显口水库	唐县北店头乡	曲逆河	4.70	30	300	80.00	1979
35	委庄水库	唐县北店头乡	唐河	1.45	20	200	17.00	1982
36	南城子水库	唐县北店头乡	唐河	0.60	20	200	11.50	1986
37	水头水库	唐县北店头乡	放水河	0.70	30	300	10.00	1976
38	黄金峪水库	唐县雹水乡	唐河	0.30	30	300	10.30	1977
39	鸭子沟水库	易县紫荆关镇	鸭子村沟	23.80	20	200	14.50	1976
40	豹子峪水库	易县西陵镇	北易水	3.30	20	200	12.80	1974
41	北城司水库	易县南城司乡	拒马河	2.50	20	200	10.00	1975
42	南豹泉水库	易县流井乡	北易水	6.30	30	300	18.00	1974
43	全山庄水库	易县流井乡	北易水	2.70	20	200	14.90	1975
44	方岗水库	易县良岗镇	中易水	2.00	20	200	11.40	1974
45	双合庄水库	易县富岗乡	富岗沟	3.20	20	200	12.50	1989
46	武家沟水库	易县富岗乡	富岗沟	6.30	20	200	12.00	1974
47	东杜岗水库	易县富岗乡	富岗沟	3.20	20	200	10.00	1978
48	李家洼水库	曲阳县孝墓乡	孟良河	5.00	20	100	20.40	1976
49	窑洞水库	曲阳县孝墓乡	孟良河	2.00	20	100	10.10	1976
50	宿家庄水库	曲阳县下河乡	马泥河	3.00	30	200	29.20	1975
51	店上水库	曲阳县齐村乡	沙河	1.20	30	200	13.00	1975
52	车汪水库	曲阳县齐村乡	沙河	3.50	30	200	12.40	1975
53	汪桥里水库	曲阳县齐村乡	沙河	0.50	30	200	11.10	1976
54	清水汪水库	曲阳县齐村乡	沙河	1.00	30	200	10.50	1976
55	石匣水库	曲阳县路庄子乡	孟良河	2.00	20	200	64.00	1956
56	牛道沟水库	曲阳县灵山镇	沙河	0.32	30	200	16.60	1977
57	大西沟水库	曲阳县灵山镇	沙河	0.78	30	200	12.80	1977
58	曲中水库	曲阳县东旺乡	唐河	1.00	30	200	11.90	1958
59	程东旺水库	曲阳县东旺乡	沙河	1.30	30	200	10.60	1975
60	石汪沟水库	曲阳县党城乡	沙河	1.10	30	200	15.80	1977
61	齐古庄水库	曲阳县党城乡	沙河	0.53	30	200	10.40	1978
62	大李各庄水库	顺平县河口乡	曲逆河	10.20	20	200	37.50	1975
63	西荆尖水库	顺平县白云乡	曲逆河	16.40	20	200	36.00	1975
合计				400.17			1283.64	

4.7 张家口市小型水库分布

截至2011年，张家口市有小（1）型水库39座，控制流域面积4010.35km²，总库容12905.4万m³。表4-21为张家口市小（1）型水库工程明细表。

表4-21 张家口市小（1）型水库工程明细表

序号	水库名称	位置	所在河流	流域控制面积/km²	重现期/年		总库容/万m³	建成年份
					设计洪水	校核洪水		
1	花豹崖水库	桥西区东窑子镇	小西沟	14.00	50	200	103.00	1975
2	车道沟水库	下花园区定方水乡	戴家营河	34.60	50	300	124.00	1974
3	海儿洼水库	宣化县深井镇	水泉河	251.20	50	200	187.00	1975
4	瓦夭头水库	宣化县贾家营镇	泡沙河	35.60	30	500	251.00	1973
5	里口泉水库	宣化县崞村镇	口泉河	56.00	50	500	198.00	1973
6	常峪口水库	宣化县东望山乡	柳川河	146.00	50	500	214.00	1982
7	海子洼水库	张北县张北镇	黑水河	13.60	20	100	431.00	1958
8	小二台水库	张北县小二台乡	东洋河	84.00	20	200	320.00	1958
9	大营滩水库	张北县台路沟乡	黑水河	94.00	50	500	980.00	1971
10	海流图水库	张北县海流图乡	三台河	313.00	30	300	828.70	1959
11	三老虎水库	康保县忠义乡	统领地河	294.00	50	500	710.00	1976
12	青年水库	沽源县平定堡镇	平定堡河	50.00	30	300	115.00	1958
13	七一水库	沽源县黄盖淖镇	小碱滩河	145.50	20	500	900.00	1967
14	上纳岭水库	尚义县小蒜沟镇	洋河	14.00	30	300	101.94	1973
15	哈拉沟水库	尚义县三工地镇	五台河	96.00	20	100	364.00	1969
16	南壕堑水库	尚义县南壕堑镇	鸳鸯河	73.00	50	500	650.00	1973
17	武家村水库	尚义县满井镇	大青沟河	30.00	50	500	229.00	1969
18	甲石河水库	尚义县甲石河乡	甲石河	26.00	50	500	127.00	1973
19	下井水库	尚义县红土梁镇	瑟尔基后河	35.00	50	500	334.00	1976
20	涌泉庄水库	蔚县涌泉庄乡	壶流河	7.80	50	500	119.00	1961
21	留北堡水库	蔚县下宫村乡	石门峪	20.00	50	500	233.00	1959
22	横涧水库	蔚县西合营镇	壶流河	12.00	50	500	171.20	1971
23	芦子涧水库	蔚县南岭庄乡	芦子涧沟	14.00	30	300	161.00	1959
24	红桥水库	蔚县吉家庄镇	定安河	15.80	50	500	226.00	1960
25	辛堡东沟水库	阳原县辛堡乡	永定河	33.75	50	500	145.00	1972
26	东目连水库	阳原县西城镇	辛其河	20.00	50	500	121.30	1965
27	焦家庄大库	阳原县马圈堡乡	涧口沟	33.30	30	300	134.70	1958
28	开阳水库	阳原县浮图讲乡	大龙口峪	36.20	50	500	195.88	1958
29	拣花堡水库	阳原县东井集镇	官河	32.10	30	500	143.00	1957
30	太平庄水库	怀安县太平庄乡	洪塘河	714.00	50	500	998.00	1971

续表

序号	水库名称	位 置	所在河流	流域控制面积/km²	重现期/年		总库容/万 m³	建成年份
					设计洪水	校核洪水		
31	水沟口二库	怀安县怀安城镇	洪塘河	223.00	50	500	716.00	1976
32	水沟口水库	怀安县怀安城镇	洪塘河	192.00	50	500	500.00	1970
33	瓦沟台水库	怀安县渡口堡乡	瓦沟台沙河	54.20	50	500	142.00	1972
34	洗马林水库	万全县洗马林镇	洗马林河	143.00	50	500	450.48	1959
35	北辛屯水库	万全县北新屯乡	城西河	20.00	50	100	104.00	1976
36	果园水库	怀来县桑园镇	灵泉河	254.00	100	300	360.00	1960
37	西安水库	涿鹿县谢家堡乡	谢家堡河	13.00	30	200	148.00	1978
38	古城水库	涿鹿县矾山镇	灵山河	18.70	50	300	108.00	1959
39	汤泉水库	赤城县赤城镇	汤泉河	348.00	50	500	561.20	1958
合计				4010.35			12905.4	

截至2011年，张家口市有小（2）型水库43座，控制流域面积465.24km²，总库容1730.0万m³。表4-22为张家口市小（2）型水库工程明细表。

表4-22　　张家口市小（2）型水库工程明细表

序号	水库名称	位 置	所在河流	流域控制面积/km²	重现期/年		总库容/万 m³	建成年份
					设计洪水	校核洪水		
1	柏林寺水库	宣化县崞村镇	永定河	8.00	50	300	34.40	1974
2	南沟水库	宣化县崞村镇	水泉河	2.00	50	300	15.55	1974
3	殷家庄水库	宣化县大仓盖镇	柳川河	4.00	50	300	24.75	1956
4	七里河水库	张北县小二台乡	东洋河	20.00	20	200	30.00	1973
5	单晶河水库	张北县单晶河乡	三台河	27.00	20	200	60.00	1973
6	马家村水库	张北县单晶河乡	三台河	12.40	20	200	23.00	1977
7	石湾子水库	张北县大河乡	三台河	34.70	20	200	20.00	1977
8	套里庄二库	尚义县套里庄乡	瑟尔基后河	8.00	30	300	19.80	1958
9	独树水库	蔚县涌泉庄乡	壶流河	2.14	30	300	22.45	1958
10	卜北堡水库	蔚县涌泉庄乡	壶流河	1.35	20	300	16.85	1968
11	西坡寨水库	蔚县杨庄窠乡	壶流河	3.30	30	300	19.00	1970
12	李家绫罗水库	蔚县下宫村乡	小峪	4.60	20	300	80.00	1958
13	夏源水库	蔚县西合营镇	清水河	4.00	20	300	39.00	1976
14	南方城水库	蔚县宋家庄镇	壶流河	3.00	20	300	40.00	1958
15	东双塔水库	蔚县南岭庄乡	芦子涧沟	2.40	20	300	39.60	1974
16	付家庄水库	蔚县吉家庄镇	定安河	9.10	20	300	76.50	1974

续表

序号	水库名称	位 置	所在河流	流域控制面积/km²	重现期/年		总库容/万 m³	建成年份
					设计洪水	校核洪水		
17	红桥东水库	蔚县吉家庄镇	定安河	2.00	20	300	48.00	1974
18	榆涧水库	蔚县黄梅乡	定安河	9.90	20	300	71.00	1976
19	西目连水库	阳原县西城镇	辛其河	20.00	30	300	85.80	1970
20	南河水库	阳原县西城镇	辛其河	15.00	30	300	84.00	1958
21	白喜沟水库	阳原县马圈堡乡	涧口沟	0.50	30	300	18.10	1966
22	簸箕滩二库	阳原县马圈堡乡	涧口沟	0.40	30	300	10.30	1966
23	八马坊南沟水库	阳原县井儿沟乡	永定河	15.70	30	300	44.10	1969
24	北沟湾水库	阳原县东井集镇	黎元沟	34.00	30	300	94.00	1966
25	庙良沟水库	阳原县东井集镇	官河	3.13	30	300	74.00	1966
26	赵家夭水库	阳原县东井集镇	黎元沟	15.00	30	300	14.40	1962
27	和尧庄后沟水库	阳原县东井集镇	黎元沟	7.50	30	300	13.10	1957
28	辛其水库	阳原县东坊城堡乡	辛其河	4.50	30	300	80.00	1970
29	南良庄水库	阳原县东坊城堡乡	永定河	2.00	30	300	34.20	1969
30	东堡一水库	阳原县东坊城堡乡	永定河	10.00	30	300	18.50	1958
31	西六马坊水库	阳原县东坊城堡乡	永定河	2.00	30	300	15.00	1957
32	七马坊小沟水库	阳原县东城镇	水峪口沟	5.00	30	300	10.30	1966
33	双塔水库	阳原县揣骨疃镇	永定河	14.40	30	300	29.00	1967
34	赵家坡水库	怀安县西湾堡乡	南洋河	3.00	20	200	12.60	1975
35	张玘屯水库	怀安县怀安城镇	洪塘河	13.00	20	200	96.50	1977
36	七里店水库	怀安县怀安城镇	洪塘河	26.25	10	50	19.00	1959
37	南坪水库	怀安县第三堡乡	旧怀安河	26.00	10	20	35.00	1974
38	水口山水库	怀来县存瑞镇	水口山沟	32.40	20	300	95.00	1979
39	桦林沟水库	涿鹿县武家沟镇	永定河	8.47	30	200	39.00	1974
40	正南沟水库	涿鹿县栾庄乡	井沟河	9.00	30	300	21.60	1979
41	环山渠水库	涿鹿县黑山寺乡	灵泉河	5.10	30	300	52.60	1974
42	贾麻沟水库	崇礼县红旗营乡	正沟	14.00	10	50	20.00	1976
43	大沟水库	崇礼县高家营镇	正沟	21.00	20	200	34.00	1974
合计				465.24			1730	

4.8 承德市小型水库分布

截至 2011 年，承德市有小（1）型水库 13 座，控制流域面积 528.62km²，总库容 3095.05 万 m³。表 4-23 为承德市小（1）型水库工程明细表。

表 4-23　　承德市小（1）型水库工程明细表

序号	水库名称	位　置	所在河流	流域控制面积/km²	重现期/年		总库容/万 m³	建成年份
					设计洪水	校核洪水		
1	东房子水库	承德县上谷乡	白马河	17.30	50	500	253.00	1979
2	唐家湾水库	承德县仓子乡	唐家湾河	27.60	50	500	285.00	1977
3	杨树沟水库	兴隆县六道河镇	清水河	42.50	30	300	145.00	1976
4	金山子水库	兴隆县挂兰峪镇	四拨子沟河	23.50	30	300	113.00	1976
5	西湾子水库	兴隆县北营房镇	冰冷沟河	31.50	30	300	108.00	1981
6	龙潭庙水库	滦平县五道营子满族乡	潮河	103.00	50	500	286.00	1972
7	头龙潭水库	滦平县火斗山乡	潮河	13.70	50	500	249.00	1975
8	曹营水库	滦平县安纯沟门满族乡	潮河	24.00	50	500	127.00	1980
9	二道湾水库	隆化县荒地乡	鹦鹉河	100.00	50	500	620.00	1982
10	凌营水库	丰宁满族自治县石人沟乡	凌营沟河	30.50	50	500	118.80	1974
11	孤石水库	丰宁满族自治县大滩镇	滦河	58.90	50	300	315.00	1978
12	南天门水库	宽城满族自治县孟子岭乡	孟子河	8.62	50	500	153.25	1974
13	黑山口水库	围场县棋盘山镇	大罗字沟河	47.50	50	500	322.00	1980
合计				528.62			3095.05	

截至 2011 年，承德市有小（2）型水库 80 座，控制流域面积 1095.05km²，总库容 2030.44 万 m³。表 4-24 为承德市小（2）型水库工程明细表。

表 4-24　　承德市小（2）型水库工程明细表

序号	水库名称	位　置	所在河流	流域控制面积/km²	重现期/年		总库容/万 m³	建成年份
					设计洪水	校核洪水		
1	大庙水库	双桥区双峰寺镇	武烈河	8.00	20	200	21.85	1976
2	天外水库	双桥区上板城镇	滦河	3.48	20	300	20.84	1979
3	白河南水库	双桥区上板城镇	滦河	1.58	20	200	16.45	1978
4	湛营水库	双滦区西地满族乡	滦河	2.60	30	300	50.50	1976
5	喇嘛沟水库	鹰手营子镇	柳河	3.34	20	200	34.00	1979
6	乌龙矶水库	承德县下板城镇	滦河	6.25	20	200	55.00	1982
7	五道沟水库	承德县下板城镇	滦河	5.80	20	200	16.23	1978
8	冷杖子水库	承德县五道河乡	老牛河	3.60	20	200	21.40	1978
9	四回子沟水库	承德县头沟镇	玉带河	1.80	20	300	17.95	1977
10	五四青年水库	承德县头沟镇	兴隆山河	2.40	20	200	14.90	1978
11	老爷庙水库	承德县头沟镇	玉带河	3.00	20	300	14.27	1977

续表

序号	水库名称	位　置	所在河流	流域控制面积/km^2	重现期/年		总库容/万 m^3	建成年份
					设计洪水	校核洪水		
12	毛兰沟水库	承德县石灰窑乡	老牛河	1.25	20	300	14.25	1972
13	炮手沟水库	承德县三家乡	何家河	4.85	50	300	35.30	1978
14	扁担沟水库	承德县孟家院乡	干柏河	1.20	20	300	10.52	1980
15	东山嘴水库	承德县六沟镇	东山咀河	160.00	30	300	39.50	1988
16	东窑水库	承德县六沟镇	东山咀河	1.10	20	300	11.05	1978
17	东营水库	承德县高寺台镇	张营河	0.75	20	300	10.38	1977
18	打鹿沟水库	承德县磴上乡	玉带河	4.58	20	300	15.50	1977
19	栲椤树水库	承德县大营子乡	柳河	9.32	20	200	39.70	1977
20	王小沟水库	承德县大营子乡	柳河	6.50	20	200	32.20	1978
21	北台水库	承德县大营子乡	柳河	4.48	20	300	24.80	1977
22	拐子沟水库	承德县岔沟乡	岔沟河	1.10	20	200	17.10	1972
23	双庙水库	承德县岔沟乡	岔沟河	0.85	20	300	11.89	1977
24	大店水库	承德县仓子乡	干柏河	1.40	20	300	11.94	1978
25	于杖子水库	承德县八家乡	暖儿河	3.10	20	200	14.70	1979
26	后申峪水库	兴隆县上石洞乡	小黄岩河	36.50	20	200	40.00	1972
27	鸠儿峪水库	兴隆县三道河乡	潵河	2.50	30	300	18.00	1968
28	雁门水库	兴隆县青松岭镇	沟河	44.10	30	300	48.00	1977
29	麻地水库	兴隆县青松岭镇	快活林河	15.00	20	200	39.00	1977
30	快活林水库	兴隆县青松岭镇	快活林河	31.00	20	200	37.86	1979
31	跑马场水库	兴隆县青松岭镇	快活林河	2.00	30	300	16.00	1976
32	西湾水库	兴隆县青松岭镇	沟河	1.60	20	300	10.60	1973
33	八道河水库	兴隆县平安堡镇	柳河	17.50	30	300	43.60	1980
34	周家庄水库	兴隆县六道河镇	清水河	7.50	30	300	35.00	1973
35	北火道水库	兴隆县六道河镇	清水河	4.00	30	300	14.00	1973
36	古庆水库	兴隆县六道河镇	清水河	9.00	20	100	10.80	1977
37	二道河水库	兴隆县六道河镇	清水河	2.30	30	300	10.00	1972
38	大帽峪水库	兴隆县蓝旗营镇	潵河	2.30	30	300	10.60	1982
39	西台子水库	兴隆县蓝旗营镇	潵河	2.40	20	300	10.00	1971
40	二拨子水库	兴隆县挂兰峪镇	淋河	47.00	30	300	48.00	1975
41	龙洞峪水库	兴隆县挂兰峪镇	淋河	7.00	20	200	10.00	1979
42	梯子峪水库	兴隆县陡子峪乡	将军关石河	11.80	30	300	45.00	1973
43	转湖梁水库	兴隆县大杖子乡	车河	21.90	50	500	80.31	1976
44	白马川水库	兴隆县大水泉乡	白马川河	46.00	30	300	22.70	1982

续表

序号	水库名称	位　置	所在河流	流域控制面积/km²	重现期/年		总库容/万 m³	建成年份
					设计洪水	校核洪水		
45	厂沟水库	兴隆县大水泉乡	潵河	99.00	30	300	20.40	1971
46	伙山子水库	兴隆县半壁山镇	潵河南源	2.80	30	300	27.00	1971
47	秋木林水库	兴隆县半壁山镇	潵河南源	7.00	30	300	20.00	1975
48	小水泉水库	兴隆县八卦岭满族乡	北岭河	1.60	30	300	20.40	1982
49	前营子水库	平泉县榆树林子镇	榆树林子河	1.00	30	300	18.80	1978
50	九神庙水库	平泉县榆树林子镇	榆树林子河	1.80	30	300	16.00	1980
51	果树园水库	平泉县榆树林子镇	榆树林子河	0.70	30	300	11.50	1976
52	红石砬水库	平泉县榆树林子镇	高杖子河	0.50	30	300	11.50	1976
53	狮子庙水库	平泉县杨树岭镇	杨树岭河	7.70	30	300	51.50	1973
54	石门水库	平泉县杨树岭镇	刘杖子河	5.10	30	300	15.00	1979
55	碾子沟水库	平泉县卧龙镇	卧龙岗河	1.53	30	300	18.20	1982
56	西窝铺水库	平泉县卧龙镇	卧龙岗河	1.30	30	300	14.70	1981
57	郎家沟水库	平泉县卧龙镇	瀑河	0.70	30	300	10.20	1979
58	柳条沟水库	平泉县台头山乡	宋杖子河	2.25	30	300	17.80	1981
59	崖门子水库	平泉县七沟镇	野猪河	12.50	30	300	51.20	1963
60	老爷庙水库	平泉县道虎沟乡	大道虎沟河	8.60	30	300	82.00	1980
61	五营水库	滦平县长山峪镇	清水河	1.95	30	300	24.50	1979
62	大石棚水库	滦平县两间房乡	两间房河	34.00	20	200	28.40	1982
63	下甸子水库	滦平县金沟屯镇	滦河	4.00	20	200	16.70	1980
64	王营水库	滦平县火斗山乡	潮河	1.81	30	300	17.80	1978
65	三道沟水库	滦平县火斗山乡	潮河	2.00	30	300	15.70	1983
66	四道梁水库	滦平县付家店满族乡	潮河	2.80	30	300	13.20	1978
67	烧锅营水库	滦平县大屯满族乡	滦河	2.10	30	300	12.30	1983
68	新房水库	滦平县巴克什营镇	潮河	1.40	20	200	12.35	1980
69	龙门水库	隆化县唐三营镇	伊逊河	26.40	20	100	21.60	1980
70	曹碾沟水库	隆化县步古沟镇	步古沟河	13.40	20	300	20.40	1982
71	南岗子水库	丰宁满族自治县鱼儿山镇	岗子河	135.70	30	300	39.00	1978
72	红旗营水库	丰宁满族自治县天桥镇	潮河	13.60	30	300	52.40	1980
73	下庙水库	丰宁满族自治县汤河乡	汤河	57.00	30	300	15.50	1971
74	木匠沟门水库	丰宁满族自治县黄旗镇	乐国河	25.00	30	300	84.20	1959
75	西山神庙水库	丰宁满族自治县黑山嘴镇	窄岭西沟河	36.00	30	300	10.40	1974
76	北场水库	宽城满族自治县塌山乡	清河	2.04	100	200	22.00	1980

续表

序号	水库名称	位 置	所在河流	流域控制面积/km²	重现期/年		总库容/万 m³	建成年份
					设计洪水	校核洪水		
77	尖宝山水库	宽城满族自治县塌山乡	清河	19.08	100	300	12.50	1971
78	石家口水库	宽城满族自治县碾子峪镇	民训河	2.96	30	200	52.50	1978
79	柏木塘水库	宽城满族自治县孟子岭乡	孟子河	3.40	100	300	14.55	1977
80	转字台水库	宽城县东黄花川乡	长河	2.60	100	300	16.55	1978
合计				1095.05			2030.44	

4.9 沧州市小型水库分布

截至 2011 年，沧州市有小（1）型水库 1 座，总库容 505.005 万 m³。表 4-25 为沧州市小（1）型水库工程明细表。

表 4-25 沧州市小（1）型水库工程明细表

序号	水库名称	位 置	所在河流	流域控制面积/km²	重现期/年		总库容/万 m³	建成年份
					设计洪水	校核洪水		
1	东光观州湖引蓄工程	东光县南霞口镇	南运河黑龙港暨运东地区段				505.00	2011

第二节 水库功能与作用

1 农业灌溉

灌区一般是指有可靠水源和引、输、配水渠道系统和相应排水沟道的灌溉面积，是人类经济活动的产物，随社会经济的发展而发展。灌区是一个半人工的生态系统，它是依靠自然环境提供的光、热、土壤资源，加上人为选择的作物和安排的作物种植比例等人工调控手段而组成的一个具有很强的社会性质的开放式生态系统。

根据我国水利行业的标准规定，控制面积在 20000hm²（30 万亩）以上的灌区为大型灌区，控制面积为 667～20000hm²（1 万～30 万亩）的灌区为中型灌区，控制面积在 667hm²（1 万亩）以下的为小型灌区。

截至 2011 年，河北省灌区总数 3693 处，其中大型灌区 21 处，中型灌区 130 处，小（1）型灌区 126 处，小（2）型灌区 3416 处。灌溉总面积 1996.75 万亩。沙河灌区跨保定市、沧州市；石津灌区跨石家庄市、邢台市、衡水市。沙河灌区处数计在保定，石津灌区处数计在衡水市，面积分配到相应的各市。表 4-26 为河北省不同规模灌区数量和面积汇总表。

表 4-26 河北省不同规模灌区数量与面积汇总表

行政区名称	合计		大型灌区		中型灌区		小型灌区			
			≥30 万亩		1 万～30 万亩		2000 亩～1 万亩		50～2000 亩	
	数量/处	总灌溉面积/万亩	数量/处	灌溉面积/万亩	数量/处	灌溉面积/万亩	数量/处	灌溉面积/万亩	数量/处	灌溉面积/万亩
石家庄市	641	209.87	2	106.49	17	86.52	13	4.03	609	12.83
唐山市	197	181.46	2	117.57	13	51.48	18	6.25	164	6.17
秦皇岛市	530	92.65	2	61.5	3	10	14	3.89	511	17.26
邯郸市	64	444.39	4	340.16	17	101.51	1	0.57	42	2.15
邢台市	104	109.19	1	43.3	15	50.86	20	8.67	68	6.36
保定市	358	226.16	4	141.84	18	71.08	3	1	333	12.24
张家口市	270	215.81	5	132.62	27	70.04	10	4.01	228	9.14
承德市	593	44.33		0	7	15.44	8	2.75	578	26.15
沧州市	928	233.08		59.5	6	50.79	39	13.08	883	109.71
廊坊市	7	110.04			7	110.04				
衡水市	1	129.77	1	129.77						
合计	3693	1996.75	21	1132.75	130	617.77	126	44.12	3416	202.01

1.1 大型灌区

截至 2011 年，河北省有大型灌区 21 处，供水水源主要以水库与河湖引水为主。设计灌溉面积 1368.95 万亩，有效灌溉面积 1132.41 万亩。2011 年实际灌溉面积 83.25 万亩。表 4-27 为河北省大型灌区明细表。

表 4-27 河北省大型灌区明细表

序号	灌区名称	灌溉范围	供水水源	设计灌溉面积/亩	有效灌溉面积/亩		
					合计	耕地	非耕地
1	石津灌区	石家庄市、衡水市	水库	2000000	2000000	2000000	0
2	绵河灌区	石家庄市	河湖引水	385000	301347	299447	1900
3	冶河灌区	石家庄市	水库	445500	337797	336447	1350
4	陡河灌区	唐山市丰南区	水库	750000	534385	526479	7906
5	滦河下游灌区	唐山市	水库	958000	641288	544503	96785
6	抚宁县洋河灌区	秦皇岛市	水库	320000	305000	305000	0
7	引青灌区	卢龙县	水库	380000	310000	280000	30000
8	漳滏河灌区	邯郸市	水库	3045000	2408877	2399815	9062
9	磁县跃峰灌区	磁县	河湖引水	350000	313659	313659	0
10	军留灌区	魏县	河湖泵站	350000	330000	330000	0

续表

序号	灌区名称	灌溉范围	供水水源	设计灌溉面积/亩	有效灌溉面积/亩		
					合计	耕地	非耕地
11	邯郸市跃峰灌区	邯郸市	河湖引水	480000	349086	349086	0
12	朱野灌区	邢台县	水库	307000	153090	153090	0
13	房涞涿灌区	涿州市	河湖引水	350000	120000	120000	0
14	唐河灌区	保定市	水库	700000	369425	364268	5157
15	易水灌区	保定市	水库	390000	348328	343371	4957
16	沙河灌区	保定市、沧州市	水库	760000	1175685	1169153	6532
17	壶流河灌区	蔚县	水库	360000	316900	316500	400
18	桑干河灌区	张家口市	河湖引水	345000	328000	202200	125800
19	通桥河灌区	张家口	河湖引水	319800	62657	62657	0
20	宣化县洋河灌区	宣化县	河湖引水	348800	308800	308800	0
21	万全县洋河灌区	张家口市	河湖引水	345400	309800	309800	0
合计				13689500	11324124	11034275	289849

1.2　中型灌区

截至2011年，石家庄市有地表水灌区17处，其中，15处引水库水灌溉，2处引河湖水灌溉。设计灌溉面积114.54万亩，有效灌溉面积86.52万亩。表4－28为石家庄市中型灌区明细表。

表4－28　　石家庄中型灌区明细表

序号	灌区名称	灌溉范围	供水水源	设计灌溉面积/亩	有效灌溉面积/亩		
					合计	耕地	非耕地
1	磁右灌区	灵寿县、平山县	水库	260000	160600	150600	10000
2	磁左灌区灵寿分干渠灌区	灵寿县	水库	20000	3000	3000	
3	磁左灌区	灵寿县、行唐县	水库	140000	106200	106200	
4	灵正灌区	灵寿县、正定县	水库	125000	28650	28650	
5	鹿泉市计三灌区	鹿泉市	水库	145000	69000	69000	
6	平山县北跃灌区	平山县	水库	35000	26000	25000	1000
7	平山县大川灌区	平山县	水库	22000	16000	16000	
8	平山县滹北灌区	平山县	河湖引水	108000	52700	52700	
9	红北灌区	行唐县	水库	27600	15000	15000	
10	江河水库灌区	行唐县	水库	10000	5000	5000	
11	口东灌区	行唐县	水库	63000	43000	43000	
12	口西灌区	行唐县	水库	63800	37000	37000	
13	群众灌区	行唐县	河湖引水	180000	135000	135000	

续表

序号	灌区名称	灌溉范围	供水水源	设计灌溉面积/亩	有效灌溉面积/亩		
					合计	耕地	非耕地
14	八一灌区	元氏县	水库	80000	50000	50000	
15	槐北灌区	赞皇县	水库	40000	25000	15000	10000
16	槐南灌区	赞皇县	水库	96000	68000	61000	7000
17	平旺灌区	赞皇县	水库	30000	25000	23000	2000
合计				1445400	865150		

截至2011年，唐山市有地表水灌区13处，其中，8处引水库水灌溉，5处引河湖水灌溉。设计灌溉面积73.57万亩，有效灌溉面积51.48万亩。表4-29为唐山市中型灌区明细表。

表4-29　唐山市中型灌区明细表

序号	灌区名称	灌溉范围	供水水源	设计灌溉面积/亩	有效灌溉面积/亩		
					合计	耕地	非耕地
1	白官屯灌区	丰润区	水库	150000	98681	98651	30
2	左家坞灌区	丰润区	水库	30000	21260	20628	632
3	大口灌区	开平区	水库	25000	10000	10000	
4	汉沽农场灌区	路南区	河湖提水	118475	118475	112475	6000
5	芦台农场灌区	路南区	河湖提水	116200	113017	111302	1715
6	滦县小龙潭水库灌区	滦县	水库	10000	6570	6570	
7	房官营水库灌区	迁西县	水库	10000	10000	8000	2000
8	大和平灌区	玉田县	河湖引水	71000	35000	35000	
9	般若院灌区	遵化市	水库	60000	39000	39000	
10	东风灌区	遵化市	水库	30000	15000	15000	
11	上关水库灌区	遵化市	水库	90000	26000	20000	6000
12	水平口灌区	遵化市	河湖引水	15000	13300	12800	500
13	五一渠灌区	遵化市	河湖引水	10000	8500	8000	500
合计				735675	514803		

截至2011年，秦皇岛市有地表水灌区2处，其中，1处引水库水灌溉，1处引河湖水灌溉。设计灌溉面积11.5万亩，有效灌溉面积7.0万亩。表4-30为秦皇岛市中型灌区明细表。

表4-30　秦皇岛市中型灌区明细表

序号	灌区名称	灌溉范围	供水水源	设计灌溉面积/亩	有效灌溉面积/亩		
					合计	耕地	非耕地
1	昌黎县引滦灌区	昌黎县	水库	75000	60000	60000	
2	南石灌区	昌黎县	河湖提水	40000	10000	10000	
合计				115000	70000		

截至2011年，邯郸市有地表水灌区16处，其中，6处引水库水灌溉，10处引河湖水灌溉。设计灌溉面积113.64万亩，有效灌溉面积85.98万亩。表4-31为邯郸市中型灌区明细表。

表4-31　　邯郸市中型灌区明细表

序号	灌区名称	灌溉范围	供水水源	设计灌溉面积/亩	有效灌溉面积/亩		
					合计	耕地	非耕地
1	富民灌区	磁县	水库	10920	10920	10920	
2	岔河咀灌区	大名县	河湖提水	90000	70000	70000	
3	李庄灌区	大名县	河湖提水	35000	35000	35000	
4	窑厂灌区	大名县	河湖提水	55000	55000	55000	
5	引滏灌区	肥乡县	水库	56000	10000	10000	
6	滏源灌区	峰峰矿区	河湖引水	30000	26699	26699	
7	留垒河灌区	鸡泽县	河湖引水	120000	120000	120000	
8	太平渠灌区	临漳县	河湖引水	203400	201835	200306	1529
9	陈村中型灌区	邱县	河湖引水	50000	43324	43324	
10	涉县青塔水库灌区	涉县	水库	56000	9000	9000	
11	涉县漳北渠灌区	涉县	河湖引水	56000	19000	19000	
12	涉县漳南渠灌区	涉县	河湖引水	20000	7000	5132	1868
13	涉县漳西渠灌区	涉县	河湖引水	34000	12000	12000	
14	车谷灌区	武安市	水库	125000	105000	100000	5000
15	贾庄灌区	武安市	水库	80100	50000	50000	
16	口上灌区	武安市	水库	115000	85000	85000	
合计				1136420	859778		

截至2011年，邢台市有地表水灌区15处，其中，3处引水库水灌溉，12处引河湖水灌溉。设计灌溉面积96.37万亩，有效灌溉面积50.87万亩。表4-32为邢台市中型灌区明细表。

表4-32　　邢台市中型灌区明细表

序号	灌区名称	灌溉范围	供水水源	设计灌溉面积/亩	有效灌溉面积/亩		
					合计	耕地	非耕地
1	临城灌区	临城县	水库	150000	18400	18400	
2	陈窑灌区	临西县	河湖提水	10200	10200	10200	
3	大营灌区	临西县	河湖提水	12000	12000	12000	
4	丁村灌区	临西县	河湖提水	20000	10800	10800	
5	尖冢灌区	临西县	河湖提水	280000	199500	199500	
6	汪江灌区	临西县	河湖提水	20000	15240	15240	
7	赵圈灌区	临西县	河湖提水	10500	10500	10500	

续表

序号	灌区名称	灌溉范围	供水水源	设计灌溉面积/亩	有效灌溉面积/亩		
					合计	耕地	非耕地
8	郭屯灌区	清河县	河湖提水	15000	10000	10000	
9	焦庄灌区	清河县	河湖提水	30000	26000	26000	
10	南李庄灌区	清河县	河湖提水	120000	90000	90000	
11	唐口灌区	清河县	河湖提水	16000	11000	11000	
12	油坊灌区	清河县	河湖提水	18000	12000	12000	
13	东石岭灌区	沙河市	水库	76000	30040	30040	
14	朱庄南灌区	沙河市	水库	138000	32980	32980	
15	百泉灌区	邢台县	河湖引水	48000	20000	20000	
合计				963700	508660		

截至2011年，保定市有地表水灌区18处，其中，10处引水库水灌溉，8处引河湖水灌溉。设计灌溉面积98.66万亩，有效灌溉面积71.08万亩。表4-33为保定市中型灌区明细表。

表4-33　　保定市中型灌区明细表

序号	灌区名称	灌溉范围	供水水源	设计灌溉面积/亩	有效灌溉面积/亩		
					合计	耕地	非耕地
1	拒跃灌区	定兴县	河湖引水	102508	102508	102508	
2	蔡家井灌区	涞水县	水库	10000	8025	7460	565
3	垒子灌区	涞水县	水库	11000	11076	9982	1094
4	宋各庄灌区	涞水县	水库	32000	32268	26591	5677
5	大册营渠道灌区	满城县	河湖引水	40000	38595	38110	485
6	龙门灌区	满城县、易县	水库	115000	24055	22187	1868
7	寨地水库灌区	曲阳县	水库	10500	4000	4000	
8	老里村灌区	容城县	河湖引水	95000	70000	70000	
9	龙潭灌区	顺平县	水库	21000	3070	3070	
10	革命大渠	唐县	河湖引水	55000	32853	29853	3000
11	环山渠	唐县	河湖引水	34000	27000	23000	4000
12	马庄灌区	雄县	河湖引水	80000	67132	53232	13900
13	胜利灌区	雄县	河湖引水	120000	131437	114390	17047
14	利民灌区	徐水县	水库	20000	10000	10000	
15	于庄灌区	徐水县	水库	36500	25000	25000	
16	北易水灌区	易县	水库	31050	13070	12520	550
17	胜利灌区	易县	水库	100000	57698	54303	3395
18	幸福渠灌区	涿州市	河湖引水	73000	52999	52999	
合计				986558	710786		

截至 2011 年，张家口市有地表水中型灌区 11 处，其中，6 处引水库水灌溉，5 处引河湖水灌溉。设计灌溉面积 37.3 万亩，有效灌溉面积 31.07 万亩。表 4-34 为张家口市中型灌区明细表。

表 4-34　　张家口市中型灌区明细表

序号	灌区名称	灌溉范围	供水水源	设计灌溉面积/亩	有效灌溉面积/亩		
					合计	耕地	非耕地
1	黑河灌区	赤城县	河湖引水	30000	20000	20000	
2	云州水库下游灌区	赤城县	河湖引水	59600	42000	42000	
3	葫芦河灌区	沽源县	水库	17400	17400	17400	
4	闪电河东灌区	沽源县	水库	35000	21900	21900	
5	闪电河西灌区	沽源县	水库	14000	12000	12000	
6	石门子灌区	沽源县	水库	20000	11400	11400	
7	大洋河灌区	怀安县、万全县	河湖引水	17000	17000	16200	800
8	洪塘河灌区	怀安县、宣化县	河湖引水	68000	68000	65000	3000
9	淮河灌区	怀安县	河湖引水	22000	22000	22000	
10	水沟口灌区	怀安县	水库	52000	46000	45900	100
11	小洋河灌区	怀安县	水库	38000	33000	31500	1500
合计				373000	310700		

截至 2011 年，承德市有地表水中型灌区 7 处，其中，5 处引水库水灌溉，2 处引河湖水灌溉。设计灌溉面积 17.53 万亩，有效灌溉面积 15.44 万亩。表 4-35 为承德市中型灌区明细表。

表 4-35　　承德市中型灌区明细表

序号	灌区名称	灌溉范围	供水水源	设计灌溉面积/亩	有效灌溉面积/亩		
					合计	耕地	非耕地
1	庙宫水库灌区	隆化县、滦平县、双滦区、围场县	水库	90000	85609	85609	
2	凤山灌区	丰宁满族自治县	河湖引水	21000	21000	21000	
3	苏家店灌区	丰宁满族自治县	河湖引水	11000	7432	7432	
4	三旗杆水库灌区	宽城满族自治县	水库	11300	7500	7500	
5	大庆灌区	平泉县	水库	20000	13350	13350	
6	钓鱼台水库灌区	围场县	水库	10500	8000	8000	
7	兴隆县老虎沟灌区	兴隆县	水库	11500	11500	11500	
合计				175300	154391		

截至 2011 年，沧州市有地表水中型灌区 3 处，全部引河湖水灌溉。设计灌溉面积 19.26 万亩，有效灌溉面积 16.07 万亩。表 4-36 为沧州市中型灌区明细表。

表 4-36 沧州市中型灌区明细表

序号	灌区名称	灌溉范围	供水水源	设计灌溉面积/亩	有效灌溉面积/亩		
					合计	耕地	非耕地
1	马庄灌区	海兴县	河湖提水	92000	60057	60047	10
2	大过灌区	献县	河湖提水	22600	22600	22600	
3	中营灌区	献县	河湖引水	78000	78000	78000	
合计				192600	160657		

截至 2011 年，廊坊市有地表水中型灌区 2 处，全部引河湖水灌溉。设计灌溉面积 46.0 万亩，有效灌溉面积 40.76 万亩。表 4-37 为廊坊市中型灌区明细表。

表 4-37 廊坊市中型灌区明细表

序号	灌区名称	灌溉范围	供水水源	设计灌溉面积/亩	有效灌溉面积/亩		
					合计	耕地	非耕地
1	谭台灌区	大厂回族自治县	河湖引水	170000	120356	109611	10745
2	引潮灌区	三河市	河湖引水	290000	287274	276095	11179
合计				460000	407630		

1.3 小型灌区

截至 2011 年，石家庄市有地表水小型灌区 11 处，其中，10 处引水库水灌溉，1 处引河湖水灌溉。设计灌溉面积 3.70 万亩，有效灌溉面积 3.38 万亩。表 4-38 为石家庄市小型灌区明细表。

表 4-38 石家庄市小型灌区明细表

序号	灌区名称	灌溉范围	供水水源	设计灌溉面积/亩	有效灌溉面积/亩		
					合计	耕地	非耕地
1	民建灌区	井陉县	河湖引水	3000	2500	2500	
2	忽冻村扬水站灌区	灵寿县	水库	2800	2600	2600	
3	牛城村扬水站灌区	灵寿县	水库	3000	3000	3000	
4	中王角泵站灌区	灵寿县	水库	4000	3950	3850	100
5	北正水库灌区	元氏县	水库	7000	7000	7000	
6	东坛山岗东水库灌区	赞皇县	水库	2500	2000	1000	1000
7	胜利水库灌区	赞皇县	水库	3000	2381	1381	1000
8	水库北灌区	赞皇县	水库	3000	2600	2000	600
9	田村灌区	赞皇县	水库	3000	2300	2300	
10	许亭灌区	赞皇县	水库	3400	3400	3400	
11	银河铺水库灌区	赞皇县	水库	2300	2035	500	1535
合计				37000	33766		

截至 2011 年，唐山市有地表水小型灌区 16 处，其中，3 处引水库水灌溉，13 处引河

湖水灌溉。设计灌溉面积 6.42 万亩，有效灌溉面积 5.42 万亩。表 4－39 为唐山市小型灌区明细表。

表 4－39　　唐山市小型灌区明细表

序号	灌区名称	灌溉范围	供水水源	设计灌溉面积/亩	有效灌溉面积/亩		
					合计	耕地	非耕地
1	九龙泉水库灌区	迁安市	水库	5000	2000	2000	
2	北涧兴村灌区	玉田县	河湖提水	2000	2000	2000	
3	观风堆大洼灌区	玉田县	河湖提水	2200	2200	2200	
4	观风堆东□灌区	玉田县	河湖提水	2000	2000	2000	
5	罗卜窝村灌区	玉田县	河湖提水	7500	7500	7500	
6	孟三庄双城河东灌区	玉田县	河湖提水	7500	7500	7500	
7	孟四庄村东灌区	玉田县	河湖引水	2000	2000	2000	
8	孟四庄村西灌区	玉田县	河湖引水	4000	4000	4000	
9	南兴庄北圈南圈灌区	玉田县	河湖提水	2000	2000	2000	
10	齐庄子村东灌区	玉田县	河湖提水	3000	3000	3000	
11	石臼窝村灌区	玉田县	河湖提水	5100	5100	5100	
12	湘子村西灌区	玉田县	河湖提水	2900	2900	2900	
13	玉船窝村灌区	玉田县	河湖提水	3000	3000	3000	
14	朱英铺村灌区	玉田县	河湖提水	2000	2000	2000	
15	大河局水库灌区	遵化市	水库	9000	3000	3000	
16	龙门口水库灌区	遵化市	水库	5000	4000	3000	1000
合计				64200	54200		

截至 2011 年，秦皇岛市有地表水小型灌区 14 处，其中，10 处引水库水灌溉，4 处引河湖水灌溉。设计灌溉面积 4.50 万亩，有效灌溉面积 3.89 万亩。表 4－40 为秦皇岛市小型灌区明细表。

表 4－40　　秦皇岛市小型灌区明细表

序号	灌区名称	灌溉范围	供水水源	设计灌溉面积/亩	有效灌溉面积/亩		
					合计	耕地	非耕地
1	西山盘山渠灌区	北戴河区	河湖提水	5000	5000		5000
2	昌黎县正明山水库灌区	昌黎县	水库	3500	3500	3500	
3	大蒲河闸灌区	昌黎县	河湖引水	2500	2500	2500	
4	葛条港乡歇马台闸灌区	昌黎县	河湖引水	2500	2000	2000	
5	果乡水库灌区	昌黎县	水库	5000	1110	1110	
6	两山乡下洼水库灌区	昌黎县	水库	2300	2300	2300	

续表

序号	灌区名称	灌溉范围	供水水源	设计灌溉面积/亩	有效灌溉面积/亩		
					合计	耕地	非耕地
7	龙家店镇中各庄闸灌区	昌黎县	河湖引水	4000	3100	3100	
8	鸽子塘灌区	抚宁县	水库	2500	2150	2150	
9	李世沟灌区	卢龙县	水库	3200	3200	2900	300
10	刘黑石灌区	卢龙县	水库	2500	2500	2100	400
11	茆家沟村灌区	卢龙县	水库	3000	2500	2000	500
12	孟家沟 1＃灌区	卢龙县	水库	2500	2500	1500	1000
13	下荆子村灌区	卢龙县	水库	3000	3000	2000	1000
14	野鸡店村灌区	卢龙县	水库	3500	3500	2500	1000
合计				45000	38860		

截至 2011 年，邯郸市有地表水小型灌区 1 处，为引河湖水灌溉。设计灌溉面积 0.56 万亩，有效灌溉面积 0.56 万亩。表 4－41 为邯郸市小型灌区明细表。

表 4－41　　邯郸市小型灌区明细表

序号	灌区名称	灌溉范围	供水水源	设计灌溉面积/亩	有效灌溉面积/亩		
					合计	耕地	非耕地
1	申街灌区	馆陶县	河湖提水	5660	5660	5660	
合计				5660	5660		

截至 2011 年，邢台市有地表水小型灌区 9 处，其中，1 处引水库水灌溉，9 处引河湖水灌溉。设计灌溉面积 3.70 万亩，有效灌溉面积 3.67 万亩。表 4－42 为邢台市小型灌区明细表。

表 4－42　　邢台市小型灌区明细表

序号	灌区名称	灌溉范围	供水水源	设计灌溉面积/亩	有效灌溉面积/亩		
					合计	耕地	非耕地
1	官亭镇高家庄村灌区	巨鹿县	河湖提水	3400	3400	3400	
2	苏家营乡后无尘灌区	巨鹿县	河湖提水	3200	3200	3200	
3	苏家营乡苏三村灌区	巨鹿县	河湖提水	3200	3200	3200	
4	阎疃镇柴城灌区	巨鹿县	河湖提水	4887	4800	4800	
5	阎疃镇黄马庄灌区	巨鹿县	河湖提水	3000	3000	3000	
6	阎疃镇寨里灌区	巨鹿县	河湖提水	5600	5600	5600	
7	阎疃镇寨外灌区	巨鹿县	河湖提水	2700	2500	2500	
8	曹家台灌区	宁晋县	河湖提水	3475	3475	3475	
9	峡沟灌区	沙河市	水库	7500	7500	7500	
合计				36962	36675		

截至 2011 年，保定市有地表水小型灌区 3 处，其中，2 处引水库水灌溉，1 处引河湖水灌溉。设计灌溉面积 1.20 万亩，有效灌溉面积 1.00 万亩。表 4 - 43 为保定市小型灌区明细表。

表 4 - 43　　保定市小型灌区明细表

序号	灌区名称	灌溉范围	供水水源	设计灌溉面积/亩	有效灌溉面积/亩		
					合计	耕地	非耕地
1	马连川渠道灌区	满城县	水库	5000	5630	5370	260
2	杨家台水库灌区	曲阳县	水库	4500	2200	2200	
3	南市湖灌区	易县	河湖引水	2500	2128	2128	
合计				12000	9958		

截至 2011 年，张家口市有地表水小型灌区 10 处，其中，3 处引水库水灌溉，7 处引河湖水灌溉。设计灌溉面积 4.91 万亩，有效灌溉面积 4.01 万亩。表 4 - 44 为张家口市小型灌区明细表。

表 4 - 44　　张家口市小型灌区明细表

序号	灌区名称	灌溉范围	供水水源	设计灌溉面积/亩	有效灌溉面积/亩		
					合计	耕地	非耕地
1	民生渠灌区	怀安县	河湖引水	9000	8500	8300	200
2	南洋河灌区	怀安县	河湖引水	8600	7500	7500	
3	兴隆区灌区	万全县	河湖引水	2500	2500	2500	
4	横涧水库灌区	蔚县	水库	8000	2800	2550	250
5	下元皂灌区	蔚县	河湖提水	2000	2000	2000	
6	夏源水库灌区	蔚县	水库	3000	3310	2947	363
7	响水铺村灌区	下花园区	河湖引水	2025	2025	2025	
8	永丰渠	阳原县	其他	3000	2000	2000	
9	小二台灌区	张北县	水库	5000	3500	3500	
10	长顺渠灌区	涿鹿县	河湖引水	6000	6000	5000	1000
合计				49125	40135		

截至 2011 年，承德市有地表水小型灌区 8 处，其中，3 处引水库水灌溉，5 处引河湖水灌溉。设计灌溉面积 2.91 万亩，有效灌溉面积 2.75 万亩。表 4 - 45 为承德市小型灌区明细表。

表 4 - 45　　承德市小型灌区明细表

序号	灌区名称	灌溉范围	供水水源	设计灌溉面积/亩	有效灌溉面积/亩		
					合计	耕地	非耕地
1	唐家湾水库灌区	承德县	水库	4500	3874	3874	
2	六间房村灌区	丰宁满族自治县	河湖引水	3519	3519	3519	

续表

序号	灌区名称	灌溉范围	供水水源	设计灌溉面积/亩	有效灌溉面积/亩		
					合计	耕地	非耕地
3	天桥村灌区	丰宁满族自治县	河湖引水	2000	2000	2000	
4	南天门水库灌区	宽城满族自治县	水库	6000	5500	1500	4000
5	郭家屯灌区	隆化县	河湖引水	4500	4300	4300	
6	旧屯灌区	隆化县	河湖引水	3100	2900	2900	
7	湾沟门乡沙金堆村河西大渠灌区	隆化县	河湖引水	2500	2400	2400	
8	佟家沟灌区	兴隆县	水库	3000	3000		3000
合计				29119	27493		

截至2011年，承德市有地表水小型灌区13处，全部引河湖水灌溉。设计灌溉面积4.39万亩，有效灌溉面积4.34万亩。表4-46为参沧州市小型灌区明细表。

表4-46　　沧州市小型灌区明细表

序号	灌区名称	灌溉范围	供水水源	设计灌溉面积/亩	有效灌溉面积/亩		
					合计	耕地	非耕地
1	县农场畜牧队灌区	海兴县	河湖提水	2940	2940	2940	
2	香坊乡韩赵村灌区	海兴县	河湖提水	2240	2240	2240	
3	香坊乡坨里村灌区	海兴县	河湖提水	4200	4200	4200	
4	香坊乡西官庄村灌区	海兴县	河湖提水	2076	2076	2076	
5	香坊乡香坊村灌区	海兴县	河湖提水	6000	6000	6000	
6	辛集镇宋王村灌区	海兴县	河湖提水	3000	3000	3000	
7	辛集镇孙堤头村灌区	海兴县	河湖提水	2700	2700	2700	
8	辛集镇赵堤头村灌区	海兴县	河湖提水	3500	3280	3280	
9	孟村镇东姚村灌区	孟村县	河湖提水	3200	3200	3200	
10	孟村镇高姚村灌区	孟村县	河湖提水	4900	4900	4900	
11	孟村镇后姚村灌区	孟村县	河湖提水	2100	2100	2100	
12	孟村镇西姚村灌区	孟村县	河湖提水	3800	3800	3800	
13	宋庄子乡东姜官屯灌区	孟村县	河湖提水	3200	3000	3000	
合计				43856	43436		

2 水力发电

2.1 水电站工程主要指标明细

对各市水电站工程按市级进行统计。各市水电站工程主要统计位置、河流、装机容量、额定水头、多年平均发电量等。

（1）石家庄市水电站。截至2011年，石家庄市共有中小型水电站27座，多年平均总发电量67638.67万kW·h。表4-47为石家庄市中小型水电站工程明细表。

表4-47 石家庄市中小型水电站工程明细表

序号	水电站名称	位置	所在河流	装机容量/kW	额定水头/m	多年平均发电量/(万kW·h)
1	土贤庄水电站	长安区长丰街道办事处	石津总干渠	2×2000	5.50	1298.60
2	田庄水电站	新华区杜北乡	石津总干渠	2×2500	6.00	410.00
3	乏驴岭水电站	井陉县天长镇	绵河	1×1250+3×400	40.00	366.00
4	长征电站	井陉县天长镇	绵河	1×250+2×125	12.00	110.00
5	张河湾水库（抽水蓄能）	井陉县测鱼镇	冶河	4×250000	305.00	23100.00
6	张河湾水库	井陉县测鱼镇	冶河	2×320	27.80	254.90
7	景庄水电站	井陉县苍岩山镇	冶河	2×800	91.00	648.00
8	口头水库	行唐县口头镇	郜河	1×320+2×160	18.50	34.00
9	灵正渠水电站	灵寿县牛城乡	滹沱河	1×800	14.00	0.02
10	南营水电站	灵寿县南营乡	磁河	1×250+1×400	63.70	130.00
11	横山岭水库	灵寿县岔头镇	磁河	1×50+3×500	18.50	70.00
12	土门水电站	赞皇县土门乡	北沙河—槐河	2×320	17.70	16.00
13	白草坪水库	赞皇县黄北坪乡	北沙河—槐河	2×320	18.00	23.00
14	大坪电站	平山县杨家桥乡	滹沱河	2×500	7.50	327.51
15	康庄电站	平山县杨家桥乡	滹沱河	2×500	30.00	300.00
16	小觉电站	平山县小觉镇	滹沱河	3×1500	28.50	800.00
17	秘家会电站	平山县小觉镇	滹沱河	3×800	24.90	885.22
18	十里坪电站	平山县小觉镇	滹沱河	3×800	18.63	850.00
19	柏坡电站	平山县西柏坡镇	文都河	1×630	85.00	20.00
20	戎冠秀电站	平山县上观音堂乡	柳林河	2×320	104.00	200.42
21	岗南水库	平山县岗南镇	滹沱河	1×11000+2×15000	46.00	35000.00
22	岗南一站小机组	平山县岗南镇	滹沱河	2×3200	42.30	700.00
23	岗南二站	平山县岗南镇	滹沱河	1×1600	7.50	60.00
24	侯村电站	元氏县南佐镇	潴龙河	1×125+2×200	11.00	24.00
25	八一电站	元氏县北褚乡	潴龙河	2×250	12.34	11.00
26	河北混合蓄能水电站	鹿泉市黄壁庄镇	滹沱河混合区域	1×16000	14.50	1000.00
27	杜童水电站	鹿泉市大河镇	石津总干渠	3×1250	6.10	1000.00
合计						67638.67

（2）唐山市水电站。截至2011年，唐山市共有中小型水电站9座，多年平均总发电量51549.4万kW·h。表4-48为唐山市中小型水电站工程明细表。

表 4-48 唐山市中小型水电站工程明细表

序号	水电站名称	位置	所在河流	装机容量 /kW	额定水头 /m	多年平均发电量 /(万 kW·h)
1	姚庄水电站	丰润区姜家营乡	陡河	2×1250	11.00	260.00
2	大黑汀水利枢纽-水电站	迁西县兴城镇	滦河	1×8800+4×3200+2×500	18.50	4680.00
3	南观水电站	迁西县兴城镇	还乡河	2×4000	25.80	1100.00
4	国网新源潘家口蓄能电厂	迁西县洒河桥镇	滦河	3×90000+2×5000	46.00	23100.00
5	潘家口水利枢纽-水电站	迁西县洒河桥镇	滦河	1×150000+1×630+2×500+2×4000	63.50	19000.00
6	遵化市上关水力发电站	遵化市马兰峪镇	魏进河	3×250	17.00	71.50
7	遵化市黎河四级水电站	遵化市建明镇	黎河	1×5000	10.10	1465.90
8	遵化市黎河三级水电站	遵化市建明镇	黎河	1×4000	7.80	1172.00
9	遵化市黎河二级水电站	遵化市建明镇	黎河	3×1250	8.50	700.00
合计						51549.4

(3) 秦皇岛市水电站。截至 2011 年，秦皇岛市共有中小型水电站 4 座，多年平均总发电量 6806.08 万 kW·h。表 4-49 为秦皇岛市中小型水电站工程明细表。

表 4-49 秦皇岛市中小型水电站工程明细表

序号	水电站名称	位　置	所在河流	装机容量 /kW	额定水头 /m	多年平均发电量 /(万 kW·h)
1	石河水库-水电站	山海关区孟姜镇	石河	3×320	17.00	190.00
2	水胡同水库-水电站	青龙县马圈子镇	都源河	2×800+1×160	89.00	275.60
3	桃林口水库-水电站	青龙县官场乡	青龙河	2×10000	45.00	6275.00
4	洋河水库—水电站	抚宁县抚宁镇	洋河	2×800	15.43	65.48
合计						6806.08

(4) 邯郸市水电站。截至 2011 年，邯郸市共有中小型水电站 19 座，多年平均总发电量 7882.44 万 kW·h。表 4-50 为邯郸市中小型水电站工程明细表。

表 4-50 邯郸市中小型水电站工程明细表

序号	水电站名称	位　置	所在河流	装机容量 /kW	额定水头 /m	多年平均发电量 /(万 kW·h)
1	老刁沟水电站	峰峰矿区义井镇	滏阳河	2×1250	53.33	852.30
2	宿风水电站	峰峰矿区义井镇	滏阳河	2×500	19.60	300.00
3	三河底水电站	峰峰矿区义井镇	滏阳河	2×320	11.50	200.00

续表

序号	水电站名称	位 置	所在河流	装机容量/kW	额定水头/m	多年平均发电量/(万 kW·h)
4	彭城水电站	峰峰矿区彭城镇	滏阳河	2×320	10.04	150.00
5	西达水电站	涉县西达镇	清漳河	3×500	18.80	614.00
6	小会水电站	涉县辽城乡	清漳河	3×500	78.00	614.00
7	新桥电站	涉县辽城乡	清漳河	1×500+1×320	37.00	280.00
8	台庄水电站	涉县合漳乡	漳河	2×500	15.50	350.00
9	张头水电站	涉县合漳乡	漳河	1×500+3×160	12.50	290.00
10	下庄水电站	涉县合漳乡	漳河	3×200	4.50	240.00
11	白芟水电站	涉县合漳乡	漳河	1×250+1×200+1×100	11.09	80.00
12	东武仕水电站	磁县路村营乡	滏阳河	2×3200	30.50	1000.00
13	凤凰山水电站	磁县都党乡	漳河混合区域	2×630+1×250	25.60	50.00
14	南关水电站	磁县磁州镇	滏阳河	2×250	5.10	40.00
15	海乐山水电站	磁县白土镇	漳河混合区域	2×3200+1×800	99.14	2563.80
16	活水水电站	武安市活水乡	北洺河	1×92+2×630	45.10	150.00
17	口上水电站	武安市活水乡	北洺河	1×320+1×800	31.00	30.00
18	四里岩水电站	武安市贺进镇	北洺河	1×400+1×250	19.92	18.34
19	车谷水电站	武安市管陶乡	洺河	2×630	45.50	60.00
合计						7882.44

(5) 邢台市水电站。截至2011年，邢台市共有中小型水电站6座，多年平均总发电量1221.97万kW·h。表4-51为邢台市中小型水电站工程明细表。

表4-51　　邢台市中小型水电站工程明细表

序号	水电站名称	位 置	所在河流	装机容量/kW	额定水头/m	多年平均发电量/(万 kW·h)
1	四里沟水电站	邢台县路罗镇	路罗川	2×250	23.00	150.00
2	野沟门水库-水电站	邢台县宋家庄镇	将军墓川	3×250	16.85	230.00
3	石相河水电站	邢台县皇寺镇	白马河	2×500	63.00	316.60
4	临城水库-水电站	临城县西竖镇	泜河	1×250+2×125	11.00	52.00
5	朱庄水库-水电站	沙河市綦村镇	南澧河—沙河	1×3200+2×500+1×630	24.00	433.37
6	东石岭水库-水电站	沙河市刘石岗乡	渡口川	1×500+3×165	29.00	40.00
合计						1221.97

(6) 保定市水电站。截至2011年，保定市共有中小型水电站28座，多年平均总发电量12382.47万kW·h，倒马关水电站和胶东沟口水电站多年平均发电量未统计。表4-

52 为保定市中小型水电站工程明细表。

表 4-52　　保定市中小型水电站工程明细表

序号	水电站名称	位置	所在河流	装机容量/kW	额定水头/m	多年平均发电量/(万 kW·h)
1	平峪电站	涞水县赵各庄镇	拒马河	3×250	20.10	80.00
2	大柳树水电站	阜平县砂窝乡	沙河	2×1250	43.00	1070.00
3	牛角台水电站	阜平县砂窝乡	沙河	3×500	34.00	632.00
4	南岭会水电站	阜平县砂窝乡	沙河	2×250+1×320	17.00	120.00
5	陡岭台水电站	阜平县砂窝乡	沙河	2×250	20.50	80.00
6	东漕岭水电站	阜平县阜平镇	沙河	3×320	17.00	350.00
7	石牛河水电站	阜平县城南庄镇	胭脂河	2×320	38.00	256.00
8	城北水电站	唐县仁厚镇	唐河	4×160	5.00	150.00
9	倒马关水电站	唐县川里镇	唐河	3×1250	52.70	—
10	民安庄水电站	唐县川里镇	唐河	3×630	37.20	400.00
11	北罗水泵水电站	唐县北罗镇	唐河	3×250	6.00	105.00
12	西大洋水库-水电站	唐县雹水乡	唐河	1×3200+3×3000	35.50	526.00
13	六十道沟水电站	涞源县走马驿镇	唐河	2×1000	42.17	334.00
14	旭昌水电站	涞源县走马驿镇	唐河	1×250+1×500	14.79	108.00
15	龙晟水电站	涞源县水堡镇	唐河	3×630	40.31	1052.47
16	龙家庄水电站	涞源县水堡镇	唐河	3×500	36.29	805.00
17	易县康隆水电站	易县紫荆关镇	中易水	3×1250	45.00	320.00
18	紫荆关三级水电站	易县紫荆关镇	中易水	3×1250	79.50	1074.00
19	紫荆关一级水电站	易县紫荆关镇	中易水	3×1000	62.45	627.00
20	紫荆关四级水电站	易县紫荆关镇	中易水	2×1250	56.40	748.00
21	紫荆关五级水电站	易县紫荆关镇	中易水	3×630	44.64	370.00
22	胶东沟口水电站	易县紫荆关镇	拒马河	2×250+1×320	25.00	—
23	易县官座岭水电站	易县梁格庄镇	旺隆沟	3×1250	191.20	720.00
24	旺隆水库-水电站	易县梁格庄镇	旺隆沟	2×400	23.50	50.00
25	安格庄水库-水电站	易县安格庄乡	中易水	3×3200	30.50	650.00
26	路庄子水电站	曲阳县路庄子乡	沙河	2×1250+4×250	10.00	365.00
27	王快水库-大唐水电站	曲阳县党城乡	沙河	1×15000+1×6500	101.00	1000.00
28	王快水库-水电站	曲阳县党城乡	沙河	1×2000	9.40	390.00
合计						12382.47

(7) 张家口市水电站。截至 2011 年，张家口市共有中小型水电站 11 座，多年平均总发电量 2233.4 万 kW·h。表 4-53 为张家口市中小型水电站工程明细表。

表 4-53　　张家口市中小型水电站工程明细表

序号	水电站名称	位置	所在河流	装机容量 /kW	额定水头 /m	多年平均发电量 /(万 kW·h)
1	响水铺水电站	下花园区辛庄子乡	洋河	4×500	23.50	300.00
2	水沟口二库-水电站	怀安县怀安城镇	洪塘河	2×500	26.00	35.00
3	官厅水电站	怀来县官厅镇	永定河	3×10000	35.40	150.00
4	河东水电站	涿鹿县河东镇	大庙河	2×800	96.00	137.30
5	三家台水电站	涿鹿县河东镇	大庙河	2×500	175.00	232.00
6	圣佛堂水电站	涿鹿县河东镇	大庙河	2×400	39.90	72.00
7	长梁山水电站	涿鹿县保岱镇	永定河	2×2000	68.00	368.00
8	云州水库-水电站	赤城县云州乡	潮白河	3×400	24.50	353.10
9	隔河寨二级水电站	赤城县后城镇	潮白河	2×500	24.00	326.00
10	隔河寨三级水电站	赤城县后城镇	潮白河	2×250	10.50	80.00
11	李家湾水电站	赤城县东卯镇	黑河	2×320	26.00	180.00
合计						2233.4

(8) 承德市水电站。截至 2011 年，承德市共有中小型水电站 19 座，多年平均总发电量 8960.05 万 kW·h，其中郭营子水电站，承德县滦河二级、三级、四级水电站多年平均发电量未统计。表 4-54 为承德市中小型水电站工程明细表。

表 4-54　　承德市中小型水电站工程明细表

序号	水电站名称	位置	所在河流	装机容量 /kW	额定水头 /m	多年平均发电量 /(万 kW·h)
1	郭营子水电站	双桥区冯营子镇	滦河	1×320+2×630	5.00	—
2	秋窝水电站	双桥区大石庙镇	滦河	2×1000+1×63	10.70	400.00
3	六道河水电站	双滦区西地满族乡	滦河	1×800+2×1600	28.20	2131.19
4	承德县滦河三级水电站	承德县下板城镇	滦河	2×1600	5.60	—
5	承德县滦河二级水电站	承德县下板城镇	滦河	2×1250	5.40	—
6	承德县滦河四级水电站	承德县下板城镇	滦河	2×1250	5.00	—
7	承德县柳河水电站	承德县大营子乡	柳河	3×320	15.60	106.21
8	兴隆县老虎沟水库	兴隆县安子岭乡	潵河	2×320+1×125	21.50	85.00
9	滦平县山前水电站	滦平县张百湾镇	滦河	2×800+1×320	16.00	280.00
10	滦平县大河西水电站	滦平县西沟满族乡	滦河	3×250	6.20	180.00
11	承德老陡山水电站	隆化县太平庄满族乡	滦河	1×800+3×630	19.40	500.35
12	黄土梁水电站	丰宁县西官营乡	兴洲河	2×250+1×40	26.00	85.57
13	丰宁水电站	丰宁县苏家店乡	滦河	2×10000	54.00	2000.00
14	丰宁七道河水电站	丰宁县南关蒙古族乡	潮河	3×250	15.80	332.00

续表

序号	水电站名称	位置	所在河流	装机容量/kW	额定水头/m	多年平均发电量/(万 kW·h)
15	宽城县汇泽园水电站	宽城县孟子岭乡	瀑河	1×2200	36.20	895.00
16	宽城县双洞子水电站	宽城县龙须门镇	瀑河	2×400	21.90	357.91
17	宽城河西水电站	宽城县大石柱子乡	青龙河	2×320+2×400	8.50	593.00
18	庙宫水库-水电站	围场县四道沟乡	伊逊河	3×630	40.00	866.50
19	老窝铺水电站	围场县老窝铺乡	小滦河	2×250	11.40	147.32
合计						8960.05

3　生活用水

饮用水水源保护区是指国家为防止饮用水水源地污染、保证水源地环境质量而划定，并要求加以特殊保护的一定面积的水域和陆域。按照《中华人民共和国水污染防治法》的要求，饮用水水源保护区分为一级保护区和二级保护区，必要时还可以在饮用水水源保护区外围划定一定的区域作为准保护区。划分不同级别的保护区应当按照不同的水质标准和防护要求，不同级别的饮用水水源保护区，将采取不同的保护管理措施。表 4-55 为河北省地表水水源地成果表。

表 4-55　　河北省地表水水源地成果表

序号	行政区	河湖（水库）名称	主要供水用途	供水规模/(万 m^3/d)	供水人口/万人	供水地区	水质目标
1	石家庄市	岗南水库	城镇生活	36.2	189	石家庄市	Ⅱ类
2	石家庄市	黄壁庄水库	城乡生活	1020	100	石家庄、衡水市、鹿泉市	Ⅲ类
3	唐山市	陡河水库	城镇生活	62	198	唐山市区	Ⅱ类
4	唐山市	大黑汀水利枢纽	城镇生活	1209.6	708	天津市、唐山市	Ⅱ类
5	唐山市	潘家口水利枢纽	城镇生活	397.3	708	天津市、唐山市	Ⅱ类
6	秦皇岛市	石河水库	城镇生活	20	27.88	山海关、海港区、开发区	Ⅱ类
7	秦皇岛市	都源河	城镇生活	0.548	3.6	青龙县城	Ⅱ类
8	秦皇岛市	桃林口水库	城镇生活	80	60	秦皇岛、唐山市	Ⅱ类
9	秦皇岛市	温泉堡水库	城乡生活	0.073	0.2	杜庄镇、驻军	Ⅰ类
10	秦皇岛市	洋河水库	城镇生活	16.3	62	秦皇岛、北戴河	Ⅱ类
11	邯郸市	岳城水库	城乡生活	15	90	邯郸市、安阳市	Ⅱ类
12	邯郸市	四里岩水库	城乡生活	3.8	10.5	武安镇、团城镇、贺进镇	Ⅱ类
13	邢台市	峡沟水库	乡村生活	0.1	3.7	册井乡、柴关乡、刘石岗乡	Ⅱ类
14	保定市	西大洋水库	城乡生活	26	95	保定市	Ⅱ类
15	保定市	拒马河	城乡生活	0.57	3.2	涞源镇、城区办	Ⅱ类
16	保定市	王快水库	城乡生活	80	160	北京市、保定市、沧州市	Ⅱ类

续表

序号	行政区	河湖（水库）名称	主要供水用途	供水规模/(万 m³/d)	供水人口/万人	供水地区	水质目标
17	张家口市	灵山河	城乡生活	0.48	0.8	矾山镇	Ⅲ类
18	张家口市	岔道河	乡村生活	0.147	1.3	辉耀镇	Ⅲ类
19	张家口市	西沟	城镇生活	2.08	20.5	张家口市区	Ⅰ类
20	张家口市	清水河	城乡生活	0.796	3.58	西湾子镇	Ⅰ类
21	张家口市	清水河	城镇生活	2.02	19.97	张家口市区	Ⅰ类
22	张家口市	西沟	城镇生活	1.93	19	张家口市区	Ⅰ类
23	承德市	窟窿山水库	城镇生活	0.9	4.5	滦平镇	Ⅱ类
24	沧州市	东光观洲湖	城镇生活	3	14.7	东光镇	Ⅱ类
25	沧州市	杨埕水库	城乡生活	22	50	渤海新区、海兴县、中捷农场	Ⅲ类
26	沧州市	大浪淀水库	城镇生活	18.19	92.5	沧州市、南皮县、黄骅港	Ⅱ类

4 调节洪峰

4.1 河北省“63·8”暴雨洪水

1963 年 8 月，华北地区上空形成了一条很深的稳定低压槽，这种稳定的环流形势使海河流域一带长期处于冷暖气流交锋的气流辐射带里，加之不断北上的天气系统，造成了连绵不断的特大暴雨。降雨从 8 月 1 日开始，10 日止，主要集中在 8 月 2—8 日的 7d 内，7d 暴雨中心北移到大清河水系上游顺平县司仓，日降水量 704mm，最大 3d 降水量 1130mm，最大 7d 降水量 1303mm，为仅次于獐貘（邢台市内丘县），为海河流域第二大暴雨中心。100mm 以上笼罩面积为 31400km²。

（1）大清河水系。白洋淀南支各河 8 月 7 日普遍涨水，中型水库刘家台 8 日凌晨溃坝失事，多个小型水库被冲毁，王快、西大洋、龙门、横山岭等大型水库日最大拦蓄洪水 17.6 亿 m³。表 4－56 大清河水系各大型水库“63·8”洪水削减洪峰特征值表。

表 4－56　大清河水系各大型水库“63·8”洪水削减洪峰特征值表

水库名称	最大入库流量及日期		最大下泄流量及日期		最大日蓄水量及日期		削减洪峰/%
	日期	流量/(m³/s)	日期	流量/(m³/s)	日期	水量/亿 m³	
王快水库	8月7日	8520	8月8日	1790	8月8日	7.77	82.1
西大洋水库	8月8日	7710	8月8日	1670	8月8日	6.49	78.3
龙门水库	8月8日	4250	8月8日	3250	8月8日	0.918	23.5
横山岭水库	8月7日	2670	8月8日	654	8月8日	1.83	75.7
口头水库	8月7日	468	8月7日	32	8月9日	0.534	93.2
安各庄水库	8月8日	6320	8月8日	490	8月8日	2.21	92.1
瀑河水库		1900		664		0.696	

（2）子牙河水系。滹沱河上游水库拦蓄洪水15.78亿m^3洪水，黄壁庄水库最大下泄流量仍达6150m^3/s。滹沱河下游堤防或扒口或漫溢，两岸一片汪洋。北岸经潴龙河汇入白洋淀洪水2.49亿m^3，北中山以下决口洪水2.0亿m^3入文安洼。

滏阳河上游支流洪水4日同时暴涨，四处漫溢，京广铁路两侧洪水连成一片。漫流洪水经大陆泽、宁晋泊、千顷洼，沿滏阳河、子牙河两岸漫流入贾口洼，水面宽达30km，漫流洪水总量达89亿m^3，形成了天津地区的第二次洪峰。表4-57为子牙河水系各大型水库"63·8"洪水削减洪峰特征值表。

表4-57　　子牙河水系各大型水库"63·8"洪水削减洪峰特征值表

水库名称	最大入库流量/(m^3/s)	最大下泄流量/(m^3/s)	最大日蓄水量/亿m^3	削减洪峰/%
岗南水库	4390	812	8.626	
黄壁庄水库	12000	6150	7.118	
临城水库	5565	2448	1.494	
东武仕水库	1920	152	0.374	

（3）漳卫南运河水系。卫河上游各支流8月2日开始涨水，堤防多处决口，两岸一片汪洋。漳河上游山洪虽经岳城水库拦蓄6.67亿m^3，9日下泄流量仍达3500m^3/s。大量洪水破堤入大名泛区。10日洪水在大名县严桥漫过漳河左堤，堤上过水1m多，漫溢洪量达12.96亿m^3，漫溢洪水于8月底汇入贾口洼。卫运河4日起涨，11日称钩湾站流量达3240m^3/s。恩县洼分洪洪水6.77亿m^3，8月、9月四女寺减河分洪入海40.37亿m^3，占上游临清站来水量的68.5%。表4-58为漳卫南运河水系各大型水库"63·8"洪水削减洪峰特征值表。

表4-58　　漳卫南运河水系各大型水库"63·8"洪水削减洪峰特征值表

水库名称	最大入库流量/(m^3/s)	最大下泄流量/(m^3/s)	最大日蓄水量/亿m^3	削减洪峰/%
岳城水库	7040	3500	6.669	
小南海	3350	328	0.625	

4.2 河北省南部"9·68"暴雨洪水

1996年8月3—5日河北省中南部发生了自1963年以来的特大暴雨洪水。滹沱河、漳河上游洪峰流量超过1963年，相当于50年一遇；泜河临城水库入库洪峰流量超100年一遇；沙河朱庄水库入库洪峰流量为200年一遇。表4-59为河北省南部"96·8"洪水部分大型水库拦洪蓄水统计表。

表4-59　　河北省南部"96·8"洪水部分大型水库拦洪蓄水统计表

水库名称	最大入库流量及时间		最大下泄流量及时间		削减洪峰/%	8月拦洪量/亿m^3
	流量/(m^3/s)	时间	流量/(m^3/s)	时间		
王快水库	3150	5日6时	571	8日6时	81.9	2.72
西大洋水库	1210	5日23时	352	5日23时	70.9	0.84

续表

水库名称	最大入库流量及时间		最大下泄流量及时间		削减洪峰/%	8月拦洪量/亿 m^3
	流量/(m^3/s)	时间	流量/(m^3/s)	时间		
岗南水库	7020	4日21时	2280	5日21时	67.5	2.01
黄壁庄水库	12900	4日17时	3650	5日12时	71.7	1.35
临城水库	3480	4日12时	1020	5日00时	70.7	0.332
朱庄水库	9390	4日17时	6600	4日22时	29.7	0.692
岳城水库	8190	4日20时	1490	5日13时	81.8	3.59

4.3 河北省2012年7月中东部暴雨洪水

4.3.1 暴雨洪水分析

受冷空气和副高外围暖湿气流、2012年第10号台风“达维”的先后影响，2012年7月下旬到8月上旬滦河发生了1996年以来最大一次暴雨洪水过程。暴雨中心位于唐山、秦皇岛沿海地区，局部地区超过600mm，接近多年平均降雨量。由于雨量大、强度高，滦河中下游及冀东沿海各支流出现十几年以来最大洪水，滦河下游大部分水库超过汛限水位，5座大型水库泄洪，100余座中小型水库蓄满溢流。

(1) 降雨频次高、范围广。从7月21日13时到8月4日8时，滦河流域频繁降雨，先后出现“7.21”“7.25”“7.28”“7.30”“8.3”5次暴雨过程，次雨间隔时间最长2d，最短1d，除最后一场受台风影响降雨局限在唐秦沿海外，其余4次降雨均为全流域降雨。短短十几天内流域先后出现5次强降雨过程，历史罕见。

(2) 降雨量大、分布不均。受地形和大气环流的影响，流域降雨分布不均，总降雨量呈现从上游到下游逐渐增大的趋势。潘家口水库以上伊逊河、兴洲河、武烈河、老牛河流域降雨量为100～200mm，柳河、瀑河流域降雨量为200～300mm，大黑汀水库以下到冀东沿海流域超过400mm，沿海局部地区超过600mm。较大雨量点为驻操营681.6mm、房管营672.2mm、桃林口660.3mm。个别站点降雨量差距更大，如滦河源头闪电河水库最小，仅44mm，与最大点驻操营相比，相差15倍多。流域降雨分布情况见表4-60。

表4-60　滦河各区域2012年7月21日至8月4日降水量统计

水系	河流名称	面积/km^2	河长/km	降水量/mm
滦河	尹逊河	6750	203	135.3
	兴洲河	1970	109	123.2
	武烈河	2580	96	129.0
	老牛河	1680	57	183.1
	瀑河	1990	114	268.2
	柳河	1020	86	305.0
	澈河	1160	89	404.7
	青龙河	6340	246	440.0
	郭家屯—三道河子	2722		127.5

续表

水系	河流名称	面积/km²	河长/km	降水量/mm
滦河	三道河子—潘家口	3737		268.1
	大、桃、滦区间	3550		480.4
冀东沿海	石河流域	560		598.3
	洋河流域	755		483.4
	陡河流域	530		411.7

（3）降雨强度大、致灾性强。在这次降水过程中，5 场暴雨降雨强度都很大，有的场次局部地区达到特大暴雨级别。7 月 21—22 日暴雨中，潘家口水库至大黑汀水库区间 18h 降雨量超过 200mm 的测站有 6 个，其中石庙子 249.6mm，老虎沟 245.6mm，石庙子最大 3h 降雨量 158mm，老虎沟最大 6h 降雨量 209.6mm。8 月 3—4 日唐秦沿海抚宁、乐亭、昌黎受台风影响，降大暴雨，局部地区降特大暴雨，刘台庄、乐亭、平房峪、驻操营日降雨量均超过 200mm，刘台庄最大 3h 降雨为 123.8mm。特大暴雨引发滦河下游瀓河、柳河、瀑河、青龙河等支流洪水暴涨，滦河下游至沿海地区洪水泛滥成灾。

（4）洪水持续时间长，部分河流发生较大洪水。滦河下游各支流从 7 月 21 日相继涨水，滦河干流滦县站 7 月 25 日开始涨水，8 月 2 日 21 时洪峰流量达到 $4280m^3/s$，为 1996 年以来最大洪水。$2000m^3/s$ 以上流量持续 63h，$800m^3/s$ 以上流量超过 7d。滦河各支流洪峰流量统计见表 4－61。

表 4－61　　滦河各支流洪峰流量统计表

水系	河名	水文站	最大洪峰流量/(m^3/s)	时间（月-日　时：分）	备　注
滦河	柳河	李营	418	07－22　7：50	
	瀑河	宽城	565	08－02　8：00	1996 年以来最大
	瀓河	蓝旗营	1890	07－22　3：12	超过 20 年一遇
	沙河	冷口	960	08－02　1：00	1995 年以来最大
	青龙河	双山子	1550	08－04　12：00	
	滦河	滦县	4280	08－02　21：00	1996 年以来最大
冀东沿河	泉水河	杨家营	66	08－01　20：45	
	东洋河	峪门口	247	08－04　7：15	1996 年以来最大
	沙河	石佛口	113	08－02　16：35	1999 年以来最大
	汤河	秦皇岛	617	08－04　9：15	为历史第二位，第一位为 1991 年 $664m^3/s$

4.3.2　水库群洪水调度分析

在抗御这场暴雨洪水中，滦河下游及冀东沿海的大中型水库都发挥了拦洪削峰作用。由于青龙河洪水比较突出，桃林口水库的调度是整个滦河调度的重心。随着潘、大、桃 3 座水库的泄洪加上区间来水，滦河下游洪水位持续高涨，滦河小埝险情不断，潘家口、大黑汀、桃林口 3 座水库实施水库群联合错峰调度，及时削减下泄流量，保障了滦河下游小埝河堤安全，最大限度地减少了洪水灾害损失，取得了防洪效益。滦河各水库拦洪情况见表4-62。

表4-62 滦河各水库拦洪情况统计表

水系	水库名称	总库容/亿 m^3	汛限水位/m	最高洪水位/m	拦蓄洪量/亿 m^3	入库洪峰流量/(m^3/s)	最大泄量/(m^3/s)
滦河	潘家口	29.300	216.00	219.29	4.580	1470	444
	大黑汀	3.370	133.00	132.91	1.013	2125	700
	桃林口	8.590	143.40	143.57	3.044	4000	3000
	老虎沟	0.133	310.39	315.59	0.043	1400	770
冀东沿海	洋河	3.860	53.51	58.07	1.230	1450	330
	石河	0.700	53.00	56.58	0.170	3130	3120

4.3.2.1 桃林口水库调度

桃林口水库位于滦河第二大支流—青龙河干流下游，控制流域面积5060km^2，总库容8.59亿m^3。青龙河地处燕山迎风区，位于暴雨中心地带，这场降雨流域面平均降雨量达到440mm。由于持续强降雨，青龙河洪水来势迅猛，桃林口水库出现3次较大入库洪峰，最大入库洪峰流量为4000m^3/s，为建库以来最大洪峰，接近10年一遇，洪水持续20多天，到8月21日共来水11.02亿m^3。桃林口水库第一次启用泄洪洞和溢洪道泄洪，下泄流量大，持续时间长，截至8月21日共泄洪9.95亿m^3，占滦县洪水总量的60%以上。

在抗御本次暴雨洪水中，水库承担适度风险，暂缓加大泄量，为下游群众转移赢得时间，发挥了一定的防洪效益，其中最紧张的时期是8月1日晚至2日期间的调度。8月1日20时入库流量达到1990m^3/s，泄量为500m^3/s，水库水位达到141.74m，并以0.1m/h的速度快速上涨。河北省防办根据当时雨水情及洪水预报，计划将水库泄量加大到1000m^3/s，通过会商，秦皇岛市反映卢龙县青龙河两岸群众转移需要时间，因此20时30分仅将水库泄量加大到650m^3/s。22时水位141.93m，入库流量为2010m^3/s，根据洪水预报入库洪峰将达到3000～4000m^3/s，为避免水库超汛限水位后更大流量泄洪，需要尽快将水库泄量加大到1000m^3/s以上。河北省防办与唐山市、秦皇岛市进行紧急会商，由于下游卢龙县群众安全转移工作没有完成以及滦河入海口阻水严重，滦河小埝抢险压力大等情况，决定2日1时暂将水库泄量加大到800m^3/s。由于夜间上游降雨持续，水库水位上涨速度加快，2日6时水位已达到143.09m，距闸门顶仅0.5m，入库洪量已达3000m^3/s。河北省防办连夜紧急会商，6时10分，将水库泄量加到1500m^3/s，9时30分将水库泄量加大到2500m^3/s，10时水库达到最高库水位143.57m，持续7h后才开始下降，2500m^3/s的泄量维持了26h。3日12时水位达到141.82m，为减轻下游滦河防洪抢险压力，将泄量减少到2000m^3/s。

4.3.2.2 潘家口、大黑汀、桃林口水库群联合错峰调度

潘家口水库位于河北省迁西县境内滦河干流上，控制流域面积33700km^2，为全流域面积的75%，总库容29.3亿m^3。大黑汀水库位于潘家口水库下游35km处干流上，总库容3.37亿m^3，没有防洪库容，瀑河是潘大水库之间的支流，流域面积1600km^2。7月21

日滦河流域暴雨中心位于承德兴隆一带，潵河洪水较大，蓝旗营站7月22日3时洪峰流量1890m³/s，超过20年一遇。潘家口、大黑汀两座水库于7月22日开始涨水，22日4时潘家口水库入库洪峰为1470m³/s，22日8时大黑汀水库反推入库洪峰为2125m³/s，大黑汀水库水位上涨很快，24日8时水位达到132.36m，距汛限水位133.0仅差0.64m。由于大黑汀水库没有防洪库容，水库调度以不超汛限水位为原则，而上游潘家口水库防洪库容较大，鉴于此情况，河北省防办与海河防总紧急会商，研究确定潘家口水库全部拦蓄上游洪水，为下游大黑汀拦蓄区间洪水创造条件。

大黑汀水库控制泄量，为下游河道减轻防洪压力。随后几天大黑汀水库的水位一直保持在132～133m，最大泄量700m³/s，而潘家口水库一直闭闸，充分发挥了拦洪削峰作用。8月3日10时，潘家口水位已到217.39m，超过汛限水位1.39m，而大黑汀水位已降到132.11m，入库已降到317m³/s，根据两库来水情况潘家口下泄400m³/s。7月21日—8月3日10时，潘家口共拦蓄洪水3.46亿m³，大黑汀水库拦蓄洪水0.83亿m³。

由于上游水库的泄洪，滦河下游水位持续高涨。8月3日，滦河小埝乐亭段出现多处险情，乐亭县姜各庄镇多个村庄连夜进行避险转移。8月4日，滦河小埝昌黎段水位上涨5～6m，沿线农田、林地被淹，大坝多处出现裂缝险情，防汛形势异常严峻。为减轻下游滦河灾情，8月4日凌晨4时，河北省防指果断下达错峰调度指令，将桃林口下泄流量由3000m³/s减为2500m³/s。此时潘家口水位超汛限1.44m，下泄流量400m³/s，大黑汀水库水位131.80m，低于汛限水位1.20m，下泄流量700m³/s，海河防总办也果断决定，潘家口、大黑汀在4时30分全部关闭闸门，减轻下游滦河的抢险救灾压力。

4日7时，桃林口水库再次将下泄流量由2500m³/s减为1500m³/s，此时桃林口水库入库流量接近3000m³/s，呈增长趋势，台风“达维”带来的最大洪峰还未出现。随着潘家口、大黑汀、桃林口三大水库联合错峰调度的成功实施，滦河干流滦县水文站4日14时出现洪峰流量4100m³/s后迅速回落，4日20时流量降到2000m³/s以下，大大减轻下游滦河的防洪抢险压力。

在8月4日实施的潘家口、大黑汀、桃林口三大水库联合错峰调度中，桃林口水库15时最大入库洪峰为4000m³/s，下泄流量1500m³/s，拦洪削峰63%；潘家口、大黑汀两座水库全部关闭闸门，削峰效果显著，保障了滦河下游小埝河堤安全，缓解了滦河的抗洪救灾压力，使下游地区200多个村庄，十几万群众和20万亩耕地免受洪水侵袭。

5 水利风景区建设

5.1 河北省水利风景区建设

国家级水利风景区，是指以水域（水体）或水利工程为依托，按照水利风景资源即水域（水体）及相关联的岸地、岛屿、林草、建筑等能对人产生吸引力的自然景观和人文景观的观赏、文化、科学价值和水资源生态环境保护质量及景区利用、管理条件分级，经水利部水利风景区评审委员会评定，由水利部公布的可以开展观光、娱乐、休闲、度假或科学、文化、教育活动的区域。国家级水利风景区有水库型、湿地型、自然河湖型、城市河湖型、灌区型、水土保持型等类型。截至2011年年底，水利部水利风景区建设与管理领导小组通过了11批国家水利风景区。河北省共建国家级水利风景区13处。表4-63为河北省水利风景区统计表。

表4-63 河北省水利风景区统计表

序号	名　称	地　点	公布时间
1	河北省秦皇岛桃林口景区	秦皇岛市青龙满族自治县桃林口水库	2002年9月
2	河北省中山湖风景区	石家庄鹿泉市黄壁庄镇黄壁庄水库	2004年5月
3	河北省燕塞湖风景区	秦皇岛市海关城西北石河水库	2004年5月
4	河北省衡水湖风景区	衡水冀州市衡水湖	2004年5月
5	河北省平山县沕沕水水利风景区	石家庄市平山县	2005年9月
6	河北省武安市京娘湖风景区	邯郸市武安县口上水库	2005年9月
7	河北省邢台县前南峪生态水利风景区	邢台市邢台县前南峪	2006年8月
8	河北省邢台县凤凰湖水利风景区	邢台市邢台县野沟门水库	2006年8月
9	河北省承德市庙宫水库水利风景区	承德市围场县庙宫水库	2006年8月
10	河北省邯郸市东武仕水库水利风景区	邯郸市磁县东武仕水库	2006年8月
11	河北省迁安市滦河生态防洪水利风景区	唐山市迁安市黄台湖	2007年8月
12	河北省沽源县闪电河水库水利风景区	张家口市沽源县闪电河水库	2009年8月
13	河北省丰宁满族自治县黄土梁水库景区	承德市丰宁满族自治县黄土梁水库	2010年12月

在河北省东部平原区，一方面结合城市河湖水环境的综合治理、水生态环境的修复和生态景观河道建设，规划、建设一批方便于群众近水、亲水的休闲性质的水利风景区；另一方面可以沿江、沿河，结合文化、旅游风景资源价值较高地区的开发，有重点地建设一批水文化品位较高的水利风景区。

在河北省西部山区，做好近城地区的湖、库自然山水资源的综合开发利用与保护，尽快形成城—郊—乡，点、线、面相结合的水利风景区布局；选择部分国家大中型水利工程，结合工程的修建和生态修复，建设一批生态效益显著、经济联动性强、社会影响较大的水利风景区。

水利风景区不同于一般意义上的风景区，应突出“水利”这一核心元素，并将其置于首要位置予以强化。要继续发挥水利风景区的四个方面积极作用：一是成为宣传展示水利工程建设成就的窗口；二是成为撬动水利工程建设与自然和谐相处的支点；三是成为促进水利工程科学管理的手段；四是为人民群众提供赏心悦目、陶冶情操的平台和普及水利科技知识的园地。水利风景区的建设中，要充分考虑生态、环境等要素，努力使每一处水利工程建设在发挥社会效益、经济效益的同时，发挥生态效益和环境效益。

5.2 河北省水利风景区类型

国家级水利风景区有水库型、湿地型、自然河湖型、城市河湖型、灌区型、水土保持型等类型。河北省境内的国家级水利风景区主要为水库型和自然河湖型，湿地型、城市河湖型和水土保持型各1处。

(1) 水库型水利风景区。水工程建筑气势恢宏，泄流磅礴，科技含量高，人文景观丰富，观赏性强。景区建设可以结合工程建设和改造，绿化、美化工程设施，改善交通、通信、供水、供电、供气等基础设施条件。核心景区建设应重点加强景区的水土保持和生态修复，同时，结合水利工程管理，突出对水科技、水文化的宣传展示。河北省水库型水利风景区为：河北省沽源县闪电河水库水利风景区、河北省承德市庙宫水库水利风景区、河北省邯郸市东武仕水库水利风景区、河北省邢台县凤凰湖水利风景区、河北省丰宁满族自治县黄土梁水库水利风景区等5处。

（2）湿地型水利风景区。湿地型水利风景区建设应以保护水生态环境为主要内容，重点进行水源、水环境的综合治理，增加水流的延长线，并注意以生态技术手段丰富物种，增强生物多样性。河北省湿地型国家水利风景区只有1处，即河北省衡水湖风景区。衡水湖位于河北省衡水市境内，是一个同时拥有草甸、沼泽、水域等多种生态系统的天然湿地。它是华北平原上唯一保持生态系统完整的内陆湿地，也是水域面积仅次于白洋淀的河北省第二大淡水湖。2005年衡水湖被列为国家级自然保护区，这是华北平原上首个国家级湿地自然保护区。

（3）自然河湖型水利风景区，自然河湖型水利风景区的建设应慎之又慎，尽可能维护河湖的自然特点，可以在有效保护的前提下，配置以必要的交通、通信设施，改善景区的可进入性。自然河湖型水利风景区有河北省武安市京娘湖风景区、河北省平山县沕沕水水利风景区、河北省中山湖风景区、河北省秦皇岛桃林口景区、河北省燕塞湖风景区等5处。

（4）城市河湖型水利风景区。城市河湖除具防洪、除涝、供水等功能外，水景观、水文化、水生态的功能作用越来越为人们所重视。应将城市河湖景观建设纳入城市建设和发展的统一规划，综合治理，进行河湖清淤，生态护岸，加固美化堤防，增强亲水性，使城市河湖成为水清岸绿，环境优美，风景秀丽，文化特色鲜明，景色宜人的休闲、观光、娱乐区。河北省迁安市滦河生态防洪水利风景区是河北省第一家城市河湖型水利风景区，景区规划面积34.8km^2，内有多处人文景观和自然景观，景区内有人工湖、橡胶坝等10多处大中型水利工程，是一处集生态防洪、城市建设、旅游观光为一体的景区。

（5）水土保持型水利风景区。可以在国家水土流失重点防治区内的预防保护、重点监督和重点治理等修复范围内进行，亦可与水保大示范区和科技示范园区结合开展。河北省邢台县前南峪生态水利风景区是河北省水土保持型的唯一国家级水利风景区。前南峪村风景秀丽，是太行山区一颗璀璨的明珠。前南峪因地制宜，科学规划，矢志不移地治山治水。前后共治理主沟10条、支沟70多条，栽植各类树木23万株，现在风景区内的森林覆盖率达到90.06%，植被覆盖率达到94.6%。

5.3 水利风景区水体环境质量评价

水利风景区环境质量，要求水体洁净，水质不劣于国家地表水Ⅲ类标准，景区内无工业污染源，生活污水集中处理，达标排放。根据水利风景区对水环境的特殊要求，分别对水体感官性指标、水体质量和水体富营养化分别进行评价。

5.3.1 水体感官性评价

色泽变化。天然水是无色透明的，水体受污染后可使水色发生变化，从而影响感官。如印染废水污染往往使水色变红、炼油废水污染可使水色黑褐等。水色变化，不仅影响感官，破坏风景，有时还很难处理。

浊度变化。水体中含有泥沙、有机质以及无机物质的悬浮物和胶体物，产生混浊现象，以致降低水的透明度，而影响感官甚至影响水生生物的生活。

泡状物。许多污染物排入水中会产生泡沫，如洗涤剂等。漂浮于水面的泡沫，不仅影响观感，还可在其孔隙中栖存细菌，造成生活用水污染。

臭味。水体发生臭味是一种常见的污染现象。水体发臭多属有机质在嫌气状态腐败发臭，属综合性恶臭，有明显的阴沟臭。恶臭的危害是使人憋气、恶心，水产品无法食用，水体失去旅游功能等。

根据GB 12941—91《景观娱乐用水水质标准》，按照水体的不同功能，分为三大类：A类，主要适用于天然浴场或其他与人体直接接触的景观、娱乐水体；B类，主要适用于国家重点风景游览区及那些与人体非直接接触的景观娱乐水体；C类，主要适用于一般景观用水水体。感官性指标景观娱乐用水水质标准见表4－64。

表4－64　　感官性指标景观娱乐用水水质标准

序号	项　目	A　类	B　类	C　类
1	色	颜色无异常变化		不超过25色度单位
2	臭	不得含有任何异臭		无明显异臭
3	飘浮物	不得含有飘浮的浮膜、油斑和聚集的其他物质		
4	透明度	≥1.2		≥0.5

根据河北省水环境监测中心的监测资料，采用2010年水质监测成果，分别为河北省水利风景区感官性指标进行评价，表4－65为感官性指标评价结果。

表4－65　　河北省水利风景区感官性评价结果

序号	名　称	管感性评价指标			
		色度/度	透明度/NTU	臭和味	肉眼可见物
1	河北省秦皇岛桃林口景区	20	1.5	无异臭、异味	无
2	河北省中山湖风景区	24	1.2	无异臭、异味	无
3	河北省燕塞湖风景区	23	1.5	无异臭、异味	无
4	河北省衡水湖风景区	25	0.80	无异臭、异味	无
5	河北省平山县沕沕水水利风景区	20	1.0	无异臭、异味	无
6	河北省武安市京娘湖风景区	21	0.75	无异臭、异味	无
7	河北省邢台县前南峪生态水利风景区	15	1.5	无异臭、异味	无
8	河北省邢台县凤凰湖水利风景区	18	1.5	无异臭、异味	无
9	河北省承德市庙宫水库水利风景区	15	0.56	无异臭、异味	无
10	河北省邯郸市东武仕水库水利风景区	25	1.2	无异臭、异味	无
11	河北省迁安市滦河生态防洪水利风景区	15	1.1	无异臭、异味	无
12	河北省沽源县闪电河水库水利风景区	20	1.2	无异臭、异味	无
13	河北省丰宁满族自治县黄土梁水库景区	—	—		

通过分析可以看出，水土保持型风景区感官性指标均符合景观娱乐用水水质标准。山溪性河流和距离河源较近的水库，透明度指标较好，而平原湿地和下游水库型风景区透明

度较差。

5.3.2　水体质量评价

水质类别：采用单因子评价法，此法是用某一参数的实测浓度代表值与水质标准对比，判断水质的优劣或适用程度。

水质指数是用于定量表示水环境质量的一种数量指标。计算水质指数时，输入量为原始监测数据的统计值，以选定的评价标准为依据，通过拟定的水质指数数学模型，进行数据处理，得出表征水体水质状况的无量纲相对数据。根据这些相对数值，就可以进行不同水体之间，同一水体的不同部分之间，或同一水体不同时间之间的水质状况的比较。

综合污染指数评价：综合污染指数是评价水环境质量的又一重要方法。综合污染指数评价项目选取：pH 值、溶解氧、高锰酸盐指数、生化需氧量、氨氮、挥发酚、汞、铅、石油类共计 9 项。

此法是求 n 个单项污染指数的算术平均值。此式计算方便，不受参数多少的影响，但计算结果容易掩盖高浓度单项污染的影响。计算公式为

$$I=\frac{1}{n}\sum_{i=1}^{n}\frac{C_i}{C_{si}}=\frac{1}{n}\sum_{i=1}^{n}P_i$$

式中：I 为综合污染指数；n 为污染物项数；C_i 为某污染物实测浓度，mg/L；C_{si} 为某污染物评价标准值（采用地面水环境质量标准Ⅲ类标准值），mg/L。

依据计算出的综合污染指数，采用综合污染指数评分标准，对水体水质作出评价。综合污染指数评分标准见表 4-66。

表 4-66　综合污染指数评分标准

综合污染指数	污染程度评价	分　级　依　据
≤0.20	清洁	多数项目未检出，个别项目检出但在标准内
0.21～0.40	尚清洁	检出值在标准内，个别项目接近或超标
0.41～0.70	轻度污染	个别项目检出且超标
0.71～1.00	中度污染	有两项检出值超标
1.01～2.00	重污染	相当部分检出值超标
≥2.00	严重污染	相当部分检出值超标数倍或几十倍

利用 2010 年水质监测资料，对河北省 12 处水利风景区水体水质进行评价（有一处无水质监测资料），评价结果见表 4-67。

表 4-67　河北省水利风景区水体质量评价结果

序号	名　称	水体质量评价结果		
		水质类别	综合污染指数	水质状况
1	河北省秦皇岛桃林口景区	Ⅱ类	0.27	尚清洁
2	河北省中山湖风景区	Ⅱ类	0.40	尚清洁
3	河北省燕塞湖风景区	Ⅱ类	0.22	尚清洁
4	河北省衡水湖风景区	Ⅳ类	0.66	轻度污染

续表

序号	名　称	水体质量评价结果		
		水质类别	综合污染指数	水质状况
5	河北省平山县沕水水利风景区	Ⅱ类	0.19	清洁
6	河北省武安市京娘湖风景区	Ⅱ类	0.25	尚清洁
7	河北省邢台县前南峪生态水利风景区	Ⅱ类	0.18	清洁
8	河北省邢台县凤凰湖水利风景区	Ⅱ类	0.21	尚清洁
9	河北省承德市庙宫水库水利风景区	Ⅲ类	0.40	尚清洁
10	河北省邯郸市东武仕水库水利风景区	Ⅲ类	0.28	尚清洁
11	河北省迁安市滦河生态防洪水利风景区	Ⅱ类	0.22	尚清洁
12	河北省沽源县闪电河水库水利风景区	Ⅲ类	0.33	尚清洁
13	河北省丰宁满族自治县黄土梁水库景区	—	—	

在评价的12个风景区中，符合Ⅱ类水的有8处，占评价总数的67%；符合Ⅲ类水的有3处，占评价总数的25%；Ⅳ类水质的有1处，占评价总数的8%。水质状况分析结果为：平山县沕水水利风景区和邢台县前南峪生态水利风景区两处为清洁，衡水湖水利风景区为轻度污染，其余的均为尚清洁。

5.3.3　富营养化评价

以透明度、高锰酸盐指数、总磷、总氮、叶绿素评价水库水体富营养化状态。评价采用百分制，首先根据监测点项目的实测平均值，对照评价标准，求得各单项的评分值；然后根据下式计算水体的总分值。

$$M=\frac{1}{n}\sum_{i=1}^{n}M_i$$

式中：M为水体富营养状态的评价值；M_i为第i项目的评分值；n为评价项目个数。

根据总评分值的大小，对照评价标准，确定该湖库的营养状况。

根据全国湖库富营养化水平，水利部水文局文件《中国地表水水资源质量年报编制技术大纲》（水文质〔2006〕7号）中，对上述评价标准作了具体规定（见表4-68），对营养程度进行了更详细的划分，共划分5个等级。营养状态等级判别方法：0≤评分值≤20，贫营养；20<评分值≤40，中营养；40<评分值≤60，轻度富营养；60<评分值≤80，中度富营养；80<评分值≤100，重度富营养。

表4-68　修订后的湖库富营养化评分与分类方法

营养程度	评分值	叶绿素a /(mg/L)	总磷 /(mg/L)	总氮 /(mg/L)	高锰酸盐指数 /(mg/L)	透明度 /m
贫营养	10	0.0005	0.001	0.02	0.15	10
	20	0.001	0.004	0.05	0.4	5
中营养	30	0.002	0.01	0.1	1	3
	40	0.004	0.025	0.3	2	1.5

续表

营养程度	评分值	叶绿素 a /(mg/L)	总磷 /(mg/L)	总氮 /(mg/L)	高锰酸盐指数 /(mg/L)	透明度 /m
轻度富营养	50	0.01	0.05	0.5	4	1.0
	60	0.026	0.1	1	8	0.5
中度富营养	70	0.064	0.2	2	10	0.4
	80	0.16	0.6	6	25	0.3
重度富营养	90	0.4	0.9	9	40	0.2
	100	1	1.3	16	60	0.12

根据河北省水环境监测中心 2010 年水质监测结果，对水体富营养化进行评价。沕沕水水利风景区和前南峪生态水利风景区属山溪性河流，黄土梁水库景区在 2010 年没有监测资料，上述 3 处没有进行水体富营养评价。对 10 处水利风景区的评价结果为：3 处为中度富营养，7 处为轻度富营养。评价结果见表 4-69。

表 4-69　　河北省水利风景区富营养化评价表

序号	名　　称	评分值	富营养化程度
1	河北省秦皇岛桃林口景区	51.9	轻度富营养
2	河北省中山湖风景区	53.6	轻度富营养
3	河北省燕塞湖风景区	50	轻度富营养
4	河北省衡水湖风景区	63	中度富营养
5	河北省平山县沕沕水水利风景区	—	
6	河北省武安市京娘湖风景区	58.0	轻度富营养
7	河北省邢台县前南峪生态水利风景区	—	
8	河北省邢台县凤凰湖水利风景区	50	轻度富营养
9	河北省承德市庙宫水库水利风景区	59.8	轻度富营养
10	河北省邯郸市东武仕水库水利风景区	63.3	中度富营养
11	河北省迁安市滦河生态防洪水利风景区	61.2	中度富营养
12	河北省沽源县闪电河水库水利风景区	53	轻度富营养
13	河北省丰宁满族自治县黄土梁水库景区	—	

5.4　水利风景区效益

水利风景区以培育生态，优化环境，保护资源，实现人与自然的和谐相处为目标，强调社会效益、环境效益和经济效益的有机统一，在社会各方面发挥的积极作用日益显现。河北省水利行业依托水利工程形成的大量人文景观、自然景观，发挥水土资源优势，积极开展水利旅游工作，取得了一定的经济效益、社会效益和环境效益。

河北省水利风景区有水库型 5 处、湿地型 1 处、自然河湖型 5 处、城市河湖型 1 处、水土保持型 1 处。主要以水库型和自然河湖型水利风景区居多。

生态水利景观正越来越多地走进寻常老百姓的生活当中，成为各地旅游的一道风景线。水利风景区的存在，不仅改善了地方的水环境，调节了地方的小气候，提高了当地老百姓的生活品质，同时也展现了地方的风土人情，较好地带动了当地经济及相关产业的发展，增加了地方的知名度和辐射能力。现代水利的综合效益是广泛的，这主要是因为水利工作的内涵在拓展和延伸。随着水利工作的不断进步，水利服务于经济社会发展的综合效益定会更加显著。

5.4.1 社会效益

(1) 改善人居环境。城市水利风景区将使城市维持幽雅舒适、清洁卫生，成为城市公民休闲娱乐的理想场所以及城市文化的重要载体；充分发挥城市的教化和审美功能，缓解人们的工作压力，改善生活质量，使人们心情舒畅、关系融洽。这样的城市具有很好的抗旱能力和抗涝能力，并且能调节气候、优化水环境，旱则能蓄之，涝则能泻之，城市活力大大增强，城市功能将加倍提升，城市容量以及城市发展潜力是不可估量的。

(2) 促进就业。旅游业是劳动密集型企业，开展旅游的就业效益是不可忽视的一个重要方面。特别是开展水库旅游，与移民安置、库区建设关系极大。发展水库旅游业，需建设公路网、旅馆、饭店、垂钓场、出售当地土特产品的商店等，从而能够解决水库一部分移民的劳动就业问题。失去土地的农民转入到第三产业，变以往消极的安置性移民为积极的开发性移民，使水库旅游开发与当地群众的利益息息相关，这将促使当地居民保护山林、保护水资源、爱护各种水利设施。这也是解决过去当地群众与水利工程管理部门之间长期存在的各种纠纷的一条根本途径。

(3) 科普教育。传统意义上的水利功能主要是防洪灌溉等，实际上它的功能是多元的，发展水利旅游业，就是在其社会服务功能中，增加一个游憩功能，从而让公众更深入、更具体地了解水里知识和相关工作。比如通过对小浪底和三峡大坝的参观，游客在欣赏水利工程景观的同时，实地感受到浩大的水利工程的重要性，这其实是一次水利教育的好机会。

(4) 保护文物。发展水利旅游就必然要开发建设风景区、维修加固和装饰水工建筑物、整理和修复历史文物、发掘和弘扬民族艺术，这有助于美化环境、保持国粹，特别是促进水利工程管理业务。

5.4.2 生态效益

水利风景区的建设可以有效促进水生态环境修复和保护工作，统筹实现水利风景区多重作用价值，丰富我国的生态旅游资源，体现人文理念和生态效益的统一。水利旅游的生态服务功能是多方面的：一是营造安全舒适的水环境；二是保持生态系统的完整和优化；三是增强城市的生态修复能力和消除污染的能力；四是美化城市环境，提供城市的审美休闲和文化交流、教化育人的功能；五是防旱、行洪（蓄洪）和防灾减灾的功能；六是改善城市面目、树立城市形象，水利风景区对于城市有美化、净化和优化的重要作用。

5.4.3 经济效益

(1) 增加财政收入。仁者乐山，智者乐水，水体景观自古以来就受到人们的青睐，河北省已建成的水利风景区各具特色，有着很高的景观价值和旅游娱乐效用潜力，已有一些水库取得了显著的效益。以水利风景区为依托的水利生态旅游业成为水利经济新的增长点和发展民生水利的重要方式。

（2）提高当地居民收入。水利风景区在接待游客的过程中，带动了人流、物流和信息流，并帮助产业链完善，旅游收入的增加，反过来会弥补水利经经费短缺和保护的不足，它的发展壮大对当地老百姓的生活也是一个促进，从而带动一方经济。发展旅游业，可以增加当地居民的就业机会和经济收入，还同时带动当地的其他产业发展，如商贸、交通、餐饮、文化娱乐、观光农业、农副加工等，带动当地整体经济水平提高。

（3）促进产业结构升级。发展水利旅游是促进经济结构的现实选择，不仅可以大大提高服务业的比重，而且可以发挥旅游业在整个服务业中的综合、关联和拉动作用，促进经济结构调整优化。对于边远落后的地区，可促使当地产业结构从第一产业直接向第三产业过渡。

第三节 平原河流开发

1 雨洪资源利用

洪水资源化是指在不成灾的情况下，尽量利用水库、拦河闸坝、自然洼地、人工湖泊、地下水库等蓄水工程拦蓄洪水，以及延长洪水在河道、蓄滞洪区等的滞留时间，恢复河流及湖泊、洼地的生态环境，以及最大可能补充地下水。

人类对洪水资源的利用是有其历史过程的。洪水资源利用自人类对水资源有规模地开发利用以来就存在，只是洪水资源利用一词的明确提出，是随着近十余年来水资源供需矛盾的日益突出、生态环境问题备受关注，以及防御洪水由控制洪水向洪水管理转变的新要求而产生的。当然，在不同的历史阶段洪水资源利用的表现形式是不完全相同的。在没有防洪工程或防洪标准低下的地区，通常，洪水给人类造成的灾害远大于洪水所提供的资源利益。高标准的防洪工程则为洪水的安全利用提供了条件，但有时也会减少洪水资源利用程度。

从广义上讲，洪水资源利用就是人类通过各种措施让洪水发挥有益效果的功能。如发挥冲泻功能：改善水环境恶化河道的水质；引洪淤灌；减少河口淤积等。再如通过拦蓄，增加水资源可利用量和河道内生态用水功能：一是利用水库调蓄洪水，将汛期洪水转化为非汛期供水，适当抬高水库的汛限水位，多蓄汛期洪水；二是利用河道引蓄洪水，主要为河系沟通，以丰补歉；三是利用蓄滞洪区或地下水超采区滞蓄洪水；四是城市雨洪资源利用，通过积蓄措施改善城市生态环境用水。

从狭义上讲，针对水资源短缺，洪水资源利用就是通过各种措施利用洪水资源，以提高河道内外水资源的可利用量（或可供水量），进一步满足生态、生产和生活的需要。简单地讲就是利用洪水资源提高陆域内的用水保证率。在全国流域水资源综合规划中，水资源可利用量是指“在可预见期内，以流域水系为单元，在维持特定的生态与环境目标和保障水资源可持续利用的前期下，通过经济合理、技术可行的措施，在水资源量中可供河道外一次性利用的最大水量”。从水资源配置的角度来看，是先确定河道内生态环境用水量，然后是河道外用水量，但是并没有保障河道内生态用水的措施。本文就是进一步研究，通过工程和管理措施，提高河道内生态环境用水量的保障率，并将部分入海的洪水资源量转化成河道内生态环境用水量或河道外可利用的水资源量。

2　工程措施

河北省洪水资源利用的主要工程措施为通过水库蓄水，将汛期洪水转化为非汛期供水；蓄滞洪区分蓄部分洪水；利用河网将汛期洪水用于补源和灌溉用水等。为此，从以下几方面分析。

2.1　挖掘水库的兴利潜力

水库是调节水资源分配的重要工程措施，适当抬高水库的汛限水位，多蓄汛期洪水，是确保各河系不断流的一个有力途径。经过 50 多年的防洪工程建设，海河流域已修建山区大型水库 31 座，控制山区面积 85%。在已有的水库设计洪水、预报预泄、洪水预报调度方式、上下游防洪设计标准、上游移民淹没及土地退赔线、水库长期运行的效益和风险分析等方面的分析论证成果基础上，在保证水库及下游防洪风险不显著增加的前提下，确定水库汛限水位调整运用方案。经分析，岳城水库采用峰量控制预报调度方式可使汛限水位提高到 133.0m，多年平均可供水量比原设计提高 770 万 m^3；潘家口水库采用预报调度方式可使汛限水位提高到 218.0m，多年平均可供水量比原设计提高 7000 万 m^3；密云水库采用错峰调度方案可使汛限水位提高到 151.18m，针对水库下游不同的供水保证率，多年平均主汛期可减少弃水量 1330 万～2550 万 m^3。

2.2　蓄滞洪区主动分洪蓄水

对流域内 28 处蓄滞洪区实施分区利用和分类管理，针对常年蓄水区，在条件允许地区，退田还湖，开辟洼淀常年蓄水区，恢复湿地；针对常遇洪水蓄滞洪区，如 5～10 年一遇洪水启用区，增加运用概率，回补地下水，改善生态环境；针对标准及超标准洪水运用的蓄滞洪区，以防洪为主，按正常蓄滞洪区的标准使用。

2.3　增建河系连通工程

利用流域中下游网状的河渠系统，实施河、渠、湖、库连通工程，最大限度把洪水蓄留在河道中，调引到河、湖、洼淀和田间，改善生态环境，回灌地下水。目前，海河流域内滦河水系与海河水系之间、海河水系的南北水系之间以及南系和北系内的各河系之间都具备连同条件。如通过引滦输水工程将滦河流域与海河流域的北三河连通；通过天津市的北水南调工程将海河北系的水调往大清河系；通过小清河和白洋淀，把永定河与大清河联系起来，实施中小洪水两条河流的联合调度，用永定河多余洪水改善大清河以及沿河文安洼和贾口洼，乃至天津市的生态环境；用运潮减河把北运河和潮白河联系起来，用曾口河、卫星引河、西关引河把潮白河和蓟运河联系起来；海河南系通过引黄济津（冀）、引岳济淀、南运河、王大引水以及南水北调中东线工程等相连通。以上工程已具备一定的连通通水条件，经过进一步的建设完善，在流域范围内加大调配洪水资源成为可能，同时河道内通过利用闸、坝拦蓄洪水，也将会提高洪水资源利用量。

2.4　其他措施

如城市化进程中的城市绿地建设、透水路面改造、雨水集流工程等雨洪利用，田间工程的集雨蓄水、水土保持、调整种植结构等。为解决城市水资源危机问题，目前一些大型城市如北京、深圳等已建设了雨洪利用示范区，通过雨水集流、入渗回灌、雨水储存、管网运输及调蓄利用等措施，城市洪水资源利用已收到良好功效。

3 平原蓄水闸建设

水闸是调节水位、控制流量的低水头水工建筑物。水闸枢纽工程是以水闸为主的水利枢纽工程，一般由水闸、泵站、船闸、水电站等水工建筑物组成，有的还包括涵洞、渡槽等其他泄（引）水建筑物。水闸枢纽工程主要依靠闸门控制水流，具有挡水和泄（引）水的双重功能，在防洪、治涝、灌溉、供水、航运、发电等方面应用十分广泛。

3.1 水闸作用和分类

节制闸：拦河或在渠道上建造，用于拦洪、调节水位或控制下泄流量。位于河道上的节制闸也称拦河闸。

进水闸：建在河道、水库或湖泊的岸边，用来控制引水流量。进水闸又称取水闸或渠首闸。

分洪闸：常建于河道的一侧，用来将超过下游河道安全泄量的洪水泄入分洪区（蓄洪区或滞洪区）或分洪道。分洪闸是双向过水的，洪水过后再从此处将蓄水排入河道。

排水闸：常建于江河沿岸，用来排除内河或低洼地区对农作物有害的渍水。分洪（排水）闸也是双向过水的，当江河水位高于内湖或洼地时，排水闸以挡水为主，防止江河水流漫淹农田或民房；当江河水位低于内湖或洼地时，排水闸以排渍排涝为主。

挡潮闸：建在入海河口附近，涨潮时关闸，防止海水倒灌。退潮时开闸泄水，具有双向挡水的特点。挡潮闸类似排水闸，但操作更为频繁。外海潮水比内河水高时关闭闸门，防止海水向内河倒灌。

冲沙闸（排沙闸）：建在多泥沙河流上，用于排除进水闸、节制闸前或渠系中沉积的泥沙。

拦河闸等级是按照过闸流量大小划分的。拦河闸等级划分标准见表4-70。

表4-70　拦河闸等级划分标准

工程等别	Ⅰ	Ⅱ	Ⅲ	Ⅳ	Ⅴ
工程规模	大（1）型	大（2）型	中型	小（1）型	小（2）型
最大过闸流量/(m^3/s)	≥5000	5000～1000	1000～100	100～20	<20
防护对象的重要性	特别重要	重要	中等	一般	—

3.2 河北省水闸工程主要指标

截至2011年，河北省共有水闸3063座，不包括橡皮坝，其中分洪闸255座，节制闸1746座，排（退）水闸544座。表4-71为河北省内水闸工程主要指标。

表4-71　河北省内水闸工程主要指标

行政区	总数量/座	分（泄）洪闸			节制闸			排（退）水闸		
		数量/座	过闸流量/(m^3/s)	闸孔总净宽/m	数量/座	过闸流量/(m^3/s)	闸孔总净宽/m	数量/座	过闸流量/(m^3/s)	闸孔总净宽/m
石家庄市	297	49	442	118	104	2108	555	108	838	264
唐山市	433	20	1305	203	240	12927	2421	79	2101	614

续表

行政区	总数量/座	分（泄）洪闸			节制闸			排（退）水闸		
		数量/座	过闸流量/(m³/s)	闸孔总净宽/m	数量/座	过闸流量/(m³/s)	闸孔总净宽/m	数量/座	过闸流量/(m³/s)	闸孔总净宽/m
秦皇岛市	185	25	1012	144	124	7114	1855	23	877	108
邯郸市	440	30	988	162	316	9601	1823	54	1691	286
邢台市	151	12	122	33	100	7013	1228	35	471	118
保定市	332	40	2270	272	199	5095	1321	37	639	191
张家口市	289	56	2520	381	90	1660	405	65	1194	442
承德市	11	3	42	7				6	109	35
沧州市	431	14	3991	425	229	14145	2522	73	1207	354
廊坊市	275	5	2967	276	214	10595	1973	17	336	111
衡水市	219	1	120	18	130	9264	1342	47	722	178
合计	3063	255	15777	2038	1746	79522	15445	544	10184	2703

3.3 河北省水闸分布

3.3.1 大型水闸

截至2011年，河北省现有大型水闸10座，主要分布在平原区的沧州市、廊坊市境内。水闸按类型分为节制闸5座，分（泄）洪闸5座。按等级分大（1）型水闸2座，大（2）型水闸8座。表4-72为河北省大型水闸工程明细。

表4-72 大型水闸工程明细表

序号	水闸名称	位置	所在河流	水闸类型	过闸流量/(m³/s)	等级	设计洪水标准（重现期）/年
1	胡各董闸	秦皇岛市抚宁县	洋河	节制闸	1323.00	大（2）	20
2	新盖房枢纽分洪闸	保定市雄县	新盖房分洪道	分（泄）洪闸	1036.00	大（2）	50
3	庆云拦河闸	沧州市盐山县	漳卫河	节制闸	5000.00	大（1）	50
4	王营盘拦河闸	沧州市东光县	漳卫河	节制闸	5000.00	大（1）	50
5	吴桥拦河闸	沧州市吴桥县	漳卫河	节制闸	2800.00	大（2）	50
6	枣林庄枢纽二十五孔闸	沧州市任丘市	白洋淀	分（泄）洪闸	1840.00	大（2）	10
7	献县枢纽子牙新河进洪闸	沧州市献县	子牙新河	分（泄）洪闸	1130.00	大（2）	50
8	吴村闸枢纽吴村节制闸	廊坊市香河县	潮白新河	节制闸	1847.00	大（2）	20
9	王村分洪闸	廊坊市文安县	赵王新河	分（泄）洪闸	1380.00	大（2）	30
10	土门楼枢纽青龙湾分洪闸	廊坊市香河县	青龙湾减河	分（泄）洪闸	1330.00	大（2）	20

3.3.2 中型水闸

截至2011年，石家庄市现有中型水闸10座，主要分布在平原区的石津总干渠和洨河上，以节制闸为主要类型。表4-73为石家庄市中型水闸工程明细表。

表 4-73　　石家庄市中型水闸工程明细表

序号	水闸名称	位置	所在河流	水闸类型	过闸流量/(m^3/s)	建成年份	设计洪水标准(重现期)/年
1	赵陵铺进水闸	新华区赵陵铺镇	石津总干渠	引（进）水闸	115.00	2008	25
2	田庄节制闸	新华区西三庄乡	石津总干渠	节制闸	120.00	1942	25
3	田庄太平河节制闸	新华区西三庄乡	石津总干渠	节制闸	115.00	2009	30
4	洨河石板桥水闸	栾城县西营乡	洨河	节制闸	159.00	1976	3
5	洨河沿村水闸	栾城县西营乡	洨河	节制闸	100.00	1996	3
6	洨河南赵村水闸	栾城县窦妪镇	洨河	节制闸	100.00	1976	3
7	老磁河东罗尚水闸	无极县无极镇	老磁河	节制闸	100.00	1968	10
8	洨河贾吕节制闸	赵县北王里镇	洨河	节制闸	172.70	1974	5
9	梨元庄节制闸	藁城市廉州镇	石津总干渠	节制闸	115.00	1975	20
10	孟同节制闸	鹿泉市大河镇	黄壁庄水库	节制闸	120.00	1942	25

截至 2011 年，唐山市现有中型水闸 47 座，以节制闸为主要类型，挡潮闸也统计在内。表 4-74 为唐山市中型水闸工程明细表。

表 4-74　　唐山市中型水闸工程明细表

序号	水闸名称	位置	所在河流	水闸类型	过闸流量/(m^3/s)	建成年份	设计洪水标准(重现期)/年
1	裴庄节制闸	路南区汉沽管理区汉丰镇	北三河下游区域	节制闸	150.00	1960	10
2	西李水闸	古冶区刁家套乡	石榴河	节制闸	100.00	1964	20
3	董各庄水闸	古冶区范各庄乡	石榴河	节制闸	200.00	2001	20
4	大庄坨水闸	古冶区大庄坨乡	石榴河	节制闸	100.00	1964	20
5	河南庄水闸	古冶区卑家店乡	石榴河	节制闸	380.00	2003	20
6	后营闸	开平区洼里镇	石榴河	节制闸	150.00	1978	20
7	聂各庄闸	开平区开平镇	石榴河	节制闸	150.00	1978	20
8	越支节制闸	丰南区西葛镇	陡河	节制闸	600.00	1993	100
9	黑沿子防潮闸	丰南区黑沿子镇	沙河	挡潮闸	502.00	1976	10
10	涧河防潮闸	丰南区黑沿子镇	陡河	挡潮闸	267.00	1967	10
11	西排干防潮闸	丰南区黑沿子镇	西排干	挡潮闸	101.00	1967	10
12	王打刁蓄水闸	丰南区东田庄乡	津唐运河右支	节制闸	150.00	1993	20
13	喻庄子节制闸	丰南区稻地镇	陡河	节制闸	600.00	1977	100
14	黑沿子三排干防潮闸	丰南区滨海镇	黑沿子排干	挡潮闸	155.00	1976	10
15	杜家坎节制闸	丰润区小张各庄镇	泥河	节制闸	145.00	1975	10
16	韩家庄节制闸	丰润区李钊庄镇	泥河	节制闸	169.00	1975	10
17	白官屯节制闸（新）	丰润区白官屯镇	还乡河	节制闸	560.00	1978	20
18	白官屯节制闸（旧）	丰润区白官屯镇	还乡河	节制闸	249.00	1970	20

续表

序号	水闸名称	位置	所在河流	水闸类型	过闸流量/(m^3/s)	建成年份	设计洪水标准（重现期）/年
19	后甸子闸桥	滦县榛子镇	龙湾河	节制闸	372.00	1976	20
20	兴隆店子闸桥	滦县榛子镇	龙湾河	节制闸	372.00	1977	20
21	北小寨闸桥	滦县榛子镇	管河	节制闸	200.00	1975	20
22	石桥闸桥	滦县杨柳庄镇	龙湾河	节制闸	248.00	1976	20
23	渠首潜水闸	滦县响堂镇	滦河	节制闸	280.00	1956	20
24	渠首进水闸	滦县响堂镇	滦河	引（进）水闸	117.40	1956	20
25	孟营节制闸	滦县响堂镇	新河	节制闸	100.00	1980	20
26	龙坨闸桥	滦县王店子镇	管河	节制闸	198.00	1975	20
27	张家庄闸桥	滦县王店子镇	管河	节制闸	191.00	1958	20
28	双龙河防潮闸	滦南县南堡镇	双龙河	挡潮闸	285.50	1977	10
29	荣各庄节制闸	滦南县柏各庄镇	第一泄洪道	节制闸	123.60	2006	10
30	海田防潮闸	乐亭县汤家河镇	小长河	挡潮闸	101.10	1978	30
31	大清河防潮闸	乐亭县马头营镇	大清河	挡潮闸	107.62	1974	30
32	尹郑刘防潮闸	乐亭县古河乡	新河	挡潮闸	131.50	2001	30
33	引滦枢纽闸	迁西县兴城镇	大黑汀水利枢纽水库工程	引（进）水闸	140.00	1983	20
34	小定府节制闸	玉田县杨家套乡	还乡河	节制闸	940.00	1977	20
35	大和平节制闸	玉田县鸦鸿桥镇	还乡河	节制闸	856.00	1977	20
36	王铁铺节制闸	玉田县石臼窝镇	双城河	节制闸	242.60	1985	20
37	新安镇防洪闸	玉田县林西镇	兰泉河	分（泄）洪闸	160.00	1978	20
38	周家铺节制闸	玉田县大安镇	兰泉河	节制闸	160.00	1992	20
39	小赵官庄节制闸	玉田县潮洛窝乡	小赵主干渠	节制闸	725.00	1978	20
40	九丈窝分洪闸	玉田县潮洛窝乡	还乡河	分（泄）洪闸	420.00	1966	20
41	大盘龙防洪闸	玉田县潮洛窝乡	双城河	分（泄）洪闸	221.00	1978	20
42	西灌区一排闸	唐海县十里海养殖场	滦河口以西混合区域	排（退）水闸	153.60	1956	30
43	零点排水闸	唐海县七农场	双龙河	节制闸	206.00	1993	20
44	蚕沙口西防潮蓄水闸	唐海县柳赞镇	溯河	挡潮闸	153.70	1975	30
45	国河桥排水站水闸工程	遵化市平安城镇	黎河	排（退）水闸	120.00	1983	20
46	滦河韩官营排水闸	迁安市杨店子镇	滦河	排（退）水闸	110.00	2007	10
47	滦河三里河白庄排水闸	迁安市夏官营镇	滦河	排（退）水闸	190.00	2004	10

截至2011年，秦皇岛市现有中型水闸27座，其中秦皇岛5座，昌黎县9座，抚宁县6座，卢龙县7座，以节制闸为主要类型。表4-75为秦皇岛市中型水闸工程明细表。

表 4-75 秦皇岛市中型水闸工程明细表

序号	水闸名称	位置	所在河流	水闸类型	过闸流量/(m^3/s)	建成年份	设计洪水标准(重现期)/年
1	大马坊河水闸	海港区港城大街街道办事处	滦河口以东混合区域	排（退）水闸	106.60	1989	10
2	向河寨闸	海港区东港镇	滦河口以东混合区域	挡潮闸	160.00	1985	10
3	山海关沙河蓄水闸	山海关区石河镇	北沙河	节制闸	300.00	1984	20
4	山海关潮河蓄水闸	山海关区第一关镇	石河	节制闸	128.00	1981	20
5	西坨头闸水闸工程	北戴河区戴河镇	戴河	节制闸	332.00	1974	5
6	后马坨蓄水闸	昌黎县马坨店乡	刘坨沟	节制闸	122.00	1992	30
7	中各庄蓄水闸	昌黎县龙家店镇	饮马河	节制闸	282.00	1978	30
8	绕湾蓄水闸	昌黎县龙家店镇	贾河	节制闸	122.00	1978	30
9	歇马台蓄水闸	昌黎县葛条港乡	滦河口以东混合区域	节制闸	252.00	1978	30
10	大蒲河蓄水闸	昌黎县大蒲河镇	东沙河	节制闸	252.00	1980	30
11	沟湾蓄水闸	昌黎县大蒲河镇	东沙河	节制闸	109.00	1977	20
12	小李庄蓄水闸	昌黎县大蒲河镇	东沙河	节制闸	109.00	1975	20
13	两河蓄水闸	昌黎县昌黎镇	贾河	节制闸	122.00	1980	30
14	中庄蓄水闸	昌黎县昌黎镇	贾河	节制闸	122.00	1977	30
15	牛蹄寨闸	抚宁县榆关镇	戴河	分（泄）洪闸	494.00	1989	
16	郑家店闸	抚宁县榆关镇	戴河	分（泄）洪闸	280.00	1990	
17	洼儿庄水闸	抚宁县榆关镇	戴河	节制闸	100.00	1974	
18	孙家庄拦河闸	抚宁县牛头崖镇	戴河	排（退）水闸	500.00	1979	20
19	贲庄闸	抚宁县牛头崖镇	滦河口以东混合区域	节制闸	100.00	1980	
20	白玉庄闸	抚宁县南戴河街道办事处	滦河口以东混合区域	挡潮闸	185.00	1978	
21	河南庄拦河闸	卢龙县燕河营镇	洋河	节制闸	110.00	1975	20
22	良仁庄拦河闸	卢龙县燕河营镇	洋河	节制闸	110.00	1974	20
23	西花台拦河闸	卢龙县燕河营镇	洋河	节制闸	110.00	2009	20
24	金黑石拦河闸	卢龙县双望镇	饮马河	节制闸	100.00	1989	20
25	大顾佃子拦河闸	卢龙县木井乡	贾河	节制闸	110.00	1974	20
26	朱家桥拦河闸	卢龙县木井乡	贾河	节制闸	110.00	1974	20
27	王深港拦河闸	卢龙县蛤泊乡	饮马河	节制闸	120.00	1978	20

截至 2011 年，邯郸市现有中型水闸 26 座，以节制闸为主要类型。表 4-76 为邯郸市中型水闸工程明细表。

表 4-76　　　　邯郸市中型水闸工程明细表

序号	水闸名称	位置	所在河流	水闸类型	过闸流量 /(m^3/s)	建成年份	设计洪水标准 (重现期)/年
1	张庄桥分洪闸	邯山区马庄乡	滏阳河	分（泄）洪闸	210.00	1979	5
2	电厂节制闸	丛台区苏曹乡	滏阳河	节制闸	104.00	2000	
3	冢北蓄水闸	大名县束馆镇	徒骇马颊河区域	节制闸	161.00	1988	20
4	王乍村蓄水闸	大名县黄金堤乡	魏大馆排水渠	节制闸	220.00	1979	20
5	岳城水库民有渠渠首闸	磁县岳城镇	民有总干渠	引（进）水闸	100.00	1970	30
6	岳城水库漳南渠渠首闸	磁县岳城镇	漳河混合区域	引（进）水闸	100.00	1970	30
7	西闸	磁县磁州镇	滏阳河混合区域	节制闸	200.00	1587	25
8	夏堡店蓄水闸	永年县张西堡镇	留垒河	节制闸	125.00	1990	
9	借马庄泄洪闸	永年县张西堡镇	留垒河	分（泄）洪闸	125.00	1966	10
10	沙屯蓄水闸	永年县姚寨乡	支漳河	节制闸	200.00	1979	
11	莲花口枢纽分洪闸	永年县广府镇	滏阳河	分（泄）洪闸	200.00	2007	10
12	小屯蓄水闸	邱县香城固镇	清凉江—老沙河	节制闸	346.00	1979	30
13	邱城蓄水闸	邱县邱城镇	清凉江—老沙河	节制闸	291.00	1978	30
14	鸡泽西关蓄水闸	鸡泽县鸡泽镇	留垒河	节制闸	365.00	1992	5
15	候固寨蓄水闸	广平县广平镇	东风渠黑龙港暨运东地区段	节制闸	200.00	1984	50
16	魏大馆 2 排水闸	馆陶县王桥乡	漳卫河	排（退）水闸	150.00	1978	20
17	魏大馆 1 排水闸	馆陶县王桥乡	漳卫河	排（退）水闸	120.00	1954	20
18	麻呼寨蓄水闸	馆陶县寿山寺乡	漳卫河	节制闸	113.00	1980	20
19	满谷营蓄水闸	馆陶县路桥乡	漳卫河	节制闸	120.00	1991	20
20	郑二庄闸	魏县沙口集乡	魏大馆排水渠	节制闸	146.00	1981	30
21	城关蓄水闸	曲周县曲周镇	老漳河	节制闸	123.00	1985	20
22	呈孟蓄水闸	曲周县侯村镇	安寨渠	节制闸	291.00	1983	20
23	侯村节制闸	曲周县侯村镇	王封排水渠	节制闸	121.00	1980	30
24	马兰头跌水闸	曲周县河南疃镇	老漳河	节制闸	187.00	1980	20
25	六疃跌水闸	曲周县第四疃镇	老漳河	节制闸	123.00	1981	20
26	安寨蓄水闸	曲周县安寨镇	安寨渠	节制闸	247.00	1981	20

截至 2011 年，邢台市现有中型水闸 21 座，全部为节制闸，主要分布在平原区。表 4-77 为邢台市中型水闸工程明细表。

表4-77 邢台市中型水闸工程明细表

序号	水闸名称	位置	所在河流	水闸类型	过闸流量/(m^3/s)	建成年份	设计洪水标准(重现期)/年
1	范庄闸	隆尧县大张庄乡	北澧河	节制闸	225.00	1986	20
2	天口蓄水闸	任县天口乡	留垒河	节制闸	183.00	1998	5
3	史召节制闸	南和县史召乡	留垒河	节制闸	177.00	1998	5
4	徐家河节制闸	宁晋县徐家河乡	泜河	节制闸	130.00	2000	10
5	小马节制闸	宁晋县大曹庄乡	北沙河—槐河	节制闸	180.00	1991	10
6	商店节制闸	巨鹿县官亭镇	老漳河	节制闸	390.00	1990	
7	挽庄节制闸	新河县新河镇	滏东排河	节制闸	432.00	1978	30
8	郜宋浮体闸	新河县新河镇	滏阳新河	节制闸	250.00	1976	30
9	车张节制闸	新河县新河镇	滏阳河	节制闸	150.00	1989	30
10	台庄节制闸	新河县仁让里乡	西沙河	节制闸	186.00	1977	30
11	板台拦河闸	广宗县东召乡	老漳河	节制闸	300.00	1983	50
12	闫庄闸	平乡县丰州镇	老漳河	节制闸	300.00	1983	30
13	西小庄闸	威县梨元屯镇	临威渠	节制闸	160.00	1979	20
14	蔡寨闸	威县固献乡	清凉江—老沙河	节制闸	402.00	1989	20
15	牛寨闸	威县常庄乡	清凉江—老沙河	节制闸	446.00	1991	20
16	郎吕坡节制闸	清河县桥东办事处	引黄干渠	节制闸	165.00	1979	20
17	东关节制闸	清河县葛仙庄镇	清水河	节制闸	112.00	1994	20
18	司寨闸	临西县吕寨乡	临威渠	节制闸	146.00	1977	30
19	倪庄闸	临西县临西镇	临威渠	节制闸	145.00	1996	30
20	岗楼闸	临西县河西镇	引黄干渠	节制闸	102.00	1988	30
21	张二庄闸	南宫市段芦头镇	清凉江—老沙河	节制闸	452.00	1977	100

截至2011年，保定市现有中型水闸11座，以节制闸为主要类型，主要分布在平原区。表4-78为保定市中型水闸工程明细表。

表4-78 保定市中型水闸工程明细表

序号	水闸名称	位置	所在河流	水闸类型	过闸流量/(m^3/s)	建成年份	设计洪水标准(重现期)/年
1	刘守庙闸	南市区杨庄乡	府河	节制闸	255.00	2009	20
2	河北省保定市清苑县白城闸	清苑县白团乡	清水河—界河—龙泉河	节制闸	165.00	1980	20
3	解村拦河闸	徐水县瀑河乡	瀑河	节制闸	140.00	1960	5
4	西黑山节制闸(总干渠)	徐水县大王店镇	曲水河	节制闸	120.00	2007	50
5	于庄拦河闸	徐水县安肃镇	瀑河	节制闸	313.00	1955	20
6	黄家村水闸	望都县高岭乡	新九龙河	节制闸	130.00	1992	10

续表

序号	水闸名称	位置	所在河流	水闸类型	过闸流量/(m³/s)	建成年份	设计洪水标准(重现期)/年
7	新盖房引河闸	雄县朱各庄镇	大清河	分（泄）洪闸	500.00	1970	50
8	马庄拦河闸	雄县朱各庄镇	大清河	节制闸	100.00	1970	20
9	龙湾蓄水闸	雄县龙湾镇	大清河	节制闸	100.00	1990	20
10	唐家庄蓄水闸	定州市号头庄回族乡	孟良河	节制闸	230.00	1995	15
11	大屯水利枢纽水闸工程	高碑店市新城镇	兰沟河	节制闸	128.00	1981	10

截至2011年，张家口市现有中型水闸10座，水闸型式为节制闸、排（退）水闸、引（进）水闸等。表4-79为张家口市中型水闸工程明细表。

表4-79　张家口市中型水闸工程明细表

序号	水闸名称	位置	所在河流	水闸类型	过闸流量/(m³/s)	建成年份	设计洪水标准(重现期)/年
1	西合营镇宋家庄村裕二渠	蔚县西合营镇	壶流河	排（退）水闸	10.00	1978	10
2	三干渠首	万全县北沙城乡	洋河	引（进）水闸	20.00	1990	10
3	二干周家河	万全县北沙城乡	洋河	节制闸	18.00	2003	10
4	一干羊窖沟拉沙闸	万全县北沙城乡	洋河	排（退）水闸	15.00	1969	10
5	一干北辛庄	万全县北沙城乡	洋河	分（泄）洪闸	15.00	1969	10
6	惠民北渠总干	涿鹿县涿鹿镇	永定河	引（进）水闸	10.00	1970	20
7	桑南渠二干	涿鹿县涿鹿镇	永定河	引（进）水闸	7.00	1970	20
8	惠民北渠西二堡村2号节制闸	涿鹿县涿鹿镇	永定河	节制闸	7.00	1970	10
9	桑南灌区一干渠旧一站	涿鹿县保岱镇	永定河	节制闸	10.00	1970	20
10	桑南灌区一干渠旧一站	涿鹿县保岱镇	永定河	排（退）水闸	8.00	1970	20

截至2011年，沧州市现有中型水闸46座，水闸型式为节制闸为主，有少量的排（退）水闸、引（进）水闸等。表4-80为沧州市中型水闸工程明细表。

表4-80　沧州市中型水闸工程明细表

序号	水闸名称	位置	所在河流	水闸类型	过闸流量/(m³/s)	建成年份	设计洪水标准(重现期)/年
1	北陈屯节制闸	运河区小王庄镇	南运河黑龙港暨运东地区段	节制闸	120.00	1973	30
2	大吴闸	盐山县边务乡	宣惠河	节制闸	395.00	1975	25
3	抛庄节制闸	献县垒头乡	北排水河	节制闸	100.00	1975	30
4	献县枢纽子牙河节制闸	献县乐寿镇	子牙河	节制闸	800.00	1967	30
5	杨庄节制闸	献县乐寿镇	北排水河	节制闸	100.00	1970	30

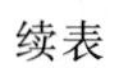

续表

序号	水闸名称	位置	所在河流	水闸类型	过闸流量/(m^3/s)	建成年份	设计洪水标准(重现期)/年
6	护持寺节制闸	献县韩村乡	北排水河	节制闸	100.00	1989	30
7	中营节制闸	献县本斋回族乡	子牙河	节制闸	100.00	1992	30
8	安陵闸	吴桥县安陵镇	南运河黑龙港暨运东地区段	节制闸	360.00	1973	20
9	邢家洼闸	吴桥县安陵镇	宣惠河	节制闸	108.10	1975	20
10	东大坞闸	任丘市议论堡乡	任文干渠	节制闸	135.00	1975	5
11	后赵节制闸	任丘市青塔乡	任文干渠	节制闸	105.00	2011	5
12	闫家坞闸	任丘市梁召镇	任文干渠	节制闸	181.00	1973	5
13	枣林庄枢纽四孔闸	任丘市苟各庄镇	白洋淀	分（泄）洪闸	460.00	1965	10
14	北孙庄闸	青县流河镇	黑龙港河下段	节制闸	128.00	1989	10
15	流河蓄水闸	青县流河镇	南运河大清河下游子牙河以东区域段	节制闸	100.00	1993	10
16	于二庄闸	青县陈嘴乡	北排水河	节制闸	500.00	1976	20
17	龙堂节制闸	南皮县潞灌乡	宣惠河	节制闸	336.60	1975	20
18	代庄节制闸	南皮县冯家口镇	南运河黑龙港暨运东地区段	节制闸	300.00	1993	20
19	代庄引水闸	南皮县冯家口镇	代庄引水渠	引（进）水闸	200.00	1980	20
20	高姚节制闸	孟村回族自治县孟村镇	宣惠河	节制闸	363.80	1976	10
21	歧口防潮闸	黄骅市南排河镇	沧浪渠	挡潮闸	200.00	1958	30
22	高尘头防潮老闸	黄骅市南排河镇	捷地减河	挡潮闸	105.00	1959	30
23	高尘头防潮新闸	黄骅市南排河镇	捷地减河	挡潮闸	100.00	1974	30
24	朱庄节制闸	黄骅市南大港管理区	南排水河	节制闸	552.00	1992	20
25	廖家洼排水渠防潮闸	黄骅市南大港管理区	廖家洼排水渠	挡潮闸	102.00	1998	20
26	小王庄节制闸	黄骅市旧城镇	大浪淀排水渠	节制闸	102.00	1978	20
27	杨张各蓄水闸	河间市尊祖庄乡	子牙河	节制闸	300.00	1976	20
28	辛立庄蓄水闸	海兴县辛集镇	宣惠河	节制闸	479.00	1991	20
29	宣惠河防潮闸	海兴县小山乡	宣惠河	挡潮闸	550.00	1976	20
30	曹庄子蓄水闸	海兴县小山乡	大浪淀排水渠	节制闸	152.00	2002	20
31	大浪淀防潮闸	海兴县小山乡	大浪淀排水渠	挡潮闸	135.00	1973	20
32	陈桥闸	东光县于桥乡	宣惠河	节制闸	181.00	1975	50
33	王桥大闸	东光县东光镇	宣惠河	节制闸	141.00	1977	50
34	后孙闸	东光县大单镇	龙王河	节制闸	122.00	1972	15

续表

序号	水闸名称	位置	所在河流	水闸类型	过闸流量/(m^3/s)	建成年份	设计洪水标准（重现期）/年
35	保庄子蓄水闸	沧县李天木回族乡	捷地减河	节制闸	180.00	1998	30
36	东关节制闸	沧县旧州镇	南排水河	节制闸	656.00	1991	30
37	捷地分洪闸	沧县捷地回族乡	捷地减河	分（泄）洪闸	150.00	2005	30
38	杜林蓄水闸	沧县杜林回族乡	黑龙港河上段	节制闸	310.00	1977	30
39	杨庄闸	泊头市西辛店乡	滏东排河	排（退）水闸	100.00	1976	25
40	缴桥闸	泊头市洼里王镇	江江河	节制闸	145.00	1993	25
41	刘道口闸	泊头市四营乡	老盐河—索泸河	节制闸	344.00	1987	25
42	小园闸	泊头市齐桥镇	清凉江—老沙河	节制闸	655.00	1977	25
43	淮漳闸	泊头市齐桥镇	老盐河—索泸河	节制闸	347.00	1988	25
44	黄蛮闸	泊头市齐桥镇	黑龙港及运东地区诸河区域	分（泄）洪闸	184.00	1978	10
45	八里庄闸	泊头市交河镇	清凉江—老沙河	节制闸	510.00	1976	25
46	席庄闸	泊头市郝村镇	老盐河—索泸河	排（退）水闸	120.00	1999	25

截至2011年，廊坊市现有中型水闸24座，水闸型式为节制闸为主，有1座分（洪）水闸。表4-81为廊坊市中型水闸工程明细表。

表4-81　　廊坊市中型水闸工程明细表

序号	水闸名称	位置	所在河流	水闸类型	过闸流量/(m^3/s)	建成年份	设计洪水标准（重现期）/年
1	东张务闸	安次区落垡镇	龙河	分（泄）洪闸	203.00	1998	30
2	永丰闸	安次区仇庄乡	龙河	节制闸	197.60	1975	30
3	大伍龙闸	广阳区万庄镇	龙河	节制闸	120.00	1975	20
4	齐营大闸	广阳区万庄镇	龙河	节制闸	120.00	1975	20
5	三小营闸	广阳区万庄镇	龙河	节制闸	112.00	1971	20
6	更生闸	广阳区九州镇	天堂河	节制闸	120.00	2009	30
7	土门楼枢纽木厂节制闸	香河县五百户镇	北运河北三河下游区域段	节制闸	225.00	1961	20
8	吴村闸枢纽牛牧屯节制闸	香河县淑阳镇	牛牧屯引河	节制闸	219.00	1964	20
9	毕演马闸	大城县臧屯乡	子牙河	节制闸	300.00	1993	20
10	泊庄闸	大城县南赵扶镇	子牙河	节制闸	300.00	1978	20

续表

序号	水闸名称	位置	所在河流	水闸类型	过闸流量 /(m³/s)	建成年份	设计洪水标准 (重现期)/年
11	小李庄闸	大城县南赵扶镇	黑龙港河下段	节制闸	100.00	1975	20
12	韩庄闸	大城县大尚屯镇	任河大干渠	节制闸	100.00	1996	20
13	曲店闸	文安县文安镇	任文干渠	节制闸	233.00	1994	20
14	西码头蓄水枢纽闸	文安县大柳河镇	赵王新河	节制闸	700.00	1984	20
15	韩家府闸	大厂县夏垫镇	鲍邱河	节制闸	113.50	1977	5
16	芦庄闸	大厂县大厂镇	鲍邱河	节制闸	117.00	1956	5
17	胜芳闸	霸州市胜芳镇	中亭河	节制闸	268.00	1978	20
18	牤牛河防洪闸	霸州市康仙庄乡	牤牛河	节制闸	163.30	2002	50
19	高各庄闸	霸州市煎茶铺镇	中亭河	节制闸	224.80	1991	20
20	雄固霸新河防洪闸	霸州市霸州镇	雄固霸新河	节制闸	100.00	2005	50
21	小罗村闸	三河市新集镇	鲍邱河	节制闸	178.00	1978	10
22	孟各庄闸	三河市黄土庄镇	泃河	节制闸	373.00	1995	10
23	错桥闸	三河市泃阳镇	泃河	节制闸	470.00	1991	20
24	刘河闸	三河市高楼镇	鲍邱河	节制闸	100.00	1975	10

截至2011年，衡水市现有中型水闸27座，水闸型式为节制闸为主，有1座分（洪）水闸，1座排（退）水闸，1座引（进）水闸。表4-82为衡水市中型水闸工程明细表。

表4-82　衡水市中型水闸工程明细表

序号	水闸名称	位置	所在河流	水闸类型	过闸流量 /(m³/s)	建成年份	设计洪水标准 (重现期)/年
1	五开节制闸	桃城区彭杜村乡	滏东排河	节制闸	432.00	1981	
2	大赵退水闸	桃城区衡水湖自然保护区管理处	滏东排河	排（退）水闸	138.00	1966	
3	大西头节制闸	桃城区河东街	滏阳河	节制闸	150.00	1975	
4	仝庄闸	枣强县枣强镇	老盐河—索泸河	节制闸	106.00	1997	10
5	张庄闸	枣强县马屯镇	卫千渠	节制闸	129.00	1990	10
6	油故闸	枣强县大营镇	清凉江—老沙河	节制闸	490.00	1978	10
7	杨庄闸	武邑县武邑镇	滏东排河	节制闸	225.00	1976	20
8	徐沙闸	武邑县审坡镇	清凉江—老沙河	节制闸	504.00	1972	10
9	王庄闸	武邑县清凉店镇	清凉江—老沙河	节制闸	494.00	1977	20
10	田村闸	武邑县韩庄镇	滏东排河	节制闸	540.00	1995	20
11	黄村闸	武邑县韩庄镇	老盐河—索泸河	节制闸	163.00	1999	20
12	小范浮体闸	武强县武强镇	滏阳河	节制闸	341.00	1985	20
13	小范船闸	武强县武强镇	滏阳河	节制闸	150.00	1973	20
14	铁匠庄闸	武强县孙庄乡	沱阳河	节制闸	104.00	2006	10

续表

序号	水闸名称	位置	所在河流	水闸类型	过闸流量/(m^3/s)	建成年份	设计洪水标准(重现期)/年
15	后庄穿堤洞闸	武强县豆村乡	滏阳新河	分（泄）洪闸	120.00	1978	20
16	杜林拦河蓄水闸	武强县北代乡	天平沟	节制闸	145.00	1992	10
17	青莲寺节制闸	武强县北代乡	沱阳河	节制闸	104.00	1977	10
18	朱往驿节制闸	故城县三朗乡	清凉江—老沙河	节制闸	490.00	1977	50
19	碱场杨闸水闸工程	景县梁集乡	江江河	节制闸	144.00	1992	10
20	周高闸水闸工程	景县洚河流镇	江江河	节制闸	144.00	1975	10
21	周通水闸	阜城县霞口镇	江江河	节制闸	300.00	1988	30
22	连村水闸	阜城县阜城镇	清凉江—老沙河	节制闸	510.00	1976	30
23	张桥水闸	阜城县崔家庙镇	江江河	节制闸	120.00	1975	30
24	西岳庄节制闸	冀州市小寨乡	冀码渠	节制闸	100.00	1991	10
25	滏阳河零藏口节制闸	冀州市门庄乡	滏阳河	节制闸	250.00	1999	10
26	滏东排河节制闸	冀州市码头李镇	滏东排河	节制闸	430.00	1978	10
27	冀码渠进水闸	冀州市码头李镇	冀码渠	引（进）水闸	100.00	1978	10

3.3.3　小型水闸

截至2011年，河北省有小型水闸2825座，其中小（1）型水闸889座，小（2）型水闸1911座。从水闸类型分，分水闸数量最多，小（1）型共有575座，占总数的69.4%，其次为排（退）水闸，为134座，占总数的16.2%。小（1）型水闸也是分水闸最多，有979座，占总数的51.2%；其次为派（退）水闸，有402座，占总数的21.0%。表4-83为河北省小型水闸信息统计表。

表4-83　　　　河北省小型水闸信息统计表

行政区	小（1）型水闸数量/座					小（2）型水闸数量/座				
	小计/座	分水闸	引（进）水闸	排（退）水闸	分（泄）洪闸	小计/座	分水闸	引（进）水闸	排（退）水闸	分（洪）水闸
石家庄市	18	11	5	1	1	269	84	30	107	48
唐山市	118	73	11	27	7	253	138	57	48	10
秦皇岛	51	46	1	4	0	104	56	8	17	23
邯郸市	188	129	12	37	10	239	170	32	20	17
邢台市	54	46	0	7	1	76	33	4	28	11
保定市	88	49	8	12	19	232	140	48	25	19
张家口	54	17	14	7	16	225	71	63	56	35
承德市	4	0	0	3	1	7	0	2	3	2
沧州市	152	89	36	22	5	228	106	69	49	4
廊坊市	80	60	13	6	1	168	130	26	11	1
衡水市	82	55	19	8	0	110	51	21	38	0
合计	889	575	119	134	61	1911	979	360	402	170

4 保障措施

尽快完善各河系洪水调度方案，并使其成为流域内合法调度利用汛期洪水资源的依据。在国务院已批复的《海河流域防洪规划》和国家防总批复的有关河系调度方案的基础上，加快流域内各河系洪水调度方案的编制或修订，并抓紧批复、颁发施行。调度方案要从防洪和水资源利用有机结合上考虑，细化部分河系调度方案，或适当修改由单河系调度转为多河系联合调度；要针对不同的来水情况制定不同的防洪调度原则，要有放、有调、有蓄，作到汛期洪水的“综合利用”。

提高调度水平和洪水预见期。为了避免新的防洪风险，多考虑使用非工程措施。完成水库设计洪水的全面复核，改一级控制为多级控制，实施水库初汛、主汛、后汛分时段汛限水位；利用卫星云图、雨水情遥测系统等现代化手段，实施分期抬高汛期水位、预报调度、考虑天气预报延长预见期等水库调度方式，在保证安全的前提下多蓄水，提高洪水资源利用。

工程建设中要突出综合性。在工程规划、设计中注重将工程防洪的单一功能转变为防洪与水资源利用等综合功能。加快流域内的病险水库除险加固治理；完善蓄滞洪区的分区运用和进退水工程建设；在防洪河道整治中要考虑有利于水资源调度和水生态环境改善。加快编制河系沟通规划，在系统分析的基础上提出工程规模，为工程建设提供依据。

建立动态的防洪能力评估体系。要对流域内的防洪工程建立档案，对工程现状防洪能力及时动态修正，做到洪水调度方案与防洪工程安全相统一。

抓紧在部分河系开展洪水资源利用试点工作，积累经验，进而推广。

第四节 水库建设对生态环境影响

修建水库给防洪、灌溉、供水、供电等方面带来了巨大的经济效益，为经济的可持续发展、社会的稳定做出了巨大贡献。然而，以水资源利用效益最大化为目标的河流开发单向思维模式修建水库，忽视了河流的其他功能，从根本上改变了河流生态系统的组成、结构和功能，打破了原有的生态平衡，对库周、库区乃至整个流域的生态系统都带来了较大的影响。

水库水文效应指水库与其水文因素和它们变化过程之间的相互影响。也指水库蓄水体与其周围环境的相互作用、相互影响。

水库是由人工改建或修建水工建筑物而形成的、具有一定容积和一定用途（目标）的水量交换缓慢的水体。水库与湖泊有许多相似之处。水库既是一个自然综合体，又是一个经济综合体。它具有多方面的功能，例如调节河川径流、防洪、供水、灌溉、发电、渔业、航运、木材浮运、旅游、改善环境等，具有重要的社会、经济和生态意义。

1 水库建设对水文地理的影响

水库水文效应首先表现在对水文地理条件，即水象网的影响。水库兴建后，湖泊率与水网密度普遍增大，库区原有森林、耕地、草场、沼泽、村落、道路等发生淹没和浸没，水体水文地理特性渐次由河流型向湖泊-河流型和湖泊型转变。同时，地区内淡水储量明显增多。在干旱地区尤为突出，水库实际上成为唯一的常年性淡水水体。其次是河流天然水文过程发生急剧变化。水库建成后，河川水文情势变化十分复杂。大体可以把水库影响的区域分为 3 个部分。

(1) 库区水文效应。库区的水文过程和水量平衡特性与天然湖泊近似，回水楔以上仍具有天然河流特性。库区水文情势主要取决于大坝造成的壅水，并表现为水位显著上升，形成广阔的水面；其次还取决于由开发目标所决定的各种调节形式及运行制度。库区水位随泄放水量而发生周期性变化。水库所在河流的径流情势发生时程再分配，这种变化取决于水库的调节程度。水库一般多具有多年、年、季及月、日等调节方式，水库的调节程度（调节系数）愈高，水位变化愈缓和；反之，则变化急剧。库区由于水面辽阔，蒸发量有明显增加趋势，库区降雨、渗漏、气候、水动力学、热力学等因素也都有不同程度的变化。

(2) 下游影响区。下游影响区是受水库影响较剧烈的地区。水库下游的水文过程主要取决于水库的调节程度、开发目标和运行方式，世界上没有无调节作用的水库。由于水库的调节作用，下游河谷的水位及流量变化基本上受人工控制，原有天然河道水流特性大部分丧失，而成为半人工河流。洪水期间，水库削减洪峰，滞蓄洪水总量的作用非常显著。如果把受调节后的下游水文过程还原，则可看出，还原前后的水文过程反映了两种截然不同的情势，前者属人工情势，后者为天然情势。正是这种特性，使水库具有防洪功能。水库对河流洪水仅具有滞蓄作用，主要是进行时程再分配，洪水进入水库后，洪水波展平，流速变小，洪峰削减，洪水被滞蓄在水库中，通过水库调节后再陆续泄放到下游河道中。

(3) 引水区和受水区。水库泥沙运动同河流有很大差异。一般来说，进入水库的泥沙有 90%～95%将淤积在水库中，使水库水下地形发生变化。水库泥沙的异重流现象对水库运行具有重要影响。水库下游由于来沙量骤减，河床侵蚀一沉积平衡发生明显变化，多数水库下游冲刷和侵蚀活动加剧，河岸和河底趋于不稳定状态。入海河流，由于河流上兴建水库，常常造成入海泥沙量减少，可引起三角洲和海岸线后退。

引水区和受水区水文条件的变化，主要取决于引水量、引水距离及引水方式。规模较大的引水，对引水沿线及受水区水文条件将产生较强烈的影响。

水库建成后对库区及周围地区的地质地貌（特别是诱发地震）、气候、地下水、土壤、生物及生态系统、社会经济、文化、卫生防疫等多种自然和经济要素都会产生不同程度的影响，广义的水文效应应当包括对上述诸方面的影响。

因为流域内的地表水与地下水有密切联系，河流水文条件的改变必将影响地下水的水位与水质变化。坝址上游水库蓄水使其周围地下水水位抬高，从而扩大水库浸没范围，导致土地的盐碱化和沼泽化。同时，拦河筑坝也减少了坝库下游地区地下水的补给来源，致使地下水水位下降，大片原有地下水自流灌区失去自然条件，从而降低了下游地区的水资源利用率，对灌溉造成不利影响。

2 水库建设对河流形态的影响

河流自身的健康也是需要用水来维护的，否则就不成其河流，一定的河道内流水才能保持河槽的相对稳定。水库拦蓄影响河道行水，以至不能满足河槽相对稳定的最低要求，并且坝库下泄的河水剥蚀下游河床与河岸，使靠近坝址下游的河道偏移、河床刷深、异常的淤积物聚集等会造成下游河道萎缩，降低其行洪能力。同时大坝蓄水对河流流量的调节，使河道流量的流动模式发生变化。筑坝使沿水流方向的河流非连续化，水面线由天然的连续状态变成为阶梯状，使河流片段化。河流片段化的形成或加剧，使流动的河流变成了相对静止的人工湖泊，流速、水深、水温结构及水流边界条件等都发生了重大的变化。

大坝拦断江河后，会淹没上游的土地，对天然河流的水文情势产生了一定的影响，同时会产生大量移民。移民及城镇的建迁会加剧人地矛盾，并因此加剧植被的破坏、水土流失和生态恶化，同时也将改变整个河流的水文情势，比如水量、水温、流速、水位及对泥沙的影响。其中，影响最大的是多年调节型水库，影响相对较小的是日调节型水库。水库水位的变化与天然江河大不相同，这取决于不同类型的调节方式，以防洪为主要目的的水库，其水位的变化在季节上与天然河流是相反的，水位变幅较大，汛期水库处于低水位运行；在汛末蓄水，水库处于高水位运行。这样，增加了江河枯水期流量，减少了丰水期流量，提高了下游的防洪标准。同时，提高了下游工业生产和农业灌溉的用水保证率，增加水电站的保证出力。

3　水库建设对区域生态的影响

修建水库对区域生态环境的影响主要体现在是对生物多样性的影响、泛洪区环境的影响。洪泛是河流与洪泛区的天然属性，洪水在区域水资源的可持续利用和河流与洪泛区景观与功能的维系上起着重要作用。坝的建设改变了河流的洪泛特性，对洪泛区环境的不利影响主要表现在使洪泛区湿地景观减少、生物多样性减损等方面。由于修堤筑坝等水利工程控制措施改变了洪泛区湿地的水文情势和水循环方式，导致洪泛区湿地生态环境功能退化。大规模洪泛区湿地景观的丧失使湿地对河川径流的调蓄作用大大降低。伴随洪泛区湿地景观的丧失，动物栖息地环境的改变和河道通路的阻断会使鸟类和哺乳动物的数量发生变化，生物物种因其生存和生活空间的丧失而面临濒危或灭绝。

大坝毁坏了部分陆生植物的栖息地，使依赖于这些陆生植物生存的生物资源发生了变化。大坝还阻隔了洄游性鱼类的洄游通道，影响了物种交流，改变了水库下游河段水生动植物及其栖息环境等。水库削弱了洪峰，调节了水温，降低了下游河水的稀释作用，使得浮游生物数量大为增加，微型无脊椎动物的分布特征和数量（通常是种类减少）显著改变。由于大量鹅卵石和砂石被大坝拦截，使得河床底部的无脊椎动物如昆虫、软体动物和贝壳类动物等失去了生存环境。

生态系统的结构与功能在一定程度上取决于所承受的外界扰动程度。流域生态系统是一个动态的复合生态系统。从直接影响来看，流域水库的建设，工程浩大，大量人力物力的投入，以及对区域物质能量的扰动，使流域生态系统的稳定性受到一定程度的影响，影响了物质和能量的再分配过程。主要表现在：开山取土取石，影响原生植被、土壤质量，加速水土流失；改变陆面形态及过程。同时，施工中产生的弃渣需要占用一定的场地堆放，并且工程弃渣堆积体结构松散，表层无植被覆盖，若管理利用不善，则易成为新的水土流失源。

此外，水库的修建需要占用大量耕地以及部分草地、林地，造成自然生态系统生产能力的下降；爆破、开挖等措施以及施工的废气、废水排放将会导致河流内悬浮物增加，水质恶化，并使周围环境质量发生变化，影响动植物的生境质量和水生生物的正常生产；各种噪声还会对周围野生动物产生惊吓。从间接影响方面看比较复杂。由于食物链的关系，陆生植被和水生生物的受损将影响陆生动物、浮游生物和鱼类的生存。

参 考 文 献

[1] 张正春．国家级水利风景区建设的战略意义［R］．2011．
[2] SL 300—2013 水利风景区评价标准［S］．北京：中国水利水电出版社，2013．
[3] 景观娱乐用水水质标准［S］．北京：水利电力出版社，1991．
[4] 李晓华．水利风景区——人与自然和谐相处的家园［M］．北京：中国水利水电出版社，2007．
[5] 王洪彬．对河北省大型水库的几点认识［J］．水科学与工程技术，2006（8）：13-15．
[6] 河北省防汛抗旱指挥部办公室．河北省大中型水库调度手册［R］．2011．
[7] 刘志雨．我国洪水预报技术研究进展与展望［J］．中国防汛抗旱，2009，19（5）：13-16．
[8] 徐向广．滦河中下游水库群联合防洪调度问题的研究［D］．天津：天津大学，2004．
[9] 水利部海河水利委员会水文局．海河流域实用水文预报方案（滦河及冀东沿海分册）［R］．2007．
[10] 河北省防汛抗旱指挥部办公室．河北省主要行洪河道洪水调度方案［R］．2013．

第五章　河流水文监测

第一节　河流水文监测站及功能

1　河流水文监测站网

至2010年年底，河北省共有水文站135处，其中：大河控制站59处，分布于各大水系的干流与较大支流以及平原区排沥骨干河道上；区域代表站48处，分布在河北省的各水文分区上，能基本控制水文特征值的空间分布；小河站28处，主要收集小面积暴雨洪水资料，探索产汇流参数在不同地区、不同下垫面情况下的变化规律。水文站网平均密度为1370km^2/站，其中，山区站网密度为1301km^2/站，平原区站网密度为1492km^2/站，山区站网密度与SL 34—2013《水文站网规划技术导则》规定容许最稀站网数300～1000km^2/站尚有一些差距，需增加山区站网密度。

另外，从经济发展对水文的需求方面来看，仍然存在一些问题，如有些站受水利工程影响已失去代表意义或丧失设站目的；有些地方甚至还存在站网空白区；目前还无一处城市水文站；还缺少用于水资源评价计算的出入境水量控制站、省界站、大中型灌区引退水口水量控制站、中型水库出水量控制站等。因此，水文站网还需进一步的调整和充实，以便更好地服务于社会。

水位站根据其独立性可分为水文站的水位观测项目和独立水位站两类。流量测站均观测水位。由于防洪和研究洪水演进等需要，在重要河流上要加布一些水位站。为反映水体的蓄水量和水面的变化，要在较大的湖泊、水库、水网区布站。为研究潮汐对河流的影响，要在感潮河段布设潮水位站。

（1）张家口市河流水文监测站网。张家口市基本水文站14处，基本监测断面31处；水位站1处；测区辅助站15处，其中包括调查4处，水量辅助11处；测区辅助监测断面26处，其中水量辅助22处，水量调查4处。表5-1为张家口市河流监测站基本信息统计表。

表5-1　张家口市河流监测站基本信息统计表

序号	水系	河流名称	测站名称	所辖断面名称	设站目的	位置
1	滦河	闪电河	闪电河水库	闪电河水库（坝上）	坝上草原区代表站	沽源县
2	滦河	闪电河		闪电河水库（东渠）	坝上草原区代表站	沽源县
3	滦河	闪电河		闪电河水库（九大渠）	坝上草原区代表站	沽源县
4	滦河	闪电河		闪电河水库（西渡槽）	坝上草原区代表站	沽源县
5	滦河	闪电河		闪电河水库（西渠）	坝上草原区代表站	沽源县
6	滦河	闪电河		闪电河水库（溢洪道）	坝上草原区代表站	沽源县

续表

序号	水系	河流名称	测站名称	所辖断面名称	设站目的	位置
7	潮白河	白河	云州水库	云州水库（坝上）	背风山区代表站	赤城县
8	潮白河	白河		云州水库（输水洞、泄洪洞）	背风山区代表站	赤城县
9	潮白河	白河		云州水库（尾水渠）	背风山区代表站	赤城县
10	潮白河	黑河	三道营	三道营（河道）	背风山区代表站	赤城县
11	潮白河	黑河		三道营（渠道）	背风山区代表站	赤城县
12	内陆河	安固里渠	张北	张北（渠道）	坝上草原区小河站	张北县
13	内陆河	安固里河		张北（河道）	坝上草原区小河站	张北县
14	永定河	桑干河	石匣里（二）	石匣里（二）	桑干河控制站	阳原县
15	永定河	壶流河	壶流河水库	壶流河水库（坝上）	背风山区代表站	蔚县
16	永定河	壶流河		壶流河水库（泄洪洞）	背风山区代表站	蔚县
17	永定河	壶流河		壶流河水库（南灌渠）	背风山区代表站	蔚县
18	永定河	壶流河		壶流河水库（北灌渠）	背风山区代表站	蔚县
19	永定河	壶流河		壶流河水库（非常溢洪道）	背风山区代表站	蔚县
20	永定河	壶流河	钱家沙洼	钱家沙洼（二）	壶流河控制站	阳原县
21	永定河	洋河	响水堡	响水堡（河道）	洋河控制站	下花园区
22	永定河	洋河		响水堡（洋河大渠）	洋河控制站	下花园区
23	永定河	南洋河	柴沟堡（南）	柴沟堡（南）（二）	背风山区代表站	怀安县
24	永定河	东洋河	友谊水库	友谊水库（坝上）	东洋河控制站	尚义县
25	永定河	东洋河		友谊水库（输水洞、溢洪道）	东洋河控制站	尚义县
26	永定河	东洋河	柴沟堡（东）	柴沟堡（东）（河道三）	东洋河控制站	万全县
27	永定河	东洋河		柴沟堡（东）（集成渠）	东洋河控制站	万全县
28	永定河	东洋河		柴沟堡（东）（四清大渠）	东洋河控制站	万全县
29	永定河	清水河	张家口（三）	张家口（三）	背风山区代表站	张家口
30	永定河	西沟	喇来庙（三）	喇来庙（三）	背风山区代表站	崇礼县
31	永定河	东沟	崇礼	崇礼	背风山区小河站	崇礼县
32	内陆河	大青沟	大青沟水库	大青沟水库（坝上）	水位站	尚义县
33	内陆河	葫芦河	石头城水库	石头城水库	测区辅助站	沽源县
34	内陆河	黑水河	黄盖淖水库	黄盖淖水库（坝上）	测区辅助站	张北县
35	内陆河	洋河	响水铺水库	响水铺水库	测区辅助站	宣化县
36	内陆河	西洋河	西洋河水库	西洋河水库	测区辅助站	怀安县
37	永定河	桑干河	桑二灌区	桑二灌区	测区辅助站	阳原县
38	永定河	桑干河	富民灌区	富民灌区	测区辅助站	阳原县
39	永定河	桑干河	东目连水库	东目连水库（坝上）	测区辅助站	阳原县
40	永定河	桑干河		东目连水库（灌溉洞）	测区辅助站	阳原县
41	永定河	桑干河		东目连水库（溢洪道）	测区辅助站	阳原县

续表

序号	水系	河流名称	测站名称	所辖断面名称	设站目的	位置
42	永定河	桑干河	开阳水库	开阳水库（坝上）	测区辅助站	阳原县
43	永定河	桑干河		开阳水库（灌溉洞）	测区辅助站	阳原县
44	永定河	桑干河		开阳水库（溢洪道）	测区辅助站	阳原县
45	永定河	潜流	北口灌渠	北口灌渠	测区辅助站	蔚县
46	永定河	十字河	十字河灌渠	十字河灌渠（左弃水槽）	测区辅助站	蔚县
47	永定河	十字河		十字河灌渠（右弃水槽）	测区辅助站	蔚县
48	永定河	西沟	留北堡水库	留北堡水库（坝上）	测区辅助站	蔚县
49	永定河	西沟		留北堡水库（灌溉洞）	测区辅助站	蔚县
50	永定河	西沟		留北堡水库（溢洪道）	测区辅助站	蔚县
51	永定河	横涧沟	横涧水库	横涧水库（坝上）	测区辅助站	蔚县
52	永定河	横涧沟		横涧水库（灌溉洞）	测区辅助站	蔚县
53	永定河	涧北沟	涌泉庄水库	涌泉庄水库（灌溉洞）	测区辅助站	蔚县
54	永定河	涧北沟		涌泉庄水库（溢洪道）	测区辅助站	蔚县
55	永定河	安定河	三益渠灌渠	三益渠灌渠	测区辅助站	蔚县
56	永定河	岔涧沟	红桥水库	红桥水库（坝上）	测区辅助站	蔚县
57	永定河	岔涧沟		红桥水库（灌溉洞）	测区辅助站	蔚县
58	永定河	岔涧沟		红桥水库（溢洪道）	测区辅助站	蔚县

（2）承德市河流水文监测站网。承德市基本水文站 14 处，基本监测断面 31 处；水位站 1 处；测区辅助站 15 处，其中包括调查 4 处，水量辅助 11 处；测区辅助监测断面 26 处，其中水量辅助 22 处，水量调查 4 处。表 5-2 为承德市河流监测站基本信息统计表。

表 5-2　　承德市河流监测站基本信息统计表

序号	水系	河流名称	测站名称	所辖断面名称	设站目的	位置
1	滦河	滦河	郭家屯	郭家屯（河道）		隆化县
2	滦河	滦河		郭家屯（电站渠）		隆化县
3	滦河	滦河		郭家屯（北渠）		隆化县
4	滦河	滦河	三道河子		滦河干流控制站	双滦区
5	滦河	小滦河	沟台子		背山区代表站	隆化县
6	滦河	兴洲河	波罗诺		背山区代表站	丰宁县
7	滦河	伊逊河	围场（二）		坝上高原区代表站兼庙宫水库入库站	围场县
8	滦河	伊逊河	韩家营（二）		伊逊河控制站	双滦区
9	滦河	不澄河	边墙山	边墙山（河道）	背山区代表站兼庙宫水库入库站	围场县
10	滦河	不澄河		边墙山（渠道）		围场县

续表

序号	水系	河流名称	测站名称	所辖断面名称	设站目的	位置
11	滦河	蚁蚂吐河	下河南	下河南（河道）	背山区代表站	隆化县
12	滦河	蚁蚂吐河		下河南（渠道）	背山区代表站	隆化县
13	滦河	武烈河	承德（二）		背山区代表站	双桥区
14	滦河	老牛河	下板城		背山区代表站	承德县
15	滦河	柳河	李营		深山区代表站	兴隆县
16	滦河	瀑河	平泉（四）		背山区代表站	平泉县
17	滦河	瀑河	宽城		山区代表站	宽城县
18	滦河	潵河	蓝旗营		山区代表站	兴隆县
19	滦河	南沟	李营		小河站	兴隆县
20	滦河	柳河	兴隆		小河站	兴隆县
21	潮白河	潮河	大阁		背山区代表站	丰宁县
22	潮白河	潮河	古北口		潮河控制站	滦平县
23	滦河	柳河	黄酒馆		小河站	兴隆县
24	滦河	柳河	庙梁		小河站	兴隆县
25	滦河	柳河	九拨子		小河站	兴隆县
26	滦河	柳河	龙窝		小河站	兴隆县
27	滦河	伊逊河	庙宫水库	庙宫水库（坝上）	测区辅助站	隆化县
28	滦河	伊逊河		庙宫水库（坝下）	测区辅助站	隆化县
29	潮白河	白河	大草坪		测区辅助站	丰宁县
30	滦河	武烈河	狮子沟		测区辅助站	双桥区
31	滦河	武烈河	西大街		测区辅助站	双桥区
32	滦河	武烈河	石洞子沟		测区辅助站	双桥区
33	滦河	武烈河	牛圈子沟		测区辅助站	双桥区
34	滦河	白河	上板城		测区辅助站	双桥区
35	滦河	滦河	六道河引水口		测区辅助站	双滦区
36	滦河	大滦河	丰宁电站	丰宁电站（坝上）	测区辅助站	丰宁县
37	滦河	兴洲河	黄土梁水库	黄土梁水库（坝上）	测区辅助站	丰宁县
38	滦河	牤牛河	窟窿山水库	窟窿山水库（坝上）	测区辅助站	滦平县
39	滦河	不澄河	钓鱼台水库	钓鱼台水库（坝上）	测区辅助站	围场县
40	滦河	瀑河	大庆水库	大庆水库（坝上）	测区辅助站	平泉县
41	滦河	小彭河	三旗杆水库	三旗杆水库（坝上）	测区辅助站	宽城县
42	滦河	横河	老虎沟水库	老虎沟水库（坝上）	测区辅助站	兴隆县

（3）唐山市河流水文监测站网。唐山市基本水文站 11 处，共包括 19 个监测断面；测区辅助站 52 处。表 5-3 为唐山市河流监测站基本信息统计表。

表 5-3　　唐山市河流监测站基本信息统计表

序号	水系	河流名称	测站名称	所辖断面名称	设站目的	位置
1	滦河	滦河	滦县	滦县	滦河控制站	滦县
2	青龙河	沙河	冷口	冷口	迎风山区区域代表站	迁安市
3	冀东沿海	沙河	石佛口	石佛口	迎风山区区域代表站	滦县
4	冀东沿海	陡河	陡河水库	陡河水库（坝上）	陡河控制站	开平区
5	冀东沿海	陡河		陡河水库（放水洞）	陡河控制站	开平区
6	冀东沿海	陡河		陡河水库（溢洪道）	陡河控制站	开平区
7	冀东沿海	陡河	唐山	唐山（三）	陡河控制站	路北区
8	蓟运河	沙河	水平口	水平口（河道二）	迎风山区区域代表站	遵化市
9	蓟运河	沙河		水平口（东渠道）	迎风山区区域代表站	遵化市
10	蓟运河	沙河		水平口（西渠道）	迎风山区区域代表站	遵化市
11	蓟运河	还乡河	邱庄水库	邱庄水库（坝上）	迎风山区区域代表站	丰润区
12	蓟运河	还乡河		邱庄水库（放水洞）	迎风山区区域代表站	丰润区
13	蓟运河	还乡河		邱庄水库（溢洪道）	迎风山区区域代表站	丰润区
14	蓟运河	还乡河		邱庄水库（引还出口）	迎风山区区域代表站	丰润区
15	蓟运河	还乡河	小定府庄	小定府庄（河道二）	迎风山区区域代表站	玉田县
16	蓟运河	还乡河		小定府庄（西渠道）	迎风山区区域代表站	玉田县
17	冀东沿海	泉水河	杨家营	杨家营	迎风山区小河站	丰润区
18	蓟运河	还乡河	崖口	崖口（三）	迎风山区小河站	丰润区
19	冀东沿海	小青龙河	司各庄	司各庄	平原区小河站	滦南县
20	冀东沿海	陡河	曹庄子	曹庄子	测区辅助站	丰南区
21	冀东沿海	小青龙河	小青龙河桥	小青龙河桥	测区辅助站	路南区
22	冀东沿海	石榴河	王盼庄	王盼庄	测区辅助站	开平区
23	冀东沿海	陡河	北郊污水处理厂	北郊污水处理厂	测区辅助站	路北区
24	冀东沿海	陡河	东郊污水处理厂	东郊污水处理厂	测区辅助站	路南区
25	蓟运河	京唐运河	王打刁闸	王打刁闸	测区辅助站	丰南区
26	冀东沿海	沙河	黑沿子闸	黑沿子闸	测区辅助站	丰南区
27	冀东沿海	陡河	涧河闸	涧河闸	测区辅助站	丰南区
28	蓟运河	马兰河	马兰峪	马兰峪	测区辅助站	遵化市
29	蓟运河	淋河	定小村	定小村	测区辅助站	遵化市
30	蓟运河	沙河	马各庄	马各庄	测区辅助站	遵化市
31	蓟运河	魏进河	上关水库	上关水库	测区辅助站	遵化市
32	蓟运河	沙河	般若院水库	般若院水库	测区辅助站	遵化市
33	蓟运河	淋河	龙门口水库	龙门口水库	测区辅助站	遵化市
34	蓟运河	沙河	大河局水库	大河局水库	测区辅助站	遵化市
35	蓟运河	魏进河	上关东渠道	上关东渠道	测区辅助站	遵化市

续表

序号	水系	河流名称	测站名称	所辖断面名称	设站目的	位置
36	蓟运河	魏进河	上关西渠道	上关西渠道	测区辅助站	遵化市
37	蓟运河	沙河	般若院东西干渠	般若院东西干渠	测区辅助站	遵化市
38	冀东沿海	泉水河	皈依寨水库	皈依寨水库	测区辅助站	丰润区
39	滦河	滦河	孙官营	孙官营	测区辅助站	滦县
40	滦河	滦河	岩山渠首	岩山渠首	测区辅助站	滦县
41	滦河	滦乐灌渠	桑园	桑园	测区辅助站	乐亭县
42	滦河	滦河	姜各庄	姜各庄	测区辅助站	乐亭县
43	冀东沿海	大河	田家铺	田家铺	测区辅助站	乐亭县
44	冀东沿海	小河	垛瓦	垛瓦	测区辅助站	乐亭县
45	冀东沿海	大清河	安家海	安家海	测区辅助站	乐亭县
46	青龙河	青龙河	石梯子	石梯子	测区辅助站	滦县
47	冀东沿海	滦河	桑园	桑园	测区辅助站	迁安市
48	青龙河	白洋河	白洋峪	白洋峪	测区辅助站	迁安市
49	滦河	滦河	迁安	迁安	测区辅助站	迁安市
50	冀东沿海	沙河	沙河驿	沙河驿	测区辅助站	迁安市
51	冀东沿海	龙湾河	榛子镇	榛子镇	测区辅助站	滦县
52	冀东沿海	陡河	陡河电厂	陡河电厂	测区辅助站	开平区
53	冀东沿海	陡河	唐山碱厂	唐山碱厂	测区辅助站	开平区
54	冀东沿海	陡河	自来水公司	自来水公司	测区辅助站	开平区
55	冀东沿海	陡河	曹妃甸	曹妃甸	测区辅助站	开平区
56	蓟运河	泥河	小漫港村	小漫港村	测区辅助站	丰润区
57	蓟运河	还乡河	左沙灌渠	左沙灌渠	测区辅助站	丰润区
58	蓟运河	还乡河	东风渠	东风渠	测区辅助站	丰润区
59	蓟运河	还乡河	污水处理厂	污水处理厂	测区辅助站	丰润区
60	蓟运河	白官屯灌渠	白官屯	白官屯	测区辅助站	丰润区
61	蓟运河	双城河	萝卜窝	萝卜窝	测区辅助站	玉田县
62	蓟运河	还乡河	大赵官庄	大赵官庄	测区辅助站	玉田县
63	蓟运河	蓟运河	石臼窝	石臼窝	测区辅助站	玉田县
64	滦河	洒河	龙井关	龙井关	测区辅助站	迁西县
65	滦河	长河	九山	九山	测区辅助站	迁西县
66	冀东沿海	双龙河	七农场	七农场	测区辅助站	唐海县
67	冀东沿海	小青龙河	柏各庄	柏各庄	测区辅助站	唐海县
68	冀东沿海	新溯河	第九分场	第九分场	测区辅助站	唐海县
69	冀东沿海	青河	大庄河	大庄河	测区辅助站	滦南县
70	冀东沿海	溯河	蚕沙口	蚕沙口	测区辅助站	滦南县
71	冀东沿海	柏各庄输水干渠	一场五队	一场五队	测区辅助站	唐海县
72	冀东沿海	柏各庄输水干渠	王土	王土	测区辅助站	滦南县

（4）秦皇岛市河流水文监测站网。秦皇岛市基本水文站8处，共包括19个监测断面；测区辅助站20处。表5－4为秦皇岛市河流监测站基本信息统计表。

表5－4　　秦皇岛市河流监测站基本信息统计表

序号	水系	河流名称	测站名称	所辖断面名称	设站目的	位置
1	青龙河	青龙河	双山子	双山子	迎风山区区域代表站	青龙县
2	青龙河	青龙河	桃林口水库	桃林口水库（坝上）	青龙河控制站	青龙县
3	青龙河	青龙河		桃林口水库（河道二）	青龙河控制站	卢龙县
4	青龙河	青龙河		桃林口水库（引青渠）	青龙河控制站	卢龙县
5	青龙河	青龙河		桃林口水库（跃进渠）	青龙河控制站	卢龙县
6	冀东沿海	石河	石河水库	石河水库（坝上）	迎风山区区域代表站	山海关区
7	冀东沿海	石河		石河水库（溢洪道）	迎风山区区域代表站	山海关区
8	冀东沿海	石河		石河水库（泄水洞）	迎风山区区域代表站	山海关区
9	冀东沿海	石河		石河水库（输水洞）	迎风山区区域代表站	山海关区
10	冀东沿海	石河		石河水库（发电洞）	迎风山区区域代表站	山海关区
11	冀东沿海	洋河	洋河水库		迎风山区区域代表站	抚宁县
12	冀东沿海	洋河	洋河水库	洋河水库（坝上）	迎风山区区域代表站	抚宁县
13	冀东沿海	洋河		洋河水库（放水洞）	迎风山区区域代表站	抚宁县
14	冀东沿海	洋河		洋河水库（发电洞）	迎风山区区域代表站	抚宁县
15	冀东沿海	洋河		洋河水库（溢洪道）	迎风山区区域代表站	抚宁县
16	冀东沿海	洋河		洋河水库（西渠道）	迎风山区区域代表站	抚宁县
17	冀东沿海	汤河	秦皇岛	秦皇岛	迎风山区小河站	海港区
18	冀东沿海	东洋河	峪门口	峪门口	迎风山区小河站	抚宁县
19	冀东沿海	潮河	赵家港	赵家港	平原区小河站	昌黎县
20	冀东沿海	潮河	潮河口	潮河口	测区辅助站	山海关区
21	冀东沿海	石河	李庄水库	李庄水库	测区辅助站	抚宁县
22	冀东沿海	石河	浅中水库	浅中水库	测区辅助站	抚宁县
23	滦河	滦河	昌黎引滦渠	昌黎引滦渠	测区辅助站	昌黎县
24	青龙河	青龙河	小老岭湾	小老岭湾	测区辅助站	青龙县
25	青龙河	起河	双山子镇	双山子镇	测区辅助站	青龙县
26	青龙河	都源河	水胡同水库	水胡同水库	测区辅助站	青龙县
27	青龙河	引青渠	引青济秦	引青济秦	测区辅助站	卢龙县
28	冀东沿海	洋河	洋河口	洋河口	测区辅助站	抚宁县
29	冀东沿海	西洋河	富贵庄	富贵庄	测区辅助站	卢龙县
30	冀东沿海	小汤河	小汤河口	小汤河口	测区辅助站	海港区
31	冀东沿海	新开河	新开河口	新开河口	测区辅助站	海港区
32	冀东沿海	戴河	南戴河	南戴河	测区辅助站	北戴河区
33	冀东沿海	汤河	温泉堡水库	温泉堡水库	测区辅助站	抚宁县

续表

序号	水系	河流名称	测站名称	所辖断面名称	设站目的	位置
34	冀东沿海	东洋河	北寨	北寨	测区辅助站	抚宁县
35	冀东沿海	西沙河	靖安镇	靖安镇	测区辅助站	昌黎县
36	冀东沿海	刘台沟	刘台庄	刘台庄	测区辅助站	昌黎县
37	冀东沿海	潮河	团林	团林	测区辅助站	昌黎县
38	冀东沿海	饮马河	昌黎	昌黎	测区辅助站	昌黎县
39	冀东沿海	东沙河	团林林场	团林林场	测区辅助站	昌黎县
40	冀东沿海	稻子沟	西新立村	西新立村	测区辅助站	昌黎县

(5) 保定市河流水文监测站网。保定市基本水文站18处，基本监测断面40处，测区辅助站42处，监测断面42处。表5-5为保定市河流监测站基本信息统计表。

表5-5　　保定市河流监测站基本信息统计表

序号	水系	河流名称	测站名称	所辖断面名称	设站目的	位置
1	大清河	大清河	新盖房	新盖房（大）（闸上）	大清河干流控制站	雄县
2	大清河	引河		新盖房（引）	大清河干流控制站	雄县
3	大清河	灌河		新盖房（灌）	大清河干流控制站	雄县
4	大清河	分洪道		新盖房（分）	大清河干流控制站	雄县
5	大清河	南拒马河	落宝滩	落宝滩（二）	南拒马河分流控制站	涞水县
6	大清河	南拒马河	北河店		南拒马河控制站	定兴县
7	大清河	中易水	安格庄水库	安格庄水库（坝上）	迎风山区区域代表站	易县
8	大清河	中易水		安格庄水库（泄洪洞）	迎风山区区域代表站	易县
9	大清河	中易水		安格庄水库（发电洞）	迎风山区区域代表站	易县
10	大清河	中易水		安格庄水库（溢洪道）	迎风山区区域代表站	易县
11	大清河	白沟河	东茨村		白沟河控制站	涿州市
12	大清河	拒马河	紫荆关	紫荆关（河道）	迎风山区区域代表站	易县
13	大清河	拒马河		紫荆关（五一渠）	迎风山区区域代表站	易县
14	大清河	沙河	阜平	阜平（三）	迎风山区区域代表站	阜平县
15	大清河	县北沟	县北沟		迎风山区小河站	阜平县
16	大清河	沙河	王快水库	王快水库（坝上）	沙河控制站	曲阳县
17	大清河	沙河		王快水库（泄洪洞）	沙河控制站	曲阳县
18	大清河	沙河		王快水库（溢洪道）	沙河控制站	曲阳县
19	大清河	沙河		王快水库（发电洞、小水电）	沙河控制站	曲阳县
20	大清河	唐河	倒马关	倒马关（河道二）	迎风山区区域代表站	唐县
21	大清河	唐河		倒马关（渠道）	迎风山区区域代表站	唐县

续表

序号	水系	河流名称	测站名称	所辖断面名称	设站目的	位置
22	大清河	唐河	中唐梅	中唐梅（河道）	唐河控制站	唐县
23	大清河	唐河		中唐梅（左渠）	唐河控制站	唐县
24	大清河	唐河		中唐梅（右渠）	唐河控制站	唐县
25	大清河	唐河	西大洋水库	西大洋水库（坝上）	唐河控制站	唐县
26	大清河	唐河		西大洋水库（泄洪洞）	唐河控制站	唐县
27	大清河	唐河		西大洋水库（发电洞）	唐河控制站	唐县
28	大清河	唐河		西大洋水库（新底洞）	唐河控制站	唐县
29	大清河	唐河		西大洋水库（溢洪道）	唐河控制站	唐县
30	大清河	清水河	北辛店		平原区区域代表站	清苑县
31	大清河	漕河	龙门水库	龙门水库（坝上）	迎风山区区域代表站	满城县
32	大清河	漕河		龙门水库（泄洪洞）	迎风山区区域代表站	满城县
33	大清河	漕河		龙门水库（溢洪道）	迎风山区区域代表站	满城县
34	大清河	漕河		龙门水库（泄洪闸）	迎风山区区域代表站	满城县
35	大清河	漕河		龙门水库（左渠）	迎风山区区域代表站	满城县
36	大清河	漕河		龙门水库（右渠）	迎风山区区域代表站	满城县
37	大清河	潴龙河	北郭村		潴龙河控制站	安平县
38	大清河	冉庄沟	冉庄		平原区小河站	清苑县
39	大清河	太宁寺沟	太宁寺		山区小河站	易县
40	大清河	拒马河	石门		深山区小河站	涞源
41	大清河	白洋淀	新安		白洋淀水位控制站	安新
42	大清河	白洋淀	端村		白洋淀水位控制站	安新
43	大清河	白洋淀	王家寨		白洋淀水位控制站	安新
44	大清河	北易水	旺隆水库	旺隆水库（坝上）	水库水位控制站	易县
45	大清河	北易水	马头水库	马头水库（坝上）	水库水位控制站	易县
46	大清河	瀑河	瀑河水库	瀑河水库（坝上）	水库水位控制站	徐水
47	大清河	唐河	温仁		白洋淀入流控制站	清苑
48	大清河	瀑河	徐水		白洋淀入流控制站	徐水
49	大清河	漕河	漕河		白洋淀入流控制站	徐水
50	大清河	府河	小望亭		白洋淀入流控制站	清苑
51	大清河	潴龙河	团丁庄		白洋淀入流控制站	高阳
52	大清河	孝义河	东方机站		白洋淀入流控制站	高阳
53	大清河	唐河	革命大渠		灌溉引水控制站	唐县
54	大清河	唐河	倒马关水电站		引水控制站	唐县
55	大清河	界河	龙潭水库		水库水量控制站	顺平
56	大清河	官座岭渠	官座岭		灌溉引水控制站	易县

续表

序号	水系	河流名称	测站名称	所辖断面名称	设站目的	位置
57	大清河	孟津岭渠	金坡		灌溉引水控制站	易县
58	大清河	中易水	易水灌渠	易水灌渠（跃进渠）	灌溉引水控制站	易县
59	大清河	中易水	易水灌渠	易水灌渠（五一渠）	灌溉引水控制站	易县
60	大清河	中易水	胜利南渠		灌溉引水控制站	易县
61	大清河	中易水	胜利北渠		灌溉引水控制站	易县
62	大清河	龙安沟	宋各庄水库		水库水量控制站	涞水县
63	大清河	垒子河	垒子水库		水库水量控制站	涞水县
64	大清河	南拒马河	房涞涿灌渠		灌溉引水控制站	涿州市
65	大清河	白沟河	清北引渠		灌溉引水控制站	固安县
66	大清河	北拒马河	幸福渠		灌溉引水控制站	涿州市
67	大清河	北拒马河	涿州		灌溉引水控制站	涿州市
68	大清河	南拒马河	拒跃渠		灌溉引水控制站	定兴
69	大清河	南拒马河	老李村渠		灌溉引水控制站	定兴
70	大清河	大清河	胜利灌渠		灌溉引水控制站	雄县
71	大清河	白沟河	十九垡渠		灌溉引水控制站	高碑店市
72	大清河	灌河	马庄灌渠		灌溉引水控制站	雄县
73	大清河	兰沟洼	东马营穿拒		灌溉引水控制站	雄县
74	大清河	漕河	龙门北渠		灌溉引水控制站	满城县
75	大清河	界河	方顺桥		灌溉引水控制站	满城县
76	大清河	萍河	下河西		灌溉引水控制站	徐水
77	大清河	潴龙河	陈村分洪道		灌溉引水控制站	蠡县
78	大清河	通天河	南庄		灌溉引水控制站	唐县
79	大清河	胭脂河	新房		灌溉引水控制站	阜平
80	大清河	板峪河	王林口		灌溉引水控制站	阜平
81	大清河	琉璃河	琉璃河		灌溉引水控制站	
82	大清河	小清河	小清河		灌溉引水控制站	

（6）廊坊市河流水文监测站网。廊坊市基本水文站12处，基本监测断面19处；水位站3处，监测断面3处；测区辅助站77处，断面77处。表5-6为廊坊市河流监测站基本信息统计表。

表5-6　　廊坊市河流监测站基本信息统计表

序号	水系	河流名称	测站名称	所辖断面名称	设站目的	位置
1	蓟运河	泃河	三河		泃河控制站	三河市
2	潮白河	潮白河	赶水坝	赶水坝（闸上）	潮白河控制站	香河县
3	潮白河	潮白河		赶水坝（闸下）	潮白河控制站	香河县

续表

序号	水系	河流名称	测站名称	所辖断面名称	设站目的	位置
4	潮白河	青龙湾减河	土门楼	土门楼（青）（闸上）	青龙湾减河控制站	香河县
5	潮白河	青龙湾减河		土门楼（青）（闸下）	青龙湾减河控制站	香河县
6	北运河	北运河		土门楼（北）（闸上）	北运河控制站	香河县
7	北运河	北运河		土门楼（北）（闸下）	北运河控制站	香河县
8	北运河	牛牧屯引河	牛牧屯	牛牧屯（闸上）	牛牧屯引河控制站	香河县
9	北运河	牛牧屯引河		牛牧屯（闸下）	牛牧屯引河控制站	香河县
10	永定河	永定河	固安		永定河控制站	固安县
11	永定河	龙河	北昌		龙河控制站	安次区
12	大清河	中亭河	胜芳	胜芳（闸上）	中亭河控制站	霸州市
13	大清河	中亭河		胜芳（闸下）	中亭河控制站	霸州市
14	大清河	赵王河	史各庄		赵王河控制站	文安县
15	大清河	牤牛河	金各庄	金各庄（闸上）	牤牛河控制站	霸州市
16	大清河	牤牛河		金各庄（闸下二）	牤牛河控制站	霸州市
17	蓟运河	鲍邱河	军下		鲍邱河控制站	三河市
18	大清河	大清河	新镇		大清河水位控制站	文安县
19	大清河	文安洼	大赵		文安洼水位控制站	文安县
20	子牙河	子牙河	南赵扶		子牙河水位控制站	大城县
21	蓟运河	引泃入潮	西罗村	西罗村（槽上）	专用站	三河市
22	蓟运河	鲍邱河	西罗村		专用站	三河市
23	蓟运河	泃河	北务村		测区辅助站	三河市
24	蓟运河	引秃入泃	关新庄		测区辅助站	蓟县
25	蓟运河	鲍邱河	贾官营桥		测区辅助站	三河市
26	蓟运河	尹家沟	夏垫		测区辅助站	大厂县
27	蓟运河	红娘港二支	大丁河沟		测区辅助站	三河市
28	蓟运河	红娘港一支	红一支桥		测区辅助站	三河市
29	蓟运河	普池河	小朱庄闸		测区辅助站	三河市
30	蓟运河	武河	杨各庄桥		测区辅助站	三河市
31	蓟运河	泃河	北务村扬水站		测区辅助站	三河市
32	蓟运河	小清河	灵山寺		测区辅助站	三河市
33	蓟运河	泃河	后沿口扬水站		测区辅助站	三河市
34	蓟运河	小河沿泄水渠	小河沿泄水闸		测区辅助站	三河市
35	蓟运河	泃河	闵庄子扬水站		测区辅助站	三河市
36	蓟运河	小窝头引水渠	小窝头引水闸		测区辅助站	三河市
37	蓟运河	泃河	桑梓镇扬水站		测区辅助站	蓟县
38	蓟运河	泃河	大掠马扬水站		测区辅助站	三河市

续表

序号	水系	河流名称	测站名称	所辖断面名称	设站目的	位置
39	蓟运河	洵河	辛撞节制闸		测区辅助站	蓟县
40	蓟运河	引洵入潮	刘苑庄扬水站		测区辅助站	三河市
41	蓟运河	鲍邱河	洼子扬水站		测区辅助站	三河市
42	蓟运河	鲍邱河	马坊扬水站		测区辅助站	三河市
43	蓟运河	鲍邱河	大堡庄扬水站		测区辅助站	三河市
44	潮白河	梁家务干渠	杨柏庄		测区辅助站	香河县
45	潮白河	五一渠	五一渠渠首闸		测区辅助站	香河县
46	潮白河	潮白河	苏庄		测区辅助站	顺义区
47	潮白河	箭杆河	箭杆河入潮口		测区辅助站	三河市
48	潮白河	引潮干渠	北杨庄渠首闸		测区辅助站	三河市
49	北运河	运潮减河	运潮减河桥		测区辅助站	通州区
50	潮白河	群英总干渠	谭台进水闸		测区辅助站	大厂县
51	潮白河	梁家务新干渠	岭子渠首闸		测区辅助站	香河县
52	潮白河	沙引沟排水渠	沙引沟桥		测区辅助站	通州区
53	北运河	北运河	杨洼闸		测区辅助站	通州区
54	北运河	凤港减河	凤港减河桥		测区辅助站	香河县
55	北运河	秦营引水渠	秦营旁开闸		测区辅助站	武清区
56	永定河	天堂河	更生	更生（闸上、下）	专用站	安次区
57	永定河	龙河	三小营闸		测区辅助站	广阳区
58	永定河	龙河	东张务防洪闸		测区辅助站	安次区
59	永定河	廊西排渠	廊西排渠口		测区辅助站	安次区
60	永定河	董常甫排污	董常甫排污口		测区辅助站	安次区
61	永定河	龙河	永丰旁开闸		测区辅助站	安次区
62	永定河	固清界沟	眼照屯旁开闸		测区辅助站	永清县
63	永定河	天堂河	更生防洪闸		测区辅助站	安次区
64	永定河	永定河	后沙窝扬水站		测区辅助站	安次区
65	永定河	永定河	朱官屯扬水站		测区辅助站	安次区
66	永定河	永定河	永清辛立村	永清辛立村扬水站	测区辅助站	永清县
67	永定河	永定河	永清辛立村闸		测区辅助站	永清县
68	永定河	固北机排渠	老幼屯旁开闸		测区辅助站	永清县
69	大清河	虹江河	西粉营		测区辅助站	霸州市
70	大清河	永金渠	香营桥		测区辅助站	霸州市
71	大清河	龙江渠东	披甲营		测区辅助站	霸州市
72	大清河	太平河	太平河桥		测区辅助站	固安县
73	大清河	东干渠	太平河东渠		测区辅助站	固安县

续表

序号	水系	河流名称	测站名称	所辖断面名称	设站目的	位置
74	大清河	总干渠	太平庄站		测区辅助站	固安县
75	大清河	渠道	渠沟旁开闸		测区辅助站	固安县
76	大清河	排干三渠	康黄甫		专用站	文安县
77	大清河	中亭河	老堤		测区辅助站	霸州市
78	大清河	中亭河	杨芬港		测区辅助站	霸州市
79	大清河	渠道	无明泵站		测区辅助站	霸州市
80	大清河	穿心河	西河口泵站		测区辅助站	霸州市
81	大清河	渠道	新华扬水站		测区辅助站	霸州市
82	大清河	渠道	北环路泵站		测区辅助站	霸州市
83	大清河	六号路干渠	六号路扬水站		测区辅助站	霸州市
84	大清河	中亭河	辛章扬水站		测区辅助站	霸州市
85	大清河	中亭河	东畦田		测区辅助站	霸州市
86	子牙河	子牙河	九高庄		专用站	大城县
87	大清河	任河大渠	孙氏		专用站	文安县
88	大清河	任文干渠	八里庄		专用站	文安县
89	大清河	赵王河	兴隆宫桥		测区辅助站	文安县
90	大清河	大清河	新镇		测区辅助站	文安县
91	大清河	赵王河	安里屯桥		测区辅助站	文安县
92	大清河	小白河	澎耳湾		测区辅助站	文安县
93	大清河	赵王河	苟各庄扬水站		测区辅助站	任丘市
94	大清河	赵王河	口上引水闸		测区辅助站	文安县
95	大清河	赵王河	毕家坊扬水站		测区辅助站	文安县
96	大清河	赵王河	西码头扬水站		测区辅助站	文安县
97	大清河	赵王河	左各庄扬水站		测区辅助站	文安县
98	大清河	赵王河	滩里扬水站		测区辅助站	文安县
99	大清河	赵王河	石沟扬水站		测区辅助站	霸州市

（7）沧州市河流水文监测站网。沧州市基本水文站 11 处，基本监测断面 32 处；测区辅助站 42 处。表 5-7 为沧州市河流监测站基本信息统计表。

表 5-7　　沧州市河流监测站基本信息统计表

序号	水系	河流名称	测站名称	所辖断面名称	设站目的	位置
1	大清河	白洋淀	十方院（枣林庄）	枣林庄（4 孔闸上）	白洋淀控制站	任丘市
2	大清河	白洋淀引河		枣林庄（4 孔闸下）	白洋淀引河控制站	任丘市
3	大清河	白洋淀		枣林庄（25 孔闸上）	白洋淀控制站	任丘市
4	大清河	白洋淀引河		枣林庄（25 孔闸下）	白洋淀引河控制站	任丘市
5	大清河	白洋淀		十方院（白）（堰上）	白洋淀水位控制站	任丘市
6	大清河	赵王河		十方院（赵）（堰下）	赵王河控制站	任丘市

续表

序号	水系	河流名称	测站名称	所辖断面名称	设站目的	位置
7	大清河	任河大渠	高屯	高屯	任河大渠平原代表站	任丘市
8	子牙河	子牙河	献县	献县（子）（闸上）	子牙河控制站	献县
9	子牙河	子牙河		献县（子）（闸下）	子牙河控制站	献县
10	子牙河	子牙新河		献县（子新）（闸上）	子牙新河控制站	献县
11	子牙河	子牙新河		献县（子新）（闸下）	子牙新河控制站	献县
12	子牙河	子牙新河		献县（子新）（堰上）	子牙新河控制站	献县
13	子牙河	子牙新河		献县（子新）（堰下）	子牙新河控制站	献县
14	子牙河	子牙新河	周官屯	周官屯（子新）（主槽上二）	子牙新河控制站	青县
15	子牙河	子牙新河		周官屯（子新）（主流二）	子牙新河控制站	青县
16	子牙河	子牙新河		周官屯（子新）（滩上）	子牙新河控制站	青县
17	子牙河	子牙新河		周官屯（子新）（滩下）	子牙新河控制站	青县
18	子牙河	南运河		周官屯（南）（闸上）	子牙新河控制站	青县
19	子牙河	北排水河	周官屯	周官屯（北排）（排上）	北排水河平原区代表站	青县
20	子牙河	北排水河		周官屯（北排）（排下四）	北排水河平原区代表站	青县
21	子牙河	南排水河	肖家楼	肖家楼（闸上）	南排河控制站	沧县
22	子牙河	南排水河		肖家楼（闸下二）	南排河控制站	沧县
23	子牙河	黑龙港河	乔官屯	乔官屯（闸上）	黑龙港河控制站	泊头市
24	子牙河	黑龙港河		乔官屯（闸下）	黑龙港河控制站	泊头市
25	子牙河	滏东排河	冯庄	冯庄（滏东）（闸上）	滏东排河控制站	泊头市
26	子牙河	滏东排河		冯庄（滏东）（闸下）	滏东排河控制站	泊头市
27	子牙河	连接河		冯庄（连）	连接河控制站	泊头市
28	子牙河	策白渠	齐家务	齐家务	平原区小河站	沧县
29	南运河	南运河	北陈屯	北陈屯（节制闸闸上）	南运河控制站	沧州市
30	南运河	南运河		北陈屯（节制闸闸下）	南运河控制站	沧州市
31	南运河	南运河		北陈屯（船闸）	南运河控制站	沧州市
32	南运河	捷地减河	捷地	捷地（闸下）	捷地减河控制站	沧县
33	大清河	小白河	大树刘庄		测区辅助站	任丘市
34	大清河	王大引水渠	东谈论		测区辅助站	肃宁县
35	子牙河	滏阳新河	小流屯		测区辅助站	献县
36	子牙河	滏东排河	崔桥		测区辅助站	泊头市
37	子牙河	留楚排干	双村		测区辅助站	献县
38	子牙河	滏阳河	西樊屯		测区辅助站	献县
39	子牙河	滹沱河	富庄		测区辅助站	献县
40	子牙河	王大引水渠	万家寨		测区辅助站	献县
41	子牙河	老盐河引水渠	南韩村		测区辅助站	献县

续表

序号	水系	河流名称	测站名称	所辖断面名称	设站目的	位置
42	子牙河	亭子河	大孙庄		测区辅助站	献县
43	子牙河	黑龙港河	东留村	东留村（黑）	测区辅助站	献县
44	子牙河	北排水河	东留村	东留村（北排）	测区辅助站	献县
45	子牙河	子牙河	王马坊	王马坊（子）	测区辅助站	献县
46	子牙河	子牙河夹道沟	王马坊	王马坊（子夹）	测区辅助站	献县
47	子牙河	子牙新河	王马坊	王马坊（子新）	测区辅助站	献县
48	子牙河	建国沟	四辛庄		测区辅助站	献县
49	子牙河	古洋河	龙驹		测区辅助站	献县
50	子牙河	任河大渠东支	坡城		测区辅助站	献县
51	南运河	漳卫新河	辛集		测区辅助站	海兴
52	南运河	大商平底渠	大商		测区辅助站	盐山
53	南运河	王信干沟	王信		测区辅助站	盐山
54	南运河	蔡家干沟	蔡家		测区辅助站	盐山
55	南运河	四十华里干沟	反刘		测区辅助站	盐山
56	南运河	寺北干沟	范堂		测区辅助站	盐山
57	南运河	肖圈干渠	肖圈		测区辅助站	泊头
58	南运河	董村干沟	小安家		测区辅助站	南皮
59	南运河	新凤翔干沟	前王庄		测区辅助站	南皮
60	南运河	江沟河	王营盘		测区辅助站	东光
61	南运河	岔河	沙王		测区辅助站	吴桥
62	南运河	第六引水渠	第六屯		测区辅助站	吴桥
63	南运河	漳卫新河	蔡庄		测区辅助站	吴桥
64	子牙河	北排水河	窦庄子	窦庄子（北排）	测区辅助站	天津市
65	子牙河	沧浪渠	窦庄子	窦庄子（沧浪渠）	测区辅助站	天津市
66	南运河	捷地减河	下三堡		测区辅助站	黄骅市
67	南运河	老石碑河	乾港		测区辅助站	黄骅市
68	子牙河	廖家港排干	南大港		测区辅助站	黄骅市
69	子牙河	南排水河	扣村		测区辅助站	黄骅市
70	子牙河	黄南排干	八里庄		测区辅助站	黄骅市
71	子牙河	六十六排干	许官		测区辅助站	黄骅市
72	子牙河	大浪店排水渠	小梨园		测区辅助站	海兴县
73	南运河	宣惠河	新立庄		测区辅助站	海兴县
74	南运河	大浪淀引水渠	代庄		测区辅助站	南皮

（8）衡水市河流水文监测站网。衡水市基本水文站8处，基本监测断面15处；测区辅助站42处。表5-8为衡水市河流监测站基本信息统计表。

表 5-8　　衡水市河流监测站基本信息统计表

序号	水系	河流名称	测站名称	所辖断面名称	设站目的	位置
1	子牙河	索泸河	梁家庄	梁家庄（二）	索泸河控制站	衡水市
2	子牙河	清凉江	马朗	马朗（二）	清凉江控制站	枣强县
3	子牙河	江江河	高庄	高庄	江江河控制站	景县
4	子牙河	滏阳河	衡水	衡水（三）（闸上）	滏阳河中下游控制站	衡水市
5	子牙河	滏阳河		衡水（三）（闸下）	滏阳河中下游控制站	衡水市
6	子牙河	滏东排河	东羡	东羡（滏东）（闸上）	滏东排河控制站	冀州市
7	子牙河	滏东排河		东羡（滏东）（闸下）	滏东排河控制站	冀州市
8	子牙河	冀码渠		东羡（冀）（闸上）	冀码渠入湖控制站	冀州市
9	子牙河	冀码渠		东羡（冀）（闸下）	冀码渠入湖控制站	冀州市
10	子牙河	衡水湖	衡水湖	衡水湖	衡水湖出口水量控制站	衡水市
11	子牙河	衡水湖		衡水湖（闸下）	衡水湖出口水量控制站	衡水市
12	南运河	南运河	安陵	安陵（节制闸闸上）	南运河控制站	景县
13	南运河	南运河		安陵（节制闸闸下）	南运河控制站	景县
14	南运河	南运河		安陵（船闸）	南运河控制站	景县
15	子牙河	朱家河	下博	下博	小面积径流代表站	深州市
16	子牙河	江江河	杏基		测区辅助站	故城县
17	子牙河	江江河	周通		测区辅助站	阜城县
18	子牙河	江江河	景县城区		城市用水量调查	景县
19	子牙河	江江河	王沙窝		农业用水量调查	景县
20	子牙河	卫运河	渡口驿		测区辅助站	清河县
21	子牙河	卫运河	草寺闸		测区辅助站	故城县
22	子牙河	南运河	第八屯		测区辅助站	吴桥县
23	子牙河	南运河	戈家坟闸		测区辅助站	阜城县
24	子牙河	南运河	杨圈		测区辅助站	泊头市
25	子牙河	引河	东羡		农业用水量调查	冀州市
26	子牙河	西沙河	庄子头		测区辅助站	冀州市
27	子牙河	连接渠	北小魏		测区辅助站	冀州市
28	子牙河	滏阳新河	北大方		测区辅助站	冀州市
29	子牙河	邵村排干	门家庄		测区辅助站	冀州市
30	子牙河	滏东排河	冀州市区		城市用水量调查	冀州市
31	子牙河	滏东排河	陈庄		农业用水量调查	冀州市
32	子牙河	滏东排河	西小寨		测区辅助站	冀州市
33	子牙河	滏东排河	田村		测区辅助站	武邑县
34	子牙河	东羡引河	东羡（引）		测区辅助站	冀州市
35	子牙河	索泸河	马回台		测区辅助站	武邑县

续表

序号	水系	河流名称	测站名称	所辖断面名称	设站目的	位置
36	子牙河	索泸河	枣强		城市用水量调查	枣强县
37	子牙河	清凉江	马朗		农业用水量调查	枣强县
38	子牙河	清凉江	十八庙		测区辅助站	南宫市
39	子牙河	清凉江	陈庄		测区辅助站	泊头市
40	子牙河	衡水湖	冀州（东湖）		测区辅助站	冀州市
41	子牙河	衡水湖	冀州（小湖）		测区辅助站	冀州市
42	子牙河	卫千渠	魏家屯（小湖）		测区辅助站	冀州市
43	子牙河	卫千渠	王口闸		测区辅助站	冀州市
44	子牙河	衡水湖	刘家埝		农业用水量调查	冀州市
45	子牙河	白马河	由家店		测区辅助站	桃城区
46	子牙河	滹沱河	杨各庄		测区辅助站	安平县
47	子牙河	滹沱河	姚庄		测区辅助站	饶阳县
48	子牙河	滹沱河	西尹村		测区辅助站	饶阳县
49	子牙河	分洪道	前庄		测区辅助站	武强县
50	子牙河	滏阳河	庞疃		测区辅助站	武强县
51	子牙河	滏阳河	大西头		农业用水量调查	衡水市
52	子牙河	滏阳河	衡水市区		城市用水量调查	衡水市
53	子牙河	天平沟	郗家池		测区辅助站	深州市
54	子牙河	东安庄分干渠	南口闸		测区辅助站	深州市
55	子牙河	四干一分干渠	白宋庄配水闸		测区辅助站	深州市
56	子牙河	榆科分干渠	东郎里闸		测区辅助站	深州市
57	子牙河	朱家河	下博		农业用水量调查	深州市

（9）石家庄市河流水文监测站网。石家庄市基本水文站 12 处，基本监测断面 36 处；测区流量辅助站 92 处。表 5－9 为石家庄市河流监测站基本信息统计表。

表 5－9　石家庄市河流监测站基本信息统计表

序号	水系	河流名称	测站名称	所辖断面名称	设站目的	位置
1	子牙河	磁河	横山岭水库	横山岭水库（坝上）	迎风山区区域代表站	灵寿县
2	子牙河	磁河		横山岭水库（泄洪洞）	迎风山区区域代表站	灵寿县
3	子牙河	磁河		横山岭水库（磁右渠）	迎风山区区域代表站	灵寿县
4	子牙河	磁河		横山岭水库（磁左渠）	迎风山区区域代表站	灵寿县
5	子牙河	磁河		横山岭水库（溢洪道）	迎风山区区域代表站	灵寿县
6	子牙河	沙河	新乐	新乐（一）	沙河控制站	新乐市
7	子牙河	沙河		新乐（三）	沙河控制站	新乐市
8	子牙河	槐河	马村	马村（二）	迎风山区区域代表站	高邑县

续表

序号	水系	河流名称	测站名称	所辖断面名称	设站目的	位置
9	子牙河	滹沱河	小觉	小觉（河道二）	滹沱河控制站	平山县
10	子牙河	滹沱河		小觉（右渠）	滹沱河控制站	平山县
11	子牙河	滹沱河		小觉（水电）	滹沱河控制站	平山县
12	子牙河	滹沱河	岗南水库	岗南水库（坝上）	滹沱河控制站	平山县
13	子牙河	滹沱河		岗南水库（泄洪洞）	滹沱河控制站	平山县
14	子牙河	滹沱河		岗南水库（电洞）	滹沱河控制站	平山县
15	子牙河	滹沱河		岗南水库（溢洪道）	滹沱河控制站	平山县
16	子牙河	滹沱河		岗南水库（溢洪道二）	滹沱河控制站	平山县
17	子牙河	滹沱河		岗南水库（引岗渠）	滹沱河控制站	平山县
18	子牙河	滹沱河		岗南水库（小水电）	滹沱河控制站	平山县
19	子牙河	滹沱河		岗南水库（水厂洞）	滹沱河控制站	平山县
20	子牙河	滹沱河	黄壁庄水库	黄壁庄水库（坝上）	滹沱河控制站	鹿泉市
21	子牙河	滹沱河		黄壁庄水库（石津渠）	滹沱河控制站	鹿泉市
22	子牙河	滹沱河		黄壁庄水库（灵正渠）	滹沱河控制站	鹿泉市
23	子牙河	滹沱河		黄壁庄水库（引黄渠）	滹沱河控制站	鹿泉市
24	子牙河	滹沱河		黄壁庄水库（溢洪道）	滹沱河控制站	鹿泉市
25	子牙河	滹沱河		黄壁庄水库（非常溢洪道）	滹沱河控制站	鹿泉市
26	子牙河	滹沱河		黄壁庄水库（水厂洞）	滹沱河控制站	鹿泉市
27	子牙河	滹沱河		黄壁庄水库（电厂洞）	滹沱河控制站	鹿泉市
28	子牙河	滹沱河	北中山	北中山（二）	滹沱河控制站	深泽县
29	子牙河	险溢河	王岸	王岸	迎风山区区域代表站	平山县
30	子牙河	冶河	微水	微水（河道二）	冶河控制站	井陉县
31	子牙河	冶河		微水（左渠二）	冶河控制站	井陉县
32	子牙河	冶河	平山	平山（河道）	冶河控制站	平山县
33	子牙河	冶河		平山（贾壁渠二）	冶河控制站	平山县
34	子牙河	绵河	地都	地都（河道）	迎风山区区域代表站	井陉县
35	子牙河	绵河		地都（绵右渠）	迎风山区区域代表站	井陉县
36	子牙河	柳林河	刘家坪	刘家坪	迎风山区小河站	平山县
37	子牙河	滹北渠	郄家庄	郄家庄（滹北渠）	测区辅助站	平山县
38	子牙河	滹沱河（北跃渠）	北跃渠	北跃渠（东岗南）	测区辅助站	平山县
39	子牙河	滹沱河（大川渠）	大川渠	大川渠（东岗南）	测区辅助站	平山县
40	子牙河	滹沱河	宅门水库	宅门水库	测区辅助站	平山县
41	子牙河	文都河	下泉水库	下泉水库	测区辅助站	平山县
42	子牙河	文都河	石板水库	石板水库	测区辅助站	平山县
43	子牙河	滹沱河	下观水库	下观水库	测区辅助站	平山县

续表

序号	水系	河流名称	测站名称	所辖断面名称	设站目的	位置
44	子牙河	温塘河	板山水库	板山水库	测区辅助站	平山县
45	子牙河	滹沱河	古石沟水库	古石沟水库	测区辅助站	平山县
46	子牙河	滹沱河	石圈水库	石圈水库	测区辅助站	平山县
47	子牙河	滹沱河	闫庄水库	闫庄水库	测区辅助站	平山县
48	子牙河	滹沱河	灵山峡水库	灵山峡水库	测区辅助站	平山县
49	子牙河	绵左渠	乏驴岭	乏驴岭（绵左）	测区辅助站	井陉县
50	子牙河	绵右渠	乏驴岭	乏驴岭（绵右）	测区辅助站	井陉县
51	子牙河	西跃渠	西跃渠	西跃渠（退水口）	测区辅助站	井陉县
52	子牙河	人民渠	天长	天长	测区辅助站	井陉县
53	子牙河	杜家庄沟	峪沟水库	峪沟水库	测区辅助站	井陉县
54	子牙河	金良河	长峪水库	长峪水库	测区辅助站	井陉县
55	子牙河	大梁江沟	大梁江水库	大梁江水库	测区辅助站	井陉县
56	子牙河	单家沟	单家沟水库	单家沟水库	测区辅助站	井陉县
57	子牙河	甘陶河	张河湾水库	张河湾水库	测区辅助站	井陉县
58	子牙河	西跃村	张河湾	张河湾	测区辅助站	井陉县
59	子牙河	引甘济绵渠	景庄	景庄	测区辅助站	井陉县
60	子牙河	南跃渠	七亩(南跃渠)	七亩（南跃渠）	测区辅助站	平山县
61	子牙河	大同渠	七亩(大同渠)	七亩（大同渠）	测区辅助站	平山县
62	子牙河	兴民渠	七亩(兴民渠)	七亩（兴民渠）	测区辅助站	平山县
63	子牙河	源泉渠	七亩(源泉渠)	七亩（源泉渠）	测区辅助站	平山县
64	子牙河	引岗渠	七亩(引岗渠)	七亩（引岗渠）	测区辅助站	平山县
65	子牙河	马冢河	马冢水库	马冢水库	测区辅助站	平山县
66	子牙河	磁河	后山水库	后山水库	测区辅助站	灵寿县
67	子牙河	磁河	砂子洞水库	砂子洞水库	测区辅助站	灵寿县
68	子牙河	燕川河	燕川水库	燕川水库	测区辅助站	灵寿县
69	子牙河	郜河	口头水库	口头水库	测区辅助站	行唐县
70	子牙河	曲河	红领巾水库	红领巾水库	测区辅助站	行唐县
71	子牙河	曲河支	杨家庄水库	杨家庄水库	测区辅助站	行唐县
72	子牙河	郜河支	江河水库	江河水库	测区辅助站	行唐县
73	子牙河	沙河	群众总干渠	群众总干渠	测区辅助站	行唐县
74	子牙河	木刀沟	东阳桥	东阳桥	测区辅助站	新乐市
75	子牙河	洨河	南赵	南赵	测区辅助站	栾城县
76	子牙河	槐北渠	槐北渠取水	槐北渠取水口	测区辅助站	赞皇县
77	子牙河	槐南渠	槐南渠取水	槐南渠取水口	测区辅助站	赞皇县
78	子牙河	平旺渠	南平旺取水	南平旺取水口	测区辅助站	赞皇县

续表

序号	水系	河流名称	测站名称	所辖断面名称	设站目的	位置
79	子牙河	姊河	南平旺水库	南平旺水库	测区辅助站	赞皇县
80	子牙河	槐河	白草坪水库	白草坪水库	测区辅助站	赞皇县
81	子牙河	潴龙河	八一水库	八一水库	测区辅助站	元氏县
82	子牙河	北沙河	韩家园水库	韩家园水库	测区辅助站	鹿泉市
83	子牙河	邵村排干	辛集市徐湾桥	辛集市徐湾桥排污口	测区辅助站	辛集市
84	子牙河	老磁河	罗尚闸	罗尚闸排污口	测区辅助站	无极县
85	子牙河	滹沱河	正定	正定综合排污口	测区辅助站	藁城市
86	子牙河	蒿田河	店头	店头	测区辅助站	平山县
87	子牙河	营里河	清水口	清水口	测区辅助站	平山县
88	子牙河	卸甲河	下卸甲河	下卸甲河	测区辅助站	平山县
89	子牙河	文都河	唐家沟	唐家沟	测区辅助站	平山县
90	子牙河	郭苏河	苏家庄	苏家庄	测区辅助站	平山县
91	子牙河	古月河	中古月	中古月	测区辅助站	平山县
92	子牙河	甘秋河	小米峪	小米峪	测区辅助站	平山县
93	子牙河	温塘河	霍宾台	霍宾台	测区辅助站	平山县
94	子牙河	马冢河	孟贤壁	孟贤壁	测区辅助站	平山县
95	子牙河	威州泉	威州	威州	测区辅助站	井陉县
96	子牙河	金良河	微水	微水	测区辅助站	井陉县
97	子牙河	木刀沟	新乐排水沟	新乐排水沟（新）排污口	测区辅助站	新乐市
98	子牙河	庙岭沟	米家庄水库	米家庄水库	测区辅助站	行唐县
99	子牙河	磁河支	梁前沟水库	梁前沟水库	测区辅助站	灵寿县
100	子牙河	磁河支	徐家疃水库	徐家疃水库	测区辅助站	灵寿县
101	子牙河	松阳河	王阜安水库	王阜安水库	测区辅助站	灵寿县
102	子牙河	姊河	西会水库	西会水库	测区辅助站	赞皇县
103	子牙河	姊河	阳泽水库	阳泽水库	测区辅助站	赞皇县
104	子牙河	姊河	严华寺水库	严华寺水库	测区辅助站	赞皇县
105	子牙河	黄沙河	红土湾水库	红土湾水库	测区辅助站	赞皇县
106	子牙河	许亭川	军营水库	军营水库	测区辅助站	赞皇县
107	子牙河	许亭川	许亭水库	许亭水库	测区辅助站	赞皇县
108	子牙河	槐河	北潘水库	北潘水库	测区辅助站	赞皇县
109	子牙河	槐河	南潘水库	南潘水库	测区辅助站	赞皇县
110	子牙河	苏阳河	葛沟水库	葛沟水库	测区辅助站	赞皇县
111	子牙河	苏阳河	野鹿头水库	野鹿头水库	测区辅助站	元氏县
112	子牙河	北沙河	长村水库	长村水库	测区辅助站	元氏县
113	子牙河	潴龙河	北正水库	北正水库	测区辅助站	元氏县

续表

序号	水系	河流名称	测站名称	所辖断面名称	设站目的	位置
114	子牙河	渚龙河	南正水库	南正水库	测区辅助站	元氏县
115	子牙河	汪洋沟	唐家寨	唐家寨	测区辅助站	赵县
116	子牙河	洨河	大石桥	大石桥	测区辅助站	赵县
117	子牙河	槐河	高邑县城	高邑县城生活污水	测区辅助站	赵县
118	子牙河	南甸河	两河	两河	测区辅助站	平山县

（10）邢台市河流水文监测站网。邢台市基本水文站 10 处，基本监测断面 27 处，测区辅助站 49 处。表 5－10 为邢台市河流监测站基本信息统计表。

表 5－10　　邢台市河流监测站基本信息统计表

序号	水系	河流名称	测站名称	所辖断面名称	设站目的	位置
1	子牙河	滏阳河	艾辛庄	艾辛庄（滏）（闸上）	滏阳河控制站	宁晋县
2	子牙河	滏阳河		艾辛庄（滏）（闸下二）	滏阳河控制站	宁晋县
3	子牙河	滏阳新河		艾辛庄（滏新）	滏阳新河控制站	宁晋县
4	子牙河	沙河	朱庄水库	朱庄水库（坝上）	迎风山区区域代表站	沙河市
5	子牙河	沙河		朱庄水库（河道）	迎风山区区域代表站	沙河市
6	子牙河	沙河		朱庄水库（南干渠）	迎风山区区域代表站	沙河市
7	子牙河	沙河		朱庄水库（北干渠）	迎风山区区域代表站	沙河市
8	子牙河	北澧河	邢家湾	邢家湾（北）（河道六）	大河控制站	任县
9	子牙河	二分干		邢家湾（渠）	大河控制站	任县
10	子牙河	滏阳河		邢家湾（滏）（二）	大河控制站	巨鹿县
11	子牙河	马河		邢家湾（马）	大河控制站	任县
12	子牙河	滏澧夹道		邢家湾（夹道）	大河控制站	任县
13	子牙河	泜河	临城水库	临城水库（坝上）	迎风山区区域代表站	临城县
14	子牙河	泜河		临城水库（河道）	迎风山区区域代表站	临城县
15	子牙河	泜河		临城水库（渠道二）	迎风山区区域代表站	临城县
16	子牙河	泜河		临城水库（溢洪道）	迎风山区区域代表站	临城县
17	子牙河	泜河		临城水库（溢洪道二）	迎风山区区域代表站	临城县
18	子牙河	泜河		临城水库（泄洪洞）	迎风山区区域代表站	临城县
19	子牙河	泜河		临城水库（非常溢洪道）	迎风山区区域代表站	临城县
20	子牙河	沙河	端庄	端庄（二）	大河控制站	沙河市
21	子牙河	小马河	柳林	柳林	迎风山区小河站	内丘县
22	子牙河	沙河	野沟门水库	野沟门（坝上）	迎风山区区域代表站	邢台县
23	子牙河	沙河		野沟门（河道）	迎风山区区域代表站	邢台县
24	子牙河	沙河		野沟门（渠道）	迎风山区区域代表站	邢台县
25	子牙河	泜河	西台峪	西台峪	迎风山区小河站	临城县

续表

序号	水系	河流名称	测站名称	所辖断面名称	设站目的	位置
26	子牙河	午河	韩村	韩村（二）	平原区区域代表站	柏乡县
27	子牙河	路罗川	坡底	坡底	迎风山区小河站	邢台县
28	子牙河	宁晋泊	徐家河		宁晋泊水位控制站	大曹庄
29	子牙河	浆水川	老庄窝		浆水川水位控制站	邢台县
30	子牙河	大陆泽	环水村		大陆泽水位控制站	任县
31	子牙河	东干渠	小马（渠）	小马（渠）	测区辅助站	大曹庄
32	子牙河	汪洋沟	小马（汪）	小马（汪）	测区辅助站	大曹庄
33	子牙河	滏阳河	车张闸	车张闸	测区辅助站	新河县
34	子牙河	三河沟通	马家台	马家台	测区辅助站	宁晋县
35	子牙河	沙河	朱庄	朱庄（引朱济邢）	测区辅助站	沙河市
36	子牙河	分洪道（滏）	西阎庄	西阎庄	测区辅助站	平乡县
37	子牙河	滏阳新河	郜宋	郜宋（滏新）	测区辅助站	新河县
38	子牙河	卫运河	尖塚	尖塚	测区辅助站	临西县
39	子牙河	卫运河	南李庄	南李庄	测区辅助站	清河县
40	子牙河	赛里川	乱木水库	乱木水库	测区辅助站	临城县
41	子牙河	泜河	冯村	冯村	测区辅助站	临城县
42	子牙河	小槐河	东镇	东镇	测区辅助站	临城县
43	子牙河	渡口川	东石岭水库	东石岭水库	测区辅助站	沙河市
44	子牙河	七里河	东川口水库	东川口水库	测区辅助站	邢台县
45	子牙河	小马河	马河水库	马河水库	测区辅助站	内丘县
46	子牙河	小马河	小马站	小马站	测区辅助站	内丘县
47	子牙河	宁晋泊	史家台	史家台	测区辅助站	宁晋县
48	子牙河	滞洪区	永福庄	永福庄	测区辅助站	任县
49	子牙河	滞洪区	新丰头	新丰头	测区辅助站	宁晋县
50	子牙河	滞洪区	毛尔寨	毛尔寨	测区辅助站	隆尧县
51	子牙河	午河南支	王家庄	王家庄	午河南支控制站	柏乡县
52	子牙河	汪洋沟	铺头	铺头	汪洋沟控制站	宁晋县
53	子牙河	滏东排河	张神首	张神首	滏东排河控制站	新河县
54	子牙河	洨河	小马（洨）	小马（洨）	洨河控制站	大曹庄
55	子牙河	滏阳河	郭桥	郭桥	滏阳河控制站	平乡县
56	子牙河	牛尾河	祝村	祝村	牛尾河控制站	邢台县
57	子牙河	李阳河	礼仪	礼仪	李阳河控制站	内丘县
58	子牙河	老漳河	河古庙	河古庙	老漳河控制站	平乡县
59	子牙河	清凉江	张二庄	张二庄	清凉江控制站	清河县
60	子牙河	泜河	郝家庄	郝家庄	泜河控制站	临城县

续表

序号	水系	河流名称	测站名称	所辖断面名称	设站目的	位置
61	子牙河	七里河（顺水河）	石头庄	石头庄	七里河控制站	邢台县
62	子牙河	白马河	大青山	大青山	白马河控制站	邢台县
63	子牙河	滞洪区	东固城	东固城	水位监测站	任县
64	子牙河	李阳河	后李阳	后李阳	水位监测站	内丘县
65	子牙河	白马河	王家庄站	王家庄站	水位监测站	邢台县
66	子牙河	顺水河	路村	路村	水位监测站	任县
67	子牙河	老漳河—滏东排河	挽庄	挽庄	水位监测站	新河县
68	子牙河	老漳河	刘庄	刘庄	水位监测站	巨鹿县
69	子牙河	南澧河	和阳	和阳	水位监测站	南和县
70	子牙河	留垒河	张村	张村	水位监测站	南和县
71	子牙河	老沙河	方家营	方家营	水位监测站	威县
72	子牙河	泜河	冯村	冯村	水位、水量监测	临城县
73	子牙河	将军墓川	立羊河	立羊河	水位、水量监测	邢台县
74	子牙河	滏阳河	阎庄	阎庄	滏阳河控制站	平乡县
75	子牙河	老沙河	孙庄	孙庄	水位、水量监测	威县
76	子牙河	东干渠、清临渠	牛庄	牛庄	实验站配套水文站	临西县

（11）邯郸市河流水文监测站网。邯郸市基本水文站10处，基本监测断面27处；水位站3处；测区辅助站20处，包括2处水量调查、14处水量辅助、4处水位辅助，测区辅助监测断面20处；中小河流21处，包括9处水位站。表5-11为邯郸市河流监测站基本信息统计表。

表5-11　　邯郸市河流监测站基本信息统计表

序号	水系	河流名称	测站名称	所辖断面名称	设站目的	位置
1	子牙河	滏阳河	东武仕水库	东武仕水库（坝上）	迎风山区区域代表站	磁县
2	子牙河	滏阳河		东武仕水库（电洞）	迎风山区区域代表站	磁县
3	子牙河	滏阳河		东武仕水库（泄洪洞）	迎风山区区域代表站	磁县
4	子牙河	滏阳河	张庄桥	张庄桥（滏）（闸上）	滏阳河控制站	邯山区
5	子牙河	滏阳河		张庄桥（滏）（闸下）	滏阳河控制站	邯山区
6	子牙河	支漳河		张庄桥（支）	支漳河控制站	邯山区
7	子牙河	滏阳河	莲花口	莲花口（滏）	滏阳河控制站	永年县
8	子牙河	永年洼		莲花口（永）（进洪闸）	永年洼控制站	永年县
9	子牙河	牛尾河	借马庄	借马庄	牛尾河控制站	永年县
10	子牙河	牤牛河	木鼻	木鼻（二）	迎风山区小河站	邯山区
11	子牙河	洺河	临洺关	临洺关（二）	洺河控制站	永年县
12	南运河	漳河	蔡小庄	蔡小庄	漳河控制站	魏县

续表

序号	水系	河流名称	测站名称	所辖断面名称	设站目的	位置
13	南运河	漳河	观台	观台（河）	漳河控制站	磁县
14	南运河	跃峰渠		观台（渠）	漳河控制站	磁县
15	南运河	清漳河	刘家庄	刘家庄（河）	清漳河控制站	涉县
16	南运河	漳西渠		南坡	漳西渠控制站	涉县
17	南运河	漳北渠		刘家庄（渠）	漳北渠控制站	涉县
18	南运河	清漳河	匡门口	匡门口（主槽）	清漳河控制站	涉县
19	南运河	清漳河		匡门口（串沟）	清漳河控制站	涉县
20	南运河	西达电站渠		西达（二）	清漳河控制站	涉县
21	南运河	大跃峰渠		石梯	清漳河控制站	涉县
22	南运河	匡门沟	老人沚	老人沚	迎风山区小河站	涉县
23	子牙河	支漳河六排支	吴庄	吴庄		曲周县
24	南运河	卫河	龙王庙		卫河控制站	大名县
25	子牙河	永年洼	永年洼		永年洼控制站	永年县
26	子牙河	高级渠	东武仕		测区辅助站	磁县
27	子牙河	滏阳河	三里屯		测区辅助站	磁县
28	子牙河	沁河	苏曹		测区辅助站	丛台区
29	子牙河	牤牛河	木鼻（枯）	木鼻（枯）	测区辅助站	邯山区
30	子牙河	东风渠	东风渠		测区辅助站	邯山区
31	子牙河	滏阳河	飞跃闸		测区辅助站	永年县
32	子牙河	滏阳河	西八闸		测区辅助站	永年县
33	子牙河	滏阳河	冯堤闸		测区辅助站	永年县
34	子牙河	北洺河	口上水库		测区辅助站	武安市
35	子牙河	南洺河	车谷水库		测区辅助站	武安市
36	子牙河	北洺河	四里岩水库		测区辅助站	武安市
37	子牙河	南洺河	大洺远水库		测区辅助站	武安市
38	子牙河	南洺河	青塔水库		测区辅助站	涉县
39	子牙河	南洺河	沙洺水库		测区辅助站	武安市
40	南运河	清漳河	石壁底		测区辅助站	黎城县
41	南运河	清漳河	茅岭底		测区辅助站	涉县
42	南运河	东枯河	涉县大桥		测区辅助站	涉县
43	南运河	黄沙沟	黄沙		测区辅助站	磁县
44	南运河	漳河	岳城水库		测区辅助站	磁县
45	南运河	引黄新开渠	第六店		测区辅助站	魏县
46	南运河	小引河	小康庄		测区辅助站	大名县
47	南运河	卫河	军留		测区辅助站	魏县
48	南运河	卫河	岔河嘴		测区辅助站	大名县
49	南运河	卫河	路庄		测区辅助站	馆陶县

2　河流水文监测站功能评价

水文站网是指在某一区域内布设一定数量的各类水文测站，其功能是按规范要求收集水文资料，向社会提供具有足够使用精度的各类水文信息，为国民经济建设提供技术支撑。

河北省水文站网在防汛抗旱、水工程服务、水资源管理、水环境保护、水量平衡计算等方面为社会提供了大量的基础数据，其功能随着社会的发展而日趋完善。以雨量、水位、流量、泥沙、水面蒸发等测验项目为代表对其功能进行分析。

单个水文测站的设站目的一般为：报汛，为灌溉、调水、水电工程服务；水量平衡计算，为拟建和在建水利工程开展前期服务；实验研究等。水文测站功能评价指标见表5-12。

表5-12　水文测站功能评价指标

序号	一级指标	二级指标
1	水文特性	水沙变化；区域水文；水文气候长期变化
2	防汛测报	水文情报；水文预报
3	水资源管理	水资源评价；省级行政区界水资源监测；地市界水资源监测；城市水文；灌区供水；流域调水；重要退水口监测
4	水资源保护	水功能区界水质；源头水质背景值；水源地水质；其他水质监测
5	生态保护	生态环境保护；水土保持
6	工程规划与运行	规划设计；工程运行
7	法定义务	执行专项协议；行政区界法定监测
8	实验研究	水文参数；水文气象要素
9	其他	其他功能

鉴于水平衡原理，水文循环具有特定的规律，各类水文信息之间有着密切联系，各类水文测站之间可以互为补充。水文站网是一个有机整体，通过科学布设水文站网使其具有强大的整体功能，从而可以依托有限的水文测站，以最小的投入，获得能够满足社会需求的水文站网整体功能。

水文站设站功能评价，是通过对各个水文站设站功能进行调查，经统计汇总，形成现行水文站网功能比重，用以分析站网的主要服务对象，以及在功能方面需要强化或需要调整的方面，为今后水文站网建设、调整提供依据，使水文站网最大限度地满足社会发展的需要。

2.1　流量站功能

按照流量站网的设站目的，河北省共布设流量站164处，具有分析水文规律、防汛、水资源评价管理、工程规划设计等各项功能。水文情报、规划设计、水文气候长期变化这三项功能较强超过了75%；区域水文、工程管理、水文预报等在25%～30%之间；其他功能如城市供水、调水引水、生态环境保护等较弱，低于10%。各项功能强弱不一的原因，主要是由于河北省站网最初是为防汛抗旱和工程规划设计及管理服务而布设的，并且随着防汛抗旱和工程管理的需求而不断发展，在实际工作中发挥了重大作用。尤其是在水文情报方面，由于河北省环北京、天津，省内还有华北油田、京广铁路等重要基础设施，特殊的地理位置，赋予了特殊的使命，防汛责任重大。因此，一直以来都在加强水文情报能力的建设，使其更好地为防汛、抢险工作服务。而水文气候长期变化研究是水文学科的一项研究内容，需要长期收集大量的水文资料，因此该项功能也较强。

进入20世纪80年代以来，社会经济及各方面发展较快，对水资源的需求越来越多，但受气候影响，降水进入偏少时期，造成径流减少，水资源短缺。为解决水资源供需问题，加大了对地下水的开采力度，尤其是平原地区已形成较大的地下水漏斗，这就引发了水资源开发、利用、管理和保护等一系列问题，因此站网功能在以防汛抗旱为主的同时又重点加强了水资源计算、评价、管理等方面的功能，使其跃居首位。随着水资源短缺及开发利用程度的增强，引发了生态环境等一系列问题，并成为制约社会经济发展的重要因素，如何为社会提供及时准确的水文信息，统筹解决经济发展面临的水问题，对水文站网的功能提出了新的要求。因此，部分测站又被赋予了调水输水、城市供水、生态环境保护等新功能，使河北省站网在这些功能方面得到了一定发展。但由于受各种条件的限制，发展较慢，功能相对较弱。对于区域水文、工程管理及水文预报等功能，由于受地理条件、工程情况、技术水平等影响，功能发挥一般。

流量站网经过多年的运行，搜集积累了大量水文资料，为分析水文规律变化、探索产汇流参数、为工程设计等提供了准确的基础数据；在历年的防汛工作中能够提供准确、及时的水情信息，为防汛指挥决策提供了有力的依据；同时在水资源评价、工程管理等方面也发挥了重要作用。

2.2　水位站功能

水位站网功能简单，观测方便。一般情况下，观测断面不发生变化，只要过水就能测得水位，正常发挥功能。因此，15处水位站大部分仍保持着原有功能。但从近几年发生的局部大洪水发现，环水村、徐家河和老庄窝水位站丧失了原有的防汛抗旱和蓄洪滞洪功能，丧失功能站数分别占原有功能站数的20%和28.6%，大陆泽内的环水村水位站设在北澧河河道内，对邢家湾至任县公路以北的大片蓄水区域无代表性，宁晋泊内的徐家河水位站，因入流河道过京广线后就破堤漫溢，水位又处在被筑埝挡水的干坑内，无法反映洼淀滞洪量的变化。而老庄窝水位站位于朱庄水库上游的一条支流，原有设站目的是为防汛服务，控制朱庄水库的入库水位变化情况。但朱庄水库上游的另一条支流建有野沟门中型水库，朱庄水库的入库水量很大一部分受中型水库放水影响，因此，该站对防汛抗旱已毫无意义，再加上1996年大水将水尺冲毁后未再恢复，使该站彻底失去了原有功能。

河北省水位站网的分布，由于有流量站的水位观测项目的补充，基本上满足了山区防汛抗旱、工程管理等的需要，但平原区仍然存在着水位盲区。如：子牙河下游献县泛区缺少代表性水位站；漳卫新河无一河北省管理的水位站；平原区的一些行洪主干河道上也缺少水位观测，给防汛抢险指挥调度造成较大被动。另外，河北省海岸线长420km，曾经设立过3处潮位站观测潮水位，但由于各种原因，观测设施毁损后未恢复，沿海地区潮水位观测属于未控区域。为了充分发挥水位站网的功能，今后应在站网空白区，加强水位站网建设，满足防汛抗旱、工程管理、蓄洪滞洪等各方面需要。

2.3　泥沙站功能

对一个流域或一个地区，为了达到兴利除害的目的，就要了解泥沙的特性、来源、数量及其时空变化，为流域的开发和国民经济建设，提供可靠的依据。为此，必须开展泥沙测验工作，系统地搜集泥沙资料。

泥沙分类形式很多，这里主要从泥沙测验方面来讲，主要考虑泥沙的运动形式和在河床上的位移。

河流泥沙按其运动形式可分为悬移质、推移质、河床质。悬移质是指悬浮于水中，随水流一起运动的泥沙；推移质是指在河底床表面，以滑动、滚动或跳跃形式前进的泥沙；河床质是组成河床活动层处于相对静止的泥沙。

河流泥沙按在河床中的位置可分为冲泻质和床沙质。冲泻质是悬移质泥沙的一部分，它由更小的泥沙颗粒组成，能长期的悬浮于水中而不沉淀，它在水中的数量多少，与水流的挟沙能力无关，只与流域内的来沙条件有关；床沙质是河床质的一部分，与水力条件有关；当流速大时，可以成为推移质和悬移质，当流速小时，沉积不动成为河床质。

因为泥沙运动受到本身特性和水力条件的影响，各种泥沙之间没有严格的界限。当流速小时，悬移质中一部分粗颗粒可能沉积下来成为推移质或河床质。反之，推移质或河床质中的一部分在水流的作用下悬浮起来起成为悬移质。随着水力条件的不同，它们之间可以相互转化，这也是泥沙治理困难的关键所在。

河流泥沙测验的内容包括悬移质、推移质的数量和颗粒级配，以及河床质的颗粒级配。

河流含沙量又称固体径流。指单位体积浑水中所含泥沙的数量，计量单位为 kg/m^3。

河流含沙量随时间变化。一年中最大含沙量在汛期，最小含沙量在枯水期。年际之间的含沙量也不一样。在一次洪水过程中，最大含沙量称沙峰，沙峰不一定与洪峰同时出现，一年中首次大洪水的沙峰常超前于洪峰，以后则可能同时出现或滞后于洪峰。

含沙量沿水深分布，一般在水面最小，河床底最大。含沙量在河流断面上的分布随断面水流情况不同而异。含沙量沿流程而变化，通常在山区河段含量大，平原河段含量小。在中国黄河中游及支流出现 $1000kg/m^3$ 以上的高含沙水流，甚至出现揭河床和浆河现象，对河流冲淤影响很大。

河北省泥沙站网分布评价，100 处泥沙站基本分布在山区水土流失严重区的行洪河道、水库及平原区的大型骨干排沥河道、闸坝等处，其密度为 $1877km^2$/站，占全省水文站数的 69.9%，远远超过世界气象组织要求的泥沙站在容许最稀水文站网中所 30%的比例。但泥沙站网分布不均，尽管水土流失严重区布设有泥沙监测站，但站点仍显不足，难以掌握产沙规律及准确计算侵蚀模数，给流域规划治理造成困难，因此，应加密水土流失区的泥沙站点，满足流域规划治理等的需要。

第二节　主要河流水文特征值

1　水情要素

水情要素是用以表达水流情势变化的主要尺度。主要包括水位、流速、流量、泥沙、水化学、水温和冰情等。

水位是指河流中某一基准面上的水面高程。流速是指河流中水质点在单位面积内移动的距离，单位为 m/s。流量指单位时间内流经某一过水断面的水量，单位为 m^3/s。

水温指河水的温度，太阳辐射和河水的补给特征是影响水温的主要因素。包括河水温度随时间的变化和空间分布、河流冰情的年内变化和地区分布，河流结冰、流凌、封冻和解冻的物理过程和影响因素。河水热动态和河流冰情的研究资料是冰情和凌汛预报、冬季江河运输条件分析的重要依据。

含沙量指单位体积河水中所含泥沙的质量，单位是 kg/m^3。包括河流泥沙来源、河流泥沙运动和输移、河床演变规律等，这些规律的研究为河流水工建筑物设计、运营和河道整治提供依据。

水化学是指河水的化学组成、性质及其在时空上的变化，以及它们同环境之间的相互关系。河水是一种成分极其复杂的溶液，其溶质成分和含量与流经地区的土壤、岩石和植被等因素有关。生产实践中，无论是生活用水、农业用水还是工业用水都要考虑水的化学成分。随着现代工农业生产的发展，河流水化学发生了很大变化，河水污染越来越严重。水化学的组成也成为研究河流污染程度的重要指标。

河水的来源叫做河流的补给。根据河流补给形式的不同，一般可分为雨水补给、融水补给、湖泊和沼泽补给以及地下水补给等类型。

河流补给有冰雪融水、湖泊沼泽水等多种形式，它们决定了河流水量的多寡和年内分配状况，是了解河流水情变化规律的重要依据。

2 河流水文特征

河流水文特征有河流水位、径流量大小、径流量季节变化、含沙量、汛期、有无结冰期、水能蕴藏量和河流航运价值。

2.1 水位和径流量大小及其季节变化

水位和流量大小及其季节变化取决于河流补给类型。以雨水补给为主的河流水位和流量季节变化由降水特点决定，例如：热带雨林气候和温带海洋性气候分布地区的河流水位和径流量变化很小，但热带季风气候、热带草原气候、亚热带季风气候、温带季风气候和地中海气候区的河流水位和径流量变化较大。以冰川融水补给和季节性冰雪融水补给为主的河流，水位变化由气温变化特点决定，例如：我国西北地区的河流夏季流量大，冬季断流，我国东北地区的河流在春季由于气温回升导致冬季积雪融化，形成春汛。另外径流量大小还与流域面积大小以及流域内水系情况有关。

2.2 汛期及长短

外流河汛期出现的时间和长短，直接由流域内降水量的多少、雨季出现的时间和长短决定；冰雪融水补给为主的内流河则主要受气温高低的影响，汛期出现在气温最高的时候。我国东部季风气候区河流都有夏汛，东北的河流除有夏汛外，还有春汛；西北河流有夏汛。另外有些河流有凌汛现象。流域内雨季开始早结束晚，河流汛期长；雨季开始晚，结束早，河流汛期短。我国南方地区河流的汛期长，北方地区比较短。

2.3　含沙量大小

含沙量大小由植被覆盖情况、土质状况、地形、降水特征和人类活动决定。植被覆盖差、土质疏松、地势起伏大、降水强度大的区域河流含沙量大；反之，含沙量小。人类活动主要是通过影响地表植被覆盖情况而影响河流含沙量大小。总之，我国南方地区河流含沙量较小；黄土高原地区河流含沙量较大；东北（除辽河流域外）河流含沙量都较小。

2.4　有无结冰期

有无结冰期由流域内气温高低决定，月均温在0℃以下河流有结冰期，0℃以上无结冰期。我国秦岭—淮河以北的河流有结冰期，秦岭—淮河以南河流没有结冰期。有结冰期的河流才可能有凌汛出现。

2.5　水能蕴藏量

水能蕴藏量由流域内的河流落差（地形）和水量（气候和流域面积）决定。地形起伏越大，落差越大，水能越丰富；降水越多，流域面积越大，河流水量越大，水能越丰富。因此，河流中上游一般以开发水能为主。

2.6　河流航运价值

河流航运价值由地形和水量决定，地形平坦，水量丰富，河流航运价值大，因此，河流中下游一般以开发河流航运价值为主。

2.7　河流主要水文特征

河北省监测河流151条，分别对河流的多年平均径流量、水位的极值和发生日期、流量极值和发生日期进行统计。表5-13为河北省监测河段主要水文特征统计表。

表5-13　河北省监测河流主要水文特征值统计表

序号	河流名称	水文站名称	控制面积/km^2	多年平均径流量/亿m^3	水位极值与发生日期		流量极值与发生日期	
					最高水位/m	发生日期（年-月-日）	最大流量/(m^3/s)	发生日期（年-月-日）
1	小青龙河	司各庄	(219)	0.165	10.57	1987-08-27	190	1987-08-27
2	陡河	唐山	(668)	—	16.60	1953-08-06	143	1953-08-06
3	陡河	陡河水库	533	0.6349	34.33	1959-07-22	1320	1959-07-22
4	陡河	杨家营	144	0.2053	45.86	1959-07-22	740	1959-07-22
5	沙河	石佛口	403	0.4645	46.15	1962-07-25	4472	1962-07-25
6	滦河	郭家屯	13722	4.1135	5.09	2010-07-31	253	2010-07-31
7	滦河	三道河子	17354	6.5561	91.49	1958-07-14	1580	1958-07-14
8	滦河	滦县	43750	42.1191	29.15	1962-07-27	35000	1962-07-27
9	滦河	闪电河水库	913	0.1949	101.98（库水位）	1974-07-27	49.8	1974-07-27
10	小滦河	沟台子	1888	1.0507	(5.46)	2001-08-05	122	2001-08-05
11	兴洲河	波罗诺	1346	0.9743	(7.71)	1998-07-06	662	1998-07-06
12	伊逊河	围场	1301	0.6617	(11.77)	1964-07-15	825	1964-07-15
13	伊逊河	韩家营	6732	3.8561	383.25	1958-07-14	2020	1958-07-14

续表

序号	河流名称	水文站名称	控制面积/km²	多年平均径流量/亿 m³	水位极值与发生日期		流量极值与发生日期	
					最高水位/m	发生日期（年-月-日）	最大流量/(m³/s)	发生日期（年-月-日）
14	不澄河	边墙山	560	0.2657	(9.72)	1975-07-17	735	1975-07-17
15	蚊蚂吐河	下河南	2418	1.2435	(4.31)	1973-06-19	651	1973-06-19
16	武烈河	承德	2480	2.4324	(5.00)	1962-07-26	2580	1962-07-26
17	老牛河	下板城	1682	1.4125	(8.85)	1968-07-25	1110	1968-07-25
18	柳河	李营	595	1.3990	(101.23)	1958-07-14	2310	1958-07-14
19	柳河	李营（南）	25.2		(100.29)	1994-07-13	114	1994-07-13
20	柳河	九拨子	6					
21	柳河	兴隆	96.3	0.1867	(9.09)	1994-07-13	462	1994-07-13
22	柳河	庙梁	5.9					
23	柳河	龙窝	3.8					
24	柳河	黄酒馆	13.9					
25	瀑河	平泉	342	0.3230	(10.07)	1962-07-26	810	1962-07-26
26	瀑河	宽城	1747	2.0089	(8.08)	1994-07-13	1720	1994-07-13
27	潵河	蓝旗营	647	1.6516	(8.57)	1962-07-25	2180	1962-07-25
28	青龙河	双山子	3537	—	(47.94)	2005-08-13	923	2005-08-13
29	青龙河	桃林口水库	4948	8.0420	84.93	1959-07-22	8630	1959-07-22
30	沙河	冷口	503	1.0756	(92.51)	1979-07-28	2250	1979-07-28
31	潮河—赵家港沟	赵家港	(43.5)	0.0210	(7.97)	1988-07-21	29.3	1988-07-21
32	洋河	洋河水库	739	1.6183	48.97	1984-08-10	2860	1984-08-10
33	东洋河	峪门口	152	0.4284	(3.71)	1973-07-06	855 (831)	1973-07-06
34	汤河	秦皇岛	171	0.4040	5.74	1991-07-29	664	1991-07-29
35	石河	石河水库	537	1.5231	45.89	1959-07-22	4570	1959-07-22
36	潮白河	赶水坝	(18220)	5.7373	(14.21)	1969-08-12	2160	1950-07-19
37	泃河	三河	(2230)	3.0703	17.24	1962-07-26	809	1994-07-13
38	鲍邱河	军下	(46.9)				14.9	1988-08-15
39	还乡河	小定府庄	(1060)	1.6729	13.45	1967-08-20	796	1967-08-20
40	北运河	上门楼	(2850)	8.9391	13.27	1963-08-12	581	1949-08-02
41	牛牧屯引河	牛牧屯			15.91	1955-08-18	494	1958-07-16
42	龙河	北昌	(362)	0.1181	16.93	1978-08-27	302	1979-08-16
43	潮白河	云州水库	1190		995.30	1974-07-27	468	1984-06-30
44	黑河	三道营	1538	1.1013			715	1959-08-29
45	潮河	大阁	1866	1.0421	(47.32)	1988-07-06	567	1988-07-06

续表

序号	河流名称	水文站名称	控制面积/km²	多年平均径流量/亿 m³	水位极值与发生日期		流量极值与发生日期	
					最高水位/m	发生日期（年-月-日）	最大流量/(m³/s)	发生日期（年-月-日）
46	潮河	古北口	4647	2.7935	214.41	2005-08-12	276	2005-08-12
47	州河	水平口	820	2.1315	32.84	1966-07-29	1920	1966-07-29
48	还乡河	崖口	193	0.523	(85.69)	1975-08-12	882	1975-08-12
49	还乡河	邱庄水库	504				1336	1975-08-12
50	永定河	固安	45381				214	1979-08-08
51	永定河	石匣里	23706				2700	1953-08-26
52	壶流河	壶流河水库	1782				224	1979-08-11
53	壶流河	钱家沙洼	4411				418	1955-08-08
54	洋河	响水堡	14616				1270	1979-08-11
55	洋河	友谊水库	2217				552	1990-06-26
56	洋河	柴沟堡（东）	3687				2300	1974-07-31
57	南洋河	柴沟堡（南）	2936				1180	1974-07-25
58	清水河	张家口	2178				2330	1975-08-12
59	清水河	崇礼	424				501	1984-06-12
60	西沟	喇来庙	724				1890	1975-08-12
61	大清河	新盖房	(10000)				3540	1963-08-09
62	白洋淀	新安						
63	白洋淀	端村						
64	白洋淀	王家寨						
65	潴龙河	北郭村	(8550)					
66	沙河	新乐	(4970)				6140	1955-08-18
67	清水河—界河—龙泉河	北辛店					710	1966-08-14
68	新开河	冉庄	(51.3)					
69	磁河	横山岭水库	437				3200	1963-08-07
70	沙河	阜平	2205				3380	1963-08-07
71	沙河	王快水库	3754				9040	1963-08-08
72	沙河	县北沟	(34.4)				50.4	1984-06-20
73	唐河	倒马关	2746				3180	1979-08-10
74	唐河	中唐梅	3450				5400	1963-08-08
75	唐河	西大洋水库	4412				8480	1963-08-08
76	漕河	龙门水库	470				3790	1963-08-08
77	瀑河	瀑河水库						

续表

序号	河流名称	水文站名称	控制面积/km²	多年平均径流量/亿 m³	水位极值与发生日期		流量极值与发生日期	
					最高水位/m	发生日期（年-月-日）	最大流量/(m³/s)	发生日期（年-月-日）
78	南拒马河	落宝滩	(4940)				3200	1963-08-08
79	南拒马河	北河店	(1652)				4700	1963-08-08
80	白沟河	东茨村					2870	1956-08-05
81	中易水	安格庄水库	486				6360	1963-08-08
82	北易水	旺隆水库						
83	北易水	太宁寺	7.8				65.4	1988-08-09
84	马头沟	马头水库						
85	拒马河	紫荆关	1769				4490	1963-08-08
86	拒马河	都衙	4450				31.8	2008-08-13
87	拒马河	石门	(360)				877	1958-07-10
88	大清河	新镇	(32700)					
89	中亭河	胜芳	(2200)				117	1996-08-12
90	赵王新河	枣林庄					446	1979-08-25
91	赵王新河	史各庄	(22600)				923	1977-08-08
92	牤牛河	金各庄	(751)				151	1970-08-11
93	滩里干渠	大赵						
94	任河大渠	高屯	(834)				184	1977-07-28
95	滏阳河	东武仕水库	(350)				486	1996-08-04
96	滏阳河	张庄桥	(1000)				52.5	1963-08-13
97	滏阳河	莲花口					69.9	1963-08-05
98	滏阳河	艾辛庄	(16900)				320	1996-08-09
99	滏阳河	衡水	(17700)				307	1956-08-14
100	滏阳河	下博	(150)					
101	滏阳河	永年洼						
102	滏阳河	借马庄	212					
103	滏阳河	邢家湾	(8140)				334	1996-08-05
104	滏阳河	环水村						
105	滏阳河	临洺关	2338					
106	滏阳河	徐家河						
107	滏阳河	韩村	443				454	1996-08-04
108	滏阳河	马村	679				4520	1996-08-04
109	王庄河—牤牛河	木鼻	240				240	1956-08-02

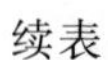

续表

序号	河流名称	水文站名称	控制面积/km²	多年平均径流量/亿 m³	水位极值与发生日期		流量极值与发生日期	
					最高水位/m	发生日期（年-月-日）	最大流量/(m³/s)	发生日期（年-月-日）
110	南澧河—沙河	野沟门水库	505				6119	1996-08-04
111	南澧河—沙河	朱庄水库	1215				9420	1996-08-04
112	南澧河—沙河	端庄	1685				6100	1996-08-05
113	浆水川	老庄窠						
114	路罗川	坡底	286				1120	1996-08-04
115	小马河	柳林	57				580	1996-08-04
116	泜河	临城水库	378				5560	1963-08-04
117	泜河	西台峪	127				3990	1963-08-04
118	滹沱河	小觉	14692				2140	1956-08-04
119	滹沱河	岗南水库	16261				2280	1996-08-05
120	滹沱河	黄壁庄水库	(23000)				13600	1996-08-05
121	滹沱河	北中山	(23900)				6150	1956-08-05
122	柳林河	刘家坪	140				622	1996-08-04
123	险溢河	王岸	426				1870	1999-08-14
124	冶河	微水	5428				12200	1996-08-04
125	冶河	平山	6280				12600	1996-08-04
126	绵河	地都	2521				4970	1996-08-23
127	子牙河	南赵扶	(46200)					
128	子牙新河	献县	(46000)				1120	1996-08-12
129	子牙新河	周官屯					1380	1996-08-16
130	北排水河	周官屯(北排)	(1328)				317	1972-07-20
131	南排水河	肖家楼	(13707)				861	1977-08-06
132	老盐河—索泸河	梁家庄	(1138)				85.9	1973-09-01
133	清凉江—老沙河	马朗					332	1977-08-07
134	江江河	高庄	(1348)				110	1977-07-28
135	黑龙港河	乔官屯					82	1996-08-12
136	策白渠	齐家务						
137	滏东排河	东羡	(2366)				327	1996-08-05
138	滏东排河	冯庄	(4386)				73.8	1996-08-06

续表

序号	河流名称	水文站名称	控制面积/km²	多年平均径流量/亿 m³	水位极值与发生日期		流量极值与发生日期	
					最高水位/m	发生日期（年-月-日）	最大流量/(m³/s)	发生日期（年-月-日）
139	滏东排河	衡水湖					181	1973-08-02
140	老漳河	吴庄	(1.3)				0.44	1984-08-23
141	南运河	安陵					253	1982-08-19
142	南运河	北陈屯					103	1976-07-26
143	捷地减河	捷地	(37200)				266	1955-09-24
144	卫河	龙王庙	(14900)					
145	漳河	观台	17745				8510	1996-08-04
146	漳河	蔡小庄	18259				1930	1963-08-09
147	清漳河	刘家庄	3775				5660	1963-08-06
148	清漳河	匡门口	4995				5230	1996-08-04
149	清漳河	老人山	19.1					
150	黑水河	张北	321				276	1976-08-10
151	大青沟河	大青沟水库						

注 括号内的控制面积为资料面积。

第三节 河流泥沙监测与泥沙特征

河流泥沙状况对水资源的开发利用、防洪减灾、保护河流生态、维持河流健康都有重大影响，越来越受到社会关注。

1 河流泥沙监测站网

泥沙测验项目根据泥沙的运动特性可以分为悬移质、沙质推移质、卵石推移质和床沙等4类，每一类根据其测验和分析内容又可分为输沙率测验和颗分测验。一般来说，悬移质泥沙是主要的泥沙测验项目，颗分项目一般依附于输沙率项目。泥沙站分类情况见表5-14。

表5-14 **泥沙站分类情况**

分类标准	类别划分			
泥沙运动特性	悬移质	沙质推移质	卵石推移质	床沙
测验和分析内容	输沙率		颗分	

至2010年年底，河北省共有泥沙站100处，站网密度为1877km²/站，占水文站网数的68.5%，远远超过世界气象组织要求的泥沙站在容许最稀水文站网中所占30%的比例。泥沙的分布与水文站基本一致，分布在水土流失严重区、大河干流上、中等以上支流以及

水利工程的出入口处。虽然泥沙站网密度较高，但受测验条件及测验设备的限制，一些泥沙站很难观测到有用的泥沙资料，无法掌握泥沙变化规律，不能完全满足沙量计算和绘制悬移质泥沙侵蚀模数等值线图的需要。今后应重点加强泥沙测验设备的建设，改进测验手段，使泥沙站网能够满足各种要求。

（1）滦河及冀东沿海水系泥沙监测站。滦河及冀东沿海水系设有泥沙监测站 30 处，大部分泥沙站在 20 世纪 70—80 年代设立。多年平均侵蚀模数采用建站开始至 2000 年资料系列计算。从多年平均侵蚀模数分布情况分析，滦河上游侵蚀模数较大，不澄河边墙山站侵蚀模数达 2250t/km^2。表 5 - 15 为滦河及冀东沿海泥沙监测站特征值统计表。

表 5 - 15　　滦河及冀东沿海水系泥沙监测站特征值统计表

序号	河名	站名	地点	集水面积/km^2	多年平均侵蚀模数/(t/km^2)
1	伊逊河	围场	围场满族蒙古族自治县围场镇	1227	1200
2	伊逊河	韩家营	承德市双滦区大龙庙村		
3	蚁蚂吐河	下河南	隆化县隆化镇下河南村	2404	1310
4	滦河	郭家屯	隆化县郭家屯镇郭家屯村		
5	滦河	三道河子	滦平县西地满族乡三道河子村		
6	小滦河	沟台子	隆化县郭家屯镇沟台子村	1890	121
7	兴州河	波罗诺	丰宁县波罗诺镇二道河子村	1378	364
8	武烈河	承德	承德市双桥区车站路	2200	657
9	老牛河	下板城	承德县下板城镇中磨村	1615	299
10	瀑河	宽城	宽城满族自治县宽城镇		
11	不澄河	边墙山	围场县腰站满族乡边墙山村	562	2250
12	柳河	李营	兴隆县下台子乡李营村	626	234
13	瀑河	平泉	平泉县平泉镇	372	690
14	潵河	蓝旗营	兴隆县蓝旗营乡古儿石村		
15	柳河	兴隆	兴隆县大杖子乡石佛村	96	114
16	滦河	滦县	滦县雷庄镇石佛口村		
17	青龙河	土门子	青龙县土门子乡椅子圈	2822	234
18	青龙河	桃林口	青龙满族自治县桃林口水库		
19	沙河	冷口	迁安市建昌营镇北冷口村	502	297
20	石河	石河水库	秦皇岛市山海关区小陈庄村	560	111
21	洋河	洋河水库	抚宁县抚宁镇大湾子村	755	64.2
22	沙河	石佛口	滦县雷庄镇石佛口村	429	96.0
23	陡河	陡河水库	唐山市开平区双桥乡冶里村	519	154
24	陡河	唐山	唐山市路北区河西路 7 号	668	18.4
25	汤河	秦皇岛	秦皇岛市	170	

续表

序号	河名	站名	地点	集水面积/km²	多年平均侵蚀模数/(t/km²)
26	东洋河	峪门口	抚宁县大新寨镇峪门口	157	155
27	泉水河	杨家营	丰润县姜家营乡郭庄子村	143	193
28	小青龙河	司各庄	滦南县司各庄镇司各庄	219	5.18
29	潮河	赵家港	昌黎县泥井镇赵家港村	43.5	0.71
30	闪电河	闪电河水库	沽源县平定堡乡闪电河水库	890	8.31

(2) 北三河水系泥沙监测站。北三河水系设有泥沙监测站 11 处，大部分泥沙站在 20 世纪 70—80 年代设立。多年平均侵蚀模数采用建站开始至 2000 年资料系列计算。表 5-16 为北三河水系泥沙监测站特征值统计表。

表 5-16　　北三河水系泥沙监测站特征值统计表

序号	河名	站名	地点	集水面积/km²	多年平均侵蚀模数/(t/km²)
1	潮河	大阁	丰宁满族自治县大阁镇四道河村	1850	745
2	潮河	戴营	滦平县付家店乡戴营村		
3	永定新河	赶水坝	香河县淑阳镇吴村闸		
4	潮白新河	土门楼	香河县五百户镇土门楼村		
5	泃河	三河	三河市泃阳镇		
6	还乡河	小定府庄	玉田县杨家套乡小定府庄村	1060	106
7	沙河	水平口	遵化市东新庄镇北营村	799	233
8	还乡河	邱庄水库	唐山市丰润区左家坞镇邱庄水库	525	13.3
9	还乡河	崖口	唐山市丰润区火石营镇柴家湾子村	199	111
10	白河	云州水库	赤城县云州乡云州水库	1170	952
11	黑河	三道营	赤城县云州乡云州水库	1600	278

(3) 永定河水系泥沙监测站。永定河水系设有泥沙监测站 12 处，大部分泥沙站在 20 世纪 70—80 年代设立。多年平均侵蚀模数采用建站开始至 2000 年资料系列计算。流域内东沟和西沟相邻，两个小流域植被覆盖率差异较大，导致侵蚀模数相差悬殊，西沟侵蚀模数为 2160 t/km²，东沟侵蚀模数为 584 t/km²。表 5-17 为永定河和内陆河水系泥沙监测站特征值统计表。

表 5-17　　永定河和内陆河水系泥沙监测站特征值统计表

序号	河名	站名	地点	集水面积/km²	多年平均侵蚀模数/(t/km²)
1	永定河	固安	固安县城关镇永定河大桥		
2	桑干河	石匣里	阳原县化稍营镇小渡口村		
3	洋河	响水堡	张家口市下花园区辛庄子乡响水堡		

续表

序号	河名	站名	地点	集水面积/km²	多年平均侵蚀模数/(t/km²)
4	东洋河	柴沟堡	万全县四清渠首	927	1500
5	壶流河	钱家沙洼	阳原县化稍营镇小渡口村	4298	758
6	南洋河	柴沟堡	怀安县柴沟堡镇柴张公路桥	2890	1220
7	清水河	张家口	张家口市通泰大桥		
8	壶流河	壶流河水库	蔚县宋家庄乡壶流河水库		
9	东洋河	友谊水库	尚义县小蒜沟镇友谊水库	2250	461
10	西沟	喇嘛庙	崇礼县高家营镇喇来庙大桥	706	2160
11	东沟	崇礼	崇礼县西湾子镇	670	584
12	安固里河	张北	张北县城关乡安固里桥	358	17.2

(4) 大清河水系泥沙监测站。大清河水系设有泥沙监测站 14 处，大部分泥沙站在 20 世纪 70—80 年代设立。多年平均侵蚀模数采用建站开始至 2000 年资料系列计算。表 5-18 为大清河水系泥沙监测站特征值统计表。

表 5-18　大清河水系泥沙监测站特征值统计表

序号	河名	站名	监测断面	集水面积/km²	多年平均侵蚀模数/(t/km²)
1	新盖房	新盖房	雄县朱各庄乡新盖房村		
2	南拒马河	北河店	定兴县定兴镇大沟村		
3	白沟河	东茨村	涿州市义合庄乡东茨村		
4	拒马河	紫荆关	易县紫荆关镇紫荆关村		
5	唐河	中唐梅	唐县白合镇中唐梅村		
6	中易水	安各庄水库	易县境内安各庄村西		
7	沙河	阜平	阜平县阜平镇	2210	801
8	沙河	王快水库	曲阳县王快水库		
9	唐河	倒马关	唐县倒马关乡倒马关村		
10	唐河	西大洋水库	唐县西大洋水库		
11	拒马河	石门	涞源县甲村乡石门村	360	575
12	清水河	北辛店	清苑县北店乡北辛店村		
13	清水河	冉庄	清苑县冉庄镇冉庄村		
14	赵王河	史各庄	文安县史各庄镇秦各庄村		

(5) 子牙河水系泥沙监测站。子牙河水系设有泥沙监测站 26 处，大部分泥沙站在 20 世纪 70—80 年代设立。多年平均侵蚀模数采用建站开始至 2000 年资料系列计算。表 5-19 为子牙河水系泥沙监测站特征值统计表。

表 5-19　　子牙河水系泥沙监测站特征值统计表

序号	河名	站名	地点	集水面积/km²	多年平均侵蚀模数/(t/km²)
1	子牙河	献县	献县节制闸		
2	子牙新河	周官屯	青县上伍乡周官屯村		
3	南排水河	肖家楼	沧县张官屯乡肖家楼村	13707	10.4
4	洺河	临洺关	永年县临洺关镇北街村	2300	220
5	滏阳河	东武仕水库	磁县路营乡东武仕村	350	40.3
6	滏阳河	衡水	衡水市河东办事处大西野营村		
7	清凉江	马朗	枣强县王常乡马朗村		
8	滏东排河	东羡	冀州市码头李镇东羡家庄村		
9	滹沱河	小觉	平山县小觉镇		
10	滹沱河	平山	平山县岗南镇		
11	槐河	马村	高邑县中韩乡马村	745	235
12	滹沱河	岗南水库	平山县岗南镇		
13	滹沱河	黄壁庄水库	鹿泉市黄壁庄镇		
14	滹沱河	北中山	深泽县城关镇		
15	冶河	微水	井陉县微水镇罗庄村		
16	绵河	地都	井陉县南峪镇地都村	2521	579
17	险溢河	王岸	平山县古月镇王岸村	403	352
18	柳林河	刘家坪	平山县下槐镇刘家坪村	140	553
19	滏阳河	艾辛庄	宁晋县耿庄桥镇北官庄村		
20	沙河	朱庄水库	沙河市孔庄乡朱庄水库	1220	477
21	北澧河	邢家湾	任县邢家湾镇邢家湾村		
22	泜河	临城水库	临城县西竖镇西竖村		
23	泜河	西台峪	临城县西台峪村	127	349
24	小马河	柳林	内丘县柳林乡	57.4	414
25	路罗川	坡底	邢台县城计头乡坡底村	283	
26	沙河	野沟门水库	邢台县宋家庄乡野沟门村	500	917

(6) 南运河水系泥沙监测站。南运河水系设有泥沙监测站 6 处，大部分泥沙站在 20 世纪 70—80 年代设立。多年平均侵蚀模数采用建站开始至 2000 年资料系列计算。表 5-20 为南运河水系泥沙监测站特征值统计表。

表 5-20　　南运河水系泥沙监测站特征值统计表

序号	河名	站名	地　点	集水面积/km²	多年平均侵蚀模数/(t/km²)
1	南运河	北陈屯	沧州市小王庄镇北陈屯村		
2	捷地减河	捷地	沧县捷地乡捷地村		

续表

序号	河名	站名	地　点	集水面积 /km²	多年平均侵蚀模数 /(t/km²)
3	漳河	观台	磁县都党乡冶子村		
4	漳河	蔡小庄	魏县野胡拐乡蔡小庄村		
5	清漳河	刘家庄	涉县辽城乡新桥村	3800	652
6	清漳河	匡门口	涉县西达镇匡门口村	5060	564

2 各水系悬移质输沙量和含沙量

（1）各水系产沙量。以各水系入境和出山口作控制，采用同步系列相减计算各河系产沙量。当上下游站之间的控制面积不等于该水系在本省境内的实际面积时，则计算的沙量再乘以面积修正系数，得出计算值。河北省各河流多年平均天然含沙量监测结果见表5-21。

表5-21 河北省各河流多年平均天然含沙量监测结果

站名	资料年数 /年	平均含沙量 /(kg/m³)	站名	资料年数 /年	平均含沙量 /(kg/m³)	站名	资料年数 /年	平均含沙量 /(kg/m³)
郭家屯	23	2.74	司各庄	17	0.11	横山岭水库	42	2.81
外沟门子	19	0.47	新集	25	0.43	阜平	40	2.00
三道河子	46	2.99	三河	21	0.37	王快水库	46	2.59
潘家口水库	46	7.13	水平口	38	0.95	新乐	42	1.86
桑园	38	5.54	崖口	36	0.41	口头水库	31	13.0
滦县	57	4.43	小定府庄	40	0.94	倒马关	44	7.48
闪电河水库	41	0.39	下堡	44	9.88	西大洋水库	47	6.59
沟台子	41	2.27	三道营	39	3.90	裴庄	6	0.23
波罗诺	41	6.06	河东	8	0.41	塘湖	9	2.22
围场	41	28.3	大阁	44	12.2	东武仕水库	45	0.98
韩家营	44	26.1	戴营	47	5.05	木鼻	5	1.96
边墙山	33	44.6	张北（安）	43	12.6	临洺关	38	9.82
下河南	42	28.3	张北（东）	15	1.05	立羊河	7	1.09
承德	45	6.04	大青沟	7	28.7	朱庄水库	48	3.53
下板城	33	3.56	刘油坊	4	0.32	临城水库	23	5.59
李营	44	1.09	石头城	3	0.19	西台峪	30	3.10
平泉	37	8.84	石匣里	50	32.3	柳林	19	1.91
宽城	44	4.51	钱家沙洼	47	16.1	马村	44	5.15
红旗	38	0.64	响水堡	48	20.9	小觉	45	11.0
土门子	29	1.90	柴沟堡（南）	48	33.1	岗南水库	42	7.03
桃林口	44	2.10	友谊水库	36	15.6	黄壁庄水库	53	8.22

续表

站名	资料年数/年	平均含沙量/(kg/m³)	站名	资料年数/年	平均含沙量/(kg/m³)	站名	资料年数/年	平均含沙量/(kg/m³)
高杖子	8	1.28	柴沟堡（东）	47	28.0	北中山	45	4.72
冷口	41	1.40	柴沟堡（西）	14	30.5	王岸	40	1.67
陡河水库	43	1.29	乔子沟	14	33.0	刘家坪	30	0.90
杨家营	42	1.39	张家口	48	37.0	上文都	11	1.63
黄家楼	10	2.01	崇礼	19	18.9	微水	45	10.6
榛子镇	26	0.70	响哝庙	17	79.8	平山	48	9.29
石佛口	44	0.90	东茨村	52	1.36	地都	42	4.06
峪门口	36	0.57	东水冶	9	1.13	野沟门水库	28	4.08
石河水库	39	0.45	石门	34	3.64	刘家庄	34	9.31
洋河水库	37	0.40	紫荆关	49	2.35	匡门口	39	7.16
赵家港	19	0.024	北郭村	39	1.80	观台	49	10.9

根据资料计算8个水系山区部分的悬移质产沙量，见表5-22。河北省山区多年平均悬移质产沙量为5440.1万t/a，计算山区面积98495km²，平均侵蚀模数为552t/km²。其中永定河最大为937t/km²，冀东沿海最小为130t/km²。

表5-22 河北省各水系山区产沙量表

河系名称	山区面积/km²	产沙量/万t	平均侵蚀模数/(t/km²)
滦河	35410	1839	519
冀东沿海	3050	39.7	130
蓟运河	2816	48.6	173
潮白河	11871	449	378
永定河	17662	1654	937
大清河	13786	658	477
子牙河	12087	661	547
南运河	1813	90.8	501
合计	98495	5440.1	552

（2）外省入境沙量。根据入境站输沙量资料，计算各河系入境多年平均输沙量，计算成果见表5-23。河北省多年平均入境输沙量为3137万t。

表5-23 河北省入境输沙量计算表

项目	滦河	永定河	大清河	子牙河	南运河	合计
资料年限/年	41	38	46	41	49	
平均入境沙量/万t	65.0	901	162	1043	966	3137

（3）河流含沙量的分布。河北省各河系含沙量分布不均，河系内各站多年平均含沙量

也不均。永定河各站及滦河上游的伊逊河较大，多数在 30kg/m^3 以上。冀东沿海、大清河水系各站的含沙量较小，多数在 5.0kg/m^3 以下。与 20 世纪 80 年代以前相比，大部分站的含沙量都有减少。各水系多年平均天然含沙量极值见表 5-24。

表 5-24　各水系多年平均天然含沙量极值一览表

河系	最大含沙量/(kg/m^3)	站名	最小含沙量/(kg/m^3)	站名
滦河及冀东沿海	44.6	边墙山	0.024	赵家港
潮白蓟运河	12.5	大阁	0.16	崖口
永定河	104	响嗦庙	18.9	崇礼
大清河	13.0	口头水库	0.23	裴庄
子牙河	12.0	微水	0.47	艾辛庄
南运河	11.5	刘家庄	7.16	匡门口

参 考 文 献

[1] 王春泽，张金堂，李哲强，等. 河北省水文站名览 [M]. 石家庄：河北科学技术出版社，2014.
[2] 高雅. 河北省水文站网规划与建设的思考 [J]. 河北水利，2011 (1)：26-26.
[3] 河北省水利厅，河北省水文水资源勘测局. 河北省水资源评价 [R]. 2013.

第六章 河流水质评价

第一节 河流水质监测与评价

1 地表水水质监测站

江河湖泊水质是河流水文特征之一，分析江河水质特征及其时空变化，是评价水质优劣及其变化的主要内容。江河湖泊天然水质的地区分布主要受气候、自然地理条件和环境的制约，随着社会经济发展，河流水质受人为影响日趋严重。

布站首先要了解天然水化学特征的地区分布，可以按土壤、地层岩性和水文条件分区，从流量站网中选择部分测站测验水质。其次，要监测河流的水质污染情况。干流控制河段、重点城市、主要风景游览区、大型灌区、大中型水库湖泊、大中型工矿企业和重大水利设施所在河段，河口区及河流出入国境线的地点应予布站。此类测站也要尽量与流量站网结合。

至2010年年底，地表水质站233处，可控制河北省大小河流115条，站网平均密度为785km²/站。但按照现有的水功能区划来说，目前的水质站网在水功能区监测上站点布设严重不足，制约了水资源的开发利用和有效保护。随着用水量的增加，地表水逐渐向城市供水，目前城市水源地水质站网很不完善；省界河流上的水质监测站点监测频次不够，同时还缺少入河排污口、取退水口、灌区等水质监测站点。

（1）邯郸市地表水水质监测站。邯郸市现有水质监测站23处，其中国家基本站14处，辅助站4处，专用站2处，排污口监测站3处。表6-1为邯郸水文局地表水水质监测站网一览表。

表6-1　　　　邯郸水文局地表水水质监测站网一览表

序号	水系	河名	站名	类别	地　点	开始监测时间（年-月）
1	漳卫南运河	卫运河	馆陶	基本	馆陶县卫运河大桥下	1992-02
2	漳卫南运河	卫河	留固	基本	魏县北留固卫河桥下	1992-02
3	漳卫南运河	卫河	龙王庙	基本	大名县龙王庙卫河桥下	1985-01
4	漳卫南运河	漳河	观台	基本	磁县观台水文站测流断面	1961-01
5	漳卫南运河	浊漳河	合漳	基本	涉县合漳两河交汇点上游500m	1992-02
6	漳卫南运河	清漳河	刘家庄	基本	涉县刘家庄水文站测流断面	1961-01
7	漳卫南运河	清漳河	涉县大桥	辅助	涉县南关涉县大桥下	1985-01

续表

序号	水系	河名	站名	类别	地　　点	开始监测时间（年-月）
8	漳卫南运河	清漳河	匡门口	基本	涉县匡门口水文站测流断面	1985-01
9	子牙河	老沙河	小屯	专用	邱县小屯闸下	1992-02
10	子牙河	滏阳河	九号泉	基本	邯郸市峰峰矿区黑龙洞九号泉口	1977-01
11	子牙河	滏阳河	南留旺	辅助	磁县南留旺 S316 公路南留旺桥下	1990-06
12	子牙河	滏阳河	东武仕水库	基本	磁县东武仕水库电洞进水口	1961-01
13	子牙河	滏阳河	张庄桥	基本	邯郸市张庄桥水文站测流断面	1961-01
14	子牙河	滏阳河	苏里	辅助	邯郸市苏里村苏里桥下	1985-01
15	子牙河	滏阳河	莲花口	基本	永年县莲花口水文站滏阳河测流断面	1961-01
16	子牙河	牤牛河	木鼻	基本	邯郸市木鼻水文站测流断面	1961-01
17	子牙河	支漳河	张庄桥	基本	邯郸市张庄桥支漳河测流断面	1985-01
18	子牙河	输元河	邯郸市北	辅助	邯郸市北环京广路桥下	1992-02
19	子牙河	洺河	临洺关	基本	永年县临洺关水文站测流断面	1961-01
20	子牙河	支漳河	第六疃	专用	河北省曲周县第六疃闸下	1992-02
21	子牙河		磁县生污口	排污口	磁县北开河西北左岸	
22	子牙河		青年河口	排污口	刘二庄村西北北环交叉口	
23	子牙河		输元河口	排污口	冯村西南梦湖出水口北	

（2）邢台市地表水水质监测站。邢台市境内地表水水质监测站 18 处，基本站 14 处，辅助站 4 处。基本站中水库水质监测站 3 处。表 6-2 为邢台市地表水水质监测站一览表。

表 6-2　　邢台市地表水水质监测站一览表

序号	水系	河名	站名	类别	地　　点	开始监测时间（年-月）
1	子牙河	老沙河	大葛寨	基本	威县大葛寨	1967-07
2	子牙河	清凉江	郎吕坡	辅助	清河县黄金庄乡郎吕坡	1987-01
3	子牙河	滏阳河	闫庄	基本	平乡县西郭桥乡闫庄	1978-02
4	子牙河	滏阳河	邢家湾	基本	任县邢家湾乡邢家湾	1961-01
5	子牙河	滏阳河	艾辛庄	基本	宁晋县艾辛庄乡艾辛庄闸	1961-01
6	子牙河	北澧河	邢家湾	基本	任县邢家湾乡邢家湾	1973-07
7	子牙河	沙洺河	骆庄	辅助	任县骆庄乡骆庄	1986-02
8	子牙河	牛尾河	北张村	辅助	邢台县晏家屯乡北张村	1985-01
9	子牙河	牛尾河	祝村	基本	邢台县祝村乡祝村	1985-01
10	子牙河	沙河	野沟门水库	基本	邢台县宋家庄乡野沟门水库	1976-01
11	子牙河	沙河	朱庄水库	基本	沙河市孔庄乡朱庄水库	1961-01
12	子牙河	沙河	端庄	辅助	沙河市城关乡端庄	1985-01
13	子牙河	路罗川	坡底	基本	城计头乡坡底	1976-01

续表

序号	水系	河名	站名	类别	地　点	开始监测时间（年-月）
14	子牙河	泜河	临城水库	基本	临城县西竖乡临城水库	1973-02
15	子牙河	南泜河	西台峪	基本	临城县石城乡西台峪	1975-01
16	子牙河	北泜河	官都	基本	临城县郝庄乡官都	1985-01
17	子牙河	老漳河	河古庙	基本	平乡县河古庙乡河古庙	1975-01
18	子牙河	洨河	大曹庄	基本	宁晋县大曹庄乡小马	1986-02

（3）石家庄市地表水水质监测站。石家庄市境内地表水水质监测站 20 处，基本站 18 处，辅助站 2 处。基本站中水库水质监测站 5 处，表 6-3 为石家庄市地表水水质监测站一览表。

表 6-3　　石家庄市地表水水质监测站网一览表

序号	水系	河名	站名	类别	地　点	开始监测时间（年-月）
1	子牙河	槐河	马村	基本	高邑县马村	1961-01
2	子牙河	石市总排干渠	南栗	辅助	栾城县南栗	1986-08
3	子牙河	洨河	十三孔桥	基本	栾城县十三孔桥	1986-08
4	子牙河	洨河	大石桥	基本	赵县大石桥村	1986-08
5	子牙河	滹沱河	小觉	基本	平山县小觉乡小觉村	1961-01
6	子牙河	滹沱河	岗南水库（坝上）	基本	平山县岗南乡西岗南村	1961-01
7	子牙河	滹沱河	岗南水库（发电洞）	基本	平山县岗南乡西岗南村	1985-01
8	子牙河	滹沱河	黄壁庄水库	基本	鹿泉市黄壁庄镇	1961-01
9	子牙河	石津渠	黄壁庄	基本	鹿泉市黄壁庄镇	1978-09
10	子牙河	石津渠	西兆通	基本	石家庄市长安区西兆通村	1990-01
11	子牙河	石津渠	晋州	基本	晋州市周家庄乡刘庄村	1995-01
12	子牙河	滹沱河	北中山	基本	深泽县北中山	1978-09
13	子牙河	险溢河	王岸	基本	平山县古月乡王岸村	1976-07
14	子牙河	冶河	微水	基本	井陉县微水镇	1961-01
15	子牙河	冶河	平山	基本	平山县城关	1976-07
16	子牙河	绵河	地都	基本	井陉县南峪乡地都村	1975-05
17	子牙河	甘陶河	秀林	基本	井陉县秀林	1992-02
18	大清河	磁河	横山岭水库	基本	灵寿县岔头乡横山岭	1962-02
19	大清河	沙河	新乐	辅助	新乐市承安铺	1961-01
20	大清河	郜河	口头水库	基本	行唐县口头镇	1962-08

（4）衡水市地表水水质监测站。衡水市境内地表水水质监测站 12 处，基本站 11 处，辅助站 1 处。表 6-4 为衡水市地表水水质监测站一览表。

表 6-4　衡水市地表水水质监测站网一览表

序号	水系	河名	站名	类别	地　点	开始监测时间（年-月）
1	漳卫南运河	南运河	安陵	基本	景县安陵镇王沙窝村	1981-07
2	子牙河	衡水湖	湖内	基本	衡水市彭杜乡大赵村	1986-02
3	子牙河	衡水湖	小库	基本	冀州市魏屯乡魏屯村	1986-02
4	子牙河	衡水湖	冀州	基本	冀州市冀州镇南关村	1992-02
5	子牙河	滏阳河	衡水	基本	衡水市河东办事处大西头村	1961-01
6	子牙河	冀码渠	东羡	基本	冀州市码头李镇东羡村	1985-01
7	子牙河	滏阳河	小范	基本	武强县武强镇小范	1980-08
8	子牙河	清凉江	马朗	基本	枣强县王常乡马朗村	1993-06
9	子牙河	江江河	高庄	基本	景县降河流镇高庄村	1980-08
10	子牙河	滏阳新河	侯店	基本	衡水市彭杜乡侯店村	1986-02
11	子牙河	索芦河	梁家庄	基本	衡水市邓家庄乡梁家庄村	1980-03
12	子牙河	石津渠	下博	辅助	深州市深么路石津渠桥	1986-02

（5）沧州市地表水水质监测站。沧州市境内地表水水质监测站 23 处，基本站 10 处，辅助站 7 处，排污口监测站 2 处，专用站 4 处。表 6-5 为沧州市地表水水质监测站一览表。

表 6-5　沧州市地表水水质监测站网一览表

序号	水系	河名	站名	类别	地　点	开始监测时间（年-月）
1	漳卫南运河	南运河	泊头	辅助	泊头市	1985-01
2	漳卫南运河	南运河	北陈屯	基本	沧州市北陈屯	1975-02
3	漳卫南运河	漳卫新河	辛集	辅助	海兴县辛集	1987-01
4	漳卫南运河	宣惠河	景庄桥	基本	吴桥县景庄	1992-01
5	漳卫南运河	宣惠河	刘福青	基本	南皮县刘福青	1966-07
6	漳卫南运河	宣惠河	新立庄	基本	海兴县新立庄	1986-06
7	漳卫南运河	宣惠河	姜庄子	排污口	海兴县姜庄村	2011-05
8	漳卫南运河	捷地減河	捷地	基本	沧县捷地	1961-01
9	漳卫南运河	捷地減河	周青庄	辅助	黄骅市周青庄	1986-06
10	漳卫南运河	沧浪渠	窦庄子	基本	黄骅市窦庄子	1986-06
11	漳卫南运河	沧浪渠南支	小元	专用	沧县小元	1986-06
12	漳卫南运河	沧浪渠中支	鞠官屯	专用	沧州市鞠官屯	1995-10
13	漳卫南运河	沧浪渠北支	赵官屯	专用	沧州市赵官屯	1986-06
14	漳卫南运河	大浪淀水库	大浪淀水库	专用	南皮县大浪淀乡叶三拔	2001-02
15	子牙河	子牙河	献县	基本	献县城关田庄	1961-02
16	子牙河	子牙新河	周官屯	基本	青县周官屯	1982-08

续表

序号	水系	河名	站名	类别	地　　点	开始监测时间（年-月）
17	子牙河	北排水河	冯官屯	基本	青县冯官屯	1985-01
18	子牙河	北排水河	窦庄子	辅助	黄骅市窦庄子	1986-08
19	子牙河	南排水河	肖家楼	基本	沧县肖家楼	1972-07
20	子牙河	南排水河	东关	辅助	沧县东关	1986-06
21	子牙河	南排水河	扣村	辅助	黄骅市扣村	1986-08
22	子牙河	连接河	冯庄	辅助	泊头市冯庄	1985-01
23	子牙河	清凉江	小园	排污口	泊头市小园村南	2011-05

(6) 廊坊市地表水水质监测站。廊坊市境内地表水水质监测站 17 处，基本站 11 处，辅助站 6 处。表 6-6 为沧州市地表水水质监测站一览表。

表 6-6　　廊坊市地表水水质监测站网一览表

序号	水系	河名	站名	类别	地　　点	开始监测时间（年-月）
1	北三河	洵河	三河	基本	三河市洵阳镇	1972-07
2	北三河	潮白河	赶水坝	基本	香河县淑阳镇赶水坝村	1963-01
3	北三河	北运河	土门楼	基本	香河县五百户镇土门楼闸	1963-02
4	北三河	洵河	双村	辅助	三河市黄土庄镇双村	1995-01
5	北三河	鲍邱河	白庄	辅助	三河市定福庄乡白庄大桥	1986-02
6	永定河	永定河	固安	基本	固安县城关镇固安大桥	1977-08
7	永定河	永定河	王玛	辅助	广阳区九州乡王玛大桥	1987-01
8	永定河	天堂河	更生	辅助	广阳区九州乡更生大桥	1987-01
9	永定河	龙河	北昌	基本	安次区北史家务镇北昌大桥	1974-07
10	永定河	龙河	永丰	辅助	安次区仇庄镇永丰大桥	1986-02
11	大清河	大清河	新镇	辅助	文安县新镇大桥	1986-02
12	大清河	中亭河	胜芳	基本	霸州市胜芳镇胜芳大桥	1986-02
13	大清河	赵王河	史各庄	基本	文安县史各庄镇秦各庄村	1961-01
14	大清河	三排干渠	康黄甫	基本	文安县德归镇康黄甫村	1987-01
15	大清河	任文干渠	八里庄	基本	文安县孙氏镇八里庄村	1985-01
16	大清河	牤牛河	金各庄	基本	霸州市南孟镇金各庄村	1973-07
17	子牙河	子牙河	南赵扶	基本	大城县南赵扶镇	1987-06

(7) 保定市地表水水质监测站。保定市境内地表水水质监测站 45 处，基本站 40 处，专用站 5 处。在基本站中，白洋淀水质监测站 15 处。表 6-7 为保定市地表水水质监测站一览表。

表 6-7 **保定市地表水水质监测站网一览表**

序号	水系	河名	站名	类别	地 点	开始监测时间（年-月）
1	大清河	大清河	新盖房	基本	雄县新盖房水利枢纽	1962-04
2	大清河	南拒马河	落宝滩	基本	涞水县落宝滩村	1961-01
3	大清河	南拒马河	北河店	基本	定兴县大沟村	1961-01
4	大清河	中易水	安格庄水库	基本	易县安格庄水库	1962-05
5	大清河	白沟河	东茨村	基本	涿州市东茨村	1961-01
6	大清河	琉璃河	码头西	专用	涿州市码头镇西	1985-08
7	大清河	小清河	码头东	专用	涿州市码头镇东	1985-08
8	大清河	拒马河	涞源	基本	涞源县水心亭	1985-01
9	大清河	拒马河	石门	专用	涞源县石门	1961-01
10	大清河	拒马河	紫荆关	基本	易县紫荆关	1961-01
11	大清河	白洋淀	关城	基本	安新县关城	1991-10
12	大清河	白洋淀	同口	基本	安新县同口	1982-06
13	大清河	白洋淀	北何庄	基本	安新县北何庄	1989-08
14	大清河	白洋淀	安新桥	基本	安新县安新大桥	1982-06
15	大清河	白洋淀	端村	基本	安新县端村	1982-06
16	大清河	白洋淀	大张庄	基本	安新县大张庄	1982-06
17	大清河	白洋淀	留通	基本	容城县留通	1982-06
18	大清河	白洋淀	郭里口	基本	安新县郭里口	1989-08
19	大清河	白洋淀	王家寨	基本	安新县王家寨	1982-06
20	大清河	白洋淀	涝网淀	基本	安新县涝网淀	1991-10
21	大清河	白洋淀	圈头	基本	安新县圈头	1982-06
22	大清河	白洋淀	光淀张庄	基本	安新县光淀张庄	1989-08
23	大清河	白洋淀	前塘	基本	安新县前塘	1991-10
24	大清河	白洋淀	采蒲台	基本	安新县采蒲台	1982-06
25	大清河	白洋淀	枣林庄	基本	任丘市枣林庄	1982-06
26	大清河	潴龙河	北郭村	基本	安平县北郭村	1961-01
27	大清河	潴龙河	博士庄	基本	高阳县博士庄	1987-02
28	大清河	沙河	吴王口	基本	阜平县吴王口	1985-08
29	大清河	沙河	阜 平	基本	阜平县南关	1961-01
30	大清河	沙河	王快水库	基本	曲阳县王快水库	1961-01
31	大清河	孝义河	高阳	基本	高阳县东方扬水站	1985-08
32	大清河	唐河	倒马关	基本	唐县倒马关	1975-08
33	大清河	唐河	中唐梅	基本	唐县中唐梅	1961-01
34	大清河	唐河	西大洋水库	基本	唐县西大洋水库	1961-01

续表

序号	水系	河名	站名	类别	地 点	开始监测时间（年-月）
35	大清河	唐河	温仁	基本	清苑县温仁	1985-08
36	大清河	清水河	北辛店	基本	清苑县北辛店	1975-08
37	大清河	新唐河	大闸	基本	安新县截污闸	1982-08
38	大清河	府河	焦庄	基本	保定市焦庄	1984-06
39	大清河	排污总干渠	孙村	专用	清苑县孙村	1992-03
40	大清河	府河	安州	基本	安新县安州镇	1992-02
41	大清河	漕河	龙门水库	基本	满城县龙门水库	1962-06
42	大清河	漕河	漕河	基本	徐水县漕河	1985-08
43	大清河	瀑河	徐水	基本	徐水县城关	1985-01
44	大清河	萍河	下河西	基本	徐水县下河西	1985-01
45	大清河	拒马河	都衙	专用	涞水县都衙	

（8）唐山市地表水水质监测站。唐山市境内地表水水质监测站22处，基本站14处，辅助站8处。在基本站中，有2处水库站。表6-8为唐山市地表水水质监测站一览表。

表6-8　　唐山市地表水水质监测站网一览表

序号	水系	河名	站名	类别	地 点	开始监测时间（年-月）
1	蓟运河	沙河	遵化	基本	遵化市新立庄	1987-02
2	蓟运河	沙河	水平口	基本	遵化市北营村	1985-02
3	蓟运河	还乡河	崖口	基本	唐山市丰润区崖口乡	1985-02
4	蓟运河	还乡河	邱庄水库	基本	唐山市丰润区左家坞才庄	1985-02
5	蓟运河	还乡河	丰润	辅助	唐山市丰润区西关大桥	1987-02
6	蓟运河	还乡河	小定府庄	基本	玉田县小定府庄	1985-02
7	冀东沿海诸小河	小青龙河	司各庄	辅助	滦南县司各庄	1985-02
8	冀东沿海诸小河	沙河	滨河村	基本	迁安市滨河村	1987-02
9	冀东沿海诸小河	沙河	石佛口	辅助	滦县雷庄铁桥	1983-02
10	冀东沿海诸小河	沙河	小集	辅助	唐山市丰南区小集	1983-02
11	冀东沿海诸小河	陡河	陡河水库	基本	唐山市双桥乡冶里	1965-02
12	冀东沿海诸小河	陡河	焦化厂	辅助	唐山市龙泉路	1985-02
13	冀东沿海诸小河	陡河	唐山	基本	唐山市建华桥	1961-02
14	冀东沿海诸小河	陡河	胜利桥	辅助	唐山市胜利桥	1985-02
15	冀东沿海诸小河	陡河	稻地	辅助	唐山市丰南区稻地	1986-08
16	冀东沿海诸小河	陡河	毕家圈	基本	唐山市丰南区毕家圈	1986-08
17	冀东沿海诸小河	龙湾河	榛子镇	基本	河北省滦县榛子镇	1985-02
18	冀东沿海诸小河	泉水河	杨家营	基本	唐山市丰润区郭庄子	1961-02

续表

序号	水系	河名	站名	类别	地　　点	开始监测时间（年-月）
19	滦河	滦 河	爪村	辅助	迁安市爪村	1985-02
20	滦河	滦 河	滦县	基本	滦县老站	1985-02
21	滦河	滦 河	姜各庄	基本	乐亭县姜各庄大桥	1987-04
22	滦河	沙河	冷口	基本	迁安市建昌营冷口	1985-02

（9）秦皇岛市地表水水质监测站。秦皇岛市境内地表水水质监测站7处，基本站5处，辅助站2处。在基本站中，有3处水库站。表6-9为秦皇岛市地表水水质监测站一览表。

表6-9　　　　秦皇岛水文局地表水水质监测站网一览表

序号	水系	河名	站名	类别	地　　点	开始监测时间（年-月）
1	冀东沿海诸小河	石河	石河水库	基本	秦皇岛市小陈庄	1975-02
2	冀东沿海诸小河	汤河	汤河桥	基本	秦皇岛市汤河桥	1987-02
3	冀东沿海诸小河	戴河	北戴河	基本	秦皇岛市京山公路桥	1987-02
4	冀东沿海诸小河	洋河	洋河水库	基本	抚宁县田各庄大湾子	1965-02
5	冀东沿海诸小河	洋河	牛家店	辅助	抚宁县留守营洋河大桥	1987-02
6	冀东沿海诸小河	饮马河	东岗上	辅助	昌黎县东岗上	1987-02
7	滦河	青龙河	桃林口水库	基本	青龙县二道河村	1985-02

（10）承德市地表水水质监测站。承德市境内地表水水质监测站32处，基本站22处，辅助站8处，专用站2处。表6-10为承德市地表水水质监测站一览表。

表6-10　　　　承德市地表水水质监测站网一览表

序号	水系	河名	站名	类别	地　　点	开始监测时间（年-月）
1	滦河	滦河	郭家屯	基本	隆化县郭家屯	1977-06
2	滦河	滦河	张百湾	辅助	滦平县张百湾	1987-06
3	滦河	滦河	三道河子	基本	滦平县三道河子	1959-06
4	滦河	滦河	滦河大桥	辅助	承德市滦河镇北门外	1987-06
5	滦河	滦河	白庙子	辅助	承德市白庙子	1987-06
6	滦河	滦河	上板城	基本	承德县上板城	1987-06
7	滦河	滦河	乌龙矶	基本	承德县乌龙矶	1987-06
8	滦河	小滦河	沟台子	基本	隆化县沟台子	1961-06
9	滦河	兴洲河	波罗诺	基本	丰宁县波罗诺	1961-09
10	滦河	兴洲河	窑沟门	辅助	滦平县窑沟门	1987-06
11	滦河	伊逊河	龙头山	基本	围场县龙头山	1987-06

续表

序号	水系	河名	站名	类别	地　点	开始监测时间（年-月）
12	滦河	伊逊河	围场	基本	围场县围场镇	1987-06
13	滦河	伊逊河	四合永	辅助	围场县四合永	1987-06
14	滦河	伊逊河	庙宫水库	基本	围场县庙宫水库	1960-06
15	滦河	伊逊河	隆化	基本	隆化县闹海营村	1987-06
16	滦河	伊逊河	韩家营	基本	承德市大龙庙村	1961-06
17	滦河	不澄河	边墙山	基本	围场县边墙山	1985-01
18	滦河	蚁蚂吐河	下河南	基本	隆化县下河南	1961-06
19	滦河	武烈河	高寺台	专用	承德县高寺台	1987-06
20	滦河	武烈河	上二道河子	辅助	承德市上二道河子	1987-06
21	滦河	武烈河	承德	基本	承德市下二道河子	1961-01
22	滦河	老牛河	下板城	基本	承德县中磨村	1967-06
23	滦河	柳河	兴隆	基本	兴隆县西关	1985-01
24	滦河	柳河	小东区	辅助	兴隆县小东区	1985-01
25	滦河	柳河	李营（一）	基本	兴隆县李营	1959-06
26	滦河	铜矿沟	李营（二）	专用	兴隆县李营	1987-06
27	滦河	瀑河	平泉	基本	平泉县城关	1961-01
28	滦河	瀑河	宽城	基本	宽城县城关	1974-02
29	滦河	洒河	蓝旗营	基本	兴隆县蓝旗营	1992-02
30	北三河	潮河	大阁	基本	丰宁县四道河子	1961-02
31	北三河	潮河	古北口	基本	滦平县巴克什营	2003-01
32	北三河	汤河	大草坪	辅助	丰宁县汤河乡大草坪	2009-10

（11）张家口市地表水水质监测站。张家口市境内地表水水质监测站19处，基本站16处，辅助站3处。表6-11为张家口市地表水水质监测站一览表。

表6-11　张家口市地表水水质监测站网一览表

序号	水系	河名	站名	类别	地　点	开始监测时间（年-月）
1	滦河	闪电河	闪电河水库	基本	沽源县平定堡乡闪电河水库	1959-05
2	潮白河	白河	云州水库	基本	赤城县云州乡云州水库	1973-03
3	潮白河	黑河	三道营	基本	赤城县东卯乡三道营	1987-02
4	永定河	永定河	沙城	基本	怀来县八号桥	1992-02
5	永定河	桑干河	石匣里	基本	阳原县化稍营镇小渡口	1959-05
6	永定河	桑干河	保庄	辅助	涿鹿县东小庄乡保庄	1992-06
7	永定河	壶流河	壶流河水库	基本	蔚县暖泉镇壶流河水库	1959-05
8	永定河	壶流河	钱家沙洼	基本	阳原县化稍营镇小渡口	1985-01

续表

序号	水系	河名	站名	类别	地　点	开始监测时间（年-月）
9	永定河	洋河	样台	基本	宣化县河子西乡样台	1992-02
10	永定河	洋河	响水堡	基本	张家口市辛庄子乡响水铺	1959-05
11	永定河	洋河	下花园	辅助	张家口市下花园区	1992-02
12	永定河	清水河	张家口	基本	张家口市通泰桥	1959-05
13	永定河	清水河	高家屯	辅助	张家口市沈家屯乡高家屯	1986-03
14	永定河	东洋河	友谊水库	基本	尚义县小蒜沟镇友谊水库	1959-05
15	永定河	东洋河	东洋河	基本	万全县四清渠首	1985-01
16	永定河	东沟	崇礼	基本	崇礼县西湾子镇东沟门	1985-01
17	永定河	西沟	喇来庙	基本	崇礼县高家营镇喇来庙	1985-01
18	永定河	南洋河	水闸屯	基本	怀安县西沙城乡水闸屯	1959-05
19	内陆河	安固里河	张北	基本	张北县城关乡水文站	1959-05

2　河流水质评价

评价方法采用单因子污染指数法，即将每个监测分析参数的监测值与各级水质标准对照，如监测值有一项或多项水质参数不符合某项水质标准，即为超过该等级水质标准，确定其水质类别。并计算其超标倍数：

$$B=\frac{C_i}{C_{si}}-1$$

式中：B 为超标倍数；C_i 为第 i 项污染物实测浓度，mg/L；C_{si} 为第 i 项污染物评价标准值（国家标准中Ⅲ类水质标准），mg/L。

依据地表水水域环境功能和保护目标，按功能高低依次划分为下列五类：

Ⅰ类，主要适用于源头水、国家自然保护区；

Ⅱ类，主要适用于集中式生活饮用水地表水源地一级保护区、珍稀水生生物栖息地、鱼虾类产卵场、仔稚幼鱼的索饵场等；

Ⅲ类，主要适用于集中式生活饮用水地表水源地二级保护区、鱼虾类越冬场、洄游通道、水产养殖区等渔业水域及游泳区；

Ⅳ类，主要适用于一般工业用水区及人体非直接接触的娱乐用水区；

Ⅴ类，主要适用于农业用水区及一般景观要求水域。

对应地表水上述五类水域功能，将地表水环境质量标准基本项目标准值分为五类，不同功能类别分别执行相应类别的标准值。水域功能类别高的标准值严于水域功能类别低的标准值。同一水域兼有多类使用功能的，执行最高功能类别对应的标准值。实现水域功能与达标功能类别标准为同一含义。

按照不同水系，分别对河流水质进行评价。评价时段分为全年、枯水期、丰水期。评价年限为2001年至2014年。按不同类别水质所占河长进行评价。

2.1 滦河水系河流水质评价

根据滦河水系2001—2014年河流水质评价资料，分别计算不同年份各类水河长。表6-12为滦河水系河流水质评价表。

表6-12 滦河水系河流水质评价表

年份	评价河长/km	分类河长/km					
		Ⅰ类	Ⅱ类	Ⅲ类	Ⅳ类	Ⅴ类	＞Ⅴ类
2001	1585.5	0	304.0	451.5	280.0	247.0	303.0
2002	1827.7	0	367.0	728.2	70.0	292.5	370.0
2003	1827.7	70.0	320.0	845.5	98.0	11.2	483.0
2004	1827.7	70.0	284.0	673.7	83.0	66.0	651.0
2005	1827.7	70.0	451.0	659.5	4.2	140.0	503.0
2006	1827.7	70.0	142.0	485.0	399.0	243.2	488.5
2007	1827.7	70.0	547.0	157.0	649.2	23.0	381.5
2008	1809.0	70.0	655.0	746.0	79.0	78.0	181.0
2009	1827.7	292.0	427.0	420.5	505.0	49.2	134.0
2010	1827.7	26.0	678.5	747.0	56.0	139.0	181.2
2011	1827.7	0	687.0	805.7	177.0	58.0	100.0
2012	1827.7	0	698.5	633.0	132.0	217.0	147.2
2013	1827.7	0	790.5	785.0	90.0	7.2	155.0
2014	1910.7	153.0	914.5	500.0	107.2	107.2	129

根据滦河水系2001—2014年水质评价结果，分别计算各河长占评价河长的比例。通过计算可知：Ⅰ类水质占总评价河长的3.46%，Ⅱ类水质占总评价河长的26.87%，Ⅲ类水质占总评价河长的35.25%，Ⅳ类水质占总评价河长的9.84%，Ⅴ类水质占总评价河长的7.55%，劣Ⅴ类水质占总评价河长的17.03%。图6-1为滦河水系不同水质类别占评价河长百分数柱状图。

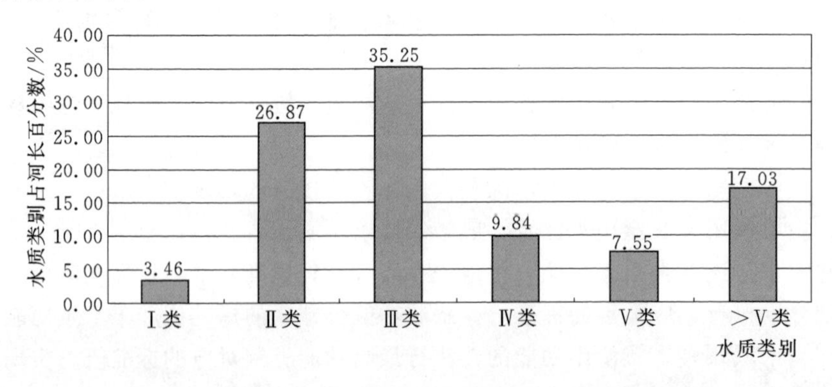

图6-1 滦河水系不同水质类别占评价河长百分数柱状图

2.2　冀东沿海水系河流水质评价

根据冀东沿海水系2001—2014年河流水质评价资料，分别计算不同年份各类水河长。表6-13为滦河水系河流水质评价表。

表6-13　　冀东沿海水系河流水质评价表

年份	评价河长/km	分类河长/km					
		Ⅰ类	Ⅱ类	Ⅲ类	Ⅳ类	Ⅴ类	>Ⅴ类
2001	417.0	67.0	10.0	106.0	0	32.0	202.0
2002	382.0	0	137.0	176.0	0	0	69.0
2003	474.0	0	174.0	23.0	83.0	57.0	137.0
2004	439.0	0	95.0	278.0	0	10.0	56.0
2005	382.0	0	75.0	205.0	0	0	102.0
2006	382.0	0	99.0	42.0	84.0	0	157.0
2007	385.0	0	67.0	32.0	41.0	10.0	235.0
2008	474.0	0	60.0	109.0	70.0	0	235.0
2009	417.0	0	127.0	32.0	26.0	0	232.0
2010	474.0	0	159.0	0	100.0	46.0	169.0
2011	474.0	0	131.0	38.0	0	59.0	246.0
2012	474.0	0	95.0	32.0	45.0	188.0	114.0
2013	474.0	0	32.0	127.0	10.0	57.0	248.0
2014	417	0	99	0	32	107	179

根据冀东沿海水系2001—2014年水质评价结果，分别计算各河长占评价河长的比例。通过计算可知：Ⅰ类水质占总评价河长的1.10%，Ⅱ类水质占总评价河长的22.42%，Ⅲ类水质占总评价河长的19.79%，Ⅳ类水质占总评价河长的8.10%，Ⅴ类水质占总评价河长的9.33%，劣Ⅴ类水质占总评价河长的39.26%。图6-2为冀东沿海水系不同水质类别占评价河长百分数柱状图。

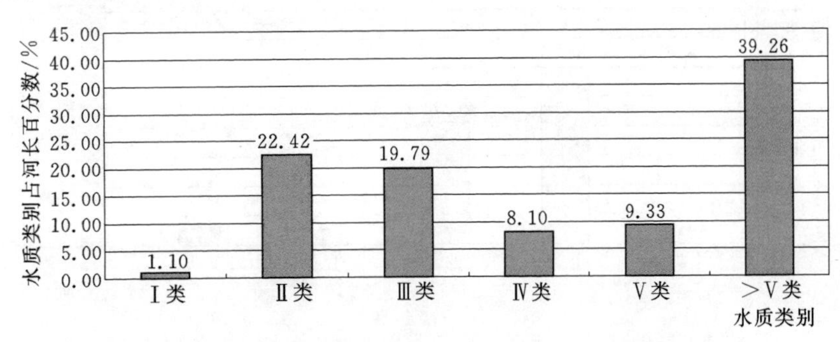

图6-2　冀东沿海水系不同水质类别占评价河长百分数柱状图

2.3　北三河水系河流水质评价

根据北三河水系2001—2014年河流水质评价资料，分别计算不同年份各类水河长。

表 6-14 为北三河水系河流水质评价表。

表 6-14　北三河水系河流水质概况评价表

年份	评价河长/km	分类河长/km					
		Ⅰ类	Ⅱ类	Ⅲ类	Ⅳ类	Ⅴ类	>Ⅴ类
2001	778.0	0	223.0	199.0	0	90.0	266.0
2002	778.0	0	202.0	289.0	21.0	0	266.0
2003	805.0	0	112.0	309.0	91.0	0	293.0
2004	778.0	0	335.0	126.0	51.0	0	266.0
2005	850.0	0	335.0	138.0	0	39.0	338.0
2006	850.0	0	133.0	289.0	0	51.0	377.0
2007	850.0	112.0	21.0	87.0	0	0	630.0
2008	850.0	112.0	293.0	68.0	0	0	377.0
2009	850.0	21.0	401.0	0	0	51.0	377.0
2010	823.0	0	220.0	202.0	51.0	0	350.0
2011	823.0	21.0	272.0	180.0	0	0	350.0
2012	873.0	21.0	434.0	68.0	39.0	0	311.0
2013	873.0	0	385.0	109.0	0	68.0	311.0
2014	1078.5	0	191.5	392	55	69	371

根据北三河水系 2001—2014 年水质评价结果，分别计算各河长占评价河长的比例。通过计算可知：Ⅰ类水质占总评价河长的 2.42%，Ⅱ类水质占总评价河长的 30.00%，Ⅲ类水质占总评价河长的 20.71%，Ⅳ类水质占总评价河长的 2.60%，Ⅴ类水质占总评价河长的 3.10%，劣Ⅴ类水质占总评价河长的 41.17%。图 6-3 为北三河水系不同水质类别占评价河长百分数柱状图。

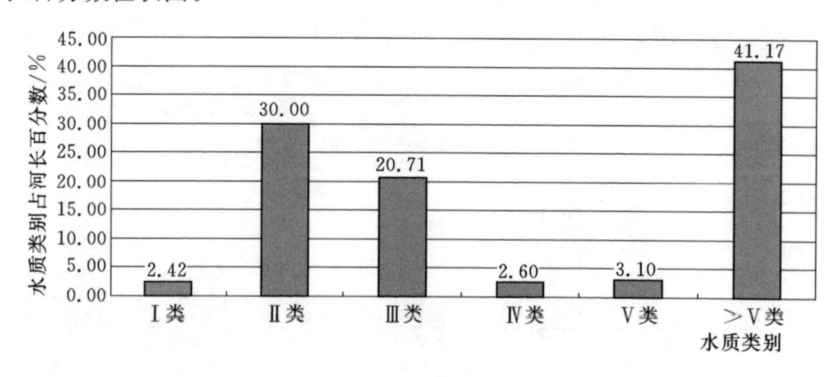

图 6-3　北三河水系不同水质类别占评价河长百分数柱状图

2.4　永定河水系河流水质评价

根据北三河水系 2001—2014 年河流水质评价资料，分别计算不同年份各类水河长。表 6-15 为永定河水系河流水质评价表。

表 6-15　　永定河水系河流水质概况评价表

年份	评价河长/km	分类河长/km					
		Ⅰ类	Ⅱ类	Ⅲ类	Ⅳ类	Ⅴ类	>Ⅴ类
2001	541.0	0	0	147.0	35.0	150.0	209.0
2002	496.0	0	0	286.0	0	14.0	196.0
2003	496.0	0	277.0	30.0	35.0	48.0	106.0
2004	541.0	0	241.0	101.0	0	0	199.0
2005	541.0	0	261.0	45.0	0	50.0	185.0
2006	541.0	0	0	296.0	10.0	14.0	221.0
2007	541.0	0	91.0	20.0	245.0	0	185.0
2008	541.0	0	76.0	10.0	234.0	34.0	187.0
2009	541.0	0	110.0	230.0	63.0	9.0	129.0
2010	541.0	35.0	132.0	56.0	259.0	0	59.0
2011	551.0	0	0	286.0	79.0	17.0	169.0
2012	561.0	35.0	34.0	251.0	0	85.0	156.0
2013	561.0	0	35.0	302.0	75.0	0.0	149.0
2014	561	0	103	219	81	0	158

根据永定河水系2001—2014年水质评价结果，分别计算各河长占评价河长的比例。通过计算可知：Ⅰ类水质占总评价河长的0.93%，Ⅱ类水质占总评价河长的18.00%，Ⅲ类水质占总评价河长的30.17%，Ⅳ类水质占总评价河长的14.77%，Ⅴ类水质占总评价河长的5.57%，劣Ⅴ类水质占总评价河长的30.55%。图6-4为永定河水系不同水质类别占评价河长百分数柱状图。

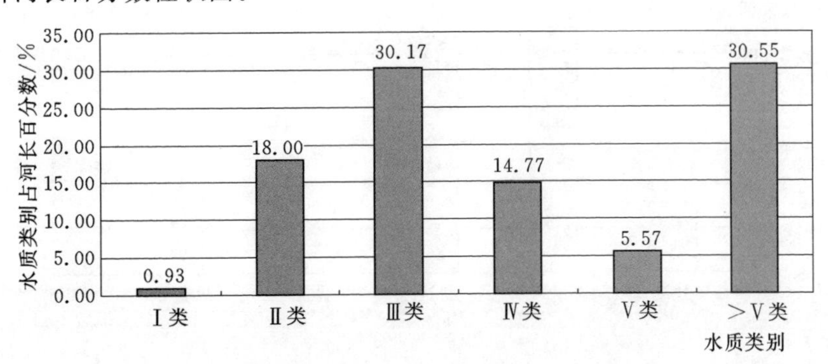

图6-4　永定河水系不同水质类别占评价河长百分数柱状图

2.5　大清河水系河流水质评价

根据大清河水系2001—2014年河流水质评价资料，分别计算不同年份各类水河长。表6-16为大清河水系河流水质评价表。

表 6-16 大清河水系河流水质概况评价表

年份	评价河长/km	分类河长/km					
		Ⅰ类	Ⅱ类	Ⅲ类	Ⅳ类	Ⅴ类	＞Ⅴ类
2001	1054.0	0	365.0	489.0	7.0	14.0	179.0
2002	1001.0	217.0	227.0	228.0	40.0	38.0	251.0
2003	899.0	167.0	312.0	160.0	35.0	5.0	220.0
2004	1262.0	165.0	177.0	594.0	0	12.0	314.0
2005	1082.0	2.0	445.0	401.0	13.0	23.0	198.0
2006	898.0	2.0	202.0	268.0	49.0	157.0	220.0
2007	833.0	0	87.0	384.0	102.0	15.0	245.0
2008	1088.0	64.0	340.0	282.0	77.0	8.0	317.0
2009	1146.0	109.0	385.0	307.0	87.0	4	254.0
2010	905.0	0	220.0	249.0	118.0	8.0	310.0
2011	1045.0	42.0	410.0	272.0	0	139.0	182.0
2012	1378.0	147.0	511.0	265.0	46.0	223.0	186.0
2013	1378.0	124.0	307.0	222.0	84.0	314.0	327.0
2014	1398.2	178.7	327	40.0	242.0	200.5	410.0

根据大清河水系2001—2014年水质评价结果，分别计算各河长占评价河长的比例。通过计算可知：Ⅰ类水质占总评价河长的7.92%，Ⅱ类水质占总评价河长的28.07%，Ⅲ类水质占总评价河长的27.07%，Ⅳ类水质占总评价河长的5.85%，Ⅴ类水质占总评价河长的7.55%，劣Ⅴ类水质占总评价河长的23.5%。图6-5为大清河水系不同水质类别占评价河长百分数柱状图。

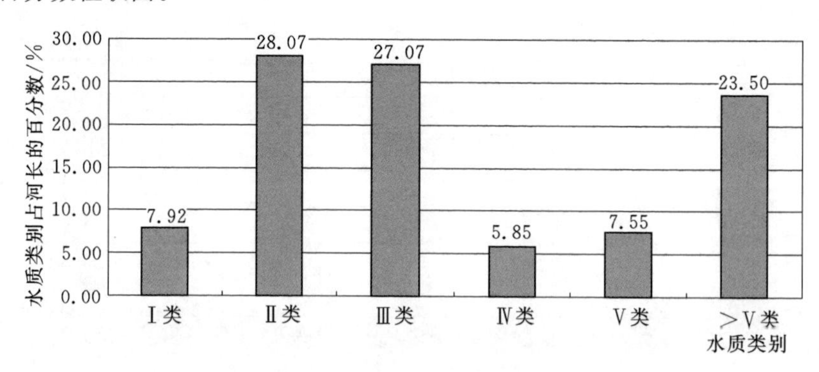

图6-5 大清河水系不同水质类别占评价河长百分数柱状图

2.6 子牙河水系河流水质评价

根据子牙河水系2001—2014年河流水质评价资料，分别计算不同年份各类水河长。表6-17为子牙河水系河流水质评价表。

表 6-17　　子牙河水系河流水质评价表

年份	评价河长/km	分类河长/km					
		Ⅰ类	Ⅱ类	Ⅲ类	Ⅳ类	Ⅴ类	＞Ⅴ类
2001	1617.5	0	316.0	255.0	50.0	46.5	950.0
2002	1456.5	28.0	233.0	159.0	30.0	19.0	987.5
2003	1687.0	66.0	247.5	122.5	0	57.0	1194.0
2004	1924.0	34.5	227.0	300.5	2.0	71.0	1289.0
2005	1824.0	90.5	204.0	219.5	0	7.0	1303.0
2006	1830.0	2.5	320.0	168.0	90.5	15.0	1234.0
2007	1972.0	62.5	187.0	169.0	125.5	4.0	1424.0
2008	1797.0	60.0	247.0	130.0	232.0	7.0	1121.0
2009	1824.0	72.0	335.5	48.5	137.0	3.0	1228.0
2010	1804.5	26.0	332.5	73.0	155.0	102.0	1116.0
2011	1845.0	26.0	329.0	157.0	57.0	46.0	1230.0
2012	2080.0	76.0	358.0	100.0	52.0	262.0	1232.0
2013	1378.0	124.0	307.0	222.0	84.0	314.0	327.0
2014	2405.9	20.5	342.1	121.0	139.0	19.0	1764.3

根据子牙河水系2001—2014年水质评价结果，分别计算各河长占评价河长的比例。通过计算可知：Ⅰ类水质占总评价河长的2.71%，Ⅱ类水质占总评价河长的15.66%，Ⅲ类水质占总评价河长的8.82%，Ⅳ类水质占总评价河长的4.45%，Ⅴ类水质占总评价河长的3.82%，劣Ⅴ类水质占总评价河长的64.45%。图6-6为子牙河水系不同水质类别占评价河长百分数柱状图。

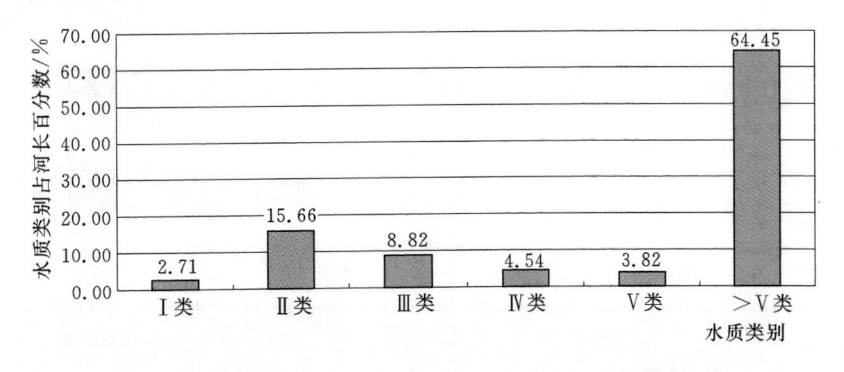

图6-6　子牙河水系不同水质类别占评价河长百分数柱状图

2.7　漳卫南运河水系河流水质评价

根据漳卫南运河水系2001—2014年河流水质评价资料，分别计算不同年份各类水河长。表6-18为漳卫南运河水系河流水质评价表。

表 6-18　　漳卫南运河水系河流水质评价表

年份	评价河长/km	分类河长/km					
		Ⅰ类	Ⅱ类	Ⅲ类	Ⅳ类	Ⅴ类	＞Ⅴ类
2001	570.0	0	61.0	97.0	30.0	0	382.0
2002	501.2	0	70.0	87.0	0	0	344.2
2003	570.2	0	45.0	112.0	61.0	0	352.2
2004	570.2	25.0	70.0	123.0	0	0	352.2
2005	570.2	25.0	70.0	123.0	0	0	352.2
2006	573.2	0	95.0	65.0	0	0	413.2
2007	511.2	0	63.0	35.0	61.0	0	352.2
2008	600.0	0	73.0	87.0	0	88.0	352.2
2009	615.2	0	73.0	0	123.0	28.0	391.2
2010	600.2	0	100.0	87.0	61.0	0	352.0
2011	640.0	0	135.0	32.0	81.0	0	392.0
2012	573.2	20.0	78.0	62.0	0	120.0	293.2
2013	679.2	0	98.0	62.0	118.0	27.0	374.2
2014	641.4	25	121.2	3.0	62.0	61.0	369.2

根据漳卫南运河水系2001—2014年水质评价结果，分别计算各河长占评价河长的比例。通过计算可知：Ⅰ类水质占总评价河长的1.16%，Ⅱ类水质占总评价河长的14.02%，Ⅲ类水质占总评价河长的11.87%，Ⅳ类水质占总评价河长的7.27%，Ⅴ类水质占总评价河长的3.94%，劣Ⅴ类水质占总评价河长的61.74%。图6-7为漳卫南运河水系不同水质类别占评价河长百分数柱状图。

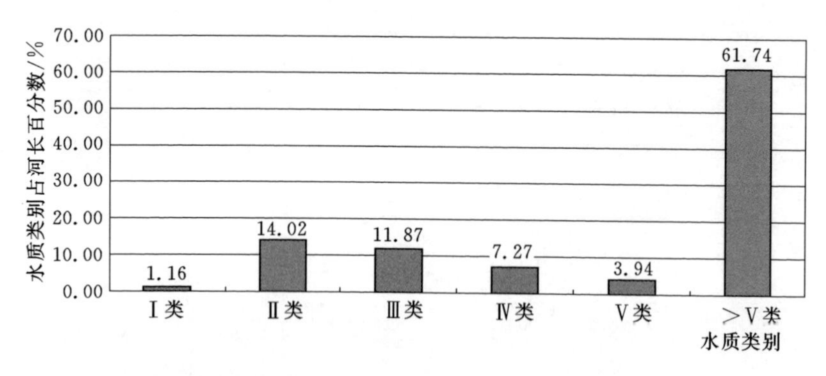

图6-7　漳卫南运河水系不同水质类别占评价河长百分数柱状图

2.8　河北省地表水河流水质评价

各水系水质状况差别较大，水系评价仅反映一个水系的水质状况。若反映全省河流水质状况，则要全省的水质综合评价结果。表6-19为河北省各水系河流水质汇总表。

表 6-19　　河北省各水系河流水质概况评价表

年份	评价河长/km	分类河长/km					
		Ⅰ类	Ⅱ类	Ⅲ类	Ⅳ类	Ⅴ类	＞Ⅴ类
2001	6563.5	67.0	1279.0	1745.0	402.0	579.5	2491.0
2002	6498.2	245.0	1236.0	1953.0	161.0	363.5	2539.7
2003	6814.9	303.0	1487.5	1602.0	403.0	178.2	2841.2
2004	7397.9	294.5	1429.0	2196.2	136.0	159.0	3183.2
2005	7132.9	187.5	1841.0	1791.0	17.2	259.0	3037.2
2006	6901.9	74.5	991.0	1613.0	632.5	480.2	3110.7
2007	6899.9	224.5	1063.0	884.0	1223.7	52.0	3452.7
2008	7158.0	306.0	1743.0	1432.0	692.0	215.0	2770.0
2009	7220.9	494.0	1858.5	1038.0	941.0	144.2	2745.2
2010	6975.4	87.0	1842.0	1414.0	800.0	295.0	2537.4
2011	7206.4	89.0	1964.5	1770.7	394.0	319.0	2669.2
2012	7766.9	299.0	2208.5	1411.0	314.0	1095.0	2439.4
2013	7823.9	124.0	1910.5	1808.0	450.0	672.2	2859.2
2014	8538.7	377.2	2144.3	1284	718.2	563.5	3451.5

根据河北省各水系2001—2014年水质评价结果，分别计算各河长占评价河长的比例。通过计算可知：Ⅰ类水质占总评价河长的2.00%，Ⅱ类水质占总评价河长的22.38%，Ⅲ类水质占总评价河长的22.17%，Ⅳ类水质占总评价河长的7.62%，Ⅴ类水质占总评价河长的5.90%，劣Ⅴ类水质占总评价河长的39.86%。图6-8为河北省各水系不同水质类别占评价河长百分数柱状图。

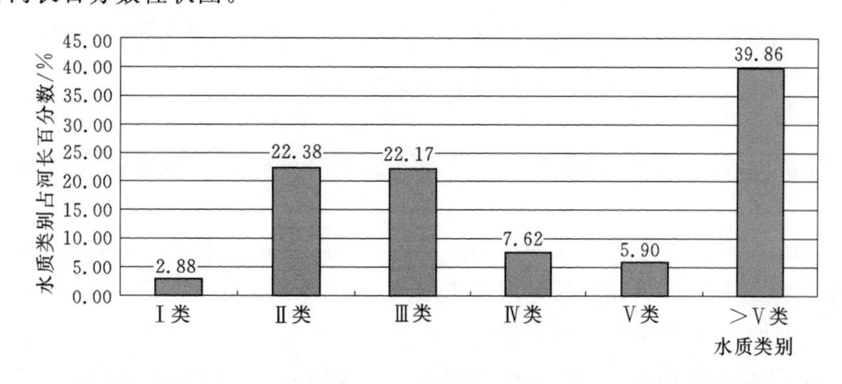

图6-8　河北省各水系不同水质类别占评价河长百分数柱状图

通过对河北省各水系不同类别水质占河长百分数对比分析，符合Ⅰ类水质的河流长度，大清河水系占该水系综合河长的8.37%，高于河北省平均值2.88%的2倍多；符合Ⅱ类水质的河流长度中，北三河所占比例最大，为30.00%；符合Ⅲ类水质的河流长度中，滦河水系占该水系总程度的35.25%；河流水质为Ⅳ类水的情况，滦河水系占综合河长的9.84%；Ⅴ类水水质占河流总长度最大为冀东沿海水系，为9.33%；劣Ⅴ类水质占河流总成的最大的为子牙河水系，为64.45%。表6-20为河北省各水系不同水质类别占河长比例计算表。

表6-20 河北省各水系不同水质占河长比例计算表

水系	不同类别水质占河长百分数/%					
	Ⅰ类	Ⅱ类	Ⅲ类	Ⅳ类	Ⅴ类	>Ⅴ类
滦河	3.46	26.87	35.25	9.84	7.55	17.03
冀东沿海	1.10	22.42	19.79	8.10	9.33	39.26
北三河	2.42	30.00	20.71	2.60	3.10	41.17
永定河	0.93	18.00	30.17	14.77	5.57	30.55
大清河	8.37	29.66	28.60	6.19	7.98	24.83
子牙河	2.71	15.66	8.82	4.54	3.82	64.45
漳卫南运河	1.16	14.02	11.87	7.27	3.94	61.74
平均	2.88	22.38	22.17	7.62	5.90	39.86

通过对各水系水质总体评价，水质较好的为滦河水系和大清河水系，滦河水系劣Ⅴ类水的河长仅占总河长的17.03%，大清河水系劣Ⅴ类水水的河长占总河长的24.83%；水质较差的为子牙河水系和漳卫南运河水系，子牙河水系劣Ⅴ类水质的河长占总河长的64.45%，漳卫南运河水系劣Ⅴ类水质的河长占总评价河长的61.74%。

第二节 水功能区划与分类

为合理开发与有效保护水资源，依法加强水资源保护监督与管理，依照《中华人民共和国水法》和水利部《全国水功能区划技术大纲》，结合我省地表水体功能及远期经济社会发展以及水生态环境保护需要，划定我省水功能区划。

本次区划原则为：可持续发展原则；统筹兼顾，突出重点的原则；前瞻性原则；便于管理，实用可行的原则；水质水量并重、注重水质原则；不得降低现状使用功能的原则。

本次区划范围包括河北省内滦河、冀东沿海、北三河、永定河、大清河、子牙河、黑龙港及运东、漳卫南运河、徒骇马颊河和内陆河10个水系的河流、湖库及洼淀。

本次水功能区划采用两级体系，即一级水功能区划和二级水功能区划。一级水功能区划是宏观上解决水资源开发利用与保护的问题，主要协调地区间用水关系，长远上考虑可持续发展的需求；二级水功能区划主要协调用水部门之间的关系。

1 一级水功能区划与分类

1.1 一级水功能区分类

一级水功能区的划分对二级水功能区划分具有宏观指导作用。一级水功能区分为四类，包括保护区、保留区、开发利用区和缓冲区。

（1）保护区。指对水资源保护、自然生态及珍稀濒危物种的保护有重要意义的水域。该区严格禁止进行其他开发活动，并不得进行二级水功能区划。

功能区水质标准：根据需要分别执行GB 3838—2002《地表水环境质量标准》Ⅰ类、Ⅱ类水质标准。

（2）保留区。指目前开发利用程度不高的区域或者为今后开发利用和保护水资源而预留的水域区域。

功能区水质标准：按现状水质类别控制。

（3）开发利用区。主要指具有满足工农业生产、城镇生活、渔业和景观娱乐等多种需水要求的水域。

功能区水质标准：按二级水功能区划分类分别执行相应的水质标准。

（4）缓冲区。指为协调省际间、矛盾突出的地区间用水关系；以及在保护区与开发利用区相接时，为了满足保护水质要求而划定的水域。

功能区水质标准：按实际需要执行相关水质标准或按现状控制。

1.2 河北省一级水功能区划结果

河北省一级水功能区242处，按水功能分类划分，保护区20处，保留区17处，开发利用区149处，缓冲区56处。表6-21为河北省一级水功能区划分类表。

表6-21　　河北省一级水功能区划分类表

水系	一级水功能区划分类/处				合计/处
	保护区	保留区	开发利用区	缓冲区	
内陆河	0	4	0	0	4
滦河水系	6	5	11	5	27
冀东沿海	0	0	19	0	19
北三河	6	4	5	18	33
永定河	1	0	10	7	18
大清河	1	2	39	9	51
子牙河	3	2	39	5	49
漳卫南运河	1	0	3	7	11
黑龙港运东	2	0	23	4	29
徒骇马颊河水系	0	0	0	1	1
合计	20	17	149	56	242

（1）内陆河水系一级水功能区划。内陆河一级水功能区河北省境内有4处保留区，分为两座水库，两条河流。水库为安固里淖水库和黄盖淖水库；两条河流为黑水河和安固里河。水质目标均为Ⅲ类。表6-22为河北省内陆河一级水功能区划表

（2）滦河水系一级水功能区划。滦河水系一级水功能区有保护区6处、保留区5处、缓冲区5处、开发利用区11处。该功能区内保护区水质目标为Ⅱ类，保留与和缓冲区水质目标为Ⅱ类、Ⅲ类。表6-23为河北省滦河水系一级水功能区划表。

表 6-22　河北省内陆河一级水功能区划表

河流	流入何处	功能区名称	范围		现状水质	水质目标	区划依据
			起讫点	长度①/km 面积②/km^2			
安固里淖水库	黑水河	安固里淖水库张家口保留区	安固里淖水库库区	78		Ⅲ类	开发利用程度不高
黑水河	黄盖淖水库	黑水河张家口保留区	润和村—张飞淖	55		Ⅲ类	开发利用程度不高
安固里河	黄盖淖水库	安固里河张家口保留区	张北—入库口	56	V	Ⅲ类	开发利用程度不高
黄盖淖水库		黄盖淖水库张家口保留区	黄盖淖水库库区	22		Ⅲ类	开发利用程度不高

① "起讫点"为河流时以长度计，单位为 km，以下同。

② "起讫点"为水库时以面积计，单位为 km^2，以下同。

表 6-23　河北省滦河水系一级水功能区划表

河流	流入何处	功能区名称	范围		现状水质	水质目标	区划依据
			起讫点	长度/km 面积/km^2			
滦河	渤海	滦河承德保留区	郭家屯—三道河子	100	Ⅳ	Ⅲ	开发利用程度不高
滦河	渤海	滦河承德开发利用区	三道河子—乌龙矶	71	>V		开发利用区
滦河	渤海	滦河承德、唐山缓冲区	乌龙矶—潘家口	11	>V	Ⅲ	重要水功能紧密相连河段
滦河	渤海	滦河唐山开发利用区	大黑汀—滦县	95.5	>V		开发利用区
滦河	渤海	滦河唐山、秦皇岛开发利用区	滦县—河口	62.5	>V		开发利用区
闪电河	滦河	闪电河张家口源头水保护区	闪电河水库以上	40	Ⅲ	Ⅱ	源头
闪电河	滦河	闪电河张家口缓冲区	闪电河水库—省界	35	Ⅲ	Ⅲ	河北—内蒙古
滦河	滦河	闪电河承德缓冲区	省界—外沟门子	30		Ⅲ	河北—内蒙古
滦河	滦河	闪电河承德保留区	外沟门子—郭家屯	89	Ⅲ	Ⅲ	开发利用程度不高
小滦河	滦河	小滦河承德源头水保护区	沟台子以上	140	Ⅱ	Ⅱ	重要支流源头
兴州河	滦河	兴州河承德源头水保护区	窑沟门以上	95	Ⅲ	Ⅱ	重要支流源头
伊逊河	滦河	伊逊河承德源头水保护区	庙宫水库以上	96	>V	Ⅱ	重要支流源头
伊逊河	滦河	伊逊河承德源头水保护区	庙宫水库	13	>V	Ⅱ	饮用水源地
伊逊河	滦河	伊逊河承德开发利用区	庙宫水库—韩家营	131	>V		开发利用区
蚁蚂吐河	伊逊河	蚁蚂吐河承德保留区	下河南以上	136	Ⅲ	Ⅲ	开发利用程度不高
武烈河	滦河	武烈河承德保留区	高寺台以上	58	Ⅱ	Ⅱ	开发利用程度不高
武烈河	滦河	武烈河承德开发利用区	高寺台—承德大桥	10	>V		开发利用区
武烈河	滦河	武烈河承德开发利用区	承德大桥—雹神庙	12	>V		开发利用区
老牛河	滦河	老牛河承德开发利用区	源头—下板城	60	>V		开发利用区
柳河	滦河	柳河承德开发利用区	兴隆—李营	33	V		开发利用区
柳河	滦河	柳河唐山缓冲区	李营—潘家口水库	33	>V	Ⅲ	保护区上游
瀑河	潘家口	瀑河承德源头水保护区	平泉以上	19	>V	Ⅱ	源头
瀑河	潘家口	瀑河承德开发利用区	平泉—宽城	63	>5		开发利用区
瀑河	潘家口	瀑河承德、唐山缓冲区	宽城—潘家口水库	15	>V	Ⅲ	保护区上游

续表

河流	流入何处	功能区名称	范围		现状水质	水质目标	区划依据
			起讫点	长度/km 面积/km²			
瀑河	大黑汀	瀑河承德、唐山保留区	兴隆—大黑汀水库	60	Ⅲ	Ⅲ	保护区上游
青龙河	滦河	青龙河秦皇岛开发利用区	源头—卢龙	178	>Ⅴ		开发利用区
沙河	青龙河	沙河唐山开发利用区	源头—入青龙河口	68	Ⅲ		开发利用区

（3）冀东沿海水系一级水功能区划。冀东沿海一级水功能区划有开发利用区 19 处。由于沿海河流的特殊性，该功能区有 3 座水库，4 个功能区范围从源头至水库库区，剩下大部分保护区是从源头至河口（入海口）。表 6-24 为河北省冀东沿海水系一级水功能区划表。

表 6-24 河北省冀东沿河水系一级水功能区划表

河流	流入何处	功能区名称	范围		现状水质	水质目标	区划依据
			起讫点	长度/km 面积/km²			
新开河	渤海	新开河秦皇岛开发利用区	源头—河口	20	>Ⅴ		开发利用区
人造河	渤海	人造河秦皇岛开发利用区	源头—河口	19	>Ⅴ		开发利用区
石河	渤海	石河秦皇岛开发利用区	源头—石河水库	40	Ⅲ		开发利用区
石河	渤海	石河秦皇岛开发利用区	石河水库库区	4.5	Ⅲ		开发利用区
石河	渤海	石河秦皇岛开发利用区	石河水库—入海口	27	Ⅲ		开发利用区
汤河	渤海	汤河秦皇岛开发利用区	源头—和平桥	24	Ⅱ		开发利用区
汤河	渤海	汤河秦皇岛开发利用区	和平桥—汤河闸	3	Ⅲ		开发利用区
戴河	渤海	戴河秦皇岛开发利用区	源头—古城坝	32	Ⅱ		开发利用区
洋河	渤海	洋河秦皇岛开发利用区	源头—洋河水库	38	Ⅲ		开发利用区
洋河	渤海	洋河秦皇岛开发利用区	洋河水库库区	14.1	Ⅲ		开发利用区
洋河	渤海	洋河秦皇岛开发利用区	洋河水库—入海口	38	>Ⅴ		开发利用区
饮马河	渤海	饮马河秦皇岛开发利用区	源头—歇马台	30	>Ⅴ		开发利用区
饮马河	渤海	饮马河秦皇岛开发利用区	歇马台—河口	14	Ⅴ		开发利用区
小青龙河	渤海	小青龙河唐山开发利用区	源头—河口	72	Ⅴ		开发利用区
沙河	渤海	沙河唐山开发利用区	滨河村—河口	136	Ⅳ		开发利用区
陡河	渤海	陡河唐山开发利用区	陡河水库库区	73	>Ⅴ		开发利用区
陡河	渤海	陡河唐山开发利用区	陡河水库坝下—河口	120	>Ⅴ		开发利用区
龙湾河	陡河	龙湾河唐山开发利用区	源头—陡河水库	21	Ⅱ		开发利用区
泉水河	陡河	泉水河唐山开发利用区	源头—陡河水库	21	Ⅱ		开发利用区
新开河	渤海	新开河秦皇岛开发利用区	源头—河口	20	>Ⅴ		开发利用区

（4）北三河水系一级水功能区划。北三河一级功能区有保护区 6 处、保留区 4 处、缓冲区 18 处、开发利用区 5 处。表 6-25 为河北省北三河水系一级水功能区划表。

表 6-25　　河北省北三河水系一级水功能区划表

河流	流入何处	功能区名称	范围		现状水质	水质目标	区划依据
			起讫点	长度/km 面积/km²			
潮河	密云水库	潮河承德保护区	源头—土城子	25	Ⅲ	Ⅱ	源头
潮河	密云水库	潮河承德保留区	土城子—戴营	127	Ⅴ	Ⅱ	开发利用程度不高
潮河	密云水库	潮河承德缓冲区	戴营—省界	7	>Ⅴ	Ⅱ	河北—北京
白河	密云水库	白河张家口保护区	云洲水库以上	40	Ⅳ	Ⅱ	源头
白河	密云水库	白河张家口保留区	云洲水库—下堡	65	Ⅲ	Ⅱ	开发利用程度不高
白河	密云水库	白河张家口缓冲区	下堡—省界	1	Ⅲ	Ⅱ	河北—北京
龙王河	白河	龙王河张家口保护区	源头—赤诚	45		Ⅱ	源头
红河	白河	红河张家口保护区	源头—入白河口	30		Ⅱ	源头
黑河	白河	黑河张家口保护区	源头—三道营	72	Ⅱ	Ⅱ	源头
黑河	白河	黑河张家口缓冲区	三道营—省界	9	Ⅱ	Ⅱ	河北—北京
天河	白河	天河承德保留区	源头—杨木栅子	30		Ⅱ	开发利用程度不高
天河	白河	天河张家口缓冲区	杨木栅子—省界	10		Ⅱ	河北—北京
汤河	白河	汤河承德保留区	源头—三道河	70	Ⅱ	Ⅱ	源头
汤河	白河	汤河承德缓冲区	三道河—省界	20	Ⅱ	Ⅱ	河北—北京
汤泉河	白河	汤泉河张家口保护区	源头—入白河口	50		Ⅱ	源头
潮白河	潮白新河	潮白河廊坊缓冲区	河北段	30	Ⅴ	Ⅳ	河北—北京
潮白新河	渤海	潮白新河廊坊缓冲区	河北段	30	Ⅴ	Ⅳ	河北—北京—天津
青龙湾减河	潮白新河	青龙湾减河廊坊缓冲区	土门楼—省界	10	>Ⅴ	Ⅲ	河北—天津
引泃入潮	潮白新河	引泃入潮廊坊缓冲区	河北段	0.5	Ⅴ	Ⅲ	河北—天津
北运河	海河	北运河廊坊缓冲区	河北段	7	>Ⅴ	Ⅳ	河北—天津
蓟运河	渤海	蓟运河唐山缓冲区	河北段	1	>Ⅴ	Ⅲ	河北—天津
沙河	于桥水库	沙河唐山开发利用区	源头—水平口	33	>Ⅴ		开发利用区
沙河	于桥水库	沙河唐山缓冲区	水平口—于桥水库	33	>Ⅴ	Ⅲ	保护区上游
果河	于桥水库	果河唐山缓冲区	河北段	1.5	Ⅲ	Ⅱ	河北—天津
泃河	蓟运河	泃河廊坊缓冲区	源头—省界	19	Ⅳ	Ⅲ	河北—北京
泃河	蓟运河	泃河廊坊缓冲区	北务—三河	8	Ⅳ	Ⅲ	河北—北京
泃河	蓟运河	泃河廊坊缓冲区	三河—省界	3	>Ⅴ	Ⅲ	河北—天津
鲍邱河	泃河	鲍邱河廊坊开发利用区	源头—西定福	51	Ⅳ		开发利用区
鲍邱河	泃河	鲍邱河廊坊缓冲区	西定福—省界	5	>Ⅴ	Ⅲ	河北—天津
还乡河	蓟运河	还乡河唐山开发利用区	河源—崖口	21	Ⅱ		开发利用区
还乡河	蓟运河	还乡河唐山开发利用区	邱庄水库	25	Ⅱ		开发利用区
还乡河	蓟运河	还乡河唐山开发利用区	邱庄水库坝下—窝洛沽	99	>Ⅴ		开发利用区
还乡河	蓟运河	还乡河唐山缓冲区	窝洛沽—省界	10	Ⅲ	Ⅲ	河北—天津

（5）永定河水系一级水功能区划。永定河一级功能区有保护区 1 处、缓冲区 7 处、开发利用区 10 处。表 6－26 为河北省用电脑该河水系一级水功能区划表。

表 6－26　　河北省永定河水系一级水功能区划表

河流	流入何处	功能区名称	范围		现状水质	水质目标	区划依据
			起讫点	长度/km 面积/km^2			
永定河	永定新河	永定河廊坊缓冲区	河北段	30	Ⅳ	Ⅳ	河北—北京—天津
洋河	官厅水库	洋河张家口开发利用区	东、南洋河汇合口—响水堡	78	＞Ⅴ		开发利用区
洋河	官厅水库	洋河张家口缓冲区	响水堡—官厅水库	41	＞Ⅴ	Ⅲ	保护区上游
南洋河	洋河	南洋河张家口缓冲区	省界—水闸屯	23	Ⅲ	Ⅲ	河北—山西
南洋河	洋河	南洋河张家口开发利用区	水闸屯—洋河	4	＞Ⅴ		开发利用区
西洋河	洋河	西洋河张家口保护区	省界—怀安	21		Ⅱ	源头
东洋河	洋河	东洋河张家口缓冲区	友谊水库库区	7.7	Ⅲ	Ⅲ	河北—山西
东洋河	洋河	东洋河张家口开发利用区	友谊水库—入洋河口	46	Ⅳ		开发利用区
清水河	洋河	清水河张家口开发利用区	东、西沟汇合口—入洋河口	13	＞Ⅴ		开发利用区
东沟	清水河	东沟张家口开发利用区	源头—入清水河口	40	＞Ⅴ		开发利用区
西沟	清水河	西沟张家口开发利用区	源头—入清水河口	37	Ⅴ		开发利用区
正沟	清水河	正沟张家口开发利用区	源头—入清水河口	35	Ⅳ		开发利用区
桑干河	洋河	桑干河张家口缓冲区	省界—阳原	24	Ⅳ	Ⅲ	河北—山西
桑干河	洋河	桑干河张家口开发利用区	阳原—入洋河口	130	Ⅳ		开发利用区
壶流河	桑干河	壶流河张家口缓冲区	省界—壶流河水库	3	Ⅳ	Ⅲ	河北—山西
壶流河	桑干河	壶流河张家口开发利用区	壶流河水库库区	10.8	Ⅳ		开发利用区
壶流河	桑干河	壶流河张家口开发利用区	壶流河水库—钱家沙洼	79	Ⅲ		开发利用区
龙河	永定河	龙河廊坊缓冲区	河北段	12	＞Ⅴ	Ⅳ	北京—河北—天津

（6）大清河水系一级水功能区划。大清河一级水功能区有保护区 1 处，保留区 2 处、缓冲区 9 处、开发利用区 39 处。表 6－27 为河北省大清河水系一级水功能区划表。

表 6－27　　河北省大清河水系一级水功能区划表

河流	流入何处	功能区名称	范围		现状水质	水质目标	区划依据
			起讫点	长度/km 面积/km^2			
大清河	海河	大清河保定、廊坊开发利用区	新盖房—左各庄	100	＞Ⅴ		开发利用区
大清河	海河	大清河廊坊缓冲区	左各庄—省界	5	＞Ⅴ	Ⅲ	河北—天津
拒马河	大清河	拒马河保定开发利用区	河源—紫荆关	67	Ⅲ		开发利用区
拒马河	大清河	拒马河保定缓冲区	紫荆关—落宝滩	85	Ⅲ	Ⅲ	河北—北京
南拒马河	大清河	南拒马河保定开发利用区	落宝滩—新盖房	70	＞Ⅴ		开发利用区
北拒马河	大清河	北拒马河保定开发利用区	张坊—东茨村	40	Ⅴ		开发利用区

续表

河流	流入何处	功能区名称	范围		现状水质	水质目标	区划依据
			起讫点	长度/km 面积/km^2			
北易水河	大清河	北易水河保定开发利用区	源头—易县	28	Ⅲ		开发利用区
北易水河	大清河	北易水河保定开发利用区	易县—北河店	29	Ⅲ		开发利用区
中易水河	大清河	中易水河保定开发利用区	源头—安各庄水库	44	Ⅱ		开发利用区
中易水河	大清河	中易水河保定开发利用区	安各庄水库库区	8.8	Ⅱ		开发利用区
中易水河	大清河	中易水河保定开发利用区	安各庄水库—北河店	102	Ⅲ		开发利用区
白沟河	大清河	白沟河保定开发利用区	东茨村—新盖房	54	>Ⅴ		开发利用区
白沟引河	白洋淀	白沟引河保定缓冲区	新盖房 —白洋淀	15	>Ⅴ	Ⅲ	保护区上游
牤牛河	大清河	牤牛河廊坊开发利用区	固安—霸县	36	Ⅴ		开发利用区
中亭河	大清河	中亭河廊坊开发利用区	霸县—胜芳	50	Ⅴ		开发利用区
中亭河	大清河	中亭河廊坊缓冲区	胜芳—省界	25	>Ⅴ	Ⅳ	河北—天津
任文干渠	大清河	任文干渠沧州、廊坊开发利用区	白洋淀—大清河	62	>Ⅴ		开发利用区
白洋淀	大清河	白洋淀保定湿地保护区	淀区	360	>Ⅴ	Ⅲ	湿地保护区
潴龙河	白洋淀	潴龙河保定保留区	北郭村—白洋淀	96	Ⅳ	Ⅲ	开发利用程度不高
沙河	潴龙河	沙河保定保留区	省界—阜平	40	Ⅱ	Ⅱ	开发利用程度不高
沙河	潴龙河	沙河保定开发利用区	阜平—王快水库	34	Ⅱ		开发利用区
沙河	潴龙河	沙河保定开发利用区	王快水库库区	25	Ⅲ		开发利用区
沙河	潴龙河	沙河保定开发利用区	王快水库—北郭村	119	Ⅲ		开发利用区
郜河	潴龙河	郜河石家庄开发利用区	口头水库	6.9	Ⅲ		开发利用区
郜河	潴龙河	郜河石家庄开发利用区	河源—新乐	60	Ⅲ		开发利用区
磁河	潴龙河	磁河石家庄开发利用区	横山岭水库	9.8	Ⅲ		开发利用区
磁河	潴龙河	磁河石家庄开发利用区	灵寿以上	65	Ⅲ		开发利用区
木刀沟	潴龙河	木刀沟石家庄保定开发利用区	灵寿—北郭村	93	Ⅳ		开发利用区
孝义河	白洋淀	孝义河保定开发利用区	河源—高阳县	45	Ⅳ		开发利用区
孝义河	白洋淀	孝义河保定缓冲区	高阳县—白洋淀	15	Ⅳ	Ⅲ	保护区上游
唐河	白洋淀	唐河保定缓冲区	省界—倒马关	48	Ⅳ	Ⅲ	河北—山西
唐河	白洋淀	唐河保定开发利用区	倒马关—西大洋水库	75	Ⅲ		开发利用区
唐河	白洋淀	唐河保定开发利用区	西大洋水库库区	29	Ⅲ		开发利用区
唐河	白洋淀	唐河保定开发利用区	西大洋水库—温仁	93	>Ⅴ		开发利用区
唐河	白洋淀	唐河保定缓冲区	温仁—白洋淀	47	>Ⅴ	Ⅲ	保护区上游
护城河	白洋淀	护城河保定开发利用区	环保定市	6	>Ⅴ		开发利用区
府河	白洋淀	府河保定开发利用区	保定市—安州	35	>Ⅴ		开发利用区
府河	白洋淀	府河保定开发利用区	安州—白洋淀	20	>Ⅴ		开发利用区

续表

河流	流入何处	功能区名称	范围		现状水质	水质目标	区划依据
			起讫点	长度/km 面积/km²			
漕河	白洋淀	漕河保定开发利用区	河源—龙门水库	43	Ⅱ		开发利用区
漕河	白洋淀	漕河保定开发利用区	龙门水库	3.3	Ⅱ		开发利用区
漕河	白洋淀	漕河保定开发利用区	龙门水库—漕河	41	>Ⅴ		开发利用区
漕河	白洋淀	漕河保定开发利用区	漕河—白洋淀	25	>Ⅴ		开发利用区
瀑河	白洋淀	瀑河保定开发利用区	源头—瀑河水库	25			开发利用区
瀑河	白洋淀	瀑河保定开发利用区	瀑河水库	1			开发利用区
瀑河	白洋淀	瀑河保定开发利用区	瀑河水库—徐水	55	>Ⅴ		开发利用区
瀑河	白洋淀	瀑河保定开发利用区	徐水—白洋淀	25	>Ⅴ		开发利用区
界河	白洋淀	界河保定开发利用区	源头—白洋淀	160			开发利用区
小清河	白沟河	小清河保定缓冲区	入境—东茨村	8	>Ⅴ	Ⅳ	河北—北京
琉璃河	白沟河	琉璃河保定缓冲区	省界—东茨村	18	>Ⅴ	Ⅳ	河北—北京
赵王新河	大清河	赵王新河沧州、廊坊开发利用区	白洋淀出口—入大清河口	40			开发利用区
任河大	任文干渠	任河大廊坊开发利用区	源头-入任文干渠口	75			开发利用区

(7) 子牙河水系一级水功能区划。子牙河一级水功能区有保护区 3 处，保留区 2 处、缓冲区 5 处、开发利用区 39 处。表 6-28 为河北省子牙河水系一级水功能区划表。

表 6-28　河北省子牙河水系一级水功能区划表

河流	流入何处	功能区名称	范围		现状水质	水质目标	区划依据
			起讫点	长度/km 面积/km²			
子牙河	海河	子牙河沧州、廊坊开发利用区	献县—南赵扶	72	>Ⅴ		开发利用区
子牙河	海河	子牙河廊坊缓冲区	南赵扶—省界	14	>Ⅴ	Ⅳ	河北—天津
滹沱河	子牙河	滹沱河石家庄缓冲区	省界—小觉	30	Ⅱ	Ⅱ	河北—山西
滹沱河	子牙河	滹沱河石家庄保护区	小觉—岗南水库	30	Ⅱ	Ⅱ	水源地上游
滹沱河	子牙河	滹沱河石家庄保护区	岗南水库	52.8	Ⅱ	Ⅱ	饮用水源地
滹沱河	子牙河	滹沱河石家庄开发利用区	岗南水库—黄壁庄水库	10	Ⅲ		开发利用区
滹沱河	子牙河	滹沱河石家庄保护区	黄壁庄水库	55.1	Ⅲ	Ⅱ	饮用水源地
滹沱河	子牙河	滹沱河石家庄、衡水、沧州开发利用区	黄壁庄—献县	190	>Ⅴ		开发利用区
冶河	滹沱河	冶河石家庄保留区	井陉—平山	30	Ⅳ	Ⅲ	开发利用程度不高
绵河	冶河	绵河石家庄缓冲区	省界—地都	2	Ⅳ	Ⅲ	河北—山西
绵河	冶河	绵河石家庄保留区	地都—井陉	60	Ⅲ	Ⅲ	开发利用程度不高
甘陶河	冶河	甘陶河石家庄缓冲区	省界—井陉	38	Ⅲ	Ⅲ	河北—山西

续表

河流	流入何处	功能区名称	范围		现状水质	水质目标	区划依据
			起讫点	长度/km 面积/km²			
滏阳河	子牙河	滏阳河邯郸开发利用区	九号泉—入东武仕水库口	13.5	Ⅴ		开发利用区
滏阳河	子牙河	滏阳河邯郸开发利用区	东武仕水库	18	Ⅴ		开发利用区
滏阳河	子牙河	滏阳河邯郸、邢台、衡水开发利用区	出库口—零仓口	355	Ⅴ		开发利用区
滏阳河	子牙河	滏阳河衡水开发利用区	零仓口—大西头闸	10	Ⅴ		开发利用区
滏阳河	子牙河	滏阳河衡水、沧州开发利用区	大西头闸—献县	67	Ⅴ		开发利用区
洺河	滏阳河	洺河邯郸开发利用区	南、北洺河汇合口—赵窑	10	＞Ⅴ		开发利用区
洺河	滏阳河	洺河邯郸、邢台开发利用区	赵窑—邢家湾	90	＞Ⅴ		开发利用区
支漳河	滏阳河	支漳河邯郸开发利用区	邯郸—滏阳河	30	＞Ⅴ		开发利用区
沙河	南澧河	沙河邢台开发利用区	河源—朱庄水库	63	Ⅱ		开发利用区
沙河	南澧河	沙河邢台开发利用区	朱庄水库	12	Ⅱ		开发利用区
沙河	南澧河	沙河邢台开发利用区	朱庄水库—任县环水村	102	Ⅴ		开发利用区
宋家庄川	沙河	宋家庄川邢台开发利用区	野沟门水库	2.17	Ⅱ		开发利用区
渡口川	沙河	渡口川邢台开发利用区	入沙河口以上	30	Ⅱ		开发利用区
午河	泜河	午河邢台开发利用区	柏乡赵家庄—宁晋徐家河	26			开发利用区
七澧河	北澧河	七澧河邢台开发利用区	东川口水库—任县永福庄	70			开发利用区
李阳河	北澧河	李阳河邢台开发利用区	内邱北岭水库—隆尧西良	16			开发利用区
小马河	北澧河	小马河邢台开发利用区	马河水库及上游	18.5			开发利用区
小马河	北澧河	小马河邢台开发利用区	内邱马河水库—任县刘屯	10			开发利用区
白马河	北澧河	白马河邢台开发利用区	邢台县东青山—任县邢家湾	18			开发利用区
留垒河	北澧河	留垒河邯郸、邢台开发利用区	莲花口—任县环水村	64.5	Ⅴ		开发利用区
沙洺河	滏阳河	沙洺河邢台开发利用区	南和丁庄桥—任县环水村	35	＞Ⅴ		开发利用区
北澧河	滏阳新河	北澧河邢台开发利用区	任县环水村—宁晋小河口	41.3	Ⅴ		开发利用区
牛尾河	南澧河	牛尾河邢台开发利用区	河源—邢家湾	71	＞Ⅴ		开发利用区
泜河	宁晋泊	泜河邢台开发利用区	河源—临城水库	45	Ⅱ		开发利用区
泜河	宁晋泊	泜河邢台开发利用区	临城水库库区	9.5	Ⅱ		开发利用区
泜河	宁晋泊	泜河邢台开发利用区	临城水库—徐家河	54	Ⅱ		开发利用区
槐河	滏阳河	槐河石家庄开发利用区	源头—赞皇	50	Ⅴ		开发利用区
槐河	滏阳河	槐河石家庄、邢台开发利用区	赞皇—宁晋小马	60	Ⅴ		开发利用区
洨河	滏阳河	洨河石家庄、邢台开发利用区	石家庄—艾辛庄	79	＞Ⅴ		开发利用区
滏阳新河	子牙河	滏阳新河邢台、衡水、沧州开发利用区	艾辛庄—献县	125	＞Ⅴ		开发利用区
石津总干渠	滏阳河	石津总干渠石家庄、衡水开发利用区	黄壁庄—武强	147	Ⅴ		开发利用区

续表

河流	流入何处	功能区名称	范围		现状水质	水质目标	区划依据
			起讫点	长度/km 面积/km²			
子牙新河	渤海	子牙新河沧州开发利用区	献县—周官屯	90	>Ⅴ		开发利用区
子牙新河	渤海	子牙新河沧州缓冲区	周官屯—省界	30	>Ⅴ	Ⅳ	河北—天津
天平沟	滏阳河	天平沟衡水开发利用区	兵曹—入滏阳河口	56			开发利用区
龙治河	滏阳河	龙治河衡水开发利用区	马兰井—入滏阳河口	61.5			开发利用区
留楚排干	滏阳河	留楚排干衡水开发利用区	郑家庄—入滏阳河口	43.8			开发利用区
邵村沟	滏阳河	邵村沟衡水开发利用区	晋县—东羡	50			开发利用区

（8）漳卫南运河水系一级水功能区划。漳卫南运河一级水功能区有保护区 1 处、缓冲区 7 处、开发利用区 3 处。表 6-29 为河北省漳卫南运河水系一级水功能区划表。

表 6-29　　河北省漳卫南运河水系一级水功能区划表

河流	流入何处	功能区名称	范围		现状水质	水质目标	区划依据
			起讫点	长度/km 面积/km²			
漳河	卫河	漳河邯郸开发利用区	岳城水库—馆陶	114	>Ⅴ		开发利用区
浊漳河	漳河	浊漳河邯郸缓冲区	省界—合漳	15	Ⅲ	Ⅲ	河北—河南
清漳河	漳河	清漳河邯郸缓冲区	省界—刘家庄	15	Ⅳ	Ⅲ	山西—河北
清漳河	漳河	清漳河邯郸开发利用区	刘家庄—匡门口	45	Ⅴ		开发利用区
清漳河	漳河	清漳河邯郸缓冲区	匡门口—合漳	10	Ⅳ	Ⅲ	河北—河南
卫河	卫运河	卫河邯郸缓冲区	省界—龙王庙	7	>Ⅴ	Ⅴ	河北—河南
卫河	卫运河	卫河邯郸开发利用区	龙王庙—馆陶	42	>Ⅴ		开发利用区
卫运河	南运河	卫运河邯郸缓冲区	馆陶—省界	15	>Ⅴ	Ⅲ	河北—山东
卫运河	南运河	卫运河邢台缓冲区	临清—清河渡口驿	40	Ⅴ	Ⅱ	南水北调线路、界河
南运河	海河	南运河沧州保护区	省界—静海界	150	>Ⅴ	Ⅱ	南水北调线路、界河
漳卫新河	渤海	漳卫新河沧州缓冲区	河北段	59	>Ⅴ	Ⅴ	河北—山东

（9）黑龙港及运东地区诸河水系一级水功能区划。黑龙港运东以及水功能区有保护区 2 处、缓冲区 4 处、开发利用区 23 处。表 6-30 为河北省黑龙港运东一级水功能区划表。

表 6-30　　河北省黑龙港运东一级水功能区划表

河流	流入何处	功能区名称	范围		现状水质	水质目标	区划依据
			起讫点	长度/km 面积/km²			
滏东排水河	北排水河	滏东排水河邢台开发利用区	宁晋孙家口—新河陈海	6.6	>Ⅴ		开发利用区
滏东排水河	北排水河	滏东排水河邢台、衡水、沧州开发利用区	新河陈海—献县护持寺闸	107	>Ⅴ		开发利用区

续表

河流	流入何处	功能区名称	范围		现状水质	水质目标	区划依据
			起讫点	长度/km 面积/km^2			
老漳河	滏东排水河	老漳河邢台开发利用区	平乡林儿桥—宁晋孙家口	89.8	＞Ⅴ		开发利用区
小漳河	滏东排水河	小漳河邢台开发利用区	平乡周庄—宁晋孙家口	89.8	＞Ⅴ		开发利用区
千顷洼	滏东排水河	千顷洼衡水开发利用区	千顷洼	75	＞Ⅴ		开发利用区
冀南渠	千顷洼	冀南渠衡水开发利用区	冀县北漳淮—堤里王	32.5	Ⅴ		开发利用区
卫千渠	千顷洼	卫千渠衡水开发利用区	源头—千顷洼	30	＞Ⅴ		开发利用区
冀码渠	千顷洼	冀码渠衡水开发利用区	东羡—胡家庄	16			开发利用区
冀吕渠	千顷洼	冀吕渠衡水开发利用区	南宫董土营—西元头	32			开发利用区
冀午渠	千顷洼	冀午渠衡水开发利用区	冀县西古头—胡家庄	26			开发利用区
冀枣渠	千顷洼	冀枣渠衡水开发利用区	前丰备—胡家庄	26			开发利用区
蜈蚣渠	滏东排水河	蜈蚣渠衡水开发利用区	冀县张家庄—入千顷洼口	5.6	Ⅴ		开发利用区
西沙河	蜈蚣渠	西沙河邢台、衡水开发利用区	威县高庙—冀县张家庄	90	＞Ⅴ		开发利用区
大浪淀水库		大浪淀水库沧州引黄调水保护区	大浪淀水库库区	16.7	Ⅲ	Ⅱ	引黄济冀调水
索泸河	南排水河	索泸河衡水开发利用区	河源—梁家庄	100	＞Ⅴ		开发利用区
老盐河	南排水河	老盐河衡水、沧州开发利用区	梁家庄—南排水河	96	＞Ⅴ		开发利用区
清凉江	南排水河	清凉江邢台开发利用区	威县常庄—清河郎吕坡	22	＞Ⅴ		开发利用区
清凉江	南排水河	清凉江衡水、沧州保护区	郎吕坡—入大浪淀口	250	＞Ⅴ	Ⅱ	南水北调线路
老沙河	清凉江	老沙河邢台开发利用区	源头—入清凉江口	106	Ⅴ		开发利用区
江江河	南排水河	江江河衡水、沧州开发利用区	故城—泊头市	90	＞Ⅴ		开发利用区
青静黄排水渠	渤海	青静黄排水渠沧州缓冲区	青县—省界	20	Ⅳ	Ⅲ	河北—天津
北排水河	渤海	北排水河沧州开发利用区	献县—齐家务	76	＞Ⅴ		开发利用区
北排水河	渤海	北排水河沧州缓冲区	齐家务—省界	1	＞Ⅴ	Ⅳ	河北—天津
沧浪渠	渤海	沧浪渠沧州开发利用区	沧州—孙庄子	60	＞Ⅴ		开发利用区
沧浪渠	渤海	沧浪渠沧州缓冲区	孙庄子—省界	1	＞Ⅴ	Ⅳ	河北—天津
捷地减河	渤海	捷地减河沧州开发利用区	捷地—岐口	77	＞Ⅴ		开发利用区
宣惠河	渤海	宣惠河沧州开发利用区	吴桥—河口	150	＞Ⅴ		开发利用区
黑龙港河	贾口洼	黑龙港河沧州开发利用区	乔官屯—青县	55			开发利用区
黑龙港河	贾口洼	黑龙港河沧州缓冲区	青县—省界	25		Ⅲ	河北—天津

（10）徒骇马颊河水系一级水功能区划。徒骇马颊河一级水功能区有缓冲区1处。表6-31为河北省徒骇马颊河水系一级水功能区划表。

表 6-31　　河北省徒骇马颊河水系一级水功能区划表

河流	流入何处	功能区名称	范围		现状水质	水质目标	区划依据
			起讫点	长度/km 面积/km^2			
马颊河	渤海	马颊河邯郸缓冲区	河北段	22		3	河北—河南

2　二级水功能区划与分类

二级水功能区划分重点在一级水功能区划所划分的开发利用区内进行，分为七类，包括饮用水源区、工业用水区、农业用水区、渔业用水区、景观娱乐用水区、过渡区和排污控制区。

2.1　二级水功能区分类

（1）饮用水源区。指满足城镇生活用水需要的水域。

划区条件：①已有城市生活用水取水口分布较集中的水域；或在规划水平年内城市发展需设置取水口，且具有取水条件的水域；②每个用水户取水量不小于有关水行政主管部门实施取水许可制度规定的取水限额。

划区指标：主要采用生活取水量、取水口位置等指标作为重要依据。

功能区水质标准：执行 GB 3838—2002《地表水环境质量标准》Ⅱ类、Ⅲ类水质标准。

（2）工业用水区。指满足城镇工业用水需要的水域。

划区条件：①现有工矿企业生产用水的集中取水点水域；或根据工业布局，在规划水平年需设置工矿企业生产用水取水点，且具备取水条件的水域；②每个用水户取水量不小于有关水行政主管部门实施取水许可制度细则规定最小取水量。

划区指标：采用工业取水量、取水口位置等作为划分工业用水区的重要依据。

功能区水质标准：执行 GB 3838—2002《地表水环境质量标准》Ⅳ类水质标准。

（3）农业用水区。指满足农业灌溉用水需要的水域。

划区条件：①已有农业灌溉区用水集中取水点水域；或根据规划水平年内农业灌溉的发展，需要设置农业灌溉集中取水点，且具备取水条件的水域；②每个用水户取水量不小于有关水行政主管部门实施取水许可制度细则规定的取水限额。

划区指标：采取农业取水量、灌溉面积、取水口位置等指标作为划分农业用水区的重要依据。

功能区水质标准：执行 GB 3838—2002《地表水环境质量标准》Ⅳ类或Ⅴ类水质标准。

（4）渔业用水区。指具有鱼、虾、蟹、贝类产卵场、索饵场、越冬场及洄游通道功能的水域，养殖鱼、虾、蟹、贝、藻类等水生动植物的水域。

划区条件：①主要经济鱼类的产卵、索饵、洄游通道，及历史悠久或新辟人工放养和保护的渔业水域。②水文条件良好，水交换畅通；③有合适的地形、底质。

划区指标：采用产卵场、栖息地及养殖场规模等指标作为划分渔业用水区的重要依据。

功能区水质标准：执行 GB 11607—89《渔业水质标准》，并可参照 GB 3838—2002《地表水环境质量标准》Ⅱ类水质标准。

(5) 景观娱乐用水区。指以满足景观、疗养、度假和娱乐需要为目的的江河湖库等水域。

划区条件：①度假、娱乐、运动场涉及的水域；②水上运动场；③风景名胜区所涉及的水域。

划区指标：采用各类景观娱乐用水规模指标作为划分景观娱乐用水区的重要依据。

功能区水质标准：执行 GB 3838—2002《地表水环境质量标准》Ⅲ类水质标准。

(6) 过渡区。过渡区指为使水质要求有差异的相邻功能区顺利衔接而划定的区域。

划区条件：①下游用水要求高于上游水质状况；②有双向水流的水域，且水质要求不同的相邻功能区之间。

划区指标：采用水质类别指标作为划分过渡区的重要依据。

功能区水质标准：以满足出流断面所邻功能区水质要求选用相应控制标准。

(7) 排污控制区。指接纳生活、生产污废水比较集中，接纳的污废水对水环境无重大不利影响的区域。

划区条件：①接纳废水中污染物为可降解稀释的；②水域的稀释自净能力较强，其水文、生态特性适宜于作为排污区。

划区指标：采用排污量、排污口位置等指标作为划分排污控制区的重要依据。

功能区水质标准：暂不考虑水质控制标准。

2.2　二级水功能区划分类

河北省二级水功能区划有 169 处，其中饮用水源区 64 处，占总数的 37.9%；工业用水区 23 处，占总数的 13.6%；农业用水区 74 处，占总数的 43.8%；景观娱乐用水区 2 处，占总数的 1.2%；过渡区 6 处，占总数的 3.6%；表 6-32 为河北省二级水功能区划表。

表 6-32　河北省二级水功能区划表

水系	开发利用区分类与数量/处							合计/处
	饮用水源区	工业用水区	农业用水区	渔业用水区	景观娱乐用水区	过渡区	排污控制区	
滦河水系	8	3	0	0	0	0	0	11
冀东沿海	11	5	3	0	0	0	0	19
北三河	2	1	2	0	0	0	0	5
永定河	4	0	6	0	0	0	0	10
大清河	18	10	11	0	1	3	0	43
子牙河	10	2	37	0	1	0	0	50
漳卫南运河	1	0	2	0	0	0	0	3
黑龙岗运东	10	2	13	0	0	3	0	28
合计	64	23	74	0	2	6	0	169

第三节　水功能区水质评价

根据河北省水环境监测中心监测资料，分别对滦河及冀东沿海、海河北系、海河南系水功能区进行评价，评价内容为各水功能区达标个数与达标率，评价河长、达标河长及达标率。评价系列为2006—2014年系列。

1　滦河及冀东沿海水系水功能区水质评价

根据滦河及冀东沿海水系2006—2014年水功能区监测资料，分别对水功能区达标数量级达标率和河流达标长度及达标率记性评价。表6-33为滦河及冀东沿海水系水功能区评价表。

表6-33　　滦河及冀东沿海水系水功能区评价

年份	水功能区达标评价			河流长度达标评价		
	评价个数/处	达标个数/处	达标率/%	评价河长/km	达标河长/km	河长达标率/%
2006	31	8	25.8	1748.0	505.5	28.9
2007	29	7	24.1	2183.0	664.0	30.4
2008	30	15	50.0	2252.7	1387.5	61.6
2009	39	11	28.2	2230.6	810.5	36.3
2010	39	14	35.9	2302.6	859.5	37.3
2011	39	8	20.5	2302.6	384.0	16.7
2012	39	10	25.6	2302.6	734.5	31.9
2013	39	13	33.3	2302.6	871.5	37.8
2014	40	12	30.0	2313.6	828.0	35.8

根据水功能区评价结果，绘制水功能区达标率过程线。通过过程线可以看出，水功能区达标情况虽年度变化较大，影响因素较多。按变化过程线趋势分析，在基本维持相对稳定的情况下，略呈下降趋势。图6-9为滦河及冀东沿海水功能区（个数）达标率变化过程线。

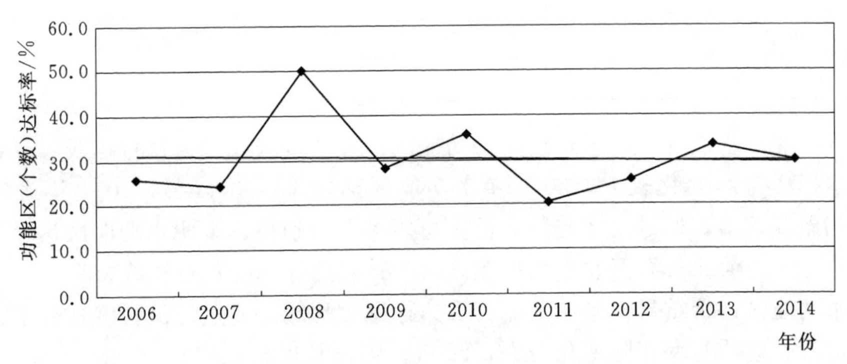

图6-9　滦河及冀东沿海水功能区（个数）达标率变化过程线

根据评价结果，绘制功能区内河流长度达标率过程线，分析其变化趋势。通过过程线可以看出，河流长度达标率年际变化较大，2008年达标率为61.6%，而2011年达标率仅为16.7%。图6-10为滦河及冀东沿海水系水功能区河流长度达标率变化过程线。

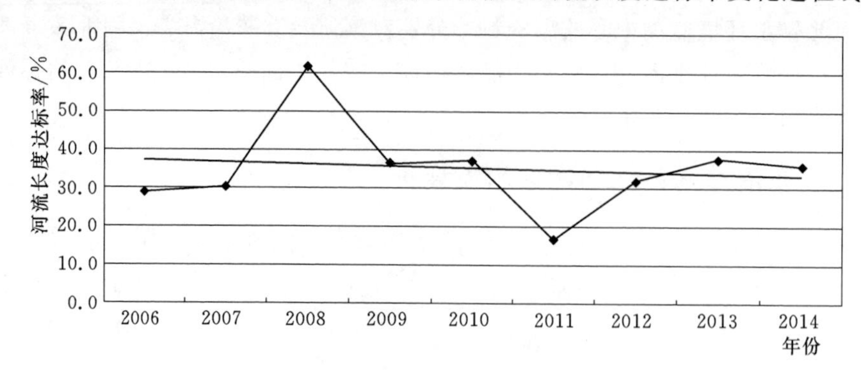

图6-10 滦河及冀东沿海水功能区河流长度达标率变化过程线

2 海河北系水功能区水质评价

海河北系由蓟运河、潮白河、北运河、永定河组成。根据海河北系水功能区水质监测资料，对水功能区达标率和河流长度达标率进行评价。表6-34为河北省海河北系水功能区评价表。

表6-34　　河北省海河北系水功能区评价表

年份	水功能区达标评价			河流长度达标评价		
	评价个数/个	达标个数/个	达标率/%	评价河长/km	达标河长/km	河长达标率/%
2006	22	7	31.8	907	130	14.3
2007	21	5	23.8	1391	373	26.8
2008	21	6	28.6	1390	706	50.8
2009	31	6	19.4	1145	316	27.6
2010	30	9	30.0	1211	214	17.7
2011	30	5	16.7	1112	218	19.6
2012	30	8	26.7	1112	212	19.0
2013	32	12	37.5	1167	525	45.0
2014	38	6	15.8	1452	263	18.1

根据水功能区水质评价结果，绘制水功能区达标率过程线。通过过程线可以看出，水功能区打达标率年际变化较大，2013年水功能区达标率为37.5%，2014年达标率仅为18.1%，相差2倍多。通过变化趋势分析，总体呈下降趋势，说明水功能区达标率呈递减趋势。图6-11为河北省海河北系水功能区（个数）达标率变化过程线。

根据水功能区评价结果，绘制河流长度达标率过程线。通过河流长度达标率过程线可以看出，河流长度达标率年际变化较大，2008年河流长度达标率为50.8%，而2010年河流长度达标率仅为17.7%，相差近3倍。从变化趋势分析，总提成下降趋势。图6-12为

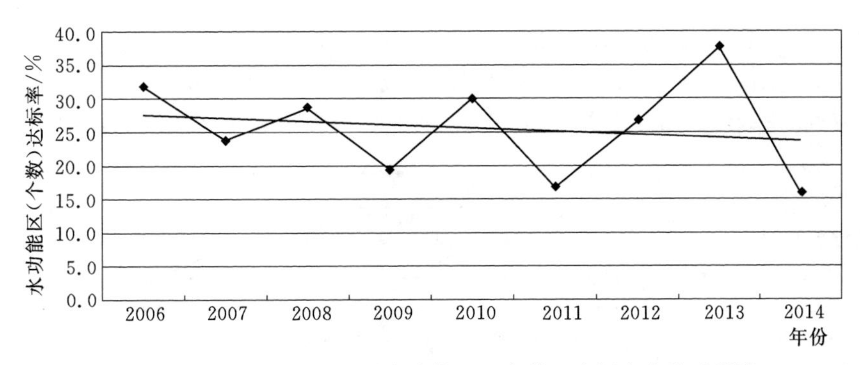

图 6-11 河北省海河北系水功能区（个数）达标率变化过程线

河北省海河北系水功能区河流长度达标率变化过程线。

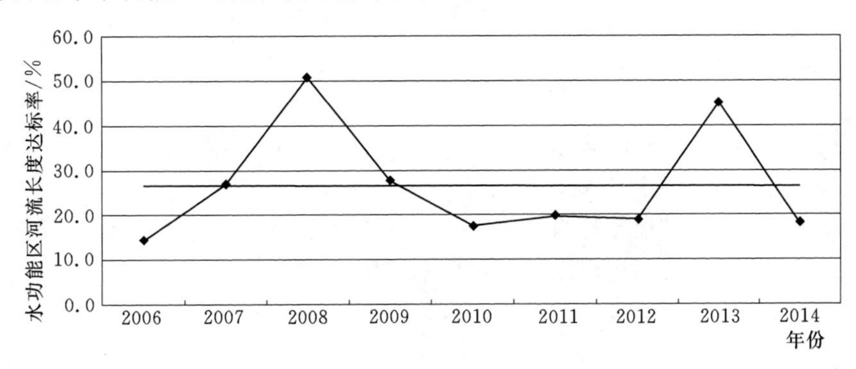

图 6-12 河北省海河北系水功能区河流长度达标率变化过程线

3 海河南系水功能区水质评价

海河南系由大清河、子牙河、漳卫南运河、黑龙港运东水系组成。根据水功能区水质监测资料，分别对海河南系水功能区达标率和河流程度达标率进行评价。表 6-35 为河北省海河南系水功能区评价表。

表 6-35 河北省海河南系水功能区评价表

年份	水功能区达标评价			河流长度达标评价		
	评价个数/个	达标个数/个	达标率/%	评价河长/km	达标河长/km	河长达标率/%
2006	65	19	29.2	2906	535	18.4
2007	59	5	8.5	3019	192	6.4
2008	59	20	33.9	3176	1041	32.8
2009	80	24	30.0	3824	925	24.2
2010	80	18	22.5	3806	664	17.4
2011	82	16	19.5	3893	712	18.3
2012	89	26	29.2	4167	1105	26.5
2013	88	21	23.9	4195	929	22.2
2014	96	22	22.9	4690	801	17.1

根据评价结果，绘制海河南系水功能区达标率变化过程线。通过水功能区达标率过程线可以看出，除2007年水功能区达标率较小外（8.5%），其他年份均为20%～30%。变化趋势较平缓，维持在25%附近。图6-13河北省海河南系水功能区达标率变化过程线。

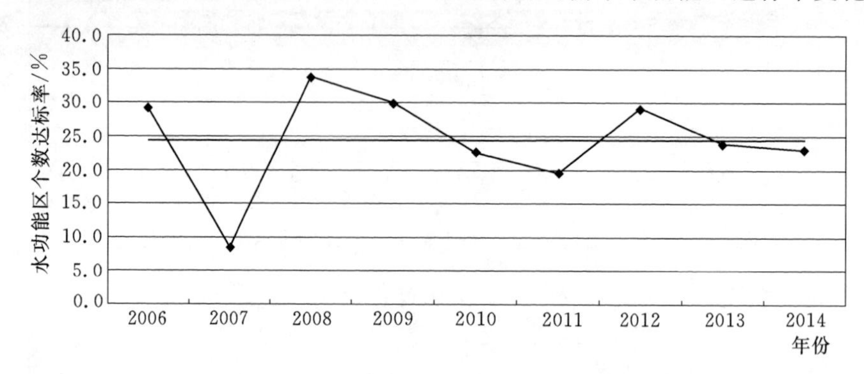

图6-13　河北省海河南系水功能区达标率变化过程线

根据评价结果，绘制海河南系水功能区河流达标率过程线。通过过程线可以看出，2007年、2008年两年的达标率变化较大，2007年河流长度达标率为6.4%，2008年河流长度达标率为32.8%，其他年份为15%～25%。变化趋势较平滑，略呈上升趋势。图6-14为河北省海河南系水功能区河流长度达标率变化过程线。

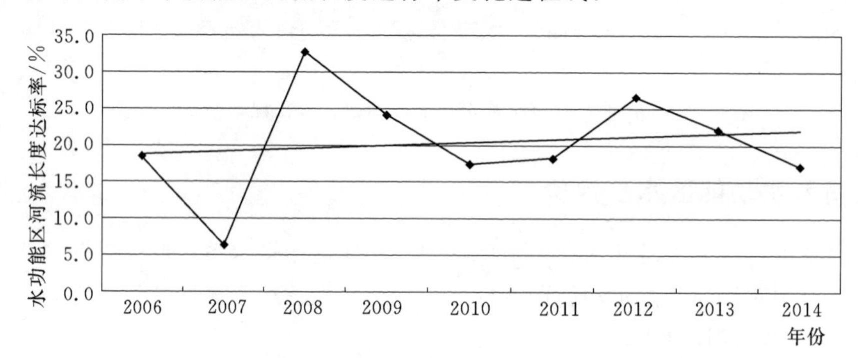

图6-14　河北省海河南系水功能区河流长度达标率变化过程线

参　考　文　献

[1]　河北省水利厅．河北省水资源公报［R］．2001—2013．
[2]　河北省水利厅，河北省环保局．河北省水功能区划［R］．2004．
[3]　河北省人民政府．河北省水功能区管理规定［R］．2014．
[4]　王丽萍，时晓飞．河北省水功能区水环境评价［J］．河北水利，2008（6）：13-13．

第七章　河流生态恢复与健康评价

第一节　河流生态恢复措施

1　河流生态修复发展过程

20世纪50年代德国创立了“近自然河道治理工程”，提出河道的整治要符合植物化和生命化的原理。其突出特点是流域内的生物多样性有了明显增长，生物生产力提高，生物种群的品种、密度都成倍增加。治理后另一个特点是河流自净能力明显提高，水质得到大幅度改善。

20世纪70年代以来，一些发达国家的科技界和工程界针对水利工程对于河流生态系统产生的负面影响，提出了如何进行补偿的问题，在此基础上产生了河流生态修复的理论与工程实践。目前国外河流生态修复技术有很多种，主要包括：在河流整治中，结合洪水管理，贯彻“给河流以空间”的理念，通过建设分洪道和降低河漫滩高程等措施予以实施；河流连续性的恢复，包括纵向的连通和河道与河漫滩区的横向连通，包括建设低坝并设置鱼道、堤防拆除或后退等；河流蜿蜒性的恢复；河道岸坡生态防护；河流深槽和浅滩序列的重建；洪泛区湿地特征的创建；河流内栖息地加强结构（如遮蔽物、遮阴、导流设施等）；亲水设施的建设；河道浚挖泥土的利用；多孔和透水护岸材料和结构的开发和应用及工程施工技术等。此外，结合河流生态修复规划和设计，一些规划设计模型和方法也被提出。

在筑坝河流上，针对改善下游河流的生态系统状况，有关水库优化调度方式的研究和示范在一些国家也进行了一些研究，并初步取得一些成果，如河流生态需水量评价技术，洪水过程对鱼类繁殖的影响，自然水文过程模拟等。同时，国外很多国家利用生态学理论，采用生态技术修复河道内受污染水体，恢复水体自净能力，具有工程造价少，能耗和运行成本低、净化效果显著等特点，积累了很多实践经验。生态方法修复受污染水体主要包括人工湿地处理系统、河道直接净化技术、氧化塘处理系统、植物-土壤处理系统、水生植物处理系统、生物操纵技术等。如美国的北卡罗来纳州的摩罗赫德市的氧化塘污水处理、日本霞浦湖边上的生物公园、波兰 Wariak 湖中放养鱼类控藻等工程。19世纪中期，在欧洲阿尔卑斯山区，大规模的河流整治工程造成了生物多样性降低，人居环境质量有所恶化，河流生态工程设计理念和方法开始引起人们的重视。

20世纪80年代开始的莱茵河治理，为河流的生态工程技术提供了新的经验。莱茵河保护国际委员（ICPR）于1987年提出了莱茵河行动计划（Rhine Action Program），以生态系统修复作为莱茵河重建的主要指标，到2000年鲑鱼重返莱茵河，这个河流治理的长远规划命名为“鲑鱼—2000计划”。沿岸各国投入了数百亿美元用于治污和生态系统建设。到2000年莱茵河全面实现了预定目标，沿河森林茂密，湿地发育，水质清澈洁净。鲑鱼已经从河口洄游到上游（瑞士）一带产卵，鱼类、鸟类和两栖动物重返莱茵河。

20世纪90年代，水生态与水环境问题已经成为世界水论坛会议、国际大坝会议、国际水利学会议等一系列国际学术会议的核心议题，这些会议有力地促进了水生态与水环境科学在全球的交流与发展。

英国早在20世纪90年代就在一些河段进行生态修复工程建设，获得了广泛关注并最终得到了大多数人的认同。成立了英国河流修复中心，制定了《河流修复指南》，在流域尺度下进行河流的生态修复。在美国，有关河流生态修复的研究和实践也取得了很好的经验。1992年出版了《水域生态系统的修复》。1998年出版了《河流廊道修复》，指导河流修复工作。美国陆军工程师团水道试验站在1999年6月完成了《河流管理一河流保护和修复的概念和方法》研究报告。日本、澳大利亚等国也进行了大量研究。日本建设省发布的《河川砂防技术标准（案）及解说》，提出河道岸坡的防护结构有生态和自然景观等环境功能，护岸应采用与周围自然景观协调的结构形式，即“近自然工事”或“多自然型建设工法”。澳大利亚水和河流委员会于2001年4月出版了《河流修复》一书，为河流修复工作提供技术指导。

2000年，欧共体颁布了《水资源框架指南》，其目标是在2015年之前，使欧洲所有的水体具有良好的生态状况或具有这方面的潜力。每个成员国必须针对本国情况制定具体目标，并采取各类措施确保目标实现。

2　河流生态恢复措施

（1）河道治理中河流生态恢复工程概况。

1）修复河岸植被。在干支流各明渠段，恢复河岸带植被，充分发挥河岸带植被的缓冲带功能和护坡效应，尽可能恢复和重建退化的河岸带生态系统，保护和提高生物多样性。

2）修复河道形态。重新营造出接近自然的流路和有着不同流速带的水流，即修复河流浅滩和深塘，有利于形成水的紊流，造就水体流动多样性，以有利于生物的多样性。

（2）水质、水文条件的恢复。水质水文条件恢复主要通过水资源的合理配置维持河流最小生态需水量，通过河道内外污染源处理改善河流水系的水质，提倡多目标水库生态调度，以恢复下游的生态环境。河流属山区性河流，河道坡降较大，河水暴涨暴落，水位水量随季节变化显著。非汛期，由于天然降水量小，建成后水库对径流的拦截，河道内水流很小，水位很低，甚至干枯，水生生物栖息场被严重毁坏，丧失生态及景观功能。因此，需要考虑河流生态环境需水。鉴于西部山区大部分水库工程任务以旅游为主，结合防洪、发电、养殖、灌溉等综合利用功能，根据生态需水量计算成果。另外，通过两岸铺设截污干管、底泥疏浚等措施，消除内外污染源，以改善河道水质条件。

（3）河道治理中河流生态恢复。生物物种的恢复主要包括保护濒危、珍稀、特有生物物种，恢复河湖水库水陆交错带植被以及水生生物资源，以恢复水生生态系统的功能。河流通过种植水生植物以及为水生动物营造栖息环境，吸引河流上下游河流中的各种水生动物，修复河流水中的生物链，达到丰富水体和净化水质的目的。边坡绿化工程是边坡保护和绿化工程的有机结合，适合该地区主要培植的草种，其目的一方面是保护边坡及预防和抑制崩塌，防止水土流失，另一方面保护生态环境，并使整条河道形成绿色植物景观。

3　河流生物多样性保护措施

（1）缓冲带。缓冲带是指河道与陆地的交界区域，可以有不同的名称，如河岸区或缓冲带，如果这一带区域较宽，也许称之为河边湿地、河谷或洪泛平原。不同的名称反映这一区域的宽度、洪泛状况和土壤条件的差别。缓冲带作用，旨在强调河岸区在农田与河道之间所起的缓冲作用。认为在河流两岸各设置一定宽度的缓冲带是最重要的河流恢复措施。缓冲能力表现为使溶解的和颗粒状营养物沉淀、结晶、非生物吸收，或由缓冲带内的植物和微生物群落消耗或转化。除了营养物质减少过程之外，缓冲带和它的植被还稳定河岸，并形成一个具有截留和拦蓄来自农业区泥沙的多样性生态环境，是保护鸟类相对廉价的措施。为此，任何河流恢复方案的首要任务应保护和建立沿河两岸缓冲带。

（2）植物。一旦河流两岸留出缓冲带，可以自然地重新生长植物或重新种植，促使植物群落的形成和减少侵蚀泥沙进入河道，同时利用缓冲带植物减少来自农业区的氮和磷进入河道，达到改善水质的目的。

（3）马蹄形湿地。为解决这个农业点源污染问题，在农业区的排水渠进入河流前建立一个小型湿地，这些湿地称之为马蹄形湿地，是一种减少入河营养物输送量的恢复措施和处理方法，让农业径流在进入河流之前流经马蹄形湿地，减缓流速，沉淀和吸收氮和磷，减少其入河量。

（4）降低边坡。当已经配置了缓冲带时，降低边坡将是最有效的恢复措施。减小河道边坡的效益是多方面的，首先降低河岸塌方频率，从而减少直接进入河流的泥沙；其次能够增加河道的宽度，形成类似于洪泛平原功能的区域，洪峰期间，河流可以漫到洪泛平原，从而消耗洪水能量，减少水流对河岸的冲刷，同时水面扩大后，降低了流速和输沙能力，从而使泥沙沉积在边坡上，减小下泄水流的含沙量。

（5）曲流河谷。当洪泛平原建成后，河道的自然弯曲能力将得到恢复，河流自身的发展有助于这一形成过程。在河流的弯曲段，水流交替地将凹岸的泥沙“搬运”到凸岸，这种冲刷和沉积过程是河流的消能方式，弯曲河流的生态环境类型要比直线河流多得多。因此，弯曲河流拥有更复杂的动物和植物群落，而且水流在河道内滞留的时间越长，营养物的滞留和螺旋位移特性越强，从而增强水系的自净能力。

（6）浅滩和深塘。由于较陡的能坡和颗粒较粗的泥沙，河流将自然地形成深浅交替的河段，称之为浅滩和深塘。由于深塘和浅滩以及弯曲段使河床的剪力和摩擦力的差异减到最小，因此，在那些坡度较陡和粗颗粒泥沙的河段，应把浅滩与深塘作为恢复河流的措施之一。浅滩与深塘的大小及其组合应根据水文学原理来确定，按照弯道出现频率来成对设计，即一个弯曲段，配有一对浅滩和深塘，并以下游河宽的5～7倍距离来布置。交替出现的浅滩和深塘是恢复河道内生态环境的一个重要方面，除了由浅滩段增加的紊动促进河水加强充氧外，干净的石质底层是很多水生无脊椎动物的主要栖息地，也是鱼类觅食的场所和保护区。

（7）水边湿地/沼泽地森林。许多渠化的农业区河流，沿岸有许多由于季节性积水而难以耕种的地方。这些沼泽地常常是以前的湿地或沼泽森林，如果能开发它们，将有利于野生生物的保护和增加营养物滞留能力。利用这些湿地作为费用低廉的营养物减少系统有可观的效益。在瑞典进行的一些研究，需要把进入波罗的海的氮负荷减少50%，估计每减少1 kg进入波罗的海的氮，用沿海湿地需要0.6美元，用补救农业措施需1.9～53.4美元，而减少城市污废水中75%的氮需15.6～31.2美元。作为一项恢复措施，沿河岸走廊建立湿地和沼泽森林，削减进入河流的营养物，结合恢复河口处的湿地，可取得较好的削减营养物效果和显著的综合效益。

（8）池塘。在弯曲河谷或作为马蹄形湿地的扩展所形成的池塘是一项经济和具有多种用途的恢复措施，它可作为灌溉蓄水、龙虾养殖或用作鱼池，可以拦截有机物和氮，由于沉淀作用，可以达到减少氮的目的。需要指出的是，不能将池塘用于密集的水产养殖，避免引起更多的营养物问题。

第二节　河流生态健康评价

1　健康河流界定与评价范畴

人们对流域生态系统的健康从不同立场有众多观点和侧重表述。但综合来看，健康的流域生态系统不一定是原始的生态系统，但它必须是一个相对完整的生态系统，具有复杂生境异质性特征，是稳定和可持续的，即随时间的进程有活力并且能维持其组织及自主性，在外界胁迫下容易恢复。

1.1　健康河流的界定

河流是陆地水流及其载体的总称，是生物圈物质循环的重要通道，具有调节气候、改善生态环境以及维护生物多样性等众多功能。人们常根据河流自身的发育和为人类服务的特性赋予其生命。作为人类健康的类比概念，河流健康的涵义尚不十分明确，专家学者们理解不一，分歧主要在是否包括人类价值上。卡尔将河流生态完整性当作健康，辛普森等认为河流生态系统健康是指河流生态系统支持与维持主要生态过程，以及具有一定种类组成、多样性和功能组织的生物群落尽可能接近未受干扰前状态的能力，把河流原始状态作为健康状态；诺利斯等则认为，河流生态系统健康依赖于社会系统的判断，应考虑人类福利要求。迈耶对此阐述最为全面，认为健康的河流系统不但要维持生态系统的结构与功能，且应包括其人类与社会价值，在河流健康的概念中涵盖了生态完整性与人类价值。当前，这种理解得到了较多学者的认可。

按照以人为本，人水和谐的治水思路，健康的河流是人类经济社会发展和生态环境保护相协调的整合性概念。只注重河流的生态环境保护，拒绝人类经济社会发展对其服务功能的需求；或者只注重河流的服务功能，忽视对其生态环境的保护都是片面的、不完整的。健康的河流应是生态环境等自然属性和服务功能等社会属性的辩证统一，它应该既是生态良好的河流，又是人水和谐相处的河流。

1.2 流域生态系统健康评价的范畴

流域生态系统健康的指标体系评价必须考虑以下4个范畴：

（1）生态学范畴。生态系统健康深深扎根于生物学和生态学，生物学和生态学在生态系统健康研究中起着关键作用。

（2）物理化学范畴。物理化学因素是导致或影响流域生态系统生态过程变化和人类健康的重要原因，物理化学范畴涉及流域内大气、水、土壤等环境要素。物理化学评估作为河流健康评估指标之一，是因为这些指标可以反映河流水流和水质变化、河势变化、土地使用情况和岸边结构。物理量测参数包括流量、温度、电导率、悬移质、浊度、颜色。化学量测参数包括pH值、碱度、硬度、盐度、生化需氧量、溶解氧、有机碳等。其他水化学主要控制性指标包括阴离子、阳离子、营养物质等（磷酸盐、硝酸盐、亚硝酸盐、氨、硅）。

（3）社会经济范畴。社会经济系统是流域复合生态系统的组成部分，流域生态系统健康评价着重于整体性评价，生态健康状态与使用河流的人类的价值判断直接相关，这种价值判断与人类的社会经济条件和背景密切相关。

（4）人类健康范畴。人类是流域生态系统的一个组成部分，因此，健康的流域生态系统必须能够维持健康的人类群体，流域生态系统健康评价必须包括人类健康范畴。

2 健康河流评价原则和方法

2.1 评价的原则

（1）动态性原则。生态系统总是随着时间变化而变化，并与周围环境及生态过程密切联系。生物内部之间、生物与周围环境之间相互联系，使整个系统有畅通的输入、输出过程，并维持一定范围的需求平衡。生态系统这种动态性，使系统在自然条件下，总是自动向着物种多样、结构复杂和功能完善的方向发展。因此，在进行河流生态系统健康评价时，应随时关注这种动态，不断地进行调整，才能适应系统的动态发展要求。

（2）层级性原则。系统内部各个亚系统都是开放的，且各生态过程并不等同，有高层次、低层次之别；也有包含型与非包含型之别。系统中的这种差别主要是由系统形成时的时空范围差别所形成的，在进行健康评价时，时空背景应与层级相匹配。

（3）创造性原则。系统的自我调节过程是以生物群落为核心，具有创造性。创造性是生态系统的本质特征。

（4）有限性原则。系统中的一切资源都是有限的，对生态系统的开发利用必须维持其资源再生和恢复的功能。

（5）多样性原则。生态系统结构的复杂性和生物多样性对生态系统至关重要，它是生态系统适应环境变化的基础，也是生态系统稳定和功能优化的基础。维护生物多样性是河流生态系统评价中的重要组成部分。

（6）人类是生态系统的组分原则。人类是河流生态系统中的重要组成部分，人类的社会实践对河流生态系统影响巨大。

2.2　评价方法

河流生态系统主要由水质、水量、河岸带、物理结构及生物体5类要素组成，这5类要素相互依存、相互作用、相互影响，有机组成完整的河流生态系统。因此，对河流生态系统健康进行评价，也必须围绕着五个方面展开。

目前，河流生态系统健康评价的方法很多。从评价原理角度可分为两类。

（1）预测模型法。该类方法主要通过把一定研究地点生物现状组成情况，与在无人为干扰状态下该地点能够生长的物种状况进行比较，进而对河流健康进行评价。该类方法主要通过物种相似性比较进行评价，且指标单一，如外界干扰发生在系统更高层次上，没有造成物种变化时，这种方法就会失效。

（2）多指标法。该方法通过对观测点的系列生物特征指标与参考点的对应比较结果进行计分，累加得分进行健康评价。该方法为不同生物群落层次上的多指标组合，因此能够较客观地反映生态系统变化。

3　河流健康评价指标

3.1　河流健康评价指标体系的层次与权重

河流具有自然和社会的双重属性，河流健康也因此具有作为自然河流的生态功能健康和作为社会河流的经济社会服务功能健康的两重性。但是，无论是生态功能健康或服务功能健康，都离不开河流生命动力的健康。在健康河流评价中，河流生命动力健康指标应处于第一层次，生态功能与服务功能健康指标应处于第二层次。与此相应，各项具体指标在整个评价体系中的权重也应该依据这一原则加以确定。鉴于生态功能和服务功能健康指标之间的差异，以及经济社会系统对河流不同服务功能的竞争性与排斥性，有关单项指标的权重也应该根据实际情况合理设定。另外，河流水质与河流动力并无直接联系，但由于水质的优劣对水生生物和人类用水至关重要，水质成为河流生命的重要内涵，所以水质指标的权重也要相应加大。

3.2　河流动力指标

3.2.1　单位面积径流量指标

水文评估的目的是分析水文条件的变化对河流生态系统结构与功能产生的影响。引起水文条件变化的因素很多，包括由于气候变迁引起的径流变化、上游取水增减变化、由于水库调节和水电站泄流改变了自然水文周期、土地利用方式改变和城市化引起的径流变化等。所谓水文条件，既包括传统的水文参数，还包括水流的季节性特征和水文周期模式、基流、水温、水位涨落速度等，这些都会对鱼类和其他生物栖息繁衍产生影响。

水文评估有两个方面：一是建立河流水文特性与生态响应之间的关系，特别是水流变动性与生态过程的关系，从中分析对于河流生物群落有重要影响的关键水文参数；二是通过长系列水文资料分析认识河流地貌演变及生态演变的全过程。每一条河流都有自己的特性，因此两个问题的答案也各不相同。

在确定水文参数变化时，以哪一种径流模式为基础，不同的河流各有侧重。一般考虑用平均年径流指数给出总水量变化，用不同频率的洪水月径流过程曲线给出水流模式的变动，用水流季节比例指数变化的模式评估季节变化，季节峰值指数评估季节最高和最低水位。

评估的基本方法是对比现实的水流模式与理想的自然状态的水流模式，通过两种水文参数的比较，得到一个相对无量纲的指数，评估以记分的形式表述。

通过人工调节水流和上游取水两个方面进行评价，以河流天然径流过程为依据，计算年径流量减少数量级年内变化情况，分别计算出影响因子的权重，再结合河流功能分级标准，定量分析水文因素对河流功能的影响。

径流量是河流生命的源泉，但流域有大有小，河流有长有短，总径流量的大小并不能完全反应一条河流的动力特征，采用单位面积径流量指标，就使不同流域尺度的河流有了可比性。其表达式为

$$I_1=\frac{W_0}{A}$$

式中：I_1 为单位面积径流量，万 m^3/km^2；W_0 为多年平均径流量，万 m^3；A 为流域面积，km^2。

3.2.2 平原河流弯曲度指标

河流蜿蜒弯曲会加大河流动力的消耗。山区河流比降大，动力足，河流弯曲对其动力影响不大，但平原河流的弯曲度对河流动力的不利影响较大，其表达式为

$$I_2=\frac{L_p}{L_0}$$

式中：I_2 为平原河流弯曲度；L_p 为平原河道实际长度，km；L_0 为平原河段直线距离，km。

3.2.3 河道输沙率

河床与湖泊湿地的泥沙淤积是河流动力不足和河道衰老的主要标志，所以河流输沙率可以反映河流动力健康状况，其表达式为

$$I_3=\frac{G_t}{G_0}$$

式中：I_3 为河道输沙率，以小数计；G_t 为河流多年平均入海输沙量，万 t；G_0 为多年平均入河泥沙量，万 t。

3.2.4 主槽冲淤平衡特征指标

维持主槽冲淤平衡，特别是中下游河主槽的冲淤平衡，是维持河床稳定的关键，这是一个表征河流动力特征的重要指标，其表达式为

$$I_4=\frac{V}{V_0}$$

式中：I_4 为河道主槽冲淤平衡特征指标；V 为主槽满槽时的平均流速，m^3/s；V_0 为主槽泥沙启动流速，m^3/s。

3.2.5 河流动力指标健康评价

将每个指标按优秀、良好、一般、较差、差 5 个档次分级，分别赋值 1.0、0.8、0.6、0.4、0.2 予以量化，将每个指标的赋值乘以相应的权重，得到该指标的概化值。河流动力健康指标赋值和权重见表 7-1。

表 7-1 河流动力健康指标赋值和权重

指标名称	权重	指标分级赋值				
		1.0	0.8	0.6	0.4	0.2
单位面积径流量/(万 m^3/km^3)	0.3	50	35	25	10	5
平原河道弯曲度	0.1	<1.1	1.1～1.2	1.2～1.3	1.3～1.4	>1.4
河流输沙率	0.3	1.0	0.9	0.8	0.7	0.6
主槽冲淤平衡指数	0.3	1.0	0.9	0.8	0.7	0.6
合计	1.0					

河流动力健康指标评级公式为

$$J_1 = \sum_{i=1}^{n}(k_i Z_i)$$

式中：J_1 为河流动力健康指标评价结果；k_i 为各评级因子的权重系数；Z_i 为各评价指标计算出的 i 所对应的指标分级赋值。

3.3 生态功能指标

3.3.1 生境多样性指标

生物栖息地评估的内容是勘察分析河流走廊的生物栖息地状况，调查生物栖息地对于河流生态结构与功能的影响因素，进而对栖息地质量进行评估。具体体现在河流的物理-化学条件、水文条件和河流地貌学特征对于生物群落的适宜程度，特别是对于形成完整的食物链结构和完善的生态功能的作用。

生物栖息地质量的表述方式，可以用适宜的栖息地数量表示，或者用适宜栖息地所占面积的百分数表示，也可以用适宜栖息地的存在或缺失表示。

栖息地评估的变量指数可以包括以下内容：传统的水文和地质条件，包括径流变化与参照系统的对照、水体污染、水库人工调节影响等；河流地貌特征，主要评估栖息地结构和河势稳定性，包括河流蜿蜒性、河床的淤积与冲刷、岸坡稳定性、人工渠道化程度、闸坝运行影响等；河道结构，按照尺度、河床材料、本底材料和河道改造进行描述；岸边植被，指评估岸边植被数量和质量，包括植被宽度、顺河向植被连续性（用植被间断长度表示）、结构完整性（指各类植物的密度与自然状态的比较）、当地乡土物种覆盖比例及再生性状况、湿地和洼地状况等；河流周围社会经济发展状况，包括人口、经济结构、土地利用方式变化以及城市化影响等。

河流生物群落具有综合不同时空尺度上各类化学、物理因素影响的能力。面对外界环境条件的变化（如化学污染、物理生境破坏、水资源过度开采等），生物群落可通过自身结构和功能特性的调整来适应这一变化，并对多种外界胁迫所产生的累积效应作出反应。因此，利用生物法评价河流健康状况，应为一种更加科学的评价方法。

生境多样性指标主要表征现状河流生境多样性的受损程度，其表达式为

$$I_5 = \frac{B}{B_0}$$

式中：I_5 为河流生境多样性指标；B 为现状生态多样性定量指标；B_0 为特定参照期的生

境多样性定量指标。

3.3.2　河流水质指标

物理-化学法主要利用物理、化学指标反映河流水质和水量变化、河势变化、土地利用情况、河岸稳定性及交换能力、与周围水体（湖泊、湿地等）的连通性、河流廊道的连续性等。同时，应突出物理-化学参数对河流生物群落的直接及间接影响。

物理、化学评估作为河流健康评估标志之一，是因为这些指标可以反映河流水流和水质变化、河势变化、土地使用情况和岸边结构。物理量测参数包括流量、温度、电导率、悬移质、浊度、颜色。化学量测参数包括 pH 值、碱度、硬度、盐度、生化需氧量、溶解氧、有机碳等。其他水化学主要控制性指标包括阴离子、阳离子、营养物质（磷酸盐、硝酸盐、亚硝酸盐、氨、硅）。

在河流健康评估中应突出物理-化学量测参数对河流生物群落的潜在影响。比如总磷、总磷/总氮和叶绿素等，可能导致水体的富营养化；由于盐的输入可能改变电导率造成某些敏感物种死亡；生化需氧量的降低会引起生物窒息，造成鱼类死亡；由于泥沙输移造成悬移质和浊度变化，引起淤积和地貌特征变化，改变吸附在泥沙颗粒表面上的营养盐的输移规律及栖息地质量；由于污染引起 pH 值、有机物和金属等参数变化，可能造成敏感性生物的减少等。

物理化学评价，根据对河流监测资料，包括物理因子、化学因子以及富营养因子等，采用综合污染指数法，格局地表水质量标准，计算出河道的综合污染，按照综合污染指数分级标准，对应生态功能参数，确定物理化学对应的生态功能级别。

水质是河流生命活力的重要内涵，是决定水资源价值的关键要素。河流水质指标可用水功能区水质达标率来表征，其表达式为

$$I_6=\frac{N}{N_0}$$

式中：I_6 为河流水质达标率，以小数计；N 为全流域符合水功能区水质标准的水功能区数量；N_0 为全流域水功能区总数。

3.3.3　河口径流指标

河口径流指标即入海水量与年径流量之比，这一指标可以表征河道内生态需水的满足程度与河口三角洲的稳定状况，其表达式为

$$I_7=\frac{W_s}{W_0}$$

式中：I_7 为河口径流指标；W_s 为河道年入海水量，亿 m^3；W_0 为年径流量，亿 m^3。

3.3.4　流域植被森林覆盖率

森林植物和地被物表面吸收、吸附并蒸腾大气降水的现象可分为林冠截留、林下植物截留和枯枝落叶层截留等三部分。

（1）林冠截留：是降水被林木的枝、叶、干等表面吸收、吸附和蒸发的现象。其截留率随降水量和降水强度增大而减少，一般为降水量的 15%～30%。截留量随降水量和降水持续时间增加而有所增大，但有一个极限值，最大截留量一般为 10～20mm，很少超过 25mm。林冠截留降水，与林冠总表面积成正相关。针叶林大于阔叶林；复层林大于单层

林；中龄林以上的林分枝大于幼龄林；郁闭度大和疏密度高的林分枝大于郁闭度小和疏密度低的林分枝。

(2) 林下植物截留：其截留量较少，与覆盖度、占有立体空间及枝叶密度成正相关。

(3) 枯枝落叶层截留：其截留量较大，吸水量可达到自重的2～5倍。一般占年降水量的1%～5%。截留量与枯枝落叶层的厚度、质地和分解程度等有密切关系。厚度大、分解程度高、吸水性能好，则截留量大、截留率高。

森林的林冠层可以阻挡和截留雨水，在一定的程度上可以减少落地雨的数量和速度，减小地面土壤溅蚀，这种作用尤其在降水初期最为明显，一般十年以上的松树树冠一次可截留雨量在15～20mm左右。由于林冠的截流，地面雨量很小，雨滴对地表的击溅作用也就很小，因此，达到减小林地地表漫流侵蚀的作用。根据河北省林科院研究的结果，有林地和无林荒地比较，有林地的径流量和径流深是无林地的1/18，说明有林地的水土保持效果非常明显，能起到较理想的水土保持效益。

森林覆盖率的高低决定着河流涵养水源的能力和防止水土流失的能力，是河流健康的关键要素之一，其计算公式为

$$I_8=\frac{F}{A}$$

式中：I_8 为流域植被覆盖率，以小数计；F 为流域内森林面积，km^2；A 为流域总面积，km^2。

3.3.5　地下水排补平衡指标

由于过量的开采和不合理的利用地下水，常常造成地下水位严重下降，形成大面积的地下水下降漏斗，在地下水用量集中的城市地区，还会引起地面发生沉降。此外工业废水与生活污水的大量入渗，常常严重地污染地下水源，危及地下水资源。因而系统地研究地下水的形成和类型、地下水的运动以及与地表水之间的相互转换补给关系，具有重要意义。

地下水是流域水资源的重要组成部分，地下水的补给与排泄平衡，是河水水循环的主要指标之一。鉴于人工开采地下水在地下水总排泄量中占了很大比重，地下水位下降又直接导致了地表径流大幅度减少，所以地下水排补平衡指标可用地下水超采率来表示，其表达式为

$$I_9=\frac{G-G_0}{G_0}$$

式中：I_9 为地下水超采率，用小数计；G 为流域地下水实际开采量，亿 m^3；G_0 为流域地下水允许开采量，亿 m^3。

3.3.6　河流纵向连续性指标

河流纵向连续性指标主要用于表征河流在自然因素或人为因素的干扰下，沿程发生径流非正常衰减，从而影响河道生态用水情况，其表达式为

$$I_{10}=\frac{\sum L_i t_i}{365\times 24\times L}$$

式中：I_{10} 为河流纵向连续性指标；L_i 为出现河道流量小于最小生态流量的河流长度，

km；t_i 为出现河道流量小于最小生态流量的时段，h；L 为河流长度，km。

3.3.7 河流生态健康功能指标评价

将每个指标按优秀、良好、一般、较差、差 5 个档次分级，分别赋值 1.0、0.8、0.6、0.4、0.2 予以量化，将每个指标的赋值乘以相应的权重，得到该指标的概化值。河流生态功能健康指标赋值和权重见表 7-2。

表 7-2 河流生态功能健康指标赋值和权重

指标名称	权重	指标分类赋值				
		1.0	0.8	0.6	0.4	0.2
生境多样性指标	0.15	1.0	0.9	0.8	0.7	0.6
河流水质指标	0.20	1.0	0.8	0.6	0.4	<0.4
河口径流指标	0.12	0.7	0.6	0.5	0.4	0.3
森林覆盖率	0.18	0.6	0.5	0.4	0.3	0.2
地下水超采率	0.15	≤0	<0.1	<0.2	<0.3	>0.3
河流纵向连续性	0.20	0	0.1	0.2	0.3	>0.3
合计	1.00					

河流动力健康指标评级公式为

$$J_2 = \sum_{i=1}^{n}(k_i Z_i)$$

式中：J_2 为河流动力健康指标评价结果；其他参数意义同前。

3.4 经济社会服务功能

3.4.1 河道安全泄洪指标

河道安全泄洪能力的大小是表征河流防洪功能健康状况的重要指标之一，其表达式为

$$I_{11} = \frac{Q}{Q_i}$$

式中：I_{11} 为河道安全泄洪指标；Q 为河道发生溢决前提下的安全泄洪流量，m^3/s；Q_i 为特定重现期的最大洪峰流量（按重现期 50 年一遇），m^3/s。

3.4.2 流域整体防洪安全指标

流域整体防洪安全指标主要反映特定重现期或代表年单位全流域洪水风险程度，其表达式为

$$I_{12} = \frac{\sum V}{W_i - W_p}$$

式中：I_{12} 为流域整体防洪安全指标；$\sum V$ 为全流域湖泊、湿地、蓄滞洪区和控制性水库的有效蓄滞洪总容量，亿 m^3；W_i 为特定重现期或代表年的汛期总洪量（按重现期 100 年一遇），亿 m^3；W_p 为汛期经过河道排泄的汛期总洪量，亿 m^3。

3.4.3 水资源可利用率

水资源可利用率指水资源理论可利用量与年径流量的比值。该指标一方面反映了径流量的年内分布状况与开发利用的难易程度，另一方面也反映了人类社会通过水利工程调蓄

水资源的潜力，其表达式为

$$I_{13}=\frac{W_u}{W_1}$$

式中：I_{13}为水资源可利用率，以小数计；W_u 为年平均水资源理论可利用量，亿 m^3；W_1 为多年平均水资源总量，亿 m^3。

3.4.4　河道外取水率

河道外取水率主要表征人类社会对流域水资源的开发利用程度以及对河流生态系统的影响程度，其表达式为

$$I_{14}=\frac{W_c}{W_1}$$

式中：I_{14}为河道外取水率，以小数计；W_c 为全流域河道外取水总量，亿 m^3/a；W_1 意义同前。

3.4.5　景观多样性指标

景观多样性指标反映人类修建各类水利工程以后对河流景观多样性的影响，其表达式为

$$I_{15}=\frac{K}{K_0}$$

式中：I_{15}为景观多样性指标；K 为评价期景观多样性数量；K_0 为特定参照期景观多样性数量。

3.4.6　河流经济社会服务功能评价

将每个指标按优秀、良好、一般、较差、差 5 个档次分级，分别赋值 1.0、0.8、0.6、0.4、0.2 予以量化，将每个指标的赋值乘以相应的权重，得到该指标的概化值。河流经济社会服务功能指标赋值和权重见表 7-3。

表 7-3　河流经济社会服务功能指标赋值和权重

指标名称	权重	指标分类赋值				
		1.0	0.8	0.6	0.4	0.2
河道安全泄洪指标	0.25	1.0	0.9	0.8	0.7	0.6
流域整体防洪安全指标	0.2	1.0	0.9	0.8	0.7	0.6
水资源可利用率	0.2	≥0.4	0.35	0.3	0.25	<0.25
河道外取水率	0.2	0.2	0.3	0.4	0.5	0.6
景观多样性指标	0.15	1.0	0.9	0.8	0.7	0.6
合计	1.0					

河流动力健康指标评级公式为

$$J_3=\sum_{i=1}^{n}(k_iZ_i)$$

式中：J_3 为河流动力健康指标评价结果；其他参数意义同前。

3.5　综合评价成果

河流健康评价方法种类繁多，各具优势，在具体的评价工作中，应相互结合，互为补

充，进行综合评价，才能取得完整和科学的评价结果。同时，评价的可靠性还取决于对河流生态环境的全面认识和深刻理解，包括获取可靠的资料数据，对生态环境特点及各要素之间内在联系的详细调查和分析等，均是评价成功的关键。

根据上述各因素评价结果，可计算出各因素生态功能分值，要计算一条河流生态综合功能分值，首先要考虑各要素对整个生态系统的影响程度，在计算时要引进权重概念。某一指标的权重是指该指标在整体评价中的相对重要程度。

权重表示在评价过程中，是被评价对象的不同侧面的重要程度的定量分配，对各评价因子在总体评价中的作用进行区别对待。针对三种因素的情况，综合考虑，按照表 7-4 中权重计算综合功能。

表 7-4　　河流健康指标各要素权重

评价因子	河流动力	生态功能	经济社会服务功能	合计
权重	0.4	0.3	0.3	1.0

通过对河道单因子生态功能评价结果，结合各因子的权重系数，可计算出各河道的综合生态功能。计算公式为

$$S=\sum_{i=1}^{n}(k_iJ_i)$$

式中：S 为河流生态评价综合分值；n 为评价指标组合数量；k_i 为各评价指标权重系数；J_i 为各评价指标态评价结果。

根据评价结果，对照分值确定河流评价结果。河流健康综合评价标准见表 7-5。

表 7-5　　河流健康综合评价标准

评价结果	优秀	良好	一般	较差	差
评价分值	>0.8～1.0	>0.6～0.8	>0.4～0.6	>0.2～0.4	0～0.2

通过对滦河、陡河河流健康指标综合评价，评价结果见表 7-6。

表 7-6　　唐山市主要河流生态功能评价计算表

评价指标名称	权重系数 K	滦河评价结果		陡河评价结果	
		评价结果 J	综合结果	评价结果 J	综合结果
河流动力	0.4	0.6	0.24	0.4	0.16
生态功能	0.3	0.5	0.15	0.5	0.15
经济社会服务功能	0.3	0.4	0.12	0.5	0.15
综合评价结果			0.51		0.48

对滦河流域两条主要河道健康评价，滦河综合评价指标为 0.51，河流健康程度为一般；陡河综合评价指标为 0.48，河流健康程度一般。

河流生态系统健康是河流生态系统的综合特征，是一个集生态价值、经济价值和社会价值为一体的综合性概念，其评价及管理的目标必须建立在公众期望与社会需求基础上。

影响河流生态系统健康的因素众多，而流域作为河流生态系统的外环境，对河流生态

系统的影响举足轻重。流域的自然环境条件及经济社会发展状况均对河流的物理、化学、生物特征产生直接或间接的影响，有什么样的流域就有什么样的河流。因此，我们在河流生态系统健康评价中，不应仅考虑河流本身，而应着眼于全流域，将河流作为流域这一大系统中的重要组成部分，高度重视流域的整体性和协调性。

有关河流生态系统健康方面的研究，目前尚处于探索与发展阶段阶段。随着可持续发展水利战略的实施，维持河流生态系统健康必将成为河流管理的重要目标，迅速建立科学的、适合于我国河流的健康评价体系，已成为经济、社会及环境可持续发展的必然要求。

第三节　河流水文过程生态学效应

河流是地球上水分循环的重要路径，对全球的物质、能量的传递与输送起着重要作用。流水还不断地改变着地表形态，形成不同的流水地貌，如冲沟、深切的峡谷、冲积扇、冲积平原及河口三角洲等。在河流密度大的地区，广阔的水面对该地区的气候也具有一定的调节作用。

地形、地质条件对河流的流向、流程、水系特征及河床的比降等起制约作用。河流流域内的气候，特别是气温和降水的变化，对河流的流量、水位变化、冰情等影响很大。土质和植被的状况又影响河流的含沙量。一条河流的水文特征是多方面因素综合作用的结果，例如河流的含沙量，既受土质状况、植被覆盖情况的影响，又受气候因素的影响；降水强度不同，冲刷侵蚀的能力就不同，因此在土质植被状况相同的情况下，暴雨中心区域的河段含沙量就相应较大。

河流与人类的关系极为密切，因为河流暴露在地表，河水取用方便，是人类可依赖的最主要的淡水资源，也是可更新的能源。

中国的河流具有数量多、地区分布不平衡、水文特征地区差异大、水力资源丰富等特点，这些特点的形成与中国领土广阔，地形多样，地势由青藏高原向东呈阶梯状分布，气候复杂，降水由东南向西北递减等自然环境特点密切相关。

中国的东北平原、华北平原、长江中下游平原以及四川盆地内部的成都平原，都是由河流的冲积作用形成的冲积平原。黄土高原上很多地方受流水侵蚀，使地形具有独特的特征。因此，河流一章对学习分区地理也是重要的基础知识。

河川水流的空间和时间特征比如快与慢，深与浅，急流与平缓，以及洪峰与低峰流量等。这些水流特征能够影响到大量河流物种的微型和大型分布模式。很多生物对于水流速度是非常敏感的，因为它表示了传送食物和营养物质的一种重要机制，然而也限制了生物体继续生存在河流段落中的能力。一些生物也会对于水流的时间变化做出反应，可能会增加死亡率、改变可用的资源以及打破物种之间的相互作用。

河流中的水流速率决定了水中浮游生物是否能够生长并且维持它们自身的发展。河流中水流速率越慢，其中生长在岸边和底部的生物群落结构和外形就会越接近静水中的模式。

丰水期高流量对很多物种迁徙时间和许多鱼类产卵会起到提示作用。高流量也能对河床物质提纯和分类并且冲刷积水区。极端的低流量或许会限制幼鱼的产量因为这样的流量经常发生在新苗补充和生长时期。

1　河流生态特点

上游：河川上游地区由于河道起伏幅度甚大，河川流速过快与溶氧强烈加上水温偏低，造成河川养分缺乏，由于这些缘故使得大型水生植物无法生存，仅有一些硅藻附着在岩石表面上。

中游：河川中游地区，河道较宽流速较缓，有着大量中大型鹅卵石暴露。河底附着硅藻等水藻类，河道旁也有如岸柳等特定植物群聚，在动物有翠鸟香鱼和鲢鱼，也是大量石蝇和蜉蝣水生昆虫栖息地。

下游：河川下游地区，流域最广、流速最缓，河床为沙泥质。河边芦苇和野生稻等植物最为丰富。动物方面鹭鸶、野鸭、鹬以及候鸟，此外也有鲫鱼、鲤鱼等淡水鱼，及银鱼和鲻鱼此类河口鱼类。

2　水流动态对水生生物多样性影响

水流是河流生境的主要决定因素，同时也是生物组成的决定性因素，水流动态的改变在不同空间尺度上改变了栖息地，而且影响了物种的分布和丰度以及水生群落的组成和多样性。河流的流动影响了：河道的形状、大小和复杂性；支流和三角洲的形成；浅滩、激流、深潭和净水区域的分布；基质缀块的多样性和稳定性；食物的类型和数量；主河道与漫滩的相互作用特征。河流和漫滩的生物已经适应了这种复杂多变的生境格局，生物多样性常常与生境的复杂性直接相关。大型流域生境的多样性一般较高，因此也比小流域支持了更多的水生生物。

水生生物的生长史直接响应与天然水流动态，流动特征对塑造生长史产生主要的影响，同时水流动态的改变会导致土著物种多样性的丧失。许多研究表明，降雨与径流的依时变化是河流和湿地的植物、无脊椎动物和鱼类生命循环的主要驱动。

维持河流纵向和横向的连通性对于许多河流物种种群的生命力是非常必要的，纵向和横向的连通性的丧失会导致种群的隔离以及鱼类和其他生物的局部灭绝。

水流动态的改变为外来物种的入侵提供了条件。

3　水文特征变化的生物学效应

长期的水文动态与生物的生长史相关，近期的水文事件对种群的组成和数量的影响，现状水文特征主要对生物的行为和生理有影响。

流量与频率变化对生物的影响。频繁变化：增加冲刷，敏感物种丧失；破坏生物生命循环。流量稳定化：改变能量流动，外来生物容易入侵；导致生物局部绝灭、威胁土著物种、改变种群组成；减少水和营养物质进入河漫滩，导致植物、幼苗干化，植物种子扩散条件变差。

来水时间的改变对生物的影响。季节性高峰流量的丧失会导致：鱼类产卵、孵化和迁徙激发因素中断；鱼类无法进入湿地或回水区；改变水生生物的食物网结构；岸边植被复原能力降低或消失；植被生长的速度减缓。

来水时期对生物的影响。长时间的小流量导致水生生物聚集；植被减少或消失；植被的多样性消失；植物生理胁迫导致植物生长速度较低；导致地形学的变化。改变淹没时间会改变植被的覆盖类型。延长淹没时间会导致：植被功能发生变化；对树木有致命的影响；水生生物的浅滩生境丧失。

变化的速度对生物的影响。陡涨陡落导致水生生物被冲刷或搁浅，洪水的暴落导致生物幼苗种群不能建立。

4　水利工程水文效应

水利工程水文效应指由于建造水利工程（如水库、水闸、防洪堤坝、大型水电站、航道整治、河网化及跨流域引水等）而产生的对周围及上、下游地区水文及水环境的影响。它直接改变河湖水流、地下水水文情势、水量以及水质的时空分布特征。

水文效应分为正效应（有利的一面）和负效应（不利的一面）。

正效应包括：兴修水库蓄水，增加水量，改善库区周围（或水库受益区）的水资源利用状况；上游拦洪，调节洪峰流量，减轻下游洪涝灾害；抽取地下水，降低地下水位，控制土壤盐渍化；疏通河道，抑制河道输沙量；兴建水电站，开发水能资源；跨流域引水，改善缺水地区的水环境。

负效应包括：河川径流量减小甚至断流，导致下游水源不足，农田供水失调，湖淀水量减少或干枯；地下水超采，水位大幅度下降，导致一系列水文地质和工程地质问题；因河川径流量减少，缺乏稀释水量，使河道自净能力下降，水质污染加重；入海口泥沙淤积量增加；对生态平衡、航运等的影响。

研究水利工程的水文效应，对于水资源的合理开发、科学管理有重要意义。在兴建水利工程设施之前，应系统地分析正负效应及其相互关系，充分发挥工程的正效应，减少负效应。

参　考　文　献

[1] 蔡庆华，唐涛，邓红兵．淡水生态系统服务及其评价指标体系的探讨［J］．应用生态学报，2003，14（1）：135－138.

[2] 董哲仁．保护和恢复河流形态多样性［J］．中国水利，2003，11（9）：53－56.

[3] 董哲仁．城市河流的渠道化园林化问题与自然化要求［J］．水资源研究前沿，2008（2）：12－15.

[4] 张建春．河岸带功能及其管理［J］．水土保持学报，2001，15（6）：440－641.

[5] 付国伟．河流水质数学模型及其模拟计算［M］．北京：中国环境科学出版社，1987.

[6] 栾建国，陈文祥．河流生态系统的典型特征和服务功能［J］．人民长江，2004，35（9）．

[7] 欧阳志云，赵同谦，王效科，等．水生态服务功能分析及其间接价值评价［J］．生态学报，2004，24（10）：2091－2099.

[8] 申艳萍．城市河流生态系统健康评价实例研究［J］．气象与环境科学，2008，31（2）：13－16.

[9] 谭夔，陈求稳，等．大清河河口水体自净能力实验［J］．生态学报，2007，27（11）：4736－4742.

[10] 王沛芳，王超，侯俊．城市河流生态系统建设模式研究及应用［J］．河海大学学报，2005，33（1）：68－71.

[11] 夏继红，严忠民．生态河岸带及其功能［J］．水利水电技术，2006，5（37）：41－81.

第八章　河道防洪治理与技术指标

第一节　河道防洪工程治理

根据河北省2011年统计，河北省主要河道总长度27464.5km，有防洪任务的河道长度17958.9km，占河道总长的65.4%；已经治理的防洪河道总长7592.2km，占有防洪任务河道总长度的42.3%。

1　防洪河道主要指标

各市河道治理情况进度不一，通过对河北省各市河道治理情况分析，平原地区的沧州市、衡水市、廊坊市河道防洪治理率较高，分别为85.1%、63.7%和53.5%；防洪河道治理率最低的分别为秦皇岛市和保定市，分别为10.6%和23.3%。表8-1为河北省各市防洪河道治理情况统计表。

表8-1　　河北省各市河道防洪治理情况统计表

行政区	河流总数/条	河段总长度/km	有防洪任务河段长度/km	防洪河道百分率/%	已治理河段长度/km	河道治理率/%
石家庄市	42	1947.0	1143.0	58.7	304.3	26.6
唐山市	46	2093.3	1588.6	75.9	578.6	36.4
秦皇岛市	28	1125.0	811.6	72.1	85.8	10.6
邯郸市	38	1516.3	922.8	60.9	332.6	36
邢台市	49	1922.7	1637.5	85.2	533.9	32.6
保定市	72	3329.3	1794.3	53.9	417.7	23.3
张家口市	110	4699.7	1920.1	40.9	357.7	18.6
承德市	136	5988.5	3845.3	64.2	1792.3	46.6
沧州市	48	2470.8	2414.9	97.7	2056.2	85.1
廊坊市	28	813.4	639.9	78.7	342.5	53.5
衡水市	35	1558.5	1241.1	79.6	790.7	63.7
合计		27464.5	17959.1	65.4	7592.3	42.3

(1) 石家庄市河道防洪主要指标。截至2011年，石家庄市防洪河道总长度1947.3km，有规划且有防洪任务的河道长度1143.0km，已经治理河道长度304.3km。表8-2为石家庄市防洪河道主要指标。

表 8-2 石家庄市防洪河道主要指标

行政区	河流总数/条	河道防洪治理/km			划定水功能区/km		各级单位管理河段长度/km			
		总长度	有防洪任务	已治理	划定	未划定	中央	省级	地市级	县级
长安区	3	21.6	8.3	3.5	18.1	3.5		13.3	8.3	
桥东区	2	7.6	4.2	4.2	3.4	4.2		3.4	4.2	
桥西区	1	6	6	6		6			6	
新华区	3	21.4	11.5	11.5	9.8	11.5				21.4
井陉矿区	0									
裕华区	0									
井陉县	7	211.9	117.4	20.1	113.7	98.2			85.3	126.7
正定县	2	32.3	32.3		32.3	0				32.3
栾城县	3	32.9	21.2	21.2	21.2	11.6				32.9
行唐县	3	138.5	97.7	37.8	97.7	40.8				138.5
灵寿县	5	155.9	20.2		111.1	44.7				155.9
高邑县	3	27.4	27.4		8	19.4				27.4
深泽县	3	57.2	37.5	37.5	38.9	18.3				57.2
赞皇县	4	124.5	51.4	10	51.4	73.1				124.5
无极县	2	71.6	71.6	31.5	30.1	41.5				71.6
平山县	13	518.6	395.4	28.3	119.6	398.9				518.6
元氏县	4	101.6	24.4	6.5	13.8	87.9			24.4	77.2
赵县	4	63.1	49		46.6	16.4		14.1		49
辛集市	4	71.7			21.9	49.8		47.3		24.4
藁城市	4	108.2	48.5	48.5	75.2	33		26.7		81.6
晋州市	4	53.2	12.5	12.5	51	2.2		21.7		31.5
新乐市	3	43.4	43.4	5.4	43.4	0		23.5	1.2	18.7
鹿泉市	5	78.7	63.1	19.8	37.1	41.6		15.6	11.3	51.8
合计	42	1947.3	1143.0	304.3	944.3	1002.6	0.0	165.6	140.7	1641.2

(2) 唐山市防洪河道主要指标。截至2011年，唐山市防洪河道总长度2093.3km，有规划且有防洪任务的河道长度1588.6km，已经治理河道长度578.6km。表8-3为唐山市防洪河道主要指标。

表 8-3 唐山市防洪河道主要指标

行政区	河流总数/条	河道防洪治理/km			划定水功能区/km		各级单位管理河段长度/km			
		总长度	有防洪任务	已治理	划定	未划定	中央	省级	地市级	县级
路南区	4	25	11	11	11.9	13.1			11	14
路北区	2	14.1	14.1	14.1	9.2	4.9			14.1	
古冶区	3	46.6	44.3	9.9	25.3	21.4				46.6

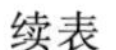

续表

行政区	河流总数/条	河道防洪治理/km			划定水功能区/km		各级单位管理河段长度/km			
		总长度	有防洪任务	已治理	划定	未划定	中央	省级	地市级	县级
开平区	3	49	24.7	15.3	29.2	19.8			24.7	24.3
丰南区	11	313.2	289.1	17.1	118.4	194.8				313.2
丰润区	5	179.8	125.8	49.5	110.6	69.2			71.3	108.5
滦县	9	199.4	69.2	13	115.1	84.2			11	188.3
滦南县	7	210.4	138.9	83.7	53.5	156.9				210.4
乐亭县	4	227.1	127.9	79.2	52.3	174.8				227.1
迁西县	8	237.4	237.4	66.2	111.1	126.2	30			207.4
玉田县	7	172.9	119.4	119.4	37.5	135.4				172.9
唐海县	3	45.5	45.5	45.5	9.6	35.8				45.5
遵化市	6	218.6	196.8	24.1	149.7	68.9		66.6		152
迁安市	7	154.5	144.6	30.7	127.4	27.1				154.5
合计	46	2093.3	1588.6	578.6	960.8	1132.5	30	66.6	132.1	1864.6

（3）秦皇岛市河道防洪主要指标。截至 2011 年，秦皇岛市防洪河道总长度 1125.0km，有规划且有防洪任务的河道长度 811.6km，已经治理河道长度 85.8km。表 8-4 为秦皇岛市防洪河道主要指标。

表 8-4　　秦皇岛市防洪河道主要指标

行政区	河流总数/条	河道防洪治理/km			划定水功能区/km		各级单位管理河段长度/km			
		总长度	有防洪任务	已治理	划定	未划定	中央	省级	地市级	县级
海港区	3	37.9	20.9	15.7	22.8	15.1				37.9
山海关区	1	24.9	10.8	5.4	24.9					24.9
北戴河区	1	5.4	5.4	5.4	5.4					5.4
青龙县	13	541.6	431.8	17	182.8	358.8				541.6
昌黎县	7	180.3	62.8	10.4	42.8	137.4				180.3
抚宁县	9	214.2	205.3	18.2	161.1	53.1				214.2
卢龙县	5	120.7	74.7	13.6	85.9	34.8				120.7
合计	28	1125	811.6	85.8	525.8	599.2	0	0	0	1125

（4）邯郸市河道防洪主要指标。截至 2011 年，邯郸市防洪河道总长度 1516.3km，有规划且有防洪任务的河道长度 922.8km，已经治理河道长度 322.6km。表 8-5 为邯郸市防洪河道主要指标。

（5）邢台市河道防洪主要指标。截至 2011 年，邢台市防洪河道总长度 1922.9km，有规划且有防洪任务的河道长度 1637.8km，已经治理河道长度 534.0km。表 8-6 为邢台市防洪河道主要指标。

表 8-5　　邯郸市防洪河道主要指标

行政区	河流总数/条	河道防洪治理/km			划定水功能区/km		各级单位管理河段长度/km			
		总长度	有防洪任务	已治理	划定	未划定	中央	省级	地市级	县级
邯山区	3	21.9	18.8	6.5	18.8	3.1			21.9	
丛台区	2	14.4	9.3	8.8	9.3	5			14.4	
复兴区	1	5.9				5.9			5.9	
峰峰矿区	2	37.9	25.1	8.3	25.1	12.8				37.9
邯郸县	3	51.9	17.3	6.1	30.9	21				51.9
临漳县	3	50.6	50.6	50.6	46	4.6	46			4.6
成安县	0									
大名县	6	133.3	114.8	66	92.6	40.7	66			67.3
涉县	8	206	72.5	7.5	72.5	133.5	20			186
磁县	5	146.8	93.8	38.3	93.8	53	23		75.8	48
肥乡县	2	21.5	0		0	21.5				21.5
永年县	8	173.3	122.4		121.5	51.8				173.3
邱县	3	50.7				50.7				50.7
鸡泽县	5	56.3	42.5		46.4	10				56.3
广平县	2	15.7	8.3	4.1		15.7				15.7
馆陶县	4	62	7.5			62			2.8	59.2
魏县	5	87.4	74.1	39.7	33.3	54.2	33.3			54.2
曲周县	5	110.2	26.7	18	26.7	83.5				110.2
武安市	8	270.6	239.1	78.9	115.1	155.5				270.6
合计	38	1516.3	922.8	332.6	732	784.3	188.3	0	120.8	1207.2

表 8-6　　邢台市防洪河道主要指标

行政区	河流总数/条	河道防洪治理/km			划定水功能区/km		各级单位管理河段长度/km			
		总长度	有防洪任务	已治理	划定	未划定	中央	省级	地市级	县级
桥东区	2	8.2	8.2	7.3	8.2					8.2
桥西区	2	10.2	10.2	8.3	10.2				10.2	
邢台县	8	301.2	242.3	114	199.4	101.8				301.2
临城县	5	132.5	13.7	1.6	55.8	76.7				132.5
内丘县	4	108.7	95.3	2.1	108.7					108.7
柏乡县	2	26.5	20.1	0.5	20.1	6.4				26.5
隆尧县	7	127.3	90.9		105.2	22.1		22.1	60.3	44.9
任县	10	136.6	133.4	10	119	17.6				136.6
南和县	5	74.3	74.3	56.3	63.6	10.7				74.3
宁晋县	13	189.8	184.8	164.5	102	87.8		35.8		154.1

续表

行政区	河流总数/条	河道防洪治理/km			划定水功能区/km		各级单位管理河段长度/km			
		总长度	有防洪任务	已治理	划定	未划定	中央	省级	地市级	县级
巨鹿县	5	101.4	101.4	39.4	46.3	55				101.4
新河县	4	78.4	78.4	78.4	78.4					78.4
广宗县	3	57.1	57.1	10.6	41.4	15.7				57.1
平乡县	4	70.9	70.9	12.3	64.8	6.1				70.9
威县	5	71.9	71.9		57.7	14.2				71.9
清河县	3	71.2	28.2		28.2	43.1		28.2		43.1
临西县	5	71.1	71.1		0	71.1				71.1
南宫市	5	112.3	112.3		50.3	62				112.3
沙河市	5	173.3	173.3	28.7	101.9	71.4				173.3
合计	49	1922.9	1637.8	534.0	1261.2	661.7	0.0	86.1	70.5	1766.2

（6）保定市河道防洪主要指标。截至 2011 年，保定市市防洪河道总长度 3329.3km，有规划且有防洪任务的河道长度 1794.4km，已经治理河道长度 417.7km。表 8-7 为保定市防洪河道主要指标。

表 8-7　　保定市防洪河道主要指标

行政区	河流总数/条	河道防洪治理/km			划定水功能区/km		各级单位管理河段长度/km			
		总长度	有防洪任务	已治理	划定	未划定	中央	省级	地市级	县级
新市区	1	13.5	13.5	13.5		13.5			13.5	
北市区										
南市区	2	19.5	19.5	4.4	9.1	10.4			19.5	
满城县	2	83.5	83.5		83.5	0				83.5
清苑县	9	217.1	117.6	34.6	101.4	115.7				217.1
涞水县	14	333.8	145		145	188.8				333.8
阜平县	9	409.5	153	46	99.7	309.8				409.5
徐水县	5	124	110.6	80.9	81	43.1				124
定兴县	8	101.2	79.2	15.9	61.4	39.8				101.2
唐县	4	194.3	145.4	71.4	116.3	78				194.3
高阳县	3	70.8	19.2		48.2	22.6				70.8
容城县	5	56.7	50.8	32.2	42.9	13.8				56.7
涞源县	11	346.6	83.3	2.8	119	227.6				346.6
望都县	4	35.8	25.5		6.2	29.5				35.8
安新县	6	34.6	32.9		29	5.6				34.6
易县	9	403.5	239.6	5.7	297.2	106.2				403.5
曲阳县	5	118.6	39.3		37.4	81.2				118.6

续表

行政区	河流总数/条	河道防洪治理/km			划定水功能区/km		各级单位管理河段长度/km			
		总长度	有防洪任务	已治理	划定	未划定	中央	省级	地市级	县级
蠡县	4	100.6	42.8	30	66.7	34				100.6
顺平县	4	123.9	34.3	33.7	45.5	78.4				123.9
博野县	4	41	10.2	1.5	26	15				41
雄县	4	65.2	65.2		19.6	45.6				65.2
涿州市	9	143.9	100.7	33.4	100.7	43.2				143.9
定州市	8	154.3	107	2.7	77.9	76.4				154.3
安国市	6	63.8	41.1	0.7	37	26.8				63.8
高碑店市	4	73.9	35.3	8.3	35.3	38.6				73.9
合计	72	3329.3	1794.4	417.7	1685.7	1643.6	0	0	33	3296.3

（7）张家口市河道防洪主要指标。截至2011年，张家口市防洪河道总长度4699.7km，有规划且有防洪任务的河道长度1920.1km，已经治理河道长度357.7km。表8-8为张家口市防洪河道主要指标。

表8-8　　张家口市防洪河道主要指标

行政区	河流总数/条	河道防洪治理/km			划定水功能区/km		各级单位管理河段长度/km			
		总长度	有防洪任务	已治理	划定	未划定	中央	省级	地市级	县级
桥东区	1	19.6	19.6			19.6				19.6
桥西区	1	25.2	25.2	25.2	25.2				25.2	
宣化区	3	24.4	13.9	2.4	0	24.4				24.4
下花园区	3	62.4	37.3	4.6	23.4	39		14.1		48.3
宣化县	9	257.9	257.9	41.3	64.6	193.3			41.3	216.6
张北县	10	472.7	130	24	108.6	364.1				472.7
康保县	5	152.3	0		0	152.3				152.3
沽源县	18	526.4	43.5	10.5	154.4	372				526.4
尚义县	11	335.7	61	15.5	49.3	286.5				335.7
蔚县	13	429.2	328.1	7.4	106.1	323.1				429.2
阳原县	6	220.4	0		135.5	84.9				220.4
怀安县	9	263.3	214.4	106.7	113.1	150.2				263.3
万全县	4	152.4	152.4	51		152.4				152.4
怀来县	10	255.7	72.2	5	56.6	199.1		23.9		231.8
涿鹿县	13	434.9	306.2	57.4	78.1	356.8				434.9
赤城县	19	749.5	176.6	5	342.4	407.2				749.5
崇礼县	9	317.7	82	1.9	207	110.7				317.7
合计	110	4699.7	1920.1	357.7	1464.4	3235.4	0	38.1	66.5	4595.2

（8）承德市河道防洪主要指标。截至2011年，承德市防洪河道总长度5988.5km，有规划且有防洪任务的河道长度3845.2km，已经治理河道长度1792.3km。表8-9为承德市防洪河道主要指标。

表8-9　　承德市防洪河道主要指标

行政区	河流总数/条	河道防洪治理/km			划定水功能区/km		各级单位管理河段长度/km			
		总长度	有防洪任务	已治理	划定	未划定	中央	省级	地市级	县级
双桥区	3	101.6	77.5	28	77.5	24			37.4	64.1
双滦区	4	88.3	51.5	11.4	33.1	55.2				88.3
鹰手营子矿区	1	11.4	11.4	2.5	11.4					11.4
承德县	17	595.3	595.3	215	173.1	422.2				595.3
兴隆县	18	583.3	426.6	167.3	301.9	281.4				583.3
平泉县	16	464.2	321.5	175.6	181.4	282.8				464.2
滦平县	12	453.7	453.7	447	199.1	254.6				453.7
隆化县	19	799.5	25.6	177.7	359.4	440.2				799.5
丰宁县	31	1286.4	813.3	253.8	450.4	835.9				1286.4
宽城县	10	366		55.7	107	259		24		342
围场县	31	1238.9	1069	258.3	355.6	883.4				1238.9
合计	136	5988.5	3845.2	1792.3	2249.7	3738.8	0	24	37.4	5927.1

（9）沧州市河道防洪主要指标。截至2011年，沧州市防洪河道总长度2470.8km，有规划且有防洪任务的河道长度2414.9km，已经治理河道长度2056.2km。表8-10为沧州市防洪河道主要指标。

表8-10　　沧州市防洪河道主要指标

行政区	河流总数/条	河道防洪治理/km			划定水功能区/km		各级单位管理河段长度/km			
		总长度	有防洪任务	已治理	划定	未划定	中央	省级	地市级	县级
新华区	2	3.6	3.6	3.1	3.6					3.6
运河区	1	13	13	1.8	13					13
沧县	16	398.2	398.2	398.2	111.7	286.4				398.2
青县	11	201	201	167.9	160	41				201
东光县	4	134	134	134	81.8	52.3				134
海兴县	6	139.6	139.6	139.6	52.7	86.9			52.7	86.9
盐山县	4	117.8	117.8	117.8	24.6	93.2				117.8
肃宁县	3	48.3	48.3	48.3	0	48.3				48.3
南皮县	3	51.8	51.8	51.8	38.8	13.1				51.8
吴桥县	5	159.6	159.6	159.6	98	61.6	21.3			138.3
献县	12	262.8	206.9	68.1	153.7	109.1				262.8
孟村县	3	32.3	32.3	32.3	12.4	19.9				32.3

续表

行政区	河流总数/条	河道防洪治理/km			划定水功能区/km		各级单位管理河段长度/km			
		总长度	有防洪任务	已治理	划定	未划定	中央	省级	地市级	县级
泊头市	8	168.8	168.8	6.5	163.9	4.9				168.8
任丘市	6	125	125	125	43	82		2.6		122.4
黄骅市	11	454	454	454	138.4	315.6				454
河间市	9	161.1	161.1	148.3	80.3	80.8				161.1
合计	48	2470.8	2414.9	2056.2	1175.8	1295	21.3	2.6	52.7	2394.2

（10）廊坊市河道防洪主要指标。截至2011年，廊坊市防洪河道总长度813.4km，有规划且有防洪任务的河道长度639.8km，已经治理河道长度324.5km。表8-11为廊坊市防洪河道主要指标。

表8-11　　廊坊市防洪河道主要指标

行政区	河流总数/条	河道防洪治理/km			划定水功能区/km		各级单位管理河段长度/km			
		总长度	有防洪任务	已治理	划定	未划定	中央	省级	地市级	县级
安次区	3	40.1	37.9	37.9	37.9	2.2				40.1
广阳区	3	33.9	33.9	0.2	16.9	17				33.9
固安县	2	54.9	51.9	40.1	54.9					54.9
永清县	4	80.4	26.9	26.9	26.9	53.6				80.4
香河县	7	89	89	89	81.2	7.8				89
大城县	5	111.6	53.7	3.9	72.4	39.2				111.6
文安县	5	145.5	111.5	16.4	121.7	23.8				145.5
大厂县	3	39.2	34.7	25.9	34.7	4.5				39.2
霸州市	5	108	89.5	30.1	79.1	28.9				108
三河市	5	110.8	110.8	72.2	105.4	5.4				110.8
合计	28	813.4	639.8	342.5	631.2	182.3	0	0	0	813.4

（11）衡水市河道防洪主要指标。截至2011年，衡水市市防洪河道总长度1558.5km，有规划且有防洪任务的河道长度1241.0km，已经治理河道长度790.7km。表8-12为衡水市防洪河道主要指标。

表8-12　　衡水市防洪河道主要指标

行政区	河流总数/条	河道防洪治理/km			划定水功能区/km		各级单位管理河段长度/km			
		总长度	有防洪任务	已治理	划定	未划定	中央	省级	地市级	县级
桃城区	6	140.4	140.4	22.1	115.3	25.1				140.4
枣强县	7	196.8	94.6	94.6	122.3	74.5				196.8
武邑县	7	198.2	168.4	168.4	168.4	29.7				198.2
武强县	7	90.6	77.2	18.2	69.8	20.8				90.6

续表

行政区	河流总数/条	河道防洪治理/km			划定水功能区/km		各级单位管理河段长度/km			
		总长度	有防洪任务	已治理	划定	未划定	中央	省级	地市级	县级
饶阳县	3	45.4	44.7	25.9	25.9	19.5				45.4
安平县	4	70.6	58	35.7	58	12.6				70.6
故城县	6	170.1	169.1	14.8	82.6	87.4				170.1
景县	6	195.8	121.8	62.9	86.3	109.5				195.8
阜城县	3	92.7	53.3	53.3	53.3	39.4				92.7
冀州市	13	219.9	204.8	204.2	197.4	22.5			94.9	125
深州市	5	138.1	108.8	90.8	104.4	33.6		29.3	38.9	69.8
合计	35	1558.5	1241	790.7	1083.9	474.6	0	29.3	133.8	1395.4

2 有防洪任务河道分布

防洪标准即防洪保护对象达到防御洪水的水平或能力。一般将实际达到的防洪能力也称为已达到的防洪标准。防洪标准可用设计洪水（包括洪峰流量、洪水总量及洪水过程）或设计水位表示。一般以某一重现期（如 10 年一遇洪水、100 年一遇洪水）的设计洪水为标准；也有以某一实际洪水为标准。在一般情况下，当实际发生的洪水不大于设计防洪标准时，通过防洪系统的正确运用，可保证防护对象的防洪安全。

GB 50201—94《防洪标准》对城市、乡村、交通运输设施、水利水电工程等制定了防洪标准。防护对象的防护标准以防御洪水的重现期表示。表 8－13 为江河港口主要港区陆域的等级和防洪标准。

表 8－13　江河港口主要港区陆域的等级和防洪标准

等级	重要性和受淹损失程度	防洪标准（重现期）/年	
		河网、平原河流	山区河流
Ⅰ	直辖市、省会、首府和重要城市的主要港区陆域，受淹后损失巨大	100～50	50～20
Ⅱ	中等城市的主要港区陆域，受淹后损失较大	50～20	20～10
Ⅲ	城镇的主要港区陆域，受淹后损失较小	20～10	10～5

防洪标准的高低，与防洪保护对象的重要性、洪水灾害的严重性及其影响直接有关，并与国民经济的发展水平相联系。国家根据需要与可能，对不同保护对象颁布了不同防洪标准的等级划分。

在防洪工程的规划设计中，一般按照规范选定防洪标准，并进行必要的论证。阐明工程选定的防洪标准的经济合理性。对于特殊情况，如洪水泛滥可能造成大量生命财产损失等严重后果时，经过充分论证，可采用高于规范规定的标准。表 8－14 为河北省各行政区不同防洪标准下有防洪任务的河段长度。

表 8-14　　　　河北省各行政区不同防洪标准下有防洪任务的河段长度

行政区	河段长度/km						合计/km
	<10 年一遇	<20 年且≥10 年一遇	<30 年且≥20 年一遇	<50 年且≥30 年一遇	<100 年且≥50 年一遇	≥100 年一遇	
石家庄市	82.9	172.7	735.8	15.3	136.3	0.0	1143.0
唐山市	343.8	673.8	366.4	96.2	16.0	92.4	1588.6
秦皇岛市	189.7	212.7	376.8	0.0	32.4	0.0	811.6
邯郸市	145.3	291.5	244.8	21.6	219.6	0.0	922.8
邢台市	512.3	784.7	214.3	33.4	92.8	0.0	1637.5
保定市	252.6	547.5	882.4	73.6	9.0	29.2	1794.3
张家口市	570.7	287.9	882.4	23.8	155.3	0.0	1920.1
承德市	2277.1	1166.4	337.7	0.0	64.1	0.0	3845.3
沧州市	1519.6	334.3	0.0	0.0	561.0	0.0	2414.9
廊坊市	131.8	125.5	68.3	26.5	287.8	0.0	639.9
衡水市	563.4	164.9	279.5	44.1	189.2	0.0	1241.1
合计	6589.2	4761.9	4388.4	334.5	1763.5	121.6	17959.1

(1) 石家庄市有防洪任务的河道。截至 2011 年，石家庄市有防洪任务的河段长度为 1143.0km。其中小于 10 年一遇的河段长度为 82.9km，小于 20 年一遇且不小于 10 年一遇的河段长度为 172.7km，小于 30 年一遇且不小于 20 年一遇的河段为 735.8km，小于 50 年一遇且不小于 30 年一遇的河段为 15.3km，小于 100 年一遇且不小于 50 年一遇的河段为 136.3km。表 8-15 为石家庄市各县不同防洪标准下有防洪任务的河段长度。

表 8-15　　　　石家庄市各县不同防洪标准下有防洪任务的河段长度

行政区	小计	有防洪任务不同重现期河道长度/km					
		<10 年一遇	<20 年且≥10 年一遇	<30 年且≥20 年一遇	<50 年且≥30 年一遇	<100 年且≥50 年一遇	≥100 年一遇
长安区	8.3			3.5		4.8	
桥东区	4.2			4.2			
桥西区	6			6			
新华区	11.5	1		10.6			
井陉矿区							
裕华区							
井陉县	117.4			117.4			
正定县	32.3			2.7		29.6	
栾城县	21.2		21.2				
行唐县	97.7			97.7			
灵寿县	20.2					20.2	
高邑县	27.4	19.4	8				

续表

行政区	小计	有防洪任务不同重现期河道长度/km					
		<10 年一遇	<20 年且≥10 年一遇	<30 年且≥20 年一遇	<50 年且≥30 年一遇	<100 年且≥50 年一遇	≥100 年一遇
深泽县	37.5			12.5		25	
赞皇县	51.4		51.4				
无极县	71.6	41.5		30.1			
平山县	395.4			389.2		6.2	
元氏县	24.4	4.6	19.8				
赵县	49	16.4	32.5				
辛集市							
藁城市	48.5				15.3	33.2	
晋州市	12.5					12.5	
新乐市	43.4			43.4			
鹿泉市	63.1		39.7	18.5		4.9	
合计	1143.0	82.9	172.7	735.8	15.3	136.3	0

(2) 唐山市防洪任务河段。截至 2011 年，唐山市有防洪任务的河段长度为 1588.6km。其中小于 10 年一遇的河段长度为 343.8km，小于 20 年一遇且不小于 10 年一遇的河段长度为 673.8km，小于 30 年一遇且不小于 20 年一遇的河段为 366.4km，小于 50 年一遇且不小于 30 年一遇的河段为 96.2km，小于 100 年一遇且不小于 50 年一遇的河段为 16.0km。表 8-16 为唐山市各县不同防洪标准下有防洪任务的河段长度。

表 8-16　　唐山市各县不同防洪标准下有防洪任务的河段长度

行政区	小计	有防洪任务不同重现期河道长度/km					
		<10 年一遇	<20 年且≥10 年一遇	<30 年且≥20 年一遇	<50 年且≥30 年一遇	<100 年且≥50 年一遇	≥100 年一遇
路南区	11					4.5	6.5
路北区	14.1					4.9	9.2
古冶区	44.3	19.1		25.3			
开平区	24.7						24.7
丰南区	289.1		193.6	66.4	7.2		22
丰润区	125.8		54.5	71.3			
滦县	69.2	69.2					
滦南县	138.9	88.4	5.5	45			
乐亭县	127.9	127.9					
迁西县	237.4		167.9	39.5			30
玉田县	119.4		81.9	37.5			
唐海县	45.5	19.1		26.3			

续表

行政区	小计	有防洪任务不同重现期河道长度/km					
		<10 年一遇	<20 年且≥10 年一遇	<30 年且≥20 年一遇	<50 年且≥30 年一遇	<100 年且≥50 年一遇	≥100 年一遇
遵化市	196.8	2.9	132	55.2		6.7	
迁安市	144.6	17.2	38.5		89		
合计	1588.6	343.8	673.8	366.4	96.2	16.0	92.4

(3) 秦皇岛市防洪任务河段。截至 2011 年，秦皇岛市有防洪任务的河段长度为 811.6km。其中小于 10 年一遇的河段长度为 189.7km，小于 20 年一遇且不小于 10 年一遇的河段长度为 212.7km，小于 30 年一遇且不小于 20 年一遇的河段为 376.8km，小于 100 年一遇且不小于 50 年一遇的河段为 32.4km。表 8-17 为秦皇岛市各县不同防洪标准下有防洪任务的河段长度。

表 8-17　秦皇岛市各县不同防洪标准下有防洪任务的河段长度

行政区	小计	有防洪任务不同重现期河道长度/km					
		<10 年一遇	<20 年且≥10 年一遇	<30 年且≥20 年一遇	<50 年且≥30 年一遇	<100 年且≥50 年一遇	≥100 年一遇
海港区	20.9			6.1		14.8	
山海关区	10.8					10.8	
北戴河区	5.4			5.4			
青龙县	431.8		126.3	305.4			
昌黎县	62.8	2.6		53.4		6.8	
抚宁县	205.3	187.1	18.2				
卢龙县	74.7		68.2	6.5			
合计	811.6	189.7	212.7	376.8	0	32.4	0

(4) 邯郸市防洪任务河段。截至 2011 年，邯郸市有防洪任务的河段长度为 922.8km。其中小于 10 年一遇的河段长度为 145.3km，小于 20 年一遇且不小于 10 年一遇的河段长度为 291.5km，小于 30 年一遇且不小于 20 年一遇的河段为 244.8km，小于 50 年一遇且不小于 30 年一遇的河段为 21.6km，小于 100 年一遇且不小于 50 年一遇的河段为 219.6km。表 8-18 为邯郸市各县不同防洪标准下有防洪任务的河段长度。

表 8-18　邯郸市各县不同防洪标准下有防洪任务的河段长度

行政区	合计	有防洪任务不同重现期河道长度/km					
		<10 年一遇	<20 年且≥10 年一遇	<30 年且≥20 年一遇	<50 年且≥30 年一遇	<100 年且≥50 年一遇	≥100 年一遇
邯山区	18.8	16.6			2.1		
丛台区	9.3	9.3					
复兴区							

续表

行政区	合计	有防洪任务不同重现期河道长度/km					
		<10年一遇	<20年且≥10年一遇	<30年且≥20年一遇	<50年且≥30年一遇	<100年且≥50年一遇	≥100年一遇
峰峰矿区	25.1			25.1			
邯郸县	17.3		17.3				
临漳县	50.6	2.2			2.4	46	
成安县							
大名县	114.8	48.8				66	
涉县	72.5		61.1	7.5		3.9	
磁县	93.8	11.2	44.4			38.3	
肥乡县							
永年县	122.4		89.7	15.7	17		
邱县							
鸡泽县	42.5		42.5				
广平县	8.3		8.3				
馆陶县	7.5	7.5					
魏县	74.1	40.8				33.3	
曲周县	26.7			26.7			
武安市	239.1	9	28.2	169.8		32.2	
合计	922.8	145.3	291.5	244.8	21.6	219.6	0

（5）邢台市防洪任务河段。截至2011年，邢台市有防洪任务的河段长度为1637.5km。其中小于10年一遇的河段长度为512.3km，小于20年一遇且不小于10年一遇的河段长度为784.7km，小于30年一遇且不小于20年一遇的河段为241.3km，小于50年一遇且不小于30年一遇的河段为33.4km，小于100年一遇且不小于50年一遇的河段为98.2km。表8-19为邢台市各县不同防洪标准下有防洪任务的河段长度。

表8-19　邢台市各县不同防洪标准下有防洪任务的河段长度

行政区	合计	有防洪任务不同重现期河道长度/km					
		<10年一遇	<20年且≥10年一遇	<30年且≥20年一遇	<50年且≥30年一遇	<100年且≥50年一遇	≥100年一遇
桥东区	8.2	4.7				3.4	
桥西区	10.2	3				7.2	
邢台县	242.3		242.3				
临城县	13.7			13.7			
内丘县	95.3	28.5	66.8				
柏乡县	20.1		20.1				
隆尧县	90.9		90.9				

续表

行政区	合计	有防洪任务不同重现期河道长度/km					
		<10年一遇	<20年且≥10年一遇	<30年且≥20年一遇	<50年且≥30年一遇	<100年且≥50年一遇	≥100年一遇
任县	133.4	85.1	48.2				
南和县	74.3	59.3	15				
宁晋县	184.8	75.4	39.1	34.9	10.1	25.3	
巨鹿县	101.4	69	32.4				
新河县	78.4	21.4				57	
广宗县	57.1	12.6	44.5				
平乡县	70.9	33.4	14.3		23.2		
威县	71.9		71.9				
清河县	28.2		28.2				
临西县	71.1		71.1				
南宫市	112.3			112.3			
沙河市	173.3	119.9		53.4			
合计	1637.5	512.3	784.7	214.3	33.4	92.8	0

（6）保定市防洪任务河段。截至2011年，保定市有防洪任务的河段长度为1794.4km。其中小于10年一遇的河段长度为252.6km，小于20年一遇且不小于10年一遇的河段长度为547.5km，小于30年一遇且不小于20年一遇的河段为882.4km，小于50年一遇且不小于30年一遇的河段为73.6km，小于100年一遇且不小于50年一遇的河段为9.0km。表8-20为保定市各县不同防洪标准下有防洪任务的河段长度。

表8-20　　保定市各县不同防洪标准下有防洪任务的河段长度

行政区	小计	有防洪任务不同重现期河道长度/km					
		<10年一遇	<20年且≥10年一遇	<30年且≥20年一遇	<50年且≥30年一遇	<100年且≥50年一遇	≥100年一遇
新市区	13.5						13.5
北市区							
南市区	19.5			9.1			10.4
满城县	83.5		50.2	33.3			
清苑县	117.6		92.8	19.5			5.3
涞水县	145		7	138.1			
阜平县	153	28	55	70			
徐水县	110.6	29.7		81			
定兴县	79.2	17.8	31.7	29.7			
唐县	145.4	139.7		5.7			
高阳县	19.2				19.2		

续表

行政区	小计	有防洪任务不同重现期河道长度/km					
		<10 年一遇	<20 年且≥10 年一遇	<30 年且≥20 年一遇	<50 年且≥30 年一遇	<100 年且≥50 年一遇	≥100 年一遇
容城县	50.8	7.9	42.9				
涞源县	83.3		4.8	78.5			
望都县	25.5		19.3	6.2			
安新县	32.9	5.6		27.3			
易县	239.6		74.4	165.2			
曲阳县	39.3		33.3	5.9			
蠡县	42.8				42.8		
顺平县	34.3		34.3				
博野县	10.2				10.2		
雄县	65.2	14.9	50.3				
涿州市	100.7	9		82.6		9	
定州市	107		37.7	69.3			
安国市	41.1		13.9	25.8	1.4		
高碑店市	35.3			35.3			
合计	1794.4	252.6	547.5	882.4	73.6	9.0	29.2

（7）张家口市防洪任务河段。截至 2011 年，张家口市有防洪任务的河段长度为 1920.1km。其中小于 10 年一遇的河段长度为 570.7km，小于 20 年一遇且不小于 10 年一遇的河段长度为 287.9km，小于 30 年一遇且不小于 20 年一遇的河段为 882.4km，小于 50 年一遇且不小于 30 年一遇的河段为 23.8km，小于 100 年一遇且不小于 50 年一遇的河段为 155.3km。表 8－21 为张家口市各县不同防洪标准下有防洪任务的河段长度。

表 8－21　　张家口市各县不同防洪标准下有防洪任务的河段长度

行政区	小计	有防洪任务不同重现期河道长度/km					
		<10 年一遇	<20 年且≥10 年一遇	<30 年且≥20 年一遇	<50 年且≥30 年一遇	<100 年且≥50 年一遇	≥100 年一遇
桥东区	19.6					19.6	
桥西区	25.2					25.2	
宣化区	13.9				13.9		
下花园区	37.3					37.3	
宣化县	257.9			184.7		73.2	
张北县	130			130			
康保县							
沽源县	43.5		18.3	25.2			
尚义县	61		11	50			

续表

行政区	小计	有防洪任务不同重现期河道长度/km					
		＜10 年一遇	＜20 年且≥10 年一遇	＜30 年且≥20 年一遇	＜50 年且≥30 年一遇	＜100 年且≥50 年一遇	≥100 年一遇
蔚县	328.1	222	106.1				
阳原县							
怀安县	214.4		38.9	165.7	9.9		
万全县	152.4	152.4					
怀来县	72.2			72.2			
涿鹿县	306.2	196.4	31.6	78.1			
赤城县	176.6			176.6			
崇礼县	82		82				
合计	1920.1	570.7	287.9	882.4	23.8	155.3	0

(8) 承德市防洪任务河段。截至 2011 年，承德市有防洪任务的河段长度为 3845.2km。其中小于 10 年一遇的河段长度为 2277.1km，小于 20 年一遇且不小于 10 年一遇的河段长度为 1166.4km，小于 30 年一遇且不小于 20 年一遇的河段为 337.7km，小于 100 年一遇且不小于 50 年一遇的河段为 64.1km。表 8-22 为承德市各县不同防洪标准下有防洪任务的河段长度。

表 8-22　　承德市各县不同防洪标准下有防洪任务的河段长度

行政区	总计	有防洪任务不同重现期河道长度/km					
		＜10 年一遇	＜20 年且≥10 年一遇	＜30 年且≥20 年一遇	＜50 年且≥30 年一遇	＜100 年且≥50 年一遇	≥100 年一遇
双桥区	77.5			37.4		40.1	
双滦区	51.5		19.7	7.8		24	
鹰手营子矿区	11.4			11.4			
承德县	595.3	514.3		80.9			
兴隆县	426.6		410.5	16.1			
平泉县	321.5	165.1	92.2	64.3			
滦平县	453.7	416	34.1	3.6			
隆化县	25.6	10.5	10	5.1			
丰宁县	813.3	568.3	239	6			
宽城县							
围场县	1069	603	361	105			
合计	3845.2	2277.1	1166.4	337.7	0	64.1	0

(9) 沧州市防洪任务河段。截至 2011 年，沧州市有防洪任务的河段长度为 2414.9km。其中小于 10 年一遇的河段长度为 1519.6km，小于 20 年一遇且不小于 10 年

一遇的河段长度为334.3km，小于100年一遇且不小于50年一遇的河段为561.0km。表8-23为沧州市各县不同防洪标准下有防洪任务的河段长度。

表8-23　沧州市各县不同防洪标准下有防洪任务的河段长度

行政区	小计	有防洪任务不同重现期河道长度/km					
		＜10年一遇	＜20年且≥10年一遇	＜30年且≥20年一遇	＜50年且≥30年一遇	＜100年且≥50年一遇	≥100年一遇
新华区	3.6	1.8				1.9	
运河区	13					13	
沧县	398.2	182.6	148.5			67.1	
青县	201	62.3	50.7			88	
东光县	134	96.4				37.6	
海兴县	139.6	139.6					
盐山县	117.8	117.8					
肃宁县	48.3	48.3					
南皮县	51.8	28.5				23.3	
吴桥县	159.6	94.8				64.8	
献县	206.9	62.1	36.9			108	
孟村县	32.3	32.3					
泊头市	168.8	137.3	8.1			23.4	
任丘市	125	103.9	12.3			8.9	
黄骅市	454	330.5	51			72.4	
河间市	161.1	81.4	26.8			52.8	
合计	2414.9	1519.6	334.3	0	0	561.0	0

（10）廊坊市防洪任务河段。截至2011年，廊坊市有防洪任务的河段长度为639.8km。其中小于10年一遇的河段长度为131.8km，小于20年一遇且不小于10年一遇的河段长度为125.5km，小于30年一遇且不小于20年一遇的河段为68.3km，小于50年一遇且不小于30年一遇的河段为26.5km，小于100年一遇且不小于50年一遇的河段为287.8km。表8-24为廊坊市各县不同防洪标准下有防洪任务的河段长度。

表8-24　廊坊市各县不同防洪标准下有防洪任务的河段长度

行政区	小计	有防洪任务不同重现期河道长度/km					
		＜10年一遇	＜20年且≥10年一遇	＜30年且≥20年一遇	＜50年且≥30年一遇	＜100年且≥50年一遇	≥100年一遇
安次区	37.9				19.6	18.3	
广阳区	33.9			33.9			
固安县	51.9		28.9			23.1	

续表

行政区	小计	有防洪任务不同重现期河道长度/km					
		<10 年一遇	<20 年且≥10 年一遇	<30 年且≥20 年一遇	<50 年且≥30 年一遇	<100 年且≥50 年一遇	≥100 年一遇
永清县	26.9					26.9	
香河县	89	7.8	2.9		6.9	71.5	
大城县	53.7					53.7	
文安县	111.5	77.2		34.4			
大厂县	34.7	20				14.7	
霸州市	89.5		29.2			60.2	
三河市	110.8	26.9	64.5			19.5	
合计	639.8	131.8	125.5	68.3	26.5	287.8	0

（11）衡水市防洪任务河段。截至 2011 年，衡水市有防洪任务的河段长度为 1241.0km。其中小于 10 年一遇的河段长度为 563.4km，小于 20 年一遇且不小于 10 年一遇的河段长度为 164.9km，小于 30 年一遇且不小于 20 年一遇的河段为 279.5km，小于 50 年一遇且不小于 30 年一遇的河段为 44.1km，小于 100 年一遇且不小于 50 年一遇的河段为 189.2km。表 8-25 为衡水市各县不同防洪标准下有防洪任务的河段长度。

表 8-25　衡水市各县不同防洪标准下有防洪任务的河段长度

行政区	小计	有防洪任务不同重现期河道长度/km					
		<10 年一遇	<20 年且≥10 年一遇	<30 年且≥20 年一遇	<50 年且≥30 年一遇	<100 年且≥50 年一遇	≥100 年一遇
桃城区	140.4	37.7		48.9	27.1	26.7	
枣强县	94.6		32.4	62.2			
武邑县	168.4	52.6	33.7	47		35.1	
武强县	77.2	72.6	2.8			1.7	
饶阳县	44.7		18.8			25.9	
安平县	58	7.4			16.9	33.7	
故城县	169.1	86.4	67.8			14.8	
景县	121.8	49.6	9.4	35.5		27.4	
阜城县	53.3	53.3					
冀州市	204.8	95.2		85.8		23.9	
深州市	108.8	108.8					
合计	1241.0	563.4	164.9	279.5	44.1	189.2	0

3　河道防洪已治理工程

防洪河道治理原则：上下游、左右岸统筹兼顾；依照河势演变规律因势利导，并要抓紧演变过程中的有利时机；河槽、滩地要综合治理；根据需要与可能，分清主次，有计划、有重点地布设工程；对于工程结构和建筑材料，要因地制宜，就地取材，以节省投资。

以防洪为目的的河道整治，要保证有足够的排洪断面，避免出现影响河道宣泄洪水的过分弯曲和狭窄的河段，主槽要保持相对稳定，并加强河段控制部位的防护工程。以航运为目的的河道整治，要保证航道水流平顺、深槽稳定，具有满足通航要求的水深、航宽、河弯半径和流速、流态，还应注意船行波对河岸的影响。以引水为目的的河道整治，要保证取水口段的河道稳定及无严重的淤积。以浮运竹木为目的的河道整治，要保证有足够的水道断面，适宜的流速和无过分弯曲的弯道。

河道经过整治后，在设计流量下的平面轮廓线，称为治导线，也叫整治线。治导线是布置整治建筑物的重要依据，在规划中必须确定治导线的位置。对于单一河道，在平原地区的治导线沿流向是直线段与曲线段相间的曲线形态。它可以本河流天然河弯的曲率半径与流量的经验关系，以及两弯之间的直线段长与河宽的关系为设计依据，较为符合实际。治导线分洪、中、枯水河槽三种情况。由于漫滩水流对河道演变及水流形态的影响小，洪水河槽治导线，一般与堤防的平面轮廓线大体一致。对河势起主要作用的是中水河槽的治导线。中水河槽通常是指与造床流量相应的河槽。固定中水河槽的治导线对防洪至关重要，它既能控导中水流路，又对洪、枯水流向产生重要影响。有航运与取水要求的河道，需确定枯水河槽治导线，它一般可在中水河槽治导线的基础上，根据航道和取水建筑物的具体要求，结合河道边界条件来确定。一般应使整治后的枯水河槽流向与中水河槽流向的交角不大。

对于分汊河段，有整治成单股和双汊之分。相应的治导线即为单股，或为双股。由于每个分汊河段的特点和演变规律不同，规划时需要考虑整治的不同目的来确定工程布局。一般双汊河道有周期性易位问题，规划成双汊河道时，往往需根据两岸经济建设的现状和要求，兴建稳定主、支汊的工程。

整治工程的布局，应能使水流按治导线流动，以达到控制河势稳定河道的目的。建筑物的位置及修筑顺序，需要结合河势现状及发展趋势确定。

不同的河段和不同的区域，防洪标准不同。按照河北省各行政区综合分析，小于10年一遇防洪标准的河段已治理长度为3608.2km，小于20年一遇且不小于10年一遇的河段长度为1350.0km，小于30年一遇且不小于20年一遇的河段长度为1161.3km，小于50年一遇且不小于30年一遇的河段长度为141.7km，小于100年一遇且不小于50年一遇的河段程度为1256.6km。大于100年一遇的河段长度为74.6km。表8-26为不同防洪标准下已治理河段长度统计表。

表8-26　　不同防洪标准下已治理河段长度

行政区	总计/km	不同防洪标准下已治理河段长度/km					
		<10年一遇	<20年且≥10年一遇	<30年且≥20年一遇	<50年且≥30年一遇	<100年且≥50年一遇	≥100年一遇
石家庄市	304.3	34	37.1	139.9	15.3	78	

续表

行政区	总计/km	不同防洪标准下已治理河段长度/km					
		<10 年一遇	<20 年且≥10 年一遇	<30 年且≥20 年一遇	<50 年且≥30 年一遇	<100 年且≥50 年一遇	≥100 年一遇
唐山市	578.6	179.9	164.9	126	30.7	16	61
秦皇岛市	85.8		34.8	35.9		15	
邯郸市	332.6	25.6	10.2	110.9	2.4	183.5	
邢台市	533.9	145.4	215.2	65.2	21.9	86.1	
保定市	417.7	109.2	121.2	132.6	32.2	9	13.5
张家口市	357.7	77.5	22.8	175.7	10.7	71.1	
承德市	1792.3	1350.1	303	116.1		23.1	
沧州市	2056.2	1342	304.3			409.9	
廊坊市	342.5	37	70.4	16.6	26.5	192	
衡水市	790.7	307.6	66	242.3	2	172.8	
合计	7592.3	3608.2	1350.0	1161.3	141.7	1256.6	74.6

（1）石家庄市已治理河段。截至 2011 年，石家庄市已经治理的防洪河道长度为 304.3km。其中小于 10 年一遇的河段长度为 34.0km，小于 20 年一遇且不小于 10 年一遇的河段程度为 37.1km，小于 30 年一遇且不小于 20 年一遇的河段为 139.9km，小于 50 年一遇且不小于 30 年一遇的河段为 15.3km，小于 100 年一遇且不小于 50 年一遇的河段为 78.0km。表 8-27 为石家庄市各县不同防洪标准下已经治理河段长度。

表 8-27　　石家庄市各县不同防洪标准下已治理河段长度

行政区	总计/km	已经治理防洪河段程度/km					
		<10 年一遇	<20 年且≥10 年一遇	<30 年且≥20 年一遇	<50 年且≥30 年一遇	<100 年且≥50 年一遇	≥100 年一遇
长安区	3.5			3.5			
桥东区	4.2			4.2			
桥西区	6			6			
新华区	11.5	1		10.6			
井陉矿区							
裕华区							
井陉县	20.1			20.1			
正定县							
栾城县	21.2		21.2				
行唐县	37.8			37.8			
灵寿县							
高邑县							
深泽县	37.5			12.5		25	

续表

行政区	总计/km	已经治理防洪河段程度/km					
		<10年一遇	<20年且≥10年一遇	<30年且≥20年一遇	<50年且≥30年一遇	<100年且≥50年一遇	≥100年一遇
赞皇县	10		10				
无极县	31.5	31.5					
平山县	28.3			25.9		2.4	
元氏县	6.5	1.5	5				
赵县							
辛集市							
藁城市	48.5				15.3	33.2	
晋州市	12.5					12.5	
新乐市	5.4			5.4			
鹿泉市	19.8		0.9	14		4.9	
合计	304.3	34.0	37.1	139.9	15.3	78.0	0

（2）唐山市已治理河段。截止到2011年，唐山市已经治理的防洪河道长度为578.6km。其中小于10年一遇的河段长度为179.9km，小于20年一遇且不小于10年一遇的河段程度为164.9km，小于30年一遇且不小于20年一遇的河段为126.0km，小于50年一遇且不小于30年一遇的河段为30.7km，小于100年一遇且不小于50年一遇的河段为16.0km，不小于100年一遇的河段为61.0km。表8-28为唐山市各县不同防洪标准下已经治理河段长度。

表8-28　唐山市各县不同防洪标准下已治理河段长度

行政区	总计/km	已经治理防洪河段程度/km					
		<10年一遇	<20年且≥10年一遇	<30年且≥20年一遇	<50年且≥30年一遇	<100年且≥50年一遇	≥100年一遇
路南区	11					4.5	6.5
路北区	14.1					4.9	9.2
古冶区	9.9	4.9		5			
开平区	15.3						15.3
丰南区	17.1		17.1				
丰润区	49.5		26.1	23.4			
滦县	13	13					
滦南县	83.7	63.7		20			
乐亭县	79.2	79.2					
迁西县	66.2		31	5.2			30
玉田县	119.4		81.9	37.5			
唐海县	45.5	19.1		26.3			

续表

行政区	总计/km	已经治理防洪河段程度/km					
		<10 年一遇	<20 年且≥10 年一遇	<30 年且≥20 年一遇	<50 年且≥30 年一遇	<100 年且≥50 年一遇	≥100 年一遇
遵化市	24.1		8.8	8.6		6.7	
迁安市	30.7				30.7		
合计	578.6	179.9	164.9	126.0	30.7	16.0	61.0

（3）秦皇岛市已治理河段。截至 2011 年，秦皇岛市已经治理的防洪河道长度为 85.8km。其中小于 20 年一遇且不小于 10 年一遇的河段程度为 34.8km，小于 30 年一遇且不小于 20 年一遇的河段为 35.9km，小于 100 年一遇且不小于 50 年一遇的河段为 15.0km。表 8-29 为秦皇岛市各县不同防洪标准下已经治理河段长度。

表 8-29　　秦皇岛市各县不同防洪标准下已治理河段长度

行政区	总计/km	已经治理防洪河段程度/km					
		<10 年一遇	<20 年且≥10 年一遇	<30 年且≥20 年一遇	<50 年且≥30 年一遇	<100 年且≥50 年一遇	≥100 年一遇
海港区	15.7			6.1		9.6	
山海关区	5.4					5.4	
北戴河区	5.4			5.4			
青龙县	17		3.5	13.5			
昌黎县	10.4			10.4			
抚宁县	18.2		18.2				
卢龙县	13.6		13.1	0.5			
合计	85.8	0	34.8	35.9	0	15.0	0

（4）邯郸市已治理河段。截至 2011 年，邯郸市已经治理的防洪河道长度为 332.6km。其中小于 10 年一遇的河段长度为 25.6km，小于 20 年一遇且不小于 10 年一遇的河段程度为 10.2km，小于 30 年一遇且不小于 20 年一遇的河段为 110.9km，小于 50 年一遇且不小于 30 年一遇的河段为 2.4km，小于 100 年一遇且不小于 50 年一遇的河段为 183.5km。表 8-30 为邯郸市各县不同防洪标准下已经治理河段长度。

表 8-30　　邯郸市各县不同防洪标准下已治理河段长度

行政区	合计/km	已经治理防洪河段程度/km					
		<10 年一遇	<20 年且≥10 年一遇	<30 年且≥20 年一遇	<50 年且≥30 年一遇	<100 年且≥50 年一遇	≥100 年一遇
邯山区	6.5	6.5					
丛台区	8.8	8.8					
复兴区							
峰峰矿区	8.3			8.3			

续表

行政区	合计/km	已经治理防洪河段程度/km					
		<10 年一遇	<20 年且 ≥10 年一遇	<30 年且 ≥20 年一遇	<50 年且 ≥30 年一遇	<100 年且 ≥50 年一遇	≥100 年 一遇
邯郸县	6.1		6.1				
临漳县	50.6	2.2			2.4	46	
成安县							
大名县	66					66	
涉县	7.5			7.5			
磁县	38.3					38.3	
肥乡县							
永年县							
邱县							
鸡泽县							
广平县	4.1		4.1				
馆陶县							
魏县	39.7	6.5				33.3	
曲周县	18			18			
武安市	78.9	1.8		77.1			
合计	332.6	25.6	10.2	110.9	2.4	183.5	0

（5）邢台市已治理河段。截至 2011 年，邢台市已经治理的防洪河道长度为 533.9km。其中小于 10 年一遇的河段长度为 145.4km，小于 20 年一遇且不小于 10 年一遇的河段程度为 215.2km，小于 30 年一遇且不小于 20 年一遇的河段为 65.2km，小于 50 年一遇且不小于 30 年一遇的河段为 21.9km，小于 100 年一遇且不小于 50 年一遇的河段为 86.1km。表 8-31 为邢台市各县不同防洪标准下已经治理河段长度。

表 8-31　　邢台市不同防洪标准下已治理河段长度

行政区	总计/km	已经治理防洪河段程度/km					
		<10 年一遇	<20 年且 ≥10 年一遇	<30 年且 ≥20 年一遇	<50 年且 ≥30 年一遇	<100 年且 ≥50 年一遇	≥100 年 一遇
桥东区	7.3	4.3				3	
桥西区	8.3	1.1				7.2	
邢台县	114		114				
临城县	1.6			1.6			
内丘县	2.1	1.2	0.9				
柏乡县	0.5		0.5				
隆尧县							
任县	10		10				

续表

行政区	总计/km	已经治理防洪河段程度/km					
		<10 年一遇	<20 年且≥10 年一遇	<30 年且≥20 年一遇	<50 年且≥30 年一遇	<100 年且≥50 年一遇	≥100 年一遇
南和县	56.3	48.6	7.7				
宁晋县	164.5	61.3	39.1	34.9	10.1	19	
巨鹿县	39.4	7	32.4				
新河县	78.4	21.4				57	
广宗县	10.6		10.6				
平乡县	12.3	0.5			11.8		
威县							
清河县							
临西县							
南宫市							
沙河市	28.7			28.7			
合计	533.9	145.4	215.2	65.2	21.9	86.1	0

(6) 保定市已治理河段。截至 2011 年，保定市已经治理的防洪河道长度为 417.7km。其中小于 10 年一遇的河段长度为 109.2km，小于 20 年一遇且不小于 10 年一遇的河段程度为 121.2km，小于 30 年一遇且不小于 20 年一遇的河段为 132.6km，小于 50 年一遇且不小于 30 年一遇的河段为 32.2km，小于 100 年一遇且不小于 50 年一遇的河段为 9.0km，不小于 100 年一遇的河段为 13.3km。表 8-32 为保定市各县不同防洪标准下已经治理河段长度。

表 8-32　　保定市各县不同防洪标准下已治理河段长度

行政区	总计/km	已经治理防洪河段程度/km					
		<10 年一遇	<20 年且≥10 年一遇	<30 年且≥20 年一遇	<50 年且≥30 年一遇	<100 年且≥50 年一遇	≥100 年一遇
新市区	13.5						13.5
北市区							
南市区	4.4			4.4			
满城县							
清苑县	34.6		34.6				
涞水县							
阜平县	46	16	15	15			
徐水县	80.9	18.5		62.4			
定兴县	15.9			15.9			
唐县	71.4	65.7		5.7			
高阳县							

续表

行政区	总计/km	已经治理防洪河段程度/km					
		<10 年一遇	<20 年且≥10 年一遇	<30 年且≥20 年一遇	<50 年且≥30 年一遇	<100 年且≥50 年一遇	≥100 年一遇
容城县	32.2		32.2				
涞源县	2.8			2.8			
望都县							
安新县							
易县	5.7		5.7				
曲阳县							
蠡县	30				30		
顺平县	33.7		33.7				
博野县	1.5				1.5		
雄县							
涿州市	33.4	9		15.4		9	
定州市	2.7			2.7			
安国市	0.7				0.7		
高碑店市	8.3			8.3			
合计	417.7	109.2	121.2	132.6	32.2	9.0	13.5

（7）张家口市已治理河段。截至 2011 年，张家口市已经治理的防洪河道长度为 357.7km。其中小于 10 年一遇的河段长度为 77.5km，小于 20 年一遇且不小于 10 年一遇的河段程度为 22.8km，小于 30 年一遇且不小于 20 年一遇的河段为 175.7km，小于 50 年一遇且不小于 30 年一遇的河段为 10.7km，小于 100 年一遇且不小于 50 年一遇的河段为 71.1km。表 8-33 为张家口市各县不同防洪标准下已经治理河段长度。

表 8-33　　张家口市各县不同防洪标准下已治理河段长度

行政区	总计/km	已经治理防洪河段程度/km					
		<10 年一遇	<20 年且≥10 年一遇	<30 年且≥20 年一遇	<50 年且≥30 年一遇	<100 年且≥50 年一遇	≥100 年一遇
桥东区							
桥西区	25.2					25.2	
宣化区	2.4				2.4		
下花园区	4.6					4.6	
宣化县	41.3					41.3	
张北县	24			24			
康保县							
沽源县	10.5			10.5			
尚义县	15.5		2.1	13.4			

续表

行政区	总计/km	已经治理防洪河段程度/km					
		<10 年一遇	<20 年且≥10 年一遇	<30 年且≥20 年一遇	<50 年且≥30 年一遇	<100 年且≥50 年一遇	≥100 年一遇
蔚县	7.4		7.4				
阳原县							
怀安县	106.7		5.5	92.9	8.3		
万全县	51	51					
怀来县	5			5			
涿鹿县	57.4	26.5	5.9	25			
赤城县	5			5			
崇礼县	1.9		1.9				
合计	357.7	77.5	22.8	175.7	10.7	71.1	0

(8) 承德市已治理河段。截至 2011 年，承德市已经治理的防洪河道长度为 1792.3km。其中小于 10 年一遇的河段长度为 1350.1km，小于 20 年一遇且不小于 10 年一遇的河段程度为 303.0km，小于 30 年一遇且不小于 20 年一遇的河段为 116.1km，小于 100 年一遇且不小于 50 年一遇的河段为 23.1km。表 8-34 为承德市各县不同防洪标准下已经治理河段长度。

表 8-34　　承德市各县不同防洪标准下已治理河段长度

行政区	总计/km	已经治理防洪河段程度/km					
		<10 年一遇	<20 年且≥10 年一遇	<30 年且≥20 年一遇	<50 年且≥30 年一遇	<100 年且≥50 年一遇	≥100 年一遇
双桥区	28			11.9		16.1	
双滦区	11.4			4.4		7	
鹰手营子矿区	2.5			2.5			
承德县	215	199.8		15.3			
兴隆县	167.3		156.8	10.5			
平泉县	175.6	66.1	64.5	45			
滦平县	447	409.3	34.1	3.6			
隆化县	177.7	155.1	17.5	5.1			
丰宁县	253.8	231	18.1	4.7			
宽城县	55.7	40.8	7.3	7.7			
围场县	258.3	248.1	4.8	5.4			
合计	1792.3	1350.1	303.0	116.1	0	23.1	0

(9) 沧州市已治理河段。截至 2011 年，沧州市已经治理的防洪河道长度为 2056.2km。其中小于 10 年一遇的河段长度为 1342.0km，小于 20 年一遇且不小于 10 年

一遇的河段程度为 304.2km，小于 100 年一遇且不小于 50 年一遇的河段为 409.9km。表 8－35 为沧州市各县不同防洪标准下已经治理河段长度。

表 8－35　　沧州市各县不同防洪标准下已治理河段长度

行政区	总计/km	已经治理防洪河段程度/km					
		<10 年一遇	<20 年且≥10 年一遇	<30 年且≥20 年一遇	<50 年且≥30 年一遇	<100 年且≥50 年一遇	≥100 年一遇
新华区	3.1	1.2				1.9	
运河区	1.8					1.8	
沧县	398.2	182.6	148.5			67.1	
青县	167.9	62.3	50.7			54.9	
东光县	134	96.4				37.6	
海兴县	139.6	139.6					
盐山县	117.8	117.8					
肃宁县	48.3	48.3					
南皮县	51.8	28.5				23.3	
吴桥县	159.6	94.8				64.8	
献县	68.1	22.3	15			30.8	
孟村县	32.3	32.3					
泊头市	6.5					6.5	
任丘市	125	103.9	12.3			8.9	
黄骅市	454	330.5	51			72.4	
河间市	148.3	81.4	26.8			40	
合计	2056.2	1342.0	304.3	0	0	409.9	0

（10）廊坊市已治理河段。截至 2011 年，廊坊市已经治理的防洪河道长度为 342.5km。其中小于 10 年一遇的河段长度为 37.0km，小于 20 年一遇且不小于 10 年一遇的河段程度为 70.4km，小于 30 年一遇且不小于 20 年一遇的河段为 16.6km，小于 50 年一遇且不小于 30 年一遇的河段为 26.5km，小于 100 年一遇且不小于 50 年一遇的河段为 192.0km。表 8－36 为廊坊市各县不同防洪标准下已经治理河段长度。

表 8－36　　廊坊市各县不同防洪标准下已治理河段长度

行政区	总计/km	已经治理防洪河段程度/km					
		<10 年一遇	<20 年且≥10 年一遇	<30 年且≥20 年一遇	<50 年且≥30 年一遇	<100 年且≥50 年一遇	≥100 年一遇
安次区	37.9				19.6	18.3	
广阳区	0.2			0.2			
固安县	40.1		17			23.1	
永清县	26.9					26.9	

续表

行政区	总计/km	已经治理防洪河段程度/km					
		<10 年一遇	<20 年且≥10 年一遇	<30 年且≥20 年一遇	<50 年且≥30 年一遇	<100 年且≥50 年一遇	≥100 年一遇
香河县	89	7.8	2.9		6.9	71.5	
大城县	3.9					3.9	
文安县	16.4			16.4			
大厂县	25.9	13.1				12.8	
霸州市	30.1		14			16.1	
三河市	72.2	16.1	36.6			19.5	
合计	342.5	37.0	70.4	16.6	26.5	192.0	0

（11）衡水市已治理河段。截至 2011 年，衡水市已经治理的防洪河道长度为 790.7km。其中小于 10 年一遇的河段长度为 307.6km，小于 20 年一遇且不小于 10 年一遇的河段程度为 66.0km，小于 30 年一遇且不小于 20 年一遇的河段为 242.3km，小于 50 年一遇且不小于 30 年一遇的河段为 2.0km，小于 100 年一遇且不小于 50 年一遇的河段为 172.8km。表 8-37 为衡水市各县不同防洪标准下已经治理河段长度。

表 8-37　　衡水市各县不同防洪标准下已治理河段长度

行政区	总计/km	已经治理防洪河段程度/km					
		<10 年一遇	<20 年且≥10 年一遇	<30 年且≥20 年一遇	<50 年且≥30 年一遇	<100 年且≥50 年一遇	≥100 年一遇
桃城区	22.1			11.8		10.4	
枣强县	94.6		32.4	62.2			
武邑县	168.4	52.6	33.7	47		35.1	
武强县	18.2	16.5				1.7	
饶阳县	25.9					25.9	
安平县	35.7				2	33.7	
故城县	14.8					14.8	
景县	62.9			35.5		27.4	
阜城县	53.3	53.3					
冀州市	204.2	94.5		85.8		23.9	
深州市	90.8	90.8					
合计	790.7	307.6	66.0	242.3	2.0	172.8	0

4　防洪治理达标河段

截至 2011 年，河北省不同防洪标准下治理达标河段 1964.9km。其中小于 10 年一遇的治理达标河段为 547.6km，小于 20 年一遇且不小于 10 年一遇的河段 355.4km，小于

30 年一遇且不小于 20 年一遇的河段 466.8km，小于 50 年一遇且不小于 30 年一遇的河段 91.1km，小于 100 年一遇且不小于 50 年一遇的河段 49.4km，不小于 100 年一遇的河段 74.6km。表 8－38 为河北省不同防洪标准下治理达标河段长度统计表。

表 8－38　　河北省不同防洪标准下治理达标河段长度

行政区	总计/km	不同防洪标准下治理达标河段长度/km					
		＜10 年一遇	＜20 年且≥10 年一遇	＜30 年且≥20 年一遇	＜50 年且≥30 年一遇	＜100 年且≥50 年一遇	≥100 年一遇
石家庄市	195.2	32.5	22.1	70.6	2	68	
唐山市	275.5	71.9	39.9	62.6	30.7	9.4	61
秦皇岛市	72.1		21.7	35.4		15	
邯郸市	163.1	25.6	10.2	91.6	2.4	33.3	
邢台市	112.8	14.1	76.6	11.9		10.2	
保定市	112.3		32.2	25.3	32.2	9	13.5
张家口市	198.7	13	14.2	95.1	5.3	71.1	
承德市	327.8	198.6	73.3	46.2		9.7	
沧州市	183.7	33	28.0			122.7	
廊坊市	104.6	13.1	37.2	16.4	18.5	19.5	
衡水市	219.1	145.8		11.8		61.6	
合计	1964.9	547.6	355.4	466.8	91.1	429.4	74.6

（1）石家庄市治理达标河段。截至 2011 年，石家庄市治理达标防洪河道长度为 195.2km。其中小于 10 年一遇的河段长度为 32.5km，小于 20 年一遇且不小于 10 年一遇的河段程度为 22.1km，小于 30 年一遇且不小于 20 年一遇的河段为 70.6km，小于 50 年一遇且不小于 30 年一遇的河段为 2.0km，小于 100 年一遇且不小于 50 年一遇的河段为 68.0km。表 8－39 为石家庄市各县不同防洪标准下治理达标河段长度。

表 8－39　　石家庄市各县不同防洪标准下治理达标河段长度

行政区	总计/km	治理达标河段长度/km					
		＜10 年一遇	＜20 年且≥10 年一遇	＜30 年且≥20 年一遇	＜50 年且≥30 年一遇	＜100 年且≥50 年一遇	≥100 年一遇
长安区	3.5			3.5			
桥东区							
桥西区							
新华区	11.5	1		10.6			
井陉矿区							
裕华区							
井陉县	3.6			3.6			
正定县							

续表

行政区	总计/km	治理达标河段长度/km					
		<10 年一遇	<20 年且≥10 年一遇	<30 年且≥20 年一遇	<50 年且≥30 年一遇	<100 年且≥50 年一遇	≥100 年一遇
栾城县	21.2		21.2				
行唐县	17.9			17.9			
灵寿县							
高邑县							
深泽县	37.5			12.5		25	
赞皇县							
无极县	31.5	31.5					
平山县	3.7			3.1		0.6	
元氏县							
赵县							
辛集市							
藁城市	27				2	25	
晋州市	12.5					12.5	
新乐市	5.4			5.4			
鹿泉市	19.8		0.9	14		4.9	
合计	195.2	32.5	22.1	70.6	2.0	68.0	0

（2）唐山市治理达标河段。截至2011年，唐山市治理达标防洪河道长度为275.5km。其中小于10年一遇的河段长度为71.9km，小于20年一遇且不小于10年一遇的河段程度为39.9km，小于30年一遇且不小于20年一遇的河段为62.6km，小于50年一遇且不小于30年一遇的河段为30.7km，小于100年一遇且不小于50年一遇的河段为9.4km，不小于100年一遇的河段为61.0km。表8-40为唐山市各县不同防洪标准下治理达标河段长度。

表8-40　　　　唐山市各县不同防洪标准下治理达标河段长度

行政区	总计/km	治理达标河段长度/km					
		<10 年一遇	<20 年且≥10 年一遇	<30 年且≥20 年一遇	<50 年且≥30 年一遇	<100 年且≥50 年一遇	≥100 年一遇
路南区	11					4.5	6.5
路北区	14.1					4.9	9.2
古冶区	5			5			
开平区	15.3						15.3
丰南区	17.1		17.1				
丰润区	6.1			6.1			
滦县	13	13					

续表

行政区	总计/km	治理达标河段长度/km					
		<10 年一遇	<20 年且≥10 年一遇	<30 年且≥20 年一遇	<50 年且≥30 年一遇	<100 年且≥50 年一遇	≥100 年一遇
滦南县	62.4	42.4		20			
乐亭县							
迁西县	49.2		14	5.2			30
玉田县							
唐海县	42.8	16.5		26.3			
遵化市	8.8		8.8				
迁安市	30.7				30.7		
合计	275.5	71.9	39.9	62.6	30.7	9.4	61.0

（3）秦皇岛市治理达标河段。截至 2011 年，秦皇岛市治理达标防洪河道长度为 72.1km。其中小于 20 年一遇且不小于 10 年一遇的河段程度为 21.7km，小于 30 年一遇且不小于 20 年一遇的河段为 35.4km，小于 100 年一遇且不小于 50 年一遇的河段为 15.0km。表 8 - 41 为秦皇岛市各县不同防洪标准下治理达标河段长度。

表 8 - 41　　秦皇岛市各县不同防洪标准下治理达标河段长度

行政区	总计/km	治理达标河段长度/km					
		<10 年一遇	<20 年且≥10 年一遇	<30 年且≥20 年一遇	<50 年且≥30 年一遇	<100 年且≥50 年一遇	≥100 年一遇
海港区	15.7			6.1		9.6	
山海关区	5.4					5.4	
北戴河区	5.4			5.4			
青县	16.9		3.5	13.4			
昌黎县	10.4			10.4			
抚宁县	18.2		18.2				
卢龙县							
合计	72.1	0	21.7	35.4	0	15.0	0

（4）邯郸市治理达标河段。截至 2011 年，邯郸市治理达标防洪河道长度为 163.1km。其中小于 10 年一遇的河段长度为 25.6km，小于 20 年一遇且不小于 10 年一遇的河段程度为 10.2km，小于 30 年一遇且不小于 20 年一遇的河段为 91.6km，小于 50 年一遇且不小于 30 年一遇的河段为 2.4km，小于 100 年一遇且不小于 50 年一遇的河段为 33.3km。表 8 - 42 为邯郸市各县不同防洪标准下治理达标河段长度。

（5）邢台市治理达标河段。截至 2011 年，邢台市治理达标防洪河道长度为 112.8km。其中小于 10 年一遇的河段长度为 14.1km，小于 20 年一遇且不小于 10 年一遇的河段程度为 76.6km，小于 30 年一遇且不小于 20 年一遇的河段为 11.9km，小于 100 年一遇且不小于 50 年一遇的河段为 10.2km。表 8 - 43 为邢台市各县不同防洪标准下治理达标河段长度。

表 8-42　　　　邯郸市各县不同防洪标准下治理达标河段长度

行政区	合计/km	治理达标河段长度/km					
		<10 年一遇	<20 年且≥10 年一遇	<30 年且≥20 年一遇	<50 年且≥30 年一遇	<100 年且≥50 年一遇	≥100 年一遇
邯山区	6.5	6.5					
丛台区	8.8	8.8					
复兴区							
峰峰矿区							
邯郸县	6.1		6.1				
临漳县	4.6	2.2			2.4		
成安县							
大名县							
涉县	4.5			4.5			
磁县							
肥乡县							
永年县							
邱县							
鸡泽县							
广平县	4.1		4.1				
馆陶县							
魏县	39.7	6.5				33.3	
曲周县	10			10			
武安市	78.9	1.8		77.1			
合计	163.1	25.6	10.2	91.6	2.4	33.3	0

表 8-43　　　　邢台市各县不同防洪标准下治理达标河段长度

行政区	总计/km	治理达标河段长度/km					
		<10 年一遇	<20 年且≥10 年一遇	<30 年且≥20 年一遇	<50 年且≥30 年一遇	<100 年且≥50 年一遇	≥100 年一遇
桥东区	7.3	4.3				3	
桥西区	8.3	1.1				7.2	
邢台县	38		38				
临城县	1.6			1.6			
内丘县	2.1	1.2	0.9				
柏乡县	0.5		0.5				
隆尧县							
任县	10		10				
南和县							

续表

行政区	总计/km	治理达标河段长度/km					
		<10年一遇	<20年且≥10年一遇	<30年且≥20年一遇	<50年且≥30年一遇	<100年且≥50年一遇	≥100年一遇
宁晋县							
巨鹿县	23.6	7	16.6				
新河县							
广宗县	10.6		10.6				
平乡县	0.5	0.5					
威县							
清河县							
临西县							
南宫市							
沙河市	10.3			10.3			
合计	112.8	14.1	76.6	11.9	0	10.2	0

（6）保定市治理达标河段。截至2011年，保定市治理达标防洪河道长度为112.3km。其中小于20年一遇且不小于10年一遇的河段程度为32.2km，小于30年一遇且不小于20年一遇的河段为25.3km，小于50年一遇且不小于30年一遇的河段为32.2km，小于100年一遇且不小于50年一遇的河段为9.0km，不小于100年一遇的河段为13.5km。表8-44为保定市各县不同防洪标准下治理达标河段长度。

表8-44　保定市各县不同防洪标准下治理达标河段长度

行政区	总计/km	治理达标河段长度/km					
		<10年一遇	<20年且≥10年一遇	<30年且≥20年一遇	<50年且≥30年一遇	<100年且≥50年一遇	≥100年一遇
新市区	13.5						13.5
北市区							
南市区	4.4			4.4			
满城县							
清苑县							
涞水县							
阜平县							
徐水县							
定兴县							
唐县							
高阳县							
容城县	32.2		32.2				
涞源县	2.8			2.8			

续表

行政区	总计/km	治理达标河段长度/km					
		<10年一遇	<20年且≥10年一遇	<30年且≥20年一遇	<50年且≥30年一遇	<100年且≥50年一遇	≥100年一遇
望都县							
安新县							
易县							
曲阳县							
蠡县	30				30		
顺平县							
博野县	1.5				1.5		
雄县							
涿州市	24.4			15.4		9	
定州市	2.7			2.7			
安国市	0.7				0.7		
高碑店市							
合计	112.3	0	32.2	25.3	32.2	9.0	13.5

(7) 张家口市治理达标河段。截至2011年，张家口市治理达标防洪河道长度为198.7km。其中小于10年一遇的河段长度为13.0km，小于20年一遇且不小于10年一遇的河段程度为14.2km，小于30年一遇且不小于20年一遇的河段为95.1km，小于50年一遇且不小于30年一遇的河段为5.3km，小于100年一遇且不小于50年一遇的河段为71.1km。表8-45为张家口山市各县不同防洪标准下治理达标河段长度。

表8-45　　张家口市各县不同防洪标准下治理达标河段长度

行政区	总计/km	不同防洪标准下治理达标河段长度/km					
		<10年一遇	<20年且≥10年一遇	<30年且≥20年一遇	<50年且≥30年一遇	<100年且≥50年一遇	≥100年一遇
桥东区							
桥西区	25.2					25.2	
宣化区	2.4				2.4		
下花园区	4.6					4.6	
宣化县	41.3					41.3	
张北县	24			24			
康保县							
沽源县	10.5			10.5			
尚义县	5.3		0.1	5.2			
蔚县	7.4		7.4				
阳原县							

续表

行政区	总计/km	不同防洪标准下治理达标河段长度/km					
		＜10年一遇	＜20年且≥10年一遇	＜30年且≥20年一遇	＜50年且≥30年一遇	＜100年且≥50年一遇	≥100年一遇
怀安县	38.6		0.2	35.5	2.9		
万全县							
怀来县	5			5			
涿鹿县	27.5	13	4.5	10			
赤城县	5			5			
崇礼县	1.9		1.9				
合计	198.7	13.0	14.2	95.1	5.3	71.1	0

（8）承德市治理达标河段。截至2011年，承德市治理达标防洪河道长度为327.8km。其中小于10年一遇的河段长度为198.6km，小于20年一遇且不小于10年一遇的河段程度为73.3km，小于30年一遇且不小于20年一遇的河段为46.2km，小于100年一遇且不小于50年一遇的河段为9.7km。表8-46为承德市各县不同防洪标准下治理达标河段长度。

表8-46　　承德市各县不同防洪标准下治理达标河段长度

行政区	总计/km	不同防洪标准下治理达标河段长度/km					
		＜10年一遇	＜20年且≥10年一遇	＜30年且≥20年一遇	＜50年且≥30年一遇	＜100年且≥50年一遇	≥100年一遇
双桥区	14.2			4.5		9.7	
双滦区	3.8			3.8			
鹰手营子矿区	2.5			2.5			
承德县	24.2	9		15.3			
兴隆县	18.8		16	2.9			
平泉县	8.1		4.5	3.6			
滦平县	51.4	13.7	34.1	3.6			
隆化县							
丰宁县	79.6	61	13.9	4.7			
宽城县							
围场县	125.1	114.9	4.8	5.4			
合计	327.8	198.6	73.3	46.2	0	9.7	0

（9）沧州市治理达标河段。截至2011年，沧州市治理达标防洪河道长度为183.7km。其中小于10年一遇的河段长度为33.0km，小于20年一遇且不小于10年一遇的河段程度为28.0km，小于100年一遇且不小于50年一遇的河段为122.7km。表8-47为沧州市各县不同防洪标准下治理达标河段长度。

表 8-47　　　　沧州市各县不同防洪标准下治理达标河段长度

行政区	总计/km	治理达标河段长度/km					
		<10 年一遇	<20 年且≥10 年一遇	<30 年且≥20 年一遇	<50 年且≥30 年一遇	<100 年且≥50 年一遇	≥100 年一遇
新华区	3.1	1.2				1.9	
运河区	1.8					1.8	
沧县	67.1					67.1	
青县	2.9					2.9	
东光县	13.5	9.5				4	
海兴县							
盐山县							
肃宁县							
南皮县							
吴桥县							
献县	68.1	22.3	15			30.8	
孟村县							
泊头市							
任丘市							
黄骅市	13		13				
河间市	14.3					14.3	
合计	183.7	33.0	28.0	0	0	122.7	0

（10）廊坊市治理达标河段。截至 2011 年，廊坊市治理达标防洪河道长度为 104.6km。其中小于 10 年一遇的河段长度为 13.1km，小于 20 年一遇且不小于 10 年一遇的河段程度为 37.2km，小于 30 年一遇且不小于 20 年一遇的河段为 16.4km，小于 50 年一遇且不小于 30 年一遇的河段为 18.5km，小于 100 年一遇且不小于 50 年一遇的河段为 19.5km。表 8-48 为廊坊市各县不同防洪标准下治理达标河段长度。

表 8-48　　　　廊坊市各县不同防洪标准下治理达标河段长度

行政区	总计/km	治理达标河段长度/km					
		<10 年一遇	<20 年且≥10 年一遇	<30 年且≥20 年一遇	<50 年且≥30 年一遇	<100 年且≥50 年一遇	≥100 年一遇
安次区	19.2				18.5	0.7	
广阳区							
固安县	17		17				
永清县							
香河县					0		
大城县							
文安县	16.4			16.4			

续表

行政区	总计/km	治理达标河段长度/km					
		<10 年一遇	<20 年且≥10 年一遇	<30 年且≥20 年一遇	<50 年且≥30 年一遇	<100 年且≥50 年一遇	≥100 年一遇
大厂县	15.8	13.1				2.7	
霸州市	30.1		14			16.1	
三河市	6.2		6.2				
合计	104.6	13.1	37.2	16.4	18.5	19.5	0

（11）衡水市治理达标河段。截至 2011 年，衡水市治理达标防洪河道长度为 219.1km。其中小于 10 年一遇的河段长度为 145.8km，小于 30 年一遇且不小于 20 年一遇的河段为 11.8km，小于 100 年一遇且不小于 50 年一遇的河段为 61.6km。表 8-49 为衡水市各县不同防洪标准下治理达标河段长度。

表 8-49　　衡水市各县不同防洪标准下治理达标河段长度

行政区	总计/km	治理达标河段长度/km					
		<10 年一遇	<20 年且≥10 年一遇	<30 年且≥20 年一遇	<50 年且≥30 年一遇	<100 年且≥50 年一遇	≥100 年一遇
桃城区	22.1			11.8		10.4	
枣强县							
武邑县							
武强县	1.8	1.8					
饶阳县							
安平县							
故城县							
景县	27.4					27.4	
阜城县	53.3	53.3					
冀州市	23.9					23.9	
深州市	90.8	90.8					
合计	219.1	145.8	0	11.8	0	61.6	0

第二节 行洪河道技术指标

1 漳卫南运河水系

漳卫河水系地处太行山以东，黄河与徒骇、马颊河以北，滏阳河以南，流域面积 37584km^2，占海河流域总面积的 11.9%。流域跨晋、冀、豫、鲁及天津市等 5 省（直辖市）。

漳卫南运河是海河流域南系的主要河道，上游有漳河和卫河两大支流，流域面积 $37584km^2$。漳河发源于太行山背风坡，经岳城水库出太行山，在徐万仓与卫河交汇，流域面积 $19927km^2$。卫河发源于太行山南麓，由淇河、安阳河、汤河等十余条支流汇集而成，流域面积 $14834km^2$。漳河和卫河在徐万仓汇合后称卫运河，卫运河全长157km，至四女寺枢纽又分成南运河和漳卫新河两支，南运河向北汇入子牙河，再入海河，全长309km；漳卫新河向东于大河口入渤海，全长245km。

1.1 漳河

漳河是卫运河两大支流之一，古称降水（绛水），亦称漳水，始自河北省涉县合漳村，向下流经磁县、临漳、魏县、大名，至馆陶县徐万仓与卫河汇合后称为卫运河。漳河上游分为南北两源，北源清漳河源于山西省昔阳县、和顺县，流经左权县、黎城县，在涉县郭家村附近流入河北省境内，在涉县由西北向东南贯穿而过，至合漳村全长61km。清漳河上游建有各类水库20座，其中中型水库2座，小型水库18座，总库容1.5亿 m^3；南源浊漳河有三源：浊漳南源出于长子县发鸠山；浊漳西源出于沁县漳源村；浊漳北源出于榆社县柳树沟。南源和西源先在襄垣县甘村交汇，又东至襄垣县合河口与北源交汇，始称浊漳河。浊漳河又东南经黎城、潞城、平顺，在平顺县东北部的下马塔出山西省境入河南，在河南林州过天桥断进入河北省涉县，沿河北涉县、河南林州边界东行，经张家头、木家庄至合漳村汇入漳河。浊漳河上游建有各类水库90座，其中大型水库3座，中型水库9座，小型水库78座，总库容11.5亿 m^3。

清漳河、浊漳河于合漳村汇流后称为漳河，漳河干流流经涉县、磁县，到新合村建有小跃峰渠，向下流至观台水文站，控制面积 $17745km^2$，而后汇入岳城水库，出库后流经临漳县、魏县，在魏县建有东风总干渠，出魏县后进入大名泛区，过泛区后流入馆陶县徐万仓与卫河汇合，漳河干流长179km，流域面积 $19927km^2$。漳河干流上游建有水库4座，其中大型水库1座，小型水库3座，总库容13.0亿 m^3。

在清漳河上设有刘家庄水文站和匡门口水文站。1952年，在涉县西达镇匡门口村设立匡门口水文站，上游流域控制面积 $4995km^2$，1996年8月实测最大流量 $5250m^3/s$。在浊漳河河南省黎城设有石梁水文站，该站位于山西省潞城市辛安泉镇石梁村，流域控制面积 $9652km^2$。汇合后在磁县都当乡冶子村设有观台水文站，该站1941年设立，流域控制面积 $17745km^2$，1996年8月4日实测最大流量 $8520m^3/s$。入岳城水库后在水库坝上设有岳城水库水文站。1954年，在漳河下游河北省魏县野胡拐乡蔡小庄设有蔡小庄水文站，流域控制面积 $18259km^2$，1996年8月6日实测最大流量 $1470m^3/s$。

1.2 卫河

卫河是卫运河两大支流之一，发源于山西省陵川县夺火镇南岭，称大沙河。在山西东南流经槐树庄、河口、外庄，入河南省焦作市转向东流，纳石门河、黄水河、百泉河，至新乡市合河镇，始称卫河。卫河在河南省境内有支流共产主义渠、漠河、汤河、安阳河、淇河等。卫河干流流经新乡、卫辉、浚县、清丰、南乐县，于魏县北善村入河北境内，沿魏县和河南省南乐县界东北流向，经第六店、南英封至南辛庄村东后出魏县复入南乐县，后再向东北行，由张北集入大名县，后经未店至龙王庙，折向北至窑厂，向东流经娘娘庙、金滩镇、营镇、周庄，流至与馆陶县交界处的徐万仓，与漳河汇合。卫河干流始自河南省新乡市合河镇，止于河北省馆陶县徐万仓，全长274km，流域面积14834km²。卫河上游建有各类水库158座，其中大型水库1座，中型水库13座，小型水库144座，总库容6.3亿m³。河南省淇河与安阳河之间卫河干流两侧开辟8处蓄滞洪区，可滞蓄洪水8.4亿m³。另外，在卫河左岸开挖了共产主义渠，接纳卫河洪水。卫河下游建有大名泛区，承担卫河、漳河洪水。

卫河、漳河在河北省馆陶县徐万仓汇合后称为卫运河。卫运河是河北省东南部最大的行洪河道，始自河北省馆陶县徐万仓，沿河北、山东两省边界北行，左岸流经河北省馆陶县、临西县、清河县、故城县，右岸流经山东省冠县、临清县、夏津县、武城县，终至山东德州市四女寺，全长157km。

1.3 南运河

南运河是京杭大运河的一部分，起自山东省德州市的四女寺枢纽，蜿蜒向北流经河北省、天津市，于天津市静海县十一堡与子牙河汇合，至天津市区金刚桥汇入海河干流后入海。南运河是排泄漳卫河洪水的河道之一，全长309km，其中河北段242km。

南运河在清朝时是指京杭大运河的临清至天津段，1958年后，馆陶徐万仓至四女寺段改为卫运河，四女寺至天津段改称南运河。

南运河自四女寺枢纽起，流经河北省故城县、景县，在景县安陵建有闸涵枢纽，1948年，在景县安陵镇安陵村设有安陵水文站，流域控制面积37200km²，1982年8月19日年实测最大流量253m³/s。

经调节后流入阜城县，在阜城与泊头市交界处的杨圈村建有闸涵（杨圈闸是河北省引黄入冀、引黄济津的连接工程，上接清南连接渠，下接南运河），南运河经过泊头市区后，向下流经南皮县、沧县、青县，在南皮县代庄建有节制闸和引水闸，引水闸是南运河向大浪淀引水的渠首，在沧县捷地建有分洪闸，分洪至捷地减河，分洪口处建有捷地水文站，控制面积27200km²。南运河过捷地后进入沧州市区，过市区后北行至子牙新河穿运枢纽，而后入天津市静海县，在天津市静海县建有九宣闸，向马厂减河分洪（可引水至大港水库），在静海县十一堡与子牙河汇合，至天津市区金刚桥汇入海河干流后入海。

1.4 漳卫新河

漳卫新河古称鬲津河，为当年禹治九河之一。徐福即由此河乘船入海东渡日本。至唐宋时，黄河夺鬲津古河入海，一度成为宋辽、宋金之边界。后黄河南移，夺淮入海，此河遂逐渐湮没，变为废黄河，成为一时之患。至明朝永乐年间，工部尚书宋礼建议开挖减河，泄水以平患。明朝永乐年以后，人们将来自山西的漳河和来自河南的卫河汇入鬲津河，初挖减河。至弘治三年，减河上口移至四女寺，并置闸，河遂名四女寺减河。后明清两代，河几度淤通，闸几度修废，至民国时，几成旱田，其害大矣。

中华人民共和国成立后，政府于20世纪50年代几度治理，疏浚河道，兴建四女寺枢纽，兴害为利，四女寺减河始名副其实。1964年，河北省、山东省即以减河为界。1971—1976年，再次大规模治理，重新疏浚，兴建拦河蓄水闸，并更名为“漳卫新河”，沿用至今。

漳卫新河是卫运河洪水的主要入海通道，始自于山东省德州市四女寺枢纽，左岸流经山东省德州市区、河北省吴桥县、东光县、南皮县、盐山县、海兴县，右岸流经山东省德州市区、宁津县、乐陵县、庆云县、无棣县，在无棣县大口河汇入渤海，全长257km。

漳卫新河前身是四女寺减河，20世纪70年代在四女寺至吴桥县大王铺间开挖了岔河，与原来的四女寺减河统称为漳卫新河。

漳卫新河上段分为南侧的减河和北侧的岔河，减河始自四女寺枢纽南进洪闸，岔河始于四女寺枢纽北进洪闸。减河与岔河分别向东北流经德州市区，进入河北省吴桥县后在大王铺合二为一。两河汇合后，漳卫新河始终沿河北、山东两省边界自西南向东北流，流经河北省的东光县、南皮县、盐山县、海兴县，在盐山县建有庆云闸，海兴县建有辛集挡潮闸，过辛集挡潮闸后进入海兴湿地，在海兴县与半趟河汇合后形成向海外敞开的大口河汇入渤海。

1.5　漳卫河水系行洪河道技术指标

分别对漳卫河水系的漳河、卫河、卫运河、漳卫新河、南运河、捷地减河等行洪河道控制站的现状标准和设计标准进行对比。表8－50为卫运河水系行洪河道技术指标成果表。

表8－50　漳卫河水系行洪河道技术指标成果表

序号	河道名称	河道长度/km	起止点	控制站（位置）	现状标准		设计标准	
					重现期/年	流量/(m^3/s)	重现期/年	流量/(m^3/s)
1	漳河	119	岳城水库—徐湾仓	京沈高速	50	2000～3000	30～50	1500～3000
2	卫河	76.4	北善村—徐万仓	北留固	50	2200～2700	50	2500
3	卫运河	157	徐万仓—四女寺	馆陶县城	50	3500～4000	50	4000
4	漳卫新河	186.7	岔河—减河—新河	大旺铺	<50	2000～3000	50	3500
5	南运河	241.5	石德铁路—冀津界	安陵闸	<50	300	50	300
			捷地闸下		<50	100		200
6	捷地减河	88	捷地闸—高尘头	捷地闸	<50	80－150	50	180

2　子牙河水系

子牙河系主要支流有滹沱河、滏阳河，流域面积46868km^2，其中滏阳河艾辛庄以上14877km^2，黄壁庄以上23400km^2。滹沱河发源于山西省五台山北麓，流经忻定盆地至东冶镇以下，穿行于峡谷之中，至岗南附近出山峡，纳冶河经黄壁庄后入平原。滹沱河发源于太行山东侧，支流众多，主要有洺河、南洋河、泜河、槐河等，各支琉均汇集于大陆泽、宁晋泊，以下经艾辛庄至献县与滹沱河相汇后称子牙河。子牙河原经天津市海河干流入海，1967年从献县起新辟子牙新河东行至马棚口入海。

2.1　滏阳河

滏阳河属海河流域子牙河系，发源于太行山东麓邯郸市峰峰矿区和村，流经邯郸、邢台、衡水，在沧州市的献县与滹沱河汇流后称子牙河。

滏阳河蜿蜒流长，支流繁多，是典型的不对称扇形分布。艾辛庄以上各支流发源于太行山东麓，艾辛庄以下支流发源于平原。滏阳河山区有大小支流20余条，平原排沥河道

（沟、渠）28条，多为季节性河流，流域面积超过1000km^{2}的支流有10条，分别为洺河、南澧河（沙河）、马河、午河、北澧河、泜河、汪洋沟、天平沟、留楚排干、邵村沟等。

滏阳河源于太行山东麓邯郸市峰峰矿区和村镇白龙池，南行至彭城转向东流，沿程纳广盛、元宝、晋祠、黑龙洞等泉水，向下汇入磁县东武仕水库，出库后东流穿京广铁路进入平原，平原河道建有堤防，下流至邯郸市区，期间在马头镇石桥村、郊区张庄桥分别有牤牛河、渚河汇入，并在张庄桥建有支漳河分洪道，流出邯郸市区后在苏里村西北纳沁河、输元河，东流至永年县，在永年县境内左岸建有8座灌溉闸（西八闸），向东行至莲花口枢纽，左岸为永年洼，莲花口枢纽是永年洼进口控制工程，可调节支漳河分洪道和生产团结渠来水。在永年洼上游设有东武仕水库水文站、木鼻水文站、张庄桥水文站和莲花口水文站。1950年，在邯郸市张庄桥村设立张庄桥水文站，该站流域控制面积1000km^2，1963年8月实测最大流量为52.6m^3/s。

滏阳河过永年洼后向北流经曲周、鸡泽、平乡县，在平乡县阎庄建有分洪闸，向留垒河分洪。再向北行流经任县、隆尧县、宁晋县，在宁晋县史家嘴东北纳北澧河，然后东行于小河口附近纳洨河后入艾辛庄枢纽。在该段设有邢家湾水文站和艾辛庄水文站，艾辛庄水文站设立于1925年，位于河北省宁晋县耿庄桥乡北官庄，流域控制面积16900km^2，1996年8月4日在滏阳新河实测最大流量358m^3/s。

滏阳河出艾辛庄枢纽后，与滏阳新河、滏东排河并行而下，于东曹庄左岸纳汪洋沟下行经新河县进入冀州、衡水市区，在衡水市区东北穿石德铁路，经大西头水闸枢纽后，纳小西河，向东北流向武邑县，沿途纳白马河后进入武强县，在武强县境内东部贯穿南北，并纳龙治河、天平沟、留楚排干后入献县泛区，而后与滏阳新河汇流东行，与滹沱河相汇进入献县枢纽。该段设有衡水水文站和献县水文站，衡水水文站设立于1920年，位于衡水市河东街道大西野营村，流域控制面积17700km^2，1963年实测最大流量501m^3/s。

滏阳河中游有天然洼地宁晋泊、大陆泽，大陆泽主要承纳留垒河、南澧河、顺水河、牛尾河、白马河、小马河、李阳河来水，后经北澧新河入宁晋泊。宁晋泊主要承纳北澧新河、滏阳河、洺河、午河、洨河、北沙河来水，滞洪后经艾辛庄枢纽进入滏阳新河、滏阳河下泄。1921年，在洺河中游的永年县临洺关镇北街村设有临洺关水文站，流域控制面积2300km^2，1963年8月实测最大流量12300m^3/s。南澧河有朱庄水库水文站和端庄水文站。端庄水文站设立于1950年，位于沙河市端庄村，流域控制面积2280km^2，1996年8月实测最大流量6070m^3/s。泜河有临城水库水文站，该站设立于1960年，位于临城县西竖村，流域控制面积384km^2，1963年8月实测最大入库流量5770m^3/s。午河有韩村水文站，设立于1940年，位于柏乡县内步乡韩村，流域控制面积379km^2，1996年8月实测最大流量454m^3/s。1957年，在北沙河设立马村水文站，该站位于河北省高邑县中韩乡马村，流域控制面积745km^2。表8-51为滏阳河中游洼滞洪区防洪指标。

表8-51　　滏阳河中游洼地滞洪区防洪指标

序号	堤　防	长度/km	起止地点	控制站	设计标准
1	北围堤（洨河左堤）	28.6	赵县胡家营—宁晋小河口	小河口	50年一遇
2	东围堤（老漳河左堤）	52.5	广宗烧瓦庄—宁晋赵庄		50年一遇

续表

序号	堤 防	长度/km	起止地点	控制站	设计标准
3	滏阳河右堤	59.77	平乡西豆庄—宁晋辛立庄	豆家庄	50 年一遇
4	小南堤	8.2	宁晋孟庄桥—东围堤	滏阳河右堤起点	50 年一遇
5	小漳河右堤	39.63	平巨界—孙家口闸	孙家口	

滏阳河上游共建有大型水库 3 座，总库容 7.49 亿 m^3，分别为滏阳河上游东武仕水库、沙河（南澧河）上游朱庄水库、泜河上游临城水库。中型水库 11 座，总库容 4.26 亿 m^3，分别为洺河的青塔、车谷、四里岩、口上水库，南澧河的东石岭、野沟门水库，马河上游马河水库，泜河乱木水库，coordinator河南平旺水库，槐河白草坪水库，渚龙河八一水库。

滏阳新河位于滏阳河右侧，为 1967—1968 年开挖的人工行洪河道。起于宁晋县小河口村，止于献县枢纽，全长 132km。滏阳新河左堤起于宁晋县小河口村庄南，与宁晋泊北围堤相连，右堤始于宁晋县赵庄，深槽自小河口村南十字河起。滏阳新河沿途建有左、右大堤，并在新河县北陈海穿堤涵洞，冀州市东羡穿堤涵洞、北小魏橡胶坝，衡水市侯店穿堤涵洞，康洼橡胶坝，武强县后庄穿堤涵洞、泊头市冯庄穿堤涵洞、献县杨庄穿堤涵洞等。

2.2 滏阳新河

滏阳新河是子牙河流域的主要人工行洪河道，位于滏阳河右侧，始自宁晋县小河口村，在献县枢纽入子牙新河，流经河北省 8 个县（市、区），全长 132km，流域面积 14877km^2。

滏阳河开挖于 1967—1968 年，成为滏阳河上游及其支流的洪沥水主要出路。滏阳新河深槽是结合筑左堤取土开挖而成，右堤是开挖滏东排河之土筑起，堤距一般为 1.5km，大水时漫滩行洪，设计流量 3340m^3/s，校核流量 6700m^3/s。设计行洪标准为 50 年一遇，滩地行洪最大水深 4～5m。滏阳新河在献县城西与滏阳河相汇入献县泛区，下行 2km 与滹沱河相汇于献县枢纽。滏阳新河建成后过水机会不多，过水量也不大。过水量较大的年份为 1969 年、1973 年、1976 年、1977 年、1996 年，其中 1977 年过水量 5.4 亿 m^3 为最大。近年来河道内多为污水。

滏阳新河地处温带大陆季风气候区，多年平均降水量 500mm，地区分布差异较大。流域位于华北平原中部，西南高、东北低，地势较为平坦，河滩高程为 13～26m，为冲积平原和冲积扇平原区。

2.3 滹沱河

滹沱河是子牙河的主要支流，发源于山西省繁峙县五台山北麓泰戏山孤山村一带，向西南流经恒山与五台山之间，至界河折向东流，切穿系舟山和太行山，东流至河北省献县枢纽与子牙河另一支流滏阳河相汇合。

滹沱河从源头至南河会称孤山河，之后纳虎山河方称滹沱河。滹沱河流经山西省繁峙县、代县、平原县、五台县，期间有阳武河、云中河、牧马河、同河、清水河、南坪河等支流汇入，在南庄进入河北省平山县，在平山县右岸有嵩田河汇入，左岸有营里河、卸甲河汇入，在小觉、密家会建有水电站，之下左岸纳柳林河后入岗南水库。在滹沱河上游山西省境内有9处水文站，直接汇入岗南水库的滹沱河支流有险溢河、文都河、古月河、甘秋河、郭苏河。1976年，在险溢河上设有王岸水文站，该站位于河北省平山县古月镇王岸村，流域控制面积416km^2，1999年8月实测最大流量1870m^3/s。小觉水文站设立于1955年，位于河北省平山县小觉镇，流域控制面积14000km^2，1956年8月实测最大流量2410m^3/s。

滹沱河出岗南水库后在温塘附近右岸有温塘河注入，向下游左岸有南甸河汇入，在单杨村附近右岸纳冶河后注入黄壁庄水库。平山水文站是冶河入黄壁庄水库的入库控制站，该站位于位于平山县平山镇，流域控制面积6420km^2，1996年8月实测最大流量12600m^3/s。在黄壁庄水库坝上设有水库水文站，该站设立于1955年，位于鹿泉市黄壁庄镇黄壁庄村，流域控制总面积23000km^2，1996年8月实测最大流量18200m^3/s。

滹沱河出黄壁庄水库后进入平原区，流经灵寿县、鹿泉市，期间左岸有松阳河、渭水河汇入，然后进入正定县沿正定、石家庄市区边界东行，下穿京广铁路，有太平河左岸汇入，向东流穿京珠高速后进入藁城市，在藁城市南只照村附近左岸有平原河道周汉河汇入，然后东流至无极县、晋州市、深泽县、安平县、饶阳县，在饶肃公路桥下游进入献县泛区，经献县泛区东流后与滏阳河汇合，而后进入献县枢纽。1919年，在深泽县城关镇北中山设有北中山水文站，流域控制面积23900km^2，1956年8月实测最大流量6150m^3/s。

献县枢纽是滏阳河与滹沱河汇流、子牙河与子牙新河起点的控制性工程，建于1966年，由子牙河节制闸、子牙新河主槽进洪闸和滩地溢流堰组成。

滹沱河上共建有大型水库两座，总库容29.14亿m^3，分别为：岗南水库、黄壁庄水库。中型水库13座，总库容2.72亿m^3，分别为：文都河石板水库、南甸河下观水库、松溪河郭庄水库、桃河大石门水库、赵壁河水峪水库、滹沱河孤山水库、滹沱河下如越水库、北岗河神山水库、永兴河观上水库、云中河米家寨水库、云中河双乳山水库、滤泗河唐家湾水库等。

2.4 子牙（新）河

子牙河是子牙河流域的干流，起于河北省献县枢纽，止于天津市第六埠独流减河进洪闸，流经河北省、天津市，全长147km，流域面积9700km^2。子牙新河开挖后，子牙河只承担相机行洪任务，子牙河献县节制闸设计过水能力600m^3/s。

子牙河自献县枢纽北行至藏桥附近转向东北，在献县境内建有中营节制闸，并设有献县水文站，该站设立于1918年，位于献县城关镇田庄，流域控制面积46000km^2，1996年8月子牙河主槽实测最大流量999m^3/s（1963年8月在子牙河实测最大流量2770m^3/s）。

该河于盖庄村附近流入河间市，在河间市建有张各庄蓄水闸，于马户生村进入大城县，在大城县建有毕演马节制闸、泊庄蓄水闸，在大城县辛庄子村附近流入天津市静海县，东流至东子牙村后纳黑龙港河，至第六埠汇入独流减河进洪闸前，与大清河、南运河汇流，经西河闸入海河或入独流减河入海。1967年，在子牙新河设立周官屯水文站，该站位于青县周官屯镇周官屯，1996年8月实测最大流量1380m^3/s。

子牙新河是人工开挖的主要泄洪河道，起自献县枢纽，下至天津市马棚口注入渤海，全长143km，流域面积46868km²。子牙新河上建有大型枢纽工程3处，运西、运东各建有蓄水橡胶坝1座，沿河建有中型扬水站3座。从献县枢纽进洪闸至子牙新河穿运枢纽，称为运西段，流经献县、河间市、大城县、青县，在青县建有穿运枢纽，穿运枢纽是子牙新河主槽与南运河立交工程，建有涵洞30孔，涵洞上方为南运河过流渡槽，涵洞和渡槽南侧为南北平交子牙新河滩地的低埝南运河，在子牙新河超过涵洞过水能力时扒埝行洪。子牙新河过穿运枢纽后至海口挡潮闸段称为运东段，流经河北省青县、天津市大港区、河北省黄骅市，海口挡潮闸是子牙新河海口枢纽的重要组成部分，枢纽由主槽挡潮闸、滩地泄洪闸、滩地溢洪堰、北排水河以及青静黄排水渠挡潮闸组成，较小洪水时由主槽下泄，大水时由溢洪堰宣泄。

2.5　子牙河水系行洪河道技术指标

根据防洪规划，对子牙河水系13个主要行洪河道的河道长度、起始点位置、控制站位置等资料进行统计，并对现状防洪标准和设计防洪标准进行对比。表8-52为子牙河水系行洪河道技术指标成果表。

表8-52　　子牙河水系行洪河道技术指标成果表

序号	河道名称	河道长度/km	起止点	控制站（位置）	现状标准		设计标准	
					重现期/年	流量/(m³/s)	重现期/年	流量/(m³/s)
1	滏阳河	410.4	东武仕—献县枢纽	艾辛庄	<5		10	
2	滏阳河		艾辛庄—献县枢纽		<5	100		250
3	洨河	68.4	京广铁路—西官庄	北围堤			5～20	246～1205
4	支漳河分洪道	31	张庄桥—莲花口	王安堡	<5	150～300	10	483
5	留垒河	64.7	借马庄—环水村	环水村	5	125～200	5	365
6	沙洺河	62.7	讲武拦河闸—环水村	环水村		70～80	5	110
7	南澧河	52.2	京广铁路—环水村	任县	<10	300～750	5～10	391～1133
8	北澧河	41.3	环水村—小河口	邢家湾		250～300	5	500
9	滏阳新河	130	艾辛庄—献县枢纽	石德铁路、贾庄桥	<50	2300～3000	50	2800、校核5700
10	滹沱河	194.1	黄壁庄—献县枢纽	北中山、姚庄	<50	1600～3000	50～100	3300～13700
11	滹沱河行洪道	31.1	饶肃公路—献县枢纽		10	700	10	800
12	子牙新河	152	献县枢纽—海口当潮闸	献县闸、海口闸	<50	4000～5000	50	5500～8800
13	子牙河	97.6	献县枢纽—冀津界		10	150～250	10	300

3　黑龙港及运东地区诸河水系

黑龙港及运东地区诸河水系位于滏阳新河、子牙新河以南，卫运河、漳卫新河以北，主要有南排河和北排河两大排水系统。南排河上游纳老漳河—滏东排河、老盐河、东风渠、老沙河—清凉江及江江河等支流，在肖家楼穿南运河，至赵家堡入海。北排河自滏东排河下口冯庄闸开始，沿途纳港河西支、中支、东支和本支等河，于兴济穿南运河至歧口入海。运东地区有宣惠河、大浪淀排水渠、沧浪渠、石碑河等。黑龙港及运东地区诸河水系全部在河北省境内，总面积 22444km^2。

历史上该流域洪、涝、旱、碱、淤五害并重，以洪涝灾害最重。该区域排涝标准偏低，有的地区还不到 3 年一遇，沥涝造成的灾害十年九发。黑龙港流域河北河北省有耕地 200.6 万 hm^2，约占全省平原耕地的 1/3。1965 年以前流域主要受子牙河、南运河两河决口的影响，最严重的有 4 次，分别发生在 1953 年、1954 年、1956 年、1963 年。之后开挖了滏阳新河、子牙新河、漳卫新河等防洪河道。基本消除了中低标准外来洪水对本区的威胁，同时也减轻了沥涝灾害面积由治理前的 15 万 hm^2 减少到治理后的 6.7 万 hm^2。

3.1 滏东排河

滏东排河是 1965—1966 年人工开挖的黑龙港流域的骨干型排沥河道，起自河北省宁晋县孙家口，沿滏阳河右堤右侧，至沧州市泊头镇冯庄闸分为南北两支，分别入南排水河和北排水河。

滏东排河上游纳老漳河、小漳河沥水，沿途纳老盐河故道及区间沥水，长 113.3km，集水面积 4409km^2。滏东排河自宁晋县孙家口向东约 2km 进入新河县，东行过挽庄后由小寨村进入衡水市冀州境内，下行至东羡村东羡水文站建有冀码渠引水闸，冀码渠为沟通滏东排河和衡水湖的引水渠道，过引水闸东行 500m 建有节制闸，东行至良心庄入衡水市桃城区，沿衡水湖北堤向东北至大赵常村建有接纳衡水湖泄水的退水闸，然后东北行至五开节制闸，然后东北行至顺河庄进入武邑县，东北行经杨庄闸、田村闸后进入武强县，然后东行于闫五门村进入沧州市泊头，约 3km 后至冯庄闸。

流域内地势平坦开阔，西南高、东北低，微地貌较为复杂，低矮沙丘、岗坡相互交错，形成许多条带状封闭洼地。流域地处温带大陆季风气候区，多年平均降水量 530mm。

3.2 南、北排水河

南、北排水河是黑龙港流域人工开挖的主要排沥河道，因分别位于沧州市区南、北，故名南、北排水河。

南排水河起自泊头市乔官屯，下至黄骅市李家堡入海，全长 99km，流域面积 13707km^2。南排水河上游由江江河、清凉江两支，汇合后于泊头市文庙北和老盐河相遇，至乔官屯始称南排水河（运西段），下游流经泊头市东北部后入沧县境内，在沧县肖家楼建有穿运倒虹吸（南排水河与南运河交叉的立体工程），穿过南运河后东流进入黄骅市注入渤海。南排水河主要排泄滏阳新河以东、南运河以西、滹沱河故道以南、魏大馆排渠以北沥水。南排水河于 1960 年开挖，1964 年进行续建，排沥设计标准 5 年一遇，入海尾间设计流量 552m^3/s，校核流量 950m^3/s。南排水河沿岸建有中小型水闸枢纽 51 座，扬水站 46 处。1972 年，在南排水河设立肖家楼水文站，该站位于沧县张官屯乡肖家楼村，流域控制面积 13707km^2，1977 年 8 月 6 日实测最大流量 858m^3/s。

北排水河起自泊头市冯庄，至天津市马棚口注入渤海，全长 161.5km，流域面积 1328km^2。北排水河起自泊头市境内滏东排河的冯庄闸，沿滏阳新河右堤北行在隋庄南入献县境内，然后沿滏阳新河右堤北行至滹沱河、滏阳河、滏阳新河汇流处的献县枢纽，转向东流至献县与河间交界处，期间建有野马、垒头、张祥 3 处连接渠，将黑龙港河西支沥水分段引入北排水河，进入河间县境内后转向东北流向，在河间段有黑龙港河西支汇入，然后进入青县境内东行，有黑龙港河中支、东支汇入，继续向东至北排水河穿运涵洞（北排水河与南运河立交排沥工程，属子牙新河穿运枢纽的一部分，建有10孔涵洞，涵洞上方为南运河过水渡槽），北排水河过穿运涵洞后，向东北方向进入黄骅市，在黄骅市流向为东西向，于翟庄子附近进入天津市大港区，东行30km后至北排水河挡潮闸入海。北排水河主要是滏阳新河以东、子牙新河以南、南排水河以北的沥水。北排水河于1966—1967年结合填筑子牙新河右堤取土开挖而成，1977年按照3日降雨250mm的标准进行扩大治理，全河道排沥设计流量500m³/s。

4　大清河水系

大清河水系地处海河流域中部，西起太行山，东临渤海湾，北邻永定河，南界子牙河，流域总面积43060km²，占海河流域总面积的13.5%。流域跨山西、河北、北京、天津4省（直辖市），其中河北省约占流域总面积的81%，在河北省流经石家庄、保定、廊坊、沧州、衡水、张家口等六市；山西省占流域总面积的8%；北京市占流域总面积的5%；天津市占流域总面积的6%。

大清河水系为扇形分布的支流河道，由南北两支和清南、清北平原组成。凡经新盖房枢纽流入东淀的支流为北支，其主要支流为拒马河，在北京市张坊镇出山后分为南、北拒马河。北拒马河在涿州二龙坑纳小清河、琉璃河后以下始称白沟河。南拒马河纳北易水、中易水后东流，在高碑店市白沟镇与白沟河汇流。北支洪水通过新盖房分洪道进入东淀，通过白沟引河与白洋淀相通。汇入白洋淀的支流为南支，包括潴龙河、唐河、清水河、府河、漕河、瀑河、萍河、孝义河等。南支经赵王新河与北支在东淀汇流后，分别经海河和独流减河入海。清北平原指永定河泛区以南，白沟河以东，东淀以北的平原三角地带，面积2994km²，主要排水河道为中亭河，主要支流有雄固坝排干、牤牛河和10多条支渠。清南平原系指子牙河、潴龙河、大清河之间的平原地区，面积5237km²（包括文安洼面积），区内有小白河、古洋河、任河大渠、任文干渠、文安排干等骨干排水河道，各河排水入东淀。

4.1　潴龙河

潴龙河是海河流域大清河水系南支主要行洪河道，始于河北省安国市军诜村，流经安国、博野、蠡县、高阳、安平等县，汇入白洋淀，干流长73km，流域面积9430km²。

潴龙河上游由沙河、磁河汇流而成，向下沿东北方向流经安平县、博野县、蠡县，穿朔黄铁路后，左岸于1957年新建了陈村分洪口门（设计分洪流量1500m³/s），过分洪口门后蜿蜒东行汇入高阳境内，然后沿东北方向穿高任公路后注入白洋淀。潴龙河右堤是著名的千里堤上段（起自北郭村，止于子牙河左堤），途径安国、安平、博野、蠡县、高阳、任丘、文安等县，全长189km。

沙河是潴龙河的主源，俗称大沙河，发源于山西省灵丘县太白山碾盘岭北麓，沿峡谷西流与发源于山西省繁峙县的青洋河相汇，相会后向东南方向流至百亩台附近纳北流河，继续东流经法华村进入河北省阜平县境内，纳鹞子河、板峪河后注入王快水库，在库区西南侧有胭脂河汇入，北侧有平阳河汇入。1958年，在王快水库上游设立阜平水文站，该站位于阜平县城关镇，流域控制面积 2210km^2，1963 年 8 月实测最大流量 3380m^3/s。在王快水库设立水库水文站，该站设立于 1960 年，流域控制面积 3770km^2，1963 年实测最大流量 9040m^3/s。

沙河出王快水库进入曲阳县，沙河在曲阳县段建有沙河灌区总干渠引水口，然后进入行唐县，在行唐县大川村建有群众渠引水口、在张家庄建有荣臻渠首，在河合村、北高里村先后有曲河、郜河汇入，下穿朔黄铁路进入新乐市。1951 年，在新乐县城关镇三合铺村设立新乐水文站，该站流域控制面积 4970km^2，1955 年 8 月 18 日实测最大流量 6140m^3/s。

沙河从新乐开始进入平原，向东南穿京广铁路后流入定州市界，在定州东南部张歉村附近沙河分为南北两支，北支为主流，南支为沙河故道，两支在安国大李庄汇合，汇合后继续东流，至北章令村与发源于曲阳县的孟良河相汇，至军诜村与发源于灵寿县的磁河相汇入潴龙河。全长 242km，流域面积 5560km^2。在潴龙河下游，设有北郭村水文站，该站设立于 1950 年，位于安平县马店乡北郭村，流域控制面积 8550km^2。1963 年 8 月实测最大流量 5380m^3/s。

磁河又称木刀沟，发源于河北省灵寿县五岳寨北麓，东南流至窑口附近左岸有李家沟汇入，继续东流至东西湾左岸有新开河汇入，前行至陈庄后注入横山岭水库，磁河出水库后沿东南方向至东岔头折向南流，经桥塘沿村后进入丘陵地带，右岸有燕川河汇入，沿东南方向进入唐县，在伏流村附近穿朔黄铁路后进入平原，在常香村附近流入新乐市木刀沟。木刀沟又名长淋沟，源于新乐市闵镇村，沿新乐、正定、藁城边界东行，穿京广铁路后东流进入无极县，流经深泽县、定州市、安国市，在安国市军诜村北与沙河汇流注入潴龙河，全长 179km，流域面积 2100km^2。在磁河上游，1959 年设立横山岭水库水文站，该站位于灵寿县岔头乡冯沟村，流域控制面积 440km^2，1963 年 8 月实测最大流量 1480m^3/s。

潴龙河两大支流上游建有王快、横山岭、口头三座大型水库，总库容 17.38 亿 m^3。中型水库两座，分别为燕川水库、红领巾水库，总库容 0.63 亿 m^3。

4.2 唐河

唐河是海河流域大清河水系南支之一，发源于山西省浑源县抢风岭，止于河北省白洋淀，流经山西、河北 10 个县（市），支流 10 余条。

唐河自源头（山西省浑源县王庄堡）向东北流至龙嘴转向东南，经王庄堡、西会后进入灵丘县，在灵丘县由西向东先后纳赵北河、华山河、红石楞泉后，在东南水堡镇流入河北省涞源县境内。

进入河北省后河流呈西北—东南流向，途径龙家庄、独山城、新城庄等进入唐县，在唐县境内花塔附近有银坊沟汇入，下经中唐梅水文站后，在歇马庄附近右岸有歇马沟汇入，在西大洋村南汇入西大洋水库，西大洋水库库区西侧有通天河汇入，西南侧建有唐河灌区总干渠渠首，唐河灌区内有界河、蒲阳河、曲逆河、七节河、运粮河、九龙河、韩家沟、十五计沟、新开河支流等排沥河道。1956 年，在唐河上游倒马关乡倒马关村建有倒马关水文站，控制流域面积 2770km^2。1959 年，在唐县唐梅乡中唐梅村设有中唐梅水文站，控制流域面积 3480km^2。

唐河出西大洋水库后折向东南流，纳来自曲阳县境内的马泥河，经唐县钓台村南进入定州境内，在定州经西潘、奇连屯，过京广铁路，经唐城、泉邱进入望都境内，东流至温仁村东转为东北流向，经北辛店，过东石桥后有清水河汇入，向下游流至安新县牛角村后，经唐河新道注入白洋淀。1966年，在清水河设立北辛店水文站，该站位于清苑县北辛店乡北辛店，1966年实测最大流量710m^3/s。1959年在大西洋水库设立大西洋水库水文站，控制流域面积4420km^2。

唐河中游唐县境内建有西大洋水库，总库容11.37亿m^3，控制流域面积4420km^2。

4.3　拒马河

拒马河古称巨马河，又称涞水，发源于河北省涞源县涞源泉，至涞水县铁索崖出山后分为南、北两支。

涞源县境内分布着东团堡、涞源、走马驿三个盆地，拒马河汇集涞源盆地诸小河及盆地内的众泉群成为拒马河的源头，拒马河从源头东行至西神山村，右侧有西神山河汇入，在石门至马圈村之间右侧有杜村沟、南屯沟、马圈沟汇入，左侧有北屯河汇入，然后进入峡谷地带，在京源铁路桥附近左侧有浮图峪沟汇入，在小河村附近右侧有小河沟汇入，至王安镇北，右侧纳王安镇沟，左侧纳乌龙河，拒马河在东二道河至塔崖驿之间形成U形河道，连续穿越多座铁路桥涵后进入易县境内。在易县拒马河蜿蜒东流至紫荆关，右侧有安各庄水库紫荆关引水枢纽五一渠首，过紫荆关后东流至前庄，左侧有青源沟汇入，至下游九源附近右侧建有官座岭水电站引水口（可引水至旺隆水库），向东流至高庄一带转向北流，左侧有北三沟汇入，在北辛庄进入涞水县。在涞水县北行至河北口村，右侧有偏道子沟汇入，北行至龙门村有龙门西沟汇入，再至白涧村有白涧沟从左侧汇入，下行至平峪村建有平峪水电站，过水电站后左侧有福山口沟、山神庙沟、蓬头沟汇入，然后转向东流至野三坡，在野三坡有紫石沟从左侧汇入，从野三坡向下流入北京房山区，经九渡、八渡、七渡、六渡、四渡至千河口出北京，在张坊水文站下游附近有龙安沟汇入，至沈家庵村复入涞水县，至铁索崖出山口后分为南拒马河、北拒马河两支。南拒马河东南流经落宝滩、涞水城北、吴村进入定兴县，在定兴境内有北易水、中易水汇入，向下流经北河店水文站后东行至白沟镇与白沟河汇流。

北拒马河东行穿永乐铁路桥后有胡良河汇入，在涿州市刁窝附近右侧建有幸福渠引水口，至小柳村附近左侧有琉璃河汇入，在任村附近左侧有小清河汇入，然后过铁路桥与白沟河汇流，在西北方向，在新盖房枢纽，与南拒马河汇合。

南拒马河上游建有安格庄大型水库一座，总库容3.09亿m^3，另外，拒马河上游共建中型水库7座，分别为：小清河崇青水库，大石河牛口峪水库、天开水库，龙安沟宋各庄水库，北易水累子水库、马头水库、旺隆水库，总库容1.08亿m^3。

在拒马河上设有紫荆关、张坊水文站。1960年，在中易水上游安格庄水库设有安格庄水库水文站，流域控制面积476km^2。在北易水上游旺隆水库设有旺隆水库水位站，马头水库设有马头水库水位站。在白沟河上游小清河设有漫水河水文站。1951年，在拒马河下游的雄县朱各庄乡新盖房村，建有新盖房水文站，控制流域面积10000km^2。

4.4 白洋淀

白洋淀位于河北省中部平原，地处海河流域大清河水系的九河下梢，接纳从南、西、北三面流来的潴龙河、唐河、府河等8条河流的水汇集而成。流域面积2.10万km^2。

表8-53 白洋淀堤防防洪指标

堤防名称	起止点	现状标准（重现期）/年	设计标准	
			重现期/年	堤顶高程/m
障水埝	黑龙口—大北头	10	15	1.0
淀南新堤	南冯村—大树刘村	20	15	11.0
四门堤	西涝淀—任高路	20	15～20	11.0
新安北堤	山西村—白沟引河口—雄县十里铺	30	20	11.2～11.0
千里堤	枣林庄—任高路	10～20	70～80	12.5
东淀左堤	冀津界—刘家铺（长69.6km）	<20	50	
东淀右堤	冀津界—洪城村（长49km）			

4.5 大清河

大清河从新盖房枢纽开始，至东淀第六堡结束，共分三段：新盖房—任庄子段，设计流量67m^3/s；任庄子—台头镇段，设计流量800m^3/s；台头镇—第六堡段，设计流量400m^3/s。大清河任庄子以上段已改为灌溉渠，汛期基本不承担泄洪任务，仅承担宣泄部分小洪水任务。任庄子—台头镇段1970年河北省进行过扩挖、疏浚，现状行洪能力为800m^3/s。台头镇段尚未扩挖、存在卡口，大清河台头镇—第六堡段现状行洪能力为400m^3/s。

4.6 独流减河

独流减河建于1953年，为东淀分流入海的泄流工程。进口建有8孔进洪旧闸一座，设计流量840m^3/s。河道从第六堡开始至万家码头，与马厂减河平交后经北大港入海。原设计流量1020m^3/s，河道全长43.5km。1969年治理大清河中下游时，进口建独流进洪新闸一座，设计流量2360m^3/s。并对独流减河按3200m^3/s规模进行了扩建。上段独流进洪闸至管铺头长约18.5km进行了深挖、展堤和复堤。两堤堤距850m，下段管铺头到万家码头进行了疏浚和堤防加固，河内开辟了南、北两个深槽。其中管铺头18＋450～32＋000深槽底宽各260m，32＋000～43＋500（万家码头）深槽底宽各为320m。两堤堤距1020m。万家码头以下北大港段辟有宽5km的行洪道，行洪道长18.7km，其南北两侧分别开挖了一个宽40m和35m的深槽。行洪道下口东1000m桥以下至独流减河防潮闸河道长5.6km，堤距1000m。河内辟有底宽各为120m的两个深槽。海口建有设计流量为3200m^3/s的防潮闸一座（1994年按原规模改建完毕）。防潮闸以下独流减河尾渠长2km，底宽50～260m。

4.7 大清河水系行洪河道技术指标

根据防洪规划，对大清河水系16个主要行洪河道的河道长度、起始点位置、控制站位置等资料进行统计，并对现状防洪标准和设计防洪标准进行对比。表8-54为大清河水系行洪河道技术指标成果表。

表 8-54　　大清河水系行洪河道技术指标成果表

序号	河道名称	河道长度/km	起止点	控制站（位置）	现状标准		设计标准	
					重现期/年	流量/(m³/s)	重现期/年	流量/(m³/s)
1	沙河	55	铁路桥—军诜	铁路桥	<10	800～1500	20	2500
2	磁河	120	横山岭水库—军诜	北郭村	<10	300～800	10	1118
3	陈村分洪道	33	北陈村—赵堡店	陈村		800	20	1500
4	潴龙河	75	军诜—马棚淀入口	北郭村	10	2000	20	4200
	潴龙河		陈村以下	陈村	10	1000	20	2300
5	北拒马河	46	涿州桥—佟村				5	1070
6	南拒马河	32.7	北河店—新盖房枢纽	北河店	20	3000	20	3500
7	白沟河	56	二龙坑—白沟镇	新盖房	10	1800～2000	20	3200
8	白沟引河	12	新盖房引河—留通	新盖房		400	20	500
9	新盖房分洪道	30	新盖房枢纽—陈家柳扬水站	溢流堰下	10	2000～2500		5000
10	漕河	60.5	龙门水库—安新建昌村	铁路桥	5	300（铁路桥下有堤）	20	1180
11	瀑河	40	瀑河水库—白洋淀	铁路桥	<10	140～280	20	350
12	唐河	71.5	京广铁路—东石桥	冉河头	<10	300～800	20	900
13	新唐河	23	东石桥—韩村闸	东石桥	<10	1200～2500	20	3990
14	白洋淀		枣林庄枢纽		<10	1820	15	2700
15	赵王新河	43	枣林庄—任庄子	枣林庄	<10	1800～2000	20	2700
16	大清河	87.4	新盖房—冀津界			67～850		100－850

5 永定河水系

永定河水系处于北运河、潮白河西南，大清河以北，流经内蒙古、山西、河北、北京、天津等5省（自治区、直辖市），永定河全长761km，流域面积47016km²，山区面积占95.8%，其中官厅以上流域面积43480km²，官厅至三家店区间为1583km²，三家店以下平原面积1953km²。永定河是全国四大重点（长江、黄河、淮河、永定河）防洪河道之一。

永定河上游由两大支流组成，一支源于内蒙古高原的洋河，另一支源于山西高原的桑干河，两河流经交替连接的盆地和峡谷，于怀来朱官屯汇合称永定河。永定河在官厅附近纳妫水河，经官厅山峡于三家店入平原。永定河平原河道两岸有堤，卢沟桥枢纽设有小清河分洪道和分洪闸，下游从梁各庄进入永定河泛区，泛区内有天堂河、龙河汇入，泛区出口为屈家店枢纽。屈家店以下为永定新河和北运河，永定新河在天津附近纳北京排污河、金钟河、潮白新河、蓟运河于北塘入海，北运河入海河干流入海。

5.1 桑干河

桑干河是永定河两大支流之一，源于山西省宁武县管涔山庙儿沟，于朔城区马邑与源子河汇流后称桑干河，至河北省怀来县夹河村与洋河汇流称为永定河。桑干河全长390km，流域面积2.6万km^2。

桑干河在山西省境内称为恢河，流经大朔、山阴、应县、怀仁、大同、阳高等县，沿途有御河、浑河、黄水河等支流汇入，为桑干河上游段。在施家会村进入河北省阳原县，在施家会村建有桑二灌区渠首，东行至揣骨町大桥下游建有桑三灌区渠首，东流至小渡口村，右侧有桑干河最大支流壶流河汇入，东行经石匣里山峡进入宣化县，下行15km后在西窑沟村进入涿鹿县，此段称为桑干河中游段，长107km。桑干河右岸在西窑沟村以下建有七一灌区、桑南灌区引水口，流至涿鹿县城南有惠民北灌区引水口，然后东流至怀来县夹河村，与洋河相汇称为永定河。桑干河上游建有册田大型水库，总库容5.8亿m^3，控制流域面积16700km^2。

桑干河册田水库上游山西境内设有固定桥水文站、西朱庄水文站、罗庄水文站、东榆林水库水文站，在十里河建有观音堂水文站，在御河上建有孤山水文站，在饮马河下游建有丰镇水文站，在黑河下游建有丰镇（三）水文站。

1940年，在阳原县化稍营镇小渡口村设有石匣里水文站，流域控制面积23944km^2。1951年，在壶流河下游的化稍营镇小渡口村设有钱家沙洼水文站，流域控制面积4298km^2。

桑干河最大支流壶流河发源于山西省广灵县，流经河北省蔚县、阳原县，汇入桑干河。壶流河中游建有壶流河中型水库，总库容0.87亿m^3，控制流域面积1717km^2。1974年，在壶流河上设有壶流河水库水文站。

壶流河流域位于燕山褶皱带西部边缘的蔚县盆地西南部，西南高、东北低，中部为开阔的浅山区和丘陵区，下游属山前倾斜平原区。

壶流河在河北省境内流域面积3060.2km^2，汇入的主要支流有石门峪沟、大探口峪沟、比口峪沟、九宫口峪沟、清水河、安定河、白乐沙河等。壶流河流域位于太行山背风区，属半干旱大陆性季风气候区，夏季炎热，冬季寒冷，多年平均降水量399mm，其中70%以上的降水量集中在汛期。

5.2　洋河

洋河是永定河两大支流之一，干流始于东洋河、南洋河汇流处的河北省怀安县第十屯，止于怀来县夹河村，干流长106km，流域面积16250km^2。

洋河上游由东洋河、西洋河、南洋河三大支流组成，三支河流在河北省怀安县柴沟堡镇第十屯北汇流后称洋河。按河长、流域面积来讲，东洋河是主源。洋河在第十屯向东流，南岸是怀安县，北岸是万全县，洪塘河从南岸汇入，向东流经宣化县、张家口高新区，在宣化县境内有洋河灌区，在张家口高新区有清水河汇入，在下花园区建有洋河二灌区渠首。向东入响水堡水库，期间由龙洋河、盘常河等汇入，然后向东南进入怀来县，至夹河村与桑干河汇流称为永定河。洋河上游建有大型水库1座，即友谊水库，总库容1.16亿m^3，建有中小型水库12座，总库容1.17亿m^3。

东洋河是洋河主源，发源于内蒙古自治区察哈尔右翼前旗四顶房村，源头称五股泉河，在兴和县东南流，称二道河，期间有好亲河、鄂卜平河、黄石崖河、鸳鸯河汇入，而后东流汇入友谊水库，出友谊水库后进入河北省尚义县，称东洋河，然后东流沿程纳银子河、瑟尔基河、下纳岭河等支流，至东洋河村进入怀安县、万全等县，至河北省怀安县第十屯汇入洋河，全长134.6km。1947年，在东洋河上游设有柴沟堡（东）水文站，该站位于万全县四清渠渠首，流域控制面积3674km²，1974年7月实测最大流量2300m³/s。1960年，在尚义县小蒜沟乡友谊水库设立水库水文站，控制流域面积2250km²，1978年9月实测最大流量112m³/s。1963年，在友谊水库上游二道河设立兴和水文站，该站位于内蒙古自治区兴和县城关镇十八台村，流域控制面积2019km²。东洋河流域位于张家口市西北部，长城以北，靠近内蒙古平原，上游地形平缓，下游多为山区，河宽一般为100～500m，最窄处大虎沟附近仅30m。东洋河流域地处大陆性半干旱气候区，友谊水库以上多年平均降水量425mm，水库以下400mm，柴沟堡（东）水文站实测最大洪峰流量为1974年的2300m³/s。

西洋河俗称小洋河，发源于内蒙古自治区兴和县苏木山，始称银子河，向东流至南湾乡古城村入山西省天镇县，于新平堡镇称西洋河，继续东流至平远堡进入河北省怀安县，然后入洋河水库，出库后东流至怀安县城转东南流向，于怀安米家房汇入南洋河，河长61.2km，流域面积980km²。

南洋河发源于山西省阳高县随土营，称白登河，白登河东北流至桥头附近纳张官屯河，于柳家泉纳黄水河，于吴家河纳吾其河，流至天镇县刘家庄与黑河汇流后始称南洋河，流至怀安县城后于米家房纳南洋河，东流至河北省怀安县第十屯汇入洋河，全长59.5km，流域面积2936km²。1949年，在南洋河上游设有柴沟堡（南）水文站，该站位于怀安县柴沟堡，流域控制面积2903km²，1974年7月实测最大流量1180m³/s。在洋河水库设有响水堡水文站，该站设立于1935年，流域控制面积14507km²，1979年8月实测最大流量1270m³/s。

5.3　永定河

永定河位于北京的西南部。全河流经山西、内蒙古、河北、北京、天津5省（直辖市），入渤海，全长740多km（含永定新河），是海河水系北系的最大河流，流域面积为47016km²。

上游有两大支流，南为桑干河，发源于山西省宁武县管涔山；北为洋河，发源于内蒙古兴和县，汇合于怀来县夹河村，开始称永定河。发源于北京延庆县的妫水河也流入永定河。

上游处在太行山、阴山、燕山余脉、内蒙古黄土高原，海拔1500m以上，植被、地形、气候条件差，有8个产沙区，土壤侵蚀严重是永定河水泥沙含量极大的主要来源。

官厅山峡及下游上段是北京段，流经门头沟区、石景山区、丰台区、房山区、大兴区5个区。由官厅水库至门头沟三家店，长度108.7km，平均海拔500～100m，短距离内落差从450m降至100m，山峦重叠，沟谷曲曲弯弯，坡度变化大，水流湍急。

下游从三家店出山，入京津平原到渤海口，形成古道洪冲积扇面，海拔在25～100m之间，在近80km的流程中水流相对平缓，泥沙大量沉积，至河床高于地面，历史上改道多次，极易发生漫溢决口。1985年永定河被国务院列入全国四大防汛重点江河之一。

5.4 永定河水系行洪河道技术指标

根据防洪规划，对永定河水系10个主要行洪河道的河道长度、起始点位置、控制站位置等资料进行统计，并对现状防洪标准和设计防洪标准进行对比。表8-55为永定河水系行洪河道技术指标成果表。

表8-55 永定河水系行洪河道技术指标成果表

序号	河道名称	河道长度/km	起止点	控制站（位置）	现状标准		设计标准	
					重现期/年	流量/(m³/s)	重现期/年	流量/(m³/s)
1	永定河	74.7	金门闸—团结村		50	2500	100	2500
2	永定河右堤	32.4	金门闸—梁各庄	固安大桥	50	2500	100	2500
3	永定河泛区右堤		干校—团结村	崔新屯	50	2500	100	2500
4	永定河泛区左堤		付各庄—南昌	天堂河口	50	2500	100	2500
5	永定河左堤		北小营—落垡	大王务	50	2500	100	2500
6	永定河北小埝		大北市以上			2000		2000
7	永定河北小埝		大北市以下			1000		1000
8	永定河南小埝		姜志营以上			1500		1500
9	永定河南小埝		姜志营以下			1000		1000
10	南北前卫埝					800		800

6 北三河水系

北三河水系包括蓟运河、潮白河及北运河，洪水均南入渤海。北端的潮白河起源于沽源县石人山，西端潮白河上游及北运河与永定河相邻，东端的蓟运河与滦河及陡河流域接壤。总面积35808km²，其中山区面积21687km²，平原14121km²。按行政区划分，河北省占51.5%，北京市占31.0%，天津市占17.5%。

6.1 北运河

北运河是原京杭大运河北端河段，1726年（雍正年间）始称北运河。北运河始自北京市朝阳区北关闸，下至天津市北辰区屈家店枢纽与永定河相汇，在此设有屈家店水文站。流经北京市、河北省、天津市的7个县（区），全长242.3km，流域面积6166km²。

北运河上游称为温榆河，发源于北京市昌平区，由东沙河、西沙河、南沙河汇流而成，向东南至郑各庄村北，转东至北马坊村南，有孟祖沟河汇入，向下游建有马坊橡胶坝、槽碾橡胶坝，并有支流蔺沟河汇入，而后转向东南，穿鲁疃闸入朝阳区。温榆河进入朝阳区前行至辛堡闸，期间有清河汇入，之后沿朝阳区与顺义、通州两区边界穿苇沟拦河闸至葛渠村西南，南行至北马庄西，右侧有小坝河汇入，然后转向东南至北关枢纽。温榆河过北关闸后称为北运河，穿京沈高速入通州区，在通州区境内有通惠河汇入。出通州区向东南流经小圣庙至榆林庄拦河闸，于闸上纳凉水河，然后经杨洼拦河闸，在乔上村入河北省香河县。在香河县南流至鲁家务村，有牛牧屯引河汇入，向南流经曹店建有橡胶坝，并有凤港减河汇入。

北运河向南流至红庙村西，开挖有青龙湾减河，在青龙湾减河上建有土门楼泄洪闸，在此设有土门楼（北）水文站，再向南至木厂东，建有木厂节制闸。出木厂节制闸后北运河沿香河、武清两县边界，至五百户镇双街村进入天津市武清区。在武清区沿103国道向南流经河西务、大孟庄等到筐儿港枢纽。筐儿港枢纽是北京排污河、北运河交汇处的枢纽工程，包括北运河拦河闸、新拦河闸、分洪闸、北京排污河节制闸、分洪闸、倒虹吸等。然后南行穿京津塘高速公路，过徐官屯进入武清城区，南流至北辰区后在屈家店枢纽与永定河汇流。

北运河上游建有中型水库2座，分别为十三陵水库和桃峪口水库，总库容0.911亿m^3。1930年，在香河县五百户镇土门楼村设立土门楼水文站，该站流域控制面积2850km^2，1994年8月2日实测最大流量1420m^3/s。

6.2　潮白河

潮白河始于北京密云水库以下潮、白两河汇流处，下至天津市宁河县宁车沽，汇入永定新河后注入渤海，流经北京市、河北省、天津市的11个县市（区），全长275km，流域面积19354km^2。

潮白河由潮河、白河汇流而成。潮河发源于河北省丰宁县黄旗镇哈拉海湾村，东南流经丰宁县城大阁镇后向东南流，其间有黄旗西上沟、张百万沟、喇嘛山西沟、五道营沟、西南川、东河、后营子沟、窄岭西沟、石人沟、方营沟等汇入，于前沟门村入滦平境内。在滦平县南流至虎仕哈，左侧有岗子川汇入，右侧有金台子川汇入，其后马营子乡南大庙村，又纳于营子川后至巴克什营镇下二寨，左纳两间房川后经古北口入北京密云县密云水库，出库后与白河汇合后流入潮白河，全长159.1km，流域面积5276km^2。白河发源于河北省沽源县九龙泉，南流至独石口乡北栅子村入赤城县境内称白河，南流至独石口、猫峪、然后汇入云州水库，马营河在库区西北汇入。出水库后东南流经云州镇至赤城县城东流纳汤泉河，至雕鄂镇隔河寨右纳红河，然后东流至河东村入北京市延庆县白河堡水库，沿途纳黑河、汤河等主要支流，出库后经张家坟于石城汇入密云水库，出库后与潮河汇流后流入潮白河，河道长275km，流域面积约9000km^2。

潮白河上游建有大型水库3座，分别为云州水库、密云水库、怀柔水库，总库容46.21亿m^3；中型水库6座，分别为白河堡、半城子、遥桥峪、沙厂、大水峪、北台上水库，总库容1.94亿m^3。

在密云水库上游的潮河和白河两大支流中，在潮河上游设有大阁水文站、古北口文站、下会水文站。在白河上游设有云州水库水文站，在白河中游设有白河堡水库水文站，在白河下游设有张家坟水文站。

潮河和白河两大支流汇入密云水库后，在密云入潮白河，在潮白河下游的香河县淑阳镇吴村闸设有赶水坝水文站，该站设立于1961年，流域控制面积18220km^2，1950年7月实测最大流量2160m^3/s。

6.3　蓟运河

蓟运河始于天津市宝坻区张古庄，下至天津市北塘注入渤海，全长152km，流域面积 10288km²。

蓟运河由泃河、州河两大支流在天津市宝坻区张古庄汇流而成。东南流经津蓟铁路桥，向南至九王庄村南，折向东南至九王庄节制闸，下流经新安镇出宝坻进入河北省玉田县境内，至王家楼村西左岸纳兰泉河，下流至小河口建有扬水站，继续南流至小辛庄，下穿京沈高速公路。折向西南流，至观风堆右岸纳箭杆河，折向东南流经张头窝，右岸建有退水闸，然后西南流至盛家庄左岸纳双城河，向下西南流左岸建有盛庄洼蓄滞洪区，再至还乡河故道北堤出河北省玉田县，从江洼口入天津市宁河县，在宁河县有还乡河故道汇入，然后南流至阎庄，左岸纳还乡新河、煤河，然后南流至北塘镇北防潮闸，与潮白新河、永定新河汇合后注入渤海。

泃河发源于河北省兴隆县青灰岭南麓，南流经黄崖关进入天津市蓟县，南流经罗庄子、桑园、泥河，于锯凿山入北京市平谷县，西南流后流入海子水库。出库后纳将军关石河、黑水湾石河，然后西南流至南独乐村，纳黄松峪石河、北寨石河，至西沥津纳鱼子山石河，至平谷城东纳马驮河、龙泉水，至城南纳逆流河、拉煤沟河，至前芮营纳错河，然后西南流至英城大桥北，右岸接纳金鸡河后出平谷县进入河北省三河市。在三河市流经孟各庄拦河闸、西小汪、刘里村至三河市城北，折向东流下穿 102 国道后，南流至错桥下穿京秦铁路，经达窝头庄过闵庄子扬水站，入红旗庄拦河闸，过桑梓扬水站，到辛撞村，右岸建有引泃入潮工程口门，东南流经侯家营，折向南至芮庄子村东有鲍丘河汇入，然后进入天津市蓟县，东流至宝坻区张古庄与州河汇流。河长 160km，流域面积 3278km²。泃河上设有三河水文站。

州河发源于河北省兴隆县孤山子乡大青山，始称沙河，于桥水库以下称州河。沙河出源后向南流穿过长城，于山楂峪进入遵化市，然后南流汇入大河局水库。出库后穿 112 国道，纳罗文峪沟、马蹄峪沟、片石峪沟，然后流入般若院水库。出库后西南流经遵化市区后至张七各庄北，纳冷咀头河、北岭河，然后南流在水平口附近纳魏进河，西南流至西辛庄出遵化市进入天津蓟县，在蓟县藏山庄东南与黎河汇流后入于桥水库。出于桥水库后称州河，西南流至蔡庄折向南流，沿津蓟铁路下流至宝坻区张古庄与泃河汇合，南流入蓟运河。州河全长 112km，流域面积 2060km²。

还乡河古称浭水，是流经唐山市丰润境内的一条主要河流。1960 年，在还乡河上游设立崖口水文站，该站位于丰润县崖口乡柴家湾村，流域控制面积 199km²，1975 年 8 月 12 日，实测最大流量 882m³/s。沿西而下进入邱庄水库，设有邱庄水库水文站，该站设立于 1960 年，流域面积 525km²，1975 年 8 月 12 日，实测最大流量 1336m³/s。1955 年，在丰润县杨家套乡小定府庄设立小定府庄水文站，流域控制面积 1060km²，1967 年 8 月 20 日实测最大流量 796m³/s。

蓟运河上游共建有邱庄、于桥、海子等 3 座大型水库，总库容 19.82 亿 m³；建有上关、般若院、西峪、黄松峪等 4 座中型水库，总库容 1.16 亿 m³。

6.4　北三河水系行洪河道技术指标

根据防洪规划，对北三河水系 8 个主要行洪河道的河道长度、起始点位置、控制站位置等资料进行统计，并对现状防洪标准和设计防洪标准进行对比。表 8-56 为北三河水系行洪河道技术指标成果表。

表 8-56　　北三河水系行洪河道技术指标成果表

序号	河道名称	河道长度/km	起止点	控制站（位置）	现状标准		设计标准	
					重现期/年	流量/(m³/s)	重现期/年	流量/(m³/s)
1	北运河	21.7	桥上—香河双街	土门楼闸		1100	20	1330
2	青龙湾河	13.8	香河红庙—中营东	土门楼闸		1100	20	1330
3	潮白河	59.5	三河北杨庄—香河荣各庄	白庙、吴村闸	<20	2600	20	2850
4	泃河	50.7	三河北务村—芮庄子	三河	<20	200—300	20	1300
5	泃河		辛撞闸下	辛撞闸				250
6	引泃入潮	13.9	三河辛撞闸—香河东魏各庄	辛撞闸	20	830—1080	20	830—1080
7	蓟运河	60.4	新安镇—江洼口	新安镇小河口	<20	300—339	20	400—500
8	还乡河	45.6	丰润刘辛庄—玉田新发庄	蛮子营	<20	400—900	20	1172

7　滦河及冀东沿海诸河水系

滦河及冀东沿海诸河水系北起内蒙古高原，南临渤海，西界潮白、蓟运河，东与辽河相邻，总面积 54530km²，其中山区 47120km²，平原 7410km²。滦河流经内蒙古、辽宁、河北 3 省（自治区），其中 84.1%分布在河北省。冀东沿海各河均发源于河北省境内。

滦河发源于丰宁县巴彦图古尔山麓，始称闪电河，流经内蒙古正蓝旗至大河口纳吐力根河后称大滦河，至隆化县郭家屯附近与小滦河汇合后称滦河，郭家屯以下至潘家口河道蜿蜒曲折，穿行于燕山山脉，过桑园峡口进入迁安盆地，至滦县城关流出燕山山脉，于乐亭县兜网铺入渤海，全长 888km，流域面积 44880km²。

在滦河干流出山口后的东西两侧，有若干条独流入海的河流，合称冀东沿海诸河，面积 9650km²。其中滦河干流以东有 17 条较大河流，这些河流大都发源于长城以南的浅山区，平原区相对较窄，各河具有山溪性河流的特征。滦河干流以西有 15 条较大河流，这些河流大都发源于燕山山前丘陵区，平原区相对较宽，但平原区总的坡度也较其他地区的滨海平原为陡，因此各河具有半山溪性半平原性的特征。

7.1　青龙河

青龙河是滦河的支流之一，发源于河北省平泉县，有北、西两源，于辽宁省凌源市三十家子镇汇合后始称青龙河，至滦县石梯子村东汇入滦河，全长 246km，流域面积 6430km²。

青龙河自平泉县进入凌源市内后，河床摆动较大，岸滩发育，并先后有大桦皮沟、杨杖子沟汇入，南流至绊马河进入河北省宽城县，在宽城县右纳都阴河东南流至老岭湾村北入青龙县，至红旗杆村西右岸有都源河汇入，东南流至大巫岚乡铁炉沟门，左侧纳星干河，下至半壁山折向南流，自半壁山始青龙河两岸有堤，至双山子左岸有起河汇入，下行流入桃林口水库，出库后进入卢龙县，在小黄崖山脚下建有卢龙县引青灌区渠首工程，下流至卸家庄，较大支流沙河在右岸汇入，过卢龙县城西，南流入滦县，于石梯子村东汇入滦河。

青龙河流域地处燕山山脉东段，长城以北为山区，以南为丘陵区。

青龙河流域属东亚季风气候区，年降水量500～700mm，年内分配不均，年际变化大，桃林口水文站实测最大降水量为1959年的1208mm，最小为1982年的320mm。青龙河在滦河支流中水量最丰，年径流1977年最大为21.14亿m^3。

7.2　滦河

滦河发源于河北省丰宁县骆驼沟乡小梁山南麓，至乐亭县兜网铺注入渤海，全长888km，流域面积44880km^2。滦河水量丰沛，自源头至入海口共有支流500余条，其中，流域面积大于1000km^2的有9条，分别为小滦河、兴州河、伊逊河、武烈河、老牛河、柳河、瀑河、潵河、青龙河等。

滦河上游称闪电河，源于河北省丰宁县骆驼沟乡小梁山南麓大古道沟，西流入孤山水库，出水库后向西北流入张家口市沽源县，其间先后纳二道河、骆驼场等支流。闪电河入沽源县后，在三旗镇西南纳五女河后入闪电河水库，出库后，沿沽源县东部北流至榆树沟子东，有沙井子河右岸汇入，至黄土湾出沽源县进入内蒙古正蓝旗，北流至小马场转向东北，然后汇入双山水库。出双山水库后闪电河东南流入内蒙古多伦县，在多伦县有黑风河注入，然后东南流至大河口村南有吐里根河汇入，继续东南流始称大滦河。在闪电河设有闪电河水库水文站、正蓝旗水文站、白城子水文站和大河口水文站。

大滦河由北向南穿越峡谷之间，先后有7条支流汇入，在多伦县西山湾建有西山湾水库，出库后折向西南流至骡子沟口，沿途纳小菜园沟、松木沟、骡子沟等13条支流。过骡子沟口大滦河复入河北省丰宁县，至外沟门乡外沟门村右纳槽碾西沟，南至四岔口乡头道河村右纳四岔口沟，至四岔口乡永利村建有丰宁电站水库。东流至漠河沟村入隆化县，至郭家屯西左纳小滦河（发源于围场县坝上），始称滦河。小滦河流域有沟台子水文站控制。汇合后由郭家屯水文站控制，郭家屯水文站控制滦河上游流域面积13000km^2。

滦河东南流至鱼亮子村，有鱼亮子北沟从左岸汇入，至兴隆庄进入滦平县境内，在滦平县荒地进入山间盆地，至张百湾镇右纳兴州河，然后东南流入承德市双滦区，于滦河镇左纳伊逊河，东南流至化育沟东，有王营子川从右岸汇入。滦河经大石庙镇雹神庙村武烈河从左岸汇入，而后进入承德县境内，向东南流至下板城左岸有老牛河汇入，南流至八家乡彭杖子，左纳暖儿河后东南流有柳河汇入。之后滦河进入峡谷段，在宽城县境内纳瀑河后进入潘家口水库。潘家口水库上游，在瀑河上设有宽城水文站和平泉水文站，宽城水文站控制流域面积1661km^2，1994年7月实测最大流量1720m^3/s。在老牛河下游设有下板城水文站，流域控制面积1615km^2，1968年7月实测最大流量1110m^3/s。柳河中游设有李营水文站，流域控制面积626km^2，1958年7月实测最大流量2310m^3/s。武烈河下游设有承德水文站，流域控制面积2460km^2，1962年7月实测最大流量2580m^3/s。伊逊河上游设有围场水文站，下游设有韩家营水文站。蚁蚂吐河下游设有下河南水文站，兴州河设有波罗诺水文站。在滦河中游设有三道河子水文站，控制流域面积17100km^2，1958年7月实测最大流量1580m^3/s。在潘家口水库设有潘家口水库水文站。

出潘家口水库后南流有瀑河从右岸汇入，进入大黑汀水库，大黑汀水库下游建有引滦枢纽（引滦入津、引滦入唐）。在大黑汀水库设有大黑汀水库水文站，大黑汀水库以下滦河向南至迁西县有长河汇入，东流至罗家屯左纳清河后进入迁安市，东南流至西马兰庄进入山前平原区，期间刘皮庄沙河、隔兰河、三里河汇入，然后东南流进入滦县境内，在滦县石梯子附近纳最大支流青龙河后南行穿越京山铁路桥，南流至滦州镇南岩山，建有岩山渠首引水枢纽工程，过岩山渠首后，滦河转向东南流入滦南、昌黎，然后东流至乐亭县，在乐亭县城东兜网铺附近注入渤海。在滦河下游的滦州镇老站村设有滦县水文站，流域控制面积 44100km^2，1962 年 7 月 27 日，实测最大流量 31500m^3/s。

滦河上游共建有庙宫、潘家口、大黑汀、桃林口四座大型水库，总库容 43.09 亿 m^3；建有中型水库 12 座，分别为闪电河、大河口、西山湾、丰宁电站、钓鱼台、黄土梁、窟窿山、大庆、老虎沟、三旗杆、房管营、水胡同等，总库容 1.6 亿 m^3。

7.3　陡河

陡河上游有两大支流，一支为管河，发源于迁安的管山，河长 33km ，流域面积为 263km^2；另一支为泉水河，发源于丰润区马庄户，河长 38.5km，流域面积 239km^2。两支流自北向南于双桥附近汇合后称为陡河，再向下穿过唐山市区进入丰南区，经稻地、尖子沽、柳树圈等地，于涧河村东汇入渤海。全长 120km，流域面积 1340km^2。

东分支管河发源有很多说法，发源于迁安市东蛇探峪村说法较早，不过随着年代久远，河道基本已经消失，同样因为没有恒定水源补充，只有在雨季可以形成季节性河流，所以公认的管河的发源，就在滦县王店子镇福山寺村附近的北大泉，福山寺村后的山就叫管山。管河流经王店子镇、龙坨乡、北小寨村、麻湾坨村后，在宋家峪村附近和另一重要分支龙湾河交汇，共同注入陡河水库。管河河长 30.4km，集水面积 286km^2。

西分支清水河有两条分支，一支发源于唐山市丰润区王官营镇上水路村的马蹄泉，流经下水路、王官营，与另一支发源于丰润区火石营镇马庄户村的腰带河交汇，经板桥南入陡河水库。泉水河按河流长度标准判定，应该发源于火石营镇的马庄户村，不过由于没有恒定水源补给，大部分河道已经干枯，已经退化成季节河，上水路的马蹄泉虽然水量不大，但基本恒定，一年四季涓流不断，是泉水河的主要水源，所以公认马蹄泉为泉水河的源头。泉水河全长 45km，集水面积 244km^2。

引滦入唐工程就是跨流域将滦河大黑汀水库的水源引入还乡河邱庄水库，然后从邱庄水库穿过还乡河与陡河分水岭，注入泉水河，再由泉水河引入陡河水库。引滦入唐工程每年可给唐山市和还乡河陡河中下游输水 5 亿～8 亿 m^3，已经成了陡河水库主要的水源来源之一。

1956 年在该河的双桥附近建成了陡河水库，经 1986 年大坝加高后，总库容已达 5.15 亿 m^3，为防洪及城市供水发挥了重要作用。

7.4　滦河水系行洪河道技术指标

根据防洪规划，对滦河水系 11 个主要行洪河道的河道长度、起始点位置、控制站位置等资料进行统计，并对现状防洪标准和设计防洪标准进行对比。表 8－57 为滦河水系行洪河道技术指标成果表。

表 8-57　　滦河水系行洪河道技术指标成果表

序号	河道名称	河道长度/km	起止点	控制站（位置）	现状标准		设计标准	
					重现期/年	流量/(m³/s)	重现期/年	流量/(m³/s)
1	陡河	71	陡河水库—入海口	边庄		600～300		267
2	陡河		唐山市区		100			
3	陡河		南市段草泊以上		10～20			
4	陡河		草剥以下				10	
5	滦河	75	京山铁路—入海口	于庄子	＜50		50	25000
6	滦河左岸	45	铁路桥—袁庄					
7	滦河		铁路桥—汀流河	汀流河		20000～25000		
8	滦河		汀流河—袁庄			10000～15000		
9	滦河	11.2	于庄子—王家楼			20000～25000		
10	防洪小埝	39.6	左岸王家楼—吴家铺			4000～5000	5	8230
11	防洪小埝	56.6	右岸大李庄—入海口		＜3	3000～5000		

参　考　文　献

[1]　河北省第一次水利普查领导小组办公室. 水利工程分册 [R]. 2013.

[2]　于京要. 河北省防洪规划与防洪体系建设研究 [J]. 水科学与工程技术，2007 (8)：53-55.

[3]　魏志敏，张胜红. 海河流域防洪体系发展对策探讨 [J]. 海河水利，2003 (3)：28-30.

第九章　河道生态治理工程

防洪河道主要指标主要包括河流数量、河段长度，有规划且有防洪任务的河道内长度，已经治理的河道长度，是否划定水功能区的河段长度以及各级单位管理的河段长度。

防洪标准即防洪保护对象达到防御洪水的水平或能力。一般将实际达到的防洪能力也称为已达到的防洪标准。防洪标准可用设计洪水（包括洪峰流量、洪水总量及洪水过程）或设计水位表示。一般以某一重现期（如 10 年一遇洪水、100 年一遇洪水）的设计洪水为标准；也有以某一实际洪水为标准。在一般情况下，当实际发生的洪水不大于设计防洪标准时，通过防洪系统的正确运用，可保证防护对象的防洪安全。

第一节　滏阳河邯郸市区段河道治理

1　滏阳河治理的必要性

滏阳河发源于峰峰的鼓山脚下，境内长度 165km，流域面积 2747km^2，是贯穿于邯郸市唯一河流，境内有牤牛河、渚河、沁河、输元河、留垒河等 5 条主要支流。滏阳河不仅是邯郸人民生活的生命线，也是邯郸经济社会发展的命脉。从 1999 年开始，已整治邯郸市区内段滏阳河 15km。由于历时欠账太多，河床抬高，主河槽缩窄，工程老化失修，堤防毁坏严重，水污染形势严峻，防洪标准明显偏低，综合功能已经萎缩，严重影响行洪安全和环境质量。为改变这一现状，对滏阳河进行全面治理势在必行。

2　河流治理总体规划

2.1　设计原则

（1）可持续发展原则：社会效益和环境效益发展是建立在环境资源可持续利用的基础上的。在资源、交通、环境、生态等方面为滨水空间的持续发展留有余地，既能配合近期的形象要求，又能为今后发展创造良好的条件。

（2）人性化设计原则：滨河景观建设是为了提高和改善市民的物质和精神生活质量，不仅需要注重物质性的硬环境，还需要注重精神文化性的软环境。不但应具有景观环境，而且要具有浓郁的人文气质和温馨的感情色彩，使之成为市民放松身心，融合自然关系，享受城市生活的场所。

（3）生态原则：以生态效益为主，完善生态景观系统，打造“赵都＋绿网”城市，依托滏阳河穿城的自然优势，不断深入实施“清水绿带”工程，高标准、高质量营造城市风光带的岸线景观轴。创建优秀旅游、优秀园林城市，全面实滏阳河流域综合治理各项目标。

2.2　规划设计内容

邯郸市按照开发建设生态经济文化景观走廊的总体思路，建设开发水源涵养区、生态防洪区、城乡宜居区、高效农业区、生态风景区、人文景观区，简称“一廊六区”。

生态风景区将以水利自然风光开发为重点，打造黑龙洞泉域、滏泉湖景区、广府古城三处水利风景园区；依托马头镇，在马头至张庄桥段，扩大莲藕、芦苇、花卉、鱼塘等的种植和养殖面积，打造沼泽湿地，引进推广名特优稀新品种，发展特色经济作物，发展生态休闲观光农业；

邯郸主城区利用南湖、北湖和穿城段滏阳河，打造生态景观带；人文景观区将以古闸和古桥保护为重点，进行保护性开发，新建亲水走廊、亭台楼阁、塔台浦榭、花木水“塑”、休闲娱乐等景观设施，将古代人文景观与现代休闲设施融为一体，将邯郸历史文化的延续性与城乡生活的现代性有机融合，创建人文景观新文化，打造靓丽风景线。

（1）滏阳河河道的整治及水污染的综合治理。城区段滏阳河规划河宽 30m，两侧按 50～100m 控制绿线。局部地段 20m。抓重点行业的污染治理、废水处理后达标排放。在两岸铺设排污管道，直接排入城市污水管网，经处理达标后排入河中。加强管理，严禁向滏阳河倾倒生活、建筑垃圾。

（2）两岸河滩绿化空间的构筑。滏阳河城区段建设依均布原则设置了 3 个景区，由南向北分别为滏阳公园、龙湖公园、苏曹公园，这 3 个以水为主题的公园充分利用了滏阳河这一宝贵水资源，大大改善了周围地区的生态环境，又为城市居民提供了娱乐场所。

1）南湖、北湖景区项目。南、北两湖分别位于主城区南环、北环两侧，两湖的建成，将对调节城市小气候、改善生态环境、增加城市绿地具有积极的作用。同时为邯郸市争创国家级园林城市创造了有利条件。

2）南湖景区项目。东起滞洪区东防洪堤、南至马头石桥分洪道、西邻中华大街、北至支漳河与滏阳河的交汇处。规划为南北向长 7400m，东西向最宽处为 740m，呈宽窄不一、狭长带状湖面。总面积为 $360hm^2$。

3）北湖景区项目。东邻滏东大街、南起北环路、西自 107 国道、北至苏黄路以北 500m。总用地面积约 $12km^2$。北湖景区规划了梦文化区、旅游服务区、梦湖游览区、特色别墅村及防护林带等。主城区滏阳河段通过滨河绿化带、滨河公园及沿岸道路将沿河各景区贯穿起来，形成收放有秩、多层次、多功能，点、线、面结合的生态景观廊道。

（3）亲水空间设计。在滏阳河两侧适当建 3～5 个亲水平台、若干临水步行道、2 个游船码头。亲水平台应设计在人流相对集中的位置，高度比一般临水步道低 50cm，通过台阶与步行道联系，其上放置桌椅、遮阳伞，市民至此或赏景或休憩或垂钓，怡然自得，充分满足人的近水、亲水的心理需要，人与自然的和谐相处。临水步道贯穿各景区，平均宽度 3～4m，沿路栽种垂柳和碧桃，形成“桃红柳绿”的景观特色。并且在保证其交通功能的前提下，综合运用花坛、雕塑、园林铺地、园灯等园林设计，使整个步行路线既连贯又富于变化，达到步移景异的空间效果。为了配合水上活动项目，沿滏阳河两岸适当布置一些游船、游艇码头，以便人们在滏阳河上开展观光、划船项目。

3 城市河流治理工程

按照“拒洪入市、导水外排、蓄泄结合、营造水景”思路，城区水系与防洪排沥工程总体规划是：整治五河，建设四湖，疏通六排渠（马头分洪道、漳滏连接渠、邯临沟引水渠、邯临沟、胜利沟、军亓沟），连接永年洼湿地，形成三个水系循环。使城区的防洪标准提高到100年一遇，打造出一个别具魅力的邯郸水城。

流经主城区及规划区的河流有6条，分别为滏阳河及其支流牤牛河、渚河、支漳河分洪道、沁河和输元河。其中滏阳河自南向北纵穿邯郸市主城区及规划城区，沁河自西向东横贯主城区，支漳河分洪道、渚河、输元则分别从主城区南、北绕城而过，牤牛河自马头城区北侧穿过。

3.1 滏阳河城区段

滏阳河市内段长19.4km，为城区主要排沥河道，为了河道岸坡的整齐美观，规划采用浆砌石进行护砌，河道两岸设置人行便道、交通路和绿化带，同时增设亲水设施。在空间充足的地带，可增大水面面积，扩充两岸的绿化带，并可同时增加园林小景，形成局部景观效应。在河道线路的布置上，以现有的河线为主，通过扩挖和适当改线，尽可能连通河道附近的现有景观（公园、文物古迹、特色建筑等），使整条河道形成连续的带状景观效果。

滏阳河为邯郸市的母亲河，从南到北贯穿城区，沟通了城区南部张庄桥枢纽形成的巨大水域与黄粱梦滞洪区，沿途经过了滏阳公园、龙湖公园等城市公园以及通济桥、罗城头桥、柳林桥、北苏曹桥、滏沁两河交汇口等重要城市景观节点，这些节点被河道串联起来，形成各具特色的郊野公园、滨河绿色公共绿地、滨河风景式防护林带等，治理后的滏阳河成为邯郸市一条靓丽的风景带。

治理后河道过水能力达到136m^3/s。两堤按20年一遇防洪标准整修加固堤顶加宽6m、具备车辆通行能力，两侧各设宽10m的绿化带。形成生态景观带2.7km^2，其中生态水面60.0hm^2，景观绿地2.0km^2。

邯临沟改建工程：该工程西起东环路沿邯临路向东，至贾口村入滏阳河，疏通10.2km的排水渠道，设计排水流量113m^3/s，主要解决人民路以北、京珠高速公路以西城区排沥问题。

3.2 沁河

沁河主城区段自齐村大坝至滏阳河口，长12.8km，也是主要排沥河道。规划完美和改造陵西桥—入河口区间的两岸景观设施，更新林草树种；齐村大坝——陵西桥段，进行沿岸拆迁、沿河桥梁维修、河道清淤疏浚、扩挖滨河道路、污水截排、对污水管网改造和两岸植树绿化、景观建设。在齐村大坝下游，清理整治齐村大坝下游的邯钢弃渣场，垫土还田，营造水生态园林，形成体现文化内涵、兼顾生态景观和居民休闲的崭新城市生态风景区。沁河齐村大坝至滏阳河段，利用河道上已建和新建的滚水坝，形成大面积的生态水面。

目前，沁河的大部分河段已建成带状公园，可进一步丰富历史人文及植物群落景观，并将局部段进行扩宽，同时，为公众提供生态良好的滨水娱乐、休闲、体育设施。

治理后的沁河，在城区内形成生态景观带 1.1km²，其中生态水面 30.0hm²，景观绿地 0.8km²。

3.3　输元河

输元河自城区西侧至东北方向半环城市，薛庄至 107 国道段为城区段，长 5.885km。河道规划断面比较大，两侧均有大面积的河滩地，适合营造生态河滩景观。规划河道按防洪要求进行清淤疏浚，将河滩地整治成舒缓的自然地形河岸，在平时无水的河床和河滩上种植适宜的植物，局部河段扩大，形成湿地景观，在河堤上种植生态防护林。

整治后的输元河，形成生态观景带 2.4km²，其中生态水面 60.0hm²，景观绿地 1.2km²。

3.4　渚河

渚河城区段自西环路至张庄桥，分为南支、北支和干流，分别长 4.2km、4.2km、5.6km。河道断面采用深水河槽，为了防洪安全及河岸的整齐美观，岸坡采用浆砌石进行护砌。在满足防洪要求的前提下，规划在京广铁路两侧的渚河上修建王湾和南十里铺两处橡胶坝，梯级拦蓄形成河道水面。

由于河道两侧建筑较为密集，两岸的绿化景观受到一定的限制，以带状绿化为主。该河段大部分处在工业污染区，河道及两侧的生态绿带将构成城市的生态缓冲带，绿带应结合绿地以防护林为主，绿带的功能主要为生态防护和生态恢复。河道流经赵王城遗址公园，在满足防洪的前提下，结合历史文化遗址，将该段治理成优美的风景林带。

渚河城区段经过治理，形成生态景观带 2.1km²，其中生态水面 20.0hm²，景观绿地 1.4km²。

3.5　支漳河分洪道

支漳河分洪道城区段为张庄桥至规划快速环路段，长 15.5km。断面较为宽阔，两侧均有大面积的河滩地，规划将现状的河道进行清淤复堤。利用现有的水利设施及新建水利工程（左岸橡胶坝、王安堡橡胶坝等），在局部加宽水面，形成梯级蓄水湖面。两侧滩地多为农田，可形成生态农业园区，堤岸上种植经济林木、灌木、植被，形成自然式的混合林区。

对支漳河南湖橡皮坝至人民路东延全长 11km 段进行加固，使河道最窄处达 100m、最宽处 500m，行洪能力提高到 482m³/s；两岸建设 11km 的滨河大道，形成 3.2km² 的生态水面、1.5km² 的绿化带。为满足市民亲水，南湖橡胶坝至 309 国道下游王安堡橡胶坝 8.5km 段，进行高标准绿化。修建精美宜人的亲水平台，铺设有情调的滩地游路，建设两道橡胶坝船闸，使其成为区域中心城市的浪漫水乡。

3.6　牤牛河

牤牛河城区段紧靠马头城区的北侧，断面比较开阔，两岸绿化空间很广，可在适当地段的靠城区一侧营造滨河公园，通过水利工程拦水造湖面，增设水上娱乐项目。在牤牛河入滏阳河处，地势较为低洼，可利用防洪工程，在非汛期拦水，将该低洼地段形成湿地。

4　效益分析

（1）提高防洪标准：通过对干流河道治理、蓄滞洪区建设，邯郸城市段达 100 年一遇，提高滏阳河防洪能力，确保人民群众生命和财产安全。

(2) 改善生态环境：建成165km的生态长廊，为市区打造长40km的景观水袋，营造冀南16km^{2}的永年洼湿地，同时，重现滏阳河往日盛景，如一条绿色飘带缠绕大地，促进当地生态环境大变样。

(3) 美化城乡面貌：沿滏阳河的城镇、乡村建造水景观台，美化城乡环境，提升城镇品位，为城乡居民提供宜居环境。

(4) 增加农民收入：随着滏阳河灌溉渠道的逐步完善，可恢复扩大灌溉面积数10万亩，年可为收益农民增收节支上亿元。

(5) 促进社会发展：滏阳河治理将为邯郸市工农业生产和社会经济的可持续发展提供重要的水源保障，并带动沿河土地开发增值，进而拉动城乡发展的经济带。

第二节　七里河邢台市区段河道治理

2015年12月，七里河风景区经水利部批准为国家水利风景区。自2006年6月起，邢台市开始对七里河实施综合治理，河道全程蓄水，南北滨河观光道全部贯通，百泉大道全线完工。新增水面760万m^2，新增绿地面积1150万m^2，绿化覆盖率达到90%，绿地率达到95%；建成19个游园，游园面积达100万m^2；建成18km健身绿道、5km健身路径及水上运动中心和体育公园。环境品质的大幅度提升，使得对环境要求极为严苛的白鹭重新栖息七里河，七里河也成为市民向往的好去处。今后，七里河将着力打造城市滨河生态走廊、休闲旅游观光带，建设邢台创新发展的试验区、优势产业的集聚区、生态建设的引领区、宜居宜业的新城区。

1　流域概况

1.1　地形地貌

工程区属华北平原与太行山山前倾斜平原过渡地带，位于七里河冲洪积扇上，为山前倾斜平原区的七里河新近冲洪积平原亚区缓倾斜地小区，河道宽约1000m，上游宽下游变窄。河床高程在50～85m之间，地面高程在54～90m之间。地势较平缓，地面坡降约2.5‰。总体地势西高东低，为不对称宽浅河谷地貌。河道内垃圾较多，主要有采砂厂的废弃砂坑及砂土堆积物。

1.2　河流

1.2.1　七里河

七里河是海河流域子牙河水系滏阳河中游洼地扇形水系中的一条支流，上游自西北至东南向，至邢台市城区为西至东向，在邢台市区南侧通过，距市中心约3.5km，上游基本为下切河段，沟谷、河滩地深浅宽窄不一，下游段进入蓄滞洪区比较平缓，全长100km。京广路以西的流域面积为324.9km^2，河长45.8km，平均流域宽度为7.1km。

七里河发源于太行山东侧浅山区的邢台县马河乡西侯峪，河道支流较多，呈扇形向下游汇集，河网密度为0.384km/km^2。上游河床狭窄，宽约10m，常年有水，枯季的少量清水进入中游后变为地下潜流；中游河床较宽、较高，最宽处达300m，系沙质河床，除夏季洪水期有水外，其他季节河道干枯。七里河洪水主要来源于暴雨径流，属季节性河流，全年干河的时间约占80%～90%，地下水埋藏较深，是邢台有名的缺水区。

七里河流域自20世纪50年代后期，先后修建了一批小型水库，其中小（1）型水库1座，东川口水库，小（2）型水库3座，分别是马河水库、塔西水库、东侯兰水库。四座水库总库容0.1亿m^3，防洪标准均为50年一遇设计、500年一遇校核。

1.2.2　小黄河

《邢台市城区防洪规划报告》的规划方案是按50年一遇标准将自东向西流经市区的小黄河等截流改道向南入七里河。小黄河发源于市区西部的山丘地带，是数条洪冲积沟组成。这些洪冲积沟共分为三条主要的支流，第一条从封山北麓流经尹郭、南高村至市区西北的孔村，这条支流叫北支流；第二条从封山南麓的孤儿洼一带流经西石门、东石门、北大郭至孔村，与北支汇流；第三条支流是从景刘庄、火石岗流经大石头庄、南石门，在南石门又分为两条支流，一条在西小郭的北面，另一条在西小郭的南面，这两条分支流统称南支流。

目前，小黄河不仅排泄市区西部外围山丘地带的洪水，而且兼顾排泄桥西的中部、北部地带的雨水，同时又是市区的重点景观。从发源地流至桥东的东北角与牛尾河汇流，全长21.25km，流域面积63.24km^2（其中市区西部46.14km^2，市区17.1km^2）。

2　暴雨洪水

2.1 暴雨洪水特性

由于太行山起到增强暖湿空气爬坡抬升的作用，形成地形雨。迎风山坡在夏季往往容易形成较高的积雨云，产生雷阵雨，其下若有层云存在，则会使降雨量明显增大，产生地形对降雨的增幅作用。流域内多年面平均降水量562.5mm，降水量的年内和年际变化较大，年内75%的降水集中在汛期，并多以暴雨形式出现，容易造成洪涝灾害，而冬季降水量占全年降水量很少。

汛期降水多以暴雨形式居多，且集中于几次暴雨中，洪水主要由暴雨形成，洪峰流量年际变化较大，遇大暴雨则产生较大洪水，且泛滥成灾。

2.2　历史洪水

邢台历史上洪水危害比较严重，发生的频率也比较高。如《邢台县志》记载“唐宪宗元和十二年河南北大水，邢尤甚，平地深二丈”，“清康熙七年七月初八大水浸城堤、漂室庐、人畜无数”，等。

自唐宪宗元和十二年至2000年，相隔1183年间，有记载的大洪水39次，其中特大和较大的洪水有11次。相当于30年发生一次大洪水，107年发生一次特大和较大洪水。

据洪水调查，最大洪水流量1917年1452m^3/s；1963年8月4日东川口水库垮坝时黄店村南洪峰流量为12200m^3/s；1996年8月柴家村南洪峰流量为1105m^3/s。

3　设计洪水分析

《邢台市城市防洪工程初步设计》中邢台市区防洪工程方案是在南水北调中线总干渠西侧布置泄洪渠，将小黄河南支、小黄河、小黄河北支的洪水通过泄洪渠导入七里河，同时在小黄河上布置设计流量为 $40m^3/s$ 的分洪渡槽，使下游小黄河承泄部分洪水。因此需对七里河的设计洪水除本河流外还要分析与小黄河南支、小黄河、小黄河北支四条河流洪水的组合。

七里河治理段起始断面位于南水北调中线总干渠上游 2.0km 处，除将上述流经市区的三条河沟导入治理段外再无其他支流汇入，因此按各河汇流面积与南水北调中线总干渠处的流域面积一致处理。流域特征值依据 1：50000 地形图进行量算，各河流域特征值见表 9-1。

表 9-1　邢台市七里河流域各河流域特征值

河流名称	流域面积/km^2	主河道长度/km	主河道坡度/‰	流域长度/km	流域宽度/km	流域不对称系数
七里河	303	37.5	5.87	34.0	8.9	0.42
小黄河南支	10.0	6.9	8.80			
小黄河	26.4	10.0	8.50			
小黄河北支	18.3	9.2	13.4			

3.1　设计洪水计算方法

七里河流域内无实测洪水资料，通过暴雨途径采用瞬时单位线法和推理公式法计算各河设计洪水，根据各流域的特点合理选用。

3.1.1　瞬时单位线法

瞬时单位线方法一般适用于流域面积介于 $100\sim1000km^2$ 的河流。公式基本形式为

$$u(T、t)=\frac{1}{T}[S(t)-S(t-T)]$$

式中：$u(T、t)$ 为时段为 T 的单位线。

$S(t)$ 通常称为 s 曲线，其数学形式为 $S\left(\frac{t}{K}\right)=\frac{1}{\Gamma(n)}\int_0^{\frac{t}{K}}\left(\frac{t}{K}\right)^{(n-1)}e^{-\frac{t}{K}}d\left(\frac{t}{K}\right)$。其中 $S\left(\frac{t}{K}\right)$ 可根据 n 及 $\frac{t}{K}$ 从 $S(t)$ 曲线表中查取，n、k 为参数，并在《河北省设计暴雨图集》中给出 n 值。k 值通过 $m_1=nk$ 确定，m_1 由分析得出的经验公式计算。

太行山迎风南区　　$m_1=\omega F^{0.65}J^{-0.30}I^{-0.35}$

太行山迎风北区　　$m_1=\omega F^{0.65}J^{-0.30}I^{-0.45}$

$$\omega=10^{-2.95\frac{B}{L}K_a^{0.25}+0.38}\qquad\left(0.10\leqslant\frac{B}{L}K_a^{0.25}\leqslant0.30\right)$$

或

$$\omega=-\ln\left(2.1\frac{B}{L}K_a^{0.25}+0.11\right)\qquad\left(0.10\leqslant\frac{B}{L}K_a^{0.25}\leqslant0.35\right)$$

式中：m_1 为洪峰滞时；F 为流域面积，km^2；L 为主河道长度，km；J 为主河道坡度，‰；B 为流域平均宽度，km；K_a 为流域面积部队称系数；I 为有效降雨历时的平均净雨强度，mm/h。

其中　　$B=\frac{F}{l}$　　$K_a=\frac{f_{小}}{f_{大}}$

式中：$f_{小}$、$f_{大}$为主河道两侧小面积和大面积，km^2。

3.1.2　推理公式法

推理公式法主要适用于流域面积小于 300km^2 的河流。公式基本形式如下：

$$Q_m = 0.278\,\frac{h_\tau}{\tau}F$$

$$\tau = 0.278\,\frac{L}{V_\tau}$$

$$V_\tau = mJ^{1/3}Q_m^{1/4}$$

式中：h_τ为单一洪峰的净雨，mm；Q_m 为洪峰流量，m^3/s；τ 为流域汇流时间，h；F 为流域面积，km^2；L 为沿主河道从出口断面至分水岭最远点的距离，km；J 为沿流程 L 的平均比降（以小数计）；m 为综合性汇流参数。

3.2　设计洪峰流量计算

七里河汇流面积为 303km^2，采用瞬时单位线法计算洪峰流量，其设计暴雨历时为 3d。其余 3 条河流域面积均小于 100km^2，采用推理公式法计算洪峰流量，设计暴雨历时为 24h。

（1）设计点雨量。依据河北省水利厅勘测设计院、河北省水文总站 1985 年 4 月编制的《河北省中小流域设计暴雨洪水图集》（以下简称“1985 年《图集》”）和河北省水文水资源勘测局 2002 年编制的《河北省设计暴雨图集》（以下简称“2002 年《图集》”），按各流域所在位置，分别查取流域中心 1h、6h、24h 和 3d 暴雨均值及变差系数 C_V 值，取 $C_S=3.5C_V$。应用皮尔逊Ⅲ型曲线，可求得上述不同历时不同频率的设计点雨量，通过内插可求得其他各历时相应的设计点雨量。

（2）产流。经南水北调中线总干渠设计洪水分析中采用 20 世纪 80 年代以来发生的 39 次较大暴雨洪水（包括“96・8”暴雨洪水）作了检验，除个别点外，多数新点据与原关系线仍然吻合，表明 1985 年《图集》中的次暴雨—径流关系仍可用于现状条件下的产流计算。

（3）汇流。由单位线法计算设计洪水其汇流则采用单位线计算。由推理公式法计算设计洪水汇流计算中关键是汇流参数 m 值的选取，本次南水北调中线总干渠设计洪水分析得经验公式计算汇流参数 m，公式形式如下：

$$m = 0.7\left(\frac{L}{J^{1/3}}\right)^{0.137}$$

式中：m 为汇流参数；L 为河流长度，km；J 为平均比降，以小数表示。

由此计算 4 条河的设计洪峰流量成果见表 9-2。

表 9-2　七里河等河流设计洪峰流量表

河名	流域面积/km^2	阶段	不同重现期洪峰流量/(m^3/s)				
			100 年一遇	50 年一遇	20 年一遇	10 年一遇	5 年一遇
七里河	303	南水北调成果	2410	1880	1230	840	460
		1985 年《图集》	2450	1920	1260	986	500
		2002 年《图集》	2310	1830	1090	983	524

续表

河名	流域面积/km²	阶段	不同重现期洪峰流量/(m³/s)				
			100年一遇	50年一遇	20年一遇	10年一遇	5年一遇
小黄河南支	10.0	南水北调成果	217	160	96		
		1985年《图集》	210	158	95	67.0	31.1
		2002年《图集》	172	141	100	67.0	31.1
小黄河	26.4	南水北调成果	521	386	233		
		1985年《图集》	515	390	236	160	62.1
		2002年《图集》	416	339	240	160	62.1
小黄河北支	18.3	南水北调成果	394	291	174		
		1985年《图集》	391	294	177	135	54.0
		2002年《图集》	323	263	188	133	54.0

3.3　成果的选用与合理性分析

本次采用1985年《图集》计算成果与南水北调中线一期工程水文分析报告成果相比很接近，而采用2002年《图集》计算成果较小，鉴于南水北调中线一期工程水文分析成果已通过审查，本阶段各河流采用南水北调分析计算成果。

依据《邢台市城市防洪工程初步设计》和南水北调中线一期工程水文分析报告，将小黄河南支、小黄河、小黄河北支的洪水通过泄洪渠导入七里河，同时在牛尾河中支布置设计流量为40m³/s的分洪渡槽，使下游小黄河承泄部分洪水。泄洪渠按10年一遇洪水标准设计，为保证南水北调总干渠的安全，泄洪渠与总干渠之间修建防洪堤，根据南水北调中线设计由于七里河和小黄河的汇流面积均大于20km²，防洪堤标准为100年一遇设计，300年一遇校核。当超过10年一遇标准时，洪水将防洪堤西侧由北向南漫流行洪，三条支流考虑各自的调蓄作用后其泄量与七里河天然情况下的洪水错时段叠加，即为七里河考虑三条河沟导入的洪水。七里河设计洪峰流量成果见表9-3。

表9-3　七里河设计洪峰流量成果表

工程状况	不同重现期洪峰流量/(m³/s)				
	100年一遇	50年一遇	20年一遇	10年一遇	5年一遇
七里河本流域	2410	1880	1230	840	460
加三沟导入后	2780	2190	1430	910	490

4　河道防洪断面设计

4.1　设计洪水

七里河防洪标准按50年一遇洪水设计，100年洪水校核，小黄河、小黄河南支、小黄河北支在西二环以上汇入。本次治理范围河道设计流量见表9-4。

表 9-4　　河道设计流量表

桩号	名　称	设计流量/(m³/s)	
		主槽设计流量（p=10%）	设计流量（p=2%）
0+000～3+720	工程起点—南水北调中线	840	1880
3+720～17+708	南水北调中线—工程终点	910	2190

4.2　河道纵断面设计

纵断面的设计是以河道天然坡降为依据、以已建河道交叉的重要建筑物控制高程为控制要素、以尽量增大挖方量为原则。河道纵断面设计参数见表 9-5。

表 9-5　　河道纵断面设计参数表

起始点（桩号）	河道设计		橡胶坝工程		
	设计河底/m	纵坡	桩号	桩号高程/m	橡胶坝
0+000～0+300	86.53～86.5	0.0001	0+300	86.5	橡胶坝
0+300～2+300	86.5～83.9	0.0013	2+300	83.90～80.90	橡胶坝+跌水
2+300～3+200	80.9～80.0	0.001	3+200	80.00～77.00	橡胶坝+跌水
3+200～4+200	77.0～76.0	0.001	4+200	76.00～73.00	橡胶坝+跌水
4+200～5+300	73.07.12	0.0008	5+300	72.12～69.12	橡胶坝+跌水
5+300～6+500	69.12～68.4	0.0006	6+500	68.40～66.90	橡胶坝+跌水
6+500～7+700	66.9～66.3	0.0005	7+700	66.30	橡胶坝
7+700～9+800	66.3～65.25	0.0005	9+800	65.25～62.25	橡胶坝+跌水
9+800～11+200	62.25～61.55	0.0005	11+200	61.55～58.55	橡胶坝+跌水
11+200～13+000	58.65～57.65	0.0005	13+000	57.65～55.15	橡胶坝+跌水
13+000～17+340	55.15～52.98	0.0005			
17+340～17+500	52.98～56.18	−0.02			
17+500～17+708		0			

4.3　河道横断面设计

河道横断面的设计原则是既满足河道防洪排涝又兼顾河道交叉建筑物及周边环境的影响。

4.3.1　现状河道横断面过流能力复核

现状河道为沙质河床，主河槽内有沙坑、沙丘、树障、滩地，有堆弃物及高秆作物等，影响河道过水能力，河槽糙率选用 0.035，因下游起始断面无实测水位—流量关系，其洪水位采用曼宁公式计算。

根据《防洪规划评价》报告，对河道过水能力复核结果表明，现状河道过水能力钢铁路以上可通过 20 年一遇的洪水但超高不足；钢铁路以下河段河道束窄，两岸间断设有堤防，整体过水能力不足 5 年一遇的洪水。

4.3.2　横断面具体形式

河道主槽断面：河道主槽主要采用梯形断面，主槽河底平均宽度 150m，两岸设计边坡

1∶2～1∶3，表面做厚度0.15m的混凝土防护；在2号河心岛水流的分流段（8+600～8+800）、合流段（9+100～9+300），为防止水流对岛岸的冲刷、淘刷，此段防护加强，护底采用0.3m厚混凝土，护岸采用厚度为0.3m的浆砌石。

河道滩地：为满足河道防洪，同时考虑人水和谐、自然的城市生态水环境及城市景观的要求，在河道主槽两侧设置每侧平均宽度50m的行洪滩地，遇特殊河段局部调整滩地宽度；在保证10年一遇洪水不漫滩的前提下，滩地纵坡基本同河道纵坡、橡胶坝坝高比较合理的情况下确定滩地高程，但在主河槽跌水处滩地采用1/20的坡度连接。

堤顶纵坡的确定：在某一河道底坡段，堤顶纵坡与此段的水面比降一致，在河道底坡变化段，采用1/25的坡度连接相邻的堤顶。

堤距的确定：天然河道上游宽下游窄，受河道两岸村庄及河道现有工程的制约，本着减少拆迁、节省占地的原则确定堤距（内堤肩距离）在310m左右，遇有特殊地形段进行合理调整，具体工程措施根据实际地形在尽量不减小过水断面的情况下，采取改变断面型式减少河道边坡及堤防占地。

5　梯级橡胶坝工程设计

5.1　工程等级及洪水标准

（1）工程等级。七里河邢台市市区段综合治理工程是邢台市城区一项集游乐、美化城市风景、改善生态环境的社会公益工程，建坝蓄水，形成人工湖区，美化城市风景，为城区人民提供一个休息游览的场所。同时抬高地下水位，改善生态环境，为邢台市人民提供优质的工业和生活用水，社会效益十分显著。按照SL 252—2000《水利水电工程等级划分及洪水标准》规定，将其作为河道防洪工程，根据SL 252—2000，橡胶坝库容均小于100万m^3，工程属于Ⅴ等，考虑到橡胶坝位置的重要性，将工程等级提高为Ⅳ等，橡胶坝、控制室分别为4级建筑物。

（2）洪水标准。根据以上标准规定，确定丘陵区、平原区水利工程永久性水工建筑物的级别如下：橡胶坝主要建筑物级别为4级，洪水标准：20年一遇设计、50年一遇校核。

5.2　橡胶坝工程水资源供需平衡分析

（1）橡胶坝可利用水资源量。邢台市梯级橡胶坝汇流面积303km^2，多年平均径流深81.7mm，多年平均径流量2475.5万m^3。径流深年际变化大，$C_v=0.6$，$C_s=2C_v$，径流可利用调节系数按0.66计，半干旱年份（$P=75\%$）可利用径流量为1636万m^3。

（2）橡胶坝工程用水量分析。

1）蒸发损失水量：橡胶坝建成后，正常蓄水长度为13000m，水面宽平均为150m，水面面积195hm^2。根据邢台气象站有关资料知，多年平面水面蒸发量1268.3mm，因此，计算年蒸发损失为247万m^3。

2）渗透损失水量：渗透损失重点考虑绕渗，采用阻水系数法计算坝址处年渗透损失水量达185万m^3。

3）橡胶坝放水量：坝前正常蓄水量为240万m^3，为美化环境，保持此人工水域的良好水质，计划每年人工换水二次，橡胶坝年需水量合计为480万m^3。橡胶坝每年消耗水量为912万m^3。

(3) 橡胶坝供用水量平衡分析。橡胶坝75%半干旱年份可利用水量为1636万m^3，远大于橡胶坝年需水量912万m^3，水源是完全有保证的。橡胶坝可利用水量虽然大于需水量，但由于降雨年际变化大，年内分配不均匀，60%以上雨量集中在汛期，因此，橡胶坝除汛期外，不宜频繁塌坝。

5.3　工程布置

(1) 坝址选择。邢台市七里河梯级橡胶坝是邢台市城区段七里河治理工程中的重要挡水建筑物，根据城区统一规划要求及本次七里河城区段综合治理工程的治理目的，选用橡胶坝筑坝蓄水，既营造了较好的景观效果，又不影响行洪安全，经济合理。

(2) 橡胶坝坝址选择原则。基本维持河势，保障行洪安全，提高现有河道防洪能力；在提高城市防洪标准的同时，对河面进行合理开发，美化城市环境，提高环境质量，实现人与自然和谐相处；开发与治理相结合，平整河床，利用多余河沙筑堤、修路；从工程施工、管理维修及经济方面考虑，橡胶坝坝高一般为1.5～2.5m。根据以上布置原则，在本河道内共布置橡胶坝10处。坝址处具有以下特点：位于河道的较平直段，河道水流较平顺；情况单一，主要为砾粗砂及重粉质壤土地基，承载能力满足建坝要求；长度较短，节约工程造价；基本不影响原河道的泄洪能力。

5.4　工程布置

梯级橡胶坝工程是按照七里河防洪要求及坝址地形地质条件综合考虑布置的，主要分为以下几个部分：橡胶坝及跌水工程；边墙及左右岸护岸工程；控制室工程。

(1) 橡胶坝及跌水工程。七里河市区段综合治理工程梯级橡胶坝共布置10级，部分橡胶坝与跌水联合布置，但5＃橡胶坝前有支流汇入，洪峰流量较大，且本橡胶坝带有跌水，有较强的代表性，因此仅对本橡胶坝工程设计进行说明。

1) 坝底板高程确定：坝址处河床现状高低不平，根据土方挖填平衡计算及基本维持河道自然比降等综合考虑，确定坝前河床整平高程72.12m。为防止河道泄洪期间推移质过坝对坝袋磨损及底板检修需要，将底板抬高0.3m，坝底板顶高程72.42m。

2) 坝长确定：坝长应与河道宽度相适应，坍坝时满足河道设计行洪要求，单跨坝长满足坝袋制造、运输、安装、检修以及管理要求。结合七里河市区段综合治理规划要求，拟定坝长160m。共分两段，每段坝长79.7m。

3) 坝高确定：由于下游有橡胶坝拦河坝的作用，坝底板高程初拟为72.42m，坝高2.0m，在运行过程中，正常挡水位为74.42m，台地高程74.94m。

4) 结构布置及断面设计：橡胶坝的坝身结构形式及断面拟定，主要根据坝袋设计、坝体稳定及河道泄洪要求确定。为避免橡胶坝袋两端与墩墙结合部位出现坍肩现象，引起局部溢流，影响橡胶坝的正常运行，将边墩端部3.5m宽底板采用1∶20边坡，以消除坍肩影响。橡胶坝堵头与墩墙接触部位用细石混凝土做成斜坡状，以利接触紧密。该橡胶坝坝袋采用双锚固线形式锚固，锚固槽设置为暗槽，锚固槽回填后与坝底板齐平，以减小坍坝时夹裹泥沙对坝袋的磨损。坝袋上下游及堵头均采用外锚固。

5) 上游防渗设计：橡胶坝坐落于砂质河床上，属强透水地基，为了满足坝基渗透稳定要求，提高防渗效果，减少渗水量，延长渗径，根据渗透稳定计算，在坝底板上游设置12m长的钢筋混凝土防渗铺盖。

6）下游消能设计：根据消能计算，消力池全长15m，池底高程68.32m，池底板厚度均为0.5m，消力池末端设宽0.5m的尾坎，坎顶高程69.12m，为减少池底的扬压力，在消力池前部设直径8cm的排水孔，梅花形布置，下铺规格为400g/m^{2}的土工布做反滤。

7）下游海漫：为保证过消力池后水流平顺，消除部分余能，在消力池后设12m长的海漫段，其中前6m长为40cm厚的浆砌石，后6m为边坡为1∶10的干砌石海漫。为防止泥沙排出，在砌石下面铺设400g/m^{2}的反滤土工布一层。

8）下游防冲槽：为了防止水流出消力池后的剩余能量冲刷河床，在消力池末端设置抛石防冲槽，槽深1.4m，上口宽6.7m，底宽1.5m，以1∶3的反坡与河床面相衔接。

（2）边墙及左右岸护岸工程。左右岸结构型式基本相同，边墩基础座于砂卵石层上，顶部高程为74.62m，为Mu60M7.5重力式挡土墙结构，面层为15cm厚C20钢筋混凝土面板。边墩上游为Mu60M7.5浆砌石圆弧翼墙与两岸坡平顺连接，圆弧半径为1200cm，迎水面设C15混凝土防渗面板。

（3）控制室工程。控制室是操纵橡胶坝充胀和排空坍落的机电设备及附属设施的维护结构。为了节约投资和方便交通，控制室布置在橡胶坝右岸的岸坡上，矩形结构，平面轴线间尺寸为5.96m×7.6m。控制室采用普通用房，房内设阀门井，用来控制橡胶坝的充胀和排空坍落。控制室采用钢筋混凝土基础。

6 河道景观设计

通过水生态系统的构建和亲水景观建设，创建人与自然和谐发展的滨水新区。

城市河流是城市生态环境的重要组成部分，有水才有生命，有水才有生机。传统水利上讲河流的主要功能是防洪排涝，随着经济的发展和生活水平的提高，人们意识到河流还有其生态、景观、文化和经济价值。

七里河作为一条贯穿邢台市的城市河道，本次滨水景观设计的主要目的是：解决七里河沿岸脏、乱、差的现状，恢复被破坏的湿地生态系统；创造优美和谐的滨水城市景观，满足人们对于亲水性的需求；通过景观设计提高该地区的地块价值。

6.1 河道景观设计原则

建设自然型生态河道，“以水为魂、以绿为体、以人为本”，突出七里河的生态功能与景观价值。自然美是永恒之美。尊重人，尊重地域文化，尊重自然原有的格局，建设自然生态型河道是城市河道的设计目标，达到人与自然的和谐与共存。

优化用地功能布局，对各景观节点加以整合，形成以带状绿色空间连接景观节点的“竹链”式布局结构。

保持与滨河用地功能相衔接，成为滨水地区城市设计和房地产后续开发的一个重要组成部分。

对沿线历史文化遗存加以保护利用。

对沿岸的树木、现状绿化尽可能保留并加以改造和利用。

根据使用情况，对河岸景观进行分区开发和利用，对于人口密度较大的地区，景观设计上强调互动性，布置亲水平台，亲水游廊等公共娱乐设施；下游人口密度较小的地区，在河岸种植经济作物，既美化环境又能创造经济价值。

6.2　生态护岸

景观设计中采用生态化的护岸形式，可以促进地表水和地下水的交换，滞洪补枯、调节水位，恢复河中动植物的生长，利用动植物自身的功能净化水体。此种护岸形式既能稳定河床，又能改善生态和美化环境，避免了混凝土工程带来的热岛效应。堤岸内侧可以种植芦苇、菖蒲、水葱等高等级的水生植物和水柳等根系发达的树种等植物。

6.3　生态路面

人行步道使用透水砖或透水的嵌草青石板、汀步石等做法。

透水路面具有良好的透水、透气性能，可吸收水分和热量，减轻城市排水和防洪压力，雨后不积水，有利于雨洪利用。并且补充土壤水和地下水，保持土壤湿度，改善城市地面植物和土壤微生物的生存条件。

6.4　景观节点设计

七里河流经邢台市区，对进行景观设计创造了良好的先决条件，透过对其和周边环境的了解以及对现状的分析，对河渠分成了以下几个景观节点。

(1) 西二环上游部分。该地区周边环境较好，用地范围比较大，主要由高档规划住宅区、滨水景观带、风景度假村三部分结合而成。河道左岸开发成居住区，景观设计中把蜿蜒曲折的景观水体引入房地产社区，创造宛如江南水乡一般的优美水乡情趣。右岸扩大水面，形成多个绿岛，度假村坐落于绿岛之上，三面环水，并利用木栈桥进行岛与岛、岛与岸的沟通，形成一处宜人的小型风景区。

(2) 城区人口密集部分。该节点邻近市区，是城市开放的滨水休闲公园，通过植物配置与园林小品互相结合，让人们远离喧嚣的城市，完全被水和绿色包围，在享受大树赠与荫凉的同时，又可在观景草坪上享受阳光。

(3) 二号生物岛。对该区域河道进行清淤，形成绿岛，河道中还可散置景石、亲水栈桥形成清脆的泉水声，动听的水声犹如从远方的森林中传来，加上大自然的鸟叫声，让人们完全沉浸在这种美妙的环境中，同时净化人们的心灵。

(4) 下游河道部分。下游河道处于城市远郊，对该地区的河床加以开发利用，在该地区种植经济作物，既能够美化城市环境，丰富城市景观，又能够创造经济价值。滩地及堤防内坡推荐种植萱草，又名黄花菜、金针菜，多年生宿根花卉，地下具短粗的根状茎，品种繁多，色彩丰富，适合丛植和群植，金针花不仅让游客大饱眼福，也可食用，具有一定的经济作用。

(5) 滨水步行道设计。对七里河河岸的处理是我们景观设计中重点考虑的一个环节。在河岸上设置了观景长廊和景观步道，方便人们在河岸上观赏河道内的美丽景色，这种设计强调了人与自然的和谐感。

6.5　植物设计

在不同的景观分区，分别以垂柳、桃树、槐树等不同植物为主题形成群落，营造错落有致，时移景异，步移景异的植物格局空间。

堤坡上，在50年一遇的洪水线上种植高大乔木和灌木，50年一遇水位线之下的和坡上主要以草坪为主，滨水区域种植湿生和水生植物。

植物明细表如下：

（1）乔木：杨白蜡、悬铃木、刺槐、槐树、旱柳、金丝垂白柳、君迁子、小叶朴、黄金树、山楂、银杏、榆树、油松、圆柏、侧柏。

（2）灌木：连翘、金银木、小叶丁香、小叶黄杨、金业女贞、野玫瑰、毛樱桃。

（3）浅水湿地及漫滩草甸植物组合：①水葱、经三棱、针蔺、泽泻、慈姑；②荷花、千屈菜、水芹；③扁秆藨草、水葱、小灯心草、细灯心草；④荻、芦苇、莎草、荆三棱、荇菜、浮萍、紫萍；⑤马林、拂子茅、菖蒲、花菖蒲；⑥宽叶香蒲、小香蒲一芦苇、荆三棱；⑦千屈菜、婆婆纳、风花菜、水苦菜、藨草、墨汉莲；⑧沼生苔草、异穗苔草、粉报春、拂子茅、重瓣金莲花、东北马先蒿。

6.6　灯光布置

为满足居民对河道景观的游览和安全需要，整个河道的灯光照明如下：

（1）沿河灯光布置。在景观节点处和城市景观河道部分，提供了较大的活动空间，为了方便人们在晚上也能有个舒适的活动场所，所以这些部分的灯光进行了强调处理。根据照明和景观需要，通过高杆灯、庭院灯、草坪灯、射树灯、地理灯、水下灯等多种形式，多种用途的灯的组合，营造出一个个或明丽、或温馨、或色彩斑斓的夜景。

（2）节点灯光布置。各节点外的场地，由于人流停留少，仅仅考虑普通的照明需要，即只在河道范围内的巡洪道上，设立路灯，同时在景观小路上，设置庭院灯或草坪灯。

七里河生态景观工程应是集防洪、绿化、居住、休闲、文化、观赏等多功能为一体的生态景观带。在保证河流防洪安全的前提下，以建设“近自然型河流”思想营造一个水域和水陆交错带，利于多样性生物栖息的生态环境，适于居民休闲、娱乐，体现人文精神的生态景观。

具体景观布局包括梯级蓄水区、人工湖、河心岛、两岸植被林带景观工程等。根据现有工程情况及城市的整体布局规划，在2＋300～13＋000之间通过布置9道橡胶坝以形成梯级蓄水区。七里河现状河床起伏较大，现状河道内有部分“江心洲”存在，另外在郭守敬路段因煤矿采空区不适于筑堤、修路，本着尽量维持现状河流的自然凹凸岸、深潭、浅滩和沙洲的原则，在河道内保留1座岛，岸岛2座。并以植物的多样性、采用乡土物种且为粗放式管理的植物配置原则，营造堤防、滩地景区的植物景观。

7　效益分析

7.1　经济效益分析

本工程项目的实施，产生的效益是多方面的，主要包括防洪效益、社会效益、土地增值效益和旅游效益等。

（1）防洪效益：工程实施后，七里河市区段河道防洪标准将达到50年一遇，很大程度地提高了河道两岸人民群众生命财产安全，保障了各方面的经济发展，其作用是明显的，效益是显著的。

（2）社会效益：工程实施所产生的社会效益是巨大的，也是潜在的。橡胶坝等建筑物发挥作用后，将会形成宽阔洁净的水面及周围宁静优美的环境，创造出舒适、幽雅的水陆城市景观，将大大提高城市品位和形象，改善城市生态环境，提高人民群众的生活质量，并带动相关产业发展。

(3) 土地增值效益：本工程的建成，加上其他基础设施的实施，共同发挥整体作用，使该区域成为良好的商业及居住环境，促进土地增值，产生可观的土地增值效益。

(4) 景观旅游效益：工程的建成，景观的建设，加上周边旅游景点的开发，将形成又一处很好的旅游观光、休闲度假场所，工程建设所产生的旅游效益是明显的。

工程实施后，将会产生很大的社会效益、经济效益和环境效益，本次效益分析计算仅计经济效益，主要为防洪减灾效益，其他效益由于缺乏可靠的统计和调查资料，不做定量分析。

7.2　国民经济评价

经济评价依据 SL 72—2013《水利建设项目经济评价规范》进行，因本工程是一项具有社会公益性的水利建设项目，故只进行国民经济评价。采用动态分析方法，按照规范规定，采用 7%的社会折现率进行评价。本工程建设期为 5 年，按第 6 年工程开始发挥整体效益，根据 SL 72—2013，运行期按 30 年计，经济评价计算期为 35 年。

7.2.1　工程效益

本工程的经济效益主要体现在市区的防洪效益。以工程修建后减免的国民经济所受洪、涝损失作为工程的防洪效益。效益计算的主要内容包括工矿企业停产损失、房屋财产损失、防汛抢险费用支出、水利工程修复及工农业生产恢复费用等。

工程实施后，邢台市区段防洪标准可达 50 年一遇设计，100 年一遇校核，可保护城区 55 万人口及 $34km^2$ 城区面积的生命财产安全。据对 1963 年洪灾统计，洪水发生后，桥西区部分区域被淹，桥东区几乎全部被淹，最大淹没水深 2m，淹没历时 20 多小时，淹没耕地 15 万亩，坍塌房屋 3 万多间，人畜死亡巨大。按当时价值计算直接经济损失 1800 多万元。同 1963 年相比，邢台市现状工农业和人民生活水平有了很大提高，据邢台市 2003 年统计资料，邢台市 2003 年工农业总产值 135.5 亿元，其中工业总产值 133.4 亿元。再遇 1963 年洪水，洪灾损失总计将达 68979 万元；遇 50 年一遇洪灾损失为 41912 万元。工程实施后，折合多年平均防洪效益为 15710 万元。其中七里河左堤作为邢台市城市防洪的重要组成部分，其防洪效益按总体防洪效益的 70%计为 11000 万元。

7.2.2　工程费用

本工程概算静态总投资 114230.50 万元，扣除计划利润、税金等属于国民经济内部转移的支付费用后为 105448.11 万元。

参照有关规范，采用扩大指标法估算工程流动资金为 105.45 万元，占工程总投资的 1‰。

河道年新增生产、维修、管理费包括工资、材料、燃料及动力费、工程管理费、大修费和其他费用，按总投资的 0.5%计，费用为 527.24 万元。工程建设期运行费按年度投资比例分配。

7.2.3　经济分析方法

水利工程的国民经济评价，一般采用经济效益费用比、净收益、经济内部回收率等指标计算。

(1) 经济效益费用比：经济效益费用比（EBCR），指折算到基准年的总效益和总费用的比值。由下列公式表示：

$$EBCR=\frac{\sum_{t=1}^{n}B_i(1+i_s)^{-t}}{\sum_{t=1}^{n}C_i(1+i_s)^{-t}}$$

式中：$EBCR$ 为经济效益费用比；B_i 为第 i 年的效益；C_i 为第 i 年的费用。

（2）经济净现值：经济净现值（$ENPV$）即用社会折现率将计算期内各年的净效益折算到计算期初的现值之和，是评定和选择工程经济上是否有利的指标之一。其计算公式为

$$ENPV=\sum_{t=1}^{n}(B-C)_t(1+i_s)^{-t}$$

式中：$ENPV$ 为经济净现值；i_s 为社会折现率。

（3）经济内部收益率：经济内部回收率（$EIRR$），指项目计算期内各年净效益现值累计等于零时的折现率，计算公式为

$$\sum_{i=1}^{n}(B-C)_t(1+EIRR)^{-t}=0$$

式中：$EIRR$ 为经济内部回收率；B 为年效益，万元；C 为年费用，万元；n 为计算期，年；t 为计算期各年的序号，基准点的序号为 0。

7.2.4 国民经济评价

根据国民经济效益费用流量计算结果，当社会折现率 $i_s=7\%$ 时，国民经济各评价指标分别为：经济效益费用比 $EBCR=1.12$；经济净现值 $ENPV=10979.21$ 万元；内部收益率 $EIRR=8.1\%$。

《水利建设项目经济评价规范》（SL 72—94）规定：经济效益费用比 $EBCR\geqslant1.0$、经济净现值 $ENPV\geqslant0$、内部收益率 $EIRR\geqslant i_s$ 时，工程项目在经济上是合理的。由以上分析计算成果可见，当社会折现率 $i_s=7\%$ 时，国民经济各评价指标均满足规范要求，因此，工程在经济上是合理的。

7.3 敏感性分析

为进一步论证国民经济评价的可靠性，在影响项目评价成果的各种因素中，选取固定资产投资和效益作为敏感因素进行敏感性分析。根据 SL 72—2013 要求，按固定资产投资增加 10%、效益减少 10%两项不确定性因素单独发生浮动进行敏感性分析，分析结果见表 9-6。

表 9-6 国民经济敏感性分析表

因素及变幅	社会折现率/%	内部收益率/%	净现值/万元	经济效益费用比
投资增加 10%	7.0	7.3	2714	1.03
效益减少 10%	7.0	7.2	1589	1.02

从敏感性分析结果看，在效益减少 10%或固定资产投资增加 10%的情况下，该项工程的经济内部收益率大于社会折现率，经济净现值大于零，经济效益费用比大于 1.0，表明工程具有较强的承担风险能力，经济上是合理的。

7.4 综合评价

本工程实施后，七里河市区段的防洪标准达到 50 年一遇设计标准，防洪能力大为提高，可以减少河道洪水灾害的威胁，为经济建设提供安全保障。除防洪工程可以减少洪灾发生的直接经济损失外，工程所产生的间接效益、潜在效益也是巨大的。所以，本工程效益显著，经济评价合理，应该尽快实施。

第三节 滹沱河石家庄市区段河道治理

1 设计洪水

1.1 计算方法

黄壁庄水库以下河段设计洪水由水库下泄洪水、区间洪水组成，并随着向下游逐渐演化而坦化，因此，设计洪水包括黄壁庄水库下泄过程、区间洪水过程以及洪水演进（含蓄滞损失）过程等。

黄壁庄水库设计洪水采用最新的经主管部门审定的成果，水库库容、泄量曲线采用出现加固设计中分析率定成果，水库调度运用方式采用审定成果。

区间设计洪水与汇流断面有关，考虑到面积大于 $100km^2$，可采用单位线进行计算，设计暴雨参数查取最新暴雨图集。单位线方法计算公式为

$$u(T,t)=\frac{1}{T}[S(t)-S(t-T)]$$

式中：$u(T,t)$ 为时段为 T 的单位线；$S(t)$ 通常称为 S 曲线。

S 曲线的数学形式为

$$S\left(\frac{t}{K}\right)=\frac{1}{\Gamma(n)}\int_0^{\frac{t}{K}}\left(\frac{t}{K}\right)^{(n-1)}e^{-\frac{t}{K}}d\left(\frac{t}{K}\right)$$

$S\left(\frac{t}{K}\right)$可根据 n 及$\left(\frac{t}{K}\right)$ 从 $S(t)$ 曲线表中查取，n、K 为参数，并在 2002 年《图集》中给出 n 值。K 值通过 $m_1=nK$ 确定，m_1 由分析得出的经验公式计算：

太行山迎风南区：

$$m_1=\omega F^{0.65}J^{-0.30}I^{-0.35}$$

太行山迎风北区：

$$m_1=\omega F^{0.65}J^{-0.30}I^{-0.45}$$

其中 $\omega=10^{-2.95\frac{B}{L}K_a^{0.25}+0.38}$ 使用范围：$0.10\leqslant\frac{B}{L}K_a^{0.25}\leqslant0.30$

或 $\omega=-\ln\left(2.1\frac{B}{L}K_a^{0.25}+0.11\right)$ 使用范围：$0.10\leqslant\frac{B}{L}K_a^{0.25}\leqslant0.35$

式中：m_1 为洪峰滞时，h；F 为流域面积，km^2；L 为主河道长度，km；J 为主河道坡度，‰；B 为流域平均宽度，km；K_a 为流域面积不对称系数，主河道两侧小面积与大面积之比；I 为有效降雨历时的平均净雨强度，mm/h。

在水文学中，马斯京根法是河道洪水演算的一种重要方法。马斯京根法由 McCarthy

于 1934 年提出，并在美国马斯京根河上首先应用，马斯京根法依据的基本原理为水量平衡方程和槽蓄方程。

洪水演进采用改进的马斯京根法，即加入洪水损失的演进方法。其计算方法是在常规演进方法的基础上根据地形条件按河段加入损失水量。常规的马斯京根法计算公式为

$$I-O=\frac{\Delta W}{\Delta t}$$

$$W=k[xI+(1-x)O]=kQ'$$

式中：I 为河段上断面入流量，m^3/s；O 为河段下断面出流量，m^3/s；W 为河段的槽蓄量，$m^3/(s \cdot h)$；k 为槽蓄系数（量纲为时间）；x 为流量比重因子；Q' 为示储流量，m^3/s；t 为时间，h。

1.2　设计洪水计算

1.2.1　黄壁庄水库设计洪水

黄壁庄水库设计洪水（天然）成果，目前采用的是河北省水利水电勘测院于 1994 年加入古洪水后分析并经水利部水利规划总院审定的成果。黄壁庄水库设计洪水成果见表 9-7。

表 9-7　　黄壁庄水库设计洪水成果表

项目		设计洪水成果		
		洪峰流量/(m^3/s)	洪水总量/亿 m^3	
			3d	6d
特征值	均值	2150	2.9	4.0
	C_v	1.6	1.70	1.55
	C_s/C_v	2.5	2.5	2.5
不同频率设计值	0.01%	44680	66.18	79.16
	0.02%	40420	59.74	71.60
	0.05%	34830	51.40	61.60
	0.10%	30530	44.81	54.36
	0.20%	26400	38.63	47.08
	1.0%	17160	24.71	30.84
	2.0%	13390	19.11	24.24
	5.0%	8750	12.21	15.96
	10%	5590	7.60	10.36
	20%	2920	3.80	5.52

1.2.2　黄壁庄水库下泄洪水

黄壁庄水库库容、泄量曲线采用除险加固设计中铝锭的成果。水利水电总规划总院批准的防洪调度运用方式为

主汛期汛限水位 114.00m；

水位在 114.00～116.00m（5 年一遇）时，限泄 $400m^3/s$；

水位在116.00～118.60m（10年一遇）时，限泄$800m^3/s$；

水位在118.60～124.90m（50年一遇）时，限泄$3300m^3/s$；

水位高于124.90m（50年一遇）时，启运所有泄洪设施，控制泄量不大于入库流量。

1.2.3　区间设计洪水

区间设计洪水按汇入支流先后次序分为黄壁庄至京广铁路区间、京广铁路至太平河汇入后区间以及太平河会河口至规划和段末区间。

区间设计洪水按累计范围的方法计算，一避免再次进行地区组合分析。

京广铁路以上汇入支流有松阳河、渭河和小青河，总汇流面积$357km^2$。按暴雨途径计算的50年一遇洪峰流量为$830m^3/s$，10年一遇洪峰流量为$340m^3/s$。

太平河流域汇入后，汇流面积增加到$630km^2$，50年一遇洪峰流量为$1380m^3/s$，10年一遇洪峰流量为$550m^3/s$。

在周汉河汇入后，50年一遇洪峰流量为$1480m^3/s$，10年一遇洪峰流量$610m^3/s$。

1.2.4　水库与区间洪水遭遇分析

通过对1955年、1956年、1963年和1996年等特大洪水年份分析，黄壁庄水库下泄洪水与区间洪水遭遇情况，主要取决于一场大暴雨覆盖范围和暴雨中心移动路径和不同区域主暴雨出险时间。

1956年和1963年8月的大暴雨均属强度大、范围广的降雨类型，暴雨中心移动路径自南向北移动。黄壁庄上下游的暴雨基本上同时发生，其中1956年黄壁庄上下游暴雨均集中在8月2—4日，过程相遇。1963年黄壁庄上下游暴雨集中在8月2—8日连续7d内，上游主暴雨出现在8月4日，下游出现在8月4日、6日，下游主暴雨形成的洪峰略滞后于上游，遭遇情况更为严重。

1996年8月暴雨过程强度大、历史短。黄壁庄上下游暴雨均集中在8月4日，区间洪水过程与黄壁庄水库泄流过程相遭遇。

1.2.5　水量损失

由于滹沱河黄壁庄以下为沙质河床，河床渗透性强，洪水传播过程中的损失量较为明显。为此通过黄壁庄水库建库后的1963年和1996年洪水过程进行分析。

1963年的洪水，黄壁庄水库3日下泄洪量12.1亿m^3，北中山实测3日洪量9.95亿m^3，经计算的区间产流量为2.31亿m^3，滹沱河左岸无极县牛辛庄附近决口漫溢水量为2.33亿m^3。由此计算黄壁庄至北中山之间洪量损失为2.13亿m^3，占总入流量的14.8%。

1966年的洪水，黄壁庄水库3日下泄洪量10.2亿m^3，北中山水文站实测3日洪量为5.94亿m^3，经计算的区间产流量为1.09亿m^3，滹沱河藁城、无极县等决口漫溢水量约2.00亿m^3。由此计算出黄壁庄至北中山之间洪量损失为3.35亿m^3，占总入流量的29.7%。

上述分析表明，受滹沱河槽蓄区自然地理条件影响，黄壁庄至北中山区间水量损失是十分明显的。1963年洪水过程时间长，地下水前期存蓄量相对较大，而且前期河道常年过水，因此3日洪水过程的损失量相对较小；1996年总体洪水过程较短，前期地下水存蓄量相对较小，而且河流常年干涸，因此3日洪水过程的损失量相对较大。

综合分析，50年一遇洪水过程安入流水量（黄壁庄水库下泻水量和区间产水量）的

20%～30%计算是合理的。

1.2.6 洪水演进与分段设计流量

通过对黄壁庄水库至北中山区间设计洪水汇入进行演进、损失情况分析，复合成果与流域防洪规划中成果基本一致，维持防洪规划成果。表 9-8 为滹沱河设计洪水成果。

表 9-8 滹沱河设计洪水采用成果

洪水标准	下游不同断面洪水流量/(m^3/s)			
	黄壁庄水库下泻	太平河口下	北中山	姚庄
100 年一遇	14050	14730	13200	13200
50 年一遇	3300	4200	3450	3100
10 年一遇	800	1100	750	700
5 年一遇	400	470	400	400

根据以上成果，5 年一遇黄壁庄水库至南水北调渠为 400m^3/s，南水北调渠至太平河汇入口 900m^3/s，太平河汇入口至藁城县东界 1100m^3/s；10 年一遇黄壁庄水库至南水北调渠为 800m^3/s，南水北调渠至太平河汇入口 430m^3/s，太平河汇入口至藁城县东界 470m^3/s；50 年一遇黄壁庄水库至南水北调渠为 3300m^3/s，南水北调渠至太平河汇入口 3500m^3/s，太平河汇入口至藁城县东界 4200m^3/s；100 年一遇黄壁庄水库至南水北调渠为 14050m^3/s，南水北调渠至太平河汇入口 14210m^3/s，太平河汇入口至藁城县东界 14730～13950m^3/s。

2 滹沱河生态治理设计

按照滹沱河生态治理规划，滹沱河石家庄市区段生态开发整治规划范围是：西起南水北调中线输水渠，东至京深高速公路，北起滹沱河北岸，南至石太高速公路。基地东西长约 10km，南北宽约 5.5km，总面积 55km^2。

根据所处的不同位置，规划分为：滹沱河北岸部分，滹沱河河床部分和滹沱河南岸三部分。

2.1 滹沱河北岸生态治理规划

滹沱河北岸部分从行洪治导线到北岸大堤，结合现状果林、用材林，形成以密林为种植方式的生态防护带，面积约 319.1 hm^2。其中包括，沿滹沱河两岸及石太高速公路、京广铁路、京深高速公路、南水北调中线两侧的防护林带。滹沱河河床部分面积约 1158.5 hm^2，由三部分组成即：按五年一遇防洪标准设置的宽 300m，以沙为下垫面的永久性河道；300m 以外，800m 以内的清障区，结合沙地整治，恢复乡土草本地被，形成沙地草甸景观；800m 以外至行洪治导线，以疏林草地的形式，随水流方向恢复植被，以改善河床的生态环境。该区是以恢复生态环境为主的地带。

2.2 滹沱河南岸生态治理设计规划

滹沱河南岸部分则规划形成"一核、两环、三区"的格局。

（1）"一核"是指由月牙堤、滹沱河南堤以及北泄洪区北堤围合的地段，该地段外围有滹沱河 500m 防护林和大型综合性公园环绕。京广铁路以西重点改善现有环境，扩大使用功能，建设聚居园区；开发两处高标准、高品位的景观房产；利用现有大面积的果林建设集生产、科研、旅游为一体的经济林园区。京广铁路以东规划建设化肥厂公园、市青少年夏令营基地、度假村和现代农业展示中心等。

(2)“两环”分别指蓝色景观水系环和绿色生态防护环。

蓝色景观水系环利用现状滹沱河、汊河、小青河，借助岛、堤、桥等景观元素，模仿天然形状的河、湖、溪、涧、泉、瀑、池、沼等水体形态，形成环绕中心地段的水系。

绿色生态防护环是指由滹沱河南岸500m生态防护林带、南水北调沿岸400m防护林带、石太高速公路两侧200m防护林带和京深高速公路两侧400m防护林带组成的绿环，与滹沱河北岸生态防护带、滹沱河河床生态恢复带一起形成以防风固沙、涵养水源、恢复生态环境为目的的绿色生态防护骨架。

(3)“三区”为滹沱河南岸三块面积较大，用地相对集中的植被斑块。

一是农业观光园区，利用现有农田和村庄建设展示现代农业科学技术，开展民俗旅游活动的观光园区。

二是公园区，以水圈为依托，采用乡村公园的形态建设由各专类园组成的大型综合性公园。

三是生态展示区（花卉基地）。该区位于规划的旅游路以东，是一个以展示全球不同生物为主导，以花卉种植为主体的生态展示基地。该区建设结合储灰场的整治一并进行。同时兼具环保教育、科学研究、普及生态知识等功能。

2.3 滹沱河河床治理规划

如果把蓝色景观水系环和绿色生态防护环比做滹沱河上的一条项链，而依靠汊河打造的汊河公园区则成了项链上的一颗明珠。以堤岗上的绿化为背景林，以疏林草地、金色沙滩、碧蓝湖水渐次推展，结合规划的各功能景区，形成河湖滨水景观区。规划汊河公园区以自然分割的三个区域为基础，形成西区、中区、东区三个相对独立、主题突出、服务设施配套齐全的分区，同时遵循“生态”大主题，以堤顶路为联系，形成一个完整的系统。

(1) 西区从石太高速公路至京广铁路，南北以防洪堤用地为界。规划以自然科普教育、生态展示为主题，建设“一湾、两岛、四园”。

“一湾”为月亮湾，以月亮、香花植物为表现手法，展现“月移影随、暗香浮动”的意境。

“两岛”为时光岛、鸟岛。时光岛以时光生态为主题，主要建设风车广场、黑洞广场、时空隧道、生态馆、未来广场等。鸟岛以鸟为主题，主要建设鸟类博物馆、鸟类观演区等。

“四园”为中心花卉园区、蝴蝶园、情侣园、彩叶园。

(2) 中区指京广铁路和107国道之间自然形成的三角地，是石家庄市向北出入的必经之地。总面积35.17hm^2，其中水面面积6.22hm^2。规划堆土为台，建设城市标志物，同时以古驿画廊、历史步道等多种形式展示石家庄的历史进程，使历史与现代在此相遇，展现石家庄市近年来的巨大变化。

(3) 东区位于107国道与规划旅游路之间，总面积266.08hm^2，其中水面面积 115.32hm²。

东区为大规划的湖区，以自然生态为主题，采取中国古典的一池三山的传统手法，规划了三个岛屿。总体形成“一水、三岛、四景区”的规划格局。

“一水”是指汉河主河道，东区规划汉河河道笔直宽阔，适宜开展摩托艇等大型水上娱乐运动；

“三岛”是指湖区的游乐岛、休憩岛、琴心岛；

“四景区”是指主入口生物圈、生态湿地景区、现代农业展示中心和种植实验基地。

3 滹沱河生态环境修复

对于滹沱河河道的治理，我们在保证其水利功能的基础上，提出复合生态系统治理理念，即保持河流的连续性和与城市的共生互补性，重点处理好河流两侧的土地利用模式，以及重点做好生态防洪、植物生态系统的修复工作。

3.1 土地利用模式

基于滹沱河流域的特殊功能，在综合建设适宜性、景观适宜性、生态适宜性和经济适宜性评价的基础上，通过环境目标、社会目标、经济目标三大目标的和谐发展，在坚持“生态优先、景观经济并重”的原则下，制定出科学合理、优化可行的土地利用模式——“一线、两岸、三段、六区”，使该区域成为石家庄市区北部的绿色生态屏障、水源涵养区、风景旅游度假区、近郊森林公园、生态农业教育科研基地。

“一线”是指在滹沱河行洪制导线以内，结合防洪要求分断面进行控制，300m 以内（5 年一遇）为永久性河道，300～800m 为沙地草甸，800m 以外至行洪制导线为疏林草地。

“两岸”为防风林带。

“三段”是指滹沱河 3 个功能有别的宏观功能段，即南水北调工程以西为集园、林、果、田、居为一体的大地自然景观功能段，南水北调工程——京深高速公路段为游憩休闲度假功能段，京深高速公路以东为农、林、苗结合型的生态农业种植功能段。

“六区”是指 6 个生态功能区，即生态防护区、生态恢复区、生态园林区、生态展示区、生态农业园区和生态聚居园区。

3.2 生态防洪

滹沱河流域属东亚季风气候区，季节性雨季明显，洪水灾害具有迅速且持续时间较短的特点。虽然修建了岗南、黄壁庄两个水库和一些其他防洪设施，但防洪标准也不足十年一遇。为保证滹沱河（石家庄段）顺利地行洪、泄洪和利于滹沱河（石家庄段）区域生态环境的快速恢复，我们提出了生态防洪的措施。

在滹沱河北岸的大孙村村南建设雁翅柳生态软堤防，对滹沱河北岸制导线以外的已开发的河滩地进行“退耕还林”。同时，对现有荒滩实施绿化工程，改造现有低质林区。

将滹沱河南岸的生态防洪分为 3 段。

黄壁庄大坝下至南水北调中线段：保留原有不规整的天然沙堤。对不完善的河堤，按照设计制导线建设生物软堤防。水库大坝下的河道两侧多短沟，适合建设柳谷坊。

南水北调中线输水渠至京珠高速公路段：在京广铁路西侧，改造现有月牙堤，堤外侧表面种植地被植物护坡，内侧为青石条干砌堤坝，便于生物、水分、养分的交流。其中，京广铁路东侧至汉河入滹沱河口段，采用回填采沙坑、整修护砌岸坡等工程措施，紧靠滹沱河深槽右岸新建南堤。

京珠高速公路以东，机场路以东段：整修堤防，在无堤防的村庄外沿规划制导线建设生物软堤防，在受到洪水冲击的堤内侧建设雁翅柳防浪林。

3.3 植物生态系统的修复

根据河道水资源、气候、土壤等特征，结合景观建设的需求和河道的水利功能，提出横向层叠、纵向梯级的河道治理理念和采取林景型、林经型、林生型3种主要的片林复层结构种植模式。

3.3.1 横向层叠、纵向梯级的河道治理理念

横向层叠。横向层叠是指河道、河堤和阶地3层治理断面。①河道：在河道内禁止挖沙，平整滩地，依靠两岸生态环境的修复，自然固定流沙，形成沙滩河床景观；300～800m的河漫滩，是传统的行洪滩道，严禁种植阻水植物，禁止在河滩地内开荒造田，保护野生草本植被，逐步形成沙地草甸草原景观；800m以外至行洪制导线是营造生物防洪和疏林草地景观地带，可建设柳、桑缓洪雁翅绿化工程。②河堤：一是在迎水面密植乔、灌木，建设生物软堤防；二是在人工堤防中，采用柔性护岸，以草本植物、灌木为主，其中迎水坡可采用三维生物网草皮护坡，坡脚应设防护林；三是保证有500m宽的大面积堤岸积防护林带。③阶地：在恢复农田防护网的基础上，发展复合型农林业或都市型农业，改变单一的农作物耕作模式。在此基础上，利用沙地景观、河流水环境、森林植被，发展以观光游览与休闲娱乐为主的旅游产业。

纵向梯级。纵向梯级是按照河道的自然特性、水利功能及其所承担的功能和职能将其划分为3段。上段为黄壁庄大坝下至南水北调中线输水渠——保护原有的人工林和防护林带，继续扩大人工造林和防护林带，形成水土保持区和水源涵养区；中段为南水北调中线输水渠到京珠高速公路——整合资源，治理污染，种树植草防风固沙，构建以月牙堤围合地带为中心，以沙地河滩绿色生态恢复为主题的城市近郊休闲区；下段为京珠高速公路以东，机场路以东建立复合型农林区，发展花卉、蔬菜、果品、畜牧业，实现生态效益与经济效益的同步提高。

3.3.2 片林复层结构种植模式

为使滹沱河南岸的片林、林带更好地发挥生态效益，提出片林复层结构种植模式理念。该模式包括“春景”“夏景”“秋景”“冬景”“四季景观”5种林景型模式，“林果”“林药”“林蜜”3种林经型模式，“防护模式”“耐瘠薄模式”2种林生型模式。这三种复层结构种植模式的设计，均以1hm^2为设定面积，乔木占地面积最小以20m^2/株为计算单位，乔灌比例为1∶2。

林景型模式。通过垂柳、水杉、红瑞木、棣棠等树种的搭配，形成丰富的天际线及红、黄、绿的视觉效果，达到春季可观绣线菊，夏季可观满树金黄的栾树，秋冬季可观多姿百态的红瑞木、棣棠的景观时序。

林经型模式。在产生经济效益的同时，创造一定的生态效益和社会效益，即选取多种药用植物，形成春季连翘夺目，春夏之季金银花、芍药竞相争妍，夏季珍珠梅串串白花驱暑，秋季银杏渲染片林景色，冬季侧柏苍翠的景象。

林生型模式。以防风治沙尘污染为目标，选取连翘、泡桐、丁香等滞尘、抗污染能力强的树种，形成夏秋开花、冬显干皮的特色。

滹沱河（石家庄市段）的整治和修复工作取得了较好的生态效益和经济效益。如上游续建的小壁自然生态园，总占地1025000亩，林地和疏林地占80%，植被率达到90%以上，基本形成了水、草、鸟、兽、林共生的良好的自然生态环境，为许多野生动物的生存、繁殖和栖息提供了庇护场所。汊河一期工程通过模拟自然风光，将该区域建成集自然生态、水源保护、休闲度假、知识教育功能为一体的自然生态观察园和滨水景区，结合采砂大坑的回填处理，在汊河入滹沱河口上、下游段的滹沱河深槽营造人工湿地，建设生态景观和进行生态河道的修复。同时，河道岸坡采用土工格室护岸、三维网草皮护岸和缓坡等形式，使滞洪区防洪标准和汊河行洪标准达到五十年一遇，既保障了城市财产的安全，又保障了该区域的地下水不再受到污染。

4　橡胶坝工程

橡胶坝拦河蓄水工程因橡胶坝具有立坝迅速，塌坝后基本不占用河道断面的性能，较好地适应了北方干旱地区汛期大洪水次数少、洪水历时短，非汛期河道常流量小的特点，很好地解决了防洪与蓄水的关系，再加上其工程结构简单、运行简便、工程投资小等优点，在营造河道水景观中得到了广泛的应用。

4.1　生态作用

在城市水景观设计中，充分考虑橡胶坝的蓄水、放水便利的特点，可根据上游水量大小调整坝带高度，降坝前还可提前通知下游以保证安全，同时还要考虑到行洪安全和城区河道景观的关系，选择既能维持滨水城市景观、又能保证行洪安全的结合点，为改善城市水环境发挥了重要作用。

第一橡胶坝工程位于京广铁路上游580m处，工程长度由现状河道两侧导流堤长度确定。由于现状京广铁路长度远低于批准的治导线宽度，京广铁路桥防洪标准明显偏低，如今后进行扩建时需要调整左岸导流堤位置，目前布置的橡胶坝具有加长条件。橡胶坝设计水位由蓄水区水深要求，并结合河槽整治进行综合确定，正常蓄水高程为71.80m，预留蓄水位高程72.20m。

第二橡胶坝工程位于京广铁路桥下游1270m处，工程程度由河道两侧护岸位置控制，橡胶坝设计水位由蓄水区水深要求并结合河道整治进行综合确定，正常蓄水位高程为69.50m，使第一橡胶坝下游保持0.5m的淹没深度。

通过滹沱河水景观设计实践分析，干旱缺水地区城市供水水源多面临水量短缺问题，加之供水成本较高，水面景观工程一般不宜采用城市供水系统水源。可根据各个河道的具体情况，设计水源采用河道内的天然径流量、城市污水处理厂排放的中水或达标排放水、城市排水系统收集的雨水等水资源，其中污水再生水及雨洪资源利用已成为新的亮点。

要保持城市水景观水面面积，采用橡胶坝工程是在河道内营造水面工程的首选结构形式。以河道作为景观美化城市、改善水环境，需要构成大面积的水面连接。另外，河道还具有防洪排水功能，建设橡胶坝可以在汛期使河道连通，及时排泄洪水。橡胶坝用于城市水景观中，既能维持滨水城市景观、又能保证行洪安全的结合点，为改善城市水环境发挥了重要作用。

4.2　橡胶坝工程防洪调度

橡胶坝工程位于行洪河道内，因此橡胶坝工程应纳入防洪综合整治统一管理中。在汛期，发生洪水时服从河系统一管理和统一调度。

橡胶坝工程应做好蓄水与防洪的协调统一，在黄壁庄水库没有泄水、区间形成的洪水不足 $200m^3/s$ 时，可通过部分坝段泄水，保证坝体安全。当黄壁庄水库泄量达到 $800m^3/s$ 时，橡胶八坍坝泄水，范围应不少于上下游行洪主槽宽度，避免发生壅水。

由于上游有黄壁庄水库控制，洪水预见期较长，因此除非特殊事故情况橡胶坝坍坝时间可控制在 5h 以上。如遇较紧急情况橡胶坝坍坝时间可控制在 3h 左右。

滹沱河干流有两道橡胶支流太平河上橡胶坝总蓄水量较大，橡胶坝调度中应统筹考虑。一般情况太平河因无控制工程，洪水形成时间较早，可根据洪水预报情况先行坍坝防水。滹沱河干流上的橡胶坝可充分利用黄壁庄水库的调洪控制作用，在预见期内遵照先下后上的坍坝原则，尽可能避免形成人为洪峰，加大下游冲刷影响。

滹沱河干流上两道橡胶坝总蓄水量 679 万 m^3，如按全部 5h 坍坝防空，计算平均泄量为 $377m^3/s$，10h 防空时平均泄量为 $189m^3/s$，低于主河槽行洪流量，不至于造成下游的破坏性影响，但应尽可能在预见期内延长泄水时间，防止盲目蓄水行为，避免因调度不当影响河道行洪安全和工程本身的防洪安全。

5　河道治理功能评价

5.1　滹沱河建成生态景观河

滹沱河综合整治工程是石家庄市拓展城市空间、提升城市品位、改善生态环境、确保防洪安全的一项综合性工程，对于我市加快实施跨河发展战略，构筑“一河两岸”发展新格局，改善石家庄市人居环境，提升城市品位意义重大。并要求全市各级各有关部门一定要认真贯彻落实省委、省政府关于加强石家庄市建设的决策部署，切实增强省会意识、大局意识、责任意识，克服一切困难，加速推进工程实施，努力把滹沱河沿岸打造成石家庄市最亮丽的景观带。

城市要跨河向北发展，中间不能隔一条遍地黄沙的滹沱河。滹沱河的综合整治，将在无形中拉大城市的框架，并为建设 500 万人口大都市奠定生态基础。

这次滹沱河综合整治工程，主要通过“水、堤、路、桥、岛、绿、景、居”统一规划和综合整治，把滹沱河建设成为一条生态景观河。范围是西起黄壁庄水库，东至藁城市东界，全长 70km。整体工程分三期实施，一期工程为南水北调中线输水渠至太行大街，全长 16km，二期工程为京珠高速至藁城东界，全长 30km，三期工程黄壁庄水库至南水北调中线输水渠，全长 24km。共分四个大的功能段，黄壁庄水库至张石高速为湿地景观段，张石高速至南水北调中线输水渠为地下水库入渗场和生态森林段，南水北调至塔子口为水面景观段，塔子口至藁城东界为湿地景观段。

滹沱河 4 号水面北岸西侧紧靠正定古城，东侧紧靠正定新区，地理位置特殊。“随着正定新区的建设，滹沱河将成为石家庄市的内河。而滹沱河的蓄水成功，特别是 4 号水面紧靠正定新区，它必将推动新区的建设。滹沱河的综合整治，将让石家庄市这个缺水的城市拥有醉人的自然水景，同时如一条纽带将市区与国家级历史文化名城正定紧密相连，增强石家庄这座城市的历史文化底蕴。

5.2 沿岸生态环境改善

从子龙大桥上欣赏水天一色的美景，乘着冲锋舟在河道里疾行，人们禁不住感叹，随着滹沱河的重生，石家庄市干旱、缺水、多风沙的现象也将发生重大转变。

水系工程根本目的是为了改善水环境，丰富水生态，建设水景观，为居民提供更好的生活环境。综合整治一期工程完工后，将形成环石家庄市北部的滨水景观长廊，进一步改善石家庄市的生态环境，其中增加水面面积800万m^2、湿地面积1500万m^2、绿地面积600多万m^2，人均增加水面面积3.6m^2、湿地面积6.8m^2、绿地面积2.7m^2。通过水面蒸发和植物蒸腾，可增加区域湿度，调节气温，净化空气，相对湿度由10%增加到50%以上。同时也能有效解决石家庄市区的热岛效应问题，夏季滹沱河附近温度可降低3℃左右，市区温度也可降低1℃，对于改善我市春季的扬沙天气大有好处。

滹沱河综合整治将为改善河流水质、提高城市防洪标准、提高水资源利用率发挥巨大作用，将成为石家庄气候的调节器和空气净化器，并使石家庄市真正成为山水相依的生态之城。该工程还将与太平河整治工程、西北部水利防洪生态工程、南水北调工程共同构成西部、北部绿色走廊，增加石家庄市的活力和灵气。从根本上保障城市用水安全，并为石家庄向北部发展创造良好条件，提供重要依托，对城市的可持续发展起到重要的作用。

从此，石家庄人将再也不用担心水患了。经过整治的滹沱河，河槽畅通无阻，河堤固若金汤。即使是遇上像1963年和1996年那样的特大洪水，由两库调峰蓄水，即使开闸放水，洪水会顺畅沿河而下，而决不会形成洪灾。综合整治工程完工后，市区北部和正定古城的防洪标准将由现在的不足50年一遇提高到100年一遇，城市防洪可达到国家规范要求。

由于流域防洪规划确定了滹沱河上游治理“护险不筑堤”的原则，滹沱河黄壁庄水库以下河段一直按漫滩行洪模式治理，如遇50年一遇标准洪水，将有231km^2土地成为淹没区，淹没区土地难以进行开发利用。随着岗南、黄壁庄等大中型水库除险加固工程的完工，上游洪水得以有效调控，滹沱河市区段筑堤设防已成为可能。

滹沱河综合整治工程主要包括防洪工程，新建、改造堤防28.8km，加固堤防27.7km。对河心岛整体按50年一遇、局部按100年一遇防洪标准进行防护。

眼下的滹沱河畔，已经再现了“潮平两岸阔”的美景。目前，石家庄市干旱、缺水、多风沙的形象，已经随着这条河流的重生，开始发生转变。更多的市民利用周末的假期举家来到这里嬉水、游玩，体验人与自然的完美和谐。

碧波荡漾的滹沱河，石家庄人的母亲河，随着综合整治工程的完工，将让我们重新沐浴她那“充满天地之间的吼声和气氛”，一路奔流下去，带给我们关于水的无限美好感怀，且将一直延续下去。

5.3 滹沱河百里风光带

根据石家庄市地域特点与森林城市建设要求，将石家庄森林城市建设规划布局分为核心区和扩展区两个层次。其中，核心区以石家庄市中心城区及周边生态敏感区为主要范围，包括石家庄市区、栾城、鹿泉、正定和藁城四个组团县（市）区。针对石家庄市森林、湿地资源和生态、文化、产业特点，按照石家庄市建设“太行携翠、滹沱凝碧、幸福之城”的发展要求，提出石家庄市国家森林城市建设空间格局为“一轴两翼，三环九射，七核百点”。

5.3.1 “一轴两翼”

一轴，即滹沱河百里风光带。滹沱河将进行百里绿色景观长廊绿化建设。至2015年，新建和改造林地1470 hm^2，加强滹沱河中央休闲公园游憩基础设施建设；到2020年，再建设景观防护林700 hm^2，新建绿道15km。

两翼，即都市区左右两大生态组团：西山森林观光生态翼、磁河湿地体验生态翼。借助西山雄壮山体和茂密林木的特点，建设以生态环境维护为主，游憩观赏、户外登高、居住区开发为辅的综合生态观光片区。

磁河与滹沱河共同包夹正定新区，是石家庄未来都市核心区北侧的另一个重要生态防护翼。借助磁河重要的地理位置，依托古河道和水文现状，将其打造成城市湿地生态核心功能区。

5.3.2 “三环九射”

三环，即三道环城生态防护景观带“围城”。将二环路打造成近在咫尺的绿色生活休憩空间和生态文化通道；将三环路打造成一条兼具生态隔离作用、生态廊道作用、生态环境保障作用的综合性环城隔离林带；环城水系林带打造水岸湿地风貌林带，提升水岸林品质，形成围绕石家庄中心城区的林水环城景观带。

九射，即九大放射状森林绿道。以三环路生态防护带为起点，依托辐射向周边区县的高速公路、国道、省道共九条，包括：中华大街北延、西柏坡高速、307国道、308国道、京港澳高速公路北延、392省道、槐安路及山前大道、胜利北街、京港澳高速公路南延。

5.3.3 构建七大生态文化核心

（1）七核：七大生态人文核心板块，整合现有精品生态资源，挖掘文化内涵，加快建设一批品位高、立意深的大型综合生态文化精品服务基地。

（2）滹沱河中央森林公园：依托滹沱河打造融合滨水游憩、阳光体育、休闲健身、生态教育、科普课堂为内容的大型城市综合游憩乐园，最终形成森林、湿地与现代建筑群相互渗透的城市景观。

（3）生态科普文化教育长廊：依托石家庄植物园丰富的植物景观资源，以及环城水系植物园段，不断完善绿色标示和科普解说系统，提升园区景观品位，举办各种特色生态科普活动和户外课堂，打造以科普教育为主题的都市绿核。

（4）正定园林文化体验园：借助河北省首届园博会召开契机，结合正定新区规划，建设打造集合园艺展示、生态体验、商务会展于一体的正定新城未来中央公园核。

（5）城东南阳光森林公园：城市城区东部公园绿地缺乏，计划在天山大街以东、太行大街以西、珠江大道以北沿线建立一座以人文特色和生态服务为特征的综合性城市森林公园。

（6）世纪公园中央生态核：依托世纪公园，通过古典园林建筑、古典园林景观和现代生态景观建设，构建城市中央区域人居环境最美、文化品位最高的绿色人文公园。

(7) 长安公园休闲游憩核：以长安公园、胜利公园（改扩建）为主体，整合长安工业遗址公园（筹建）、铁路遗址公园（筹建）、新华体育公园（筹建）、桥西中心公园（改扩建）等城市公园，建设以城市休闲游憩为主题的都市绿核。

(8) 东垣古城遗址公园生态文化核：依托东垣古城遗址公园（新建）及其周边公园群，融合古城遗址历史文化，为市民及游人营造一个以历史文化为特色的遗址公园。

5.3.4 享城区绿色福利空间

百点，即城市绿色福利空间单元。以城市街区公园、社区和村镇绿化为主体，构筑遍布城区的绿色福利空间。城区绿色福利空间建设，一是按照社区周边500m服务半径建园的布局要求，提升绿化环境的生态化和自然化水平，注重公园栈道、自行车（轮滑）道等便民游憩通道建设，为市民提供高品质的便捷日常休闲场所；二是加强社区林景游园、景观水系、森林停车场、人车分离绿荫廊道、临街阳台等多元绿色空间建设。

在拓展区，将重点发展一带（滹沱河自然生态防护带）、一屏（太行山绿色生态屏障）、三网（平原生态防护网）、十块（产业发展及生态休闲文化聚集十大板块）、多点（县（市）区、工业园区与镇村人居森林建设）。

第四节 滏阳河衡水市区段河道治理

1 衡水市城市防洪排涝工程现状

1.1 城市防洪工程现状

(1) 防洪工程。作为子牙河流域防洪体系的重要组成部分，滏阳河流域已经形成了由上游大中型水库、中游洼地（大陆泽、宁晋泊滞洪区）、滏阳新河行洪河道组成的较为完善的防洪格局，即可防御较高标准洪水的防御体系。这些工程的建设和完善，使衡水市基本免除了上游山区洪水的威胁。但是，目前衡水市城区自身尚无抗御滹滏区间沥水的工程体系，如遇滹滏区间较高标准的沥水，在石德铁路以南和滏阳新河左堤以西区域内将形成沥水汇流区。由于滏阳河泄洪能力不足，加之城区自身沥水受到顶托无法自排，将形成较长时间滞蓄、淹没，威胁城区安全。

(2) 排水工程。衡水市城区现状排水系统为雨污合流，自流和机排结合系统。城区内排水明渠有一排干、三支渠、胡堂排干和班曹店排干；河西在胡堂排干入滏阳河口处设有东滏阳排涝站，设计流量6.0m^3/s，河东建有北门外排涝站，设计流量2.4m^3/s。现状市区排水系统偏低，特别是自流排沥经常收到滏阳河水的顶托而造成灾害。

1.2 防洪规划及实施情况

(1) 重点城市防洪规划。2002年河北省在流域防洪规划中提出了包括衡水市在内的重点城市防洪规划，其中衡水市防洪规划重点为：衡水市城市防洪标准为50年一遇，在滏阳新河按50年一遇设计、“63·8”洪水校核标准实施条件下，洪水不会危及衡水市安全；而滏阳河排涝标准仅为5年一遇，因此衡水市城区主要解决滹滏区间高标准涝水的威胁。衡水市城区防洪（涝）总体布局为滏阳河以东、以西修建两个闭合防洪围堤，同时进行滏阳河市区段13km河道整治、疏浚，改造城市市区排水沟渠等。

(2) 滏阳河和滏阳新河防洪规划。2002 年《子牙河流域防洪规划》对滏阳河和滏阳新河的规划为：滏阳河洪水进入京广铁路以东，主要由中游洼地滞洪削峰后，由滏阳新河承泄。大陆泽、宁晋泊按照 50 年一遇设计，“63·8”洪水校核，适当提高启用标准，使之基本达到 5 年一遇启用。宁晋泊设计水位 29.50m，校核水位 31.43m。滏阳新河是滏阳河流域洪水的主要出口。进口由艾辛庄枢纽控制，出口为献县枢纽。采用 50 年一遇洪水设计，流量为 2800m^3/s；“63·8”洪水校核，流量为 5700m^3/s；5 年一遇洪水不淹滩地。滏阳新河规划主要工程有深槽清淤扩挖，堤防加高加厚，险工治理，堤顶路面硬化，植物护坡等。

(3) 滹滏区间防洪规划。2002 年《子牙河流域防洪规划》提出滹滏区间滏阳河的排涝标准为 5 年一遇，治理措施主要是对滏阳河采取清淤疏浚。

近年来，衡水市城区发展迅速，无论在城区范围、规模、区位作用，还是在人口、国民生产总值、城市规划等方面都有了质的变化；而以往的城区防洪规划由于资金的限制难于实施。2002 年衡水市对城市发展提出了新的思路，对城市总体规划进行战略性调整。

2 防洪规划

2.1 规划原则

衡水市城区防洪工程建设要贯彻经济、社会可持续发展的战略，体现时代对防洪的新要求，要在流域防洪规划的基础上，重点做好滏阳河衡水段防涝规划，为衡水市的建设和总体规划提供科学依据。规划原则为：

贯彻“统筹兼顾、综合治理、防治结合、重点突出、以防为主”的原则，要按照洪水、沥水的不同特性选择不同的治理标准和适用的工程措施，正确处理上下游、干支流、城市建成区与外围农田的关系，尽量利用现有堤防、路基等工程，做到近期与远期相结合，工程措施与非工程措施相结合，构筑全新理念的防洪排涝体系。

城市防洪规划与城市总体规划和流域防洪规划相结合的原则。要遵循系统集成原理，妥善处理城市防洪与流域整体防洪除涝的关系，协调好水利建设与衡水市社会经济发展的关系，确立与国民经济发展水平相适应的防洪标准与相应的工程体系，优先抓好事关防洪减灾大局的重点工程。

城市防洪工程与当地经济发展水平相适应的原则。衡水市城区防洪工程要与当地经济发展水平相适应，要尽量减少占地、工程量和投资，并根据本地经济发展水平采取分期实施、逐步完善的做法。

以防洪减灾为主，兼顾城市建设、生态环境美化、河道蓄水等功能的原则。在不影响抗御沥涝功能的前提下，工程建设要尽量满足目标要求，通过防洪工程建设为城市发展、市区美化及环境改善创造条件。此外，防洪规划要对防洪减灾与人口、资源、环境作全面考虑，在科学规划的基础上统筹工程建设与管理保障体系。

2.2 规划目标

规划基准年取 2005 年；规划水平年取 2020 年。

规划主要保护目标为衡水市城区，其规模相当于规划水平年建成区规模。根据衡水市总体规划，衡水市城区将控制向西、南区域发展，重点向北，适当向东发展。规划城区北边界在小西河南侧，基本与小西河平行；西边界以衡水电厂为界，东南边界为滏阳河左堤。2020 年规划面积 72.6km²。

城市外围防洪标准：按照 GB 3838—2002《防洪标准》的规定，衡水市建成区防洪标准为 50 年一遇，而该标准等于或低于衡水市外围滏阳新河等骨干防洪工程的防洪标准。因此保证衡水市区安全任务已经由滏阳新河骨干防洪工程解决。

城区防御滹滏区间沥水标准：SL 201—2015《江河流域规划编制规范》指出：治涝标准应根据涝区受灾情况和社会经济发展需要，从经济、社会、环境等方面综合论证选定。滹滏区间平原沥水虽然也属客水，但其致灾程度相对较小；当地农田排涝以达到 5 年一遇标准，城区防沥应高于这个标准。经分析，衡水市城区防御滹滏区间沥水标准选择 10 年一遇或 20 年一遇标准。考虑衡水市长远发展，城区防沥取 20 年一遇标准。

2.3　规划任务

为在全面把握衡水市防洪、防沥态势的基础上，依托由省级管辖骨干防洪工程确保衡水市城区防洪安全。

在按流域规划 5 年一遇排涝标准整治滏阳河的基础上，依靠滏阳河市区段附近的防护、疏导和分流工程，采取滞蓄、分流和排泄相结合的措施，使衡水市城区抗御沥水的能力逐步提高，适应城区的发展，保证城区安全。

对于超标准洪、沥水，要采取非工程措施有计划地实施分流、疏导或滞蓄，尽量使沥涝灾害降到最低限度。

通过防洪体系建设，充分协调人与自然的关系，使人类活动适应自然规律，工程措施和非工程措施良好结合，支撑当地经济的全面、协调与持续发展。在防洪保安的额前提下，要为生态恢复和环境建设创造条件。逐步形成和完善滏阳河衡水市区段排沥减灾、水资源利用、生态环境和社会环境相互协调的全新防洪体系。

3　设计洪水

衡水市地处滹滏区间，自滏阳新河建成后，滏阳河水系山区洪水对衡水市的威胁大为减轻，对衡水市造成威胁的主要是滹滏区间沥水。滹滏区间内多条排水干沟，规划排涝标准仅为 5 年一遇，因此当发生超标准的沥水是，沥水将出槽漫地行洪，对衡水市造成直接威胁；衡水市下游献县泛区滹沱河洪水与滏阳新河洪水、平原沥水遭遇后，回水可能对衡水市以上沥水造成顶托。因此本次洪水分析计算涉及衡水市区上、下游整个滏阳河流域和滹滏区间的洪、沥水计算。

沥水分析计算因滹滏区间实测流量资料较短，采用暴雨途径间接推求设计沥水。

滏阳河流域设计洪水包括滏阳河艾辛庄设计洪水和滏阳新河设计洪水。

滏阳河采用 1956 年洪水的两倍（相当于 50 年一遇）为设计标准，1963 年洪水为校核标准（250 年一遇）。滏阳河支流分散，山区支流已建的东武仕水库、临城水库、朱庄水库库容较小，对洪水调蓄作用有限。滏阳河的洪水主要由中游永年洼、大陆泽、宁晋泊、小南海及老小漳河之间等洼地滞洪削峰，经滏阳新河下泄。永年洼主要滞蓄邯郸西部地区洪水，其他四洼使用的次序，原则上先用大陆泽、宁晋泊两洼，再使用小南海和老小漳河之间滞洪。遇设计及校核洪水，经滞洪后由艾辛庄入滏阳新河，流量分别为 3340m³/s 和 6700m³/s。

1990年河北省水利勘测设计院在原水电部海委设计院计算成果基础上，将洪水系列从1964年延长至1986年，并对洪水系列进行频率计算，提出了《子牙河流域设计洪水补充分析报告》，成果于1990年由水利部海委主持召集部分总院等有关单位专家参加讨论、评审通过，并以（1990）海水文6号文通知各有关省市和单位在规划中使用新成果。滏阳河艾辛庄设计洪水洪量成果见表9-9。

表9-9　艾辛庄设计洪水洪量成果表

项目	均值/亿 m^3	参数		不同重现期设计值/亿 m^3				
		C_v	C_s/C_v	10年一遇	20年一遇	50年一遇	100年一遇	200年一遇
最大6d洪量	4.7	1.9	2.5	12.3	20.9	34.2	45.1	56.7
最大30d洪量	7	1.65	2.5	18.3	29.0	44.9	57.8	71.2

滏阳新河深槽行洪能力上小下大，保证流量150～250m^3/s。滏阳新河原设计流量3340m^3/s，校核流量6700m^3/s，现状基本能达到原设计行洪能力，按大堤超高1.0m，艾辛庄闸下保证水位31.34m，新河县城29.50m，大赵常25.50m，武邑县城22.50m，贾庄桥17.45m，献县枢纽闸上16.4m。

4　河道治理与城市建设相结合

衡水市防洪规划水平年为2020年，防洪标准50年一遇，保护人口50万人，保护面积127km^2。规划原则统筹兼顾，综合治理，与城市总体规划、土地利用规划、远离规划等密切结合。

滏阳河以西南—东北方向穿过衡水市区，将市区分为河东、河西两部分。防洪围堤以滏阳河为界，按河东和河西布置两个防洪圈。河东围堤长32.18km，保护面积34km^2；河西防洪围堤长42.77km，保护面积93km^2。主要工程项目：修建防洪围堤77.63km，治理滏阳河13.0km，新建、改建排涝泵站3座，新建重建闸涵10座，新建桥梁17座。

（1）河道治理与市区退污还清及水景观结合。滏阳河在衡水市区段约13km，规划是考虑了市区退污还清及景观的要求，将设计河底以上4m范围内用混凝土衬砌，存蓄退污还清后的景观用水；在距离河底4m位置设置平台，供人们游览休闲；平台以上河坡采用生态护砌。

（2）河道治理与土地利用相结合。滏阳河在衡水市区13km段内约有9.5km，为复式断面，主槽小，滩地大，滩地多数荒废，或乱搭乱建，或称为垃圾倾倒场，既影响市容市貌又造成极大的土地浪费。本次规划本着与市区土地利用规划相结合的原则，在满足防洪行洪的条件下，根据洪水演算及水力计算成果，将过去的不规则复式断面整治为规则的单式梯形断面。仅此一项就利用土地260km^2，直接经济效益达5亿元。

（3）河道治理与远离绿化规划相结合。滏阳河为天然河道，S形弯段很多，原规划方案中有些弯段要裁弯取直。根据园林专家意见，结合《衡水市园林绿地系统规划》，保留了河道的自然弯曲形状，并沿河布置了衡岩公园及三杜庄植物园等，在防洪外堤布置了30m宽绿化带，使滏阳河市区段形成一道蜿蜒曲折的水域绿结合的风景带，人们在这里可以尽情地贴近自然、回归自然，享受大自然赋予人们的无限风光。

（4）防洪围堤布置与城市总体规划的结合。城市防洪规划与城市总体规划基本同步进行，两项规划之间京城沟通信息，做到协调一致、密切结合。防洪围堤第一方案布置时，北围堤布置在班曹店排干一线，该方案围堤总长 74.13km，保护面积 111km^2。后来总体规划范围进行调整，将班曹店排干至大麻森一带划入规划范围，于是，防洪围堤也随之调整，又进行了防洪围堤第二方案布置，将北围堤北移至小西河至大麻森一线，该方案围堤总长 77.63km，保护区面积 127km^2，将整个城市总体规划范围置于防洪保护范围之内，该方案虽然围堤加长，保护范围增加，但由于结合了铁路路基、河道堤防及高速公路路基，工程量并没有增加。另外，还在规划基准年、水平年、城市发展规模、城市发展人口等方面与城市总体规划保持一致。

5 生态修复功能

在衡水市河渠综合改造工程完成后，充分利用生物净水的有利条件，借鉴自然界水体自净的原理，因地制宜，在合适的水域，种植适宜生长的水生植物。比如芦苇、莲藕、蒲菜等，借助植物大量繁殖消耗营养和多种生物反应，分解、吸收、转化水中污染物的功能，突出衡水市河渠水系的生态特点，营造一个平衡、自然的生态环境，以融入到衡水市整体生态圈内。衡水市河渠水系保护与修复建设，要利用现代水利工程学、环境科学、生物科学、生态学、美学等学科，研究生物技术综合治理衡水市河渠水系建设的办法，使其达到净化污水、美化环境之目的，来打造城市河渠。创造水体和土体、水体和生物相互涵养且适合生物生长的现代城市河渠。为建立可持续发展的、舒适宜人的城市河渠，使水体“净、秀、活”起来，把衡水市河渠水系建设成真正意义上的亲水生态城市。

衡水市河渠水系水生态系统——滏阳新河人工湿地、衡水市河渠水系水质净化系统，建设的规划设想：在红旗大街滏阳新河滩地以西、滏阳新河主河槽以南建设滏阳新河人工湿地，种植芦苇、蒲草、水浮莲等水生植物，增殖放流适合养殖鱼类发展生态水产养殖，形成人工湿地净化水质系统；这样，滏阳新河人工湿地不仅加大了衡水湖水域范围，而且拉近了市区与衡水湖的距离，使衡水湖与衡水市河渠水系连接起来成为一体。经过净化的水通过侯店引水渠流入滏阳河。在旧城、河东刘一带滏阳河建设橡皮坝；在橡皮坝上游，按照《衡水市城市空间发展战略规划（2003—2020 年）》沿正北方向一西外环路外侧向北开挖一条人工明渠，该渠道最后和两条排水明渠胡堂排干、班曹店排干连接，必要时修建风力、太阳能或电力提水泵站设施，让滏阳河水沿新开挖人工明渠流入胡堂排干、班曹店排干；实现滏阳河、胡堂排干、班曹店排干水的流动。

深挖巨吴渠使滏阳河水流入巨吴渠，在滏阳新河左堤上修建风力、太阳能或电力提水泵站设施，让巨吴渠水流入滏阳新河人工湿地，形成滏阳新河人工湿地-侯店引水渠-滏阳河-滏阳河、西外环路新开挖人工明渠、胡堂排干、班曹店排干-滏阳河-巨吴渠-滏阳新河人工湿地闭合的流动循环的良好的衡水市河渠水系水生态系统。沿途可以建设为人们提供休闲、娱乐场所设施，更能为城市后续发展创造便利条件。

6 效益分析

（1）社会效益。滏阳河衡水市区段综合治理工程极大地改善了河道环境，提高了城市的防洪除涝能力。滏阳河衡水市区段行洪能力由整治前的不足 $100m^3/s$ 提高到了 $250m^3/s$，有力保障了城市防洪安全，保障了沿河居民的生命财产安全。滏阳河整治后水面面积达 130 万 m^2，建成园林绿地 200 万 m^2，使市区园林绿地面积翻了一番，为人民群众提供了一处亲近水、认识水、休闲观光的好风景。为改善人居环境，提升了城市品位和市民幸福指数，为创建园林城市做出积极贡献。

（2）经济效益。整治后的滏阳河环境优美，富有文化内涵，吸引了社会各界投资，有力推动了沿岸房地产、物流、商贸、旅游、餐饮等第三产业的发展。据测算，滏阳河综合治理工程盘活沿河土地 3992 亩，直接创造经济效益近百亿；同时拉动了沿河开发改造，房产升值，滨水生态环境成为人们居住的重要选择条件。

（3）生态效益。治理后的滏阳河两岸变成城市带状公园，河道两岸已成为市民的重要休闲娱乐场所，滏阳河水面宽 60～120m，水深 2.4～3.5m，并沿线打造了萧何广场、滏阳湖广场、滏阳生态文化园、迎宾湿地公园、青年公园等景观节点。综合整治后，滏阳河与闸西排干、班曹店排干、胡堂排干三条干渠连通，形成城区水系循环，实现城中有水、水中有城的新城区格局，市区生态环境得到改善。

第五节　府河保定市区段河道治理

1　流域内河流概况

府河流域范围内的支流河道包括：上游城区西一亩泉河、侯河、百草沟，下游城区东黄花沟、金线河、南环堤河。

府河属于海河流域大清河水系，是一条平原排沥河道，发源于保定市西郊，由一亩泉河、侯河、百草沟三条支流汇流而成，府河起自保定市人民公园西侧，止于白洋淀藻杂淀，全长 26km。该河流经保定市区，在仙人桥村以下有黄花沟、金线河汇入，流经小望亭、刘口在木锨村北与漕河相汇进入白洋淀。府河自焦庄闸至入白洋淀口段，长 20.5km，府河自黄花沟、南环堤河、金线河汇入后控制流域面积达 $623.8km^2$。

1.1　一亩泉河

一亩泉河起源于一亩泉村的一亩泉，现从一亩泉村西南黄花沟堤外起，南流过保满公路月亮桥，然后向东南流经南齐村，进而向西进入满城界，经贾庄西入保定市，然后经南章、蛮子营村西蜿蜒东南流，在大车村穿保定市区防洪堤至人民公园西侧入府河，全长 16.3km，其中防洪堤以上长 8.65km。

1.2　侯河

侯河源于满城县李铁庄村西北洼地，水随季节而出没，故名侯河。东流张辛庄南、刘家庄北进入市郊，穿环堤河、防洪堤，又东起吕七里店、昭七里店至五里铺村东汇入百草沟，全长 15.02km，其中防洪堤以上长 10.5km。河道淤堵严重，现状排水标准不足 10 年一遇。

1.3　百草沟

百草沟是保定市西南部的主要排沥河道，又名小清河，是清乾隆十年（1745 年）在满城县方顺桥南的方顺河上建闸，闸后水分三路，自闸向北者称百草沟河。该河自方顺桥村南向东沿京广铁路右侧，北流经过陉阳驿站桥至阎同村东入清苑县，经大汲店进入保定市郊，于小汲店村东穿环堤河、防洪堤，至五里铺有侯河汇入，在人民公园西侧与一亩泉河相汇，下入府河，全长24.3km，其中防洪堤外河长19.82km。防洪堤外河道多年未进行治理，因淤积严重影响过水能力，现状防洪标准不足10年一遇。

1.4 黄花沟

黄花沟原为古徐河下游故道，源黄村、花村而得名。现在的黄花沟是1958年建唐河北支渠时调整的河道，1962年、1964年又疏浚筑建了左堤，现起源于满城县北庄村西，东流经一亩泉村南，北齐村北，沿保满公路北侧至大马坊水库南侧，然后沿保定市北防洪堤北围堤向东南，穿越京广铁路、京石高速公路至仙人桥村东汇入府河，全长28.43km。

1.5 南环堤河

南环堤河又名南市沟，是1963年发生大洪水后，结合修筑保定市防洪堤而开挖的人工河道。该河从鲁岗辛庄北由黄花沟右堤起，向西南过保（定）满（城）公路，在马厂村西北折向南穿京广铁路沿防洪堤南围堤向东流，经小西庄、王庄北至仙人桥东南先与金线河相汇，然后入府河，全长29.07km。

1.6 金线河

1965年开挖的新金线河，始于清苑县西洪义村，东经北魏村、北大冉村后穿保（定）衡（水）公路、保沧公路，于北石桥村东南入清水河。1966年清水河改入唐河新道，新金线河仍循旧道。于仙人桥东汇入府河。1975年修建引污干渠，新金线河被截而改道，先于环堤河相汇再入府河。新金线河是保定以南、清水河以北地区的主要排沥河道，全长28km。河道多年未进行治理，淤积严重，现状防洪标准不足10年一遇。

2 设计洪水

根据《大清河流域防洪规划报告》，府河在保定市区防洪堤以外近期按10年一遇、远期按20年一遇标准整治；防洪堤以内段近期按20年一遇、远期按50年一遇标准治理。

府河入白洋淀口（木锨庄）以上控制流域面积695.17km^2，按计算方法的不同将全流域划分为三块进行计算，分别为府河木锨庄上游的保定市城区外围平原、保定市城区和满城县城以北（50m等高线以上）的山前坡水区（包括南水北调总干渠在该区域内的三座排水倒虹吸流量），分别计算出府河在清苑县境内的府河口、三河汇合口、木锨庄桥三个控制断面处的洪峰流量。

2.1 满城县城以北山前坡地区设计洪水计算

南水北调总干渠在满城县城北（50m等高线以上）的山前坡水区共设置了韩庄西沟排水倒虹吸、吴庄西沟倒虹吸和沙石沟排水倒虹吸三座左岸排水建筑物，南水北调总干渠以北山前洪水经三座左排建筑物后进入平原以坡面流的形式在满城县城汇合，再经过黄花沟流向下游。该区设计洪水采用铁一院法计算10年一遇、20年一遇两个标准的设计洪水，控制面积采用满城县城西北的50米等高线最后叠加南水北调总干渠在该区域内的三座排水倒虹吸流量。

铁道部第一勘察设计院根据西北欧地区特点制定的小流域研究组公式法（亦称铁一院

法），适用于 $100km^2$ 以下且小河沟和山坡汇流所占比重较大的流域。

铁一院法计算经验公式如下：

$$Q_m = q_m B$$

其中

$$q_m = 0.278CaL$$

$$a = \frac{S_p}{\tau^n}$$

$$C = 1 - RS_p^{-0.28}\tau^{0.28n}$$

$$\tau = 0.278\frac{L}{V}$$

$$V = AI^{1/3}q_m^{1/2}$$

式中：Q_m 为坡水区洪峰流量，m^3/s；q_m 为单宽坡面的洪峰流量，$m^3/s/km$；B 为设计坡面平均宽度，km；L 为设计坡面平均长度，km；a 为设计暴雨的平均强度，mm/h；C 为设计暴雨的径流系数；S_p 为设计暴雨雨力，即 1 小时雨量，mm；τ 为坡面汇流时间，h；V 为坡面平均汇流速度，m/s；I 为坡面平均汇流坡度，‰；A 为山坡流速系数；n 为暴雨衰减指数；R 为损失系数，可按土壤、植被覆盖、前期土壤湿润状况等查表。

洪水总量系根据流域面积大小、由给定的设计暴雨历时内的连续降雨总量通过暴雨径流关系查取径流深，再求得设计洪水总量，其计算公式为

$$W = 0.1RF$$

式中：W 为洪水总量，万 m^3；R 为径流深，mm；F 为流域面积，km^2。

依据上述计算依据、设计标准、计算方法和有关参数，满城县城区上游坡水区设计洪峰流量、24 小时洪量和南水北调总干渠在该区域内的三座排水倒虹吸流量见表 9－10。

表 9－10　满城县城区上游坡水区设计洪水成果表

重现期	排水倒虹吸流量/(m^3/s)			坡水区/(m^3/s)	24h 洪水总量/万 m^3
	韩庄西沟	吴庄西沟	沙石沟		
10 年一遇	30.00	15.00	78.00	21.99	218.44
20 年一遇	50.00	34.80	122.40	37.77	326.63

坡水区设计洪水过程采用三角形概化过程线法。经综合分析得出三角形概化过程线的模比系数，见表 9－11。

表 9－11　坡水区洪水概化过程线模比系数表

时间坐标 T_i/T	0.00	0.10	0.20	0.30	0.40	0.50	0.60	0.70	0.80	0.90	1.00
流量坐标 Q_i/Q	0.00	0.25	0.50	0.75	1.00	0.83	0.67	0.50	0.33	0.17	0.00

在洪峰流量和次洪水总量已经确定的前提下，过程线的总历时按下式计算：

$$T = \frac{2W}{Q_m}$$

式中：T 为设计洪水过程线总历时，s；W 为设计洪水总量，万 m^3；Q_m 为设计洪峰流量，m^3/s。

2.2 府河木铱庄桥上游保定市区外围平原洪涝水计算

府河木铱庄上游保定市城区外围平原汇流区域有黄花沟汇流区、金线河汇流区、一亩泉河汇流区、侯河汇流区、百草沟汇流区、府河木铱庄以上区间汇流区等。见各汇流区域示意图。

黄花沟等各汇流自产涝水用排水模数法，分别计算各控制断面处的最大排涝流量，计算公式如下：

$$m=KR^{m}F^{n}$$

$$Q=MF=kR^{m}F^{n+1}$$

式中：M 为设计排水模数，$m^3/s/km^2$；Q 为排水设计流量，m^3/s；F 为排水河道设计断面控制的排水面积，km^2；R 为设计径流深，mm；k 为综合系数，反应河网配套程度，排水河道坡度和流域形状等因素；m 为洪峰流量指数，反映洪峰与洪量关系；n 为递减指数，反映模数与排水面积关系。

不同重现期设计最大排水流量计算成果见表 9-12。

表 9-12　府河木铱庄桥上游保定市城区外围各平原区最大排水流量计算成果

汇流区域	控制断面	控制面积/km^2	排水流量/(m^3/s)	
			10 年一遇	20 年一遇
黄花沟平原区	防洪堤	35.18	16.48	24.44
金线河平原区	三河口	207.7	68.21	101.17
一亩泉河平原区	防洪堤	115.32	42.6	63.19
侯河平原区	防洪堤	43.53	19.54	28.98
百草沟平原区	防洪堤	84.84	33.33	49.43
木铱庄以上府河区间	木铱庄桥	52.17	43.98	65.23

设计排水过程线依据河北省水利水电勘测设计研究院 2002 年 10 月编制的《河北省平原地区中小面积除涝水文修订报告》中计算方法确定。计算公式如下：

$$T=0.278\frac{RF}{\eta Q_{max}}$$

$$Q_i=YQ_{max}$$

$$T_i=XT$$

式中：Y、X 为概化线纵、横坐标比例，%；Q_{max} 为次洪水最大排水流量，m^3/s；R 为次洪水径流深，mm；F 为流域面积，km^2；η 为面积系数（为 0.34）；T 为概化过程线总底宽；Q_i、T_i 分别为概化过程线纵、横坐标值。

表 9-13　概化过程线纵横坐标比例表

横坐标 X/%	0	5	10	15	19	30	40	50	60	70	80	90	100
纵坐标 Y/%	0	19	49	77	100	74	63	37	25	16	10	5	0

2.3 保定市区洪涝水分析计算

保定市城区涝水分为两部分，其中防洪堤以内的老城区涝水汇入府河，防洪堤以外的规划城区涝水汇入外围的环堤河、黄花沟和金线河。在计算府河口洪峰流量时取防洪堤内的老城区进行分析计算，在计算三河汇合口洪峰流量时取全城区（包括防洪堤内的老城区和堤外规划城区）进行分析计算。

城区大规模建造房屋，铺砌道路，使下垫面不透水性大大加强，其结果是下渗量和蒸发量减少，而地表径流和径流总量增加；城市排水系统管网化，使暴雨径流尽快就近排入水体，使洪水汇流速度增加，洪量更为集中，进而使城区的产、汇流与外围平原明显不同，经过对比分析，故在城区洪水计算采用了《河北省保定地区水文计算手册》中的山区最大洪峰流量推算公式，设计洪水过程线采用规范推荐的三角形概化过程线法。计算公式入下：

$$Q_{max}=\eta C_p F^{0.6}$$

式中：Q_{max}为最大洪峰流量，m^3/s；η 为不同频率洪峰流量换算系数；C_p 为百年一遇洪峰模数；F 为流域面积，km^2。

不同重现期保定市城区最大排水流量见表 9－14。

表 9－14　不同重现期保定市城区最大排水流量计算结果

汇流区域	控制断面	流域面积/km^2	不同重现期排水流量/(m^3/s)	
			10 年一遇	20 年一遇
老城区	府河河口	113.43	246	370
全城区域	三河汇合口	220.52	367	550

2.4　府河清苑段河道治理工程各控制断面设计流量计算

府河清苑段河道治理工程府河河口的洪水过程线采用老城区相应重现期的洪水过程线；三河汇合口的洪水过程线为相应重现期的黄花沟坡水区、黄花沟平原汇流区、一亩泉河汇流区、侯河汇流区、百草沟汇流区、金线河汇流区和全城区的洪水过程线的组合；木锨庄桥处的洪水过程线为相应重现期的府河三河汇合口洪水过程线与木锨庄桥以上府河区间平原区洪水过程线的组合叠加。经过分析计算，府河清远段河道治理工程各控制断面设计流量见表 9－15。

表 9－15　府河清远段河道治理工程各控制断面设计流量

控　制　断　面	流域面积/km^2	不同重现期排水流量/(m^3/s)	
		10 年一遇	20 年一遇
府河河口	113.43	246	370
三河汇合口（黄花沟、南环堤河、新金线河）	643.00	412	652
木锨庄桥	695.17	448	702

3　河道堤顶高程确定

河道堤顶高程设计洪水位加堤顶超高确定，根据《堤防工程设计规范》，堤顶高程按下式确定：

$$Y=R+e+A$$

式中：Y 为堤顶超高，m；R 为破浪爬高，m；e 为风壅水面高，m；A 为安全加高，m。

3.1　波浪爬高计算

波浪爬坡高度是波浪沿斜面爬升的垂直高度，简称波浪爬高。波浪爬高的大小直接影响土石坝坝顶高程的确定。波浪爬高的数值与波浪要素（波高及波长）、斜面坡度、护面材料、水深及风速等因素有关，需通过计算确定。其计算方法有规则波法与不规则波法两类，前者把波浪及其爬高作为大小不变的均匀系列；后者则将它们看作大小不等的随机系列，并采用其统计特征值来表示。过去工程设计中多采用规则波法，用比较简单的经验公式进行计算，但结果比较粗略。不规则波法的计算原理是：考虑到波浪要素在时段内的变化，找出其统计分布规律，按土石坝的不同级别，分别采用不同累积概率（工程中也称保证率）时的爬高值作为设计波浪爬高。

波浪爬高计算公式为：

$$R_p=\frac{K_\Delta K_v K_p}{\sqrt{1+m^2}}\sqrt{\overline{H}L}$$

式中：R_p 为累积频率为 P 的波浪爬高，m；K_Δ 为斜坡的糙率及渗透性系数，根据护面类型查表确定；K_v 为经验系数，根据风速 v、堤前水深 d、重力加速度 g 组成的无维量 $[v/(gd)^{0.5}]$ 查表确定；K_p 为爬高累积频率换算系数，对不允许跃浪的堤防，爬高累积频率取 2%；m 为斜坡坡率，$m=\cot\alpha$，α 为斜坡坡度，度；$\overline{H}$为堤前波浪的平均高度，m；L 为堤前波浪的波长，m。

表 9-16　　经验系数 K_v 值查算表

$v/(gd)^{0.5}$	≤1	1.5	2.0	2.5	3.0	3.5	4.0	≥5
K_v	1	1.02	1.05	1.16	1.22	1.25	1.25	1.30

其中，风浪要素可按莆田试验站公式计算：

$$\frac{g\overline{H}}{v^2}=0.13\left[0.7\left(\frac{gd}{v^2}\right)^{0.7}\right]\mathrm{th}\left\{\frac{0.0018\left(\frac{gF}{v^2}\right)^{0.45}}{0.13\mathrm{th}\left[0.7\left(\frac{gd}{v^2}\right)^{0.7}\right]}\right\}$$

$$\frac{g\overline{T}}{v}=13.9\left(\frac{g\overline{H}}{v^2}\right)^{0.5}$$

$$L=\frac{g\overline{T}}{2\pi}\mathrm{th}\frac{2\pi d}{\overline{L}}$$

式中：$\overline{H}$为平均坡高，m；$\overline{T}$为平均波周期，s；v 为计算风速，m/s；$\overline{L}$为风区长度，m；d 为水域的平均水深，m；g 为重力加速度，m/s²。

3.2　风壅水面高计算

根据 GB 50286—2013《堤防工程设计规范》中推荐的公式计算：

$$e=\frac{KV^2F}{2gd}\cos\beta$$

式中：e 为计算点的风壅水面高度，m；K 为综合摩阻系数，采取 $K=3.6\times10^{-6}$；V 为设计风速，按计算波浪的风速确定；F 为计算点逆风向量到对岸的距离，m；d 为水域的平均水深，m；β 为风向与垂直于堤轴线的法线的夹角，(°)。

3.3　设计堤顶超高计算

安全加高计算，按照 GB 50286—2013 计算，府河左、右岸均为 4 级堤防，安全超高取值为 0.6m。

沉降量分析，由于本段河道治理全为地下河，利用现状河堤，已沉降稳定，新筑堤防高度较小，不再考虑堤防沉降量。

府河治理段河堤顶设计高程为设计水位、设计波浪爬高、风壅水面安全加高 4 项之和。表 9－17 为堤顶超高计算结果。

表 9－17　　　　堤顶超高计算结果

设计爬坡高度/m	风壅水面高度/m	安全加高/m		左堤顶超高/m		右堤顶超高/m	
		左堤	右堤	计算值	采用值	计算值	采用值
0.285	0.001	0.60	0.60	0.886	1.00	0.886	1.00

4　效益分析

4.1　计算参数和计算条件

根据 2006 年国家发展和改革委员会、建设部发布的《建设项目经济评价方法与参数(第三版)》规定，社会折现率采用 8%。

根据规范规定，并结合实际情况，该工程经济计算期取 31 年，集中建设期为 1 年，运行期为 30 年。基准点为建设期的第一年年初，各项费用和效益均按年末发生和结算。

本期治理段河道淤积严重、现状过水能力不足 5 年一遇，功能和效益较小。工程实施后，该河道行洪标准达到 10 年一遇。

4.2　费用计算

国民经济评价中建设项目的费用包括项目的固定资产投资、流动资金和年运行费。

该工程总投资为 3000 万元，国民经济评价原则上采用影子价格。在工程投资成果的基础上，根据 SL 72—2013《水利建设项目经济评价规范》中的附录进行计算，调整后的国民经济评价投资为 2760 万元。

年运行费包括工资福利费、材料及动力费、维护费及其他费用。根据一般经验，年运行费按调整前总投资的 1%计算，则年运行费为 30 万元。

流动资金包括维持工程正常运行所需购买材料、燃料、备品备件及支付职工等周转资金，参照类似工程，按年运行费的 10%计算，流动资金为 3 万元。

4.3　效益计算

该工程为防洪工程，所以效益主要为防洪效益。本次经济评价采用 SL 72—2013 推荐的减免洪灾损失法计算防洪效益，工程建成后，多年平均可减少的损失，即工程建设前的多年平均损失，减去工程建成后的多年平均损失，即为工程的防洪效益。多年平均效益按下式计算：

$$Y=\sum_{i=1}^{n}\Delta P\times\overline{S}=\sum_{i=1}^{n}(P_{i+1}-P_i)\times\frac{(S_i+S_{i+1})}{2}$$

式中：Y 为多年平均损失，万元；P_i、P_{i+1} 分别表示洪水频率，%；S_i、S_{i+1} 为相应于 P_i、P_{i+1} 造成的洪水损失，万元。

按上述频率法分析计算，工程治理后多年平均效益为 368 万元。

4.4　经济评价计算

4.4.1　社会折现率

社会折现率是社会对资金时间价值的估算，是从整个国民经济角度所要求的资金投资收益率标准，代表占用社会资金所应获得的最低收益率。

社会折现率是建设项目经济评价的通用参数。在国民经济评价中用计算经济净现值时的折现率，并作为经济内部收益率的基准值，是建设项目经济可行性的主要判别依据。

根据我国目前的投资收益水平、资金机会成本、资金供需情况以及社会折现率，对长、短期项目的影响等因素，2006 年国家发展和改革委员会、建设部发布的《建设项目经济评价方法与参数（第三版）》中将社会折现率规定为 8%，供各类建设项目评价时统一采用。该项目社会折现率取 8%，根据以上数据计算主要评级指标。

4.4.2　经济内部收益率

经济内部收益率（$EIRR$）应以项目计算期内各年效益现值累积等于零时的折现率表示，计算公式为

$$\sum_{i=1}^{n}(B-C)_t(1+EIRR)^{-1}=0$$

式中：$EIRR$ 为经济内部收益率；B 为年效益；C 为年费用；n 为计算期，年；t 为计算期各序号，基准年的序号为 1；$(B-C)_t$ 为第 t 年的净效益。

项目的经济合理性应按经济内部收益率（$EIRR$）与社会折现率的对比分析确定。当经济内部收益率大于或等于社会折现率时，该项目在经济上是合理的。

4.4.3　经济净现值

经济净现值（$ENPV$）应以用社会折现率将项目计算期内各年的净效益折算到计算期初的现值之和表示，按下式计算：

$$ENPV=\sum_{i=1}^{n}(B-C)_t(1+i_s)^{-t}$$

式中：$ENPV$ 为经济净现值；i_s 为社会折现率，取 8%。

项目的经济合理性应根据经济净现值的大小确定。当经济净现值大于或等于零时，该项目在经济上是合理的。

4.4.4　经济效益费用比

经济效益费用比（R_{bc}）应以项目计算期内效益现值与费用现值之比表示，按下式计算：

$$R_{bc}=\frac{\sum_{i=1}^{n}B_t(1+i_s)^{-t}}{\sum_{i=1}^{n}C_t(1+i_s)^{-t}}$$

式中：R_{bc} 为经济效益费用比；B_t 为第 t 年的效益；C_t 为第 t 年的费用。

项目的经济合理性应根据效益费用比的大小确定。当经济效益费用比大于或等于1.0时，该项目在经济上是合理的。

通过上述分析，计算出该项目的国民经济评价主要指标：经济内部收益率 $EIRR$=12%，大于8%；经济净现值 $ENPV$=966万元，大于零；经济费用比 R_{bc}=1.33，大于1.0。并通过投资额的大于10%和小于10%分别进行分析计算，通过计算结果说明，本工程对国民经济的净现值超过了规范要求的水平，防洪减灾效益显著。表9-18为主要经济指标计算结果。

表9-18　主要经济指标计算结果

投资/万元	内部收益率/%	经济净现值/万元	经济效益费用比
2760	12	966	1.33
3036（增加10%）	11	709	1.23
2484（减少10%）	10	579	1.20
规范要求标准	>8	>0	>1.0
结论	效益明显	效益明显	效益明显

第六节　南运河沧州市区段河道治理

1　南运河概况与现状

1.1　流域概况

南运河是京杭大运河的一部分，是有古代一条叫白沟的小河经历朝整治而成。隋唐时叫永济渠，宋元时叫御河，明朝改为卫河，到了清朝称运河。为与天津以北的北运河相区分，天津以南至四女寺段称南运河。南运河南起山东省临清市，流经德州，再经河北省吴桥、东光、泊头市、沧州市、青县入天津市静海县，又经西青区杨柳青入红桥区，流经红桥区南部，至三岔河口与北运河会合后入海河。全长509km。

隋朝永济渠建成以后，成了沟通黄河、海河两大流域间的主要航线。历史上京杭大运河航运功能的兴衰多受黄河改道影响但直到清朝中期一直是南北交通运输的大动脉。1855年黄河决口京杭大运河不能通航，但南运河仍有一定的漕运能力；至20世纪50年代，南运河仍能季节性通航。至20世纪60年代，随着上游各河道拦蓄水能力不断增强，南运河常年干枯，以后舟楫尽弃，完全丧失曹云功能。

历史上的南运河担负着漕运和防洪两大任务。由于自然和社会因素，南运河自20世纪50年代以来，漕运功能逐渐衰减，至20世纪70年代以后舟楫尽弃，完全丧失漕运功能。

南运河在沧州市境内，自南向北贯穿沧州市区。20世纪80年代和90年代分别对部分河段进行了护砌维修。2005年在307国道以南修建了王希鲁橡胶坝，利用北陈屯节制闸蓄水，对改善沧州市水环境发挥了重要作用。

为解决天津市供水紧张状况，2010年3月启动了引黄济津潘庄线路应急输水工程，南运河沧州市段流量控制在65～70m^3/s。

1.2 河道现状及存在问题

南运河承担着防洪、输水、蓄水任务，是南水北调东线向京津输水的重要河道，作为引黄济津的必经通道，自1972年以来，先后多次引黄济津。现状南运河沧州市区段，两岸临河建筑地势较低，尤其是高水位输水时对两岸造成渍害严重，雨季临污水排放入河时有发生，蓄水水位较低，水位变化较大，亲水性差，岸坡形式单一，难以满足城市建设的发展需求，亟待进行综合治理。

南运河捷地至党校段河道全长21.97km，由南向北贯穿沧州市区，纵坡约为1/20000。现状河槽上口40～50m，河道最深达7m，河道沿线穿越7座桥梁，沧州市区段河段长11.68km，蓄水深度3m左右，由海河路南侧100m处王希鲁橡胶坝及北陈屯节制闸控制。

由于主城区河道现状蓄水位低于坝顶4m，致使3.8m混凝土硬化的护坡裸漏，生态景观效果及亲水性较差。引黄输水期间，高水位输水部分堤段渗漏，使得两岸低洼地带的居民区渍害、淹侵现象严重。雨季城区未经处理的涝水排放入河，水质污染时有发生。主城区上下游河段淤积。河道整体上水景观、水文化、公共空间、亲水休闲设施缺乏，难以满足城市建设发展的需求，亟待对南运河进行综合整治。

2 河道治理必要性

满足南运河综合功能的需要：随着时代的变迁和相关规划的出台，南运河的功能发生了变化。保留防洪功能，恢复运河航运功能，创建滨水休闲空间，以保护、利用、开发、提升的指导思想综合治理，满足南运河综合功能的需要，给沧州市区创造一个良好的生活环境。保障经济社会的可持续发展，提高城市品位。

城市发展的需要：南运河自南向北贯穿沧州市区，随着城市的飞速发展和新一轮的城市总体规划、引黄济津潘庄引黄工程的实施，尽快整治南运河，充分发挥南运河对城市功能的提升，也是建设繁荣、宜居沧州的必然需求。综合治理有利于沿河土地的有序开发利用，拓展城市发展空间。

3 南运河沧州市区段设计流量

3.1 行洪要求

根据水利部批复《漳卫河系防洪规划》，南运河遇到50年一遇标准洪水，上游分流的150m^3/s全部由捷地减河入海，捷地上游洪水原则不再北行。

河北省批复的《漳卫河流域防洪规划报告》捷地下游分流洪水90m^3/s，捷地减河分流洪水90m^3/s。由于引黄工程建有捷地节制闸工程，可以调节行洪流量，对城市防洪不构成威胁，可以按照雨洪资源利用考虑。

为同时满足两个规划的要求，南运河捷地以下河段设计流量仍保留分泄洪水流量90m^3/s，将其作为雨洪资源利用功能考虑，以改善沧州缺水地区生态环境，保护南运河历史文化遗产，防治河道萎缩。

3.2 输水要求

结合引黄济津潘庄引黄工程规划（通过沧州段65～70m^3/s），综合考虑河北省引黄工程和南水北调东线工程规划（通过沧州市南运河段输水流量 20～70m³/s）。

综上所述，南运河沧州市段设计输水流量 70m³/s，校核流量 90m³/s。

4　洪水水面线计算

4.1　水面线推求方法

计算方法采用恒定非均匀天然河道水面线方法。天然河道水面线通常采用伯努力能量方程式，从下游向上游推算水位。其形式及如下：

$$Z_2=Z_1+h_f+h_j+h_1-h_2$$

其中
$$h_f=\frac{Q^2\Delta L}{K}=\frac{Q^2\Delta L}{CA\sqrt{R}}\quad h_j=\xi\left(\frac{V_2^2}{2g}-\frac{V_1^2}{2g}\right)\quad h_1=\frac{\alpha_1 V_1^2}{2g}\ h_2=\frac{\alpha_2 V_2^2}{2g}$$

式中：Z_1、Z_2 分别为上游断面和下游段面的水位，m；h_f 为上、下断面之间沿程水头损失，m；h_j 为上、下断面之间局部水头损失，m；h_1、h_2 分别为上游断面和下游段面的流速水头，m；V_1、V_2 分别为上游断面和下游断面的平均流速，m/s；ΔL 为上、下游段面之间的距离，m；α 为动能修正系数；K 为上、下游段面平均流量模数；C 为谢才系数；R 为水力半径；ξ 为局部水头损失系数。

4.2　水面线计算

根据《水利计算手册》天然河道糙率表综合分析确定。河道为人工开挖河道，市区外河道为土质，由于经常输水，现状河道主槽规整，长有细茅草，取综合糙率 0.027；主城区为梯形河道采用浆砌石或混凝土护坡，糙率均采用 0.022。

以天津九宣闸上水位 6.0m 起推。南运河综合治理设计输水流量为 70m³/s；捷地节制闸至九宣闸设计洪水流量为 90m³/s。分别对设计输水流量和设计洪水流量水位进行计算，计算结果见表 9－19。

表 9－19　　南运河现状及设计条件下输水水面线成果表

桩号	闸坝或标志	输水流量的水位/m		洪水流量的水位/m		左堤高程/m	右堤高程/m
		现状水位	设计水位	现状水位	设计水位		
0－170	捷地橡胶坝	9.79	8.46	9.91	9.90	11.59	12.15
3＋700	刘辛庄闸	8.65	8.39	9.69	9.90	11.30	10.65
4＋430	王希鲁闸	8.63	8.38	9.54	9.31	10.99	10.47
4＋520	307 国道桥	8.63	8.39	9.54	9.31	10.89	10.34
8＋452	黄河路桥	8.52	8.32	9.41	9.26	10.14	10.36
11＋365	解放路桥	8.46	8.29	9.36	9.22	10.64	10.67
12＋209	新华路桥	8.44	8.27	9.33	9.20	10.54	10.63
13＋601	永济路桥	8.41	8.25	9.31	9.19	10.76	10.81
16＋000	北陈屯节制闸	8.12	8.03	9.08	8.97	10.80	10.17
17＋253	渤海路桥	8.09	8.02	9.06	8.96	11.28	10.65
17＋900	小圈橡胶坝	8.08	8.00	9.04	8.94	10.64	10.52
21＋800	党校橡胶坝	7.96	7.97	8.91	8.91	10.90	10.53

5 河道蓄水工程设计

南运河现状蓄水建筑物为王希鲁橡胶坝和北陈屯节制闸，蓄水长度11.68km，设计蓄水位6.8m，由于坝底板沉降为6.55m，河道平均蓄水深度约3.5m。

根据规划设计要求，提高南运河沧州市区段蓄水水位，逐步达到通航的要求。结合引黄济津线路应急输水的刘辛庄节制闸，结合市区发展规划，对蓄水方案进行分析调整。

捷地橡胶坝拦蓄工程：在捷地泄洪闸下游与老捷地分洪闸间布置一座橡胶坝（桩号0－170），使捷地下游河道段均形成蓄水景观，可以充分利用引黄输水尾水及雨洪资源。

刘辛庄节制闸工程：刘辛庄节制闸位于海河路下游（桩号3＋700），设计流量按防洪流量90m^3/s设计。节制闸上游挡水水位为捷地减河泄洪150m^3/s时捷地泄洪闸上水位10.98m，泄洪流量90m^3/s时，挡水水位按捷地泄洪闸9.9m，刘辛庄节制闸上游、下游挡水水位按照市区蓄水水位设计。

北陈屯节制闸枢纽：新建刘辛庄节制闸后，北陈屯节制闸由防洪转变为蓄水，由于地基沉降因素，闸前水位8.0m，闸后水位6.5m条件下节制闸挡墙不能满足要求，需采取加固措施。

渤海路下游拦蓄工程：根据北陈屯枢纽稳定要求及市区蓄水需要，在渤海路下游建设两座橡胶坝工程。在党校段布设橡胶坝工程（桩号21＋800），距离上游蓄水建筑物北陈屯闸5.7km。在渤海路修建小圈橡胶坝工程（桩号17＋900），该蓄水工程便于与西部环城水系协调管理。

6 南运河景观设计

南运河景观设计，充分展示“生态、文化、休闲”三大主题，生态绿化涵养水土，绿草护坡、运河文化与当代文化融合、市民健身休闲广场建设等，更好地体现运河景观的宜居、休闲、商贸、旅游的实用功能，赋予运河景观带运河文化内涵。

以生态绿地和公共绿地为主题，以蜿蜒曲折的运河形态为依托，绿色空间从南向北呈楔状引入城市，形成沧州市运河生态、景观轴。该地区绿色和生态空间511.77万m^2，集结了城市公共绿地280万m^2，占城市公共绿地的30％，是城市公共绿地最集中的地带，成为沧州市区生态与经管的特色地区，也是沧州市弘扬和承载运河文化的核心区域。

在南运河市区段河道总体布局结构为“一带三段五区”。“一带”是指沿运河两侧绿化带，链接运河两侧各类空间，以生态保障和市民休闲作为整个带状空间的链接线索。“三段”是指以沧州市区道路为界，分为北、中、南三段。北段从渤海路至永济路，全长4.5km，将重点体现生态，强调绿地防护功能，兼有森林公园、湿地公园的特征。中段从永济路至黄河路，全长5.2km，体现生活主题，反映生活居住方式的进步变化，通过对滨水空间、居住空间和商业服务空间的额改造，突出环境品质，形成良好的生活空间。南段为黄河路至海河路，全长4.0km，体现生态科普主题，以植物园为主题，同时安排居住用地，为未来发展预留空间。“五区”指从北至南依次为生态观光与居住区、城市居住生活区、商业文化综合服务区、休闲居住区、生态科普与居住区。

7　效益分析

（1）经济效益。南运河综合治理工程建成后，改善了输水条件，减少了沿河低洼地渍害，改善了居住环境和投资环境，使附近房地产大幅度升值，为旧城改造创造了良好的环境条件，将促进城市经济发展。沧州市区运河两岸土地升值范围按7500亩计算，根据目前住宅建设和工业实际出让价格及土地位置，预测土地平均增值为10万元/亩，总升值7.5亿元。

（2）社会效益。由于环境的改善，将使市区人民生活质量有很大提高，增强经济建设信心，改善投资环境，促进区域经济发展和社会和谐，具有明显的社会效益。

（3）环境效益。南运河综合治理中，对城市天然降水的排放综合考虑，发挥运河排涝、储蓄天然水，进行河水、湖水的更新，进而起到调节气候的生态功能，使其成为有着良性循环的自然生态水系统。运河治理使用带孔石板修筑河道，为开放型河道设计，很好地处理了水体与土壤间的关系，变异水体生物栽培与养育，便于水体自身的自净与调节功能。运河两岸河堤的硬化和绿化，处理好堤土流失与天然降水的矛盾，绿化采用适宜本地生长的树种，构建起乔木、灌木和草坪错落有致的层级植被绿化带。运河岸堤的硬化和绿化，完善了运河综合生态治理，更好地发挥运河生态效益。

第七节　潮白河廊坊香河县段河道治理

1　河流概况

潮白河位于海河流域北部，西界永定河，北依蒙古高原，东界滦河、南临渤海，流域面积19354km^2，干流河道总长467km，其中在香河县境内长26.48km。潮白河香河县段吴村闸上、下游堤顶超高不足，河道内沙土裸露，两岸滩地违法或“无序”取土时有发生，河道生态环境不断恶化，与香河县经济和社会发展的要求不相适应。为改善河道和周边环境，实施香河县潮白河段橡胶坝工程是必要的。

2　橡胶坝工程

为改善香河县河流水生态及两岸生态环境，提升香河县城品味，在满足防洪要求的前提下，结合吴村闸—冀津界之间景观蓄水要求，在潮白河香河段新建3座橡胶坝，总蓄水量473万m^3。

2.1　工程规模

橡胶坝工程主要任务为蓄水、营造水面、改善河流生态及周边环境。橡胶坝总体设计符合河道综合治理原则。

潮白河香河段河道防洪标准为50年一遇，相应河道行洪流量为3300m^3/s。

1号橡胶坝结构形式为直墙式三孔，总宽242m，高3.5m，顺水流长度为101m，最高蓄水水位10.0m；二号橡胶坝坝长160m，分两孔布置，单孔坝长80m，坝高3.0m，蓄水位8.0m，顺水流方向长94m；三号橡胶坝结构形式为直墙式二孔，总坝长160m，坝高

2.5m，顺水流方向长79.5m，最高蓄水水位6.0m。三座橡胶坝工程为Ⅱ等，建筑级别为四级，由上游连接段、坝室段和下游连接段三部分组成。该工程的主要功能是增大河道蓄水面积，增加河道入渗量补充地下水，加大雨洪资源利用。

2.2　工程设计方案

该工程等别为Ⅱ等。考虑到橡胶坝为主槽建筑物，主要建筑物级别按4级设计。地震设计烈度Ⅷ度。

三座橡胶坝选址方案，根据河道滩地高程、蓄水深度要求及经济技术合理性进一步优化橡胶坝坝址位置，研究设置两道坝的可行性。

橡胶坝工程总体布置。1号、2号、3号橡胶坝坝袋长度均为160m，分两孔。坝底板高程分别为6.7m、5.2m、4.2m，坝高分别为3.5m、3.0m、2.0m。

结构布置。1号、2号、3号橡胶坝底板长度（顺水流方向）分别为12.0m、10.0m、8.0m，厚度均为1.0m。橡胶坝坝袋均为枕式，内压比1∶3，采用双锚，螺栓压板锚固。

橡胶坝上下游防护工程布置，防渗铺盖应结合渗流稳定分析适当缩短，消力池下游钢筋混凝土海漫可改为浆砌石结构，除对1号橡胶坝凹岸适当延长护坡外，下游海漫、防冲槽可适当简化。

3　潮白河香河段景观设计

本着因地适宜，适地适树的原则，香河县科学规划潮白河沿岸三大绿化工程，在大香线潮白河大桥东侧启动景观绿化工程，重点以植物造景为主，运用中国传统园林表现手法，以乡土树种为主，合理配置植物，形成高低错落、疏密有致，三季有花、四季常绿的效果，营造出自然宜人的园林景观。该项工程共安排造林270亩，主干道两侧种植高大的法桐，树间种植黄杨球，支路行道树采用金叶榆和金叶槐，空间大、人流量多的地方设计较多的花卉植物。

治理后的潮白河，河边绿带、广场、公园形成完整的城市绿地网络系统，重点公园绿地和主要道路绿化精雕细琢，居住小区和单位庭院依形就势——这里宜树则树，宜草则草，宜花则花，形成了城在林中、路在绿中、屋在园中、人在景中的景象。

3.1　大香线潮白河大桥东侧景观绿化工程

工程重点以植物造景为主，运用中国传统园林表现手法，本着因地适宜，适地适树的原则，以乡土树种为主，合理配置植物，形成高低错落、疏密有致，三季有花、四季常绿的效果，营造出自然宜人的园林景观。

总体布局为："一网、四区"。其中，一网指道路绿化网；四区指四个区域，分别为林荫休闲区、疏林草地区、揽胜亭区域、致远亭区域。该项工程安排造林270亩，主干道两侧种植高大的法桐，株距5m，树间种植黄杨球；支路行道树采用金叶榆和金叶槐，树间种植黄杨球；空间大、人流量多的地方设计较多的花卉植物，具体按图施工。目前，已栽植油松、法桐、金叶榆等180亩。

3.2　淑阳镇潮白河景观带绿化工程

工程南北全长4km，占地650亩。包括在潮白河1号橡胶坝两侧1000m范围内建设高标准生态节点公园，以垂柳为主，辅以法桐、国槐、垂柳、金叶榆、太阳李及四季花草等各种花木植物10000余株，其间修砌甬路、配有凉亭、石桌、石椅等设施，同时修建小型的活动广场、停车场，规划200亩。

橡胶坝节点公园南至秀水街大桥荷花池北侧及秀水街桥南至淑阳段河套，规划450亩，全部栽植4公分的垂柳，30000余株。

3.3 潮白河森林公园景观带绿化工程

潮白河森林公园是香河县打造潮白河生态景观带的起点，也是国家级湿地公园的重要组成部分，占地400亩，投资1200万元，位于县城北部大香线东侧，距离县城2公里，交通便利。森林公园在设计上以绿化美化为主题，运用中国传统园林表现手法，本着因地制宜、适地适树、突出特色的原则，着重利用树木、草坪和特色花卉营造出自然宜人的园林景观风貌。园中栽植雪松、白皮松、银杏、法桐、玉兰、樱花等树种60余种，种植乔灌木15000余株，实现了三季有花、四季常绿。

总体布局为："一网、二区"。其中，一网指道路绿化网，公园内建成路网1.5万m^2；二区指二个重点景观区域，分别为林荫休闲区和亲水观景区，两个区域铺装面积约5600m^2，配套有亲水平台和凉亭等设施，成为人们休闲娱乐、消遣纳凉、吸氧健身的好去处。

4 效益分析

工程建设后将改善生态环境状况，确保人民群众的生命财产安全，保障经济社会的可持续发展。工程主要效益为防洪保安、改善水环境及由居住环境改善带来的河道周边土地升值、农业增收、旅游收入、农业增加等，国民经济效益和社会效益巨大，有利于招商引资，促进区域经济社会发展，具有明显的环境和社会效益，是打造美丽香河的民生工程。

第八节 秦皇岛市青龙河口段河道治理

1 流域概况

青龙河流域位于河北省东北部，地处东经118°37′～119°37′，北纬39°51′～41°07′，流域面积6340km^2，占滦河流域面积的14%。

青龙河是滦河的主要支流之一，发源于燕山山脉七老图支脉南侧的台头山，流经沽源、青龙、卢龙等县，于滦县境内的石梯子村汇入滦河，全长246km。

青龙河干流上的桃林口水库坝址位于河北省青龙河二道河村附近，控制流域面积5060km^2，总库容8.59亿m^3。桃林口水库是一座劝供水、灌溉、发电等综合利用功能的大（2）型水利枢纽工程，水库设计洪水标准为100年一遇，校核洪水标准1000年一遇。改水库于1992年开工兴建，1998年落闸蓄水。水库设计中不承担青龙河下游及滦河干流的防洪人物，只需控制泄量不大于入库流量，不增加下游河道行洪负担。

2 工程建设的必要性

2.1 青龙河河口段洪涝灾害

青龙河历史上洪涝灾害频繁，据县志记载，1949年（民国38年）初秋，阴雨连绵49

天，7 月 24 日和 8 月 15 日大暴雨，滦河洪峰 25200m³/s，青龙河洪峰 7800m³/s。

1962 年 7 月 24 日至 26 日，连降暴雨，山洪暴发，滦河洪峰 34000m³/s，青龙河洪峰流量 7700m³/s，超过 1949 年洪水。

1984 年 8 月 9—10 日，青龙河洪峰流量 6240m³/s。青龙河沿岸防洪工程均遭到不同程度的破坏，其中冲毁比较严重的有包各庄村东一道 326m 的防洪堤，被冲毁 186m；一道 843m 长的围埝决口 7 处，长 420m；郎各庄砂石坝冲毁 100m；梁庞庄一道 500m 长的沙坝和八家寨一道 200m 长的防洪围埝被冲走。

2.2 重要防洪工程

目前，青龙河河口防洪工程不完善，河道两岸仅有个别丁字坝控制，河道防洪能力偏低，遇到大水年河水漫溢，沿河两岸损失惨重。

青龙河出口汇入滦河，出口段地势低洼，两岸遭受洪水的机遇及灾害程度较高。为此，在以往编制的滦河下游堤防整治及滦河流域防洪规划中都将青龙河口段防洪整治工程列为近期实施项目。

青龙河口段右岸有卢龙县城，左岸有迁安市的南丘、田马寨、北李庄、崔李庄等密集的村庄。随着河口两岸国民经济的迅速发展，两岸地方政府对河口段防洪工程治理的要求更加迫切。

考虑青龙出口段为界河，根据青龙河治河导线规则，为避免界河两岸矛盾，应对出口段两岸统一进行防洪整治工程。

2.3 合理用水调度工程

青龙河沿岸两岸群众有修筑丁字坝的历史，现状沿河两岸有大量丁字坝，丁字坝长度为 50～200m 不等。由于长期以来青龙河治理缺乏统一规划和管理，加之该河下游为迁安、卢龙两岸界河，部分丁字坝此修彼长，规模越来越大，使河床左右摆动，相互对对岸村庄、耕地的安全构成威胁，由此产生的矛盾和纠纷不断。为此，上级主管部门曾多次下达关于停止青龙河中修建丁字坝、拆除部分严重阻水丁字坝、青龙河清障的文件，并组织编制了青龙河《治导线规划》，暂时缓解了两岸矛盾。

青龙河桃林口水库以下河道逐渐开阔，沿河村庄较多，河滩地开发余地较大。随着两岸经济的发展，界河桃林口水库防洪调度运用的调整，河口两岸对青龙河治理的标准有了较高的要求。为提高两岸防洪标准，避免界河两岸矛盾，应在协调迁安市、卢龙县利益关系的基础上，对出口段两岸进行统一整治。

3 设计洪水

3.1 暴雨洪水特性

青龙河为滦河流域的主要暴雨中心区，暴雨中心多出现在都山迎风坡的青龙、七道河及其河上的双山子、高杖子、龙王庙一带，雨量分布图长轴多呈东北西南向。受太平洋副高压的影响，暴雨多发生在 7 月下旬至 8 月上旬，两个月雨量约占全年降雨量的 60%～70%，最大可达到 80%。本流域常处于副高压北部，受西风带急流影响，天气系统在本地停留时间不长，次暴雨历时一般在 2d 以内，最长不足 3d。在一次暴雨过程中，日雨量约占三日雨量的 70%～80%。

本流域洪水主要由暴雨形成，由于暴雨历时短、强度大以及地面坡陡流急，所以一次洪水过程多表现为洪峰量大、陡涨陡落的形式，洪水历时一般为 3～6d，一次洪水的 3d 水量占 6d 水量的 70%以上。

3.2　桃林口水库坝址设计洪水

2006 年编制的《河北省桃林口水库大坝安全鉴定报告》，洪水资料系列为 1950～2004 年，其中桃林口水库建成后的系列采用反推法计算。复核成果比原初设成果减小 10%左右，考虑到桃林口水库以供水为主的水库，为安全起见，采用 1989 年 6 月编制的《青龙河桃林口水库初步设计》成果，见表 9－20。

表 9－20　　桃林口水库设计洪水成果表

项　目		洪峰流量/(m^3/s)	洪水总量/亿 m^3			
			24h	3d	6d	30d
特征值	均值	2000	1.33	2.2	2.80	5.37
	C_v	1.45	1.40	1.35	1.25	1.00
	C_s/C_v	2.5	2.50	2.5	2.50	2.50
频率/%	1	14340	9.19	14.61	17.14	26.10
	2	11400	7.34	11.75	13.92	21.7
	5	7660	5.00	8.10	9.80	16.2
	10	5120	3.36	5.50	6.83	12.1
	20	2860	1.93	3.21	4.17	8.18

3.3　水库削峰作用分析

根据桃林口水库工程规划，桃林口水库不承担防洪任务，洪水调度以确保大坝安全和正常蓄水为主，即根据洪水预报和当时蓄水情况，需要泄洪时首先结合排沙启用泄水底孔，必要时在启用溢洪道泄洪，控制泄量不大于入库流量，不增加下游河道负担。

桃林口水库设计中不承担下游防洪任务，没有防洪库容，汛限水位等于正常蓄水位，当水库汛前水位低于正常蓄水位时，遇到洪水入库则水库蓄洪，当水库水位至正常水位时再采取来多少泄多少的调度方式，洪水位过程发生时库水位低于汛限水位的情况下，水库可以发挥滞洪削峰作用。

桃林口水库设计中没有防洪库容，遇到大水年水库没有削峰作用；遇到中小水年份，在水库没有蓄满的情况下，利用部分兴利库容滞蓄洪水。根据调算结果，将中小水年份水库设计洪峰流量和最大泄量进行比较，分析水库的削峰作用，见表 9－21。

表 9－21　　桃林口水库设计流量、下泄量比较表

标准	设计洪峰流量/(m^3/s)	水库最大泄量/(m^3/s)	水库削峰/%
5 年一遇	2860	700	76
10 年一遇	5120	3190	38
20 年一遇	7660	7590	1

3.4　沙河设计洪水

沙河是青龙河桃林口水库下游汇入的唯一较大支流，流域面积 794km²。在距沙河河口 15.4km 处有冷口水文站，该站控制流域面积 502km，占沙河流域面积的 63%。冷口水文站自 1958 年设立，至 2005 年共有 48 年实测资料。

根据 1984 年海滦河流域调查资料，沙河最大调查历时洪水为 1949 年，洪水流量 2880m³/s。1949 年洪水考证期参照青龙河桃林口水库历史洪水重现期考证成果，1949 年洪水考证期最早可以追溯到 1790 年，为 1790 年以来的最大洪水，最晚可以追溯到 1894 年，为 1894 年以来的最大洪水，因此 1949 年洪水重现期范围为 216～112 年一遇。

根据沙河冷口水文站 1958—2005 年 48 年洪峰流量系列，采用皮尔逊Ⅲ型曲线进行频率计算，依据历史洪水考证成果确定频率曲线的走向。沙河不同重现期的设计洪峰流量，根据冷口水文站计算成果按面积比折算。计算成果见表 9-22。

表 9-22　　沙河、冷口站洪峰流量特征值计算结果

站名	参数统计			洪峰流量/(m³/s)			
	均值/(m³/s)	C_v	C_s/C_v	5 年一遇	10 年一遇	20 年一遇	50 年一遇
冷口站	450	1.30	2.0	742	1174	1629	2249
沙河断面				1000	1582	2195	3030

3.5　青龙河口段设计洪水

从水库下泄和沙河设计成果可以看出，5 年一遇洪水按照水库自然削峰考虑，以沙河洪峰为主，因此，下游段 5 年一遇洪峰流量为沙河 5 年一遇洪峰和水库相应泄量的叠加。据冷口、桃林口水文站实测大水年平均情况分析，两处洪峰发生时间相差约 6.0h，由此计算下游段 5 年一遇洪峰流量为 1400m³/s。

青龙河口段 10 年一遇、20 年一遇洪水流量以水库下泄为主，沙河汇入为辅，汇合后的洪峰流量以水库下泄洪峰与沙河响应流量叠加得出。经过对 1964 年、1984 年、1994 年等几个大水年份分析，两处洪峰发生时间相差 6h。根据以上分析结果，计算出下游段 10 年一遇、20 年一遇的洪峰流量分别为 3890m³/s、8650m³/s。青龙河河口段设计洪峰流量计算成果见表 9-23。

表 9-23　　青龙河河口段设计洪峰流量计算成果

重现期	支流汇入流量/(m³/s)		河口段合成流量/(m³/s)
	水库下泄	沙河支流	
5 年一遇	700	1000	1400
10 年一遇	3190	1582	3890
20 年一遇	7660	2195	8650

4　河道主槽治理工程设计

4.1　河槽整治方案

根据治导线规划及河道现状实际情况，规划河道整治方案如下。

扩挖方案：河道为复式断面，河道主槽主要根据现状天然主槽位置和宽度进行开挖，以河道顺直通畅为原则，对现状天然主槽进行局部扩宽货调整，并以大部分河段5年一遇标准洪水不出槽为条件设计主槽纵横断面。按照河道疏浚主槽后断面20年一遇设计洪水位，考虑超高后确定防洪堤顶高程。

筑堤方案：河道为现状天然情况，通过加高两岸堤防使防洪标准达到20年一遇。按照现状天然河道横断面推算20年一遇设计洪水位，考虑超高后确定防洪堤堤顶高程。

疏浚方案：疏浚主槽与筑堤相结合方案，河道为复式断面，河道主槽位置及宽度与方案一基本相同，主槽以疏浚为主，开挖深度较方案一小0.5～1.5m，以减少河道开挖工程量，基本达到挖填平衡。

通过对各种方案的工程量大小及优缺点分析比较，青龙河河道治理采用疏浚主槽与筑堤相结合方案。该方案不仅具有水流顺畅、防洪水位低等有利于防洪的优点，还具有工程量及弃渣量不太大，有利于水保和环境的优势。河道主槽主要根据现状天然主槽位置和宽度进行开挖，以河道顺直水流通畅为原则，对现状天然主槽进行局部扩宽或调整。

4.2　河道主槽治理纵横断面

主槽疏浚拓展主槽河宽为主，开挖深度较小，以减小河道开挖工程量，基本达到挖填平衡。河道主槽边坡按稳定性分析设计为1：4。表9－24为青龙河河口段河道主槽治理纵横断面计算结果。

表9－24　　青龙河河口段河道主槽治理纵横断面计算结果

序号	桩号	现状河底高程/m	设计河底高程/m	左滩高程/m	右滩高程/m	5年一遇水位/m
1	8+500	35.684	34.044	37.439	39.321	35.375
2	8+000	34.109	33.380	35.988	37.250	34.737
3	7+500	33.341	32.816	35.910	35.040	34.236
4	7+000	33.198	32.452	35.830	34.396	33.819
5	6+500	32.820	31.888	35.680	34.027	33.563
6	6+000	31.655	31.224	34.560	37.530	33.486
7	5+500	30.483	30.860	34.847	37.272	33.404
8	5+000	30.122	30.496	33.550	36.498	33.280
9	4+500	29.328	30.132	32.306	37.420	33.209
10	4+000	29.311	29.768	33.764	31.238	33.175
11	3+500	29.793	29.404	31.898	31.110	33.152
12	3+000	29.602	29.040	33.825	30.541	33.132
13	2+500	28.884	28.676	31.971	30.460	33.116
14	2+000	28.653	28.312	31.630	30.859	33.103
15	1+500	27.400	27.948	33.678	29.664	33.093
16	1+000	27.896	27.584	32.157	29.748	33.087
17	0+500	26.416	26.087	30.870	33.150	32.906
18	0+000	26.460	25.960	29.460	34.330	32.782

5 防洪堤工程设计

5.1 水面线推算

河道水面线推求，采用河道恒定非均匀流计算公式，即伯努利能量方程式，由下游断面向上游断面逐渐推算水位，最终得出整个河段的水面线。公式如下：

$$Z_{上}+\frac{(\alpha+\zeta_{平均})}{2g}V_{上}^{2}=Z_{下}+\frac{(\alpha+\zeta_{平均})}{2g}V_{下}^{2}+\frac{Q^{2}}{\overline{K}^{2}}\times\Delta L$$

式中：$Z_{上}$、$Z_{下}$ 分别为上、下游断面洪水位，m；Q 为设计流量，m^3/s；ΔL 为上、下端面间距，m；α 为动能校正系数；$\zeta_{下}$ 为平均局部阻力系数；$\overline{K}$为上下段面平均流量模数。

$\overline{K}$计算公式为：

$$\frac{1}{\overline{K}^{2}}=\frac{1}{2}\left(\frac{1}{K_{上}^{2}}+\frac{1}{K_{下}^{2}}\right)$$

其中

$$K=\frac{1}{n}\omega R^{2/3}$$

式中：n 为河床糙率；ω 为过水断面面积，m^2；R 为过水断面水力半径，m。

根据青龙河河床组成，河床床面特性及滩地植被情况，参考有关水力学计算手册和其他河床实测资料，按丁字坝、树木等阻水设施拆除后，主河槽糙率采用 0.030，滩地糙率采用 0.035。

根据河槽规划整治方案，推算设计洪水水面线。20 年一遇标准水位按右堤为设计堤顶，超高堤顶则漫滩行洪计算。水面线计算成果见表 9-25。

表 9-25 青龙河河口段防洪堤设计洪水水面线

序号	河道桩号	右堤桩号	位置	设计河底高程/m	设计水面线高程/m		
					20 年一遇	10 年一遇	5 年一遇
1	1+000	0+155	滦河口	27.584	36.221	34.722	33.087
2		0+440		27.736	36.222	34.728	33.090
3	1+500	0+737		27.948	36.223	34.735	33.093
4		0+948		28.128	36.225	34.748	33.098
5	2+000	1+164		28.312	36.228	34.761	33.103
6		1+429		28.494	36.224	34.774	33.110
7	2+500	1+695	南丘	28.676	36.259	34.787	33.116
8		1+960		28.862	36.284	34.801	33.124
9	3+000	2+216		29.040	36.307	34.815	33.132
10		2+471		29.220	36.335	34.832	33.142
11	3+500	2+729		29.404	36.363	34.850	33.152
12		3+000		29.585	36.399	34.876	33.163
13	4+000	3+276		29.768	36.435	34.902	33.175
14		3+450		29.953	36.487	34.931	33.192

续表

序号	河道桩号	右堤桩号	位置	设计河底高程/m	设计水面线高程/m		
					20年一遇	10年一遇	5年一遇
15	4+500	3+629		30.132	36.538	34.961	33.209
16		3+891		30.317	36.554	35.016	33.245
17	5+000	4+152	粉子营	30.496	36.570	35.070	33.280
18		4+361		30.679	36.693	35.190	33.342
19	5+500	4+580		30.860	36.815	35.315	33.404
20		4+761		31.042	36.887	35.387	33.445
21	6+000	4+942		31.224	36.960	35.460	33.486
22		5+181		31.499	36.983	35.488	33.518
23	6+500	5+418	北李庄	31.888	37.017	35.517	33.563
24		5+681		32.244	37.095	35.579	33.725
25	7+000	5+944		32.452	37.141	35.641	33.819
26		6+251		32.632	37.240	35.740	34.025
27	7+500	6+561		32.816	37.340	35.840	34.236
28		6+821		33.099	37.496	35.993	34.488
29	8+000	7+078		33.380	37.650	36.150	34.737
30		7+400		33.682	37.876	36.406	35.027
31	8+500	7+654	京沈高速	34.044	38.147	36.614	35.375
32		7+821		34.219	38.396	36.884	35.646
33	9+000	7+995		34.408	38.667	37.165	35.940

5.2　堤顶结构设计

为了便于堤防的运行管理和维修，堤顶布置运行维护道路。堤顶宽度5m，路面净宽3.5m，堤顶由中心向两侧倾斜，坡度为1.5%，路面采用沥青混凝土路面。

5.3　堤顶高程

堤顶高程为设计水位加堤顶超高，根据青龙河河口段右岸地形情况，将该河段分为0+440～5+418段、5+418～6+821段，防洪标准10年一遇，工程级别为5级。

根据《地方工程设计规范》，堤防超高按下式计算：

$$Y=R+e+A$$

式中：Y为堤顶超高，m；R为波浪爬高，m；e为风壅增水高度；A为安全加高，m。

5.3.1　波浪爬高计算

波浪爬高计算公式：

$$R_p=\frac{K_\Delta K_v K_p}{\sqrt{1+m^2}}\sqrt{HL}$$

式中：R_p为累积频率为p的波浪爬高，m；K_Δ为斜坡的糙率及渗透系数，根据护面类型查表确定；K_v为经验系数，可根据风速V，堤前水深d、重力加速度g组成的无量纲查表确定；K_p 为爬高累积频率换算系数，根据$\overline{H}/d$ 的取值范围查表确定；m 为斜坡坡率，$m=\cot\alpha$；α 为斜坡坡角，(°)；H 为堤前波浪的平局坡高，m；L 为堤前波浪的坡长，m。

根据河北省风速风向资料统计，本地区 7 月、8 月、9 月对青龙河堤防作用最多的风向为北风、西北风和东南风，多年平均最大风速为 19.0m/s。汛期多年平均最大风速为 15～16m/s。经计算，设计河段波浪爬坡高度为 0.59～0.80m。

5.3.2 风壅水面高计算

风壅水面高计算公式：

$$e=\frac{KV^2F}{2gd}\cos\beta$$

式中：e 为风壅水面高度，m；K 为综合摩阻系数，可取 $K=3.6\times10^{-6}$；β 为风向与垂直于堤轴线的法线的夹角，(°)；其他符号同前。

经计算，设计河段风壅水面高为 0.01m。

5.3.3 安全加高

防洪堤为 10 年一遇的 5 级堤防，安全加高查表计算，$A=0.5$。堤顶超高 Y 计算结果，10 年、20 年一遇堤顶超高为 1.10～1.31m。堤顶超高计算成果见表 9-26。

表 9-26 堤顶超高计算成果

防洪堤分段	右堤堤顶超高/m			
	波浪爬高	风壅水面高	安全加高	合计
0+110～5+418	0.80	0.01	0.50	1.31
5+418～6+821	0.59	0.01	0.50	1.10

6 效益分析

6.1 工程项目总效益和年效益

青龙河防洪治理工程是以社会效益为主，经济效益为辅的社会公益性防洪工程。防洪堤的修建可以固定河道位置，标准以内洪水通过堤内河道下泄，保证河道水流通畅，避免两岸矛盾；可以使沿岸 1.3 万人的生命财产及 1.4 万亩耕地得到保护。

工程防洪效益表现为将沿岸农田及村镇的防洪标准由工程前的 5 年一遇提高到 20 年一遇。将卢龙县城防标准由现状的不足 10 年一遇提高到 20 年一遇。

防洪效益按修建工程后减少的洪灾损失计算。保护耕地效益：工程是时候农田的防洪标准由工程前的 5 年一遇提高到 10 年一遇，减免的洪灾损失按现有资料分析，沿岸小麦、玉米间作为主，亩产 650kg，耕地耕地亩产值 1300 元，保护耕地效益为 1820 万元；保护村镇效益：沿岸 1.3 万人，按 10 年一遇防洪标准计算沿河各村由于洪水造成的房屋、交通、电力、通信设施和工矿停产等，损失按 6000 元/人计算，沿河村镇的洪灾损失为 7800 万元。

6.2 综合评价

该工程的实施，对改善本地区的环境质量，减少水土流失等有重要作用。

改项目的实施，提高卢龙县城的防洪标准可保护1.3万人的生命财产安全，可体改1.4万亩耕地的防洪标准，为迁安市、卢龙县的国民经济发展提供良好的发展环境，具有巨大的社会效益。

该项目不仅具有上述的环境效益、社会效益，工程的经济指标还能满足规范经济评价的要求，具有一定的经济效益。

第九节　滦河唐山迁西段河道治理

迁西县县城位于大黑汀水库下游5.3km，紧邻滦河干流右岸，是全县的政治经济文化中心。滦河是迁西主要行洪河道，滦河迁西段右岸仅修建了部分堤防工程，现状工程防洪能力不足10年一遇，洪水仍威胁着迁西县城的安全。为完善迁西县城防洪工程体系，提高县城防洪能力，为区域社会经济发展、构建和谐社会提供防洪保安屏障，给迁西人民创造一个良好的生活环境，迁西县委、县政府提出要把迁西建设成为“设施完善、功能齐全、环境优美”的全县政治、经济、文化中心，实现经济繁荣、各业昌盛、生态和谐、历史悠久的北方山水园林城市的总体规划目标。迁西县总体规划及滦河流域防洪规划确定迁西县城防洪标准采用20年一遇，据此需对滦河主河槽疏导清淤，完善两岸防洪设施，保证河道两岸县城达到20年一遇防洪标准。

1　工程建设的必要性

1.1　防洪形势的需要

迁西历史上干旱多，水患频繁，是一个非涝即旱的多灾县。县城位于大黑汀水库下游5.3km处的滦河干流以西，紧邻干流右岸，是迁西县的政治、经济、文化中心。2003年全县国民生产总值达55.8亿元。目前滦河迁西县城段仅右岸顶冲部位修建了堤防工程，遇20年一遇洪水，淹没范围9.574km^2。滦河洪水威胁着迁西县城的安全。现状防洪体系与迁西县目前社会经济状况不协调。尽快实施滦河迁西县城段防洪工程，提高城市及河道防洪标准，使其形成一个完整的防洪体系是十分必要的。

1.2　城市发展的需要

随着国民经济发展及城区新一轮规划的出台，县城周边土地纳入城区规划区域。其中滦河河道凸岸的河滩地面积约有2300亩，作为城区规划的西北工业区，规划建设三类工业区并配套建设公共服务设施；另外右岸彩虹桥下游至白龙山段河滩地面积约500亩，位于横河南部，属于城区规划南部区域的一部分，作为南部开发用地。城区规划用地主要为河滩地，其防洪标准必须满足城市防洪20年一遇设计标准，因此，修建防洪工程，提高堤外河滩地的防洪标准，是城市发展的需要。

1.3　改善环境的需要

随着迁西县国民经济发展和人民生活条件的改善，这对周边生态环境要求有所提高，特别是迁西县旅游业的发展，对县城周边环境提出了更高的要求。迁西县城区拟建水源地在沙岭子以东，位于滦河左岸的漫滩至1级阶地前缘，水源地的开采层较浅，水质很易遭到污染。

为进一步加快迁西县城的城市建设，创造良好的人居环境，体现以人为本，实现可持续发展，实施县城段河道综合整治工程、建设"滦西湿地"非常必要，也是实现迁西县城"山水园林城市"发展目标必备的景观资源。

2 建设规模

迁西县城段滦河河道整治工程 20 年、10 年一遇洪峰流量分别为 $12350m^3/s$、$7880m^3/s$。工程范围自滦河三抚公路桥起，左堤工程到河北津西钢铁股份有限公司精选厂尾矿坝工程止，河道及右堤工程到白龙山滚水坝止。河道整治工程包括以下内容：河道左、右岸堤防填筑及防护工程；主河槽扩挖及河道整治、主河槽溢流堰 2 座、穿堤排水涵洞 5 座、将原滚水坝拆除并新建白龙山橡胶坝 1 座、已建堤防未护砌段增加防护、栖凤岛边坡防护等工程。

左、右堤防总长度 10432m，左堤长 5191m，右堤长 5241m。其中右堤现状堤长 2162m，原未护坡措施堤防段 600m 增加衬砌，新建 3079m（横河口上游段 1468m，彩虹桥上游段 146m，彩虹桥下游段 1465m）。左右堤距范围 610～885m（弯道处 770～885m）。河道主槽扩挖宽度 400～610m。

2.1 堤线

根据上级水行政主管部门批复意见，结合城市开发利用规划，按照最大限度的扩展左堤的原则，综合布置左右岸堤防工程。

左堤：自滦河三抚公路桥桥头，沿郭家沟村西向南、规划河东区外环向东，到尾矿坝止，全长 5191m。根据水流平顺，尽量减少拆迁工程量的原则，局部调整堤线。在上游郭家沟村西段，堤线向内微调。由于右堤外展，河道过水断面积未减少，堤线扩展，加大了过水断面积。

右堤：北起滦河三抚公路桥桥头，在可研阶段推荐堤线基础上，局部扩展右堤，沿白堡店村东自北向南与横河入滦河口北岸顺直连接，长 1468m。横河口南岸为已建堤防段，长 2162m。彩虹桥上游段新设计堤防北接现状右堤，下游接彩虹桥引道，长 146m。彩虹桥下游段由彩虹桥引道开始，沿现状河道右岸砂坎顺现状河流主槽河势布置，至白龙山山包，长 1465m。

2.2 防洪堤断面及防护设

根据 GB 50286—2013《堤防工程设计规范》，3 级及以下土堤堤顶宽度不宜小于 3m。考虑汛期抗洪抢险、城市交通等要求，堤顶宽 6～30m。防洪堤筑堤材料采用河道开挖的砂砾料。

左堤设计为生态堤防，堤顶宽 7m，两侧边坡作微地形，塑造缓坡垄岗式堤防。左堤上段处于凸岸，在三抚桥附近水流顶冲较严重，其余大部分堤段近堤流速较小。两侧堤坡表层均覆盖不小于 0.2m 厚的清表黏性土以利于恢复植被。

右堤内外边坡均采用 1∶3，根据各堤段的洪水流速分段采用不同结构型式的护砌方案。横河上游段大部分采用土工格室加钢丝石笼框格护坡方案，宜于恢复植被。彩虹桥上下游段水流顶冲堤岸较严重，采用钢丝石笼护坡及钢丝石笼加框格护坡方案，表层覆盖不小于 0.2m 厚的清表黏性土以利于恢复植被。背水坡由城区规划要求另作绿化设计。

已建段堤防由横河口南岸开始，长 2162m。为了交通及景观要求，堤顶宽由现状 6m

扩宽至10m，迎水侧增加锁口以满足设计洪水标准，未护砌段护坡采用钢丝石笼防护。

2.3　河道扩挖及“栖凤岛”工程

设计主槽上口宽度为400～610m，从设计主槽上口岸线滩地高程，以1：5～1：50渐变的缓坡方式边坡挖深至设计河底高程，主槽底与滩地渐变段宽（左、右岸合计）约100m。河漫滩宽130～300m。两侧河漫滩保持现状自然形态。栖凤岛面积为6.68 hm^2，岛外边坡1：5，采用钢丝石笼护坡。河道开挖土方，部分用于筑堤，剩余弃土用于堤外景观及建设开发。

2.4　穿堤涵洞

为满足左、右岸排沥要求，需修建5座穿堤排水涵洞，其中右堤穿堤排水涵洞2座，左堤穿堤排水涵洞3座。左岸郭家沟及彩虹桥上游涵洞为1孔，孔口尺寸均为2.5m×2m，右岸横河口涵洞为1孔，孔口尺寸为2m×2m，左岸旧城下游涵洞及右岸白龙山涵洞为2孔，孔口尺寸均为3.5m×3m。

2.5　溢流堰

1号溢流堰布置在横河口下游，上下游河床高程差2m，堰长498m，采用多级溢流堰型式模拟水平梯田。

2号溢流堰布置在栖凤岛下游，上下游河床高程差2m。溢流堰长432m，采用大块石模拟天然出露岩坎。

2.6　橡胶坝蓄水工程

白龙山橡胶坝为4孔，每孔净宽90m，过水断面总长度为360m，坝高2.5m，设计蓄水位96.5m。为了充分满足滦下灌区引水要求，橡胶坝右侧设置引水闸，设计流量168m^3/s，1孔，闸孔宽10m，高3.2m。

3　设计洪水

比较区间设计-水库相应，水库设计—区间相应两种洪水组合方案的迁西段设计洪水成果，选择洪峰流量偏大，对工程较不利的组合方案作为工程设计采用成果。从成果表中可以看出，区间设计、水库相应组合的洪峰流量最大，对工程不利，作为采用成果。

3.1　暴雨洪水特性

滦河流域暴雨的水汽来源主要为西南孟加拉湾和我国东南方的东海、黄海，水汽以低层水平输送为主。造成流域大暴雨的天气系统有西来槽、切变线、西北涡、东蒙低涡、西南涡及台风倒槽，其中以西来槽和切变线居多。

滦河流域暴雨分布受地形影响较大。自海岸向北至长城逐渐增加，长城以北又逐渐减少。暴雨中心集中在燕山南麓，多发生在洒河、柳河及潘家口一带，上游内蒙古高原地区降雨量稀少。暴雨多发生在7月、8月。滦河洪水主要由暴雨形成，由于雨量集中，中上游河道坡度较陡，洪水有峰高流急的特点，往往给下游造成一定的灾害。据统计，1962年7月23—25日暴雨，洒河上游石庙子站3d降雨量达504.4mm，为流域内实测最大暴雨，也相应发生滦河有记录以来的最大一次洪水。

3.2　滦河迁西段设计洪水计算方法及成果

滦河迁西段的设计洪水按照潘家口水库下泄与潘家口至迁西段区间洪水两部分考虑，通过区间设计—水库相应及水库设计—区间相应两种组合方案综合分析比较后确定设计洪水成果。

3.2.1 滦河迁西县城段天然洪水

迁西段天然洪水包括三座水库洪水和水库下游区间洪水。

（1）水库设计洪水。潘家口水库、大黑汀水库及罗家屯以上设计洪水采用河北省水利水电勘测设计研究院2002年编制的《滦河流域防洪规划报告》中的成果，设计洪水成果及特征值见表9-27。

表9-27 潘家口、大黑汀、罗家屯设计洪水成果表

项目	潘家口			大黑汀			罗家屯		
	Q_p /(m^3/s)	W_{3d} /亿 m^3	W_{6d} /亿 m^3	Q_p /(m^3/s)	W_{3d} /亿 m^3	W_{6d} /亿 m^3	Q_p /(m^3/s)	W_{3d} /亿 m^3	W_{6d} /亿 m^3
均值	3150	3.46	4.5	3350	3.75	4.80	3600	4.0	5.3
C_v	1.42	1.15	1	1.4	1.18	1.06	1.4	1.3	1.2
C_s/C_v	2.89	2.7	3	3.0	3.0	3.0	1.3	3.0	2.5
100年一遇	17800	16.0	18.7	18800	18.1	21.0	3.0	21.0	25.3
50年一遇	11700	11.4	13.5	12300	12.5	15.0	20200	14.0	18.0
20年一遇	7520	8.06	9.8	7850	8.56	10.6	13200	9.3	12.8
10年一遇	4090	5.06	6.39	4240	5.13	6.75	8440	5.25	7.97

（2）区间设计洪水。迁西县城段至潘家口区间（潘迁区间）面积为1538km^2，至罗家屯区间面积为1322km^2，至大黑汀区间面积为198km^2，位于县城段附近的潘家口、大黑汀、罗家屯三站的水文成果均依据实测资料分析求得，成果可靠，由于县城距大黑汀水库最近，因此迁西段天然洪水依据大黑汀水库设计洪水按面积比的方法计算，并用潘家口、罗家屯设计洪水检验设计成果的合理性。面积比法设计洪水计算公式：

$$Q_{设}=Q_{参}\left(\frac{F_{设}}{F_{参}}\right)^n$$

式中：$Q_{设}$为设计站洪峰流量或洪水总量，亿 m^3；$Q_{参}$为参证站洪峰流量或洪水总量，亿 m^3；$Q_{设}$ 为设计站流域面积，km^2；$Q_{参}$ 为参证站流域面积，km^2；n为指数，经分析，洪峰流量计算时$n=0.70$，洪水总量计算$n=1.0$。

滦河迁西县城段天然洪水计算成果见表9-28。

表9-28 滦河迁西县城段天然洪水计算成果表

重现期/年	50	20	10
洪峰流量/(m^3/s)	18870	12350	7880
W_{3d}/亿 m^3	18.2	12.5	8.6
W_{6d}/亿 m^3	21.0	15.0	10.6

3.2.2 潘家口、大黑汀水库防洪调度运用原则

3.2.2.1 潘家口水库

现状调度运用方案：上游来水达到50年一遇及其以下标准洪水，控泄10000m^3/s，

保京山铁路大桥安全；100～500 年一遇洪水，限泄 28000m³/s，保潘家口电站安全；大于 500 年一遇洪水不限泄。

在《滦河流域防洪规划报告》中，根据滦河下游防洪任务，将潘家口水库调度运用方式进行了调整，增加了 20 年一遇限泄流量，同时加大了 50 年限泄流量。

规划调度运用方案：上游来水达到 20 年一遇及其以下标准洪水，控泄 6000m³/s，保下游河道安全；50 年一遇洪水，限泄 14000m³/s；500 年一遇洪水，限泄 28000m³/s，保潘家口电站安全；大于 500 年一遇洪水不限泄。

根据上述潘家口水库的调度运用原则，入库洪水过程及水位、库容、泄量关系，调算后得到水库调洪成果，见表 9-29。

表 9-29　　潘家口水库不同方案调洪成果表

洪水重现期/年	入库洪峰流量/(m³/s)	最大泄量/(m³/s)	
		现状方案	规划方案
10	7520	7520	6000
20	12200	10000	6000
50	17800	10000	14000

3.2.2.2　大黑汀水库

大黑汀水库的主要任务是供水和发电，不承担下游防洪任务，溢流坝泄洪能力很大，洪水期间不控泄。

3.2.3　滦河迁西段设计洪水

滦河迁西段设计洪水采用区间设计—水库相应及水库设计—区间相应两种方法分析比较后确定。

（1）区间设计—水库相应。区间设计洪水依据潘家口至罗家屯区间设计洪水采用面积比法计算，水库相应洪水为迁西天然洪水减去区间设计洪水，根据潘家口水库的调度运用原则，通过调蓄得到潘家口水库的出库流量，然后出库流量与区间设计洪水叠加后求得迁西县城段设计洪水。

（2）水库设计—区间相应。水库设计洪水直接采用《滦河流域防洪规划报告》中的成果，区间相应流量为迁西天然洪水减去水库天然设计洪水，水库设计情况下的下泄流量与区间相应洪水叠加后，得到水库设计、区间相应组合情况下的迁西县城段设计洪水。两方案的设计洪水成果见表 9-30。

表 9-30　　滦河迁西段设计洪水成果表

项　目		不同重现期洪峰流量/(m³/s)			备注
		50 年一遇	20 年一遇	10 年一遇	
区间设计—水库相应	现状	15830	12350	7880	20 年一遇、10 年一遇采用水库现状调度成果，50 年一遇采用水库规划调度成果
	规划	17830	9970	7880	
水库设计—区间相应	现状	11070	10650	7880	
	规划	15070	6650	6360	
采用		17830	12350	7880	

比较区间设计、水库相应，水库设计、区间相应两种洪水组合方案的迁西段设计洪水成果，选择洪峰流量偏大，对工程较不利的组合方案作为工程设计采用成果。从成果表中可以看出，区间设计一水库相应组合的洪峰流量最大，对工程不利，作为采用成果。

4 来水量分析

4.1 天然年径流

滦河迁西段径流成果由两部分组成，大黑汀水库入河道径流量及水库至工程位置区间自产径流量。其中水库出库径流成果根据大黑汀水库历年出库资料分析。区间径流成果，由于没有实测径流资料，本次采用《河北省水资源二次评价报告》中的年径流等值线图及变差系数等值线图查算，并通过工程位置附近有实测资料水文站资料径流成果进行验证，经计算大黑汀水库出库及区间天然径流成果表见表 9-31。

表 9-31 滦河迁西段天然径流成果表

位置	特征值			不同保证率天然径流成果/亿 m^3		
	均值	C_v	C_s/C_v	20%	50%	75%
大黑汀水库	9.500	0.94	1.8	15.396	7.121	3.005
区间	0.436	0.58	2.0	0.622	0.388	0.250

4.2 设计年径流及月分配

天然年径流减去上游用水得到设计年径流，通过调查，分析工程位置以上用水主要是农业用水。经计算，$P=50\%$上游用水量为 494 万 m^3，$P=75\%$上游用水量为 720 万 m^3。根据工程需要，本次计算考虑50%、75%两个保证率，保证率为50%径流量为 74594 万 m^3，保证率为 75%径流量为 31827 万 m^3。设计年径流及其月分配见表 9-32。

表 9-32 典型年月平均流量分配表

保证率/%	径流量/万 m^3												合计/万 m^3
	1月	2月	3月	4月	5月	6月	7月	8月	9月	10月	11月	12月	
50	220	165	193	254	29320	21464	19550	1500	632	576	420	300	74594
75	129	99	104	83	12149	9487	5710	3597	148	126	93	102	31827

5 水量平衡分析

5.1 需水量分析

需水量是指河道内蓄水量损失，包括渗流量和蒸发损失量。渗流量主要包括橡胶坝处的渗流量和通过滩地的渗流量。

计算橡胶坝渗流量，采用河海大学的土石坝稳定分析系统软件计算。地质参数按照地质勘察报告中所给出的参数，卵石的渗透系数为 2.08×10^{-1}cm/s，圆砾的渗透系数为 9.26×10^{-2}cm/s。计算工况为，上游水位取最大值即坝顶高程，为 96.5m，下游水位按照地质勘探中地下水水位，为 94.0m。根据工程方案，设计橡胶坝上游增加水平防渗

100m，不透水段总的水平长度为 140m。经计算，橡胶坝处单宽渗流量为 0.00102m^3/s，橡胶坝宽度为 375m，所以橡胶坝处渗流量为 0.38m^3/s。

计算滩地渗流量，根据《地下水动力学》潜水含水层地下水计算公式：

$$Q=K\times\frac{W_1+W_2}{2}\times\frac{H_1-H_2}{L}$$

式中：W_1，W_2 为在断面 1 和断面 2 上潜水流的过水断面面积；H_1，H_2 为断面 1 和断面 2 上的水头；L 为两断面间的距离。

公式中，渗透系数 K 取大值，为 2.08×10^{-1}cm/s。断面 1 和断面 2 分别为防渗段的上下游，L 取 100m。按照上游水位最大，下游水位按地质勘探成果计算上下游水位差，为 2.5m。由于地质资料中，探坑深度做到 18m 未见不透水层，为保守估计，过水高度取值为 20m，经计算，滩地处单宽渗流量为 0.00096m^3/s。滩地长度为 285m。所以，滩地处总渗流量为 0.28m^3/s。经计算，总渗流量合计为 0.66m^3/s，每年渗漏损失水量 2081.4 万 m^3。

蒸发损失水量按照蒸发损失深度乘以水面面积计算，滦河迁西站多年平均水面蒸发损失量为 1020mm，扣除多年平均降水量 720mm，则每年平均蒸发损失量为 300mm，河道长度 4910m，河道概化宽度 400m，则河道由三抚公路桥至橡胶坝每年蒸发损失水量为 58.9 万 m^3。

根据以上计算成果，总损失量为 0.68m^3/s，每年损失水量为 2140.3 万 m^3，由此计算各月的需水量月分配见表 9－33。

表 9－33　　需水量月分配表

月份	蒸发量/万 m^3	渗流量/万 m^3	需水量/万 m^3
1	1.2	176.8	177.9
2	1.7	159.7	161.4
3	4.2	176.8	180.9
4	7.8	171.1	178.9
5	9.9	176.8	186.7
6	8.8	171.1	179.9
7	6.7	176.8	183.5
8	5.9	176.8	182.7
9	5.4	171.1	176.5
10	3.9	176.8	180.7
11	2.1	171.1	173.2
12	1.2	176.8	178.0
合计	58.9	2081.4	2140.3

5.2　水量平衡分析

根据需水量与径流量对橡胶坝上游蓄水水量进行丰枯分析，成果详见表 9－34。

表 9-34　　供需水量平衡表

月份	需水量/万 m^3	径流量/万 m^3		盈亏量/万 m^3	
		50%保证率	75%保证率	50%保证率	75%保证率
1	178	220	129	42	(49)
2	161	165	99	3	(62)
3	181	193	104	12	(76)
4	179	254	83	75	(96)
5	187	29320	12149	29134	11963
6	180	21464	9487	21284	9307
7	184	19550	5710	19366	5527
8	183	1500	3597	1317	3414
9	176	632	148	456	(29)
10	181	576	126	395	(55)
11	173	420	93	247	(80)
12	178	300	102	122	(76)
合计	2140	74594	31827	72453	30211 (524)

带括号数值为该月份湖区缺水量。由表可看出，设计保证率为 50%时，各月的径流量均大于需水量，橡胶坝上游可达到正常蓄水位 96.5m；设计保证率为 75%时，只有 5 月、6 月、7 月和 8 月共 4 个月份满足蓄水要求，其他月份均不同程度缺水。

5.3　橡胶坝运用方式

根据工程实际情况和橡胶坝的运用方式，上游大黑汀水库汛期放水时，橡胶坝塌坝，运用汛末蓄满水；一般月份，以区间洪水、河道径流经常性补水，遇大黑汀水库非灌溉放水和灌溉尾水也可相机补水，以尽量满足主槽蓄水要求。当来水量大于损失量时，蓄水水位可到 96.5m；来水量小于损失量时，蓄水水位降低，渗流量随之减少，渗流量与来水量达到平衡时，水位不再下降；在枯水月份，当来水量形不成径流时，不能满足主槽蓄水要求，蓄水区干涸，景观有特殊要求时，根据需要，建设单位可向大黑汀水库管理单位要水，以满足景观要求。

6　迁西滦河段湿地景观塑造

河槽地形塑造：河道行洪主槽设计挖深 0～2m，以主槽行洪设计标高为基础，扩挖不规则水路，局部作深潭，浅滩，保留现状植被较好的局部滩地。主河槽面积 216.27 万 m^2；滩地面积 86.33 万 m^2。

溢流堰：利用现有工程白龙山滚水坝并进行防渗处理，在横河口下游、规划 2 号大桥上游分别修建溢流堰，调节河道纵坡，作防渗处理。根据渗流计算在河道基流 $1m^3/s$ 情况下，溢流堰设计可保证上游水位与堰顶齐平，拦蓄径流形成湿地景观。1 号溢流堰模拟水平梯田，采用多级叠水型式，设计蓄水位 98.5m；2 号溢流堰采用大块石模拟天然出露岩坎，设计蓄水位 97.5m；白龙山橡胶坝坝顶高程 96.5m。

以迁西重要景点青山关长城、景忠山赋名两座堰以衬托“山水园林”城市。1号溢流堰可赋名青山秀水，2号溢流堰可赋名景忠映林。枯水季节，片片水面、丛丛绿色。水域面积可达 $90hm^2$。丰水季节，堰顶溢流，主槽形成宽阔水面，烟波浩渺。水面面积达 $195hm^2$。

缓坡垄岗堤防：左堤在满足防洪要求的前提下布置为缓坡垄岗，改变以往防洪工程梯形断面的做法，使地形更富于变化。防护型式及材料采用以利于绿化的土工格室及钢丝石笼，形成自然柔性护坡。背水坡林带植被面积 $20.65hm^2$。除基本景观元素外，还引入其他一些景观元素，在河心岛林间挂鸟巢，吸引野生鸟类安家；水岸设鱼巢，方便鱼类繁衍；水中放养鱼苗、鹅、鸭等，增强生物多样性，丰富景观意象，增加游乐情趣。

植物配置原则：尽量保留原有树木及部分原生地被，对“河心岛”现有林木逐步进行改造，以动态的、可持续发展的原则营造景区的植物景观；选择乡土树种和多年来适应本地自然条件的外来树种为绿化主体骨架；适当引入部分景观树种，增加植被的多样性；乔、灌、草、地被、水生植物相结合，以自然、科学的形式配置，注重植被的季相、色彩、形态、疏密、高低和群落变化，形成立体复式种植；植物管理为粗放式或免维护。

植被形态主要有密林、疏林、草地、水生植被等。密林：主要分布在左堤背水坡，起屏障、隔离及围合空间的作用。疏林：林中绿荫与光影共存，是游人良好的休息活动场所。草地：以当地草本植物为主的开敞绿地，置于滩地、水滨。水生植物：滨水地区的特色景观，同时起到重要的生态作用。通过各种植被形态的有机结合、穿插，共同形成开合有致、丰富多彩的植物空间。

植物种类有以下种类。

针叶林：骨干树种为油松、白皮松、侧柏、桧柏、龙柏、白千、青千、云杉等。主要分布于左堤背水堤坡地带，起到重要的生态防护作用。冬季枝叶凋零，仍有常绿不谢的松、柏傲然于堤坡，成为冬季的景致。

落叶阔叶林：骨干树种为国槐、刺槐、臭椿、千头椿、旱柳、垂柳、加拿大杨、毛白杨、小叶杨、泡桐、皂荚、榆树、元宝枫、五角枫、栾树、合欢、丝棉木、洋白蜡、构树、槲栎、栓皮栎、蒙椴、糠椴、火炬树等。

落叶灌木：主要有山桃、樱花、紫薇、木槿、丁香、紫荆、紫穗槐、红瑞木、绣线菊、锦带花、猬实、连翘、珍珠梅、金银木、榆叶梅、花椒、黄栌等。秋季以赏叶为主的植物如元宝枫、花楸、火炬树、栾树、柿树、黄栌等变色植物为主，配以红果累累的金银木、平枝栒子等，在坡间水滨，形成醉人的秋季美景。

经济植物：主要有安梨、板栗、苹果、核桃、柿树、山楂、桃，为片植的纯林。

滨水及水生植物：主要有垂柳、枫杨、柽柳、沙枣、落新妇、菖蒲、凤眼莲、水生鸢尾、千屈菜、水葱等。

地被植物：以野生地被植物为主，引进攀援植物及宿根花卉，如地锦、美国地锦、铺地柏、二月兰、蝴蝶花、马蔺、紫花地丁、鸢尾、雏菊、波斯菊、虞美人等，形成优美的林下景观及缀花草坪景观。植物配置见表9-35。

表 9-35　植物配置表

序号	项　目	单位	数量	备注
1	针叶树	株	1539	背水坡
2	常绿阔叶树	株	1154	
3	景观树木	株	385	
4	一般绿化树种	株	2170	
5	灌木类	株	34632	
6	地被植物与藤本类	m^2	32760	迎水坡
7	水生植物类（蒲草、芦苇）	m^2	374400	滩地及河槽
8	水生植物类（菖蒲、鸢尾）	m^2	3120	

7　环境效益分析

该工程是以城市防洪结合河道治理为前提，进而构筑城区绿色屏障，全面实现城市可持续发展的需要。工程环境影响评价主要考虑对城区防洪、城市规划和生态环境、人居环境、人群健康及对城市发展的影响等方面。

对防洪形势影响：工程的修建将城区的防洪标准提高到 20 年一遇，可保护县城 5.6 万人口的生命财产安全，保护 2.0 万亩农田免受洪灾。

对城区生态环境影响：堤防边坡及背水侧的绿化和景观建设，将缓解城区空气干燥程度，形成城市微观小气候，改善城市生态环境。

对下游河道的影响：由于左岸防洪堤的修筑，束窄了河道，与工程建设之前相比加大了对此段河道的冲刷。但通过对堤岸的防护措施，冲刷影响已明显减小；同时滚水坝以下河道又变为扩散形式，因此对下游河道的冲刷影响增加不大。

对人居环境影响：人居环境的建设是人类社会可持续发展的重要方面，通过构建约 5m 高的防洪堤，降低了城区的通透能力。通过实施迎、背水侧堤坡的绿化，缓解了堤防在视觉上的影响，改善了县城的人居环境。

对城市发展的影响：工程的实施为河道及两岸生态环境建设提供了必要条件，通过生态环境工程建设，将极大地改善河道周边地区的自然环境，提升城镇档次，促进迁西旅游业乃至整个国民经济的快速发展。

该工程是社会公益工程，将提高城市的防洪能力，减免因城区进水所造成的工农业生产、商业流通、居民日常生活、城市环境卫生、水源污染、人群健康等影响，为未来的社会和经济发展奠定了坚实的基础。同时通过区域绿化美化的建设，实现自然环境和人文环境的有机结合，使县城真正具有生态城市、园林城市、文化城市的品位，成为城镇居民富有自豪感的家园和创造理想的人居环境。

第十节　承德市武烈河口段河道治理

1　流域概况

滦河发源于河北省丰宁县西北大滩界牌梁，经沽源县西南向北流过内蒙古多伦县境，至外沟门子又入河北省境内，蜿蜒于峡谷之间，到潘家口越长城，经滦县进入平原，于乐亭县内注入渤海。规划区域上游沿滦河自上而下汇入的主要河流有小滦河、兴洲河、尹逊河、武烈河等。

武烈河，滦河支流、古称武列水，《钦定热河志》称其为热河。发源于燕山山脉七老图山支脉南侧的围场县道至沟，在承德市大石庙镇雹神庙村汇入滦河。流域地处滦河中游左岸。地理坐标在东经 117°42′～118°26′，北纬 40°53′～41°42′之间。河长 114km，流域总面积 2580km²，河道平均坡降 10.8‰。流域涉及围场、隆化、承德三县和承德市双桥区。

小滦河源于河北省最北部围场县西北塞罕坝上老岭西麓，流向西南至御道口，再南行进隆化县，至郭家屯汇入滦河，全长 143km，流域面积 2009km²。河床宽 30～60m，为常年河，径流量 4.3m³/s。因系滦河上游主要支流，故名小滦河。

2　水文分析计算

2.1　水文站及其分布

规划区域附近的滦河干流上没有水文站，其上游干流设有三道河子水文站，支流尹逊河上设有韩家营水文站，支流武烈河上设有承德水文站。

三道河子水文站始建于 1953 年 10 月，位于河北省滦平县西地乡三道河子村，为滦河中游控制站，集水面积 17100km²，高程采用大沽基面。测站类别为基本站，测站级别为省级重要站。三道河子水文站位于滦河中游。郭家屯水文站下游。该站多年平均降水量 521.0mm，多年平均径流量 6.5561 亿 m³，多年平均含沙量和输沙量分别为 2.99 kg/m³、184 万 t。三道河子水文站实测最大洪峰流量为 1580m³/s，最高洪水水位为 91.49m，出现在 1958 年 7 月 14 日；次之为 742m³/s，洪水水位为 90.7m，出现在 1973 年 8 月 15 日；第三为 732m³/s，洪水水位为 91.14m，出现在 1976 年 7 月 23 日。调查资料最大流量为 3930m³/s，出现在 1890 年。

韩家营水文站始建于 1953 年 12 月，位于河北省承德市双塔山镇大龙庙村，系伊逊河干流出口控制站，集水面积 6787km²，高程采用大沽基面。测站类别为基本站，测站级别为国家级重要站。韩家营水文站位于伊逊河的下游。该站多年平均降水量 508.0mm，多年平均径流量 3.8561 亿 m³，多年平均含沙量和输沙量分别为 26.1 kg/m³、957 万 t。韩家营水文站上游 120km 处有庙宫水库一座，控制面积 2400km²，总库容 18300 万 m³，可灌溉面积 5600 hm²。韩家营水文站上游流域共有 32 处雨量站，密度为 212.1km²/站。韩家营水文站上游设有围场水文站。韩家营水文站实测最大洪峰流量为 2020m³/s，最高洪水水位为 383.25m，出现在 1958 年 7 月 14 日；次之为 1310m³/s，水位为 382.65m，出现在 1957 年 8 月 12 日；第三为 1160m³/s，水位为 382.43m，出现在 1959 年 8 月 29 日。调查资料最大洪峰流量为 4250m³/s，发生在 1890 年。

承德水文站位于滦河支流武烈河下游。武烈河古称武列水，《钦定热河志》称热河，《水经注》有记载，发源于河北省围场县蓝旗卡伦乡潘家店村道至沟，在承德市双桥区雹神庙村汇入滦河，较大的支流有石洞子川、鹦鹉川、茅沟川、头沟川，全长 114km，流域面积 2580km²。该站多年平均降水量 518.9mm，多年平均径流量 2.4324 亿 m³，多年平均含沙量和输沙量分别为6.31 kg/m³、144万t。承德水文站实测最大洪峰流量为2580m³/s，洪水水位为5.00m，出现在1962年7月26日；次之为1680m³/s，洪水水位为4.08m，出现在1958年7月16日；第三为1420m³/s，洪水水位为4.23m，出现在1994年7月13日。调查资料最高洪水水位为9.25m，最大洪峰流量为3980m³/s，出现在1938年。

2.2 设计洪水

根据流域干流水文站的分布情况，采用干流三道河子水文站实测流量过程与尹逊河韩家营、武烈河承德站实测洪水过程错时段迭加的方法进行分析。

干流三道河子水文站距离规划河段断面35.4km，尹逊河韩家营水文站距离规划河段断面41.4km，武烈河承德水文站距离规划河段断面7.6km。通过洪水流速综合分析，确定韩家营、三道河子水文站至规划断面洪水演进的传播时间为1小时，承德站不计洪水传播时间。

根据三个水文站实测流量过程，通过迭加后得到1995—1999年45年连续洪水系列。实测洪水系列统计成果见表9-36。

表9-36 承德站、三道河子站、韩家营站洪峰流量迭加系列表

年份	洪峰流量/(m³/s)	年份	洪峰流量/(m³/s)	年份	洪峰流量/(m³/s)
1954	3564	1970	431	1986	1040
1955	607	1971	867	1987	269
1956	1315	1972	665	1988	187
1957	2074	1973	1569	1989	468
1958	5120	1974	1118	1990	690
1959	2474	1975	1123	1991	1071
1960	414	1976	1765	1992	1436
1961	267	1977	431	1993	686
1962	3568	1978	647	1994	2518
1963	736	1979	1083	1995	429
1964	652	1980	282	1996	256
1965	1277	1981	179	1997	1371
1966	349	1982	432	1998	1072
1967	414	1983	1399	1999	159
1968	504	1984	243		
1969	502	1985	660		

利用实测洪水资料，采用皮尔逊Ⅲ型曲线进行适线分析得到滦河武烈河口段设计洪水成果，见表9-37。

表9-37 滦河武烈河河口段设计洪水成果表

平均流量/(m³/s)	统计参数		不同重现期流量/(m³/s)			
	C_v	C_s/C_v	100年一遇	50年一遇	20年一遇	10年一遇
1100	1.35	3.0	7610	5670	3940	2570

2.3　合理性检查

滦河流域自上至下依次为内蒙古高原区、燕山背风山区和燕山迎风山区，产流模数应当呈递增趋势，将本次计算成果与潘家口、大黑汀、滦县水文站成果对比分析。分析成果见表9-38。

表9-38　滦河不同位置洪峰流量模数统计表

控　制　点	本规划位置	潘家口	大黑汀	滦县
流域面积/km^2	27050	34240	35580	43940
50年一遇洪峰流量/(m^3/s)	5670	17800	20900	28100
50年一遇洪峰模数/[m^3/(s·km^2)]	0.21	0.52	0.59	0.64

2.4　洪水特性分析

规划河段的洪水来自滦河干流或支流武烈河，主要由暴雨形成，个别年份融雪形成春季洪峰。流域内降水量主要集中在汛期6—9月，占全年降水量的70%～80%，其中又以7月、8月更为集中。

滦河上游地区大部处于高原区或背风区，产流模数较低，支流武烈河处于迎风区边缘，产流模数明显增加。造成规划河段大洪水的涞源一般为干流中游区及支流尹逊河和武烈河洪水，有些年份武烈河洪水比干流来水量还大。如1938年洪水，武烈河承德站洪峰流量为4700m^3/s，而滦河干流滦河站的流量仅1390m^3/s。

流域暴雨特性决定了洪水特性，年际间变化悬殊，年内分配十分集中，洪水过程持续时间较短。特别是以武烈河为主的洪水反映更为明显。如1962年洪水，承德站洪峰流量2580m^3/s，持续时间28小时。从年际变化分析，在1954—1999年46年系列中，1958年规划河段洪峰流量为5120m^3/s，1999年仅为159m^3/s，两者相差32倍。

3　防洪治理工程

根据承德市总体规划，承德市将以滦河、武烈河河谷为依托，开发新区、发展工业区、建设高校园区和生态区，规划人口近10万人。参照SL 252—2000《水利水电工程等级划分及洪水标准》，确定滦河至太平庄段防洪工程为Ⅳ等工程。

根据GB 50201—2014《防洪标准》，对于非农业人口小于20万人的城镇防洪标准为20年、50年一遇，考虑到规划治理河道难度，确定防洪标准为20年一遇。

3.1　现状行洪能力分析

3.1.1　河道行洪水位分析

规划河段上起位于武烈河口的滦河桥，下至太平庄，现状河段长度5.5km。滦河天然河道极不规则，主河槽宽300～400m，堤埝断断续续，河底高低不平，加上堆放的弃土废渣，行洪断面远不适应行洪要求。行洪滩地为庄稼地遇到洪水时行洪阻力很大。

规划河段附近没有水文站实测资料，起始水位根据横断面资料，采用均匀流法计算确定。

3.1.1.1　河道糙率和计算公式

现状河道主槽位于左岸，一般主槽宽度为300～400m，深1～2m。主槽右岸建有简易的护岸堤坝。遇到超过主槽行洪能力的洪水，出槽后将向右岸探底漫溢，形成大范围行洪的形势。

根据现有河道河床组成、河床特性及植被情况，主河槽糙率采用0.025。

河道水面线推算基本方程为：

$$Z_{上}+(1+\xi)\frac{Q^2}{2gA_{上}^2}-\frac{\Delta SQ^2}{2K_{上}^2}=Z_{下}+(1+\xi)\frac{Q^2}{2gA_{下}^2}+\frac{\Delta SQ^2}{2K_{下}^2}$$

式中：$Z_{上}$、$Z_{下}$分别为上、下断面的水位，m；$A_{上}$、$A_{下}$分别为上、下断面的过水面积，m^2；K为流量模数，$m^3/(s\cdot km^2)$；Q为设计流量，m^3/s；ΔS为断面间距离，m；ξ为局部水头损失系数。

3.1.1.2 水面线推算成果

根据上述计算公式及计算条件推算水面线，现状河道水面线计算成果见表9-39。

表9-39 **现状河道过水能力复核成果表**

断面	滩面高程/m		河底高程/m	水位/m		
	右岸	左岸		5年一遇	10年一遇	20年一遇
0+000	299.0	299.2	295.2	297.74	298.42	299.09
0+400	山体	298.0	294.9	298.06	298.71	299.37
0+650	山体	298.2	296.09	299.01	299.75	300.44
1+200	300.1	300.4	296.6	299.29	300.03	300.77
1+800	300.5	300.4	298.0	300.92	301.70	302.52
2+800	301.6	山体	300.8	302.87	303.66	304.54
3+600	203.0	山体	302.3	304.04	304.72	305.51
3+900	303.8	山体	302.7	304.40	305.06	305.79
4+300	303.8	山体	302.8	304.79	305.46	306.11
5+100	305.3	306.1	304.0	305.94	306.67	307.12
5+500	206.0	山体	303.4	307.15	307.86	308.37

3.1.2 防洪标准分析

由于现状河道行洪能力分析成果可以看出，在5年一遇洪水条件下，行洪水位全面超过滩面过程，平均漫滩水深约0.6m；10年一遇洪水条件下平均漫滩水深约1.4m；20年一遇洪水条件下平均漫滩水深约2.0m。

通过现状河道行洪能力分析表明，由于河道主槽断面狭小，主槽行洪能力不足5年一遇，高标准洪水更是全断面行洪，洪水淹没范围更大，因此对此河段进行防洪工程整治，对河道两岸开发具有重要意义。

3.2 规划河道宽度方案比选

规划河段行洪水位受河段出口太平庄及其下游卡口段影响，由于该段断面不规则，主河槽狭窄，断面变化大，造成局部壅水。为了保证规划河段行洪水位不受太平庄河段制约，须对太平庄段进行扩宽并对下游500m河段进行归顺治理，治理后该段主槽宽度不小于300m，并按治理后的条件分析下游起始水位。

根据不同标准设计洪水情况，规划河段分别以河宽200m、300m、350m三个方案进行比较。规划河道两岸采取工程措施防护，河底采用经开挖平整后的河床，河段综比降统一确定为 1.56‰。综合考虑河床糙率采用 0.025。

利用上述条件进行水面线推算，计算结果见表 9-40。

表 9-40　　规划河段不同河宽设计水位表

桩号	河底高程/m	设计水位/m					
		规划河宽 200m		规划河宽 300m		规划河宽 350m	
		10 年一遇	20 年一遇	10 年一遇	20 年一遇	10 年一遇	20 年一遇
0+000	295.20	297.55	298.18	297.55	298.18	297.55	298.18
0+400	295.82	297.86	298.47	297.86	298.47	297.86	298.47
0+650	296.21	298.97	299.63	298.97	299.63	298.97	299.63
1+000	296.76	299.61	300.19	299.71	300.35	299.71	300.35
1+500	297.54	300.79	301.61	300.24	300.92	300.20	300.92
2+000	298.32	301.84	302.66	301.08	301.88	300.88	301.63
2+500	299.10	302.65	303.65	301.87	302.68	301.64	302.39
3+000	299.88	303.44	304.48	302.65	303.47	302.41	303.16
3+500	300.66	304.22	305.27	303.43	304.25	303.19	303.94
4+000	301.44	305.00	306.06	304.21	305.03	303.97	304.72
4+500	302.22	305.78	306.84	304.99	305.81	304.75	305.50
5+000	303.00	306.76	307.89	305.81	306.72	305.53	306.32
5+500	303.78	307.25	308.37	306.32	307.23	306.16	306.91
6+650	304.01	307.28	308.40	306.37	307.27	306.23	306.96

从计算成果可以看出，200m 底宽的方案设计水深较大，300m 底宽方案与 200m 底宽的方案相比，20 年一遇水深平均降低 1.0m，300m 底宽方案与 350m 底宽方案相比，20 年一遇水深差在 0～0.4m 之间。综合考虑不同底宽方案对堤防高度的影响以及对土地资源的充分利用，规划改线河段推荐河底宽 300m 方案。图 9-1 为规划治理河段新改线 300m 底宽纵断图。

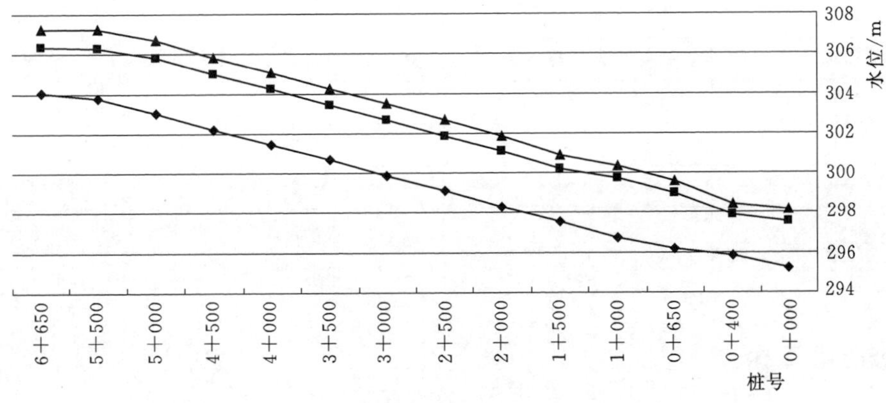

图 9-1　规划治理河段新改线 300m 底宽纵断图

3.3　防洪效果分析

规划河段的防洪工程措施是与此河段的开发相辅相成的，工程实施后，对于规划防洪标准20年一遇以内的洪水将在防洪堤内安全行洪，可以保证两岸开发设施的安全，对于提高两岸土地开发价值具有重要意义。

该规划河段地形条件特殊，尚有受滦河桥的控制，下游受太平庄窄口段壅水影响，形成局部小盆地地貌。通过分析，本河段与下游河道主要通过河段下游窄口连接，猩红条件主要受这一窄口段的制约，规划的防洪工程有效地约束河段内行洪，对规划河段以外的上下游河道行洪没有任何影响。

3.4　超标准洪水安排

滦河是一条较大的河流，规划工程实施克正常抵御20年一遇洪水，如遇到超标准洪水，一方面充分利用规划主行洪河道的超高部分抵御洪水；另一方面，利用两侧预留的生态防洪区参与行洪。若下游太平庄附近堤防形成阻水，可对局部地方实施临时性炸除措施，加大下游行洪通道，及时排除积水，待洪水过程结束后再予以恢复。

在两侧滩地开发利用中，尽可能在现有滩面高程基础上对工程设施的基础适当加高，降低与堤顶的高差，工程设施考虑一定的耐淹没性，一旦洪水滩地行洪，可解决自身的防洪安全，不致造成不必要的损失。

据初步分析，遇到50年一遇洪水，洪峰流量5670m^3/s，规划300m河所预留超高基本满足行洪要求。超标洪水位分析成果见表9-41。

表9-41　　超标准洪水位分析成果表

起点距/m	堤顶高程/m	河宽300m设计水位/m	
		50年一遇	100年一遇
0	299.38	299.07	299.60
650	300.83	300.49	301.04
1000	301.55	301.44	302.20
1500	302.12	301.94	302.72
2000	303.08	303.01	303.71
2500	303.88	303.84	304.51
3000	304.67	304.72	305.38
3500	305.45	305.40	306.06
4000	306.23	306.15	306.80
4500	307.01	306.93	307.58
5000	307.92	307.74	308.45
5500	308.43	308.25	308.96
5650	308.47	308.42	309.09

4　生态防洪工程

该规划河段生态防洪工程包括滦河武烈河口至太平庄河段防洪整治工程；滦河武烈河

口至太平庄河段两岸生态建设工程；橡胶坝工程；公路桥工程等。

4.1　防洪整治工程

防洪整治工程上起位于武烈河口上游滦河桥，下至太平庄，河段长度 5.65km。

此河段现状总体流势：滦河干流受沿线地形影响，河曲十分发育。滦河桥以上干流流向为西北一东南向。从滦河桥至太平庄河段河道宽阔，河床冲於变化大，主河槽具有游荡性。

整治河段现状防洪标准很低，不足 5 年一遇。稍有小洪水，就会造成水漫河滩，淹没耕地。不仅造成了经济损失，而且影响了土地资源充分利用。为提高此段河道防洪标准，考虑联合干流及武烈河洪水的影响，并结合两岸开发利用，本次规划提出将原河道断面桩号 0＋500～4＋300 之间主河槽右移，新开挖主河槽并筑堤。改线段河道在 4＋500～3＋300 之间流向转为由北一南向，在郭庄子东向左拐转，流向转为西北一东南向。

为了归顺河道流向，根据审查意见，对河道走向做了适当调整，桩号 3＋500～4＋800 向右移动 0～110m，桩号 2＋000～3＋400 向左岸移动 0～120m。通过堤线调整，河道流向比较顺畅，有利于改善行洪条件。

规划工程实施后，河道左、右岸科开发土地分别为 1.505km^2、1.567km^2。

4.2　生态防洪建设工程

除在河道两岸开发过程中搞好绿化美化外，在河道改线堤防的两侧，规划建设生态防洪工程，工程内容以绿化和交通功率等非阻水建筑为主，在超编洪水行洪期间可以作为滞洪区。

生态防洪建设区每册宽度为 60m，基面高程基本维持现有滩面高程。除公路所占用电额部分（由规划部门定）外，其余部分进行生态工程建设，科种植草皮低矮的数目以及建设共休闲的带状花园等。

为保障生态防洪工程建设区意外的开发区安全，开发区可对地面进行适当填筑加高，生态防洪建设区两端修筑防洪墙。

总之，生态防洪建筑区是保障超标准洪水行洪所必需的通道，不能修建阻水建筑物和填筑加高，而且在下阶段还可结合市政规划建设要求与堤防建设进一步协调处理，要保证美观、经济、使用的基础上，保证防洪安全。

4.3　橡胶坝工程

为了开发自然资源，美化区域环境，在桩号 2＋000、4＋200 处规划修建两道橡胶坝。橡胶坝的作用是在非汛期拦蓄水量营造水面，美化环境。

通过修建橡胶坝，并辅以健全的管理体制，使穿越承德市新区的滦河呈现出新的景象。为保障河道安全行洪，汛期将橡胶坝袋防空，避免对河道行洪造成不利影响。

橡胶坝工程主体部分采用 20 年一遇洪水设计，与河道整治标准相同。

橡胶坝主体长度 300m，可分成 3～4 个橡胶坝段，中间设隔墩，操作控制机泵房设施位于左侧。河底高程分别为 298.32m、301.75m，基础部分顶高程基本与河底高程齐平，采用混凝土面板结构。

橡胶坝袋采用充水式，上游橡胶坝高度 3.0m，总蓄水高度 30.m，回水长度 1923m，上游橡胶坝回水可至滦河大桥；下游橡胶坝高度 3.5m，总蓄水高度 3.5m，橡胶大回水科上至 4＋200 断面处，使得两个橡胶坝之间全有水面覆盖。

橡胶坝作用是拦蓄滦河基流，营造水面环境，为生态区建设提供水环境。

橡胶坝工程建设满足稳定性要求，上游设置必要的铺盖，翼墙，两岸护坡与河道整治工程相结合；下游设置必要的护坦、海漫、翼墙等设置。消能方式采用底流消能。

4.4 公路桥工程

为了满足两岸教廷需要，在桩号3+060处规划修建跨河公路桥一座。公路桥的建设应满足河道防洪和自身防洪安全，桥孔范围不小于规划河道行洪区和生态防洪工程保留区，不能形成阻水影响。公路结构和规模以满足两岸交通要求为原则。

工程断面河底高程299.97m，规划公路桥采取立交型式跨越河道，跨越宽度包括行洪主槽和两岸生态防洪保留区，总宽度不小于420m。

公路桥整体结构以满足交通要求为原则，桥墩埋设满足冲刷要求，跨防洪堤断面科采用平交或立交。平交时两端须与防洪堤顶衔接过渡，立交时桥下须留有足够净空高度，保证防汛车辆的正常行驶。

5 效果分析

滦河武烈河口段生态防洪工程的实施，不仅提高了防洪标准、改善了生态环境，而且经济效益、社会效益、生态效益都十分显著。

经济效益：滦河武烈河口治理河段现状防洪标准不足5年一遇，规划工程实施后，是河道防洪标准提高到20年一遇，大大减轻了洪水对周边区域的威胁，具有显著的防洪效益，使河道两岸土地增值，大大提高了开发价值。生态建设工程、橡胶坝工程，又为承德市这座世界著名的旅游城市增添新的旅游资源，增加旅游收入。

社会效益：生态防洪工程的实施，不仅具有明显的防洪效益和经济效益，而且具有巨大的社会效益。生态防洪工程的实施，提高了承德市区的防洪标准，保护了城市交通、通信等基础设施，稳定了工农业生产；同时保障了人民生命财产的安全，使人民免遭洪水灾害；对促进当地经济发展，保持社会稳定具有十分重要的作用，并且随着社会的不断发展，综合效益将越来越大。市场化运作，土地开发带动河道整治，为招商引资创建了优越的外部环境，将极大地推动当地经济的持续发展，具有强大的辐射功能；生态工程的实施，形成了两岸秀丽的风景绿化带，不仅没话了环境，而且为居民提供了舒适的工作环境和休闲场所。所有这一切都会较大地促进五支文明和精神文明建设，有利于居民安居乐业、社会安定团结。

生态环境效益：生态工程的建设，并辅以健全的管理体制，将使滦河武烈河口段呈现出新的景象。两岸绿树成荫、花团锦簇，河中碧水清流、波光荡漾，并在橡胶坝处呈现出美丽的瀑布景观，既有实用性，又突出了观赏性和生态功能，达到了动、静结合，自然环境和人文环境的和谐统一。

第十一节 清水河张家口市区段河道治理

1 清水河未治理前状况

清水河发源于崇礼县桦皮岭南麓，其上游分东沟、正沟和西沟三大支流，东沟发源于桦皮岭下，从东北流向西南，再向西南流经狮子沟、西湾子等村镇，在中山沟附近与正沟汇合，河长84km，流域内植被条件较好；正沟源于崇礼县正北坝底村，在中山沟附近与东沟汇合，河长57km，植被较东沟少，西沟源于崇礼县西部黄台坝，流经3个乡，16个村，在乌拉哈达村附近与东沟汇合，河长15km，流域内植被较少，水土流失严重，是清水河泥沙的主要来源。途中有黄土窑沟、小西沟及东大沟汇入，东沟、正沟于崇礼县朝天洼村汇入后始称清水河。

清水河自大境门东侧进入市区，由北向南纵贯市区，其间又有西沙河、东沙河汇入，最后于腰站堡流出市区在宣化县姚家房乡清水河村西南2.5km处进汇入洋河，洋河东流到怀来县夹河村与桑干河汇合后流入官厅水库，水库下游称为永定河。它是海河流域永定河水系洋河干流的一条主要支流，全长109km，流域总面积2380km^2。河道宽度100～150m，河道坡降为4‰～10‰，年平均流量3.4m^3/s，冬春季节河道内流量很小，汛期经常山洪暴发威胁市区。

清水河，从古至今就是一条多泥沙的季节性河流，她横贯市区，在无雨时节，河道内只有山泉和溪水流注其间，流量很小；可到了雨季，坝上山川、洪水齐汇其中，汹涌而下，水势湍急险恶，尤其一遇大雨，坝下群峰山洪暴发，夹砂滚石直泻而下，河床一旦宣泄不通，洪水便漫溢两岸市区，造成水患，吞噬两岸的田园房舍，使沿岸20多km长的城乡深受其害。据资料记载，1924年、1943年2次特大洪水漫过张家口市桥西区武城街，淹没了桥东区怡安街。建国后，又分别在1975年、1984年、2002年、2003年遭遇4次较大洪水，灾害严重。

市区段除已修建的8.6km以及上游部分河段内修有永久性砌石防洪堤外，其余全为土堤。市区防洪标准偏低，尚不足20年一遇，河道内泥砂淤积逐年增加，河道断面缩小，河道内大面积裸露的河床造成市区环境及视觉污染。防洪标准及生态环境与城市的地位不相协调。遇到大洪水时，就会造成大水冲毁，小水淘刷，影响河道的正常泄洪，每年汛期由临河各乡、村抽调劳力抢险加固，劳民伤财。清水河防洪直接维系着张家口市区63.9万人及260多个工矿企业，5492hm^{2}耕地以及京包铁路、110国道，宣大高速，张石高速、沙岭子发电厂等重要设施的安危。河道的状况是：各种建筑物、构筑物非法占用行洪断面，致使河床抬高；清水河上游多为黄土丘陵区，水土流失严重，河水含砂量较大，河道淤积严重；清水河自红旗桥以下，历年来有人在河中围垦种植高秆作物，缩窄河道行洪断面，抬高河床，严重影响行洪安全；市区段部分浆砌石防洪堤标准太低。

2　清水河综合治理

张家口市于2003年进行各项前期准备工作，在经过了数次外出考察、研究部署后，改造母亲河的宏图伴随着2005年11月8日清水河被推土机掘起的第一铲土而徐徐展开。按照“总体规划、分步实施”的要求，先后完成清水河一至四期综合治理工程。累计投入40多亿元资金。建设橡胶坝31座，治理长度23.5km，形成连续近250万m^{2}的生态水面，总蓄水量达到800万m^3，过水能力达到2200m^3/s。共建跨河桥梁18座，拟建铁路桥梁3座，还有污水穿河管线两处，煤气穿河管线一处。对贯穿市区23.5km的清水河坝体及两岸83.5hm^{2}的绿地进行立体式的景观建设。在清水河上游建设11座拦沙坝。清水河已成为集防洪排涝、景观蓄水、休闲娱乐为一体的标志性景观。

清水河两岸景观主题为“颂风神韵，清水流芳”，以四大文化视角切入：战争到和平——“武文化”；和平促商贸——“商文化”；商贸迎发展——“时代精神”；发展保和谐——“城市文化”。通过实施绿地与水系、滨水景观与城市功能、景观与生态、景观与文化等多位一体的整合，并以“一轴、两带、五段、四节点”的串联结构将各地块中相对独立的景观主题有机联系，展示城市形象，延续城市文脉，提供特色城市空间，赋予清水河以环山抱水的自然环境，深厚浓郁的历史文化底蕴及梦幻灵动的科技魅力。沿岸 80 多座建筑物采用泛光照明、轮廓照明、霓虹灯照明、自发光照明等多种形式，使夜色中的清水河两岸霓虹闪烁、流光溢彩；当夜幕降临，登高远眺，由北而南蜿蜒而去的不仅仅是静静流淌的清水河，更有清水河两岸的璀璨灯火，宛如流入人间的银河，无限风光，无比壮美。80 多万平方米的生态型滨河绿地，20 多个主题游园、广场及景观节点，各类雕塑、花架及组合式拉膜亭，呈现出“杨柳岸，晓风湖岸”景观；如今的市区，在清水河的映衬下已是一幅“河中有水，堤中有绿、岸上有景、休闲其间”的美丽画面。

“以河为脉、以山为骨、以绿为体、以文为魂”的山水园林生态宜居城市正在形成。

3　清水河综合治理工程效益分析

清水河综合治理工程是具有防洪、蓄水、水土保持、改善城市环境综合功能的生态工程和民心工程，城区段河道蓄水有利于雨洪资源利用，对城区防洪、城市功能和生态环境、人居环境、人群健康环境、城市发展发挥着重要作用，社会效益明显。

（1）生态效益。长期以来，生产力的进步和经济的发展一直是衡量人类社会进步的标志。但这个标志到今天已经显得不太全面了，人类社会的进步标志应该是生态、社会和经济三个方面的同步发展。作为水的输送体，河道能否保持良好的生态发展状况，客观上将直接影响水环境的保护。随着张家口市经济实力的不断增强，人民群众生活水平的逐步提高，人们对水环境的要求也越来越高，人们渴望见到水清天蓝、绿树夹岸、鱼虾洄游的生态河道。清水河综合治理工程正是顺应了人民群众的要求，对有效保障洋河及官厅水库的水质，避免污水、垃圾流入官厅水库，保证下游生态安全，实现了清水河生态效益的最大化。

（2）景观效益。以景观建设带动滨河开发也是国内许多城市河道建设的重点之一。经过综合治理的清水河及其两岸在未来既是张家口市的一个经济带，又是旅游带和观光带。这需要在清水河河综合治理的基础上，加快集水资源综合调度、景观和观景、内河游艇休闲等功能为一体的景观水系建设，从而带动河道整治和加快沿岸绿化景观建设，实现“水清、岸绿、景美、游畅”的目标。

（3）土地升值效益。清水河综合治理工程的辐射力将渗透到全市的诸多领域范围，而其形成的宏观上的无形资产必将带来有形资产的升值。随着基础设施的完善、环境的美化及规模效益的发挥，治理后的清水河通过两岸防洪堤的修建，使原来部分荒滩地变为城镇建设用地，两岸附近的土地将吸引大批开发商及企事业单位开发建设。不仅会促使土地提早开发，而且将促使附近土地快速升值。估计升值面积 500hm^2 以上。根据张家口市建设前后地价变化情况预测，土地价格将上涨 500 元/m^2，按 20 年内开发完毕计算，仅土地出让每年将增加收入 1.25 亿元。

(4) 无形资产效益。通过综合治理，清水河沿岸成为充满时尚气息的景观带，文化带，生态环境、城市经济、对外形象、旅游产业无不获其裨益。这无疑是一笔巨大的无形资产，将进一步提升张家口市的对外形象，增强对外开放的竞争能力，吸引更多外地投资，带动清水河有形资产的开发与经营。

(5) 人居环境、人群健康效益。河道蓄水后很好地利用了雨洪资源，水面蒸发水量改善了市区小气候，渗漏水量回补给地下水，清水河两岸打造了一条融合城市现代文明与北方水乡气息的滨水绿色生态长廊，建设了贴近市民的绿化休闲带、绿化景观广场，设置了椅凳等供人游玩休憩，开辟了钓鱼休闲区，加大了两岸亮化设施的投入，给人们提供了休闲娱乐的好场所，是人们茶余饭后散步休闲的好去处，真正体验到绿色健康的生态生活，让人感受到与零距离亲近大自然的无限惬意。满足了人民群众的精神生活，提高了人们的生活质量。

(6) 防洪效益。清水河综合治理的意义不光在于这条河外部景观的变化，更核心的意义在于防洪效益的增强。对保护中心城区交通、市政设施、生产、生活设施和人民生命财产的安全有重要的作用。按照设计标准，整个清水河治理完成后，防洪等级为 50 年，而按照远期规划，至少要达到 100 年一遇。

治理清水河的决策本身就是坚持科学发展观的大智慧，大思路，是“人与自然和谐发展”的治水新理念的一次实践，工程前期准备与全面建设无一不是创新精神的全面弘扬和创新意识的充分展现。其功绩将会永远记录在张家口市的发展史上。

参 考 文 献

[1] 时振阁，王庆平，乔光建. 唐山市水环境与生态建设发展 [M]. 北京：中国水利水电出版社，2012.

[2] 乔光建，赵景窥. 北方地区城市生态防洪河道规划设计 [J]. 水科学与工程技术，2011 (3)：50-53.

[3] 蔡骥利，王晓贞. 滹沱河整治工程经济和理性及社会效益分析 [J]. 河北水利水电技术，1998 (3)：135-136.

[4] 胡新锁，乔光建，邢威州. 邯郸生态水网建设与水环境修复 [M]. 北京：中国水利水电出版社，2013.

[5] 刘静. 滏阳河衡水市区段景观蓄水水资源供需分析 [J]. 河北水利，2009 (11)：46-46.

[6] 霍宝良，董杰英，孙志红. 衡水滏阳河市区段综合整治与效益分析 [J]. 水科学与工程技术，2013 (6)：35-37.

[7] 马洪飞. 武烈河流域生态整治技术研究 [J]. 水科学与工程技术，2010 (6)：62-64.

[8] 张秉文. 武烈河口滦河段防洪治理与效益分析 [J]. 水科学与工程技术，2014 (6)：58-61.

[9] 王海峰，李金娜，于广杰. 浅谈张家口市城市防洪与河道治理 [J]. 水科学与工程技术，2005 (4)：34-35.

[10] 张扬. 北运河综合治理规划的符合性及协调性分析 [J]. 水利水电工程设计，2011，30 (1)：32-33.

第十章　河流生态恢复工程设计与方法

第一节　河流生态恢复方法

1　河流生态修复

1.1　生态修复的概念

生态修复就是使受损生态系统的结构和功能恢复到受干扰前状态的过程。美国土木工程师协会（ASCE）对于“河流生态修复”有以下定义：河流恢复是一种环境保护行动，其目的是促使河流生态系统恢复到较为自然的状态，在这种状态下，河流系统具有可持续特征，并可提高生态系统价值和生物多样性。

河流是自然生态系统最重要组成部分之一。近100年来，人类利用现代工程技术手段，对河流进行了大规模的人工改造，兴建了大量的工程设施。通过“河流形态直线化、河道断面规则化、护岸材料硬质化”等一系列河道整治措施，河流生态系统不同程度地发生了退化，极大地影响了河流的自然演变规律。

1.2　生态修复的目标

河流生态系统的演进是不可逆转的。但是生态系统是一个动态的整体，生态平衡也是一个动态的平衡。河流生态系统的退化正是失去动态平衡的结果，因此河流生态修复的目标应该是让生态系统重新恢复其必要功能，恢复完善自我调节机制，实现新的动态平衡。

1.3　生态修复的原则

（1）区分功能、因地制宜、立足实际。河流系统在社会经济发展中扮演重要角色，具有行洪、排涝、输水、灌溉、航运、景观等多种功能。不同区域，不同的河流，其功能也不尽相同。因此，河道生态修复首先要立足于实际情况，在充分了解流域自然地理、社会经济以及生态环境等资料的基础上，建立复原模型和确立修复目标。

（2）统筹兼顾、全面规划、突出重点。河道生态修复是一项长期、复杂的系统工程。统筹兼顾上下游、左右岸、近期和远期、社会经济发展对生态环境的要求等，把与人民群众关系密切的河流作为修复重点，加大投入力度，以点带面，推动地区河流生态系统的改善。

（3）自我修复为主，人工干预为辅。河道生态修复的重点在于减轻人为活动对河流生态系统的胁迫。在考虑投入产出关系的基础上，充分利用河流生态系统自我修复的能力，实现生态环境效益最大化。

2　平原河道生态修复模式

平原河道生态修复模式主要包括水环境治理、河道结构以及景观生态3个方面。

2.1　水环境治理

水环境治理是以污水处理为重点的水污染控制，主要以水质的化学指标达标为目的。主要内容包括以下几个方面：

（1）以小流域整治和雨污分流为重点，加强污水排放收集和处理设施建设。调整其工业产业结构，逐步形成工业项目的聚集区，并严格控制目前集中污水处理厂服务区域外所有单位的污水的达标排放。农村地区推广生产生活污水简易处理方法，从根本上减少污水排入河道。

（2）控制农业面源污染。农业面源污染是由于农业废弃物未得到有效处置及过度使用化肥引起的。控制农业面源污染的首要任务是发展绿色农业，控制化肥施用量，提倡有机肥或有机复混肥，提高化肥利用率，降低化肥中硝酸盐随雨水的流失，避免污染河道水质。

（3）开展河道疏浚。有计划地实施河道清淤、清障、拓宽等工程，提高河道槽蓄和水动力条件，增强河道自净能力。

（4）建立科学合理的调水机制。通过科学合理的调水，提高水环境容量，使得河道自净能力得以维持或发挥，实现水资源可持续利用的目标，满足经济、社会及生态环境需求。

2.2　河道结构

河道生态修复工程的设计，首先要满足水文学和工程力学原理，确保工程的安全性、稳定性和耐久性。平原河网水位变幅较小，常见的河道断面形式主要有U形断面、梯形断面、矩形（直立式）断面和复式断面4种。生态护岸中常用的措施有植物措施、干砌石、垒石护岸、松木桩、三维土工网垫、生态混凝土预制球（砌块）等。

（1）干砌石、垒石。干砌石、垒石具有一定的抗冲能力，同时其属多孔隙结构，可增加水生动物生存空间和消减船行波冲刷，有利于堤防保护和生态环境的改善。

（2）松木桩。松木富含松脂，防腐能力良好，有“水上千年杉，水下万年松”之说。松木桩护岸具有施工周期短、抗冲能力强、经济可行、生态景观效果显著等优点，已在全省河道生态建设中获得了广泛的应用。

（3）生态混凝土预制球（砌块）。生态混凝土是一类环境友好型材料，具有孔隙率大、透水性强、抗变形能力好的特点，有利于河岸稳定、水生动植物的生长发育和水质改善，可广泛应用于水污染控制、河道生态修复等领域。

（4）植物措施。植物措施保持河岸的绿色，给人以美的享受，具有固土护坡、美化环境、净化水质等功能。根据科学试验，河道岸坡植物宜采用乔、灌、草结合，以维持河流和河岸生态的稳定性和营造良好的景观。

2.3　景观生态

对位于城镇等人口密集区域周边的河道，在绿化河岸和设置道路时，需综合考虑和体现河道安全和亲水、景观等功能，使生态修复工程与两岸景观融为一体，与地区文化、历史、环境相协调，提高城镇品位，营造人居和谐居住环境。

3　河流生态修复技术现状

近年来，水利部在治水中坚持按自然规律办事，在防止水对人的侵害的同时，特别注意防止人对水的侵害。在重视生活、生产用水的同时，注重生态用水。特别是通过调水改善河流、湖泊和湿地生态功能，做了很多工作。

从 2001 年开始，连续组织了几次规模比较大的调水工程，博斯腾湖向塔里木河输水、引岳济淀、黑河调水到居延海、珠江压咸补淡应急调水等，为保护生态系统，促进人与自然和谐相处做了有益探索。正在实施的规模宏大的南水北调工程，将生态用水放在优先考虑的位置，届时将不仅有效缓解北方地区水资源短缺矛盾，还将对改善这一地区的生态系统产生巨大的作用，支撑这一地区的经济社会可持续发展。

2004 年 8 月，水利部印发了《关于水生态系统保护与修复的若干意见》。明确指出水资源保护和水生态系统保护工程是水利基本建设工程的重要组成部分。2004 年 2 月，水利部举办了全国水资源与水生态系统保护的培训班。8 月，又举办了“水生态系统保护与修复”论文征集活动，全国百余名专家、学者和工程技术及专业工作者踊跃参加了“水生态系统保护与修复”论文征集活动。各流域机构和地方对水生态系统的保护与修复工作也逐渐展开。首先是制定规划，海河水利委员会制定了《海河流域生态与环境恢复水资源保障规划》，科学制定了流域生态与环境恢复目标和生态与环境需水量，提出相应的生态修复水资源配置方案及工程措施，为切实当好河流生态代言人，保护和修复流域生态与环境提供了依据。

但总的来说，在河流生态修复方面，目前国内仍处于起步和技术探索阶段，河流整治工作基本处于水质改善和景观建设阶段。缺乏传统水利、生态系统栖息地和景观的有机结合。多数地方的河道整治，尤其对于中小型河流，其理念仍停留在渠道化、衬砌等已被许多发达国家舍弃的做法。

近年来，一些经济发达的城市结合河道整治开展城市园林景观建设，注重河流的美化绿化。但当前的倾向，一是注重园林景观效果较多，重点放在河流岸边的绿化，而对河流生态整体恢复考虑较少；二是发掘历史人文景观较多，建设了大量楼台亭阁和仿古的建筑物，而对于发掘河流自然美学价值较少涉足。特别是继续采用浆砌条石护岸和几何规则断面，使河流的渠道化进一步加剧。

第二节　城市河道生态化治理的设计方法

过去，城市河道治理往往偏重于水利灌溉、排水泄洪，护岸硬化、渠化现象严重，加上两岸居民生活污水、垃圾的排入，导致很多河道变成臭水沟，水生物无法生存，生态系统遭到极大破坏。在日益严峻的环境危机中，城市的建设者们开始寻找一条有效的生态化解决方案，以解决钢筋混凝土丛林中人与自然隔绝的现象，创造一个水清岸绿、虫叫蛙鸣、人与自然和谐生存的水岸环境。

生态恢复是一个系统工程，河道的生态化治理措施应该是多方面、全方位的，而这些措施围绕的核心就是如何进行生态系统的恢复，这就对设计者提出了新的挑战。每一个设计元素都应该为生态恢复创造有利条件，从而形成生态化河道，即通过人工物化，使治理后的河道能够贴近自然原生态，体现人与自然和谐共处，逐步形成草木丰茂、生物多样、自然野趣、水质改善、物种种群相互依存，并能达到有自我净化、自我修复能力的水利工程。所以，设计者应该多利用自然的抗干扰、自我修复能力来处理人与自然的关系，而不是大量采用人工结构和形式来取代自然，这是生态设计与传统设计方法的区别。

1　河道线型设计

河道线型设计即河道总体平面的设计。由于城市用地紧缺，河道滨水地带不断被侵占，水面越来越少，河宽越修越窄，但是为了泄洪的需要，要保证过水断面，只好将河道取直、河床挖深，这样对驳坎的强度要求就逐步提高，建设费用逐渐加大，而生态功能逐渐衰退，河道基本成为泄洪渠道，这与可持续发展的战略相悖。而生态化治理需要退地还河，恢复滨水地带，拆除原先视觉单调、生硬、热岛效应明显的渠道护岸，尽量恢复河道的天然形态，宜弯则弯，宽窄结合，避免线型直线化。

自然蜿蜒的河道和滨水地带为各种生物创造了适宜的生境，是生命多样性的景观基础。河湾、凹岸处可以为生物提供繁殖的场所，洪峰来临时还可以将其作为避难场所，为生物的生命的繁衍增加湿地、河湾、浅滩、深潭、沙洲等半自然化的人工形态，既增添了自然美感，又可以利用河流形态的多样性来改善生境的多样性，从而改善生物群落的多样性。相对于直线化的渠道，自然曲折的河岸设计更能够提高水中含氧量，增加曝气量，因此也更有利于改善生物的生存环境。

从工程的角度看，自然曲折的河道线型能够缓解洪峰，削减流水能量，控制流速，所以也减少了流水对下游护岸的冲刷，对沿线护岸起到保护作用。退地还河、滨水地带的恢复，使得城市建设设计人员在河道断面的设计上留有选择的余地，不需要采用高强度的结构形式对河滨建筑进行保护。顺应河势，因河制宜，无疑在工程经济性方面也是较为有利的。

2　河道断面设计

河道断面的选择除了要考虑河道的主导功能、土地利用情况之外，还应结合河岸生态景观，体现亲水性，尽量为水陆生态系统的连续性创造条件。

传统的矩形断面河道既要满足枯水期蓄水的要求，又要满足洪水期泄洪的要求，往往采用高驳坎的形式，这样就导致水生态系统与陆地生态系统隔离，两栖动物无法跃上高驳坎，生物群落的繁殖受到人为的阻隔。梯形断面的河道在断面形式上解决了水陆生态系统的连续性问题，但是亲水性较差，陡坡断面对于生物的生长仍有一定的阻碍，而且不利于景观的布置，而缓坡断面又受到建设用地的制。复式断面在常水位以下部分可以采用矩形或者梯形断面，在常水位以上部分可以设置缓坡或者二级护岸，在枯水期流量小的时候，水流归主河道，洪水期流量大，允许洪水漫滩，过水断面陡然变大，所以复式断面既解决了常水位时亲水性的要求，又满足了洪水位时泄洪的要求，为滨水区的景观设计提供了空间，而且由于降低了驳坎护岸高度，结构抗力减小，护岸结构不需要采用浆砌块石、混凝土等刚性结构，可以采取一些低强度的柔性护岸形式。人类活动较少的区域，在满足河道功能的前提下，应减少人工治理的痕迹，尽量保持天然河道面貌，使原有的生态系统不被破坏。所以在河道断面的选择上，应尽可能保持天然河道断面，在保持天然河道断面有困难时，按复式断面、梯形断面、矩形断面的顺序进行选择。

然而在河道治理的过程中，也应该避免断面的单一化。不同的过水断面能使水流速度产生变化，增加曝气作用，从而加大水体中的含氧量。多样化的河道断面有利于产生多样化的生态景观，进而形成多样化的生物群落。例如在浅滩的生境中，光热条件优越，适于形成湿地，以供鸟类、两栖动物和昆虫栖息。积水洼地中，鱼类和各类软体动物丰富，它们是肉食性候鸟的食物来源，鸟粪和鱼类肥土又能促进水生植物生长，水生植物又是植食鸟类的食物，从而形成了有利于鸟类生长的食物链。深潭的生境中，由于水温、阳光辐射、食物和含氧量随水深变化，所以容易形成水生物群落的分层现象。

3　河道护岸形式

传统的河道护岸在材质方面大多数采用混凝土及浆砌块石等硬质材料，整个护岸形成一个封闭的体系，犹如给河道穿上了一层盔甲，但只考虑了河道的安全性，却忽视了对河流环境和生态系统及其他动植物与微生物生存环境的影响；不仅阻碍了水生态循环系统，连动植物、微生物的整体生物链都被阻断；地下水与河水也不能及时的沟通，水循环过程被隔断，河道变成了只进不出的封闭水体，从而有悖于城市的生态化建设。

在建设生态河道的过程中，河道护岸是否符合生态的要求，是否能够提供动植物生长繁殖的场所，是否具有自我修复能力，是设计者应该着重考虑的事情。生态护岸应该是通过使用植物或植物与土工材料的结合，具备一定的结构强度，能减轻坡面及坡脚的不稳定性和侵蚀，同时能够实现多种生物的共生与繁殖、具有自我修复能力、具有净化功能、可自由呼吸的水工结构。

目前很多设计者提出了一些有效的护岸设计方法，如土工格栅边坡加固技术、干砌护坡技术、利用植物根系加固边坡的技术、渗水混凝土技术、石笼、生态袋、生态砌块等。这些结构的共同点：一是具有较大的孔隙率，护岸上能够生长植物，可以为生物提供栖息场所，并且可以借助植物的作用来增加堤岸结构的稳定性；二是地下水与河水能够自由沟通，能够实现物质、养分、能量的交流，促进水汽的循环；三是造价较低，不需要长期的维护管理，具有自我修复的能力；四是护岸材料柔性化，适应曲折的河岸线型。但是生态护岸也有一些局限性，选用的材料及建造方法不同，堤岸的防护能力相差很大，所以要根据不同的坡面形式，选择不同的结构形式。坡面较缓的河段，可以选择生态砌块、土工格栅等柔性结构，而坡面较陡的河段，可以选择干砌块石、石笼、渗水混凝土等半柔性的结构；生态护岸建造初期强度普遍较低，需要有一定时间的养护，以便植物的生长，否则会影响到以后防护作用的发挥；施工有一定的季节限制，常限于植物休眠的季节。

俗话说“虾有虾径、蟹有蟹路”，各种生物都有自身独特的生活习性，而不同的生态护岸结构形式能够满足不同的生物生长繁殖需求，例如石材类护岸可以提供螺蛳、螃蟹等生物的寄居攀附，自然边坡及土工格栅护岸可以提供泥鳅等软体动物生长，浅滩地段适宜浮游生物的繁殖，深潭区域适宜鱼类活动，所以在驳岸形式上，要根据地形地貌、原始的植被绿化情况，选择多种护岸形式，为各种生物创造适宜的生长环境，体现生命多样性的设计构思，这样既可以保持丰富多样的河岸形式，延续原始的水际边缘效应，又给各种生物提供了生长的环境、迁徙的走廊，容易形成完整的生物群落。

4　植物配置设计

植物根系可固着土壤，提高土壤持水性，增加土壤的有机质含量，既改善土壤的结构与性能，增加抗侵蚀能力和抗冲刷能力，起到固土护岸的作用，又能提高河岸土壤肥力，改善生态环境。而且随着时间的推移，植物不断生长，这些作用将会不断加强。

植物枝叶可截留雨水，过滤地表径流，水边植物的枝叶能抵消波浪的能量，从而起到保护堤岸、净化水质、涵养水源的作用。丰富的植物群落，也为动物、水生物提供产卵场与栖息地。

植物还具有净化水质的作用，污水中的氮磷等物质被植物吸收，能够转化为生长所需要的营养成分，变废为宝，从而实现“污”“水”分离，降低河道富营养化水平。研究人员对生态化治理的河道进行监测发现，NH_4^+、TP、COD_{Mn}和SD指标都明显降低，水体质量得到显著提高。

根据生长条件的不同，河道植物分为常水位以下的水生植物、河坡植物、河滩植物和洪水位以上的河堤植物。在选择植物的时候，不仅要达到丰富多彩的景观效果，层次感分明，给人以赏心悦目的视觉享受，而且要具有良好的生态效果，根据水位和功能的不同，选择适宜该水位生长的植物，并达到一定的功能。在常水位线以下且水流平缓的地方，应多种植生态美观的水生植物，其功能主要是净化水质，为水生动物提供栖食和活动场所，美化水面，根据河道特点选择合适的沉水植物、浮水植物、挺水植物，并按其生态习性科学地配置，实行混合种植和块状种植相结合；常水位至洪水位的区域是河道水土保持的重点，其上植物的功能有固堤、保土和美化河岸作用，河坡部分以湿生植物为主，河滩部分选择能耐短时间水淹的植物，河道植物的配置应考虑群落化，物种间应生态位互补，上下有层次，左右相连接，根系深浅相错落，以多年生草本和灌木为主体，在不影响行洪排涝的前提下，可种植少量乔木树种。洪水位以上是河道水土保持植物绿化的亮点，是河道景观营造的主要区段，群落的构建应选择以当地能自然形成片林景观的树种为主，物种应丰富多彩、类型多样，可适当增加常绿植物比例，以弥补洪水位以下植物群落景观在冬季萧条的缺陷。这样，水生植物与河边的灌乔木呼应配合，就形成了有层次的植物生态景观。

在植物种类的选择上，要尽量选择适宜本地区气候环境的物种，同时不造成外来物种入侵，植物生长后构成的景观层要分明。水际边缘地带要选择抗逆性好、管理粗放、植物根系发达、固土能力强的植物，比如香根草、百喜草等。人工污染较严重的河段或者郊区无污水管网的河段，要选择环保效果好，能有效地消除氮磷、油污、有毒化学物质的植物种类，以达到生态治河的目的，比如伊乐藻、苦草、狐尾藻、金鱼藻、浮萍、美人蕉等。有关研究表明，沉水植物比浮水、挺水植物更能有效去除污染物。有种植槽或湿地的地方，可以根据水生植物适应水深的情况，配置多种水生植物，重构水生植物、鱼类、鸟类、两栖类、昆虫类动物的良好栖息场所，比如芦苇、荷花等。

综上所述，生态河道的设计需要各方面因素的配合，设计者要拓宽思路，结合生态学、工程学、水利学的知识，相互补充，才能形成一套有效的设计方法。

河道的生态化治理是一个可持续发展的系统工程，要通过设计、施工、养护等一系列措施模拟一个生物生长的适宜环境，为各类水生、陆生和两栖类动物、植物以及微生物提供栖息、繁衍和避难的场所，并且，除采取工程和植被措施外，还必须有选择的放养水生动物及微生物，恢复生物的多样性，重建生物系统的生态链。

5 生态河道治理措施

生态河道治理概念的提出已有很长时间，起初，一些发达国家结合当地的地理和气候条件，提出建设生态河道的理念，经过一系列的修复和整改，水环境有很大的改观，河道治理取得很大进步。因此，我国进行生态河道治理十分必要，也要结合不同地区的不同地理环境和气候特点进行。进行生态河道治理，常用的方法有以下几个。

恢复河道的生态功能。生态河道治理的目的就是为了在保证河道基本功能的基础之上，恢复河道的生态系统，为各种生态活动提供适宜的环境。因此，在进行河道治理时，应该本着为人们的居住以及各种生物的活动提供良好的环境为目标，对传统的河道治理过程中所采用的混凝土河床、护岸等进行改造，恢复河道的生态功能。

河道设计要多样化。在进行河道规划时，要采用多种设计方式相结合，比如适合鱼类生存的鱼巢块体护岸，适合蛙类生存的两栖块体护岸等。护岸的设计要考虑到河流的特点以及生态情况，尤其是为了保护河流生物的生存和繁殖环境，在进行河道治理时要选取合适的材料，并且根据河道内生物的情况进行设计，以保证满足人类以及各种水生物对水环境的需求。

加强岸坡的防护。在进行河道治理过程中，岸坡的防护也是一个不可忽视的方面。要尽可能地保持岸坡原来的形态，尽量保存岸坡原生的植被。自然植被对岸坡的保护能力往往大于人为方式，尤其要尽量少用人为的干砌石、浆砌石或混凝土护坡等形式，对于已经出现问题的岸坡，可以多种栽植物进行保护，达到防冲固坡的目的。

绿化河道，还原河面环境。以前的河道治理大多采用在小河沟上盖水泥板，填平各种池塘、洼地等。这样可以扩大对空间的利用程度，但同时也对生态环境造成了危害，减少了水面面积。如今的河道治理，结合了生态特征，主要采用开敞河道的做法来进行河道治理，以便为人们的生存以及各种水生物的生存提供良好的环境。例如在非汛期，河道要提供休闲娱乐的功能，在汛期，要产生防汛功能等。

6 生态水利在河道治理中的应用

6.1 应用新型水工建筑物

在河道治理过程中，需要同步解决防洪安全和生态安全两个问题。河道治理的目的不仅仅是为了防洪排涝安全，更重要的是为了供水安全、生态用水安全和水环境的质量安全。为达到这种协调统一，橡胶坝、钢坝等多种既不影响非汛期蓄水，又不影响汛期行洪的建筑物已被广泛应用于河道治理工程中。橡胶坝是随着高分子合成材料工业的发展而产生的一种新型水工建筑物。可以按照设计要求的尺寸加工成坝袋胶布，将柔性坝袋锚固在基础底板上，形成密封袋体，充入水（气）体，构成壅水橡胶坝。

钢坝是近年来新兴的景观蓄水建筑物。钢坝为底横轴旋转闸门，是由带固定底轴的钢性闸门、两端驱动装置设备、支撑钢轴的底板组成的新型挡水建筑物。与橡胶坝相比，钢坝具有管理方便、使用年限长、安全性高、不易老化等特点，但是对底轴要求较高，在基础处理工程中难度加大，工程量会有大幅度增加，所以钢坝技术目前还处于推广阶段，尤其是底轴设计还有进一步优化的潜力。

6.2　各种生态护岸的应用

实现人水和谐，特别是为人们提供良好的水环境，创建碧水蓝天、绿树夹岸的河道生态景观，需要改变传统的采用混凝土和浆砌石护岸的理念，恢复河道的原始生态功能和自然面貌，将河道的护岸功能从最初的规范水流流向这一单一功能，增加为给人类提供休闲和亲近水体等多重功能。通过因地制宜地设置一些亲水设施，使人与水、人与自然的关系通过护岸这一载体的灵活变化得到进一步提升，实现人与自然和谐发展。

6.3　历史人文景观的应用

每条河都有自己的历史、传说，每个地方都有自己特色。在河道治理工程中应把这些历史、传说和特色体现在河道治理中，把水利工程与当地的文化完美结合起来，打造出一条充满浓郁人文气息的艺术长廊。

6.4　自然景观的应用

天然河道有湿地，也有深潭。不同的地带有生物不同时期需要的生存环境。河道治理工程中的裁弯取直往往会破坏这些地带，而使生物不能正常的生殖繁衍。河道治理中应尽量保留河道天然形态、走向及断面形式，控制河道断面宽度及形式，避免均一化和单一化。坚持恢复河道自然生态系统环境，以自然修复为主，人工修复为辅，因地制宜、充分利用现状河道的形态、地形、水文等条件。物种的选择及配置以本地物种为主，构建具有较强的自我维持及稳定的水生态系统。

河道治理是社会发展过程中的一个重要项目，近年来，人们的生活水平不断提高，人们对生活质量的要求也越来越高。河道作为必不可少的生活设施，河道的通畅以及生态的发展是人们的需求。河道治理的传统方式与生态发展的理念不相符合，当前诸多治理河道的方法也不利于环境的发展，因此，在治理河道过程中，要结合生态学理念，不仅加强对植被的保护和恢复，更要对河道环境进行清理，还原河道水系统质量。河道治理是一项可持续发展的工程，需要从长远、全方位的角度进行分析研究，以保证生态河道治理和谐、持续发展。

第三节　护坡景观设计

治理目标：生态护坡的设置并非为了单一的水利防洪功能，而是通过此工作使河流成为能够承载生物多样性的“生命之河”；拥有自我修复、净化功能的“可持续之河”；城市中体现特有的自然线性开敞空间的“景观之河”；便捷市民休闲娱乐，享受生活的“乐活之河”。

在进行景观设计的过程中，重点关注以下原则：系统与区域原则、多目标兼顾原则、生态设计原则、自然美学原则、文化保护原则与因地制宜原则。

护坡景观设计时应考虑保留足够的过渡区域，确保不会对水体产生不利的干扰。河道生态护坡必须保证河道的水质达到水功能区划的要求，满足安全、资源、航运、景观、文化、休闲等方面需要。

对城市已硬质化的衬砌断面和护坡宜进行生态修复与生态化工程改造。

护岸处理应结合河道周边景观及地域特点，并适度考虑河道景观的自然化倾向，统一协调护岸和河道的形态，塑造有地方特点的河道景观。

1　生态护坡功能定位

1.1　安全功能

河道生态护坡必须保障河道安全功能建设，包括防洪排涝和水体生态安全两个方面，应采取以下措施：

河道的过水断面必须符合防洪要求。两岸用地条件允许的城市化地区河道宜建设斜坡型护岸，非城市化地区河道宜推广斜坡型自然护岸，通过扩大河流过水断面，确保防洪排涝功能的实现；

通过河岸绿化造林、借助生态工程技术和生态恢复方法修建自然生态护岸等，逐步优化河道范围内的水生态系统，并充分利用水体调节区域小气候，调节温湿度等生态功能改善区域生态环境。在生态护坡的建设中，严禁采用具有侵害性或蔓延性等危害水体生态安全性质的生物种类，避免使用干扰水体水质特征的护坡工程材料。

1.2　景观功能

应加强景观功能建设，发掘河道的景观功能，建设宜人、生态的亲水环境。城市化地区的河道景观应能反映出城镇发展风貌；非城市化地区河道应以保持和重建具有传统纯朴自然风光特色的河道景观、体现乡村原味风情为主。

根据景观建设的需要，要求水体应无明显臭味；对于亲水平台等景观单元，考虑到人体接触的可能性，对水质标准要求应符合《景观娱乐用水水质标准》(GB 12941—91)。

在防汛通道建设的同时，应注意建设具有地域特色的景观单元，如观赏型、科普型群落以及亲水景观小品，同周边重要的建筑单元、文化设施相协调。

河道绿化设计应点、线、面交织，平面与立体绿化结合，色彩和造型兼顾，植物和景观小品互相映衬，既保证沿河绿化面积，又增强景观美感。

1.3　文化功能

应发掘和保存优秀的中国传统文化，保留合肥沿河的历史文化遗迹，发挥水文化的科普教育功能。

可在规划设计中通过适当改线、调整护岸宽度、绿地布局等方法，保护河滨历史文化遗迹。围绕文化遗迹的主题建设特色景点，发展和弘扬水文化。

对具有重大文化意义的河滨历史文化遗迹必须制定专项保护办法，严格管理。

充分利用河道与人类的亲密关系，通过实地参观、展板、实物演示、科普园地等项目的合理设计，同步实现河道科普和文化教育的功能。

1.4　休闲功能

河道生态护坡应建设环境宜人的滨水地带，并满足人们的亲水需求，为居民保留适宜的休闲娱乐空间。

河道两岸可建设滨河步道、水榭、座椅、凉亭、路灯、护栏等设施，为人们的亲水、近水需求创造适宜的基础条件。

对于临近生活小区、城市中心地带、主要旅游景点或其他重要城市功能单元的河道，应结合周边环境的需要，因地制宜开展景观建设：在护坡区或护坡影响范围内建设临水和水面设施，如滨水市民广场、水景观主题公园或功能绿地，游艇码头、休闲垂钓区等水上娱乐设施，为城市居民提供充足的亲水空间。

对浅水河道的改造应强调其景观功能。宜通过设置汀步、叠水、曲折河道等，营造富有情趣和动态美感的水体景观。

对于已经裁弯取直的河道，可利用原河道空地，建设兼具景观游憩和蓄洪滞洪双重功能的自然湿地公园。

2 生态护坡景观设计要素

生态护坡形态：护坡平面形状宜弯曲自然，避免单调使用直线；护坡横截面形状，宜对应其平面形状与自身特征，不拘泥于左右对称的形态。

生态护坡规模：护坡与水面的高度差，其量化控制点宜设定为2m左右，景观垂直方向视角，其量化指标控制点宜为4°左右；护坡的坡度，根据亲水性要求宜设定为1：2.5左右；护坡长度避免统一形状产生单调感，建议规模小的河段，护坡高度与分段间隔比，设定为1：25左右。

生态护坡材料：生态护坡材料，宜采用透水性高的自然材料；生态护坡材料明度，与其周围环境明度差不应过大，宜控制在1.5左右，避免护坡材料生硬单调。

生态护坡景观处理：生态护坡宜通过顶端部位培土与绿化手段，抑制护坡的视觉规模；护坡肩部宜做倒圆处理或插入绿化槽，软化肩部生硬感；水际部分宜通过设置宽度变化的台阶或坡角固槽处理，丰富水边形态，缓解单调感；生态护坡台阶部分在保证安全性的同时，宜采用毛石等铺装材料，营造舒适宜人的亲水空间并抑制其醒目程度；在坡度很陡的情况下，考虑局部设置台阶，柔化生态护坡之间的衔接，宜插入适当的景观亲水平台等景观节点，保证生态护坡景观整体序列感。

3 生态护坡景观类型与选择

生态护坡景观的主要类型：自然生态型、亲水平台型、生态混凝土砌块型、现浇透水—植生高强生态混凝土型和景观挡墙型。

城市河道生态护坡的选择，可根据当地的具体情况选择不同的方法。

（1）可根据土壤特性与边坡形式选择。根据土壤特性，进行岸坡稳定性分析和适宜种植植物类型分析，选择适宜的生态护坡形式；对于直立边坡，可选择矩形护坡和双层护坡；对于倾斜边坡，可选择梯形护坡。

（2）可根据河道尺度选择。大尺度城市河道，宜选用安全性和稳定性高的护坡形式，对于流速较缓的河段，应选用生态价值高的自然土坡，避免采用直立型护坡。

中尺度城市河道，宜采用具有一定强度材料的生态型护坡形式。位于城市中心地区的河段，自然土坡则使用较少，应根据城市布局与地方特点，采用适宜的直立式生态护坡。

小尺度城市河道宜采用天然缓坡形式。应避免采用非生态的硬质护坡和全断面衬砌式工程做法。

（3）可根据水动力条件选择。对于山区性河流设计时宜选择稳定性好、适用于坡度较大的材料；对于平原型河流设计时宜采用天然材料来构建生态护坡。

（4）根据河道周边土地利用与空间布局条件选择。对于周边用地紧张、空间布局比较狭小的河道，宜选择结构比较紧凑的矩形护坡和双层护坡；对于空间布局较为宽敞的河道，宜选择梯形护坡；对于河滩开阔的河道，宜选择复合型护坡。

4 生态护坡绿化目标与原则

河道植物的选择首先满足护坡需要。必须建立在满足行洪排涝要求的基础上，保证岸坡的稳定，防止水土流失；同时应以丰富的植物群落为基础，逐步使河流具有最大限度的生物多样性，恢复其承载生命的意义，使其成为“生命的河流”。具体应遵从以下原则：兼顾生态与美化、乡土与外来植物相结合、适地选树。

生态护坡立体绿化的布置必须符合水文和水动力学的功能、生态功能、景观功能与游憩等功能需求。

应充分利用陆生、湿生、水生（浮水、挺水、沉水）等植物的生态效果，实现堤岸绿化向水体优化发展。

城市河道生态护坡植物的选择，分为非城市化地区河道和城市化地区河道。非城市化地区河道，应选择持水能力强，根系发达，固土能力强，有较强的渗滤吸污防污能力的植物。建成应河道生态修复为主导，兼具乡土景观特色与观赏游憩功能、生态稳定安全的河道防护绿地系统。城市化地区河道，宜选择耐水湿，根系固土能力强的植物，能形成亲水型、观赏型、保健型、文化科普型相结合的滨水绿地系统。

在植物配置上，宜注意季相色彩的协调。应优先考虑吸污、治污、净水能力强的水生植物的恢复，同时加强管理，防止过度繁殖和生物入侵。岸线建设应坚持植被自然性、物种多样性，坚持乡土植物优先选择，非入侵性外来植物合理搭配的原则，结合河道所处的实际条件，建设生态功能突出的护岸林带。

5 护坡植物种植与维护

水域部分植物种植必须按照设计定位图放样，布置安装水下种植装置、填充基质和播种繁殖体或苗木；水生植物的种植深度应遵循其生态生物学特性，在施工整个过程中应注意保水保湿；种植后要预防植株倒伏。

边坡部分植物种植应与护岸建设同时进行，并根据护岸类型、水位变化等情况选择适合的植物种类；按设计定位图铺设种植床或挖掘合适的种植穴；做好临时保护措施，控制扬尘和水土冲刷。

陆域部分植物种植应根据设计定位图挖掘合适种植穴，避开地下管线和地下设施；为防止表层水土的流失，应及时进行表层覆盖。

对河道绿化中新引入的国内外其他地区的植物种类或品种，必须监测其生态生物学习性，确保其生长繁殖的安全性。

河道绿化养护宜要按照“春播夏管、秋收冬藏”的要求，开春及时播种水生植物，入夏经常进行管理，秋冬及时清理枯死、倒伏的水生植物，保护根、茎安全越冬。

定期检查河道种植床、生物浮岛的完整性，发现破损应及时修缮或更换；对繁殖较快的植物，必须采用适当措施控制其数量，以免因植物体扩散影响正常航运及排水泄洪的功能。

第四节　生态河岸的功能与运用

河岸带的定义首次出现在20世纪70年代末。生态河岸是一个新兴的概念。关于生态河岸的定义，目前主要从生态河岸的生态系统属性和过渡带属性两个方面进行理解。总的来说，生态河岸是以自然为主导的，在保证河岸带稳定和满足行洪要求的基础上，维持物种多样性、减少对资源的剥夺、维护生态系统的动态平衡，与周围环境相互协调、协同发展，提高系统的自我调节、自我修复能力、改善人类生活环境的地带。生态河岸是一个狭长的水陆生态交错带，既要研究其生态系统的特征，又要从水利工程方面进行考虑。当前，生态河岸主要研究生态河岸的功能以及生态河岸功能实现的途径，生态河岸建设已经成为国内外河道治理的重要措施。

1　生态河岸技术的应用与发展

生态河岸功能的实现依赖于生态河岸生态系统中生态平衡的维持。对于一个退化的河流生态系统来说，运用恢复生态学原理来修复生态系统，有利于生态河岸功能的实现。我们在分析公园河岸生态状况的基础上，探讨公园生态河岸建设的原则，采用工程和植物措施相结合的方法，对公园生态河岸进行整体规划和建设，并探讨公园生态河岸的综合评价。通过公园生态河岸规划和建设的研究，为本地区河流河岸带自然条件的生态修复积累实验成果，完善解决河道生态护岸中存在的诸多技术问题，使本地区的生态河岸研究有进一步的长足发展。

生态河岸功能的实现依赖于生态河岸生态系统中生态平衡的维持。对于一个退化的河流生态系统来说，运用恢复生态学原理来修复生态系统，有利于生态河岸功能的实现。河岸的治理在古代已经很广泛了。

20世纪60年代后期，德国及瑞士认识到传统的水利设计及管理思想是导致河流自然生态系统受损的根本原因，开始进行如何把生态学原理应用于土木工程，修复受损河岸生态系统的试验研究。瑞士、德国等于20世纪80年代提出了“自然型护岸”技术，并且在生态型护坡结构方面做了实践。20世纪70年代以来，德国、瑞士、日本等发达国家进行了大量的混凝土河岸的生态修复实验研究，大规模改修了混凝土河岸，恢复河流的自然生态系统，积累了大量的成功范例。日本在20世纪90年代初提出“多自然型河道治理”技术。但是国外河流生态修复多以积累典型成功工程事例为主，缺乏恢复过程中的生态系统是如何自我调节的动态定量化证明研究，没有建立一套评价河流生态系统自我恢复能力的定量化指标体系。

2　生态河岸护坡技术

近年来，我国的生态河岸专家已深刻认识到在河岸工程设计和施工中对河流生态环境的影响，开始探讨生态河岸的运用与发展，并在全国各地开展了一系列的护岸研究，寻找生态河岸最理想的技术手段。目前，我国河道护岸工程在很大程度上仍然采用传统的规划设计思想和技术，即便是中小河流，河流护岸仍然只是考虑河道的安全性问题，以混凝土护岸为主，而没有考虑工程建筑对河流环境和生态系统及其动植物及微生物生存环境的影响。我国城市段河流护岸多采用耐久性好的混凝土，破坏了河岸的生态系统，导致河流自我净化能力降低。以恢复城市受损河岸生态系统为目的，研究受损河岸生态修复材料（如芦苇、河柳、竹子、意杨、枫杨、榆树）的适应性，利用植物护岸，并把植物护岸与工程措施相结合的护岸技术研究，是实现生态河岸功能的重要途径。

植物在生态河岸恢复中的作用，可以总结为：一种是单纯利用植物护岸，一种是植物护岸与工程措施相结合的护岸技术。下面为国内比较常用的几种植物护坡技术。

2.1　植草护坡技术

植草护坡技术常用于河道岸坡及道路护坡上。目前，国内很多生态河岸的治理都使用的是这一技术，我们在生态河岸的探讨中也经常使用。这一技术主要是利用植物地上部分形成堤防迎水坡面软覆盖，减少坡面的裸露面积，起到护坡的作用；利用植物的深根系，加强植物的护坡固土作用。还可以改善原有的驳岸没有流动性，单一性，使河道流速再高都不受影响。有些原有河道硬化破坏了河岸与河床之间在水文和生态上的联系，破坏了可以降低水温的植被，植草护坡后可以使其发挥截留雨水，稳固堤岸，过滤河岸地表径流，净化水质，减少河道沉积物的作用。同时，还可以增加河岸生物的多样性。

2.2　三维植被网护岸

三维植被网技术多见于山坡及高速公路路坡的保护中，这一技术现在也开始被用于生态河岸的防护上。它主要是指利用活性植物并结合土工合成材料等工程材料，在坡面构建一个具有自身生长能力的防护系统，通过植物的生长对边坡进行加固的一门新技术。根据原有的边坡、地形进行处理，把三维植被网技术用于生态河岸的护坡上，通过植物的生长对边坡进行加固，根据边坡地形地貌、土质和区域气候的特点，在边坡表面覆盖一层土工合成材料，并按一定的组合与间距种植多种植物，将河岸的垂直堤岸护坡改造成种植池。

2.3　河岸防护林护岸

在生态河岸种植树木或竹子，形成河岸防护林，减小了水流对表土的冲击，减少了土壤流失。还可以在河岸边种植菖蒲，形成防风浪的障碍物，将原有泥石堤岸改造成用土做堤，降低河岸坡度，形成缓坡，在缓坡上种植草坪和乡土植物，形成游人可以接近水界面的低水位网格亲水步道。河岸防护林可以起到保持水土、固土护岸作用，又可以提高河岸土壤肥力，改善河岸周边的生态环境。

3　生态河岸的规划与构建

以生态护岸为设计的亮点，主要以新的施工技术应用于驳岸施工。我们可以根据河流地形的高低，改造和减少混凝土和石砌挡土墙的硬质河岸，扩大适生植物的种植空间，建立亲水平台，构建层次丰富的岸线。先抛石，在常水位线以下用三围网固土，造缓坡草坪入水，在常水位以上种植物护坡，造景观。

河流生态恢复的目的之一就是促使河岸系统恢复到较为自然的状态，在这种状态下，生态河岸系统具有可持续性，并可提高生态系统价值和生物多样性。生态河岸规划所遵循的原则归纳有下列五项：尊重自然的原则，植物合理配置原则，避免生物入侵的原则，可持续发展原则，协调统一的原则。

针对某一水域的地理环境为主提出生态河岸，旨在以生态原则提高水体的自洁能力，使该水体对保持城区水生态平衡，使城市与环境协调发展，人类、多种动植物和谐共处，达到一种自然平衡的状态，建设有特色的新型城市景观。加强生态环境保护建设，对该水域进行综合治理，加强该水域及周边的产业规划，进行产业调整。

参 考 文 献

[1] 朱昌明. 生态水利在河道治理工程中的应用 [J]. 黑龙江水利科技，2012 (11)：200 - 201.

[2] 贾浩谋，宋晓鹏. 探析生态水利设计理念在城市河道治理工程中的应用 [J]. 河南科技，2013 (17)：166.

[3] 贾玉爱. 生态水利设计理念在城市河道治理美化工程中的应用 [J]. 水利技术监督，2012 (5)：60 - 62.

[4] 叶碎高，王帅，张锦娟. 河道植物措施与生物多样性研究进展与展望 [J]. 水利与建筑工程学报，2008，6 (2)：41 - 43.

[5] 韩玉玲，严齐斌，应聪慧，等. 应用植物措施建设生态河道的认识和思考 [J]. 中国水利，2006 (20)：9 - 12.

[6] 朱永祥，彭月琴. 太原市生态河道护岸初探 [J]. 科技情报开发与经济，2007，17 (5)：279 -280.

[7] 王新军，罗继润. 城市河道综合整治中生态护岸建设初探 [J]. 复旦学报 (自然科学版)，2006，45 (1)：120 - 126.

[8] 李新芝，王小德. 论城市河道中直立式护岸改造模式 [J]. 水利规划与设计，2009 (6)：60 - 63.

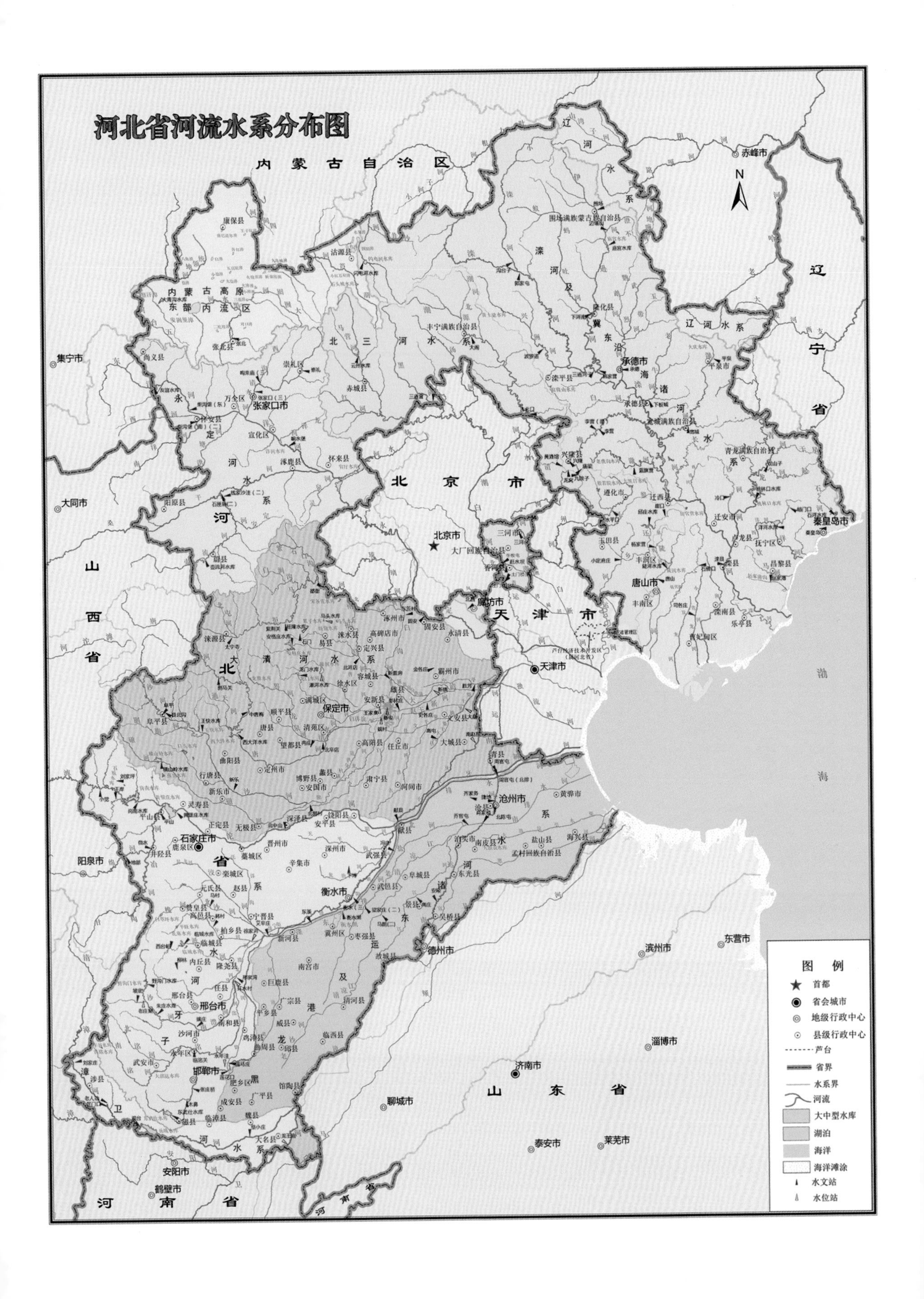
河北省河流水系分布图
内蒙古自治区
辽宁省
山西省
山东省
河南省
北京市
天津市
河北省
渤海
N
赤峰市
集宁市
大同市
阳泉市
安阳市
鹤壁市
聊城市
济南市
泰安市
莱芜市
淄博市
滨州市
东营市
德州市
北京市
天津市
石家庄市
保定市
张家口市
承德市
唐山市
秦皇岛市
廊坊市
沧州市
衡水市
邢台市
邯郸市
内蒙古高原东部内流区
北三河水系
滦河及冀东沿海诸河水系
辽河水系
永定河水系
大清河水系
子牙河水系
黑龙港及运东诸河水系
卫河水系
图例
首都
省会城市
地级行政中心
县级行政中心
芦台
省界
水系界
河流
大中型水库
湖泊
海洋
海洋滩涂
水文站
水位站

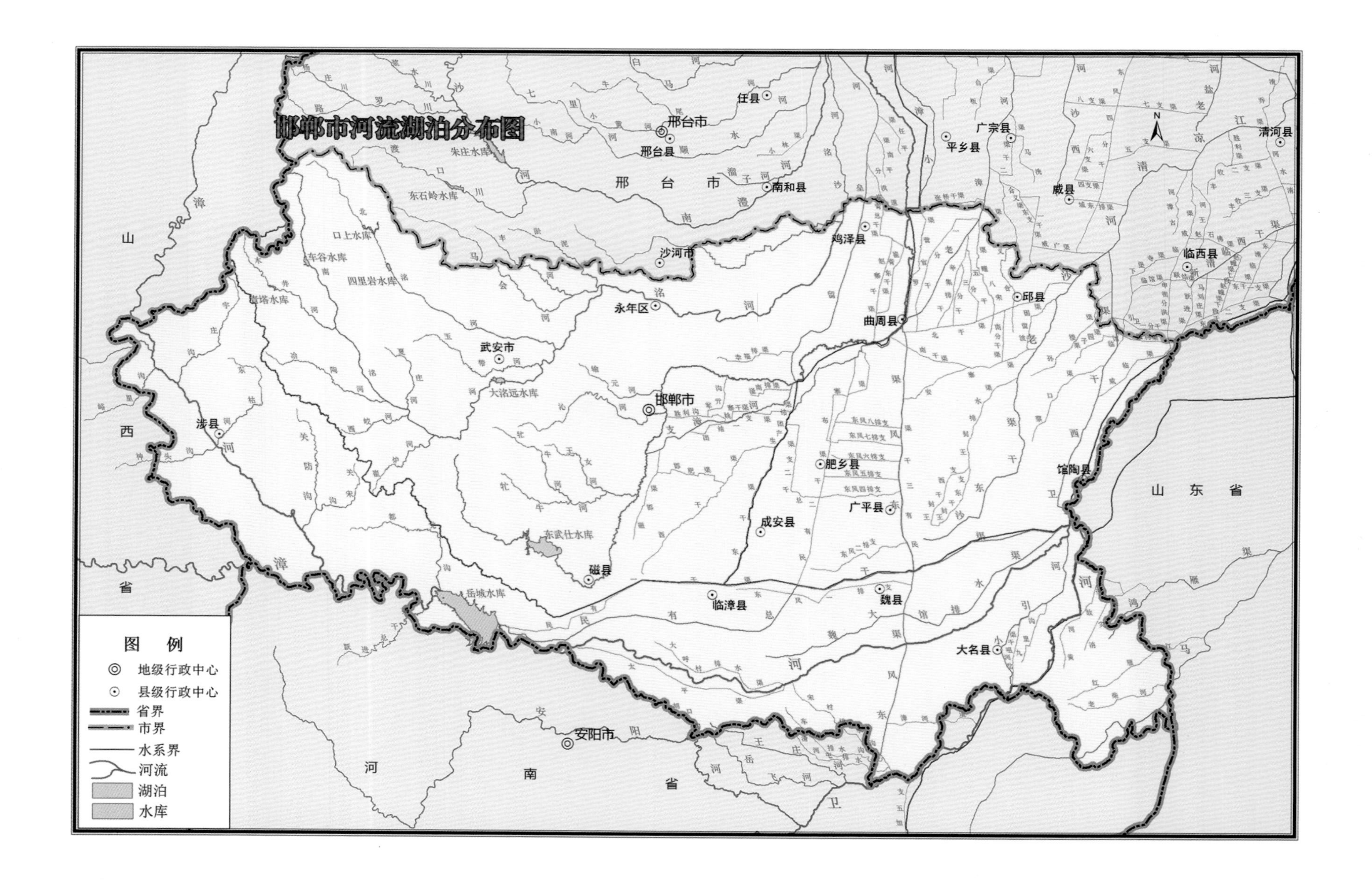
邯郸市河流湖泊分布图
邢台市
邢台县
任县
南和县
沙河市
平乡县
广宗县
威县
临西县
清河县
鸡泽县
邱县
曲周县
永年区
武安市
邯郸市
肥乡县
广平县
成安县
馆陶县
磁县
临漳县
魏县
大名县
涉县
安阳市
朱庄水库
东石岭水库
口上水库
车谷水库
四里岩水库
青塔水库
大洺远水库
东武仕水库
岳城水库
山东省
河南省
山西省
图 例
地级行政中心
县级行政中心
省界
市界
水系界
河流
湖泊
水库

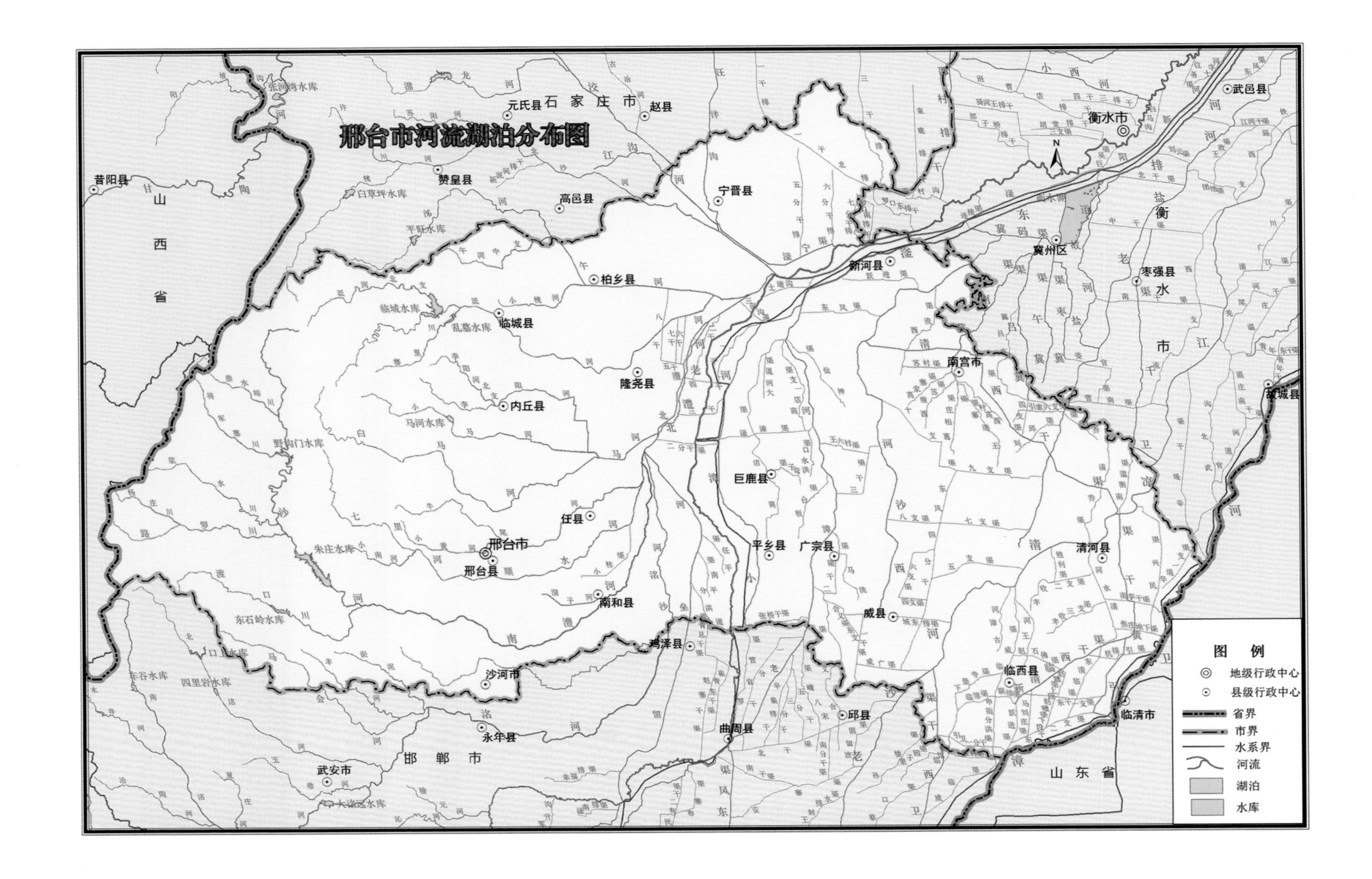
邢台市河流湖泊分布图
图例
地级行政中心
县级行政中心
省界
市界
水系界
河流
湖泊
水库
石家庄市
元氏县
赵县
赞皇县
高邑县
昔阳县
山西省
宁晋县
柏乡县
临城县
隆尧县
内丘县
任县
邢台市
邢台县
南和县
沙河市
鸡泽县
曲周县
邱县
威县
平乡县
广宗县
巨鹿县
新河县
南宫市
清河县
临西县
临清市
山东省
邯郸市
永年县
武安市
衡水市
冀州区
枣强县
武邑县
故城县
临城水库
乱木水库
马河水库
野沟门水库
朱庄水库
东石岭水库
口上水库
四里岩水库
车谷水库
大浴迭水库
白草坪水库
平旺水库
张河湾水库
衡水湖

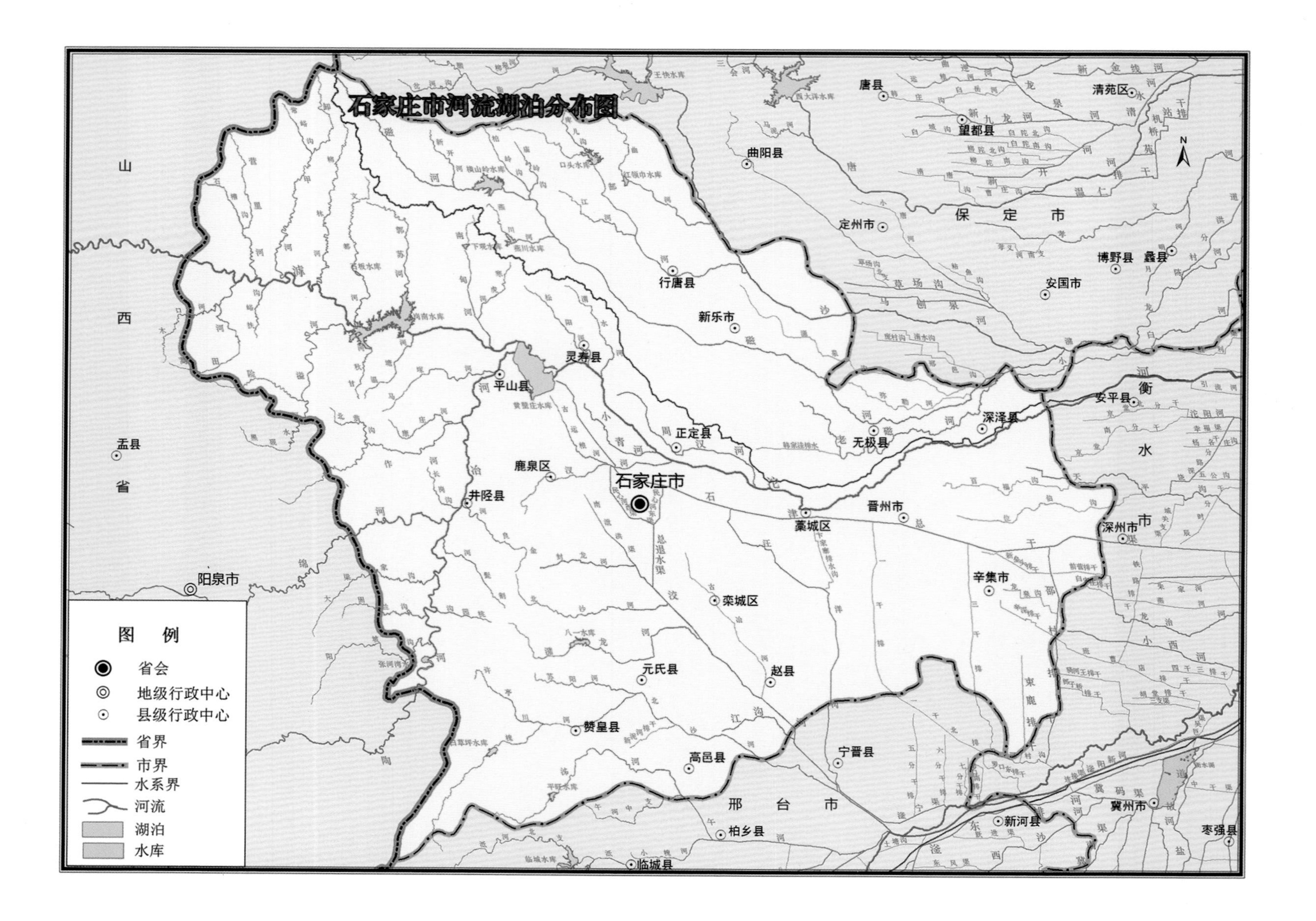
石家庄市河流湖泊分布图
图 例
省会
地级行政中心
县级行政中心
省界
市界
水系界
河流
湖泊
水库
石家庄市
山 西 省
保 定 市
衡 水 市
邢 台 市
行唐县
新乐市
灵寿县
平山县
正定县
无极县
深泽县
鹿泉区
井陉县
藁城区
晋州市
辛集市
栾城区
元氏县
赵县
赞皇县
高邑县
宁晋县
柏乡县
临城县
阳泉市
孟县
曲阳县
唐县
定州市
望都县
清苑区
博野县
蠡县
安国市
安平县
深州市
冀州市
新河县
枣强县

保定市河流湖泊分布图

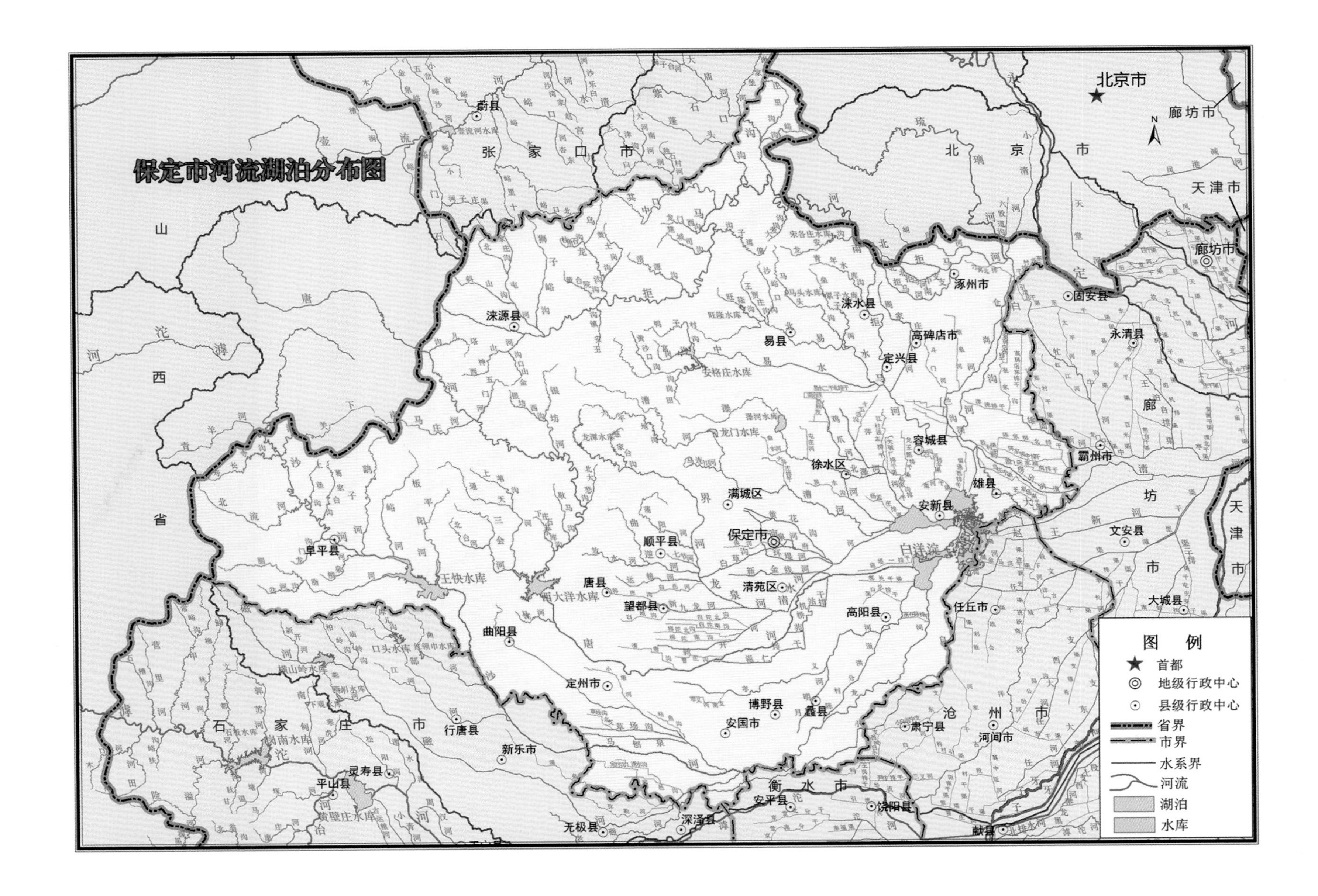
北京市
廊坊市
天津市
张家口市
北京市
山西省
石家庄市
衡水市
沧州市
廊坊市
保定市
涿州市
涞水县
高碑店市
定兴县
易县
涞源县
容城县
徐水区
雄县
安新县
满城区
顺平县
唐县
望都县
清苑区
高阳县
曲阳县
定州市
博野县
蠡县
安国市
阜平县
白洋淀
王快水库
西大洋水库
安格庄水库
龙门水库
旺隆水库
固安县
永清县
霸州市
文安县
大城县
任丘市
肃宁县
河间市
献县
饶阳县
安平县
深泽县
无极县
新乐市
行唐县
灵寿县
平山县
蔚县
图例
首都
地级行政中心
县级行政中心
省界
市界
水系界
河流
湖泊
水库

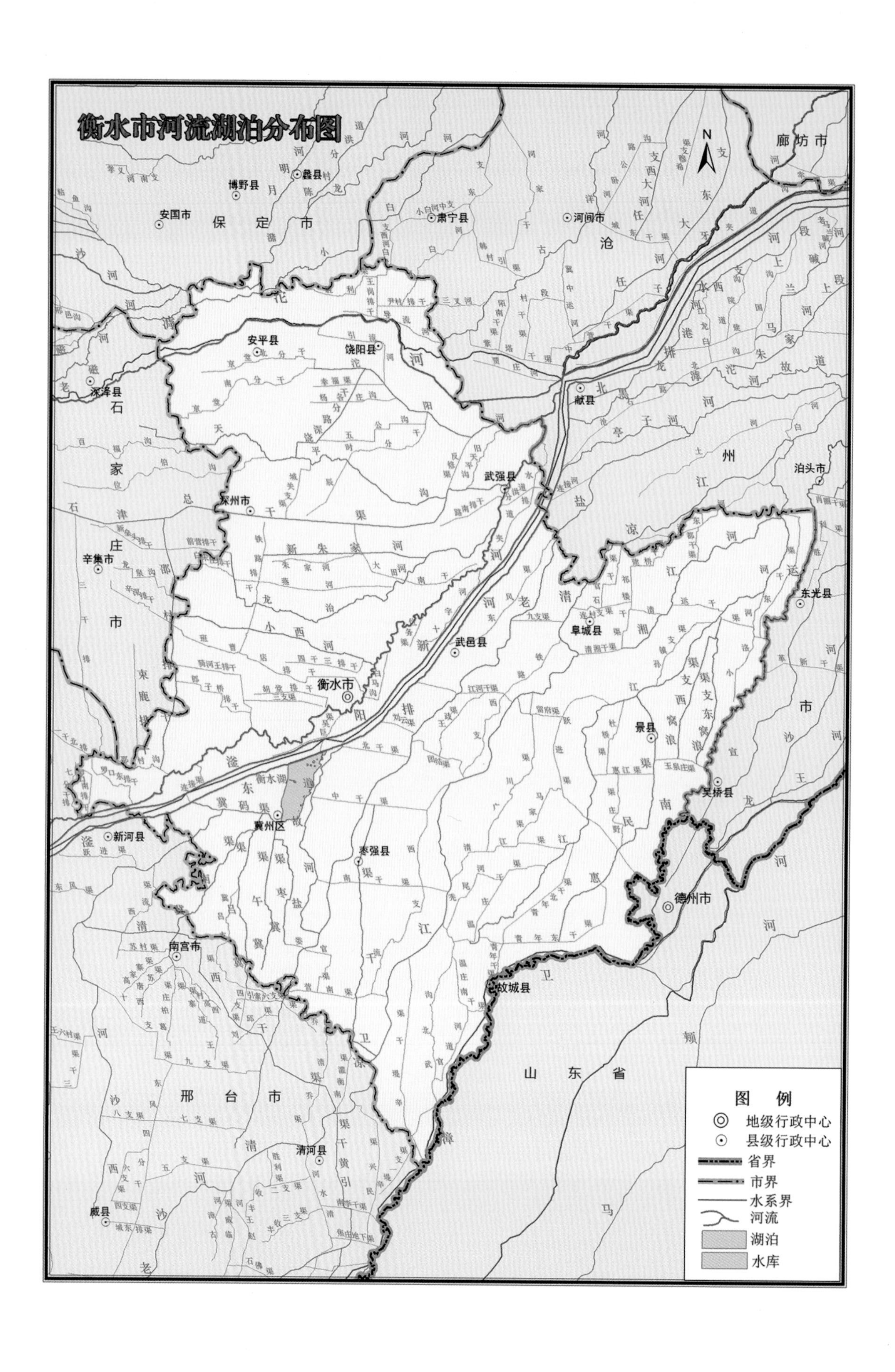
衡水市河流湖泊分布图
N
廊坊市
博野县
蠡县
安国市
保定市
肃宁县
河间市
沧
安平县
饶阳县
深泽县
献县
武强县
泊头市
深州市
辛集市
东光县
阜城县
武邑县
衡水市
景县
衡水湖
吴桥县
新河县
冀州区
枣强县
德州市
南宫市
故城县
山东省
邢台市
清河县
威县
图例
地级行政中心
县级行政中心
省界
市界
水系界
河流
湖泊
水库

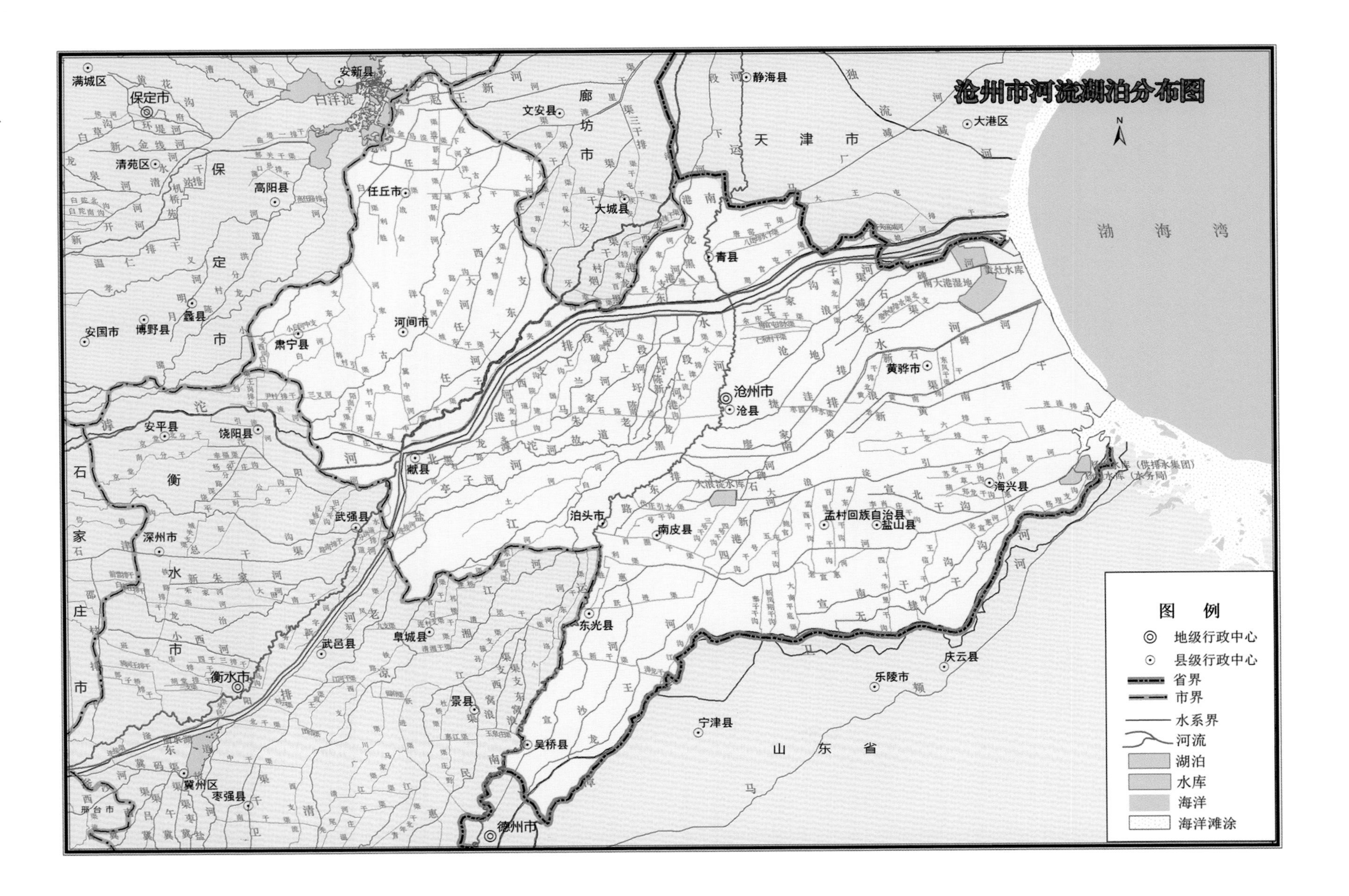
沧州市河流湖泊分布图
N
渤海湾
天津市
廊坊市
保定市
衡水市
石家庄市
山东省
满城区
保定市
安新县
白洋淀
文安县
静海县
大港区
清苑区
高阳县
任丘市
大城县
青县
河间市
蠡县
博野县
安国市
肃宁县
沧州市
沧县
黄骅市
安平县
饶阳县
献县
深州市
武强县
泊头市
南皮县
孟村回族自治县
盐山县
海兴县
东光县
武邑县
阜城县
衡水市
景县
吴桥县
宁津县
乐陵市
庆云县
冀州区
枣强县
德州市
南大港湿地
大浪淀水库
图例
地级行政中心
县级行政中心
省界
市界
水系界
河流
湖泊
水库
海洋
海洋滩涂

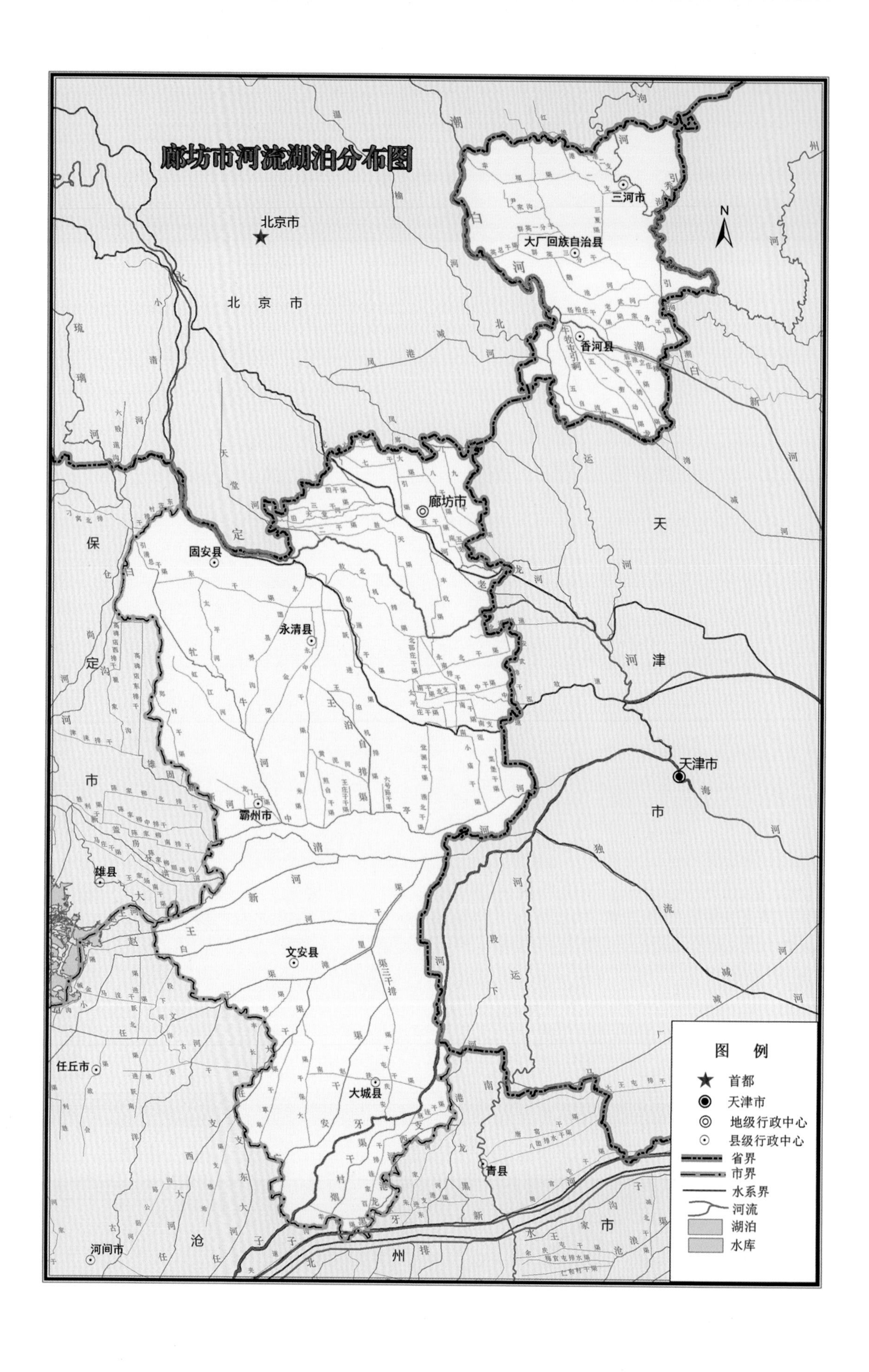

廊坊市河流湖泊分布图
北京市
三河市
大厂回族自治县
香河县
廊坊市
固安县
永清县
霸州市
文安县
大城县
雄县
任丘市
河间市
青县
天津市
N
图　例
首都
天津市
地级行政中心
县级行政中心
省界
市界
水系界
河流
湖泊
水库

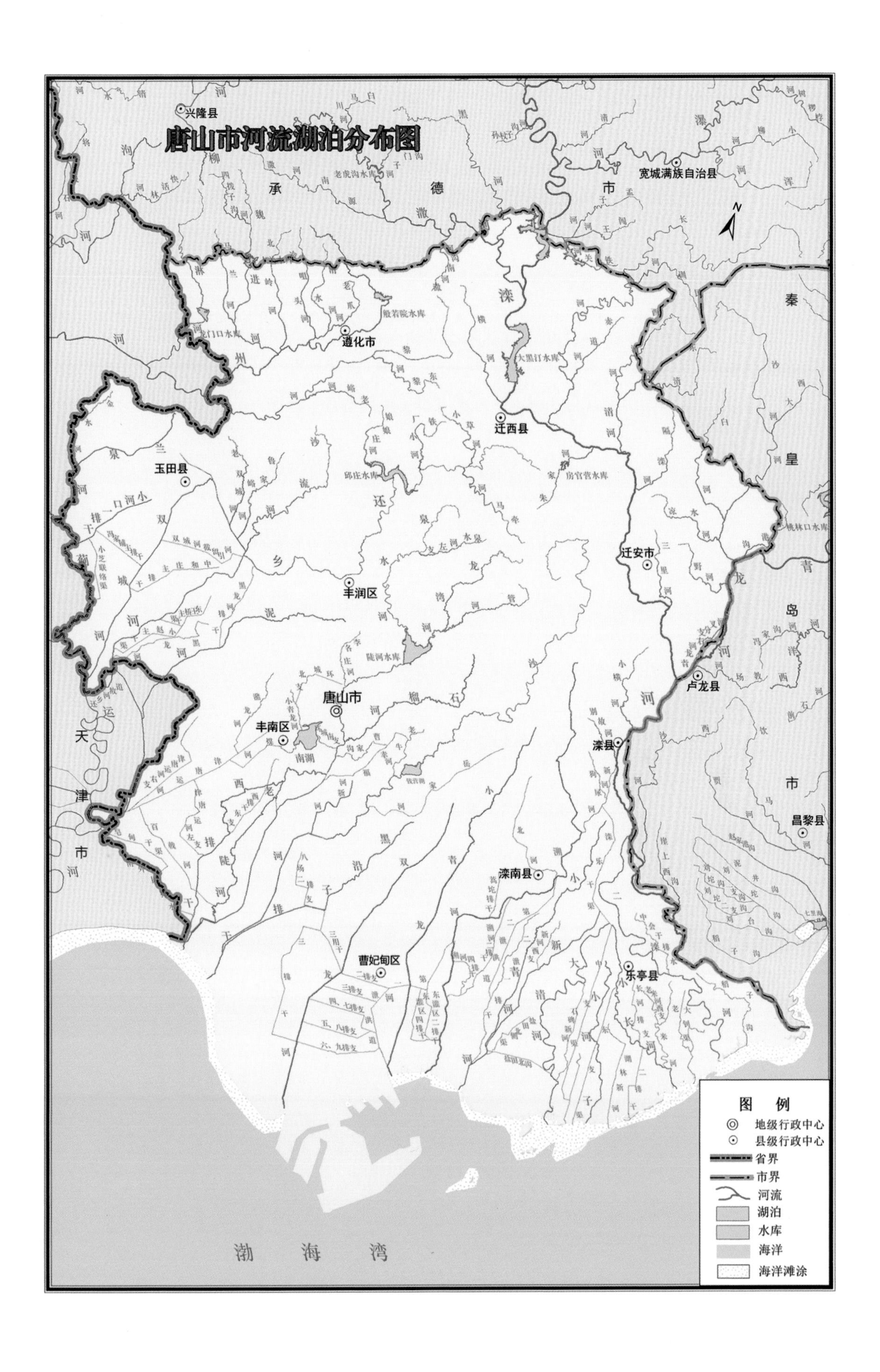

唐山市河流湖泊分布图
兴隆县
宽城满族自治县
承德市
秦皇岛市
遵化市
迁西县
玉田县
迁安市
丰润区
唐山市
丰南区
滦县
卢龙县
昌黎县
滦南县
乐亭县
曹妃甸区
天津市
渤海湾
般若院水库
大黑汀水库
邱庄水库
陡河水库
房官营水库
桃林口水库
滦河
还乡河
沙河
青龙河
陡河
图例
地级行政中心
县级行政中心
省界
市界
河流
湖泊
水库
海洋
海洋滩涂

秦皇岛市河流湖泊分布图
N
辽宁省
渤海
承德市
唐山市
青龙满族自治县
水胡同水库
三旗杆水库
桃林口水库
洋河水库
石河水库
秦皇岛市
抚宁区
卢龙县
昌黎县
迁安市
滦县
滦南县
乐亭县
赵家港沟
图例
地级行政中心
县级行政中心
省界
市界
流域界
河流
湖泊
水库
海洋
海洋滩涂